U0063207

大學辭典系列(9)

# 生物學辭典

W.G.赫　爾
J.P.馬格漢　合著

貓頭鷹編譯小組　譯

大學辭典系列(9)

**生物學辭典**

| | | |
|---|---|---|
| 作　　　者 | W.G.赫爾　J.P.馬格漢 | |
| 翻　　　譯 | 貓頭鷹編譯小組 | |
| 特　約　主　編 | 陳育仁 | |
| 特約執行編輯 | 石琇瑩　金炫辰 | |
| 編　輯　協　力 | 杜文仁　陳以音　汪若蘭 | |
| 美　術　編　輯 | 李曉靑 | |
| 封　面　設　計 | 林敏煌　謝自富 | |
| 排　　　版 | 宇晨企業有限公司 | |
| 發　　行　　人 | 郭重興 | |
| 出　　　版 | 貓頭鷹出版社股份有限公司 | |
| 發　　　行 | 城邦文化事業股份有限公司 | |
| | 台北市信義路二段213號11樓 | |
| | 電話：(02)2396-5698　傳眞：(02)2357-0954 | |
| 劃　撥　帳　號 | 18966004　城邦文化事業股份有限公司 | |
| 香　港　發　行　所 | 城邦（香港）出版集團 | |
| | 香港北角英皇道310號雲華大廈4/F，504室 | |
| | 電話：25086231　傳眞：25789337 | |
| 新　馬　發　行　所 | 城邦（新馬）出版集團 | |
| | Penthouse, 17, Jalan Balai Polis, 50000 Kuala Lumpur, Malaysia | |
| | 電話：603-2060833　傳眞：603-2060633 | |
| 印　　　製 | 成陽印刷股份有限公司 | |
| 登　記　證 | 行政院新聞局局版北市業第1727號 | |
| 初　版　一　刷 | 1999年7月 | |

Original Title：HarperCollins Dictionary of Biology
Copyright© 1991 by HarperCollins Publishers Limited
Chinese translation copyright© 1999 by Owl Publishing House
Published by arrangement with HarperCollins Publishers Limited
Copyright licensed by Cribb-Wang-Chen, Inc./Bardon-Chinese Media Agency
博達著作權代理有限公司
ALL RIGHTS RESERVED
有著作權・翻印必究
ISBN 957-9684-78-2
定價：500元
（如有缺頁或破損，請寄回本社更換）

# 作者簡介

赫爾（W.G. Hale）教授爲生物學會榮譽會員，現任利物浦約翰莫瑞斯大學（Liverpool John Moores University）動物生物學名譽教授，曾任該大學工程與科學部的執行主任、科學院院長，及利物浦工業學校（Liverpool Polytechnic）生物系的系主任。著有《涉禽類》（*Waders*）、《埃利克·哈斯京的涉禽類》（*Eric Hosking's Waders*），與馬格漢（J.P. Margham）合著《基礎生物學》（*Basic Biology*），同時也是《冬天的野禽與涉禽類》（*Wildfowl and Waders in Winter*）的編者之一。他發表過許多關於彈尾目與涉禽類分類學及生態學的論文，曾擔任自然環境研究委員會（Natural Environment Research Council）及國家研究獎委員會（Council for National Academic Awards）的委員。

馬格漢（J.P. Margham）博士曾任利物浦約翰莫瑞斯大學生物學講座的主講人及主策劃人，與赫爾合著《基礎生物學》，同時也是高等生物學選讀系列小冊的編者之一、高級遺傳學選讀評選會主審，目前擔任利物浦約翰莫瑞斯大學學院發展部的主任。

桑德絲（V.A. Saunders）教授爲利物浦約翰莫瑞斯大學的微生物遺傳學教授、應用生物工程學系的主策劃人，與查普曼及賀爾（Chapman and Hall）合著《微生物遺傳學在生物工程上之運用》（*Microbial Genetics Applied to Biotechnology*），並著有

3

《應用遺傳學》（*Applied Genetics*）、《細胞及其衍生物間的作用》（*Cells, their Products and Interactions*），曾發表許多有關分子微生物學的論文，她的主要研究興趣集中於自然環境中微生物的分子檢測法，曾任國家研究委員會委員、英國與香港兩地研究機構的生物工程顧問。

# 謝　　辭

　　本書獲得多位同事在特殊科目上的協助，謹向下列諸位表示謝意：利物浦約翰莫瑞斯大學（Liverpool John Moores University）的卡特（J. Carter）博士、哈拉姆（J. Haram）博士、霍金森（I. Hodkinson）教授、傑弗斯（T. Jeves）博士、利普（N. Lepp）教授、馬克斯（T. Marks）博士、夏普勒士（G. Sharples）博士、湯瑪士（M. Thomas）博士、崔格斯（G. Triggs）博士、瓦雷（T. Whalley）教授及維勒（P. Wheeler）教授。

　　同時也要感謝利物浦大學的桑德士（J. Saunders）教授、英國自然歷史博物館的埃莫雷（M. Embley）博士。尤其感謝南港（Southport）喬治五世學院（King George V College）的耶迪蔻特（A. Addicott）女士提供了許多原始草稿的改進建議。

　　科林斯出版社的索普（M. Thorp）在本書第二版的稿件整理上幫了很大的忙，並督促我們如期完成。書中的附圖是由格羅弗（K. Glover）及博伊德（R. Boyd）所繪製的。

# A

**a-** ［**字首**］ 表示非、無。

**A（amino acid）site** A（**胺基酸**）**部位** 在蛋白質合成程序的**轉譯**（translation）階段中，特定**轉送核糖核酸**（transfer RNA）附著到**核糖體**（ribosomes）的部位。

**ab-** ［**字首**］ 表示離開。

**A-band** A **帶** 肌原纖維的暗帶，對應於粗的肌凝蛋白纖維。

**abaxial** **離軸的** 指葉面背對植物的主莖。

**abdomen** **腹部** 脊椎動物體內包容內臟的部分，即包容腎臟、肝臟、胃和腸道的部分。哺乳動物體內有橫膈，分隔腹部和胸部，後者內含心臟和肺。節肢動物的腹部緊接胸部之後，但在其他無脊椎動物中，腹部又分爲若干表面相似的體節。

**abducens nerve** **外展神經** 脊椎動物顱神經之一，支配眼的外直肌（見 eye muscle）。其功能主要爲**運動**（motor）。

**abductor** or **levator** **外展肌** 使附肢向離開軀體的方向運動的肌肉。例如拇指外展肌，就是使拇指向外張開的肌肉。對照 adductor。

**abiogenesis** **無生源論** 見 spontaneous generation。

**abiotic factor** **非生物因子** 環境中不具生命的因子，如氣候。

**ABO blood group** ABO **血型** 根據人類血型建立的一種血液分類，首先由蘭特施太納（Karl Landsteiner, 1868-1943）於1901年鑑定和命名。共有4種血型：A、B、AB 及 O。每種的鑑

定，是根據紅血球上的**抗原**（antigen）（參見 H-substance）和
**血漿**（blood plasma）中天然存在的**抗體**（antibodies）兩者之間
的特定反應。這是一種**遺傳多態性**（genetic polymorphism）。
這4種血型在大多數人群中的相對分布頻率已進行過調查，在各
種族之間發現有很大的差別（見圖1）。

| 血型 | 抗原（紅血球） | 抗體（血漿） | 典型頻率（％） | | |
|------|------|------|------|------|------|
| | | | 英國 | 中國 | 澳洲土著 |
| A | A | 抗B抗體 | 41 | 31 | 57 |
| B | B | 抗A抗體 | 9 | 28 | 0 |
| AB | AB | 無 | 4 | 7 | 0 |
| O | 無 | 抗A抗體＋抗B抗體 | 46 | 34 | 43 |

圖1　ABO 血型。ABO 血型的主要特徵。

同種血型的抗原和抗體相混，就會發生**凝集作用**（aggluti-
nation），結果導致輸血問題（見 universal donors, universal re-
cipients）。O 型血型的個體，雖然沒有 A 或 B 抗原，但卻有一
個 H 抗原（見 H-substance），它是 A 和 B 血型的前身。H、A
和 B 抗原亦見於人體分泌物中，如唾液和精液，這一點對於法
醫檢驗很有用處。見 secretor status。

血型的遺傳是由第9對染色體上一個普通染色體基因（見
autosome）控制的，有3個**對偶基因**（alleles）：A、B、O；有
時也寫做 $I^A$、$I^B$ 和 $I^O$。見圖2。現已知 A 型有4個亞型，所以在
這個**基因座**（locus）上共有6個對偶基因（見 multiple
allelism）。

| 基因型 | 表型 |
|------|------|
| A/A, A/O | A 型 |
| B/B, B/O | B 型 |
| A/B | AB 型 |
| O/O | O 型 |

圖2　ABO 血型。ABO 血型的遺傳。

**abomasum　皺胃**　反芻胃（ruminant stomach）中真正起消化作用的部分，在食物進入小腸之前分泌酵素供消化之用。皺胃與非反芻動物的單胃是同源的（homologous）。

**aboral　反口的，離口的**　在沒有明確背面（dorsal）和腹面（ventral）之分的動物中，指遠離口或背對口的方向。

**abortion　流產**　胎兒還不能在子宮之外獨立生存之際，便被排出的情況。可能為自發或人工誘發。

**abscess　膿腫**　膿液匯集在動物體內任何組織或器官中都稱為膿腫，通常外有發炎組織包繞。

**abscisic acid　脫落酸**　一種植物激素。在老葉中發現的脫落酸又稱離素（abscisin），是造成葉片脫離（abscission）的部分原因。在芽和種子中，也稱為休眠素（dormin），可誘發休眠。見圖3。

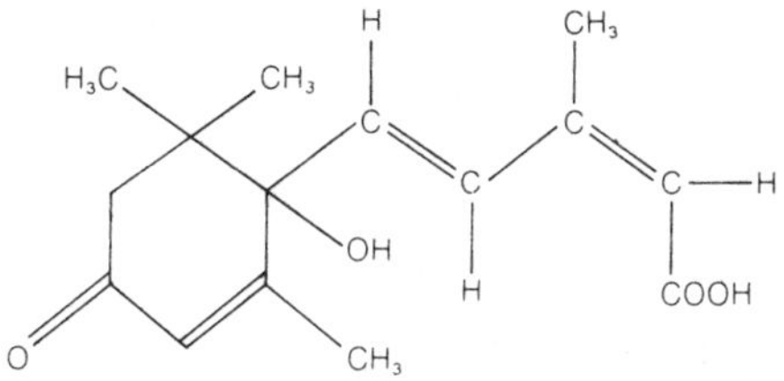

圖3　脫落酸。分子結構。

**abscission　脫離**　指植物器官脫落的程序。未受精的花朵、成熟的果實、秋季的落葉，以及任何時候患病的葉片，都可出現脫離現象。脫離是由於在柄的基部形成一個由薄壁細胞組成的離層（abscission layer），在外力如風力作用之下就可造成脫離。然後在離層之下又形成一個木栓層，將植物表面封住。脫離是受植物中的植物激素控制的：低濃度的生長素（auxin）、高量的乙烯（ethylene），以及在某些植物中高濃度的脫落酸（abscisic acid），都刺激離層的形成。見圖4。

**absolute refractory period　絕對不反應期**　神經元在釋放一

圖4 脫離。葉柄處的離層。

圖中標示：莖、腋芽、葉柄、離層、木栓層

個衝動之後，不能再次發放新衝動的短暫時期。

**absolute zero　絕對零度**　物質所能達到的最低溫度，分子在此溫度不具熱能。一般以零下273.15℃為絕對零度。

**absorption　吸收**　能量或物質被動地進入一系統的過程，例如動物內臟中的營養物質進入血液中，或葉綠素（chlorophyll）在光合作用中吸收光線的過程。對照 adsorption。

**absorption spectrum　吸收光譜**　被某種色素吸收的部分光譜。例如葉綠素（見圖9）吸收紅光和藍光，因此葉綠素呈綠色。

**abyssal　深海的**　（指生物）棲居1000公尺以下的深海。

**acanth- or acantho-**　〔字首〕　表示刺。

**Acanthodii　棘魚綱**　盾皮魚化石的一個綱，本目魚的魚鰭前緣具棘。已經滅絕。亦稱刺鮫綱。

**Acarina　蜱蟎目**　蜘蛛綱的一個目，包括蜱和蟎。

**acceptor molecule　受體分子**　對電子有高親和力的分子，通常由不同受體分子組成一個系列傳遞電子，稱作電子傳遞系統（electron transport system）。受體接受一個電子時，本身被還原，又被氧化放出電子（見 redox potential）。每個還原氧化反應都由一個不同的酶來催化，而隨著每一次電子轉移就釋放出一些能量。例如細胞色素（cytochrome）在有氧呼吸（aerobic respiration）和光合作用（photosynthesis）中都起著關鍵作用。

**accessory nerve　副神經**　迷走神經（vagus）的分支，若在四

4

足動物（tetrapods）中爲第11對腦神經。

**acclimation　馴化**　見 acclimatization。

**acclimatization　馴化**　當生物遭遇超乎尋常環境壓力時，體內產生一系列變化來適應的程序，例如在體溫控制和**呼吸**（respiration）等方面產生適應性變化。見 adaptation。

**accommodation　視覺調節；適應**　1.視覺調節。指改變眼睛焦點以調節遠近視力的程序。魚類和兩生類靠前後移動晶狀體來改變焦點。鳥類、爬蟲類、人類以及某些其他哺乳動物則利用**睫狀肌**（ciliary muscles）改變晶狀體的曲度。睫狀肌收縮時，晶狀體韌帶鬆弛，晶狀體藉本身的彈性而變厚，結果使眼睛能視近物。睫狀肌鬆弛時，韌帶變緊，晶狀體則被牽拉而變薄，這樣焦點就移向無限遠。見圖5。

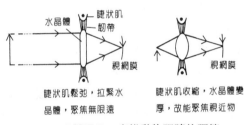

**圖5　視覺調節。脊椎動物眼睛的調節。**

　　2.適應。在**神經衝動**（nerve impulse）傳遞程序中，可興奮膜對**去極化**（depolarization）的敏感性取決於電流增加的速度。因此，當電流增加徐緩時就需要較大的去極化作用才能引發一個**動作電位**（action potential）。這個現象稱適應。

**accrescent　花後膨大的**　〔指植物結構如花萼（calyx）〕開花後植物結構膨大的現象。

**accumulator　元素積聚植物**　可使土壤富集營養物質的植物，如固氮植物。

**acellular　非細胞的**　（指生物）不是由細胞構造組成的生物稱非細胞生物或無細胞生物。非細胞生物的結構可能很複雜，可分化出若干特化區域及胞器（organelles）。此類生物常被稱為單細胞的（unicellular），單細胞一詞常使人誤認為其結構簡單，其實不然。

**acentric chromosome　無著絲點染色體**　由兩個缺乏著絲點（centromeres）的染色體斷片連接形成的染色體。在下一次分裂時就會丟失。對照 metacentric chromosome。

**acephalous　無頭的**

**Acetabularia　傘藻屬**　海藻的一個屬。個體可長達30公釐，非細胞（acellular）結構，體可分為3個不同的區域：頭、柄和基部，基部內含有唯一的細胞核（nucleus）。德國生物學家漢默靈（Joachim Hammerling, 1901- ），曾做實驗在兩種之間嫁接，證明只有核才決定個體形態，核產生一種物質可控制發育。此結果，現在可理解為是去氧核糖核酸（DNA）和傳訊核糖核酸（messenger RNA）起的作用。

**acetabulum　髖臼**　骨盆帶（pelvic girdle）上的兩個杯狀窩，分別與左右股骨（femur）頭形成關節。

**acetic acid** or **ethanoic acid　醋酸，乙酸**　純淨無色的液體，帶有刺鼻的醋味。分子式：$CH_3COOH$。

**acetylcholine（ACh）　乙醯膽鹼**　在神經衝動（nerve impulse）到達時，膽鹼激性（cholinergic）神經纖維末梢分泌的一種神經傳遞物質（transmitter substance）。然後，ACh 將此衝動帶過突觸（synapse）間隙，而一旦 ACh 使突觸後膜發生去極化，它就被膽鹼脂酶（cholinesterase）破壞。對照 adrenergic。

**acetylcholinesterase　乙醯膽鹼脂酶**　突觸間隙內破壞乙醯膽鹼的酵素（見 end plate）。

**acetylcoenzyme A（acetyl-CoA）　乙醯輔酶 A**　在高能化合物分解為二氧化碳和水的氧化（oxidation）中起重要作用的有機化合物。在有氧存在的條件下，糖酵解（glycolysis）產生的三碳化合物丙酮酸在粒線體（mitochondria）中分解出二氧化碳、兩個氫原子（它們把 NAD 還原為 NADH₂），和一個活化型的醋酸〔它同**輔酶** A（coenzyme A）結合在一起形成乙醯輔酶 A〕。脂肪和蛋白質的代謝也產生乙醯輔酶 A。或通過丙酮酸，或直接產生。因此，乙醯輔酶 A 是所有主要類型食物代謝的共同產物，也是導向**克列伯循環**（Krebs cycle）的一個步驟。見圖6。

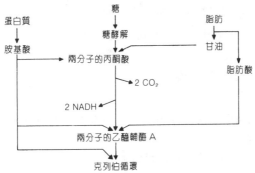

圖6　乙醯輔酶 A。由食物產生乙醯輔酶 A。

**ACh　乙醯膽鹼**　見 acetylcholine。

**achene　瘦果**　含單種子的果實，小、乾、不開裂（indehiscent），果皮（pericarp）薄。例如草莓表面所見的就是瘦果。見圖7。

圖7　瘦果。草莓的瘦果。

**achlamydeous　無被的**　（指花）既無花瓣，又無萼片的。

**achondroplasia　軟骨發育不全**　人類侏儒症中最常見的一個類型。患者軟骨發育異常，造成無數骨缺陷。軀幹生長受阻，四肢畸形且短小,頭顱突出。這種情況是受一個普通染色體顯性基因(見 dominance, genetic)的控制,因此正常父母之能生出患兒必然是由於父母任一方發生了突變。大約有80%的軟骨發育不全的患者死於童年早期,但存活者可生育,智力正常,通常生活也正常。典型的馬戲班裡的侏儒都是軟骨發育不全患者。

**acid 酸** 任何可以提供質子的化學物質。酸溶於水形成氫離子,氫離子可被金屬置換而形成鹽。

**acid-base balance 酸鹼平衡** 透過緩衝(buffer)系統,保持酸鹼平衡,從而維護身體內環境恆定的程序。

**acid dyes 酸性染料** 含酸性有機成分的染料,與金屬結合時可將細胞質和膠原蛋白等物質染色。

**acidophil** or **acidophile** or **acidophilic** or **acidophilous 嗜酸性的** 1. (指細胞,例如白血球)含有易被酸性染料染色的組織。2. (指生物,特別是微生物)偏好酸性環境。

**acidosis 酸中毒** 體液含有過量酸性。酸鹼平衡通常是受腎臟控制的。

**acid rain 酸雨** 含有硫化物之類污染物的雨,下至地面可以危害地面動植物。這些污染物是在燃燒石化燃料如煤炭或石油時釋放進大氣的。

**acinus 腺泡** 泡狀腺末端的囊泡。這種腺是由多細胞組成的,有多個囊狀的分泌單位。

**acoelomate 無體腔的** 見於某些無脊椎動物類群,如腔腸動物、扁體動物、紐形動物和線形動物。

**acorn worm 囊舌蟲** 一種半索動物。半索動物是3類無脊椎的脊索動物之一,這3者又合稱*原索動物*(protochordates)。

**acoustic 聽覺的** 與聽覺有關的。

**acoustico -lateralis system 聽側線系統** 見 lateral-line system。

**acquired characters 獲得性狀** 一個生物的性狀中,根據拉馬克（Lamarck）的意見（見 Lamarckism），是生物某些表徵在其後天的生涯中透過不間斷的使用及外在環境影響而固定下來，並可將之遺傳給後代的那一部分。但至今沒有發現明確的證據可證實這個學說。目前的看法是，環境在演化中起了很大的作用，但這完全是天擇（natural selection）的結果。

**Acrania　無頭類**　一個過時的分類名稱，常作為原索動物（protochordate）的同義詞，但在某些分類系統中卻只作為頭索動物（cephalochordate）的同義詞。

**Acrasiales　集胞黏菌目**　根據某些分類系統，為黏菌綱中的一個類群。集胞黏菌可具細胞形態也可為群居，但不合生。

**acrocentric　具近端著絲點的**　（指染色體）著絲點（centromere）接近一端，以致染色體的一個臂遠長於另一個臂。

**acrocephaly　尖頭**　頭呈圓頂狀，亦稱 oxycephaly。

**acromegaly　肢端巨大症**　一種慢性疾病，其特徵為頭部和手足肥大。因生長激素過分分泌所致。

**acropetal　向頂的**　1.指植物結構，如葉子和花朵，一個接一個自莖的基部向頂端生長。2.指物質，如水，自植物基部向頂端運動。

**acrosome　頂體**　精子頂端的一個膜囊，由高基氏體（Golgi apparatus）衍生而來。在受精作用中起重要作用。它包含酵素，在接觸卵細胞破裂時，釋放出的酵素有助於穿透卵膜，使精子核得以進入卵細胞。見圖8。

圖8　頂體。典型的哺乳動物精子頭部。

**A-C soil　黑色石灰土**　見 rendzina。

**ACTH　促腎上腺皮質激素**　見 adrenocorticotropic hormone。

**actin　肌動蛋白**　肌肉中的一種收縮蛋白，見於由原生動物直至脊椎動物的一切動物，並見於一切細胞的微絲（microfila-ments）中。收縮所需能量來自三磷酸腺苷（ATP）。

**actinomorphic　放射型的**　（指整齊花）可沿兩個或兩個以上平面分割而仍保持兩側對稱。在動物，這種結構常稱爲輻射對稱（見 radial symmetry）。

**Actinomycetes　放線菌**　一組原核生物（prokaryotic），革蘭氏染色陽性（見 Gram's stain），生長有可分支的菌絲（hyphae，直徑0.5～1.0微米）。菌絲又形成菌絲體（mycelium）。生殖或利用菌絲的完全裂殖（fragmentation），或在菌絲體的特定部位產生孢子（spores），或兼採兩種方式。大部分放線菌爲腐生植物（saprophytes）、好氧生物（aerobes），或嗜中溫（mesophilic）；在中性 pH 範圍內生長最好。

**actinomycin D　放線菌素 D**　一種可抑制去氧核糖核酸（DNA）轉錄爲核糖核酸（RNA）的物質。由土壤細菌提出並用做藥物時，可作爲抗生素（antibiotic）使用。

**Actinopterygii　條鰭亞綱**　硬骨魚的一大類，具輻射狀鰭條。是魚中最成功的類群，又可分爲兩個小目和一個大目：軟骨硬鱗類（Chondrostei）（包括鱘和匙吻鱘）；全骨類（Holostei）（包括雀鱔和弓鰭魚）；和眞骨類（Teleostei）。這最後一類是現今世界上的優勢類群，也是一切脊椎動物中數目最多的類群。

**Actinosphaerium　輻射蟲**　一類原生動物（protozoan），又稱太陽蟲（sun animalcule），和變形蟲有親緣關係。

**Actinozoa　珊瑚蟲綱**　珊瑚蟲綱（anthozoa）的別稱，較不通用。

**action potential　動作電位**　在受刺激時，神經及肌肉纖維細胞內外存在的電位差。在安靜狀態下〔靜止電位（resting potential）］，肌肉或神經纖維的細胞內部較外部爲負。當有衝動經過時，電位翻轉，而這個沿纖維而下的電位翻轉波就成爲一個衝動的最便於觀察的現象。衝動［去極化（depolarization）］持續約1毫秒，之後靜息電位逐漸恢復。見 nerve impulse。

**action spectrum　作用光譜**　引發生理反應的光波長範圍。舉例來說，能引發綠色植物葉綠素利用光合作用製造碳水化合物的光波長範圍，同葉綠素的**吸收光譜**（absorption spectrum）緊密對應，說明葉綠素吸收的光能大部分用於光合作用。見圖9。

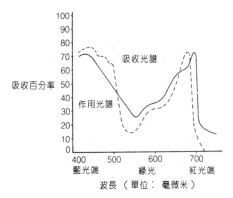

圖9　作用光譜。葉綠素的吸收光譜和作用光譜。

**activated sludge　活化污泥**　污水處理所用的材料，主要包括細菌和原生生物，可淨化污水而本身在淨化程序中還可繁殖增長。新產生的污泥一部分又用於繼續處理。

**activation energy　活化能**　用於引發一個化學反應的最低能量。將原子束縛在一起的化學鍵很難打破，要求施加額外的活化能將被鍵束縛的原子拉開。這額外的能量使化學鍵變得不穩定，所以分子不僅釋放活化能，還釋放出化學鍵蘊藏的能量，形成一種**放能反應**（exergonic reaction）。活化能可以熱的形式自外施加，但這對生物不適合。生物依靠生物催化劑酵素，酵素可減低發動化學反應所需的活化能。見圖 10。參見 endergonic reaction。

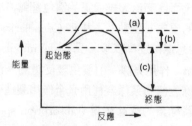

圖10 活化能。(a)無酵素時所需活化能；(b)有酵素時所需活化
能；(c)放能反應釋放的能。

**activator　活化劑**　可提高受治者活動水準的藥物。

**active absorption/uptake　主動吸收/攝取**　植物經由主動代
謝攝取物質的程序，這常常是逆濃度梯度而行的。與之相反的是
順濃度梯度的被動攝取（ passive uptake ）。

**active center　活性中心**　1.酵素（ enzyme ）分子上與受質互
相作用並結合成酵素－受質複合體的部位。2.抗體分子上與抗原
互相作用並結合成抗體－抗原複合體的部位。

**active immunity　主動免疫**　見 antibody。

**active ingredient　活性成份**　產品如除草劑（ herbicide ）中的
具有化學活性的部分，其餘則為惰性部分。

**active site　活性部位**　酵素（ enzyme ）表面具有同特定受質互
補形狀的部位，它可使酵素與受質暫時鍵接形成酵素－受質複合
體。這種鎖鑰機制（ lock and key mechanism ）可以解釋酵素對
受質的高度特異性，以及為什麼由於 pH 或溫度的變化造成酵素
三維構形的改變就可以影響酵素的活性。見圖11。

**active state　活性狀態**　肌肉在即將收縮和正在收縮時所處的
狀態，此時肌肉不能伸展。這是由於肌凝蛋白（ myosin ）橋連到
肌動蛋白（ actin ）細絲上所致。

**active transport　主動運輸**　物質由低濃度區轉運向高濃度區

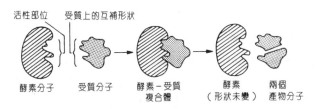

活性部位　受質上的互補形狀

酵素分子　受質分子　酵素－受質　酵素　兩個
　　　　　　　　　複合體　（形狀未變）產物分子

**圖11　活性部位。解釋酵素活性的鎖鑰機制。**

的程序，亦即逆**濃度梯度**（concentration gradient）轉運的程序。這種轉運通常發生於細胞膜，據信細胞膜含有載體，可將一側的分子轉移到另一側。這種程序要逆自由能梯度而行，所以就需要 ATP 分解放出的能量。因此，這種程序對影響代謝的各種因子都很敏感，這包括溫度、氧氣、pH 等等。對照 diffusion。見圖12。

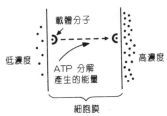

載體分子

低濃度　　　　　　高濃度

ATP 分解
產生的能量

細胞膜

**圖12　主動運輸。跨膜主動運輸。**

**activity　活性**　一種物質能與另一物質發生反應的能力。

**actomyosin　肌動球蛋白**　肌動蛋白（actin）和肌凝蛋白（myosin）相互作用形成的一種蛋白。它同肌肉（muscle）收縮密切相關。

**acuity　敏度，視力**　眼睛的分辨力。

**acuminate　漸尖的**　（指葉片）逐漸變窄趨向一點，但一般在接近此點時變化稍徐緩些。

**acute　急尖的；急性**　1.（指植物結構如葉片）急速變尖。2.（指病）急性疾病。3.（指輻射劑量）短期內給予高劑量，即為急性輻射。對照 chronic。

**ad-** ［字首］ 表示接近。

**adaptation, genetic　遺傳適應**　一切可以增進生物向後代傳遞基因（genes）的機率，亦即增進生育後代的機率的個體性狀。這些有利的性狀是由遺傳決定的，能和個體在一生中獲得的性狀區別開來（見 adaptation, physiological）。後者不會造成遺傳改變。適應可以影響不同層次，由細胞直到整個個體。這些適應性狀因自然選擇（natural selection）程序而得到鞏固。

**adaptation, physiological　生理適應**　生物因長期接觸某些可引起廣泛反應的環境條件，從而產生的改變。例如人們一旦適應高原以後，高山病（頭痛、噁心、疲乏）可以消失，這時呼吸系統和循環系統都發生了適應性改變。見馴化（acclimatization）。

**adaptive enzyme　適應酵素**　只有在存在相應受質或與該受質密切相似物質的情況下才產生的酵素，例如某些細菌的酵素。在該生物未適應的場合，就不產生這種酵素。見操縱組模型（operon model）。

**adaptive radiation　適應輻射**　由一個始祖型生物演化出佔據許多不同類型生境的大量有關物種的現象。例如，哺乳動物由第三紀開始進化，現已佔據許多生境，並有飛行、奔跑、游泳和鑽穴等多種生物型，它們的五趾附肢（pentadactyl limb）構造也發生了種種變化。

**adaxial　近軸的**　（指葉片）面對植莖的。

**Addison's disease　愛迪生病**　因腎上腺皮質激素缺乏而發生的疾病；缺乏的激素包括腎上腺（adrenal gland）分泌的腎上腺皮質素（cortisone）和醛固酮（aldosterone）等。本病以英國醫生愛迪生（Thomas Addison, 1793-1860）之名為名；他首先描述了本病。本病的主要症狀包括：血壓降低；血糖降低；腎功能受損；體重下降；肌肉極度無力；皮膚黏膜有棕色色素沉澱等。

**additive genes　加成基因**　多基因同時可控制同一性狀的表現，而每個對偶基因對該性狀都能夠產生明確的和可度量的作用。在這些對偶基因之間不存在顯性（dominance），而在不同基因座（見 locus）之間也不存在上位（epistasis）。許多色素系統就是受此等加成基因控制的，因此表現出極大的變異度。

**adductor　內收肌；閉殼肌**　1.將某一結構或附肢拉向軀幹主體的肌肉。兩生動物的下頜內收肌就是一例，它的功能是閉頜，亦稱降肌（depressor）。2.將兩個結構拉攏在一起的肌肉，例如閉合貝殼動物雙殼的閉殼肌。

**adenine　腺嘌呤**　去氧核糖核酸（DNA）的4種含氮鹼基之一，屬嘌呤（purines）類，具雙環結構（見圖13）。

圖13　腺嘌呤。分子結構。

腺嘌呤是 DNA 的單位，核苷酸（nucleotide）的一部分。它永遠同 DNA 中的胸腺嘧啶（thymine），形成互補鹼基配對（complementary base pairing）。見圖14。不過，當在轉錄程序中同核糖核酸（RNA）配對時，腺嘌呤是和尿嘧啶（uracil）互補配對。腺嘌呤亦見於 RNA 分子、ATP，和 AMP 中。

圖14　腺嘌呤。互補配對。P 代表磷酸根。

**adenohypophysis　垂體腺性部**　腦垂腺（pituitary gland）的一部分，完全由腦下垂體（見 hypophysis）發育而來。

**adenosine　腺嘌呤核苷**　含氮化合物，由腺嘌呤（adenine）和一種核糖組合而成。腺苷是核苷酸（nucleotides）的一部分，又組成核酸（nucleic acids）和腺苷三磷酸（ATP）。

**adenosine diphosphate　腺苷二磷酸**　見 ADP。

**adenosine monophosphate　腺苷單磷酸**　見 AMP。

**adenosine triphosphate　腺苷三磷酸**　見 ATP。

**adenovirus　腺病毒**　一類可引起數種急性呼吸系統傳染病的病毒。因常發現於腺樣組織，故名腺病毒。

**adenyl cyclase　腺苷酸環化酶**　催化從 ATP 形成環 AMP 的酵素，形成環化產物時脫去一個焦磷酸根。

**ADH（antidiuretic hormone）　抗利尿激素**　下視丘（hypothalamus）神經分泌細胞分泌並由腦垂腺（pituitary gland）後葉釋放的一種激素。ADH 刺激腎臟（kidney）遠端曲管回吸水分，因此可限制經尿排走的水分和總尿量。

**adipose tissue　脂肪組織**　含脂的結締組織（connective tissue），基質中有體大、緊密堆積並充滿脂肪的細胞。其重要功能爲儲能，分布於肝腎的周圍。存在於皮膚（skin）的眞皮中時，也起絕緣作用，可防止體熱逸失。

**adjacent disjunction　鄰接分離**　見 translocation heterozygote。

**adjuvant　佐劑**　能提高理化性能的添加劑。例如在抗原（antigens）中常添加佐劑，以加強受者的免疫反應（immune response），從而增加抗體（antibodies）的產量。

**adnate　貼生的，聯生的**　（指生物結構）將不同種類的器官聯結在一起。

**adoral　口側的**　（指生物）位於口所在的體側的。

**ADP（adenosine diphosphate）　腺苷二磷酸**　一個腺嘌呤核苷（adenosine）結合著兩個磷酸根，其中夾有一個高能磷酸鍵。供給無機磷酸和大約34仟焦耳的能量，就可以把一個 ADP 轉化爲一個 ATP。見圖15。有關分子結構，參見 ATP。

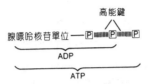

**圖15** ADP。ADP 和 ATP 的結構。P 代表磷酸根。

**adrenal cortical hormones 腎上腺皮質激素** 腎上腺（adrenal glands）皮質分泌的激素 主要有3個類型：(a)礦物性皮質素（mineralocorticoids），例如醛固酮（aldosterone）和脫氧皮質酮，它們與水鹽平衡有關；(b)葡萄糖皮質素（glucocorticoids），如腎上腺皮質素（cortisone）和氫化可體松，它們有助於脂肪和蛋白質形成碳水化合物；(c)性激素（sex hormones），特別是雄激素（androgens），在雄性和雌性哺乳動物體內都有。

**adrenal gland 腎上腺** 內分泌器官，其髓質（中央部分）分泌腎上腺素（adrenaline）和正腎上腺素（noradrenaline），其皮質（外周部分）分泌腎上腺皮質激素（adrenal cortical hormones）。這兩部分在哺乳動物中緊密相連，但在其他脊椎動物如魚中卻分屬兩個獨立的器官。髓質的活動受交感神經系統支配，而皮質的活動則在腦下垂體分泌的促腎上腺皮質激素（adrenocorticotropic hormone）的控制下。哺乳動物有一對腎上腺，位於腎臟之前。其他脊椎動物的腎上腺則多於兩個。

**adrenaline** or **epinephrine 腎上腺素** 腎上腺（adrenal gland）髓質分泌的一種激素。它使機體能完成緊急行動〔又稱不戰即逃反應（fight- or -flight reaction）〕。它增加心率；收縮向皮膚和腎臟供血的血管；提高血壓；提高血糖；擴張向肌肉、心臟及腦部供血的血管；擴大瞳孔；豎立毛髮。它通常和正腎上腺素（noradrenaline）一同分泌，兩者作用相似。兩者都是由交感神經系統的腎上腺素激導（adrenergic）神經末梢分泌的。

**adrenergic 腎上腺素激導的** （指神經末梢）當神經衝動

（nerve impulse）到來時分泌腎上腺素（adrenaline）和正腎上腺素（noradrenaline）的。在許多脊椎動物中，這些物質隨後再刺激交感神經系統（sympathetic nervous system）中的效應器神經纖維，其作用方式一如膽鹼激性（cholinergic）神經末梢之以乙醯膽鹼（acetylcholine）做爲遞質。

**adrenocorticotropic** or **adrenocorticotrophic hormone（ACTH）** or **corticotrophin　促腎上腺皮質激素**　腦垂腺（pituitary）前葉分泌的一種小分子量蛋白質激素。它控制腎上腺（adrenal gland）皮質分泌其他激素。

**adsorption　吸附**　表面或界面對氣體或液體的吸著現象。在物理吸附，分子是靠凡德瓦力（van der Waals' forces）相互吸引。在化學吸附，分子間或交換電子或共享電子。

**adventitious　偶生的**　1.（指植物根）不是由主根長出而是由莖側生出的，例如玉米的支柱根和葡萄的纏繞根。2.（指植物芽）不是來自葉腋的，例如秋海棠（*Begonia*）可由任一葉片受創之處滋生出不定芽。

**Aepyornis　隆鳥**　前不久滅絕的馬達加斯加鳥類，體大，不能飛。比鴕鳥還大，鳥蛋含量超過9升。

**aerenchyma　通氣組織**　木栓樣組織，細胞間有較大的充氣腔隙，見於某些水生生物的莖和根中。它保證植物的水下部分仍然可以得到充分的氣體交換。

**aerial respiration　空氣呼吸**　在空氣中交換氣體，吸入氧氣放出二氧化碳，見於陸生生物和某些水生生物。呼吸表面通常位於內部，如葉片中的葉肉（mesophyll），昆蟲的氣管（trachea），蜘蛛、蠍子的書肺（book lungs）和陸生脊椎動物的肺（lungs）。不過，也有些呼吸器官是在體外的，如兩生動物的皮膚（skin）。所有這些呼吸表面都要有一個薄薄的水層以利氣體交換，此外還要有個血液系統來保證同遠處組織間的氣體運輸。

**aerobe　好氧生物**　（常指微生物）需要有氧呼吸（aerobic respiration）而必須在氧氣中才能存活的。

**aerobic respiration　有氧呼吸**　細胞呼吸（cellular respiration）的一個類型，必需有氧氣存在。葡萄糖（glucose）逐步分解放能，所經步驟可歸爲3個主要階段：

第1階段：葡萄糖經糖酵素（glycolysis）轉化爲丙酮酸（pyruvic acid），這是在細胞質（cytoplasm）內進行的。葡萄糖比較穩定，因此先要加上磷酸根使之活化〔磷酸化（phosphorylation）〕；這磷酸根來自兩個 ATP 分子。然後乃分解爲兩個分子的含三碳的磷酸甘油醛（PGAL）。每個 PGAL 分子又被脫去兩個氫原子（被氧化），這兩個氫原子隨即被輔酶I（NAD）分子轉移走。由於有氧存在，NADH 乃可經粒線體支路（mitochondrial shunt）進入一個電子傳遞系統（electron transport system, ETS）。見圖16。在這受質層次磷酸化（substrate-level phosphorylation）中，經過幾個步驟共合成4個 ATP 分子。所以經糖解作用，一個葡萄糖分子淨產生兩個分子的 ATP 和兩個分子的三碳的丙酮酸（pyruvate）。

第2階段：丙酮酸在粒線體（mitochondria）中氧化和脫羧（decarboxylation）形成兩個分子的兩碳的乙醯輔酶 A（acetylcoenzyme A, acetyl-CoA）。這個程序放出二氧化碳，每個丙酮酸還脫去兩個氫原子，氫原子被 NAD 轉移，沿位於粒線體內膜上的一個 ETS 傳遞下去。每個 NADH 產生兩個分子的 ATP，最後由氧作爲氫的受體，產生水。

第3階段：乙醯輔酶 A 進入克列伯循環（Krebs cycle, TCA cycle）。每個分子的乙醯輔酶 A 可進入循環一次。因爲每個葡萄糖分子分解爲兩個乙醯輔酶 A 分子，所以每個葡萄糖分子就要循環兩次，於是產生2×2個分子的二氧化碳和2×8個原子氫。有6對氫原子被 NAD 轉移，通過 ETS 產生18（6×3）個分子的 ATP。剩下的兩對氫原子被 FAD 轉移，進入 ETS 產生4（2×2）個分子的 ATP。循環每轉一圈，還有一個分子的 ATP 是直接由受質磷酸化作用產生的。一個葡萄糖分子經需氧呼吸的最終產物，見於圖16。

| 階段 | 二氧化碳分子 | 氫原子 | ATP 分子（通過受質層次磷酸化） | ATP 分子（通過 ETS） | | 總 ATP | 水分子（通過 ETS） |
|---|---|---|---|---|---|---|---|
| | | | | FADH | NADH | | |
| 1 | 0 | 4 | 4 (2) | 0 | 6 | 10 (8) | 2 |
| 2 | 2 | 4 | 0 | 0 | 6 | 6 | 2 |
| 3 | 4 | 16 | 2 | 4 | 18 | 24 | 8 |
| 總計 | 6 | 24 | 6 (4) | 34 | | 40 (38) | 12 |

圖16　有氧呼吸。一個分子葡萄糖經有氧呼吸的最終產物（括號內為淨產值）。

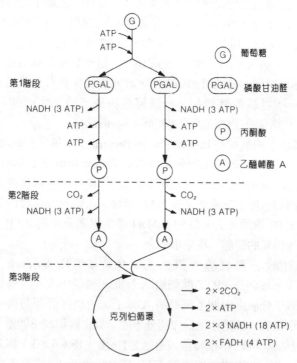

圖17　有氧呼吸。有氧呼吸的產物總結。

呼吸程序的3個階段，見圖17。注意：由於開始糖解時需要兩個分子的 ATP，所以每個分子葡萄糖淨產38個 ATP 分子。這38個 ATP 分子中，只有兩個（約5%）是不需要氧產生的，其餘36個全是靠需氧呼吸作用產生的。脂肪和蛋白質也可進行需氧呼吸，分別加入反應的不同階段。詳見 acetylcoenzyme A。

**aerotaxis 趨氧性** 生物趨向氧氣或空氣而運動的現象。

**aerotropism 向氧性** 植物針對氧氣或空氣的生長反應。例如所謂負性向氧性，即指向遠離空氣方向生長的現象，如在有花植物中花粉管（pollen tube）是由柱頭向子房方向生長。

**afferent neuron 傳入神經元** 由感受器細胞向中樞神經系統傳導衝動的神經纖維。對照 efferent neuron。

**affinity 親緣** 由演化角度來看，生物與生物之間的親緣關係。

**African sleeping sickness 非洲昏睡病** 非洲某些地區特有的一類致命性感染性疾病，侵犯神經及淋巴系統，因傳染一種帶鞭毛原生動物而引起。病原體稱錐蟲（*Trypanosoma*），西非特有的是布氏錐蟲岡比亞亞種（*Trypanosoma brucei gambiense*），東非特有的是布氏錐蟲羅德西亞亞種（*Trypanosoma bruceirhodesiense*）。這個鞭蟲的媒介生物是采采蠅〔（tsetse fly）舌蠅（*Glossina*）〕，此蠅也駐食耕牛，於是後者就成為錐蟲的儲存寄主。非洲昏睡病不可和腦炎（encephalitis）混淆，後者是病毒感染。

**afterbirth 胞衣** 真哺乳動物（eutherian）產後自子宮排出的胎盤胎膜等殘餘物。

**afterripening 後熟期** 表觀完全成熟的種子以及某些真菌的孢子，發芽前必須經歷的一段時期。後熟也是一種休眠（dormancy），此期間可能產生某些生長激素，或某些生長抑制因子被消滅了，從而為進一步發育創造了適宜條件。

**agamospermy 不完全無配生殖** 不經過受精（fertilization）

或減數分裂（meiosis）的生殖程序。但胚胎的產生是經由營養體生殖（vegetative reproduction）以外的其他無性方式。

**agar　瓊脂；洋菜**　某些海藻的糖類產物，與水混合加熱溶解冷卻後可形成凝膠，常用作微生物培養基。

**agave　龍舌蘭**　美洲特產半木質多年生植物。龍舌蘭酒和阿奎米爾酒都是由龍舌蘭汁液製成的發酵飲料，進一步蒸餾還可製出梅斯卡爾酒和龍舌蘭燒酒。

**agglutination　凝集作用**　指細胞的凝集，通常是由於血液或淋巴中特定抗原（antigens）和抗體（antibodies）間發生反應所致。這就構成一種天然防禦機制，可抵禦異物，包括細菌。在不同 ABO 血型（ABO blood groups）的人之間輸血，也有導致凝集反應的風險（見 universal donor 和 universal recipient）。

**agglutinin　凝集素**　導致凝集作用（agglutination）的一類抗體（antibody）。

**agglutinogen　凝集原**　一種表面抗原，它可引發凝集素的形成，最後兩者結合而導致凝集作用（agglutination）。

**aggregate fruit　聚合果**　由許多單果聚集而成的果實，源於具數個游離心皮（carpels）的花朵。懸鉤子即爲一例。

**aggregation　集團**　一種非隨機分布，同一生物種群的個體聚整合群。這可能因爲：(a)局部生境的條件不同，如某些生物偏好潮濕地區而不喜乾燥地區；(b)生物對晝夜或季節天氣變化的反應；(c)繁殖的結果，如在某些動物中由同一卵塊育出的子代常聚集在一起，而在植物當種子散布受阻時子代也可密集在一起；(d)社群吸引作用，如鳥類常群集營巢。

**aggressins　攻擊素**　細菌產生的一種酵素，用以融化寄主組織以利入侵。

**aggression　攻擊**　一種行爲類型，包括對其他動物的恫嚇和攻擊，不過在大自然中恫嚇遠多於眞正攻擊。參見 agonistic behavior。

**Agnatha　無頜類**　水生、無頜、似魚的脊椎動物，附肢（鰭）少於兩對。本類群常被視爲亞門，以和其他具頜的脊椎動物相區分，後者統稱頜口類。無頜類包括七鰓鰻、盲鰻和化石類群甲胄魚綱（Ostracodermi）。

**agonistic behavior　爭勝行爲**　一個廣義術語，包容多種行爲模式，不僅包括攻擊（aggression）的各個方面，如恫嚇和眞正進行攻擊，還包括妥協、逃避等行爲。

**agouti　棕灰色**　一種動物皮毛色調。個別毛髮上有明暗相間的色帶，整體上給人以細花棕褐色的感覺。這種花色見於哺乳動物，如野兔、大鼠和小鼠。

**agranulocyte　無粒性白血球**　白血球（leukocyte）的一個類型，核大而圓，細胞質中無特異顆粒。無顆粒細胞產生於淋巴系統（lymphatic system）和骨髓中。它們佔白血球細胞的30％上下，分兩個類型：淋巴球（lymphocytes）和單核細胞（monocytes）。

**agriculture　農業**　耕耘土地，從事農業或園藝的活動。

**agronomy　農藝學**　研究大田作物的栽培，特別著重於提高作物品質的學科。

**A horizon　A層**　土壤剖面中的頂層。最上是表土和落葉層，中間是粗腐植質，下面是深色的腐植質。亦見 B horizon。

**AIDS　愛滋病**　後天免疫不全症候群（acquired immune deficiency syndrome）的英文名首字縮寫。一種嚴重的人類疾病，由病毒感染。此病毒可破壞人體自然防禦系統（見 immune response），而當人體無力抵禦感染時就導致死亡。人們對此種病毒的感染反應不一，不是每個病毒攜帶者都出現 AIDS，但所有被感染者都可經由下列兩個途徑傳播本病：(a)性交；(b)血液傳播，如使用毒品者共用同一針頭。目前還沒有疫苗可有效預防 AIDS 病毒，不過已有幾種正在研究中。

**air bladder** or **gas bladder** or **swim bladder　氣鰾**　眞骨魚

腹腔頂部的氣囊，使魚不需活動即可保持在水中的垂直位置。

**airborne pathogen　空氣傳播的病原體**　一切可在空氣中傳播的致病微生物。

**air pollution　空氣污染**　大氣中以飄塵、煙霧、氣體或其他形式存在的污染物，並達到一定濃度足以對生物帶來不利影響。見 acid rain。

**air sac　氣囊**　存在於鳥類胸腔、腹腔和胸肋骨間的薄壁含氣囊腔，係由肺臟延伸而來。氣囊亦見於昆蟲，是氣管（trachea）向外突出而產生的盲囊。這兩類氣囊均有呼吸作用。見圖18。

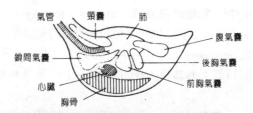

圖18　氣囊。鳥的氣囊系統（左側面圖）。

**air space　氣隙**　生物體內任何含氣的空隙。

**alanine　丙胺酸**　蛋白質中常見的20種胺基酸（amino acids）之一。具非極性（nonpolar）基，相對不溶於水。丙胺酸的等電點（isoelectric point）為6.0。見圖19。

H₂N—C—C=O / OH
CH₃　　特異性 'R' 基

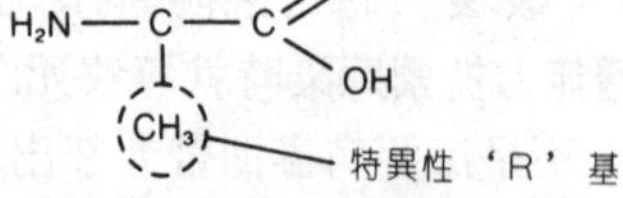

圖19　丙胺酸。分子結構。

**alar　翼的，羽的**　與翼或羽有關的。

**alary muscles　翼狀肌**　昆蟲圍心包壁上的一系列小肌肉。驅使血液自圍臟腔流入心包，再入心臟。

**albinism　白化症**　見於多種生物的一種遺傳異常，其主要特徵是通常顯色器官中缺乏**黑色素**（melanin）。人類白化症的表現有：(a) 皮膚淡粉紅色，含色素的細胞〔**黑色素細胞**（melanophores）〕仍然存在，但細胞內缺乏黑色素。皮膚的粉紅色來自下面的血管。(b)虹膜呈淺粉紅色，瞳孔深紅色，兩者都是由於缺乏色素而深部血管增生。(c)畏光（photophobia），這是由於過多的光線進入眼睛並反射到網膜上。白化症患者通常佩戴深色眼鏡。(d)頭髮淡黃色。白化症是個**先天代謝障礙**（inborn error of metabolism），因缺乏正常的酪胺酸酶，以至酪胺酸代謝受阻。本病是受**普通染色體**（autosome）上的一個**隱性基因**（recessive gene）的控制。人群中大約2萬人中就有一個白化症患者。見圖20。

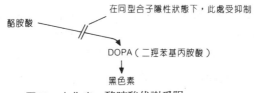

圖20　白化症。酪胺酸代謝受阻。

**albumen or egg white　蛋白，蛋清**　鳥類和某些爬行類的輸卵管分泌的蛋白質水溶液。蛋白包圍著胚胎和卵黃，它在卵殼內起襯墊作用。最後作爲食物被胚胎吸收。

**alcohol　醇**　有機化合物；碳氫化合物的一個氫原子被羥基（OH）所置換。見圖21。

**alcoholic fermentation　乙醇發酵**　細胞呼吸（cellular respiration）的一個類型，見於植物和某些不需氧的單細胞生物，其結果是由葡萄糖（glucose）產生乙醇（一種醇類），並釋放出少量能量。其主要細節見於無氧呼吸（anaerobic respiration）條目中，但在這裡可以簡要說明如下：發酵包括糖酵解（glycolysis）直到產生丙酮酸（pyruvic acid），然後由於缺氧，丙酮酸

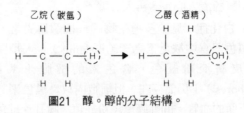

乙烷（碳氫）　　　　　　　　乙醇（酒精）

圖21　醇。醇的分子結構。

經乙醛分解爲乙醇，並釋放二氧化碳。見圖22和34。

$$C_6H_{12}O_6 \longrightarrow 2CH_3CH_2OH + 2CO_2 + 168仟焦耳\ 能量$$

葡萄糖　　　　　　　乙醇

圖22　乙醇發酵。由葡萄糖產生乙醇。

**Alcyonaria　海雞冠亞綱**　珊瑚的一個類群，包括海鰓、海腎等。

**aldehyde group　醛類**　一切攜帶 CHO 基的有機化合物；CHO 是一個碳醯基連有一個氫原子和一個氧原子。

**aldose　醛糖**　在第一位碳上連有醛基的糖，如 D-甘油醛。

**aldosterone　醛固酮**　腎上腺（adrenal gland）皮質分泌的一種激素。負責控制體內鈉鉀離子的相對濃度。它促進腎臟亨利圈（loop of Henle）、上升肢對鈉離子的回吸，同時排出鉀離子，此外還促進腸道對鈉離子的攝取。於是血中鈉離子濃度上升，鉀離子濃度下降，從而調節體液內的離子平衡（見 sodium pump）。

**aleurone layer　糊粉層**　在某些種子如大麥的種皮（testa）下的一層細胞。糊粉層可釋放大量水解酶（見 amylases, proteases 和 nucleases），幫助消化胚乳（endosperm）。這樣就可以爲胚胎生長提供可利用的營養。酶的釋放是由植物激素吉貝素（gibberellin）引發的，後者則是種子浸水發芽前由胚放出的。

**aleuroplast　糊粉粒**　一種儲藏蛋白質的原漿質（plastid），見於多種種子。

**algae 藻類** 好幾個植物分類類群的統稱，包括輪藻、綠藻、金藻、裸藻、褐藻、甲藻和紅藻等。這些都是比較簡單的螢光合作用的植物，具有單細胞的生殖結構。這其中有**單細胞**（unicellular）生物，也有絲狀或葉狀但不具維管組織的植物。藻類生於海水或淡水，也有的陸生，見於潮濕地區、牆腳、樹根等地。

**algal bloom 藻花** 水體內藻類大量繁生的現象，常因水體被化肥或去污劑中磷酸鹽污染所致。

**alien 外來的** 通常指植物，即非本土環境原有的，多半為後來人所引入。

**alimentary canal** or **gut** or **enteric canal** or **enteron** or **gastrointestinal tract 消化道，腸，胃腸道** 由口（mouth）通向肛門（anus）的管狀通道。有幾個不同的功能：(a)經口並利用牙齒和舌，攝入食物。(b)食物消化（digestion），自口開始，並繼續在胃（stomach）和小腸（small intestine）中進行。(c)營養吸收（absorption），主要在小腸內進行，水分還要由**大腸**（large intestine）吸收。(d)糞便經肛門排出。糞便中包含未消化食物及排泄物質，如膽鹽（bile salts）。見 digestive system。

**aliquot 測樣** 整體中一個已測定的部分，常為等分部分；是製備物中一個定量的樣本。

**alisphenoid 蝶翼骨** 哺乳動物顱部中央的一對骨頭。

**alkali 鹼** 可溶的鹼（base）或鹼基溶液。

**alkaline 鹼性的** 具有鹼（alkali）的性質或含有鹼的。

**alkaline tide 鹼潮** 因消化時胃分泌大量鹽酸而致體液和尿液鹼性增加。

**alkalinity 鹼性** 1.鹼性狀態。2.溶液中鹼或鹼基的量，常用 pH 值來表示。

**alkaloids 生物鹼** 含氮的鹼性有機化合物，見於某些植物科，如罌粟科中。生物鹼具毒性或藥效。實例如煙鹼（尼古丁）、金雞納鹼、嗎啡和可卡因（古柯鹼）。

**alkalosis　鹼中毒**　體液鹼性過高的狀態。

**alkaptonuria　黑尿病**　見 Garrod, A. E. 。

**allantoic chorion　尿囊絨毛膜**　尿囊（allantois）與絨毛膜（chorion）中胚層的結合，這在眞獸類哺乳動物中發育爲胎盤（placenta）。見 amnion（圖30）。

**allantoin　尿囊素**　在某些爬行動物和靈長類以外的哺乳動物中，嘌呤代謝的雜環狀終產物。

**allantois　尿囊**　脊椎動物胚胎後腸長出的一個膜囊，突出於胚胎之外，外覆一層富含血管的結締組織。在鳥類和爬行類，尿囊提供一個呼吸表面，其內部還用於儲藏排泄物（見圖30）。在具胎盤哺乳動物中，尿囊血管負責胎兒和胎盤（placenta）之間的運輸，具呼吸、營養和排泄等功能。在這所有動物類群中，大部分尿囊在出生時都被捨棄。

**allele　對偶基因**　在二倍體（diploid）細胞核中，分別位於兩個同源染色體（homologous chromosome）上某相同基因位置上的基因（gene），互爲對偶基因。如果兩對偶相同，則稱該個體爲同型合子（homozygote）。若兩對偶基因不同，則稱該個體爲異合子（heterozygote）。同一基因位也可能存在有多個對偶基因〔複對偶現象（multiple allelism）〕，每個對偶基因在其DNA鹼基序列上都略有不同，但總體結構相同。不過，每個雙倍體同時只能攜帶兩個對偶基因。參見 dominance 1。

**allele frequency** or **gene frequency　對偶基因頻率，基因頻率**　在一種群中，某一對偶基因（allele）與同一基因的位上的其他對偶基因相對而言，所能夠出現的比例。例如一基因有兩個對偶基因，A 和 a，而 A 的頻率爲0.6，則 a 的頻率爲1.0－0.6＝0.4。對偶基因頻率可從基因型頻率（genotype frequency）計算出來。見圖23。

**allelopathic substance　異株克生物質**　生物分泌或排泄的能抑制其他生物的物質。

| 基因型: | *AA* | *Aa* | *aa* |
|---|---|---|---|
| 頻率: | 0.25 | 0.40 | 0.35 |

A 對偶基因的頻率 = 0.25 + 0.40/2 = 0.45
a 對偶基因的頻率 = 0.35 + 0.40/2 = <u>0.55</u>
                                        1.00

**圖23　對偶基因頻率。**由基因型頻率計算對偶基因頻率。

**Allen's rule　艾倫法則**　居住寒冷地區的溫血動物〔恆溫動物（homoiotherms）〕傾向於減少其身體上的突出部分，如附肢、喙和尾部。某些鳥類如紅腳鷸的喙就比較短。這個法則由**伯格曼法則**（Bergmann's rule）所引申出來，是減少體熱逸失的一個措施。本法則由艾倫氏於1877年提出。

**allergen　過敏原**　引起過敏的抗原。

**allergy　過敏**　生物體免疫反應（immune response）針對微量外源物質（抗原）產生的過度反應。這種反應常表現為皮疹、搔癢、呼吸困難等等。許多此類症狀都可歸因於特異抗原。例如枯草熱，針對花粉（抗原）的**抗體**（antibodies）釋放**組織胺**（histamine）造成局部損傷。消除組織胺效應的一個手段就是抗組織胺（antihistamine）藥物。

**allochronic species　異時種**　生存年代不重疊的物種，即生存在不同地質年代的物種。

**allochthonous　外來的**　（指泥炭）不是原地形成的，例如由外地植物沉積形成的泥炭。對照 autochthonous。

**allogamy　異體受精**　見 cross-fertilization。

**allogenic　異源的**　（指植被演替）受外來因素影響的。

**allograft　異源移植，同種異體移植**　在同種內具有不同基因型的個體之間的移植物。移植物因為含有異體抗原而可能受到排斥。亦稱 homograft。（見 histocompatibility）。

**allometric growth　異速生長**　1.一個生物的各個部分以不同速度生長，最後才造成該生物的特定形狀。2.某個結構以恆定高於整體的速度生長。

**allopatric 異地的，分布區不重疊的** （指種群）與同一物種的其他種群不在同一地區的。對照 sympatric。

**allopatric speciation 分區物種形成** 因為長期地域分隔，造成不同地區的同一種群有不同的遺傳分化，最後形成不同的種（species）。

**allopolyploid 異源多倍體** 多倍體（polyploid）的一個類型，因兩個物種雜交使染色體數目加倍而造成。由此形成的異源四倍體（allotetraploid）或稱雙二倍體（amphidiploid）是可育的，因為這兩種個體的同源染色體（homologous chromosomes）可在減數分裂時配對產生可活的配子（gametes）（見圖24）。

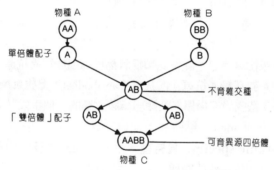

圖24 異源多倍體。可育異源四倍體的產生。

這樣的程序幫助產生新種，特別是在植物。例如大米草（*Spartina anglica*）就是一個可育的異源四倍體。它源於當初 *S. alterniflora* 和 *S. maritima* 的一個不育的雜交種（*S. townsendii*），染色體加倍後乃變為可育。對照 autopolyploid。

**all-or-none law 全有或全無律** 生命體某些組織，對於刺激不論是多麼強或多麼弱，總是做出同樣的反應。就是說，它們或者做出反應（全），或者什麼反應也沒有（無）。神經纖維通常就是這樣反應的。

**allosteric enzyme 異位酵素** 一類具有兩種不同形式的酵

素：其一有活性，具有功能的結合部位（binding site）；另一因結合部位的形狀發生變化而無活性。此類酵素具有四級蛋白構造（quaternary protein structure），再加上一個調節因子就變爲無活性形狀。這個程序可導致非競爭性抑制（noncompetitive inhibition）。見圖25。

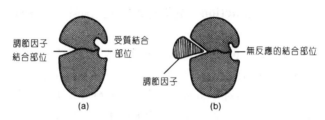

圖25　異位酵素。活性(a)和無活性(b)型。

**allosteric inhibitors　異位抑制劑**　抑制酵素活性的物質，但它不是透過與酵素的活性部位（active site）相結合，而是透過結合酵素的其他部位。

**allotetraploid　異源四倍體**　一類多倍體。見 allopolyploid。

**allotype　異型**　一系列抗體（antibodies）之一，其胺基酸序列不同，但都具有一個區域，上面的胺基酸序列相同。據信，它們來自同一基因的不同等位基因（見 multiple allelism）。

**allozyme　同種異型酶**　在可借電泳（electrophoresis）測知的單一基因座（locus）上由特定對偶基因（allele）編碼的蛋白質。

**alluvial soil　沖積土**　一類源自河流、河口或海洋沉積而來的年輕土壤，極爲肥沃。

**alpha helix　α螺旋**　扭轉的多胜肽鏈，在許多蛋白質中形成螺旋結構，螺旋的每一轉包含3.6個胺基酸。螺旋的相鄰各轉之間靠微弱的氫鍵連接，但結構的總體比未扭轉的多胜肽鏈穩固得多。長鏈的 α 螺旋構形是構成毛、爪、甲、羽、角的結構纖維蛋白的特徵。細胞內的蛋白質通常是球形，其中只有短的 α 螺旋。

**alpha particle** α粒子 原子核中的一種次原子粒子。

**alpha taxonomy** α分類學 分類學（taxonomy）的一個級別，主要是對物種進行鑑定和命名。亦見 beta taxonomy。

**alternate arrangement** 互生排列 （見於植物）結構排為兩行，但不相對。螺旋排列亦可包括在此類型之內。

**alternate disjunction** 相間分離 見 translocation heterozygote。

**alternation of generations** 世代交替 一個生物的生活週期記憶體在一個有性生殖的世代，繼之是一個無性生殖世代。在某些腔腸動物（coelenterates）如藪枝蟲（*Obelia*），性器官見於水母（medusas），而受精產生的水螅體（hydroid）則營無性生殖；兩代都為二倍體（diploid）。見圖26a。在植物中，我們見到的蕨類是雙倍體的孢子體（sporophyte）世代。經減數分裂（meiosis）形成的孢子則發育為單倍體的配子體（haploid gametophyte）世代，稱為原葉體（prothallus），改營有性生殖。雌雄配子（gametes）結合形成合子（zygote），然後再發育為新的蕨類植物，即孢子體。見圖26b。某些關於世代交替的定義，

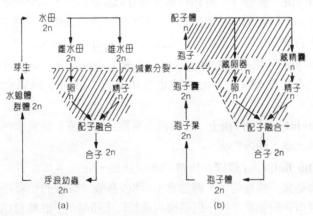

圖26 世代交替。(a)藪枝蟲（Obelia，腔腸動物）的生活史。(b)蕨類的生活史。n代表單倍數染色體。

要求必須是一個單倍體世代和一個雙倍體世代交替，這樣就要把所有動物的例子都排除在外了。

**altruistic behavior　利他行為**　不自私的對待其他個體的行為。除人類外，利他行為可能只出現在行為給行為主體帶來的好處大於給行為對象帶來的好處時，即所謂表型利他現象（phenotypic altruism）。例如雙親哺育子代顯然對特定親體有利，因為這可保證他們的基因得以傳遞下去。亦見 kin selection。

**alveolus（複數 alveoli）　肺泡；腺泡；表膜泡；牙槽**　1.肺泡。脊椎動物肺（lungs）中的大量充氣小泡，其功能是擴大氣體交換的面積（見 aerial respiration）。2.腺泡。乳腺或其他腺體分支終端的小囊樣結構，由一叢分泌細胞組成。3.表膜泡。在某些纖毛動物如草履蟲 *Paramecium* 生長纖毛（cilium）的凹陷周圍，由表膜形成的空隙。4.牙槽。頜骨上的牙槽。

**amber codon　安伯密碼**　傳訊核糖核酸（mRNA）的終止密碼子（termination codon），即 UAG，也是遺傳密碼（genetic code）中發現的第1個終止信號。

**ambergris　龍涎香**　抹香鯨消化道裡發現的一種灰色蠟樣分泌物，可用於製作香料。

**ambient　周圍狀態**　常用來指實驗時的周圍溫度。

**ambulacrum　步帶**　棘皮動物（echinoderms）外表皮上，五個輻射狀帶中長有管足的一個。

**ameba　變形蟲，阿米巴**　見 amoeba。

**amebic dysentery　阿米巴痢疾**　一種腸道感染，有嚴重腹瀉，有時伴出血。因寄生性阿米巴（*Entamoeba histolytica*）感染所致。藉糞便中包囊傳播，經口傳入新寄主。

**amebocyte　變形細胞**　無脊椎動物的血或其他體液中的一種細胞，能在體液中做變形運動（amoeboid movement），常起吞噬細胞（phagocyte）的作用。

**ameboid　似變形蟲的**　以變形蟲的方式、借偽足（pseudopodia）行動和取食。

**ameboid movement　變形運動**　借偽足（pseudopodia）的行動。偽足形成時，該處原生質由凝膠（gel）向溶膠（sol）轉變，以致細胞表面向一側突起。見 amoeba。

**Ames test　艾姆斯試驗**　檢測環境化學物質的誘變作用的試驗，由艾姆斯及其同事設計。利用沙門氏菌（*Salmonella ty-phimurium*）的需組胺酸突變株，測量其回復突變（back muta-tion）的頻率，發生回復突變時，該菌不再需要提供組胺酸補給。自1975年以來，艾姆斯試驗廣泛用於檢測可能的致癌物（carcinogen），因為致癌因子通常也是突變劑（mutagens）。

**Ametabola　無變態類**　見 apterygota。

**amine　胺類**　一類有機鹼，可視為是氨的一個或多個氫原子被有機基團取代而成。

**amino acid　胺基酸**　蛋白質的基本組成單位，包括一個羧基（COOH）和一個胺基（NH$_2$），兩者都連於同一碳原子上。已知自然界存在80種以上的胺基酸，但蛋白質中常見的有20種（見圖27），每種都有一個不同的側鏈（見圖28）。這些常見的胺基酸將在各自的條目裡加以介紹。通過轉胺作用（transamination），許多胺基酸可在體內以其他胺基酸為原料合成，不過大多數生物都有一些必需胺基酸（essential amino acids），是它們必須依賴攝食所提供的。

| | |
|---|---|
| Ala＝丙胺酸 | Leu＝白胺酸 |
| Arg＝精胺酸 | Lys＝離胺酸 |
| Asn＝天門冬醯胺 | Met＝甲硫胺酸 |
| Asp＝天門冬胺酸 | Phe＝苯丙胺酸 |
| Cys＝半胱胺酸 | Pro＝脯胺酸 |
| Gln＝麩胺醯胺 | Ser＝絲胺酸 |
| Glu＝麩胺酸 | Thr＝蘇胺酸 |
| Gly＝甘胺酸 | Trp＝色胺酸 |
| His＝組胺酸 | Tyr＝酪胺酸 |
| Ileu＝異白胺酸 | Val＝纈胺酸 |

圖27　胺基酸。蛋白質中常見的20種胺基酸。

對於每種胺基酸，至少有一個由三聯**去氧核糖核酸**（DNA）鹼基組負責爲它編碼（見 genetic code），而組成蛋白質的胺基酸是靠**胜肽鍵**（peptide bonds）聯成一個**多胜肽鏈**（polypeptide chain）。胺基酸可溶於水，但溶解度差別很大。胺基酸在溶液中離子化（見 zwitterion），但一般在稱爲**等電點**（isoelectric point）的 pH 處呈電中性。胺基酸爲兩性分子，隨 pH 的改變而表現爲酸或鹼。

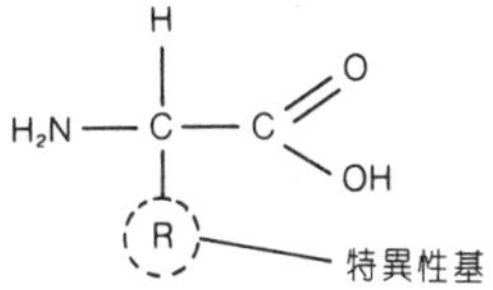

圖28　胺基酸。胺基酸的分子結構。

**amino-acid sequence　胺基酸序列**　在蛋白質分子中**胺基酸**（amino acids）排列的次序。蛋白質的二級和三級結構高度依賴於**多胜肽鏈**（polypeptide chain）中的胺基酸序列；它影響整個分子的鍵接情況。這個序列的基本藍圖就藏在 DNA 中，DNA 的鹼基就蘊藏著胺基酸密碼。三個鹼基構成一個胺基酸密碼。經由**轉錄**（transcription）和**轉譯**（translation），DNA 鹼基序列和胺基酸序列相互對應，在 DNA 和蛋白質之間存在**聯合線性對應**（colinearity）。有關圖解，見圖160。

**aminoacyl-tRNA　醯胺-tRNA**　當**胺基酸**（amino acid）被活化成醯胺形式並與對應的**轉送核糖核酸**（transfer RNA）結合成的分子。這整個程序是由特異的醯胺轉送核糖核酸合成酶催化的。

**aminopeptidase　胺基肽酶**　催化由 N 端水解多胜肽鏈的酵素。

**amino sugar　胺基糖**　一類**單醣**（monosaccharide），糖中羥基被胺基所置換。

**amitosis　無絲分裂**　核分裂的一種，分裂時**紡錘體**（spindle）

35

和染色體都不出現，可能也不出現具有相同染色體的子細胞核。例如原生蟲草履蟲（ *Paramecium* ）的大核（ macronucleus ）分裂時，就是無絲分裂。

**ammocete 沙棲鰻** 七鰓鰻的幼蟲。它的取食方式和文昌魚（ amphioxus ）的方式相同，也是利用纖毛運動。

**ammonia 氨** 無色氣體，是氮被活體利用的主要形式。分子式：$NH_3$。

**ammonite 菊石** 晚古生代和中生代的一大類頭足類軟體動物化石，其殼類似鸚鵡螺（ *Nautilus* ）。

**amniocentesis 羊膜穿刺術** 產前診斷胎兒先天異常的技術。通常是在妊娠16周左右，用外科注射器經腹壁抽取胎兒周圍羊水10－15立方公分。羊水中的脫落細胞可以培養，供做核型（ karyotype ）分析，核型顯示染色體數目及其性質。此外羊水還可進一步分析，尋找有無顯示胎兒異常情況（如脊柱裂）的化學物質。見圖29。

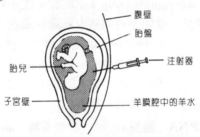

腹壁
胎盤
胎兒
注射器
子宮壁
羊膜腔中的羊水

**圖29 羊膜穿刺術。用外科注射器抽取羊水樣本。**

**amnion 羊膜** 在爬行類、鳥類和哺乳類（羊膜動物）胚胎中的一個充滿液體的膜囊。由外胚層（ ectoderm ）和中胚層（ mesoderm ）衍生而成，其間還有一個體腔間隙（見coelom ）。羊膜向上包繞胚胎生長，最後由頂端將胚胎封閉在內。它為陸生動物提供了一個有利胚胎發育的液體環境，它還具有保護的襯墊作用。見圖30。

**amniote 羊膜動物** 有羊膜（ amnion ）、絨毛膜（ chorion ）

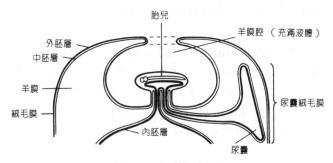

圖30　羊膜。羊膜中的脊椎動物胚胎。

和尿囊（allantois）的陸生脊椎動物，即爬行類、鳥類和哺乳動物。

**amniotic cavity　羊膜腔**　羊膜內的空腔。

**Amoeba　變形蟲，阿米巴**　原生動物（protozoans）根足綱（Rhizopoda）的一個屬。變形蟲的特徵是，牠可以伸出**偽足**（pseudopodia）從而改變外形，偽足的功能是行動。變形蟲常被錯誤地描述為原始的生物，在進化歷程上處於很低的位置。其實，在所謂高等生物中由器官系統完成的許多功能，這裡在一個細胞之內就完成了，所以不能把牠們說成是原始的；很多**原生生物**（protista）都是如此。牠們也都經歷了億萬年的進化，高度發達，只不過是規模不同而已。見圖31。

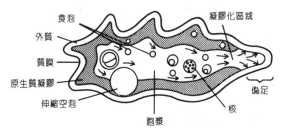

圖31　變形蟲。結構。

**amorph allele　無效對偶基因**　查不出編碼產物的對偶基因。可因缺失突變（deletion mutation）造成。

**AMP（adenosine monophosphate）　腺苷單磷酸**　含有一個腺嘌呤核苷（adenosine）和一個磷酸基團，兩者間並非高能鍵（見圖32）。它的重要性在於它是 ADP 和 ATP 的基礎，後兩者都含有高能鍵（high-energy bonds）（34仟焦耳/莫耳），可作為細胞內的短期能量儲備。分子結構見 ATP（圖55）。

腺嘌呤核苷 ──── P

仟焦耳/莫耳

圖32　AMP。AMP 的低能鍵。

**amphetamine　安非他命**　中樞神經系統（central nervous system）的一個興奮劑，可抑制睡眠。它的結構為：1－苯基－2－胺基丙烷。

**amphi-　[字首]**　表示兩種。

**amphibian　兩生類**　脊椎動物兩生綱（amphibia）的成員，包括蛙、蟾蜍、蠑螈，以及穴居型的蚓螈。由魚樣動物演化而來，於泥盆紀（Devonian period）晚期棲居陸地。被認為是爬行動物的最近祖先，不過今日的兩生動物一點也不像牠們的泥盆紀遠祖。大多數兩生動物，雖說在通常情況下是陸生，但至繁殖季節卻要返回水中。受精在體外，卵缺乏卵殼和胚膜，通常就排放於水中並在水中發育。

**amphicribral bundle　周韌維管束**　維管束（vascular bundle）的一個類型，其中韌皮部（phloem）包繞在木質部（xylem）之外，見於某些蕨類植物。

**amphidiploid　雙二倍體**　見 allopolyploid。

**amphimixis　兩性融合生殖**　真正的有性生殖，以別於無融合生殖（apomixis）。

**Amphineura　雙經綱**　軟體動物中的一個較原始的類型，據認爲很像祖先形狀。現存物種則似**奧陶紀**（Ordovician period）化石。

**amphioxus　文昌魚**　即 *Branchiostoma*，一類**原索動物**（Protochordate），分布於世界許多地區。對其胚胎發育曾進行過大量研究，常在教科書中引用，作爲無脊椎動物和脊椎動物之間的一個聯索。牠借助纖毛運動取食，將食物顆粒黏裹在黏液中。

**amphiploid　雙倍體**　**多倍體**（polyploid）的一種，通常可育，是通過雜交種的染色體數目加倍程序而形成的。例如 *Primula kewensis*（2n＝36）就是 *Primula floribunda*（2n＝18）的雙倍體。

**Amphipoda　異腳目**　甲殼動物的一個目，在海邊常被誤爲小蝦。

**amphistylic　兩接型**　頜骨掛接於顱骨的一種方式：上頜借兩點連於神經顱。見於某些軟骨魚。

**amphivasal bundle　周木維管束**　**維管束**（vascular bundle）的一種，其中**木質部**（xylem）包繞**韌皮部**（phloem）。見於某些單子葉植物。

**amphoteric　兩性的**　（指化學物質）旣能作爲鹼又能作爲酸的物質。胺基酸和某些金屬（如鋅）的化合物都是兩性的。

**amplexicaul　抱莖的**　（指植物）例如寶蓋草（*Lamium amplexicaule*）的苞片就是抱莖的。

**amplification, genetic　遺傳放大**　由一個主區合成大量 DNA 的副本，以保證在需要時能迅速大量生產蛋白質。

**ampulla　壺腹**　泡狀或囊狀結構，尤指**耳**（ear）內半規管末端的膨大部分，其中襯有感覺上皮。其他壺腹還有棘皮動物管足的背側膨大部分，和水螅珊瑚目（*Hydrocorallina*）的鈣質骨骼中容納水母型的小窩。

**amylase　澱粉酶**　一種消化酶，可將澱粉分解爲**麥芽糖**

（maltose），分解通常在鹼性液體中進行（見圖33）。澱粉酶存在於大部分哺乳動物的唾液中，過去曾稱 ptyalin（即唾液澱粉酶），但它的功能只限於停留在口腔內的短暫時間內。一旦食物吞嚥入胃，酸性環境立即終止澱粉酶的進一步活動。澱粉消化的主要部位是在十二指腸，在那裡胰臟分泌的胰液中含有胰澱粉酶（pancreatic amylase）。胰澱粉酶的效率比唾液澱粉酶爲大。澱粉酶也常見於植物，特別是在根儲澱粉的部位以及全年生芽的器官如根、莖、塊莖和直根等處。

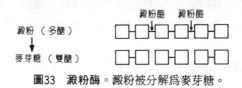

澱粉酶　澱粉酶

澱粉（多醣）

麥芽糖（雙醣）

圖33　澱粉酶。澱粉被分解爲麥芽糖。

**amylopectin　支鏈澱粉**　一種高分子量的糖聚合物，由葡萄糖（glucose）單位的支鏈組成。

**amyloplast　造粉體**　一類細胞內含體，見於多種植物組織，特別是儲存組織如馬鈴薯塊根。澱粉體將澱粉保存在一個單位膜（unit membrane）裡，屬於無色體（leukoplast）之類。除了作爲澱粉的存儲場所之外，有的科學家還認爲澱粉體是個重力指向的裝置，它可幫助根系按著正確方向穿透土壤（見geotropism）。

**amylose　直鏈澱粉**　由不分支的葡萄糖（glucose）鏈組成的澱粉。

**an- or a-　［字首］**　表示非、無。

**ana- or an-　［字首］**　表示：1.向上；2.再次；3.向後，返回。

**anabolism or synthesis　合成代謝**　新陳代謝的一個類型：由簡單的單元物質合成爲複雜的化合物，是個吸能程序。典型的合成代謝就是光合作用（photosynthesis），光能被吸收進入複雜化合物如葡萄糖及其衍生物中。動物也有許多合成反應，例如從簡單的胺基酸合成複雜的蛋白，這些胺基酸則來自異營營養（見 heterotroph）。

**anadromous　溯河性**　（指魚）如鮭魚溯河而上至近河源淺水處下卵。對照 catadromous。

**anaemia　貧血症**　紅血球（red blood cell）數量、體積或血紅素的成分不足。

**anaerobe　厭氧生物**　在無氧的環境下進行代謝活動，利用葡萄糖的無氧呼吸（anaerobic respiration），從中取得能量。有些厭氧生物是專性（obligate）厭氧的，亦即它們在氧氣中不能生存，如造成食物中毒的細菌（見 botulism）。其他大多數厭氧生物則在有氧或無氧的情況下都能生存，故稱之為兼性（facultative）厭氧。有氧時，這些生物就營有氧呼吸，利用克列伯循環（Krebs cycle）以取得盡可能多的能量。無氧時，它們就完全依賴無氧呼吸釋放出的能量。

**anaerobic respiration　無氧呼吸**　細胞呼吸的一個類型，在不存在氧的情況下從葡萄糖或其他食物中取得能量，見於厭氧生物（anaerobes）。反應共分兩個階段：

第1階段：糖酵解（glycolysis）。葡萄糖首先在細胞質中分解為兩個分子的丙酮酸。在有氧呼吸（aerobic respiration）中也發生同樣反應，但在厭氧生物中因為氧的缺乏，使新產生的還原型 NAD 無法通過粒線體（mitochondria）中的電子傳遞系統（electron transport system, ETS）得到氧化。相反，由 ADP 產生 ATP 要通過受質層次磷酸化（substrate-level phosphorylation）。因此，無氧呼吸的 ATP 只淨產出兩個分子（4個減去2個最初用於磷酸化的）。

第2階段：一旦產生丙酮酸，就有兩個可能的途徑。在植物和許多微生物，這個丙酮酸經乙醛分解為乙醇。這個程序叫乙醇發酵（alcoholic fermentation），需要 NADH 提供氫（見圖

41

34）。在動物，這個丙酮酸只經一步就變成**乳酸**（lactic acid）。這個程序叫乳酸發酵，也需要 NADH 提供氫。

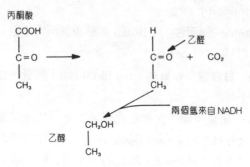

丙酮酸
COOH

C=O

CH₃

H

乙醛
C=O　+　CO₂

CH₃

兩個氫來自 NADH

乙醇
CH₂OH

CH₃

圖34　無氧呼吸。丙酮酸分解爲乙醇。

應理解在這兩種發酵程序中 NADH 所起的作用。因爲細胞中的 NAD 的量有限，如果無氧呼吸止於丙酮酸，則糖酵解程序很快就會停止。但如果反應繼續進行到乙醇或乳酸，發酵作用就會再釋放出 NAD，NAD 返回到糖解程序使葡萄糖的**分解代謝**（catabolism）得以繼續下去。無氧呼吸的 ATP 產量很少：首先，沒有氧就不能利用 ETS；其次，終末產物中仍然含有大量能量。因此，所釋放出的自由能只是葡萄糖完全氧化時的一小部分。見圖35。

**anagenesis　前進演化**　前進的演化（evolution）。

**anal　肛門的**

**analgesic　鎮痛劑**　減輕痛苦但不降低意識的藥物。

**analogous structure　同功結構**　具有相同功能但來源不同的結構，如人眼和章魚的眼。結構間的同功不意味任何演化上的關係，但卻意味著趨同演化（convergence）。

**anamniote　無羊膜動物**　胚胎無羊膜（amnion）的脊椎動物。

**anandrous　無雄蕊的**　（指花）花中無雄蕊的。

**anaphase　後期**　（指細胞分裂）真核細胞（見 eukaryote）核

| | 無氧呼吸 | | 有氧呼吸 |
|---|---|---|---|
| | 酒精發酵 | 乳酸發酵 | |
| 可利用的自由能<br>（仟焦耳/莫耳） | 168 | 198 | 2874 |
| 合成的 ATP 分子數目 | 2 | 2 | 38 |
| 存於 ATP 中的總能量<br>（仟焦耳） | 2×34＝68 | 2×34＝68 | 38×34＝1292 |
| 儲存效率 | 40% | 34% | 45% |
| $\dfrac{\text{儲存能量}}{\text{葡萄糖中的總能量}}\times 100$ | 2.4% | 2.4% | 45% |

圖35 無氧呼吸。無氧和有氧呼吸中釋放的能量。

分裂的一個階段，在**有絲分裂**（mitosis）中出現一次後期，在**減數分裂**（meiosis）中出現兩次後期。後期中發生的主要事件是染色物質均分爲二，進一步將變爲新細胞的染色體。這個重要步驟是受**紡錘體微管**（spindle microtubules）的控制。這些微管由兩極的組織中心一直連到每個染色體，就附著在**著絲點**（centromere）的動粒（kinetochore）上（見 metaphase）。對於染色體的運動，曾提出各種學說，包括：(a)染色體間的互斥作用；(b)微絲可以像小肌肉一樣互相滑行，即微管滑行學說；(c)微管在兩極處解聚，從而將附著的染色體捲向兩極。

**anaphylaxis　過敏反應**　第2次接觸抗原（antigen）時可發生的超敏反應。這種過敏反應表現多歧，由僅僅是皮膚發紅、髮癢直到呼吸衰竭和死亡。

**anapsid　無弓類**　無弓亞綱（anapsida）的爬行動物，其顱骨無窩（fossa）。無弓亞綱包括西蒙螈（*Seymouria*）、陸龜和海龜。

**anastomose　吻合**　連接成環；互相聯結，如微血管之間的聯結。

**anatomy　解剖學**　研究生物大體結構的科學。

**anatropous　倒生胚珠**　（指有花植物）胚珠（ovule）倒生，珠孔（micropyle）面向胎座（placenta）。

**andro-　[字首]**　表示雄性。

**androdioecious　雄花兩性花異株的**　雄花和兩性花分別在不同株上。對照 andromonoecious。

**androecium　雄蕊群**　被子植物（angiosperm）花的雄性部分，由兩個或兩個以上雄蕊組成。雄蕊與生殖有關，因此稱必需（essential）器官。

**androgen　雄激素**　有幾種類型雄性激素負責第二性徵（secondary sexual characteristics）的發育和維持。天然存在的雄性激素，如睪固酮（testosterone），是類固醇（steroids），主要產於睪丸（見 interstitial cells），但也有少量產於卵巢（ovary）和腎上腺皮質（adrenal cortex）。

**andromonoecious　雄花兩性花同株的**　雄花和兩性花在同一株上。對照 androdioecious。

**anemia　貧血**　紅血球數目、紅血球容積，或血色素含量的不足。

**anemophily　風媒傳粉**　借風力將花粉由雄株傳至雌株。風媒花通常是異花傳粉，而不是自花傳粉（見 pollination）。風媒傳粉浪費雄性配子，少見於被子植物（angiosperms），但常見於裸子植物（gymnosperms）。大多數被子植物演化出更有效的借昆蟲之助的傳粉方式。著名風媒傳粉的植物包括草類，其中有穀物如玉米、小麥、大麥等，還有蕁麻、酸模、車前，以及多種松樹。風媒傳粉的被子植物具有許多特徵：花小而不顯眼，常為綠色，花瓣短小；花無蜜或香氣；花蕊長而下垂（如榛子的葇荑花序），或挺立於草葉之上（如車前和酸模）以保證花粉的有效播散；花開於早春，以避免枝葉干擾傳粉；柱頭分支呈羽毛狀以利捕捉空氣中的花粉。對照 entomophily。

**aneuploidy　非整倍性**　個體細胞的染色體多或少於正常。對照整倍性（euploidy）。典型的非整倍性較正常多一個或少一個染色體。例如唐氏症（Down syndrome）的第21對染色體有3個而不是正常的2個，這稱為三體性（trisomy）。見 chromosomal mutation。

**aneurysm　動脈瘤**　動脈壁薄弱造成的動脈異常膨脹。

**angiosperm　被子植物**　被子植物綱的成員，其種子封閉於子房內。本綱包括最先進的維管植物。本綱植物不是單子葉植物（monocotyledon），如草和鬱金香，就是雙子葉植物（dicotyledon），如蘋果和報春。有關植物的詳盡分類，見 plant kingdom。

**angiotensin　血管收縮肽**　腎素（renin）作用於血漿中某一球蛋白（globulin）成份產生的物質，它會再刺激腎上腺（adrenal gland）皮質釋放醛固酮（aldosterone），引起全身的平滑肌收縮。

**angular bone　隅骨**　硬骨魚、爬行動物和鳥類下頜的一塊膜性骨；在哺乳動物，它已分離形成鼓骨（tympanic bone）。

**angustiseptate　果實狹隔的**　隔膜在最狹點橫跨果實。

**animal kingdom　動物界**　生物分類的一個範疇包括一切動物。動物分類的主要類群已得到大多數生物學家的同意，不像植物界（plant kingdom）的情況，植物目前有幾套並行的分類系統。但原生動物（protozoa）的分類還成問題，因為按照某些現代分類系統，原生動物和單細胞藻類並列於原生生物（Protista）。下面的體系仍將原生動物放在動物界。

原生動物門：單細胞動物

側生動物門：固著、水生、多孔動物

多孔動物門：海綿

後生動物門：

腔腸動物門：具有中膠層（mesogloea）及有刺毛細胞的雙層、
　　囊狀動物。

# ANIMAL KINGDOM

水螅綱動物：水螅、群螅體、管水母

缽水母綱動物：水母

珊瑚蟲綱動物：珊瑚

扁形動物門：扁平、蟲狀動物

渦蟲綱動物：扁蟲

吸蟲綱動物：吸蟲

絛蟲綱動物：絛蟲

線蟲動物門：圓蟲

紐蟲動物門：靴帶蟲

環節動物門：環節蟲

多毛綱動物：槳蟲

寡毛綱動物：蚯蚓

蛭綱動物：水蛭

軟體動物門：有殼軟體動物

腹足綱動物：蝸牛

瓣鰓綱動物：雙殼貝類

頭足綱動物：烏賊和章魚

節肢動物門：有鱗片的節肢動物

甲殼綱動物：水生跳蚤、藤壺、蟹

多足綱動物：蜈蚣、馬陸

蛛形綱動物：蟎、蜱、蠍、蜘蛛

昆蟲綱動物：昆蟲

棘皮動物門：具有五線輻射對稱的多棘動物

海星亞綱動物：海星

蛇尾綱動物：海蛇尾

海膽綱動物：海膽

海參綱動物：海參

海百合綱動物：羽星、海百合

脊索動物門：在生長過程的某一階段具有脊索的動物

原索動物門：石勃卒、文昌魚

脊椎動物門

　無頜綱動物：無顎魚類，例如八目鰻

　軟骨魚綱動物：鯊魚

　內鼻魚亞綱動物：腔棘魚類等

　條鰭亞綱動物：硬骨魚

　兩生綱動物：蠑螈、蛙、蟾蜍

　爬蟲綱動物：爬蟲動物

　鳥綱動物：鳥類

　哺乳綱動物：哺乳類

**animal pole　動物極**　動物卵表面最貼近卵核的部位，通常位於卵中卵黃粒集聚部位，即植物極（vegetal pole）的對面。見圖36。

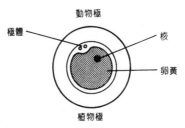

圖36　動物極。卵的動物極。

**anion　陰離子**　帶有陰電荷的離子，在電解程序中被吸引至陽極（anode）。

**aniso-　［字首］**　表示不似、不等。

**anisogamy　異配生殖**　配子（gametes）彼此不同，即雌雄不同形。通常陽性配子較小，但更活躍。對照 isogamete。

**Anisoptera　不均翅亞目**　蜻蜓目的一個亞目，包括前後翅不同形、若蟲具直腸鰓的大型蜻蜓。

**ankylostomiasis　鉤蟲病**　人類疾病，小腸黏膜侵染有大量鉤蟲（*Ancylostoma*）的成蟲，造成貧血和乏力。

**annealing　連接**　見 molecular hybridization。

**annelid　環節動物**　環節動物門的成員，身體分節的蠕蟲，如蚯蚓、多毛類蠕蟲和水蛭。環節動物的特徵包括：分節現象（metameric segmentation），具體腔（coelom），血液及神經系統均很發達，並具腎管（nephridia）。

**annual plant　一年生植物**　在一年或一個生長季節之內，由種子發芽、生長成熟直到產生新種子的植物。由於生活週期太短，一年生植物通常都是草本而非木本。例子有槀吾屬雜草和薺屬植物。見 biennial 和 perennial。

**annual rhythm　年節律**　以年為週期的生物活動或程序，如求偶、遷徙、落葉等。

**annual rings　年輪**　樹木心材上的系列同心圓圈，大致表示樹木的年齡。每個圈是由春材和秋材的質地對比造成的。被子植物（angiosperms）的春材，為了保證水分運輸以供新生枝葉需要，於是壁薄的木質部（xylem）導管佔優勢而纖維很少。秋材則導管較少較小且壁厚，此時纖維增多以保證支撐的力度。裸子植物（gymnosperms）的春材和秋材也有類似的表現，只是它的輸水組織是假導管（tracheids）而不是導管。對年輪的顯微觀察構成年輪測年法（dendrochronology），有關的研究告訴我們許多過去氣候的情況，這也讓我們能更準確地測定木製結構（如建築用材）的年代。

**annular　環狀的**　（指植物）如木質部（xylem）導管的環形加厚。

**annular thickening　環形加厚**　木質部（xylem）或假導管（tracheids）內壁上的環形加厚，增加了機械強度，也有利於縱向伸長。

**Annulata or Annelida　環節動物門**　見 annelid。

**annulus　環帶；蕈環**　1.環帶。蘚類或蕨類植物的孢子囊上的一圈細胞，有助於孢子囊開裂釋放孢子。2.蕈環。擔子菌（basidiomycete）子實體柄周的一圈組織。

**anode 陽極** 帶正電荷的電極，吸引帶負電荷的離子。對照 cathode。

**Anopleura 蝨目** 見 louse。

**anoxia 缺氧** 組織中缺乏氧。

**ant- or anti-** ［字首］ 表示對抗。

**ant 蟻** 膜翅目蟻科昆蟲，特徵為腹部狹窄。所有蟻類均群居，每群可分數個級，級是由特化的個體組成。蟻后是唯一產卵的個體，受精發生於婚飛中，這可能包括好幾個群。然後，蟻后脫去雙翅，再建一個新的群，這其中的工蟻無翅。集體活動包括馴養蚜蟲（aphids）和取蚜乳。見圖37。

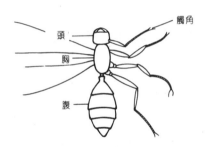

圖37 蟻。帶翅的雌蟻。

**antagonism 拮抗作用** 1.一個物質或生物對另一物質或生物的抑制作用，如青黴素的抗菌作用，或一個生物耗盡食物資源而傷及另一生物的現象。2.某些肌肉之間的正常對抗作用（見 antagonistic muscle）。

**antagonistic muscle 拮抗肌** 相互對抗的肌肉，如伸肌和收肌之間。見圖38。

**ante-** ［字首］ 指在前，包括在時間之前和位置之前。

**anteater 食蟻動物** 以螞蟻為食的哺乳動物，包括有刺食蟻獸（針鼴）、有鱗食蟻獸（穿山甲）、好望角食蟻獸（土豚）和有

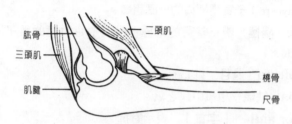

圖38　拮抗肌。臂部的拮抗肌，二頭肌和三頭肌。

袋類食蟻獸（袋貂）。

**antenna （複數 antennae） 觸角**　多種節肢動物頭部的一種分節的鞭樣結構，常成對，尤多見於昆蟲（頭部第一對附肢）和甲殼動物（第二對附肢）。觸角具感覺功能，但在某些甲殼動物用於附著和游泳。

**antennal gland　觸角腺**　某些甲殼動物觸角基底部的一個排泄器官。

**antennule　小觸角**　某些甲殼動物的兩對觸角中的第一對。其他節肢動物的大多數觸角都是和甲殼動物的小觸角同源。

**anterior　前**　1.（在動物）動物前向行動中先行的部分，通常是頭部。2.（在植物）*花序*（inflorescence）中遠離主莖的部分。對照 posterior。

**anterior root　前根**　神經的*腹根*（ventral root）。

**antesepalous　萼前的**　（指植物器官）位於萼片著生部位對面的。

**anther　花藥**　花朵雄蕊（stamen）的一個部分，位於一個柔韌長柄（花絲）的端部，雄性*配子*（gametes）即產自花藥。通常每個花藥有4個花粉囊，其中有經*減數分裂*（meiosis）形成的*花粉粒*（pollen grains）（單倍體）。花粉粒的細胞核分裂為生殖核和粉管核，它門相當於低等植物中明顯可見的*配子體*（gametophyte）植物世代，但在這裡沒有得到充分發育。見圖39。亦見 embryo sac。

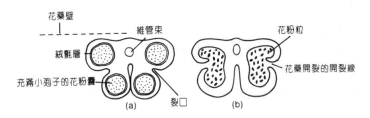

花藥壁

維管束

絨氈層

充滿小孢子的花粉囊

裂口

(a)

花粉粒

花藥開裂的開裂線

(b)

圖39　花藥。幼期 (a) 和成熟期 (b) 花藥的橫切面。

**antheridium（複數 antheridia）　藏精囊**　苔蘚植物、蕨類植物、藻類和眞菌的雄性性器官。見圖40。

藏精囊壁

具鞭毛的游動精子

發育中的游動精子

圖40　藏精囊。典型結構,縱切面。

**antherozoid or spermatozoid　游動精子**　具鞭毛的活動雄性配子（gamete）。見 flagellum。

**anthesis　開花,開花期**　1.花芽的開放。2.由開花到坐果這一段期間。

**antho-　［字首］**　表示花。

**Anthocerotae　角蘚亞綱**　苔蘚植物（bryophyte）的一個綱,包括各類角苔。

**anthocyanins　花青素**　一組水溶性色素,造成植物的各種紅色、紫色和藍色；不僅花色,連葉莖和水果的顏色也多由它造成。

**anthozoan or actinozoan　珊瑚蟲**　珊瑚蟲綱的固著底棲腔腸動物（coelenterates）,包括海葵、海鰓和珊瑚。牠們不具類水母（medusoid）階段（見 medusa）,且其體腔比其他腔腸動物複雜。

**anthrax** **炭疽** 牛羊的一種發熱病,由炭疽桿菌(*Bacillus anthracis*)毒素引起。人們處理受感染的動物產品如皮毛時,會感染到本病,出現惡性的皮膚病變和潰瘍。

**anthropo-** [**字首**] 表示人類。

**Anthropoidea** **類人猿亞目** 靈長類的一個亞目,包括猴、類人猿和人類。其中又分為舊大陸類群(狹鼻猴組)如狒狒、黑猩猩及人類,和新大陸類群(闊鼻猴組)如狨及吼猴。舊大陸類群的鼻孔平行向下,有兩前臼齒,常具頰囊。新大陸類群鼻孔朝向兩側並向前,有3前臼齒,無頰囊。

**anthropomorphism** **擬人論** 把人類特徵賦予非人類的動物。

**anti-** [**字首**] 見 ant-

**antiauxin** **抗生長素** 阻止生長素(auxins)發揮作用的化學物質。

**antibiotic** **抗生素** 微生物所產生的一種低濃度即可抑制甚或殺滅其他微生物的物質。例如由真菌青黴屬(*Penicillium*)產生的青黴素(penicillin)可以阻止其他細菌細胞壁的合成,從而干擾細菌的繁殖。抗生素常是代謝衍生物,因為抗生素的形成雖然對於微生物本身並非必需,但卻給產生該物質的微生物在生存競爭上帶來優勢。如果在適宜的培養條件下連續培養若干代並施加選擇的壓力,可促使每克菌種產生的抗生素量大為增加。然而,大多數抗生素不能殺死病毒。更者,對於敏感菌株連續使用抗生素會促使菌群中少數具抗性的成員存活下來,最終反導致抗藥菌株的建立。

**antibody** **抗體** 一類稱為免疫球蛋白(immunoglobulin)的蛋白質;做為免疫反應體系的一個部分,它可與特定的抗原(antigen)發生反應。抗原和抗體之間可以發生種種反應。如果抗原是個毒素(toxin),例如蛇毒和肉毒中毒及破傷風桿菌的毒素那麼產生的中和抗體稱為抗毒素(antitoxins)。如果抗原吸附在某個細胞的表面，那麼稱爲凝集素（agglutinins）的抗體就會造成細胞的凝集作用（agglutination），而稱爲溶解素（lysins）的抗體會在補體（complement）的協同作用下造成細胞的溶解（lysis）。其他抗體如調理素（opsonins）促進血中吞噬細胞（phagocytes）攝取抗原，而沉澱素（precipitins）則可使可溶抗原沉澱。抗體產於生物體內的淋巴組織中。淋巴結（lymph nodes）中就存在大量稱爲 B 細胞（B cells）的淋巴球（lymphocyte）。當接觸某個抗原時，就會產生抗體，這種應答反應稱爲主動免疫（active immunity）。不論是對普通抗原，還是對稀有的或人工製造的抗原，都很容易產生出特異性抗體來。有少數抗體，甚至在查不出明顯可見的抗原的情況下，也會產生。這種天然抗體包括某些血型物質，如 ABO 血型（ABO blood group）的 A 和 B 抗原。幼年哺乳動物在生後的頭幾周內，產生抗體的本領有限，但通過母乳帶來的母親抗體也可獲得一定的被動免疫（passive immunity）。人們因此遂鼓勵母乳餵養而不要其他替代性乳品。大部分抗體藉由血和其他體液循行體內，但大部分分泌物中也含有抗體，主要是 IgA 型抗體。

**anticlinal　垂周的**　（指植物細胞分裂）沿著與外表面成直角的平面的。

**anticoagulant　抗凝劑**　阻止血球凝集作用（agglutination）或凝固的物質。血液凝固（blood clotting）是個針對循環系統損傷時的生物體立即的反應，關乎生命。其中的一個步驟需要鈣離子的存在。於是使用適當的化學物質將鈣去除，就可防止凝血，人們儲存備用血時就是利用此類物質。許多吸血寄生蟲如蚊蟲在吸血時，就向寄主血內注入抗凝血物質，以利血液更容易被吸入寄生蟲的消化系統。

**anticodon　反密碼子**　見 transfer RNA。

**antidiuretic hormone　抗利尿激素**　見 ADH。

**antigen　抗原**　進入生物體可引發免疫反應（immune

response），包括產生特異抗體（antibodies）的物質稱之，通常為蛋白質或碳水化合物。抗原可為毒素，如蛇毒，也可為細胞上的分子，如紅血球上的 A/B 抗原。

**antigibberellin　抗吉貝素**　與吉貝素（gibberellins）作用相反，可使植物莖生長得短而粗。例如順丁烯二醯胼就常用於抑制草類的生長，以減少剪草的次數。

**antihelminthic　驅蟲的**　（指藥物）服用後可驅除寄生蟲。

**antihistamine　抗組織胺**　見 allergy。

**antilymphocytic serum　抗淋巴血清**　將淋巴球（lymphocytes）注入馬的體內，抽取含所誘發出抗體的血清。此具抗淋巴細胞的血清可破壞淋巴細胞，因此用此法可使受體易於接受來自異體的移植物。

**antimycin　抗黴素**　有毒物質，可阻斷電子傳遞系統（electron transport system）中電子由細胞色素 b 向細胞色素 c 的傳遞。見圖141。

**antipodal cells　反足細胞**　在細胞分裂之後仍停留在胚囊（embryo sac）的非珠孔端的3個單倍體細胞。一旦卵細胞形成以後，在種子發育程序中它們就沒有作用了。

**antisepsis　防腐**　見 antiseptic。

**antiseptic　防腐劑**　字面上講，指防止腐敗的物質；但通常指，防止傷口發生感染的物質。防腐（antisepsis）通常是利用無毒無損傷性但卻可殺滅致病微生物的物質來消毒或滅菌。

**antiserum　抗體血清**　見 serum。

**antisporulant　抗孢子劑**　可減少或防止真菌產生孢子但仍使之能繼續其營養生長的物質。

**antitoxin　抗毒素**　一類可中和毒素（toxins）的抗體（antibody）。

**anucleate　無核的**

**anuran　無尾類**　無尾目兩生動物，包括蛙和蟾蜍，牠們的後肢大但無尾。

**anus　肛門**　消化道（alimentary canal）的後開口。被肛門括約肌（sphincter）所圍繞，它受自主神經控制（見 autonomic nervous system），能夠調節腸內容物的排除（排便）。

**anvil　砧骨，砧石**　1.砧骨（incus）。2.砧石。歌鶇用於擊碎陸螺（如 *Cepaea nemoralis*）從中取食的石頭。收集取食處的碎殼可了解歌鶇所選擇的陸螺形態。

**aorta　大動脈**　哺乳動物血液循環系統（blood circulatory system）中的大動脈。來自左心室的含氧血經主動脈，跨過大動脈弓（aortic arch）並沿背主動脈（dorsal aorta）下行。背主動脈延伸至整個軀幹，分出幾個分支以供應不同器官。在魚類和低等脊索動物，腹主動脈是主要的動脈，它將血由心臟送至鰓部。

**aortic arch　大動脈弓**　在脊椎動物成體或胚胎中連接腹主動脈和背主動脈的幾對（最多可有6對）動脈。在魚類，主動脈弓形成入鰓動脈和出鰓動脈。在高等脊椎動物，它們則形成頸動脈弓、體動脈弓和肺動脈弓。

**aortic body　大動脈體**　大動脈（aorta）壁上一塊富含神經組織的區域，緊靠心臟，對血液二氧化碳濃度特別敏感。二氧化碳分壓過高時，促使主動脈體發出衝動經傳入神經纖維至後腦中的心臟及呼吸中樞（見 breathing）。二氧化碳下降則促使主動脈體上的神經接受器失去反應。這是負回饋機制（feedback mechanism）的一個實例。

**ap- or aph- or apo-　［字首］**　表示脫離、分開。

**ape　猿**　猿猴科無尾靈長動物，包括大猩猩、黑猩猩、猩猩和長臂猿。

**apetalous　無瓣的**　（指植物）。

**aph-　［字首］**　見 ap-。

**Aphaniptera or Siphonaptera　蚤目**　昆蟲目名，包括各種蚤，其個體大多側扁，吸血，無翅，但後肢發達適於跳躍。

**Aphetohyoidea** or **Placodermi** **盾皮魚綱** 一組化石魚類，
具原始頜（但僅具韌帶聯繫）和一對有功能的第一鰓裂。

**aphid** **蚜蟲** 半翅目蚜科昆蟲。英文亦稱 green fly。蚜類借助
刺吸口器和吸吮口器吸食植物汁液，因可做植物病毒媒介而有相
當經濟意義。見圖41。

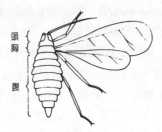

**圖41 蚜蟲。有翅雌性。**

**aphotic** **無光的** 無光線的，或在無光條件下生長的。

**aphotic zone** **無光帶** 海洋垂直向分帶中光線達不到因而光
合作用也無法進行的區域。一般在100公尺以下。亦見 sea zona-
tion。

**aphyllous** **無葉的**

**apical** **頂端的，頂生的，向頂的**

**apical dominance** **頂端優勢** 莖的頂端阻止靠近頂端的側芽
分生側枝的現象。這種優勢現象是由於頂芽（apical bud）產生
的植物激素（植物生長素）濃集在頂端造成的。至莖的下部，植
物生長素濃度下降，側枝才得大量繁生。去除頂芽可使側枝發
育，例如在給玫瑰疏枝打頂之後。

**apical growth** **頂端生長** 由頂端分生組織（apical
meristem）造成的生長。

**apical meristem** **頂端分生組織** 根莖頂段生長部位的分生組
織，它造成植物體的加長。分生組織（meristem）細胞體小，壁
薄，細胞質（cytoplasm）的液泡較少。生長時，有絲分裂（mi-

tosis）活躍，但這決定於季節。新細胞外形與親代細胞相似，只是更長些，液泡更多些。最後當細胞遠離分生帶時，細胞要經歷**細胞分化**（cell differentiation）而取得成熟植物細胞的形象。分生組織比較嬌嫩，需要保護。在地上部分，頂端都有小葉覆蓋，形成枝端的頂芽和莖節處的腋芽，後者是莖上分生葉片的部位。根部的結構比較簡單，每個根尖分生組織都有一片鬆散的細胞保護著，稱為**根冠**（root cap）。對照 cambium。

**apical region　頂區**　植物根莖頂端靠**頂端分生組織**（apical meristem）來加長的部位。

**aplanospore　不動孢子**　某些藻類和某些真菌的無性和不活動的孢子。

**apnea　呼吸暫停**　不呼吸或呼吸暫時抑制的狀態，如見於深潛的哺乳動物。

**apo-　〔字首〕**　見 ap-。

**apocarpous　離心皮的**　（指有花植物的子房）**心皮**（carpels）互相分離的。對照 syncarpous。

**Apoda** or **Gymnophiona　無足目，裸蛇目**　營鑽穴生活的蠕蟲樣兩生動物，無肢帶和附肢。眼小無功能。見於東南亞、印度、非洲及中美。

**apodeme　表皮內突**　節肢動物內骨骼的向內突起、供肌肉著生的部位。

**apodous　無足的**

**apogamy　無配子生殖**　蕨類植物中的一種無性生殖方式，雙倍體的**配子體**（gametophyte）直接產生**孢子體**（sporophyte）。

**apomict　無融合生殖植物**　由**無融合生殖**（apomixis）產生的植物。

**apomixis　無融合生殖**　不經**受精作用**（fertilization）或**減數分裂**（meiosis）的植物胚胎發育現象。某些植物如蒜和柑桔常採用此種生殖方式。動物也有類似的生殖程序，但稱爲孤雌生殖（parthenogenesis）。亦見 apospory, apogamy 和 agamospermy。

**apomorph　衍生性狀**　衍生出的特徵。

**apophysis　骨凸**　脊椎骨的突起，供肌肉、肌腱或韌帶著生。

**apoplast　無色質體，離質體**　1.無色質體。無色素體（chromatophores）的原漿質（plastid）。形容詞 apoplastic 通常用來指帶色的原生動物類群中個別的無色個體。當細胞分裂進行過快超過質體分裂的速度，以致有的新生細胞沒有分配到質體時，我們就說發生了 apoplasty。2.離質體。植物共質體（symplast）之外的區域，包括原生質膜（plasmalemma）外的部分，如細胞壁和木質部（xylem）的死亡組織。

**aporepressor　阻遏物蛋白**　一種調節蛋白，在共抑制物（corepressor）同時存在的條件下可抑制特定基因的活性。

**aposematic coloration　警戒色**　見 warning coloration。

**aposematic selection　警戒選擇**　一種頻率依賴性選擇（frequency-dependent selection）機制。一個物種有好幾個形態型，其中至少有一個型是對於另一不適物種的擬態。見 mimicry。

**apospory　無孢生殖**　見於某些植物，一個雙倍體孢子體（sporophyte）細胞不經減數分裂（meiosis）就直接產生一個雙倍體的配子體（gametophyte）。

**apostatic selection　反常型選擇**　一類型頻率依賴性選擇（frequency-dependent selection）機制，通常指一個獵物種群中存在明顯的多態性（polymorphism），即存在幾個明顯不同的形態型，而捕食者總選擇最多見即頻率最高的形態型，結果導致平衡多態。

**apothecium　子囊盤**　某些子囊菌（杯菌）和地衣的子實體，包含子囊（見 ascus）。常爲淡色，直徑可達40公分，但通常只有幾公釐直徑。

**appeasement display　安撫姿態**　在爭鬥行爲之後企圖妥協

讓步平息對方的舉動。例如一條打敗的狗會扭轉身把下身露給敵手，於是勝利者就會停戰。

**appendage　附肢**　動物身體突出的部分，如腳、口器和觸鬚。

**appendicularia** or **tadpole larva　尾海鞘，蝌蚪狀幼體**　海鞘（ascidiacea）的幼體。具尾、脊索（notochord）和管狀的神經索；脊索的存在說明海鞘的進化地位。

**appendicular skeleton　附屬骨骼**　附著於脊柱的骨骼，如附肢和鰭。

**appendix** or **vermiform appendix　闌尾**　哺乳動物腸道的盲腸（cecum）末端長出的指狀突起。見圖42。在草食動物中，盲腸和闌尾都很重要，因爲其中包含的細菌有助纖維素的消化。在人類和非草食動物體內，盲腸和闌尾無功能。闌尾若發炎則必須手術割除（闌尾切除術）。

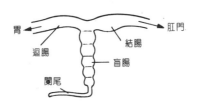

圖42　闌尾。闌尾的位置。

**apposition　併列**　靠物質的層層沉積使細胞壁加厚造成的生長。

**apposition image　聯立像**　複眼中形成的鑲嵌圖像（見 eye, compound）。

**appressed　緊貼的**　（指器官）靠攏但沒有聯合在一起的。

**Apterygidae　無翼鳥科**　紐西蘭不能飛的原始鳥類。夜行，其羽已變形，呈毛狀。

**Apterygota** or **Ametabola　無翼亞綱，無變態亞綱**　一類從

未演化出翅，也基本無變態（metamorphosis）的原始昆蟲。各齡之間無甚變化。本亞綱包括：衣魚（纓尾目）、彈尾蟲（彈尾目）和原尾蟲。對照 Pterygota。

**aptosochromatosis　羽毛變色**　鳥類不經換羽而改變顏色的現象，如青腳鷸的羽可在不經磨蝕的情況下改變羽色。

**aquaculture　水產養殖**　為提高水產品產量，而對水生生物的生殖、生長及死亡進行控制的措施。是和陸上農業對等的水中作業。

**aquatic respiration　水中呼吸**　淡水和海洋生物與體外水分交換氣體的程序。充分飽和的水所含氧氣也只有空氣的0.02%。但因為身體組織與外面流過的含氧介質直接接觸，所以這套呼吸系統的效率滿高，常只需不大的呼吸面積就夠了。許多水生生物，特別是那些較原始的類群，並沒有特化的呼吸器官。牠們由體表進行氣體交換，例如原生生物、藻類和線蟲等。其他生物則演化出特化結構；這可能位於體外，如沙蠶（*Nereis*）的鰓，也可能位於體內，如魚鰓。鰓（gill）富含血管以與組織間交流代謝物質，而許多具鰓的生物要消耗不少能量來使體周的水分不斷流經呼吸表面。

**aqueous habitat　水質生境**　以水為生活介質的生境。

**aqueous humor　水狀液**　眼房水，即充滿脊椎動物眼睛（eye）的角膜和晶體間空腔的液體。（見圖151）。

**arable farming　作物栽培**　耕作農田生產作物，以別於飼養牲畜的畜牧業。

**arachnid** or **arachnoid　蛛形動物**　節肢動物門蛛形綱的動物，包括蠍、蜘蛛、蜱、蟎及鱟等。牠們無觸角，一般有4對足，而且除了鱟外，均呼吸空氣。

**arachnoid　蜘蛛膜；蛛形動物**　1.覆蓋腦及脊髓的三層膜（腦膜）中的中間的一個。2.見 arachnid。

**Araneida　真蜘蛛目**　蛛形綱的一個目，包括一般蜘蛛。

**arboreal　樹棲的**　棲息於樹上的。

**arbovirus　樹狀病毒**　由節肢動物（arthropod）攜帶傳播的病毒，例如由埃及斑蚊（*Aedes aegypti*）攜帶的黃熱病病毒。

**arch-** or **archaeo-** or **arche-** or **archi**　**［字首］**　表示古老。

**Archaeopteryx　始祖鳥**　已知的最早的化石鳥，歸始祖鳥屬（*Archaeopteryx*），見於約1億4000萬年前的侏羅紀。牠的頜上有齒，翼上有爪，尾中含脊椎。

**Archaeornithes　古鳥目**　鳥類的一個目，形似爬行動物，已滅絕，只包括一個屬，即始祖鳥（Archaeopteryx）。

**arche-**　**［字首］**　見 arch-。

**Archegoniatae　藏卵器植物**　非系統分類的一種統稱，泛指一切具藏卵器的原始植物，例如苔蘚植物（bryophyta）的雌性生殖器官就是藏卵器（archegonium）。

**archegonium（複數 archegonia）　藏卵器**　苔蘚植物（bryophyta）、蕨類植物（pteridophytes）和大部分裸子植物（gymnosperms）的雌性生殖器官。見圖43。

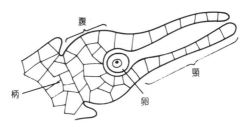

圖43　藏卵器。地錢〔Marchantia，苔綱（Hepaticae）〕的成熟藏卵器。

**archenteron　原腸**　動物胚胎（囊胚）中由中胚層（mesoderm）和内胚層（endoderm）向囊胚腔内卷入形成的部分，最後構成腸道。原腸通過胚孔開向外界。見圖44。

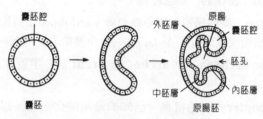

**圖44　原腸。兩生動物中的原腸形成。**

**archesporium　孢原**　衍生出孢子（spores）的細胞或細胞群。

**archetype　原始型**　假設的始祖型，據認為其他型均導源於該型。它通常缺乏特化性狀。

**archi-　［字首］**　見 arch-。

**Archiannelida　原環蟲綱**　環節動物的一個綱，可能和多毛類（polychaete）源於同一始祖。均為海生，結構簡單。

**Archichlamydeae　原始花被亞綱**　被子植物（angiosperms）的一個亞綱，其花被（perianth）不完全，或花冠（corolla）完全分離。

**arcuate　弓形的**　弓形超過一個象限以上。

**areolar tissue　蜂窩組織**　由膠凍樣間質和大纖維母細胞組成的結締組織。纖維母細胞分泌出白色的膠原蛋白（collagen）纖維和黃色彈性纖維；阿米巴樣的肥大細胞（mast cells）則分泌基質（matrix）；還有充滿脂肪的細胞，以及巨噬細胞（macrophages）。蜂窩組織見於皮下和相鄰的組織和器官之間。見圖45。

**arginine　精胺酸**　蛋白質中常見的20種胺基酸之一。它有一個額外的鹼基，在溶液中呈鹼性。精胺酸的等電點（isoelectric point）為10.8。見圖46。

**arginine phosphate　磷酸精胺酸**　見 phosphagen。

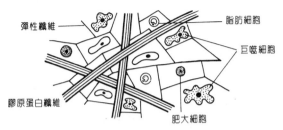

彈性纖維
脂肪細胞
巨噬細胞
膠原蛋白纖維
肥大細胞

圖45 蜂窩組織。典型結構。

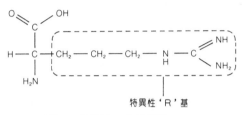

特異性‘R’基

圖46 精胺酸。分子結構。

**arista 觸角芒；芒** 1.觸角芒。昆蟲觸角底部的剛毛。在某些昆蟲如蚜蠅中，它可比觸角的其他部分都大。2.芒。草類穎片（glumes）上的剛毛樣結構，又稱 awn。

**aristate 具芒的** 見 arista 2。

**Aristotle's lantern 亞氏提燈** 海膽中支撐口及頜的五邊球形結構。

**arithmetic mean or mean 算術平均** 對一組數目求和（$\Sigma x$），再除以項的數目（n），所得商即為平均數，記為（$\bar{x}$）見圖47。

**Arnon, Daniel 阿農**（1910- ） 美國生物化學家。1950年代，與其同事首先發現光合作用（photosynthesis）電子傳遞系統（electron transport system）中電子在電子受體間傳遞的程序，特別是發現了鐵氧化還原蛋白的作用。

**arsenic 砷** 一種化學元素，形似灰色金屬，但更常見的是它

63

$$\begin{array}{r} \text{x 値} \\ 13 \\ 9 \\ 12 \\ \underline{10} \\ \Sigma x = \quad \underline{44} \end{array}$$

圖47　算術平均。在本例中，4個 x 值的平均數爲11

具有巨毒的氧化物。過去一度用於保存鳥獸皮，因此在接觸老式博物館保存的鳥獸皮時要特別小心。

**Artenkreis　物種集合體**　一個超種（superspecies）。

**arterial arch　動脈弓**　聯結側背*大動脈*（aorta）和腹大動脈的血管。脊椎動物胚胎中共有6對。在魚類，第四至六對供應魚鰓；而在高等脊椎動物，第三、四和第六對分別變成頸動脈弓、體動脈弓和肺動脈弓。

**arteriole　小動脈**　攜帶含氧血至組織的細小薄壁動脈，是*血液循環系統*（blood circulatory system）的一部分。小動脈在接近目標組織時越變越小，並給出側支，後者最後變爲微血管。有的小動脈通過*旁路血管*（shunt vessels）與*小靜脈*（venules）相連，這特別見於有恆定血液供給的組織，如皮膚。見圖48。

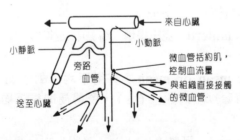

圖48　小動脈。小動脈、微血管和小靜脈。

**arteriosclerosis　動脈硬化**　動脈壁增厚、血管彈性降低、造成管腔縮窄、影響血流的病理情況。常見於老人。

**artery　動脈**　由心臟向組織運送含氧血，或由肺向心臟運送缺氧血，具彈性、含肌層血管壁的較大血管。是**血液循環系統**（blood circulatory system）的重要組成部分。見圖49。動脈越接近其目標器官，其壁也越薄，最後乃變為**小動脈**（arterioles）。見 vein。

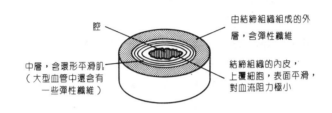

腔

由結締組織組成的外層，含彈性纖維

中層，含環形平滑肌（大型血管中還含有一些彈性纖維）

結締組織的內皮，上覆細胞，表面平滑，對血流阻力極小

圖49　動脈。橫切面。

**arthro-**　[**字首**]　表示關節的。

**arthropod**　**節肢動物**　節肢動物門的成員，其附肢具關節，外覆外骨骼（exoskeleton）。以物種數而論，節肢動物是最大的動物門；包括昆蟲、甲殼動物、蜘蛛、蜈蚣，及許多化石類型。

**articular bone**　**關節骨**　爬行動物和鳥類下頜上的骨，與頭顱（方骨）形成關節。在哺乳動物則形成鎚骨（malleus）。

**articulate**　**具關節的**　藉由關節相聯。

**articulation**　**關節**　見 joint。

**artifact**　**人工產物**　自然狀態下不存在，但在製備或觀察事物時出現的現象。薩里（Surrey）大學的希爾曼（Harold Hillman）和薩爾托里（Peter Sartory）就曾根據立體幾何的證據認為，許多在電子顯微鏡下所觀察到的某些結構如高基氏體、核孔和內質網等，都會因材料製備過程而出現假象。

**artificial classification**　**人為分類**　見 classification。

**artificial insemination（AI）**　**人工授精**　不經交配（copulation）而將精子直接引入雌性動物生殖道以達到受精目的的措

施。本法常用於動物育種，如用於遠距離運送遺傳材料，或用同一份精液使多個雌體受精。在人類，人工授精有時用於一般方法不能受精時。

**artificial parthenogenesis　人工單性生殖**　不經受精作用而是由人為手段使卵子發育成胚胎，所用手段包括施加低溫、用酸處理及造成機械損傷等。

**artificial respiration　人工呼吸**　使用人為方法維持呼吸。如口對口人工呼吸、壓背舉臂人工呼吸，以及使用呼吸器等。

**artificial selection　人擇**　一種選擇（selection）程序，由人類根據生物的表型（phenotype）來選出具特定表型的個體來繁育，其目的在於改變子代的基因型（genotype）和表現型。這是一種定向選擇（directional selection），是植物和動物育種專家常使用的方法，他們的任務就是要改善生物的性狀，例如要提高馬鈴薯抗根腐病的能力，或提高牛的產乳量。這種選擇要依靠該種群的遺傳變異性（genetic variability）。參見 heritability。

**artio-**　[字首]　指偶數。

**Artiodactyla　偶蹄目**　具偶數蹄的動物，如牛、豬、鹿及駱駝等。對照 perissodactyla。

**arum lily　馬蹄蓮**　學名天南星水芋屬（*Arum maculatum*）。是協同演化（coevolution）的一個突出事例。其地上部分形成一個大而具惡臭的苞片（bract），吸引蠅類。這個苞片（或稱佛燄苞 spathe）底部膨大，雌雄花均在其中。攜帶花粉的蠅蟲鑽入花室尋找花蜜，就會傳粉給雌花。因雌雄花成熟期不同，這樣就保證了異花授粉（cross-pollination）。當蠅還在花室時，雄花成熟，而當蠅離開時，就可由雄花處攜走花粉。

**Ascaris　蛔蟲屬**　線蟲門的一個屬，寄生性圓蟲。偶棲於人類小腸。人蛔蟲（*A. lumbricoides*），長可達30公分，大量蛔蟲可堵塞腸道，甚至造成寄主死亡。

**ascending　上升的**　上升或向上拐的，如腎小管亨利圈（loop

of Henle）的上升支。

**ascidian　海鞘類**　背囊動物亞門海鞘綱的*原索動物*（proto-chordate），如海鞘，其成體退化並改營固著生活。亦見 appendicularia。

**asco-　〔字首〕**　指類似皮酒袋形的囊。

**ascocarp　子囊果**　子囊菌（ascomycete）的子實體。見ascus。

**ascomycete　子囊菌**　子囊菌綱眞菌〔現歸屬子囊菌亞門及半知菌亞門（Deuteromycotina）〕，其特徵爲在有性生殖時產生子囊孢子。菌絲分隔，而*子囊*（ascus）則聚合在一可見的子實體中。

**ascorbic acid** or **vitamin C　抗壞血酸，維生素** C　一種見於柑桔、綠色蔬菜和馬鈴薯中的水溶性有機化合物。分子式爲：$C_6H_8O_6$。它最爲人知的作用是參與*膠原蛋白*（collagen）的形成。膠原是*結締組織*（connective tissue）的主要成份。抗壞血酸的缺乏導致*壞血病*（scurvy），而因膠原的改變又可引起許多繼發變化。抗壞血酸在人類是個*維生素*（vitamin），但老鼠以及大多數哺乳動物都能由 D-葡萄糖合成自身需要的抗壞血酸，因此對於牠們來講不是維生素。

**ascospore　子囊孢子**　一種單倍體孢子，是在*子囊菌*（ascomycete）子實體子囊中經*減數分裂*（meiosis）形成的。

**ascus（複數 asci）　子囊**　（以前又稱 theca）子囊菌（ascomycete）子實體中的一個細胞，有性生殖時其中的*單倍體*（haploid）核互相融合。此後在正常情況下發生*減數分裂*（meiosis），產生4個單倍體細胞，然後它們經*有絲分裂*（mitosis）又產生8個*子囊孢子*（ascospores）。子囊孢子在子囊內排列齊整，可以根據它們的位置對減數分裂時發生的事件進行詳盡地分析（見 tetrad analysis）。子囊通常包在由菌絲聚合而成的*子囊果*（ascocarp）中。子囊果有幾種類型，如子囊殼、閉囊殼和子囊盤等。見圖50。

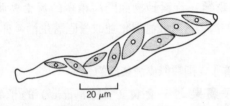

20 μm

**圖50　子囊。**內含粗糙脈孢菌（Neurospora crassa）的子囊孢子。

**aseptic techniques　無菌技術**　在盡可能做到無致病菌的環境中完成的技術，例如在醫院手術室中完成的技術。爲達到此目的，要過濾室內空氣，對一切器械和外罩衣物進行滅菌〔通常是在高壓滅菌器（autoclave）中加高溫〕，而工作人員都要戴口罩和手套。此類技術不可和使用**防腐劑**（antiseptics）相混淆。

**asexual reproduction　無性繁殖**　旣不產生配子（gametes）更不需要配子融合的生物繁殖方式。每種無性生殖都有其缺點和優點。見圖51。

| 特徵 | 優點 | 缺點 |
|---|---|---|
| 1.<br>只有一個個體參與 | 不需要尋找伴侶 | 基因沒有機會混合以產生新的組合 |
| 2.<br>產生的個體和親代相同 | 環境不變時，優良品種得以迅速擴散 | 原有基因型不一定能適應環境的改變 |
| 3.<br>大量子代都接近親代 | 親代存在時，環境對子代有利 | 可能出現過度擁擠，子代難以擴散 |

**圖51　無性繁殖。**無性繁殖的優缺點。

　　無性生殖產生的基因結構完全相同的子代稱爲**無性繁殖系**（clones）。無性生殖是低等動物的特徵，並見於一切植物類群，包括**被子植物**（angiosperms），常常補有性生殖的不足。也許正是因爲許多植物都是定居的，所以特別適於無性生殖。無性生殖有幾種類型，將在以下各條目中加以介紹，不過在這裡可簡要地提及：(a)分裂（見 binary fission）：即整個生物分裂爲二（例如細菌）。(b)**出芽生殖**（budding）：親體向外分生出新個體（例如酵母和水螅）。(c)**裂殖**（fragmentation）：植物體分離爲若干斷片（某些藻類）。(d)**孢子形成**（sporulation）：產生無性孢子（例如眞菌）。(e)**營養生殖**（vegetative propagation）：高等植物的植株部位產生新的個體（例如馬鈴薯塊莖）。

**asexual spore** or **isospore** **無性孢子，同形孢子** 不透過有性生殖所產生的孢子。

**asparagine** **天門冬醯胺** 蛋白質中常見的20種胺基酸之一。其 R 基爲極性結構，溶於水。見圖52。天門冬醯胺的等電點爲5.4。

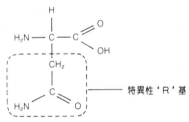

圖52 天門冬醯胺。分子結構。

**aspartic acid** or **aspartate** **天門冬胺酸** 蛋白質中常見的20個胺基酸之一。有一個額外的羧基因而在溶液中呈酸性。天門冬胺酸的等電點爲2.8。見圖53。

**aspect** **方位** 一個物體面對的方向。例如一個向北的山坡可說具有北向的方位。

**asperous** **粗糙的**

**asphalt lake** **瀝青湖** 大部分由瀝青（幾乎全是碳和氫，但也有一些氧、氮和硫）組成的湖沼，主要見於美國和美洲南部，如拉布雷亞瀝青坑，其中保存了自中新世沉陷的動物。

**asphyxia** **窒息** 缺氧

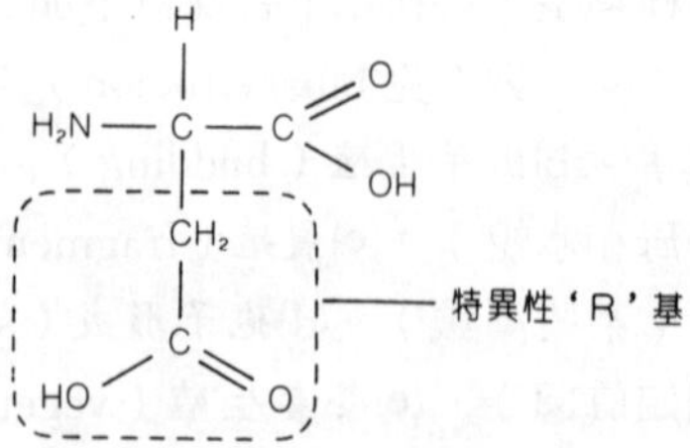

圖53 天門冬胺酸。分子結構。

**aspirin** or **acetylsalicylic acid** **阿司匹靈，乙醯水楊酸** 一種止痛藥。

**assimilation** **同化** 生物吸收外界新物質並將其納入自身結構的程序。

**association** **植物群叢** 一小塊自然集居的植物。此詞原指一個整個生境，如一片松林。但現指小得多的集群。對照 consociation。

**association center** **聯合中樞** 無脊椎動物體內協調神經活動的部位，該處將來自感受器的神經刺激再行分配。

**assortative mating** **選型交配** 擇偶時受基因型（genotype）影響的交配方式，也即非隨機的交配。例如人類交配就常受種族特徵的影響，因為一個種族的人總偏向和同族的人交配生子。這樣的擇偶就意味著，根據哈地－溫伯格定律（Hardy-Weinberg law）預測的基因型頻率不會出現。亦見 random mating, interbreed。

**aster-** ［字首］ 指星。

**aster** **星狀體** 在低等植物和一切動物正在分裂的細胞中，由中心粒（centrioles）向外四散發射的一組紡錘體微管（spindle microtubules）。星芒體的功能不清，似乎與紡錘體的形成無關。見圖54。

**Asteroidea** **海星亞綱** 棘皮動物（echinoderms）的一個綱，

星狀體

紡錘體微管，與另一極相連
或和赤道上染色體相連

中心粒

圖54 星狀體。模式圖。

具五角的輻射對稱（radial symmetry），如海星。

**asynchronous fibrillar muscle　非同步纖維肌肉**　見
flight。

**atavism　祖型再現**　祖先性狀經多代消失之後再度出現的現
象。

**athlete's foot or tinea or ringworm　足癬**　由絮狀表皮癬菌
（*Epidermophyton floccosum*）造成的真菌感染。本菌也可刺激
足以外的部分，對各處皮膚和指（趾）甲都可致病。足癬最常見
於成年男性，常因赤足在遭致污染地板上行走而患本病。

**atlas　寰椎**　四足動物（tetrapods）的第一個脊椎。

**atmometer　蒸發計**　測定水分蒸發速度的儀器。其原理是，
定時測定一個帶刻度的圓管中的水面。

**atmosphere　大氣**　包圍某一特定結構的氣體層，或某一特定
結構或容器的氣體內容物。

**atom　原子**　保有某一元素性質的物質最小顆粒。

**atomic weight　原子量**　以一個氫原子的重量為單位計量的任
一元素的原子重量。

**ATP（adenosine triphosphate）　腺苷三磷酸**　由腺嘌呤
（adenine）、核糖，及其上連接的3個磷酸根組成的分子，其中
有兩個磷酸根都是由高能磷酸鍵聯結的（見圖55）。這些特殊鍵
發生水解作用（hydrolysis）時釋放出能量。有兩個主要的程序
都產生ATP，都是借助一個高能磷酸鍵將一個無機磷酸根連接

$$\text{ADP} + \text{P} + 34 \text{ 仟焦耳能量} = \text{ATP} + \text{H}_2\text{O}$$

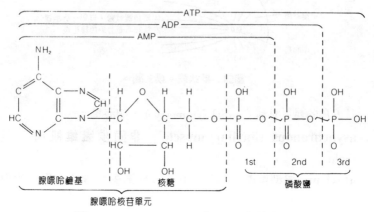

圖55　ATP。ATP、ADP 和 AMP 的結構。

到 ADP 上而形成。**細胞呼吸**（cellular respiration）中可以形成 ATP，這包括在細胞質中經由**醣酵解**（glycolysis）程序和在氧氣存在的條件下在**粒線體**（mitochondria）中通過**克列伯循環**（Krebs cycle）和**電子傳遞系統**（electron transport system）形成的。在綠色植物的**葉綠體**（chloroplasts）中，光合作用也可形成 ATP，這時也要用到電子傳遞系統。ATP 分子作用有如短期的生物電池，保留能量以供主動運輸、物質合成、神經傳導和肌肉收縮之用。一個正在活動的細胞每秒鐘需要超過兩百萬個 ATP 分子來運轉它的生化系統。

**atrioventricular node**（AVN）　**房室結**　見 heart。

**atrium**（**複數 atria**）　**心房**　體內的腔室，特別指心臟中接受周圍血的腔室。所有脊椎動物，除了魚類之外，心臟都有兩個心房。見圖56。亦見 heart 和 heart, cardiac cycle。

**atrophy**　**萎縮**　器官或組織塊體積的縮小，常因廢用而造成。

**atropine**　**阿托品**　取自顛茄的有毒化學物質。它可防止突觸後膜的去極化因而阻止突觸的傳導，其作用與**箭毒**（curare）相

圖56　心房。原始心臟。

似。做爲醫藥，常用於麻醉前給藥，或用於治療消化性潰瘍、腎及膽結石等。

**attached-X chromosome　並連 X 染色體**　兩個 X 染色體由一個共有的著絲點（centromere）並連成一個染色體。這樣一個染色體行動有如一個整體，因此攜帶者就具有一個雙 X 染色成份再加上另一個性染色體；這是染色體不分離（nondisjunction）的一種。

**attachment　附著部**　藻類原植體（thallus）基部的擴大部分，用以將植物固著在基質（substrate）上。

**attenuate　漸窄的**　（指葉或其他植物結構）逐漸變細，最後終於一點。

**attenuation　減毒**　微生物病原體的致病力喪失，以致存活的病原體已不復致病。但它此時用作疫苗仍可刺激產生有益的抗體（antibody）。現使用多種方法來使病原體減毒，例如使細菌培養老化，或使病原體經由非天然寄主。

**attenuator　衰減子**　在一個操縱子（見 operon model）前導區（leader region）的一段具調節作用的核苷酸（nucleotide）序列，其中含有一個轉錄（transcription）終止信號。衰減子的作用是精細調節結構基因的活動，根據細胞的情況，時而活動，時而不活動。

**auditory canal** or **external auditory meatus　聽道管；外聽道**　由耳廓（pinna）（外耳）至鼓膜的通道。

**auditory capsule　聽囊**　脊椎動物中包繞中耳和內耳的硬骨或軟骨殼囊。

73

**auditory nerve　聽神經**　第8對腦神經。由內耳傳入感覺衝動。

**auditory organ　聽覺器**　探查聲音的感覺器官。脊椎動物的聽覺器還提供有關動物與重力的關係及行動加速度的資訊。

**Auerbach's plexus　奧厄巴赫叢**　腸道肌肉中由神經纖維和神經節組成的神經網路，受到腸道中食物的壓力刺激時就引起蠕動（peristalsis）。

**auricle　心耳；耳廓；葉耳**　1.心耳。心房（atrium）的過去名稱。2.耳廓。耳廓（pinna）的另一稱謂。3.葉耳。（亦稱 auricula）耳形部分或附件，常見於某些葉子的基部。

**Australian fauna　澳洲動物區系**　見 marsupial。

**Australopithecus　南猿**　早更新世靈長類的一個屬，有些特徵像人，有些特徵像猿，如頭顱。源於南部非洲。南猿（*Australopithecus*）直立行動。

**autecology　個體生態學**　個別物種的生態學，以別於群落生態學。對照 synecology。

**authority　命名人**　科學名稱的命名人，通常列於分類文獻中，如 *Tringa totanus*（Linnaeus），括號中即爲命名人林奈的拉丁文寫法。

**auto-　[字首]**　表示自我。

**autocatalytic　自我催化**　（指物質）指一物質催化自身的產生。產生的物質越多，催化劑也就越多，更加促進自身的產生。

**autochthonous　本地固有的**　（指泥炭）由本地生植物形成的。

**autoclave　高壓滅菌器**　1.利用飽和蒸汽在高壓高溫（100℃以上）下對物品進行滅菌的裝置。2.在高壓下進行化學反應的密閉容器。

**autocoid　內源活性物質**　激素（hormone）的別稱。

**autoecious　單主寄生的**　（指寄生生物，特別是致鏽病眞菌）在單一寄主體內完成整個生活史的。

**autogamy　自核交配；自體授精**　1.自核交配。已分裂的細胞核再融合現象，見於某些原生生物。2.自體授精。植物中的自體授精。

**autogenic　自發的**　（指群落演替）植物群落自身改變其環境而引發的演替。

**autograft　自體移植**　將自身一部分組織移植到另一部分上。

**autoimmunity　自體免疫**　身體免疫系統對自身組織產生的過敏現象，會導致該組織受自身的免疫系統攻擊而破壞。換句話，自體抗原（antigen）被誤當成異體抗原，引發免疫反應（immune response）。這種情況很危險，可能與老化有關。類風濕關節炎就是一個實例。

**autolysis　自溶**　生物體組織被自體酶所分解，通常發生於死後。

**autonomic　自主的；自發的**　1.與控制不隨意肌的神經系統（見 autonomic nervous system）有關的。2.（植物中）同內源運動有關的，如同原生質流動或莖尖的螺旋樣生長有關的。

**autonomic nervous system　自主神經系統**　神經系統中控制體內不隨意活動的部分。有兩個主要部分：(a)交感神經系統：突觸（synapses）複合物在脊椎兩側形成神經節，因而來自中樞神經系統的節前纖維比較短；纖維是腎上腺素激導的（adrenergic）。(b)副交感神經系統：神經節埋於效應器的壁中，因而節前纖維長，而節後纖維短；纖維是膽鹼激性（cholinergic）。交感和副交感系統支配相同的器官，但兩者產生的效應一般是相反的，例如：

| 交感系統 | 副交感系統 |
|---|---|
| 抑制蠕動 | 刺激蠕動 |
| 刺激膀胱和肛門括約肌收縮 | 抑制膀胱和肛門括約肌收縮 |
| 抑制膀胱收縮 | 刺激膀胱收縮 |

| | |
|---|---|
| 刺激起搏點，加速心跳 | 抑制起搏點，減緩心跳 |
| 刺激動脈收縮 | 抑制動脈收縮，引起擴張 |
| 抑制支氣管收縮，造成擴張 | 刺激支氣管收縮 |
| 抑制虹膜肌收縮，使瞳孔擴大 | 刺激虹膜肌收縮，使瞳孔縮小 |

**autopolyploid　同源多倍體**　多倍體（polyploid）的一個類型；每個染色體數目均加倍，而所有染色體均來自同一物種。例如在圖57中，A就代表一整套染色體。和異源多倍體（allopolyploid）一樣，同源多倍體也是產生新種的一個機制，特別是在植物。異源多倍體常更為成功，也許是因為同源多倍體在**減數分裂**（meiosis）時會有配對困難。

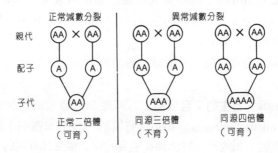

**圖57　同源多倍體**。不同類型的同源多倍體與正常二倍體的比較。

**autoradiograph　自動放射顯影術**　反映組織中放射性區域的攝影圖像。組織先以**同位素**（isotope，如$^{14}$C）標記，再放於X光底片上，於是底片受輻射曝光時，放射性區域乃得顯像於底片上。

**autosexing　性別自體鑑定**　不經生殖器檢查即可決定子代性別的技術。例如雞幼雛的性別很難由解剖結構上加以鑑別，但利用一個基因卻可使雌性（一個X染色體）的羽色和雄性（兩個X染色體）的羽色不同。

**autosomal gene　普通染色體基因**　普通染色體（autosome）上的基因。

**autosomal inheritance　普通染色體遺傳**　對偶基因（alleles）遺傳的一種方式。因對偶基因位於普通染色體（autosome）上，而非位於性染色體上，所以雙親的性別不影響交配的結果。互交（reciprocal cross）產生相同結果。

**autosome　普通染色體**　染色體類型，存在於一切細胞，與性別決定（sex determination）無關。染色體有兩型：普通染色體和性染色體（sex chromosomes）。普通染色體攜帶細胞中大部分遺傳資訊，包括有關性徵的資訊。有關普通染色體和性基因遺傳的比較，可參見 sex linkage。

**autostylic jaw suspension　自接型頜顱掛接**　上頜通過一系列聯結機制同顱骨相連：聽突（otic process）、基突（basal process）和上升突（ascending process）。此型見於肺魚和陸生脊椎動物。對照 hyostylic jaw suspension。

**autotomy　自切**　動物受攻擊時自動捨棄身體一部分的現象，如蜥蜴自斷其尾。

**autotroph　自營生物**　能從無機物質合成有機養分而無需其他有機物質供應的生物。自營生物若不是光能營養的（見 photoautotroph）就是化能營養的（chemoautotrophic），其所需能量或在葉綠素存在的條件下來自光合作用，或在無葉綠素時來自無機氧化。例如硫細菌氧化硫化氫而取能。自養生物都是初級生產者（見 primary production）。對照 heterotroph。

**autotrophic　自營的**　同自營生物（autotroph）有關的。

**autozooid　獨立個員**　能自行取食的獨立水螅體（腔腸動物）。

**auxin　生長素**　植物激素之一，促進細胞生長和參與其他功能。最重要的植物生長素是吲哚乙酸（IAA，見圖188），但利用文特（Fritz went）研製的一種生物檢定（bioassay），已發現許多其他物質也是植物生長素。植物生長素的效應決定於它們在植物體內的濃度。它們的濃度在莖尖最大，在根部最小，只有根尖有少量。植物生長素的主要功能總結如下：(a)促進伸長而加速生長，使細胞壁的**中膠層**（middle lamellae）軟化。(b)刺激**維管束**（vascular bundles）中**韌皮部**（phloem）的細胞分裂，從而促進新的生長。(c)促進地上部分的正性**向光性**（phototropism），使組織向光源方向生長。(d)促進植物所有部位的**向地性**（geotropism），因激素分布的不平衡，這向地性在根部為正性，而在地上部分為負性。(e)誘發**頂端優勢**（apical dominance），抑制側芽。(f)誘發側根。(g)刺激果實發育，可利用植物生長素人工培育無仔果實。(h)抑制葉子和果實的**脫離**（abscission）。(i)促進傷病植物中創傷組織的形成。

**auxotroph 營養缺陷性** 微生物突變株，除了**野生型**（wild type）所需的營養外還需要補充某些特殊的生長因子。也即，它們在**基本培養基**（minimal medium）上不能生長。

**Avery, Oswald T. 埃弗里（** 1877-1955 ） 美國醫生。1944年，他同麥克勞德（Colin MacLeod）及麥卡蒂（Maclyn McCarty）證明了**格立菲**（Griffith）為解釋細菌性狀轉換現象而提出的遺傳因子是**去氧核糖核酸**（DNA）的假說。證明僅有 DNA 就可以使細菌發生遺傳性變化，這說明細胞的基本遺傳物質是 DNA，而不是蛋白質。

**Aves 鳥綱** 脊椎動物的一個綱，見 birds。

**avirulent 無致病力的** 有機體沒有致病的能力。

**awn 芒** 見 arista 2。

**axenic 無菌的** （指培養）無其他生物存在的培養。

**axial skeleton 中軸骨** 骨骼（skeleton）的一部分，包括**頭顱**（skull）和脊柱（vertebral column）。

**axil 腋** 植物莖上與葉夾角的部位。見圖58。

**axile 中軸的** （指植物結構）附著於中軸的。

**axillary 腋生的** （指植物結構）生於葉或苞片夾角處的。

**axis cylinder 軸柱** 即**軸突**（axon）。

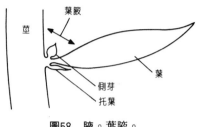

圖58 腋。葉腋。

**axolotl 美西螈** 泛指美洲鈍口螈屬（*amblystoma*）動物幼體。牠在幼體形態下可以繁殖，這種現象稱**幼態成熟**（neoteny）。

**axon 軸突** 神經（nerve）細胞的突起，由神經細胞體向外發送衝動。

**axoneme 軸絲** 在纖毛（cilium）或鞭毛（flagellum）主幹中的微管（microtubules）及有關管狀結構形成的複合物。

**axoplasm 軸質** 軸突（axon）中的細胞質。

**azo dye 偶氮染料** 由芳香胺類制取的人工染料。

# B

**baboon　狒狒**　狒狒屬靈長類（primate），具狗樣鼻口部，短尾，臀有胼胝。非洲和亞洲共有5種。

**Bacillariophyceae　矽藻綱**　金藻部中的一個綱。單細胞，海水淡水中都有。矽化的細胞壁保存於矽藻土和泥炭中。矽藻是海中最重要的*初級生產者*（primary producers），石油沉積物的形成者。

**bacillus　桿菌屬**　泛指桿狀*細菌*（bacterium），但也常作爲一類產芽孢桿菌的通稱，例如枯草芽孢桿菌（*Bacillus subtilis*）。

**backbone　脊柱**　見 vertebral column。

**backcross　反交**　遺傳學術語，*雜交*（hybrid）子代與它的兩親代之一的交配。逆交的結果決定於親代基因型。見圖59。與隱性親體的逆交具有診斷價值，因爲可以闡明雜交體的基因型；故又稱試交（testcross）。

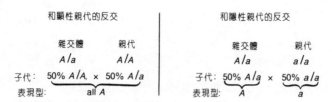

**圖59　反交。不同親代類型產生的結果。**

**back mutation　回復突變**　使一個突變基因重新獲得其*野生型*（wild type）功能的*突變*（mutation）。對照 forward mutation。

**bacteria**（單數 **bacterium**） 細菌 原核生物（prokaryote）的一類，單細胞，罕見多細胞。一部分為自營（autotrophic），體內含**細菌葉綠素**（bacteriochlorophyll）和菌綠素，可在無氧條件下進行光合作用。細菌有各種形狀，有球菌（圓形）、桿菌（桿狀）和螺菌（螺旋狀）。菌體由1微米直到500微米，但通常直徑在1到10微米。廣泛存在於土壤、水域和大氣中；可為獨立生活的**共生體**（symbionts）、**寄生物**（parasites）或病原（pathogens）。雖然有些細菌在**氮循環**（nitrogden cycles）和硫循環（sulfur cycles）中起有益作用，但許多細菌卻可造成植物、動物和人類疾病，如炭疽（anthrax）和破傷風（tetanus）。細菌通常營無性生殖，但可經由**接合生殖**（conjugation）傳遞遺傳資訊。透過基因**突變**（mutation）或**質體**（plasmid）的傳遞，也可發生遺傳上的改變（見圖60）。鑑定常需要利用生物化學的試驗而不僅是顯微鏡下觀察，分類也常要靠**數量分類學**（numerical taxonomy）。

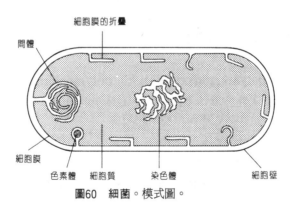

圖60　細菌。模式圖。

**bactericide** 殺菌劑 使細菌（bacteria）死亡的物質，如抗生素（antibiotic）。

**bacteriochlorophyll** 細菌葉綠素 光合細菌（綠色和紫色型）所有的一類葉綠素（chlorophyll）。除了少量細菌葉綠素之外，大部分綠色細菌還有另一型葉綠素，稱菌綠素（bacteri-oviridin）。

**bacteriology　細菌學**　對細菌（bacteria）的研究。

**bacteriophage** or **phage　噬菌體**　攻擊細菌（bacteria）的病毒（virus），每種噬菌體針對一種細菌。

**bacteriostasis　抑菌作用**　抑制細菌生長，但細菌並未死亡。

**bacteriostatic　抑菌的**　抑制細菌生長的。

**balance　平衡**　一個生物保持身體平穩和同環境間保持特定取向的生理機制。平衡器官位於內耳半規管（semicircular canal）末端，此處管腔膨大，稱爲壺腹（ampulla）。這是個感受器，其中有一叢感覺細胞，上面生有纖毛，毛埋在細胞上面的膠質團中，該團稱爲圓頂（cupula）。幾個半規管互成直角，任何平面的運動都可造成某個管內液體的流動，當液體移動圓頂的方向與頭部運動的方向相反時，就會刺激壺腹。頭部的位置則要靠橢圓囊（utricle）和球囊（saccule）中的耳石（otoliths），這些感受器對重力敏感。由壺腹、球囊和橢圓囊經神經纖維導向腦部。

**balanced diet　平衡膳食**　適當搭配多種食物以保證身體健康的膳食。

**balanced polymorphism** or **stable polymorphism　平衡多態性**　一類遺傳多態性（genetic polymorphism），在連續幾代中，不同的形態型始終保持穩定的頻率，可能是由於恆定的天擇（natural selection）壓力造成。

**balancer　平衡器**　見 halter。

**Balanoglossus　玉柱蟲**　原索動物（protochordate）的一個屬，形似蠕蟲，掘穴而居。

**baleen** or **whalebone　鯨鬚**　某些鯨類（鬚鯨亞目）口腔頂部下懸的角質板片，如見於露脊鯨和溫鯨。當鯨將海水濾出口腔時，這些板片可將磷蝦（一種蝦樣甲殼動物）留在口中。

**Banks, Barbara　班克斯**　生物化學家。在1970年代早期曾主張，ATP 在水解時需要能量來打破共價健，而不是發出能量。但現大多數生物學家都認為，ATP 水解時提供能量，不過目前並不認為這能量只儲存於末端磷酸鍵中。

**Banting, Sir Frederick Grant　班廷**（1891-1941）　加拿大醫生，諾貝爾獎得主。因與貝斯特（C. H. Best）於1921共同發現胰島素（insulin）而著稱於世。發現時他正從事胰腺內分泌的研究。

**banyan tree　孟加拉榕**　一種印度喬木，學名為 *Ficus benghalensis* 以其長大氣生根而著稱，這些根實際形成了次生幹。這些次生幹支撐主幹使全樹得以擴張。

**barbiturate　巴比妥鹽**　醯脲（ureide），如苯巴比妥、異戊巴比妥和司可巴比妥等。巴比妥鹽對中樞神經系統有鎮靜作用，可助睡眠。

**barbs　羽枝**　從羽毛（feather）的羽根長出的側枝，組成羽片。

**barbules　羽小枝；內齒層**　1.羽小枝。羽毛（feather）的羽枝上的鉤狀突起，可相互交鎖以形成連續的羽片。2.內齒層。某些蘚類孢蒴內的齒樣結構。

**bark　樹皮**　喬木莖部外面活的結構。包括3層：(a)內部是次生韌皮部（phloem）。包含初生韌皮部的成份，加上橫跨莖部運輸物質的水準髓細胞。(b)中間是木栓形成層（cambium）。這是源自外部莖皮層的薄壁組織（parenchyma）細胞的一組分生細胞。這些細胞不斷分裂，外部的發育為木栓細胞，內部的則產生薄壁組織樣組織。(c)外面是木栓（cork）。這一層不透水，具保護作用，只在皮孔（lenticels）處與外面連通。

**barnacle　藤壺**　甲殼動物（crustacean）蔓足綱動物的通稱。大部分營固著（sessile）生活，生長於岩石基底上，外殼石灰質（calcareous）。

**baroreceptor** or **baroceptor　氣壓感受器**　探測壓力的受器

（receptor），對血壓敏感，主要位於頸動脈竇和主動脈弓處。

**Barr body 巴氏體** 性染色質（chromatin）顆粒，見於某些雌性哺乳動物口腔上皮細胞分裂間期的核中，可能源於 X 染色體（見 inactive X hypothesis）。首先由巴爾於1949年描述。巴氏體可做為性別的標誌，其數目永遠比 X 染色體總數少一個。因此正常人類男性和女性**特納氏症**（Turner's syndrome）患者沒有巴氏體，而男性**克氏症候群**（Klinefelter's syndrome）患者則有兩個。見圖61。

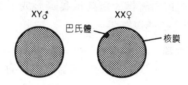

圖61 巴氏體。取自男性及女性人類口腔上皮細胞核中的性染色質。

**basal body 基體** 與**中心粒**（centriole）相似且同源的結構，在鞭毛和纖毛中同軸絲相連，如見於精子。

**basal metabolic level 基礎代謝率** 見 basal metabolic rate。

**basal metabolic rate （BMR）** or **basal metabolic level （BML） 基礎代謝率** 生物在靜息狀態下，當環境溫度等於自體熱量且未進食時測得的最小**代謝**（metabolism）率。此值常表示為單位時間內每單位體表面積所耗能量，即每小時每平方公尺仟焦耳數。見 standard metabolic rate 和 regulatory heat production。

**base 鹼** 具接受質子（氫離子）傾向的化學物質。鹼溶於水產生羥基離子，可同酸反應產生鹽。

**base analogue 鹼基類似物** 具有與**去氧核糖核酸**（DNA）和**核糖核酸**（RNA）中嘌呤或嘧啶鹼基相似結構的化學物質。這種類似物可結合進入核酸鹼基對之中並起**突變劑**（mutagen）的作用。例如5溴尿嘧啶（5Bu）是胸腺嘧啶的類似物，可代替胸腺嘧啶進入 DNA。在正常情況下，5Bu 的表現和胸腺嘧啶一樣，與腺嘌呤配對（見 complementary pairing）。但它有時會發生一種稱為互變異構移位（tautomeric shift）的變化，結果變為與鳥糞嘌呤配對。於是在下一輪 DNA 複製時，就會聚合進一個錯誤的鹼基，造成一次**轉換替換**（transition substitution）突變（腺嘌呤－鳥糞嘌呤）。見圖62。

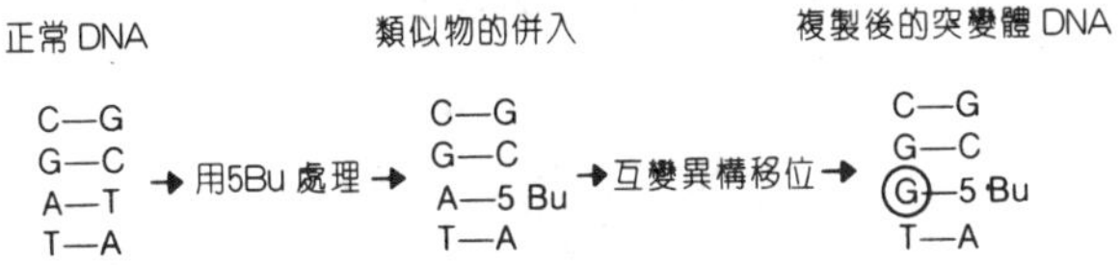

| 正常 DNA | 類似物的併入 | 複製後的突變體 DNA |
|---|---|---|
| C—G | C—G | C—G |
| G—C | G—C | G—C |
| A—T →用5Bu 處理→ | A—5 Bu →互變異構移位→ | Ⓖ—5 Bu |
| T—A | T—A | T—A |

圖62　鹼基類似物。5－溴尿嘧啶對 DNA 的作用。

**base deletion　鹼基缺失**　去氧核糖核酸（DNA）結構中移去一個核苷酸（nucleotide）鹼基（一個嘌呤或一個嘧啶），造成一個缺失突變（deletion mutation），這可能給有關蛋白質帶來嚴重後果。見 frameshift。

**base insertion　鹼基插入**　去氧核糖核酸（DNA）分子中插入一個核苷酸（nucleotide）鹼基，造成一個插入突變（insertion mutation），這可能造成有關蛋白質非常嚴重後果。見 frameshift。

**basement membrane　基底膜**　上皮（epithelium）和它下面結締組織（connective tissue）之間的一層膜。

**base pairing　鹼基配對**　去氧核糖核酸（DNA）核苷酸（nucleotide）鹼基之間的氫鍵連接。見 complementary pairing。

**base substitution　鹼基取代**　去氧核糖核酸（DNA）中核苷酸（nucleotide）鹼基被另一鹼基取代，這可能造成**替換突變**（substitution mutation）。

**basic dyes　鹼性染料**　帶有鹼性基團的染料，可用酸著色。主要用於著染細胞核，它們能與核酸結合。例如用於染去氧核糖核酸（DNA）的福爾根氏染色中的品紅。

**basidiomycete　擔子菌**　擔子菌亞門的眞菌，此亞門包含1萬4000多種。菌絲具分隔，形態多樣，如各種蘑菇，產生複雜的子實體。由有性生殖產生的孢子（擔孢子）產生於外部的擔子上，常四個一組；這是本類群的特徵。本類群旣可做食物（蘑菇），又造成植物疾病（鏽病和黑粉病），以及木材的乾腐病。

**basidium　擔子**　擔子菌（basidiomycete）的一種微型結構，有性生殖程序中產生的擔孢子即著生其上。見圖63。

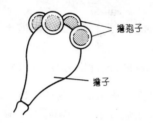

擔孢子

擔子

圖63　擔子。硬皮馬勃（Scleroderma）的擔子。

**basifixed　底著的**　（指花藥）底部相連而不能獨立活動的。

**basilar membrane　基底膜**　耳（ear）部耳蝸（cochlea）中承載聽毛細胞的組織。見 tectorial membrane。

**basipetal　向基的**　1.指莖部產生結構時由頂而下向基部逐個生長，因此在頂部者最早。2.指某種物質〔如生長素（auxins）〕由頂部向下方運動。

**basipodite　底肢節**　甲殼動物附肢的一個分節，近端連於底節，遠端支托外肢和內肢。

**basophil leukocyte　嗜鹼性白血球**　白血球細胞的一種，屬於顆粒性白血球（granulocyte）類群，濃染於鹼性染料。嗜鹼細胞佔人類白血球的1％。產於骨髓中，其功能可能與免疫反應（immune response）有關，例如患水痘病時。

**bastard wing　拇翼**　鳥翼中同前肢拇指相連的部分。

**bat　蝙蝠**　翼手目（chiroptera）的飛行哺乳動物，是除鳥類外唯一真正飛行的脊椎動物。

**Batesian mimicry** **警戒擬態** 見 mimicry。

**Bateson, William** **貝特森**（1861-1926） 英國遺傳學先驅。他於1900年利用家禽和香豌豆重新發現孟德爾遺傳定律。見 Mendelian genetics。

**batrachian** **兩生類** 見 anuran。

**B-carotene** B-**胡蘿蔔素** 一種胡蘿蔔素（carotene），是維生素 A 的先質，每個 B-胡蘿蔔素分子可以產生兩個分子的維生素 A。

**B-cell** B-**細胞** 一種淋巴球（lymphocyte），產生於哺乳動物骨髓。受到某一特定抗原（antigen）刺激時就會分裂，產生的子細胞製造大量抗體（antibodies），抗體隨即進入血流中。

**B-complex** or **vitamin B complex** **維生素** B **群** 一組水溶性維生素，其功能主要是在動物細胞的新陳代謝反應中起**輔酶**（coenzymes）作用。這組複合物包括硫胺（thiamine, $B_1$），核黃素（riboflavin, $B_2$）、泛酸（pantothenic acid, $B_5$）、吡哆醇（pyridoxine, $B_6$）、生物素（biotin）、煙鹼酸（nicotinic acid）、葉酸（folic acid）和氰鈷氨（cobalamin, $B_{12}$）。

**bdelloid** **蛭形的**

**Beadle, George Wells** **畢鐸**（1903- ） 美國遺傳學家。他同塔特姆一起利用紅色麵包黴（粗糙脈孢黴）開創了現代的生化遺傳學的研究。他們研究了真菌〔營養缺陷性（auxotrophs）〕中的營養突變株，並提出**一個基因一個酶的假說**（one gene/one enzyme hypothesis）。

**beak** **喙；殼尖** 1.鳥或龜的頜及其角質外皮，英文亦稱 bill。2.植物果實上的尖形突起。3.魚（如狗魚）的突起頜骨。4.雙殼軟體動物殼頂上的尖。5.頭足類（cephalopods）如章魚的頜。

**bee** **蜂** 膜翅目（Hymenoptera）蜜蜂總科的昆蟲。具膜樣翅，通常體表多毛，口器吸吮或咀嚼型。如家養蜜蜂（*Apis* *mellifera*）。

**beetle　甲蟲**　鞘翅目（Coleoptera）昆蟲。

**behavior　行為**　1.生物（通常指動物）的全部活動，由最簡單的動作直到求偶、恐嚇、偽裝等極複雜的活動模式。2.生物對環境刺激可以觀察到的反應。見 instinct, learning。

**Benedict's test　貝尼迪克試驗**　檢測溶液中是否含有還原糖的試驗。貝尼迪克溶液（Benedict's solution）包含硫酸銅、檸檬酸鈉、碳酸鈉和水。將本溶液加於待測溶液並加熱。出現 Cu（I）氧化物的紅色沉澱就表示存在還原性糖。

**benign　良性**　指生長物非惡性不會癌化。

**benthos　底棲生物**　棲於海底或湖底的生物，包括由高水位標記直至深海溝各個深度。底棲生物又可再分為沿岸的（0－40公尺深）、近海的（41－200公尺深）、半深海的（201－4000公尺深）、深海的（4001－6000公尺深）和深淵的（深於6000公尺）。見 sea zonation。

**Bergmann's rule　伯格曼法則**　居住於寒冷天氣下的溫血動物〔恆溫動物（homoiotherms）〕，其體形一般較居住於較熱天氣下的動物為大。這是因為大型動物的體表面積和體積之比要小一些，因此散熱量也要少。本法則以德國生物學家伯格曼之姓氏為名，係於1847年總結出來。亦見 Allen's rule。

**beriberi　腳氣病**　因維生素 $B_1$〔硫胺（thiamine）〕缺乏所造成的人類疾病，患者的肌肉萎縮、癱瘓、精神混亂，有時還會出現心力衰竭。

**Bernard, Claude　伯爾納**（1813-1878）　法國生理學家。現代實驗生理學之父，他也是第一個認識到體內環境對於生物體發揮功能的重要性。

**berry　漿果**　一類多汁的肉質果實（fruit），產於某些植物，其種子深埋於果肉之中。果實是由腫脹的果皮（pericarp）組織形成的，如番茄、葡萄、海棗、醋栗和桔子的果實。

**Best, Charles Herbert 貝斯特**（1899-1978） 加拿大醫生，和班廷（Frederick G. Banting）於1921年共同發現胰島素（insulin）。他還發現組織胺，曾對胰島素和糖尿病進行了廣泛的研究，還曾研究過肝素和血栓形成以及膽鹼和肝臟損傷等關係。

**beta taxonomy β分類學** 分類學（taxonomy）的一個級別，涉及將物種安排到一個自然分類（classification）中去。這是繼初級分類學（alpha taxonomy）之後的工作。

**B horizon B層** 土壤剖面中的第二個主要分層，其中包含累積的淋溶物質。亦見 A horizon。

**bi- ［字首］** 意指二。

**bibliographical reference 參考文獻出處** 在分類文獻中查找一個生物確切出處的一切資料。必須包括作者姓名、生物名稱的發表日期、書或期刊的名稱，以及確切的頁數。

**biceps 二頭肌** 肱二頭肌是四足動物（tetrapods）上肢的一組肌肉，是肘關節的屈肌。在後肢，股二頭肌是膝關節的屈肌，也是股骨的提肌。見 antagonism。

**bicollateral bundle 雙韌維管束** 具有兩組韌皮部的維管束（vascular bundle），兩個韌皮部一個在木質部之內，一個在其外。如見於南瓜和番茄。

**bicuspid 二尖的，雙尖的** 1.二尖齒，牙齒冠部有兩個尖，見於前臼齒。2.具雙尖的植物結構。3.二尖瓣，以前稱僧帽瓣，位於左心房（atrium）與左心室（ventricle）之間。

**biennial 二年的；二年生植物** 1.每兩年出現一次的。2.可以連續生長兩個季節或年頭的植物。在第一個季節由種子發芽直至成熟，在膨脹的根部儲藏了食物以備越冬。第二個季節，在死前開花、結果並結出種子。此類植物為草本而非木本。如風鈴草（*Campanula*）和胡蘿蔔。見 annual, perennial。

**bifid 二叉的** 分裂為二的，叉狀的。

**biflagellate　雙鞭毛的**　具雙鞭毛的，如衣藻（*Chlamy-domonas*）。

**bilateral cleavage** or **radial cleavage　對稱卵裂，輻式卵裂**　產生兩側對稱（bilateral symmetry）的卵裂（cleavage）。見於棘皮動物和脊索動物（chordates）。對照旋裂（spiral cleavage）。

**bilateral symmetry　兩側對稱**　一類動物軀體的結構方式，具頭部和後部，而體內器官左右相似，沿中線自背側（上面）向腹側（下面）縱切可得出幾乎相同的左右兩半。大多數高等無脊椎動物〔如扁形動物（platyhelminths）、環節動物（annelids）、節肢動物（arthropods）〕和全部脊椎動物都是兩側對稱。對照radial symmetry。

**bile　膽汁**　肝臟分泌的一種稠厚的棕綠色液體，鹼性，含膽鹽、膽色素、膽固醇（cholesterol）及無機鹽。膽汁由肝臟經膽管運送到十二指腸（duodenum），而在許多哺乳動物中還有一個專門的容器，稱爲膽囊。膽色素包括膽紅素和膽綠素，都是紅血球中的血紅素（hemoglobin）分解後的產物，膽汁和糞便（feces）的顏色都來自於它。由膽汁排泄的膽固醇量決定於血中脂肪的水準，膽汁中的膽固醇是借助於膽鹽才維持其溶解狀態。減少膽鹽的量就會使膽固醇沉積在膽囊中，形成膽石。膽汁不含消化酶，但膽鹽卻負責十二指腸中脂肪的乳化（emulsification），膽鹽減低脂性食物周圍脂肪薄膜的表面張力，從而爲消化酶〔脂肪酶（lipases）〕提供一個更大的作用面積。十二指腸分泌的一種激素，胰泌素（secretin），可促使肝臟分泌膽汁。見圖64。參見 cholecystokinin-pancreozymin。

**bile duct　膽管**　膽汁由肝臟或膽囊流向十二指腸所經的管道。

**bile salts　膽鹽**　膽汁中排出的鈉鹽，包括牛磺膽酸鈉和甘胺膽酸鈉，它們可減低表面張力而有助於乳化脂肪。

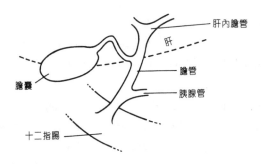

圖64 膽汁。人類膽囊和膽管。

**bilharziasis** or **schistosomiasis 血吸蟲病** 一種人類疾病，常見於埃及和其他開發中國家的溫暖地區。患者先是疼痛，繼而出現嚴重痢疾和貧血，身體衰弱並易於感染其他疾病。本病是由血吸蟲（*Schistosoma*）的**纖毛幼蟲**（miracidium）所造成，血吸蟲的成蟲在人體腹腔靜脈中居住，而一種水螺則為其中間寄主，傳染是經由尿液。

**bilirubin 膽紅素** 一種膽（bile）色素。

**biliverdin 膽綠素** 一種膽（bile）色素。

**bill 鳥喙** 見 beak。

**bimodal distribution 雙峰分布** 一種統計模式，樣本中的數值頻率雖然部分重疊但有兩個明確可區分的峰。例如男女兩性的身高體重因性別差異就顯示一種雙峰分布。見圖65。

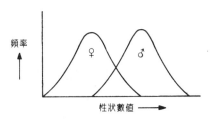

圖65 雙峰分布。圖中的峰（即衆數）代表男女的身高和體重等性狀數值。

91

**bimolecular leaflet　雙分子層**　由脂類（lipid）分子組成的雙分子層，具有許多質膜（plasma membrane）的性質，丹尼利（Danielli）和戴弗森（Davson）即以此為根據建立他們的膜結構學說。

**binary fission　二分裂**　一種細胞繁殖的無性方式（見 asexual reproduction），見於原核生物（prokaryotes）和某些原始的真核生物（eukaryotes）。首先是染色體材料的複製，然後細胞質再經細胞質分裂（cytokinesis）一分為二。這種方式與有絲分裂（mitosis）和減數分裂（meiosis）不同，因為染色體的分離不需要細胞微管（microtubules）形成紡錘體。

**binary system　二分系統**　任何有兩個備選可能性存在的系統，如某些分類檢索表（見 key, identification）。

**binding site　結合部位**　酵素分子上的一個可同其他分子結合的部位。這樣一個部位可以是一個專為與受質或其他分子結合的活性部位（active site），例如見於競爭性抑制（competitive inhibition）。也可能是某些酵素有兩個結合部位，一個為與受質結合，而另一個則為和其他分子結合，後者見於非競爭性抑制及異構性抑制（見 allosteric inhibitors）。

**binocular vision　雙眼視覺**　一種視覺方式，物體的形象同時落於雙眼網膜上。見於許多脊椎動物，特別見於靈長類和獵食動物如梟和貓。這種視覺有助於判斷距離，而在這方面視網膜中央窩（fovea）起重要作用。雙眼視覺造成立體（即三維）效果，雙眼位置具有少許差別這一點極為重要，因為雙眼是由不同的角度觀看同一物體。

**binomial expansion equation　二項展開式**　在式（p＋q）$^2$＝1.0中，p 和 q 為變數。此式用於群體遺傳學（見 population 2），展開此式，得：

$$p^2 + 2pq + q^2 = 1.0$$

若一個種群有一基因具兩個等位基因，分別有頻率 p 和 q，則其基因型頻率應如上式。此式還可進一步擴展以容納更多的對偶基因（見 Hardy-Weinberg law）。例如一個基因有3個對偶基因，其頻率分別為 p、q 和 r，則其基因頻率應為：$(p+q+r)^2 = p^2 + 2pq + 2pr + q^2 + 2qr + r^2$。

**binomial nomenclature　二名法**　目前對動植物進行科學命名的基本方法，每個生物都給予一個屬名和一個種名，用希臘文、拉丁文或常用的拉丁化的英文。屬名永遠首字大寫，至於種名則即或是人名首字也要小寫，兩名都斜體或加下線。因此舊大陸鴝的學名是 *Erithacus rubecula*。在1758年林奈（Linnaeus）的《自然系統》一書第十版出版以前使用的學名現已不再適用。此後的命名則以提出的日期為準，給一個物種最先提出的名稱有優先權。時常在學名之後要給出命名人的名字和命名日期，如 *Erithacus rubecula*（L.）1766。此處 L.是林奈（Linnaeus）的縮寫，而括號則表示已由他原指定的屬改為另外一個屬。在屬和種都要重新定義時，屬名也是可以改的。舊大陸鴝原先命名為 *Motacilla rubecula* L. 1766。*Motacilla* 此詞現用來包括鶺鴒，故已成為鶺鴒屬。鴝和它的關係並不密切，故已另立鴝屬 *Erithacus*。

**bio-　[字首]**　（在母音之前時為 bi-）意為生命或生物。

**bioassay　生物檢定**　利用活生物而不是利用化學分析來定量檢定化學物質的技術。例如某一殺蟲劑樣本中有毒物質的含量可以用下法估側：用已知量的該有毒物質處理某種生物得出致死數量，再用未知樣本處理同一種生物得出致死數量，比較兩者即可求出該樣本中含有多少這種有毒物質。

**biochemical evolution　生物化學演化**　同下列現象有關的演化程序：生物分子的形成和活細胞的各種特性如代謝途徑等。

**biochemical mutant　生化突變體**　在生化發展中產生的突變缺陷，例如營養缺陷性（auxotroph）。見**一個基因一個酶假說**（one gene/one enzyme hypothesis）。

**biochemical oxygen demand（BOD）　生化需氧量**　一個建立在經驗基礎上的標準化實驗室試驗，用於測定廢水的需氧量。這可用於大致估測水樣本中的可進行生化降解的有機物品質。簡言之，測 BOD 就是取一份已知量的水樣本，在暗中培育一定時間（一般是5天），測定這段時間前後的氧含量。在此期間，細菌會使氧含量下降，下降量同有機物質含量成正比。

**biochemistry　生物化學**　研究活生物的化學的學科。

**biocide　內吸殺蟲劑**　見 systemic biocide。

**biodegradation　生物分解**　利用生物的作用將無機和有機物分解；通常是利用細菌和真菌分解的，當被分解的受質為生物性產物時，作用的細菌和真菌即稱腐生生物（saprobiont）。

**biodeterioration　生物腐壞**　食物、表面塗料、橡皮、潤滑劑等物受微生物作用而分解的現象。這在許多行業中造成重大財物損失。對照 microbial degradation。

**biogenesis　生源說**　主張生命只能透過現存生命來傳播的學說，有別於自然發生說（spontaneous generation，亦稱無生源論）。這個學說原來是說，生物只能產生與自身相似的生物，但在世代交替（alternation of generation）的情況下，這個說法就不完全正確。於是，生源說就變成：一個物種只產生類似生物，而這些生物只能來自與己相似的親代。

**biogeographical region　生物地理區**　地球表面的區域，其中存在獨特的動物和植物群體，因為在正常情況下各種自然屏障阻止了它們越出本區。見圖66。

**biokinetic zone　生物動力帶**　生物能生存的溫度範圍（5－60℃）。

**biological classification　生物分類**　根據遺傳關係將生物納入分類單元（見 taxon）。

**biological clock or internal clock　生物時鐘，體內鐘**　許多植物和動物借以保持時間感並實施節律性行為的內在時鐘，目前

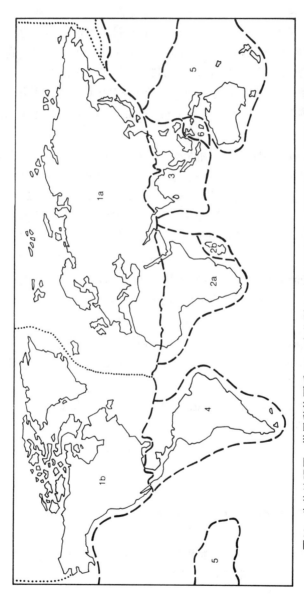

圖66 生物地理區。世界動物區系：1 新北區；1a 古北區；1b 新北區；2a 非洲區；2b 馬達加斯加區；3
東方區；4 新熱帶區；5 南區；6 華萊士區。

對其了解還不多。許多生物都有可產生24小時左右的活動節律〔生理節律（circadian rhythm）〕的時鐘，但這個始終也可以受環境的影響，環境可重調時鐘（entrainment）。一個人到了一個新的時區，時鐘就得重調，例如遠距離旅行就發生這種事。生物時鐘不僅可以影響整個機體活動如睡眠，而且可以影響細胞活動，例如改變新陳代謝率（metabolic rates）。亦見 diurnal rhythm。

**biological control　生物防治**　利用（對其他生物無害的）自然天敵控制害蟲種群大小的一種方法。這種技術過去主要用於控製造成經濟和醫學危害的節肢動物害蟲。例如二斑葉蟎（*Tetranychus urticae*）在某些國家裡是溫室作物如王瓜的害蟲，但如果使用市場可購到的捕食二斑葉蟎的智利小植綏蟎（*Phytoseilus persimilis*），則易於將其控制到不足以造成危害的地步。

**biological indicator　生物指標**　任何可以指示環境品質是否污染的生物。例如秀箭蟲（*Sagitta elegans*）反映大洋水域，而另一種箭蟲（*Sagitta setosa*）則指示大陸棚。

**biological magnification　生物放大**　在食物鏈（food chain）中，一個物質（如殺蟲劑）在相繼的生物體中濃度逐級增加的現象。

**biological oxygen demand（BOD）　生物需氧量**　見 biochemical oxygen demand。

**biological rhythm　生物節律**　生物體規律發生的一系列事件，可來自體內〔內源（endogenous）〕如心率，或來自外界〔外源（exogenous）〕如季節和潮汐。見 circadian rhythm。

**biological speciation　生物演變**　因種群的生殖隔離（reproductive isolation）而導致的物種形成。

**biological warfare　生物戰**　利用活的生物，特別是微生物或其產物，在人群中製造疾病或死亡。

**biology　生物學**　對生物的研究。

**bioluminescence　生物光**　活生物發出各種波長光的現象，常誤稱磷光（phosphorescence）。見於多種生物類群，如細菌、眞菌、螢火蟲〔鞘翅目（Coleoptera）〕，以及各式各樣的海洋生物。見 luminescence。

**biomass　生物質量**　在某一給定環境（environment）中或某一營養級（trophic level）內的生物總量。測定時以單位面積上的活重或乾重來計，必須注明爲哪一種。

**biomass pyramid　生物量錐體**　見 pyramid of numbers。

**biome　生物群域**　一類大範圍的區域性生態群落，通常按植物生境來區劃，其形成是基質、氣候、動物區系及植物區系互動作用的結果。此詞常只限於描述陸地生境，例如說凍原、針葉林等。海洋可以認爲是一個單獨的生物群域，即海洋生物群域，不過有時也將其進一步劃分爲珊瑚礁生物群域。在相鄰生物群域之間並無明確的分界。

**biometry** or **biometrics　生物統計學**　利用統計或數學技巧對生物資料進行分析的學科。

**bionomics　生態學**　見 ecology。

**biophysics　生物物理學**　生命程序的物理學，以及利用物理學方法來研究生物學。

**biopoiesis　生物創建**　由無生命物質產生生命的程序。

**biopsy　活組織檢查**　手術切除少量組織進行檢查以助診斷。

**biosphere　生物圈**　生物佔據的地球表面及其鄰近的大氣圈。

**biosynthesis　生物合成**　生物將簡單分子形成複雜分子的程序，如光合作用（photosynthesis）。

**biosystematics　生物分類學**　系統學（或稱分類學）中探討種內變異及其進化的部分。

**biota　生物區系**　在特定區域內生存的生物，其大小由一個小水坑直到一個生物群域（biome）或更大。

**biotechnology　生物技術**　利用生物或其某些部位或生命程

序，來製造有用或商用的物品。此詞概括多種程序，由利用蚯蚓做爲食物來源直到使用細菌進行基因操作來生產人類基因產物，如生長激素。

**biotic community　生物群集**　一個特定區域內生存的並對該區域做出貢獻的一切生物（一個生物區系）。

**biotic factor　生物因素**　在一個環境內，因生物活動給物質環境及其中生存的生物帶來的影響。見 edaphic factor。

**biotic potential　生物潛能**　一個物種在沒有不利環境因素如捕食者或疾病的條件下，理論上的增長極限。

**biotin　生物素**　維生素 B 群（B-complex）中的一種，水溶性，存在於多種食物中，包括酵母、肝臟和新鮮蔬菜。生物素是胺基酸及脂質代謝作用（metabolism）中的輔酶（coenzyme）。生物素的缺乏在人類少見，可造成皮膚炎及腸道方面的問題。

**biotrophic　活體營養的；活食的**　（指微生物）以活生物爲食的，寄生的。對照 necrotrophic。

**biotype　同型小種**　基因結構相同的個體，但在物種中形成具有獨特生理特性的品種。

**bipedalism　雙足行走**　行動方式，見於多種靈長動物，特別是人類；也見於鳥類，但只後足用於行走。眞正的雙足行走，即通常的行動全靠雙足，要求脊柱、骨盆及有關肌肉都發生進化性改變。雙足行走的一個主要好處是，前肢可轉而用於非行走的功能，例如人類的使用工具和鳥類的飛行。

**bipolar cell　兩極細胞**　一種神經元（neuron）細胞，具雙軸突，分別自細胞體的兩側發出。這種細胞見於脊椎動物的視網膜中。

**biramous appendage　二岔肢**　甲殼動物（crustaceans）的分岔附肢。其構件包括：靠近軀體的原肢，其中包括底節和基節，還有基節的兩分支，即內肢和外肢。它們可能形成螯、口器或腿。見圖67。

外肢　內肢

原肢　底節　基節

圖67　二岔肢。甲殼動物的二岔肢。

**bird　鳥**　鳥綱脊椎動物，特點是具羽；前肢變形爲翼，常用於飛行；具喙，但頜上無齒；體內授精；卵殼鈣質，在體外孵育；能控制體溫。

**birth　生產**　雌性動物產出幼體的程序，常是自雌性哺乳動物子宮產出，但此詞也指卵在成體身上發育而幼體獨立產出的情況，如海馬。

**birth control　節育**　限制人口的方法，通常是防止卵子被精子授精，但也包括流產胎兒。行爲方法則包括：(a)避免交配；(b)所謂的安全期避孕法，即選擇月經週期中比較不易懷孕的時期交配；(c)性交中斷法。其他方法還有使用避孕器械、避孕藥、激素及絕育等。許多國家都有政府資助的避孕計畫，目的在於控制迅速增長的人口。例如中國不僅鼓勵一家一個兒童的政策，而且還鼓勵晚生，以延長兩代之間的間隔（超過25年）。

**birth rate　出生率**　在一給定時間內，一雌性動物平均生產的後代動物數目。計算方法是，在某個時段內種群增加的新個體數目，除以該時段。

**bisexual　兩性的**　(a)指雌雄同體（hermaphrodite）的個體。(b)指同時含有雌雄兩性個體的種群。

**biuret reaction　雙縮脲反應**　蛋白質定量的一個化學方法。在蛋白質溶液中加入稀硫酸銅，然後再加氫氧化鈉使溶液變鹼。於是形成氫氧化銅沉澱，出現紫色，紫色的程度就表示蛋白質的含量。至少要有兩個胜肽鍵（peptide bonds），才能出現此反應。因此,單個胺基酸(amino acid)和只有一個胜肽鍵的二肽(dipeptides)都不會得出陽性反應。

**bivalent 二價的** (指同源染色體)在減數分裂(meiosis)的第一次分裂前期中就配對的。對照 multivalent。

**bivalve 雙殼類** 瓣鰓綱(斧足綱)軟體動物,生於海水或淡水,有相連的雙殼。腕足動物(brachiopods)也具雙殼,但雙殼類一詞常僅指真正的軟體動物。

**bladder 膀胱** 哺乳動物下腹腔內的一個肌肉質空囊,用於儲存來自腎臟的尿液。膀胱裡面是一層上皮,外面是一層平滑肌,有環形和縱行纖維,收縮時可使膀胱完全塌癟。由腎臟經輸尿管(ureters)而下的尿流是連續的,其量決定於體內的液體多寡。膀胱排空時,向外的通道是由內括約肌(sphincter)封閉的。內括約肌和膀胱肌一樣,是受自主神經系統(autonomic nervous system)控制的。膀胱充滿時,內括約肌在神經作用下放鬆,尿液進入通向外部的尿道(urethra),但卻被外括約肌阻住不得排空。外括約肌是橫紋肌,因此對外括約肌的調節,也即對排尿的調節,是在隨意神經的控制下。見圖68和圖69。

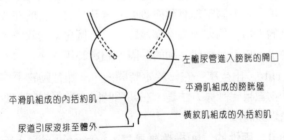

圖68 膀胱。哺乳動物膀胱。

**bladder worm 囊蟲** 即條蟲的囊尾幼蟲(cysticercus)。

**blastema 胚基** 一團隨後由發育或再生形成一定結構或器官的未分化動物細胞,如扁蟲的頭。

**blasto- [字首]** 表示胚胎、芽,或芽生。

| 膀胱狀態 | 自主神經系統刺激 | 膀胱肌肉 | 內括約肌 |
|---|---|---|---|
| 排空 | 交感 | 放鬆 | 收縮 |
| 充滿 | 副交感 | 收縮 | 放鬆 |

圖69　膀胱。膀胱控制摘要。

**blastocoel　囊胚腔**　囊胚（blastula）內的空腔。

**blastocyst　胚泡**　哺乳動物的囊胚（blastula），與低等脊椎動物的囊胚不同處在於，其外面的滋養層（trophoblast）可使胚胎植入子宮壁，它還有個內細胞群，胚胎即在其上形成。

**blastoderm　囊胚層**　在有大量卵黃的情況下由受精卵卵裂形成的細胞層，如見於鳥類，因此胚盤形成於卵黃的一側，開始時只是一個小碟樣結構。

**blastodisk　胚盤**　見 blastoderm。

**blastokinesis　胚動**　在發育程序中，胚胎在卵內的移動。

**blastomere　囊胚細胞**　囊胚（blastula）中的一切細胞。

**blastopore　胚孔**　原腸胚（gastrula）的一個開口。

**blastosphere　囊胚**　見 blastula。

**blastozooid　芽生體**　見 oozooid。

**blastula** or **blastosphere　囊胚**　胚胎發育的一個階段，由卵裂（cleavage）形成一個帶有中央空腔的細胞球〔桑椹胚（morula）〕。一側細胞內陷就形成原腸胚（gastrula）。見 archenteron（圖44）。見圖70。

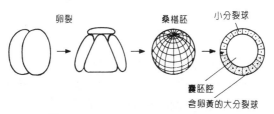

卵裂　　　　桑椹胚　　小分裂球

囊胚腔
含卵黃的大分裂球

圖70　囊胚。由細胞卵裂形成囊胚。

**blending inheritance　融合遺傳**　一個20世紀前的學說，認爲雌雄配子都帶有來自親代各部分的要素，它們在受精時相混，於是所生後代同時表現出雙親的的特性。這個學說當時得到一些定量性狀的雜交實驗的支持（見 polygenic inheritance），這些實驗由於多基因的分離而表現出*表型*（phenotypes）的混合現象。融合的想法後來被孟德爾（Mendel）的發現和他的顆粒遺傳定理所替代。

**blepharoplast　生毛體**　某些原生動物鞭毛基部的一個功能不明的結構。

**blight　疫病**　微生物造成的各種植物疾病，整個植株均受到感染而迅速死去。

**blind spot　盲點**　視神經離開視網膜的地點，該處沒有一切感光神經細胞如視桿細胞和視椎細胞。

**blood　血液**　一種結締組織，液體基質稱*血漿*（blood plasma）。在血漿中有3類細胞懸浮，它們構成總血液體積的45%：(a)紅血球（erythrocytes）；(b)白血球（leukocytes）；和(c)細胞斷片，*血小板*（platelets）。見圖71。

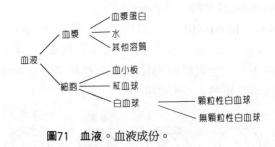

圖71　血液。血液成份。

**blood circulatory system　血液循環系統**　保證血液在體內環流的裝置。所有脊椎動物和一部分無脊椎動物如*環節動物*（annelids），都有封閉的血液循環系統，由肌肉性管道（*血管* blood vessels）將心和身體各部連接在一起。其他無脊椎動物，特別是*節肢動物*（arthropods），則有開放系統，但體內血液也是靠心臟驅動。脊椎動物各綱的循環系統極不相同，這被認為是進化歷史造成的（見 Haeckel's law）。一般認為魚的循環系統較原始，因為體循環中的血液直接經過呼吸器官（鰓）到周身組織。這種連續通過兩個串聯的微血管床（capillary beds）的血液系統使血流弛緩，效率不高。進化到兩生動物，至肺的循環和體循環互相平行，而心臟部分分割（兩個心房，一個心室），造成兩條通路。這樣兩個分離的通道可以維持一個較高的血壓，血液循環效率也更高。由爬行動物進化到鳥類和哺乳類之後才出現真正的雙循環系統。在哺乳動物，心臟分成兩半，右半泵血經肺循環至肺，左半泵血經體循環至周圍組織。（見圖72）。

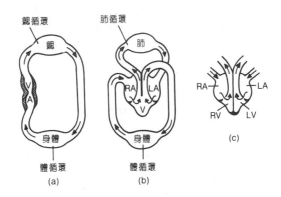

圖72　血液循環系統。(a)魚；(b)兩生類；(c)哺乳類（肺循環與體循環和兩生類的循環類似）。A＝心房，V＝心室。

　　雖然哺乳類的循環系統很複雜，可是還可以發現它有幾個重要的特徵：(a)在體循環中，動脈攜帶含氧血由心臟的左心室經主動脈（aorta）出發，而靜脈攜帶脫氧血匯整合腔靜脈（venae cavae），還血於心臟的右心房。(b)肺循環則較特殊，肺動脈攜帶脫氧血由右心室至肺，而肺靜脈則攜帶含氧血返回心臟的左心房。(c)雖然所有血管基本相似，但各種類型之間存在很大差異。見 artery, vein, capillary。(d)來自腸道的血液並不直接進入腔靜脈,而是經肝門靜脈系統（hepatic portal system）通過肝臟返回。

**blood clotting　血液凝固**　血漿（blood plasma）成份由液態凝固成膠凝樣血塊的過程,其結果是在損傷部位形成血栓。凝固程序很複雜,但仍可概述如下:(a)血液循環系統遭到損傷時,血小板（blood platelets）和血管（blood vessels）都分泌凝血致活酶（thromboplastin,見 hemophilia）。(b)在鈣離子存在的情況下,凝血致活酶又使凝血酶原（prothrombin）轉變為凝血酶（thrombin）。凝血酶是屬於球蛋白類型的一種血漿蛋白,是肝臟在有維生素 K 存在的條件下製造的（見 anticoagulant）。(c)凝血酶是個酶,它使另一種血漿蛋白,即纖維蛋白原（fibrinogen）,轉變為纖維蛋白。而纖維蛋白收縮時,就形成一個纖維網將血球聚攏其中。其結果是形成一個硬塊,可以堵住不太大的受傷部位,阻止血液的進一步流失和微生物的侵入。見圖73。

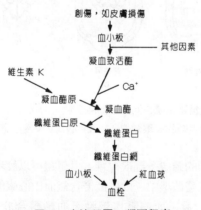

圖73　**血液凝固**。凝固程序。

**blood corpuscle　血球**　懸浮於血漿中的白或紅血球（blood cell）。

**blood film　血塗片**　在顯微玻片上塗抹的血膜,隨即固定和染色以便觀察。

**blood fluke　血吸蟲**　學名 *Schistosoma*，肝吸蟲（fluke）的近緣動物，是血吸蟲病（bilharziasis）的病原體。

**blood grouping　血液分型**　根據紅細胞表面是否存在某些特定抗原（antigens）而對血液進行分型的方法。抗原的辨識是經由凝集作用（agglutination），如存在抗原則與特異抗體（antibodies）發生凝集反應。兩類比較有名的血型是 ABO 血型（ABO blood group）和 Rh 血型（Rhesus blood group）。

**blood islands　血島**　在脊椎動物胚胎中，血液系統開始時是形成一些細胞團稱血島，它們後來形成血管。

**blood pigments　血色素**　在血液和其他組織中存在且含有金屬原子的複雜蛋白質分子。這些色素對氧有極高親合力，其功能包括輸氧，如脊椎動物中含鐵的血紅素（hemoglobin）和軟體動物及節肢動物中含銅的血青素（hemocyanin），和在組織中儲氧，如肌肉細胞中含鐵的肌血紅素（myoglobin）。見 oxygen dissociation curve。

**blood plasma　血漿**　血液（blood）中的液體基質，血球即懸浮其中。血漿包括90％的水分作為溶劑，還有下列溶質：(a)血漿蛋白。這是最大的成份，約佔重量的7％，又分為3類：白蛋白（55％）、球蛋白（44.8％）和纖維蛋白原（0.2％）。血漿蛋白幫助維持適當的血液滲透勢，調節血液 pH 值，而其中的纖維蛋白原還參與血液凝固（blood clotting）。(b)由產生部位向腎臟運輸的含氮廢物（nitrogenous waste）。這些廢物主要包括尿素（urea），但也有少量的氨和尿酸（uric acid）。(c)無機鹽。包括鈉、鈣、鎂和鉀，其中最多的是氯化鈉。這些鹽佔重量的0.9％，它們負責維持血液的適當滲透壓和 pH 值，以及維持組織和血液之間的適當生理平衡。(d)有機營養素。最重要的有：(i)血糖，主要是葡萄糖，來自食物的分解，或者直接源於腸道，或者源於肝臟儲存的肝糖（glycogen）。血糖含量的精確調節是內

## BLOOD PLATELETS

環境穩定的一個非常重要的內容，是透過**回饋機制**（feedback mechanism）來完成的，在這個機制中胰島素起主要作用（見 diabetes）。(ii)**血脂類**（lipids），如脂肪和膽固醇，也是或由飲食分解而來，或為肝臟活動的結果。(e)**內分泌腺**（endocrine glands）製造的激素。(f)溶解的氣體，如氮（生理上無作用），少量氧（大部分由紅血球中的血紅蛋白來運輸），還有二氧化碳，是以重碳酸根（$HCO_3$）的形式溶於血漿中運輸（見 chloride shift）。

**blood platelets** or **platelets** or **thrombocytes**　**血小板**　哺乳動物**血液**（blood）中一種微小碟形成份，是由骨髓進入血液的一種直徑約3微米的細胞（稱巨核細胞 megakaryocytes）的碎片，只含細胞質，不含核質。血小板在**血液凝固**（blood clotting）中起重要作用。

**blood pressure**　**血壓**　血液施加於血管側壁上的壓力，是由於心臟促使定量血液在一個閉合系統中不斷運轉造成的。左心室的強力收縮（**心縮，**systole）以高壓將血液噴射入**大動脈**（aorta），擴張動脈壁。而當心臟舒張時（**心舒，**diastole），沒有力施加於血液上，於是壓力下降，不過動脈壁的彈性回縮卻維持了一定的壓力。血壓的這種波動在主動脈最為明顯，但隨著血液流過動脈而逐漸減小，至**微血管**（capillaries）時已不復存在。血壓的水準也是由心至組織再回心一直在下降，其間的壓力差就促使血液流過系統。見圖74。靜脈中的血液是靠一些單向瓣

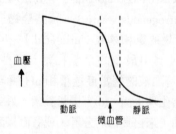

圖74　**血壓**。在不同血管中血壓的變化。

膜防止逆流的。靜脈循環還得到骨骼肌活動的幫助；四肢活動都幫助血液回流返心。雖然上述的是指體循環，但哺乳動物的肺循環也存在類似情況（見 blood circulatory system）。決定血壓高低的絕對水準有好幾個因素：(a)心臟活動（心率，每跳的力量，每跳的血量）；(b)微血管床中由摩擦對血流造成的外周阻力；(c)動脈的彈性；(d)總血量（血容量越高，血壓也越高）；(e)血液黏度（黏度增加使血壓增加卻使流速降低）。

**blood serum** or **serum　血清**　血液的一個組份，包括*血漿*（blood plasma），但從中已除去*纖維蛋白原*（fibrinogen，一種凝血成份）。見圖75。

圖75　血清。血清的各個成份。

**blood sugar　血糖**　見 blood plasma。

**blood vessel　血管**　高等無脊椎動物和全部脊椎動物體內的肌肉性管道，連接心臟到組織的稱動脈，連接組織到心臟的稱靜脈，它們共同組成*血液循環系統*（blood circulatory system）

**bloom　水花**　藻類的過分增生，常因水域營養過盛所致。

**blubber　鯨脂**　某些哺乳動物*真皮*（dermis）下的一厚層脂肪，其功能是保溫，見於鯨和海豹。

**blue baby　藍嬰**　人類嬰兒中一種少見的病況，因含氧血和脫氧血在心臟中未得充分分開而致。一部分脫氧血未進入肺動脈反而進入主動脈，結果造成組織未得到充分的氧氣供應因而皮膚出現青紫色。此情況之出現是因為有兩個在胚胎中繞過肺臟的旁路未及時關閉：(a)*動脈導管*（ductus arteriosus），連接肺動脈和主動脈的一根血管；和(b)*卵圓窗*（foramen ovale），左右心房間隔上的一個洞。這種病情很嚴重，但可由手術矯正。

**blue-green algae　藍綠藻**　一類藻樣生物，屬藍藻門，為原核生物（prokaryotes），棲於海水或淡水。通常呈藍綠色，營無性生殖。有些藍藻呈絲狀（見 filament 1），沒有明確的核或載色體，借分裂繁殖或由絲狀體斷裂繁殖。有些藍藻棲於極不適於居住的環境，如高於85℃的熱泉。產生葉綠素、藻青素和藻紅素。

**BMR　基礎代謝率**　見 basal metabolic rate。

**BOD　生化需氧量**　見 biochemical oxygen demaned。

**body cavity　體腔**　大多數動物體內的一個空腔，腸道和其他臟器即懸垂其中。通常含有液體，在不同動物類群中其胚胎來源不同。扁形動物（platghelminths）和紐形動物（nemertine）無體腔，脊椎動物的體腔源於 coelom，節肢和軟體動物的體腔源於血腔（hemocoel），而線形動物的體腔則只是細胞間的空隙。

**bog　沼澤**　形成泥炭的場所，通常位於高地，上覆極端寡營養的（oligotrophic）植被。參見 fen。

**Bohr effect or Bohr shift　玻爾效應，玻爾轉移**　以其發現者丹麥生理學家玻爾（1855-1911）命名的一種現象。他發現血中血紅蛋白的攜氧能力隨 pH 值而變。pH 值高時，血紅蛋白對氧的親和力高，但酸性環境則促使血紅蛋白釋放氧，例如組織中含有高濃度的溶解二氧化碳時。見 oxygen dissociation curve。

**bolting　抽苔**　因細胞伸長而造成植物莖的加長，可因植物激素吉貝素（gibberellins）引起，結果是莖的節間（internodes）很長。抽苔可自然發生，例如某些二年生植物如卷心菜和甜菜，在第一年就抽出長長的花梗，而不是待至第二年再開花。此類植物如果在第一年遇到多天情況就會出現這個問題，這通常是因為在春季種植過早，結果引發第二年才應有的生長模式。

**bolus　食團**　咀嚼過的食物團，便於吞嚥，在口腔（buccal）中由舌的運動使之成形。

**Bombay blood type　孟買血型**　一類罕見的血型，有此血型的個體看似具 O 型血者（見 ABO blood group），但其子嗣卻可表現出一般 O 型血雙親不可能遺傳出的血型。孟買血型似由一對隱性的 h 對偶基因組成的同型合子（見 homozygote），而 h 基因可使製造 ABO 血型抗原的基因失活，這也是一種**上位效應**（epistasis）。見圖76。

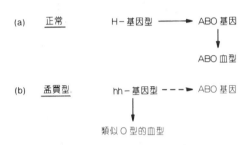

圖76　孟買血型。(a)正常血型和(b)孟買血型。

**bomb calorimeter　彈式測熱計**　熱量計（calorimeter）的一種，待測物被置於一個厚壁容器中，通電使之燃燒，再測其放出的熱量。本器械用於測定單位重量物質所含能量。

**bond　鍵；配對結合**　1. 分子內部原子相互吸引的力量（見 Van der Waals' interactions, sulfur bridge），例如**三磷酸腺苷**（ATP）中的高能鍵，**去氧核糖核酸**（DNA）中的弱氫健，**胜肽鍵**（peptide bonds），以及蛋白質中的二硫鍵。2. **配對結合**（pair bond）。維持雌雄關係的吸引力，其目的在於繁育後代，特別見於某些溫血脊椎動物的生活週期中。

**bone　骨**　脊椎動物的骨質，主要由鈣和磷酸鹽組成，這些金屬鹽佔重量的60％並為骨提供硬度。骨鹽和大量**膠原蛋白**（collagen）纖維組成間質，其中散布著細胞（**成骨細胞**，osteoblasts），細胞間是經由細小的管道（骨小管）相連。還有大一些的管道攜帶著血管和神經，稱哈氏管，骨細胞就呈同心圓式排列在它的周圍。哈氏骨見於肢骨的骨幹，為緻密骨，而海綿骨則見於骨骺（骨端）。見圖77。

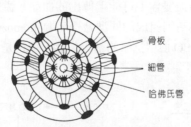

圖77　骨。圖中黑色區域爲成骨細胞所在的腔隙。

**bone marrow　骨髓**　脊椎動物的長骨和某些扁骨中的特種結締組織，富含血管。

**bony fish** or **Osteichthyes　硬骨魚**　包括輻鰭魚類（actinopterygii）和內鼻孔魚類（choenichthyes），這些魚類具硬骨骼，不同於軟骨魚類（elasmobranch）的軟骨。

**book gill　書鰓**　水生蛛形動物（arachnids）如鱟的呼吸器官。鰓中有無數鰓頁，因此得名書鰓。血液即循環其中而含氧水分則流經其上。

**book lung　書肺**　蛛類和蠍類體內的呼吸器官。肺中有大量頁狀結構，空氣即循遊其外，因形似書頁，故得此名。

**bordered pit　具緣紋孔**　高等維管植物的導管（vessels 2）和假導管（tracheids）中的一種交通管道。見圖78。

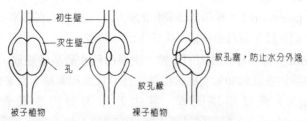

圖78　具緣紋孔。維管植物假導管中的具緣紋孔。

**botany　植物學**　研究植物界的科學，研究對象常常還包括微生物。

**botryoidal tissue　葡萄狀組織**　水蛭的間充質（mesenchyme），由暗色管狀細胞組成，含有血樣液體。

**bottleneck　瓶頸現象**　生物種群中個體數目因疾病和極端環境條件所致急劇減少的時期。這時可發生隨機遺傳漂變（random genetic drift）。亦見 founder effect。

**botulism　肉類桿菌中毒**　一類很危險的食物中毒，由肉類桿菌（*Clostridium botulinum*）產生的毒素造成。這是一種專性厭氧微生物（anaerobe），在密封容器中生長良好，例如在事先未充分滅菌的罐頭中。該毒素損傷神經系統，特別是腦神經（cranial nerves）導致無力或甚至癱瘓。此病的外文名源自拉丁文 botulus，意爲臘腸，臘腸是本病細菌好滋生的場所。

**Bowman's capsule　鮑氏囊**　連接於脊椎動物腎臟尿小管末端的小囊，其中包含腎小球（glomerulus）。此囊對血液進行超濾作用，使囊液中含有除血球和血漿蛋白外的一切血液成份。見圖79。

**Boyle's law　波義耳定律**　在恆定溫度下，氣體的壓力和其體積成反比。本定律是以波義耳（1627-1691）的姓氏來命名的。

**BP　距今**　係 before present 的縮寫，用於地質年代（geological time）標度，表示現今以前的任何時間。

**brachi- or brachio-　〔字首〕**　意指臂。

**brachial　臂的**　與臂或臂樣結構有關的。

**brachiation　臂行**　動物在森林中借助臂力在樹與樹間擺盪而行的一種行動方式。

**brachiopod or lamp shell　腕足動物**　腕足動物門的海洋無脊椎動物。是古生代（Paleozoic）和中生代（Mesozoic）海洋中的優勢動物，現仍有少數種類存活。見 bivalve。

**brachy-　〔字首〕**　希臘語，意爲短。

**brachycephalic　短頭的**　（指人類）頭短而寬，是蒙古人的特徵，其頭的寬度至少與其長度相等。見 cephalic index。

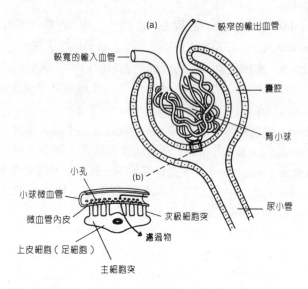

(a)

較寬的輸入血管 ——

較窄的輸出血管

囊腔

腎小球

尿小管

小孔

小球微血管

微血管內皮

上皮細胞（足細胞）

主細胞突

(b)

次級細胞突

濾過物

圖79　鮑氏囊。(a)鮑氏囊是位於腎元末端的一個小囊。(b)尿小管的放大部分。

**brachydactylic　短指（趾）的**　指或趾異常短小的情況，具遺傳性，見於人類和某些其他動物，指（趾）短小，部分融並，或甚至有短缺。這種情況是由一個普通染色體顯性基因控制的，而這個基因是醫學上第一個發現的孟德爾顯性基因（見 Mendelian genetics）。

**bract　苞片**　一種特化的葉片，有一朵花或花序長於其腋。亦見 spadix。

**bracteole　小苞片**　小的苞片（bract）。

**brady-　〔字首〕**　意指慢。

**bradycardia　心搏徐緩**　心率異常減少。

**bradykinin　緩激肽**　由血漿激肽原形成的一種激素，可致皮膚血管舒張（vasodilation）。

**bradymetabolism　代謝徐緩**　一類體溫生理型，此類動物在體溫37℃的情況下測量時，顯示較低的基礎代謝率（basal metabolic rate）。此類動物的核心溫度下降時就會造成基礎代謝率的減緩。它們通常是變溫的（見 poikilotherm）和外溫決定的（見 ectotherm），但許多代謝徐緩動物也可達到不等程度的恆溫（見 homoiotherm）。所有現存的低等脊椎動物和無脊椎動物都是徐緩代謝型動物。

**brain　腦**　中樞神經系統（central nervous system）的擴大部分，在兩側對稱（見 bilateral symmetry）的動物中，擴大是由前端開始的。擴大是因為感覺器官集中於這個首先接觸外界多變的環境的部位。腦和中樞神經系統的其他部分共同調節身體功能。亦見 head 和 cephalization。見圖80。

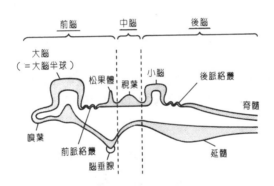

圖80　腦。脊椎動物的腦。

**brain stem　腦幹**　脊椎動物腦部除了小腦（cerebellum）和大腦半球（cerebral hemispheres）之外的部分。

**branched pathway　分支途徑**　生物化學路徑（pathway）的一種，其中間產物可做為多種最終產物的前驅物。

**branchial arches** or **gill bar　鰓弓，鰓條**　支撐魚鰓的軟骨和硬骨塊。通常有5對。見 gill bar。

**branchial chamber　鰓室**　容納魚鰓的空腔。

**branchial clefts　鰓裂**　魚或幼年兩生類的咽（pharynx）壁上的裂孔，有4至7對，由口腔進入的水即經由鰓裂流出。

**branchio-** or **branchi-** ［字首］ 意指鰓。

**Branchiopoda 鰓足亞綱** 甲殼動物中最原始的一個綱。包括豐年蟲（*Chirocephalus*）和水蚤（*Daphnia*）。

**brassica 蕓薹** 十字花科，特別是芸苔（芥，*Brassica*）屬的植物，如卷心菜和大頭菜。

**bread mold 麵包黴** 麵包上生長的毛黴（*Mucor*）或（*Rhizopus*）。此詞也指粗糙脈孢黴（*Neurospora crassa*），為核菌綱真菌，常見於腐敗或焚燒過的植被。比德爾（Beadle）和塔特姆二氏即以此為實驗生物，並據以提出一個基因一個酶的假說（one gene/one enzyme hypothesis）。

**breast-feeding 母乳餵養** 指人類用自身乳腺（mammary gland）分泌的乳汁直接餵養未斷乳嬰兒，以別於瓶飼（bottle-feeding）。

**breathing 呼吸** 空氣吸入肺部（吸氣）然後再由肺部排出（呼氣）的程序。在哺乳動物如人類所使用的解剖結構，見下圖81。

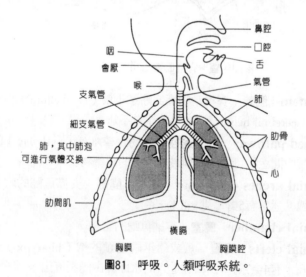

圖81 呼吸。人類呼吸系統。

胸廓和橫膈（diaphragm）改變形狀增加容積和減少胸腔壓力時就出現吸氣。**外肋間肌**（intercostal muscles）收縮時，肋骨向上向外抬升（胸式呼吸）；而橫膈收縮時，橫膈向下攤平（腹式呼吸）。呼氣可純為被動，呼吸肌鬆弛造成肋骨下降內收和橫膈鼓起。這些動作減少胸腔容積，再加上肺的彈性回縮，導致內壓升高乃將氣排出。但當腹部肌肉壓迫橫膈進一步抬升進入胸腔，則也可造成強迫性呼氣。見圖82。

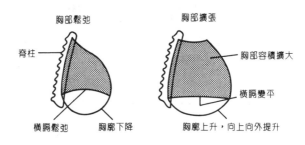

胸部鬆弛　　　　　　胸部擴張

脊柱　　　　　　　　　　　　　胸部容積擴大

　　　　　　　　　　　　　　　橫膈變平

橫膈鬆弛　　胸廓下降　　　胸廓上升，向上向外提升

**圖82　呼吸。呼吸時胸部的擴張和鬆弛。**

對呼吸的控制是透過一系列反射動作，所以雖說呼吸肌都屬於骨骼肌可以隨意控制，但呼吸運動卻在很大程度上是自主的。主要的控制區是後腦的呼吸中樞（respiratory center），它就位於橋腦和延髓（medulla oblongata）上。呼吸控制的步驟大致如下（亦見圖83的步驟1-6）：(a)吸氣中樞（inspiratory center）可產生自發的神經衝動（經由肋間神經），造成肋間肌的收縮和（經由膈神經）造成橫膈的收縮。結果是胸腔容積增大。(b)來自吸氣中樞的衝動刺激呼吸調節中樞（pneumotaxic center）和呼氣中樞（expiratory centers）。(c)這兩類中樞在充分興奮之後，就發出抑制性信號給吸氣中樞。(d)與(c)同時，肺壁上的牽張感受器也受到刺激，並開始（經由迷走神經）向吸氣中樞發出抑制性信號。最後吸氣中樞停止對肋間肌和隔肌的刺激，於是它們就鬆弛了。(e)呼氣中樞刺激腹部肌肉的收縮。(d)和(e)兩個步驟都降低胸腔容積，所以牽張感受器不再受到刺激。結果是呼吸循環又再度由(a)開始。(f)最後還有一個經由化學途徑的控制。血中過量的二氧化碳使 pH 值降低，這可被**大動脈體**（aortic body）、**頸動脈體**（carotid body）和呼吸中樞查知。於是吸氣中樞受到刺激，加深呼吸，又使血中的二氧化碳濃度下降。因此這個**負回饋機制**（feedback mechanism）是依靠二氧化碳的濃度而不是依靠氧的濃度來控制呼吸率。見圖83。

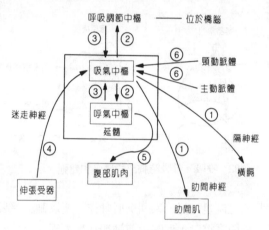

圖83　呼吸。呼吸控制的步驟。

**breeding individual　繁殖個體**　**種群**（population）中正藉有**性生殖**（sexual reproduction）將基因傳遞給下一代的個體。因此一個種群中就有兩個成份。繁殖個體和非繁殖個體，後者包括未成年個體以及已完成**遺傳死亡**（genetic death）的個體。

**breeding range　繁殖範圍**　一個物種進行繁殖活動的地理範圍。

**breeding season　繁殖季節**　一年中雌性動物進入生殖狀態的時期。

**breeding true　忠實傳代**　就某個性狀而言，一個個體傳代時不發生遺傳變異情況。這樣的個體兩兩交配或一方自家授粉所生子代同親體完全相同。這也稱爲純一傳代。例如**孟德爾**（Mendel）就曾應用此法於他的豌豆實驗。說得更準確些，發生忠實傳代的雙親都是就該特定基因（gene）的一對**對偶基因**（alleles）而言是純合體（見 homozygote）。

**breeding value　育種值**　根據其子代的平均績效計算出的，一個個體**基因型**（genotype）的經濟價值。人們可根據育種值的大小選擇適當的親體進行交配。見 pedigree analysis。

**broad-sense heritability　廣義遺傳率**　判斷基因在總表現型變異性中所起作用的一個最寬泛的指標（見 heritability），表示爲總基因型方差同總表型方差之比。比較 narrow-sense heritability。

**bronchiole　細支氣管**　高等脊椎動物肺中由兩個主支氣管分出的較小通氣管道。見 breathing 及圖81。

**bronchitis　支氣管炎**　支氣管發炎。

**bronchus　支氣管**　哺乳動物中連接氣管和兩肺的管道。支氣管主要由結締組織和少量平滑肌組成。支氣管進入肺內再分支爲細支氣管，形成支氣管樹。見 breathing 及圖81。

**brood pouch　育兒袋，育囊**　某些動物體上的袋或空腔，可供貯放卵及孵育之用。

**brood spot** or **patch　孵卵區**　在催乳激素（見 luteotrophic hormone）的作用下，鳥身上生出的一塊無羽毛的皮膚，該處富含血管，專供孵卵之用。

**brown earth soil　褐土**　落葉性樹林下的肥沃土壤。

**brown fat　棕脂**　見於某些哺乳動物頸肩部的特殊脂肪層，如見於蝙蝠和松鼠，其功能是大量產熱，特別是在多眠（hibernation）之後。這裡的脂肪富含血管（見 vascular）並含有大量粒線體（mitochondrion），正是後者中的粒線體細胞色素氧化酶給它帶來棕褐色。熱釋放是由極高速的脂肪代謝而不是借助一般的脂肪酸代謝，所產的熱經大血管系統迅速傳導到他處。

**Brownian movement　布朗運動**　懸浮於液體或氣體中的微觀顆粒的隨機運動，是由於周圍介質顆粒碰撞引起的。這種現象可見於固態的膠體（colloids）中，或見於微生物的懸浮液中。此名源於布朗（Robert Brown，1773-1858）。

**brown rot　褐腐病**　任何發生褐變和組織腐壞的植物病，包括細菌和眞菌引起的。

**brucellosis　布氏桿菌病**　由布魯氏桿菌（Brucella）引起的發熱性疾病，常見於牛、綿羊和山羊。牛受流產布魯氏菌（B. abortus）感染，可導致自發性流產，但現已研製出一種減毒活疫苗（vaccine），可減低本病的流行。

**Brunner's glands　布魯納氏腺**　十二指腸（duodenum）內利貝昆氏隱窩（crypt of Lieberkuhn）底部的腺體，分泌鹼性液體和黏液，也許還分泌少量消化酶。

**brush border　刷狀緣**　見 microvillus。

**bryophyte　苔蘚植物**　苔蘚植物門植物，其中包括苔類（hepatica）和蘚類。沒有維管系統，但永遠有世代交替（alternation of generation），孢子體（sporophyte）世代和配子體（gametophyte）世代明確分開。

**bryozoan** or **polyzoan** or **sea mat　苔蘚蟲**　苔蘚動物門的水生無脊椎動物。小型動物，因其帶纖毛觸鬚和角質或鈣質外骨骼而在表面上很像水螅體腔腸動物（coelenterates）。分為兩群，每個群有時也稱為綱，但也有許多人認為牠們是不同的門：外肛動物和內肛動物。

**bubble respiration　氣泡呼吸**　借助黏附於體尾的氣泡來呼吸，例如龍虱在水下即利用氣泡內的氧氣，當氧氣用完時牠再浮出水面重新帶入另外一個新氣泡。

**buccal　口腔的**　例如面頰內面的上皮就稱為口腔上皮。

**bud　芽**　植物的未發育胚苗，其中含有分生組織（見 meristem）以維持生長，周圍是葉原基（未成熟葉），在外面常常還有一個保護性的鱗片層，是由變態葉形成的。椏枝的頂端常帶有頂芽，而葉子的腋（axils）內常有側芽。

**budding　出芽生殖**　無性生殖（asexual reproduction）的一種方式。常見於某些低等動物類群，如腔腸動物（coelenterate）：動物的側壁向外突出，最後形成一個新個體，新個體然後脫離親體游走。出芽生殖也見於單細胞生物如酵母，但在酵母這更像有絲分裂（mitosis），只是產生一對大小不等的子細胞。植物落地生根（*Bryophyllum*）由葉緣產生小植物的現象，有些生物學家也稱之為出芽生殖。

**buffer　緩衝劑**　當氫離子濃度上升時它能結合氫離子並將其移出溶液，而當氫離子下降時它又能釋放氫離子的化學物質。於是緩衝劑可以穩定生物溶液的 pH 值，而有助於維持恆定性（homeostasis）。血紅素（hemoglobin）就是一個最好的例子，它幫助維持紅血球（erythrocyte）內部的 pH 值。

**bulb　鱗莖**　一類特化短而粗的地下莖，莖外包有肉質鱗片，其中含有營養物，特別是糖分。這些鱗狀葉片的腋（axils）處可有一個或多個芽，而至春季這些芽可以利用儲藏的食物發育成新枝。產生鱗莖的植物有洋蔥、鬱金香和風信子。見圖84。

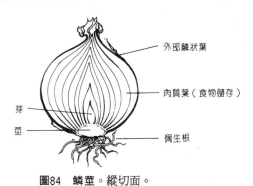

外部鱗狀葉

肉質葉（食物儲存）

芽

莖

偶生根

圖84　鱗莖。縱切面。

**bulbil　珠芽**　在植物地上部分如葉腋或花序中生長的小鱗莖（bulb）或塊莖。

**bulla** **骨泡** 骨質突起。

**bundle end** **維管束末梢** 在葉肉中的維管束（vascular bundle）終端。

**bundle of His** or **atrioventricular bundle** **房室束** 哺乳動物心臟中一組特化的肌肉纖維，攜帶電信號由房室結（atrioventricular node）經由室間隔最後分支為普爾基涅氏纖維。見 heart 及圖183。

**bundle sheath** **維管束鞘** 維管束（vascular bundle）周圍的一圈薄壁組織（parenchyma）。

**bursa copulatrix** **交配囊** 昆蟲生殖孔周圍的凹陷，交配時容納雄性生殖器。

**bursicon** **黏液素** 昆蟲中樞神經系統產生的一種激素，可促使蛻皮後的表皮黑化和硬化。

**bush** **矮灌木** 多年生低矮木本植物，在地表附近分支。

**butterfly** **蝴蝶** 鱗翅目（Lepidoptera）晝行昆蟲，其觸角腫大。

**bypass vessel** **旁路血管** 連接動靜脈從而繞開微血管的血管。其開闔調節微血管的血流。見 arteriole 及圖48。

**byssus** **足絲** 某些蚌類用於固著在基質（substrate 2）上的絲狀組織；或某些真菌的柄。

# C

**C₃ and C₄ plants　C₃和C₄植物**　高等植物的一種劃分，主要根據光合作用（photosynthesis）中固定二氧化碳時形成的化合物中的碳原子個數。在比較常見的C₃植物中，二氧化碳是和含有5個碳的二磷酸核酮糖結合，產生兩個分子各含3個碳的**磷酸甘油酸**（PGA），而在C₄植物例如玉米中，存在一種特殊的**花環結構**（kranz anatomy），其中與葉肉細胞相連的是富含葉綠體的維管束鞘細胞。二氧化碳在葉肉細胞中同含3個碳的磷酸烯醇丙酮酸（PEP）結合，形成含4個碳的草醯乙酸和蘋果酸，後者再進入維管束細胞並將二氧化碳釋放出來，二氧化碳隨之進入**卡爾文氏循環**（Calvin cycle）。利用PEP的好處是，C₄植物能夠在大氣中二氧化碳濃度極低（例如在濃密的熱帶植被中）時仍能將其固定。某些**旱生植物**（xerophytes），在白晝**氣孔**（stoma）關閉時也使用這套系統作為碳源。見圖85。

**cactus　仙人掌**　仙人掌科植物，大都原生於新大陸，只有仙人棒屬（*Rhipsalis*）可能是個例外。大多數仙人掌是**旱生植物**（xerophytes）和肉質植物，生長於荒漠，雨少但一旦下雨則常為暴雨。極少雨或無雨的荒漠沒有仙人掌。曇花屬（*Epiphylum*）及其近緣植物見於雨林，主要是**附生植物**（epiphytes）。仙人掌同其他肉質植物的區別在於，它具有特殊的小區（areole），其上可生長毛、刺、新枝和花。其他肉質植物，雖然可有刺，但沒有小區。

**cadophore　攜幼突**　被囊動物（tunicates）背部的突起，由成

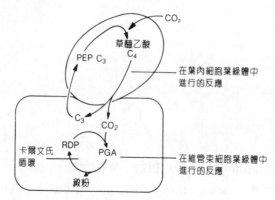

圖85　$C_3$和$C_4$植物。$C_4$植物中的澱粉形成。

體分離出來的新子代動物即附著其上。

**caducous　早落的**　在發育早期就脫落的，如罌粟的萼片和椴樹的托葉。

**caecilian　蚓螈**　見 apoda。

**caffeine　咖啡因**　一種苦味嘌呤鹼，主要見於咖啡豆、茶葉和可可豆，用作興奮劑和利尿劑（diuretic）。

**Cainozoic period　新生代**　見 Cenozoic period。

**Calamites　蘆木**　一類已滅絕的蘆葦樣植物，見於上泥盆紀、石炭紀和三疊紀。常同木賊目（equisetales）劃分在一起。

**calcareous　石灰質的**　由碳酸鈣組成，或含有碳酸鈣成份，或與之相似的成份。

**calcicole　喜鈣植物**　常見於或僅生長於含有游離碳酸鈣土壤的植物，如歐洲草莓（*Fragaria vesca*）。

**calciferol** or **vitamin D₂　鈣化醇，維生素 D₂**　一種具有維生素 D 性能的化合物，係因麥角固醇經紫外線照射而成。

**calcifuge** or **oxylophyte　避鈣植物，喜酸植物**　通常不見於含游離碳酸鈣土壤的植物，如帚石楠（Calluna）。

**calcitonin　降血鈣素**　甲狀腺（thyroid）和副甲狀腺

（parathyroid）分泌的一種多肽激素，可降低血中鈣含量。

**calcium　鈣**　所有動植物必需的一種元素。符號爲：Ca。

**callose　胼胝質**　植物分泌的一種稠厚醣類（carbohydrate）物質，在植物遭受創傷或疾病，或因時間長久，而沉積在篩板孔處，結果造成篩管（sieve tube）的堵塞。胼胝質也見於眞菌菌絲。

**callus　癒傷組織**　一團可以分化爲成熟組織的未成熟植物細胞，其發育取決於植物生長激素的相對濃度。癒傷組織可在實驗室中由組織培養用的培植體（explants）中得出，也可自然發生於根莖的創面。

**calorie　卡**　使1克水（1立方公分）升高1℃（例如說由14.5℃升到15.5℃）所需熱量。一大卡（Calorie，注意前面是大寫C）指1,000卡，即一個仟卡（kilocalorie）。用作能量單位，但現已大部被國際標準單位焦耳（4.19 J ＝ 1 cal）所替代。

**calorimeter　熱量計**　用於度量熱量的儀器。例如彈式測熱計（bomb calorimeter）常用於測量燃燒某物質所放出的熱量。用於能量學的熱值現已不用卡（calories），而是用焦耳（joules）來計量了。

**Calvin, Melvin　卡爾文（1911- ）**　美國生物化學家，因其對光合作用（photosynthesis）中二氧化碳固定程序的研究而知名於世。在實驗中，他用碳-14標記二氧化碳，用洛氏儀器暴露藻細胞於光照之下，再對取自光照後不同時間的細胞提取物做光譜分析（chromatography）。這樣，他就能分離出由二氧化碳到澱粉的各個步驟，這一系列反應後稱卡爾文氏循環（Calvin cycle）。1961年他爲此工作榮獲諾貝爾獎。

**Calvin cycle　卡爾文氏循環**　首先由卡爾文（Melvin Calvin）描述的發生於葉綠體（chloroplasts）水介質中的一系列化學反應：二氧化碳併入較複雜的分子直到最後形成糖。這些反應所需能量來自 ATP，NADPH（見 NADP）則作爲還原劑。ATP 和

NADPH 兩者則產自光合作用（photosynthesis）的光反應。因為只要有二氧化碳、ATP 和 NADPH 存在，卡爾文循環可以不需要光就進行下去，所以這些步驟常被稱爲暗反應。見圖86。循環每轉一圈就固定一個分子的二氧化碳，產生兩個分子的**磷酸甘油酸**（PGA），然後又產生兩個分子的**磷酸甘油醛**（PGAL）。需要轉3圈才能放出一個分子的 PGAL（$C_3$）供合成葡萄糖之用，剩下其餘的5個 PGAL 分子停留在循環內。因此，要轉6個圈才能產生足夠量的 PGAL 來合成1個分子的葡萄糖（$C_3 + C_3 = C_6$）。

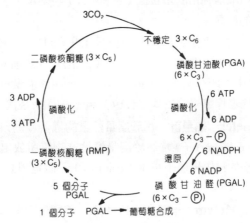

**圖86　卡爾文氏循環。卡爾文氏循環的暗反應。**

**calyptera　帽狀體**　苔蘚植物中由藏卵器（見 archegonium）壁發育而成覆蓋於孢蒴上的結構。

**Calyptoblastea　鞘芽目**　腔腸動物（coelenterates）中水螅綱的一個目，其圍鞘（perisarc）包圍著水螅體和生殖鞘。

**calyptrogen　根冠原**　植根生長部分外覆的一層細胞，根冠即由其生出。

**calyx　花萼**　萼片群，通常位於花的基部，輪狀排列。

**CAM　景天酸代謝**　見 crassulacean acid metabolisn。

**cambium** or **fascicular cambium** or **lateral meristem** 形成層，束中形成層，側向分生組織 根莖維管束（vascular bundles）中一群積極分裂的細胞。其功能是產生新的植物組織以供側向生長。有時在維管束之間出現**束間形成層**（interfascicular cambium）。對照 apical meristem。

**Cambrian period** 寒武紀 地質年代，大約始於5億7000萬至5億9000萬年前，止於5億年前。彼時英倫三島還位於南半球，而薩哈拉則位於南極，正處於冰川時期。三葉蟲和腕足動物正興盛，而大部分無脊椎動物都已出現。最早的筆石（graptolites）就出現於中寒武紀，但只發現極少數植物，發現的也只是簡單藻類。見 geological time。

**camel** 駱駝 駱駝科哺乳動物的通稱，其中包括單峰駝和亞美利加駝等，屬偶蹄類（ungulates），其**瘤胃**（rumen）有無數盲袋和憩室，能儲藏大量水分。

**camouflage** 偽裝 生物體色與背景相近，或其花紋打破了身體輪廓線，結果使該生物融於背景中從而逃避捕食者的注意。見 cryptic coloration。

**campanulate** 鐘形的 （指植物結構）如圓葉風鈴草（*Campanula rotundifolia*）。

**campylotropous** 彎生的 （指植物胚珠）胚珠彎生時，**珠柄**（funicle）看似連於側方，在**珠孔**（micropyle）與**合點**（chalaza）之間。

**Canada balsam** 加拿大樹膠 常用來封固生物顯微切片標本的膠質材料。可與二甲苯相混合。

**canaliculi** 細管 如骨中的骨細管。

**canalization, genetic** 遺傳性定向發育 一個細胞沿著一定的路線發育（見 epigenetic landscape）逐漸轉變成最終的成體形式（見 cell differentiation）的程序。只有在發育的特定階段（見 competence），細胞才能被誘導轉入另一發育路線變為另一種不

125

同的最終形式。現認爲，**誘導**（induction）是由於周圍組織分泌的化學物質造成的。

**canalizing selection　定向選擇**　一類基因選擇，傾向於穩定發育路線使表型不致受遺傳或環境波動的影響。

**cancer　癌症**　影響發病組織生長率的一類疾病，患處細胞的生長控制機制被破壞以致造成該細胞不斷的增生最後形成腫瘤。所謂的良性腫瘤，其細胞組成與周圍組織相似而分化良好。除非生長於不能手術的部位，一般無害。所謂的惡性腫瘤則有危險，所含胚性細胞可以轉移至他處生出新的惡性腫瘤。目前，對於癌的發生原因所知不多，不過接觸**致癌物**（carcinogen）如菸鹼和芥子氣，以及某些微生物都是可能的原因。目前多使用放射治療、外科手術和化學療法來對抗各種癌。

**canine tooth　犬齒**　哺乳動物上下頜上的4個尖齒，位於**門齒**（incisors）和**前臼齒**（premolar）之間。在食肉動物中最爲發達，具刺殺功能。

**canker　潰瘍病**　由細菌或真菌造成的一種植物病，受病組織呈現局限性**壞死**（necrosis）。

**canopy　樹冠層**　木本植物，特別是喬木的枝葉，在高處形成的頂部遮光層。

**capacitance　電容**　借助靜電作用存儲電荷的方式。

**capacity　電容量**　存儲電荷的能力，以法拉第（F）來度量。

**capillarity　毛細作用**　液（通常爲水）面與固體表面接觸時，因兩者間分子吸引力而致液面升高的作用。當液體位於一纖細容器中如毛細管時，則液面可以升得很高。毛細作用也可發生於土壤中，造成地下水層上升。曾有人提出，毛細作用是造成水分在**木質部**（xylem）導管上升的原因，但現今不認爲毛細作用起多大作用。對照 cohesion/tension hypothesis 和 root pressure。

**capillary　微血管**　脊椎動物組織中連接小動脈（arterioles）和小靜脈（venules），直徑在5至20微米的微細血管，它藉組織間液或淋巴（lymph）介導血液和組織之間的物質交換。見圖87。微血管壁只有一單層上皮細胞，很柔韌，因此可隨血壓的變化而改變其管徑。見圖88。微血管的效率很高，這是因爲：(a)血管壁薄，孔徑小，因而表面積和體積的比例較高；(b)血管數目衆多，形成微血管床（capillary bed）；(c)血流緩慢，爲物質交換提供充分時間。

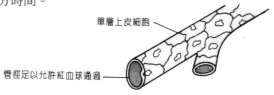

單層上皮細胞

管徑足以允許紅血球通過

圖87　微血管。微血管的結構。

組織細胞

組織間液

微血管壁

微血管內容物

圖88　微血管。血液與組織間交換物質的途徑。

**capillary bed　微血管床**　廣布於一些組織之間的微血管（capillaries）網路，細胞和血液之間的物質交換可藉此完成。見 arteriole 及圖48。

**capillary soil water　毛細土壤水**　借助毛細作用（capillarity）吸附於土壤顆粒之間的水分，爲植物根系吸水的主要來源。

**capitate　頭狀的**

**capitellum　小頭**　圓形的骨關節突。見 capitulum 1。

**capitulum　小頭；頭狀花序**　1.動物肋骨與脊椎形成關節的圓頭。2.植物中的頭狀花序。

**capsid　蛋白殼**　病毒的蛋白質外殼。

**capsule** **莢膜；孢蒴；蒴果；泡；囊** 堅韌的包囊，見於多種生物類群，如：(a)莢膜。細菌的外膜（這些細菌常稱為有莢膜的），可增強細菌對機體防禦機制的抵禦能力（見 transformation 內容涉及莢膜生長的遺傳控制）。(b)孢蒴。**苔蘚植物**（bryophytes）的孢子囊，例如蘚類的孢蒴係一堅硬的外皮，內含發育中的孢子。(c)蒴果。**被子植物**（angiosperms）果實的一個類型，乾燥時自動裂開（**開裂的**, dehiscent）。例如罌粟、柳蘭和金魚草。(d)泡。圓形的骨質結構稱骨泡，見於某些脊椎動物頭顱中，如鯊魚的聽泡。(e)囊。腎臟的盲端部分，即腎元（nephron）。

**carapace** **頭胸甲；背甲** 頭胸甲為**甲殼動物**（crustacean）覆蓋頭胸部的外骨骼。在其他動物如龜，則指背甲。

**carbamate** **胺基甲酸脂，甲胺酸脂** 殺蟲劑，與有機磷酸鹽有關。第一個胺基甲酸脂——胺甲萘，是1956開始使用的。

**carbaminohemoglobin** **胺甲醯血紅素** **血紅素**（hemoglobin）與二氧化碳結合後所生的產物，這也是二氧化碳在血液中運輸的方式之一。

**carbohydrase** **醣酶** 促進醣類水解的酵素。

**carbohydrate** **醣類** 一組具有通式（$CH_2O$）$_x$ 的有機化合物，包括由簡單的糖如葡萄糖和果糖直到複雜的化合物如澱粉和纖維素。所有複雜的醣類都是由簡單的稱為**單醣**（monosaccharides）單位組成的，而單糖則不能再水解成更簡單的結構。各種醣類分別在各自的條目內詳細介紹，圖89中只給出個摘要。

**carbon** **碳** 有機結構的基礎元素之一。碳有4價，每個原子可形成4個共價健。故可形成長鏈，增加了有機化合物的複雜性。

**carbon-14** **碳**-14 碳的放射性同位素。見 carbon dating。

**carbon cycle** **碳循環** 在一個**生態系統**（ecosystem）中碳元素由生物代謝作用往復循環的現象，它總要回到某一人為設定的起點。見圖90。

| 名稱 | 類型 | 結構 | 存在部位 |
|---|---|---|---|
| 葡萄糖 | 還原性單醣 | $C_6H_{12}O_6$（己糖） | 甜水果 |
| 果糖 | 還原性單醣 | $C_6H_{12}O_6$（己糖） | 蜂蜜、果汁 |
| 乳糖 | 還原性雙醣 | 葡萄糖＋半乳糖 | 乳類 |
| 麥芽糖 | 還原性雙醣 | 葡萄糖＋葡萄糖 | 發芽穀物 |
| 蔗糖 | 非還原性雙醣 | 葡萄糖＋果糖 | 甘蔗 |
| 澱粉 | 多醣 | 重複葡萄糖單元（線性排列） | 馬鈴薯塊莖 |
| 肝醣 | 非還原性多醣 | 重複葡萄糖單元（分支排列） | 肝臟 |
| 纖維素 | 非還原性多醣 | 重複葡萄糖單元（線性排列） | 細胞壁 |
| 核糖 | 還原性單醣 | $C_5H_{10}O_5$（戊糖） | RNA |
| 去氧核糖 | 還原性單醣 | $C_5H_{10}O_5$（戊糖） | DNA |

圖89　醣類。醣的類型。

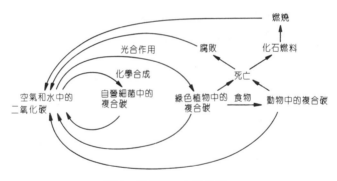

圖90　碳循環。主要步驟。

**carbon dating　碳定年法**　借助測量有機殘留物中的放射性碳含量來定年的方法。大氣中的二氧化碳含有兩類型碳原子：普通的碳-12和放射性碳-14。碳-14和其他放射性同位素一樣，也在不斷蛻變。所以，假定生物死亡後再沒有新的碳-14摻入體內而且大氣中的碳-14含量不變，那麼一塊泥炭中放射性碳的比例就大致說明它的年代。利用碳-14來定年是一個極有價值的技術，但也不是完全準確的，這是因為大氣中的碳-14含量在長時期內也有波動。同樹木年輪測得的年代（見 dendrochronology ）相比較，發現碳定年法的誤差在5,000年中可達900年左右。

**carbon dioxide 二氧化碳** 一種無色無臭氣體，比空氣重，產生於生物呼吸時，但在光合作用中又用於合成醣類。分子式：$CO_2$。

**carbon dioxide exchange 二氧化碳交換** 見 gas exchange。

**carbonic acid 碳酸** 由二氧化碳和水結合所產生的化合物。

**carbonic anhydrase 碳酸酐酶** 紅血球中促進二氧化碳和水結合成碳酸的酵素。

**Carboniferous period 石炭紀** 地質年代，大約始於3億7000萬年前，止於2億8000萬年前。常以3億2500萬年前為分界點，又將其分為上石炭紀和下石炭紀。煤層主要見於下石炭紀；石炭紀之名就源於此期的豐富煤層。此期的優勢植物有石松、木賊和蕨類，兩生類則為此期最常見的脊椎動物，不過這也是爬行類崛起的時代。

**carbon monoxide 一氧化碳** 無色無味氣體，炭的不完全燃燒的產物。對動物有毒。分子式：CO。

**carboxyhemoglobin 碳氧血紅素** 一氧化碳與紅血球中的血紅素（ hemoglobin ）發生不可逆結合所形成的穩定化合物，它使血液呈鮮紅色。經此結合後，血紅蛋白不能再隨意與氧結合，便喪失攜氧能力。因此血中缺氧，導致中毒，如果此時大氣中一氧化碳含量較多則甚至可造成死亡。

**carboxylase 羧化酶** 促進受質（ substrate 3 ）羧化作用（ carboxylation ）或脫羧反應的酵素。

**carboxylation 羧化作用** 將羧基（ COOH ）或二氧化碳加入到一個分子上的反應，例如在卡爾文氏循環（ Calvin cycle ）中一個二氧化碳加到一個二磷酸核酮糖（ 含5個碳 ）上就形成一個不穩定的含6個碳的化合物。

**carboxyl group 羧基** 醛類和酮類中的單價基團，-COOH。

**carboxypeptidase　羧肽酶**　一種胜肽鏈端水解酶，促進胜肽鏈 C 端胺基酸的水解。

**carcinogen　致癌物**　能夠導致癌之形成的物質。

**carcinoma　上皮癌**　上皮組織的惡性腫瘤。見 cancer。

**cardiac　心的；賁門的**　1.心臟的，或同心臟有關的。2.賁門的，見 pyloric。

**cardiac cycle　心動週期**　見 heart，cardiac cycle。

**cardiac frequency　心率**　心搏的頻率。

**cardiac muscle　心肌**　脊椎動物肌肉類型之一，只見於心臟（heart）。形態介於不隨意肌（involuntary muscle）和橫紋肌（striated muscle）之間，其纖維具橫紋，但卻只有單核（見圖 91）。心肌纖維的作用可在肌肉內產生強而規律的收縮，甚至在移到體外時仍有作用（見 myogenic contraction）。和橫紋肌不同，心肌縱使一再地予以刺激也不會疲乏。心跳是由自主神經系統（autonomic nervous system）所控制。

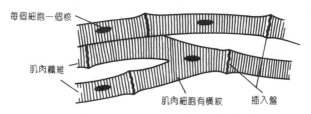

每個細胞一個核

肌肉纖維

肌肉細胞有橫紋　插入盤

圖91　心肌。插入盤使興奮波得以迅速傳遍組織。

**cardiac output　心輸出量**　單位時間內心臟泵出的總血量。

**cardiac sphincter　賁門括約肌**　脊椎動物食道與胃（近心端）連接處的括約肌。對照 pyloric sphincter。

**cardial veins　主靜脈**　在魚和其他脊椎動物胚胎中的一對縱長血管，負責收集身體大部分的血液並由古維管（Cuvierian ducts）將其送返心臟。

**cardiovascular center　心血管中樞**　延髓（medulla）中一組

控制心搏的神經細胞。

**care of young　育幼**　哺乳動物和鳥類行為的一個特徵，成獸或成鳥要撫育幼獸或幼雛直至其能獨立為止。這種現象在其他動物類群中不明顯或根本不存在。

**caridoid facies　蝦形排列**　見於蝦、各種淡水和海水螯蝦（軟甲亞綱，Malacostraca）的一種體形。頭部都有6個體節，胸部8個，腹部6個。都有頭胸甲（carapace），具柄的複眼，腹部有橈肢（swimmerets），還有一個尾扇。

**caries　齲；骨瘍**　牙齒或骨的緩漸蝕壞。

**carina or keel　龍骨瓣；龍骨**　1.龍骨瓣。豆科花中由兩個低處花瓣融合形成的龍骨樣花瓣。可能有助於傳粉，例如可供蜜蜂採蜜時落腳之用。2.龍骨。鳥的胸骨。

**carnassial teeth　裂齒**　上牙的最後一個前臼齒和下牙的第一個臼齒，它們在食肉動物中起切斷作用。

**Carnivora　食肉目**　真哺乳動物（eutherian）中的一個目，包括熊、鼬、狼、貓和海豹等。大部分都有發達的門齒和犬齒，以利撕咬獵物。

**carnivore　食肉動物**　任何吃肉的動物。此詞有時僅用指食肉目（Carnivora）的成員，但雜食動物（omnivores）也吃肉。參見 carnivorous plants。

**carnivorous plants　食肉植物**　至少其部分營養是取自誘捕的小動物（通常為昆蟲）的植物。在某些國家中，此類植物生長於難以獲得氮質營養的沼澤地帶，它們由捕獲的獵物身上取得額外的氮。毛氈苔屬（*Drosera*）和狸藻屬（*Utricularia*）是較常見的食肉植物。

**carotene　胡蘿蔔素**　一種橙色色素，屬於類胡蘿蔔素（carotenoid）類，常存在於葉綠體（chloroplasts）中，有時也見於一類稱為色素體（chromoplasts）的含色素結構中。後者常見於黃色葉片、蔬菜和水果中。人類需要胡蘿蔔素來製造維生素

A。胡蘿蔔素的吸收光譜（absorption spectrum）約在450毫微米。

**carotenoids　類胡蘿蔔素**　植物中的一類黃色或橙色色素，又可分為胡蘿蔔素（carotene）（橙色）和葉黃素（黃色）。

**carotid artery　頸動脈**　哺乳動物和其他脊椎動物中由大動脈（aorta）將含氧血運送至頭部的一對血管（見圖92）。在頸動脈竇（carotid sinuses）和頸動脈體（carotid bodies）上存在神經感受器。

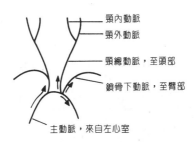

頸內動脈

頸外動脈

頸總動脈，至頭部

鎖骨下動脈，至臂部

主動脈，來自左心室

圖92　頸動脈。哺乳動物頸動脈。

**carotid body　頸動脈體**　位於頸外動脈（頸動脈，carotid artery）連接頸總動脈處的一塊腺樣組織，作用就像化學感受器（chemoreceptor）（見圖93）。當血氧濃度下降和/或血二氧化碳上升時，頸動脈體就受到刺激，它產生的神經衝動就傳送到後腦的呼吸中樞，從而影響呼吸（breathing）頻率。

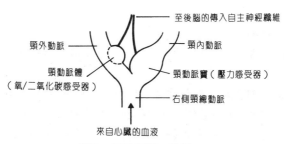

至後腦的傳入自主神經纖維

頸外動脈

頸內動脈

頸動脈體
（氧/二氧化碳感受器）

頸動脈竇（壓力感受器）

右側頸總動脈

來自心臟的血液

圖93　頸動脈體。位置。

**carotid sinus　頸動脈竇**　位於頸內動脈（頸動脈，carotid artery）基部的一個小隆起，其中含有的壓力感受器，起牽張受器（stretch receptors）的作用（見 carotid body 及圖93）。當血壓下降時，頸動脈竇受到刺激，發出神經衝動到後腦心血管中樞（見 heart）。

**carpal　腕骨**　兩生類、爬行類、鳥類和哺乳類動物前肢上附著於橈骨和尺骨的骨頭。它們在遠端（見 distal）與掌骨（metacarpals）相連。人腕有8個腕骨。見圖94。

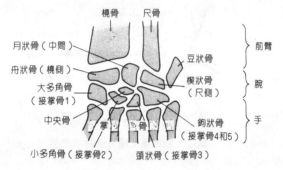

圖94　腕骨。人的腕和手。

**carpel or pistil　心皮，雌蕊**　花中的長頸瓶形雌性生殖單位，包括子房、花柱和柱頭。整個雌性結構（雌蕊，gynoecium）由一個或多個心皮組成。

**carpogonium　果胞**　紅藻的雌性性器官，腫大的基部中含有卵。雄性配子通過狹窄的口（受精絲，trichogyne）進入其中。

**carpospore　果胞子**　紅藻的有性孢子。

**carpus　腕節**　四足動物（tetrapods）前肢包含腕骨（carpals）的部分。

**carrier　帶原者；帶基因者**　1.身體內外攜帶有病原但並不發病的動植物個體，它們能傳播疾病。2.基因型（genotype）含有有害隱性基因但表現型（phenotype）上並未顯示的個體。例如苯酮尿症（phenylketonuria）患者。

**carrier molecule　載體分子**　能攜帶其他在生物膜中移動性較差的分子的脂溶性分子。見 active transport。

**carrion feeder** or **necrophagous feeder　食腐動物**　以死動物爲食的動物。

**carrying capacity　容納量**　一個特定生境正常情況下所能容納的生物之最高數量，例如一個港灣所能容納的涉禽數量。

**cartilage** or **gristle　軟骨**　一類結締組織或骨組織，其中有圓形的軟骨細胞，細胞外面是黏多糖（軟骨膠，chondrin）構成的間質，在間質中除了軟骨細胞外還有大量膠原纖維。正在發育的胚胎中，頭顱、脊椎和長骨都是先由軟骨構成的，但在哺乳類和許多其他脊椎動物中，軟骨隨後被硬骨所替代，只在骨端、關節處肋骨的腹端和一些其他地方仍有保留。軟骨有下面幾種類型：(a)透明軟骨（hyaline cartilage），藍白色，半透明，含有極細的膠原纖維。見於肋骨端、氣管環、鼻部、所有脊椎動物胚胎，以及軟骨魚的成體中。(b)彈性軟骨（elastic cartilage），含黃色纖維，見於耳部和耳咽管（eustachian tube）。(c)纖維軟骨（fibrocartilage），所含細胞不多，但含大量纖維，常見於接受較多勞損的關節。呈碟狀，位於脊椎之間和恥骨聯合處。

**cartilage bone** or **replacing bone　軟骨性骨，代換骨**　破骨細胞（osteoclasts）將軟骨破壞後再由成骨細胞（osteoblasts）用硬骨材料替代而成的骨頭。長骨即如此形成。

**cartilaginous fish　軟骨魚**　軟骨魚綱或板鰓亞綱的魚類，包括鯊魚、鰩和魟。牠們的骨骼都是軟骨。

**caruncle　小阜**　某些被子植物（angiosperms）種子上的疣狀隆起。

**caryopsis　穎果**　見 karyopsis。

**casein　酪蛋白**　一種磷蛋白，是奶酪中的主要蛋白質。

**Casparian strip　卡氏帶**　根部內皮層細胞的徑向壁和橫向壁上面的防水性帶狀隆起（見 endoderm）。一般認爲，這個連續

135

的帶可以影響水由皮層進入中柱（stele）內維管束（vascular bundle）的路線。見圖95。

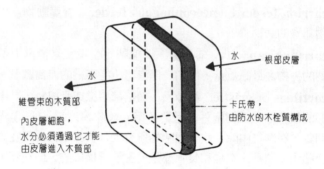

水

根部皮層

水

維管束的木質部

卡氏帶，
由防水的木栓質構成

內皮層細胞，
水分必須通過它才能
由皮層進入木質部

圖95　卡氏帶。卡氏帶環繞根部內皮層細胞。

**caste　級**　社會性昆蟲中特化的個體。例如蜜蜂群體中的工蜂和雄蜂。

**castration　去勢，閹割**　見 emasculation 2。

**casual　偶見種**　一個還沒有定居的引進植物，但也可在非種植的情況下出現。

**catabolism　分解代謝**　代謝作用（metabolism）的一個類型，有關的生化反應在細胞內將複雜物質分解爲簡單物質並釋放出能量。分解代謝通常由一系列級降式反應組成，每個反應都由各自的酶來驅動，例如有氧呼吸（aerobic respiration）。

**catadromous　下海繁殖**　（指魚類如鰻）自河入海繁殖。對照 anadromous。

**catalase　觸酶**　一類含鐵酶，見於肝臟和馬鈴薯塊莖等組織，其功能是將有毒的過氧化氫分解爲水和氧：$H_2O_2 \rightarrow H_2O + 1/2\ O_2$ 觸酶的周轉率（turnover rate）很高，其作用將所需的活化能（activation energy）降低而實現的，它大約能將活化能由80仟焦耳降至10仟焦耳。

**catalyst　催化劑**　能夠降低啓動反應所需的活化能（activation energy）而促進反應速度的物質。蛋白質催化劑稱爲酶

（enzyme），存在於一些活細胞中。

**cataphyll 芽胞葉** 一種簡化葉形，如芽鱗、子葉或鱗葉。

**catecholamine 兒茶酚胺** 任何由兒茶酚衍生出來的化合物，如腎上腺素和多巴胺，它們的作用都和交感神經系統相似（見 autonomic nervous system）。

**Catharrhini 狹鼻猴** 一類靈長動物，包括舊大陸猿猴和人類。本類族動物具鼻中隔和骨質外耳道。對照 Platyrrhini。

**cathepsin 組織蛋白酶** 細胞內蛋白分解酶，可引起自溶（autolysis）。

**cathode 陰極** 具負電荷的電極。對照 anode。

**cathode-ray oscilloscope 陰極射線示波器** 顯示微小電荷變動的儀器。常用於記錄和顯示來自神經和肌肉的電衝動。

**catkin 柔荑花序** 花序（inflorescence）的一種，常表現為下垂的穗狀花序，由許多縮小的單性花組成，例如榛子的雄花。

**caudal 尾的** 同尾有關的，或在尾部的。

**cauline 莖的** （指葉子）生於植物地上莖，特別是莖上部。

**C-banding C帶** 一種染色體著色技術，將染色體先後暴露於鹼性及酸性條件並用吉姆薩染色著色，以顯示由結構異染色質（heterochromatin）組成的帶。

**cecum 盲腸；盲囊** 1.（動物的）盲腸，亦稱肝盲囊（hepatic cecum），是消化系統中的盲囊，位於哺乳動物的小腸和大腸交界處。食草動物的盲腸含有產生纖維素酶（cellulase）的細菌，幫助分解草的纖維素細胞壁。亦見闌尾（appendix）。2.（植物的）盲囊，胚囊（embryo sac）伸入種子胚乳組織的突出部分。

**cell 細胞** 組成大部分生物的最小結構單位，包括微量原生質，由細胞膜所包圍，裡面有一個或多個核（見於真核生物，eukaryotes），或只有一些染色質團（見於原核生物，prokaryotes）。細胞大小在所有組織和生物中大致相同，這是因為當細胞增大時表面積對體積的比例對生物越來越不利。

**cell body　細胞體**　神經原（neuron）的擴大且含有細胞核的部分。

**cell cycle　細胞週期**　細胞分裂時所經歷的各個階段，包括間期（interphase）的3個階段（G1、S及G2）和有絲分裂（mitosis）。見圖96。

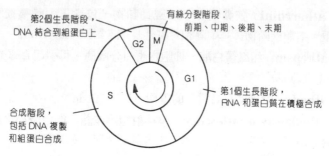

圖96　細胞週期。間期各階段。

**cell differentiation　細胞分化**　胚胎或是母細胞發育為動植物成體內各細胞類型的程序。現認為，生物體內所有胚胎細胞都含有相同的遺傳資訊，因此都有可能分化為一切細胞類型，而分化為成熟細胞的機制是因為**基因轉換**（gene switching）而不是經由 DNA 丟失。對照 dedifferentiation。

**cell division　細胞分裂**　在生長和生殖程序中一個細胞分裂為兩個新細胞的程序。這兩個新細胞稱為子細胞（daughter cells）。在**原核生物**（prokaryotes），經由**二分裂**（binary fission）生出兩個相同的細胞。在**真核生物**（eukaryotes），細胞分裂更為複雜。因為遺傳物質位於細胞核內的**染色體**（chromosomes）上，所以細胞分裂包括兩個不同的程序，只是常常同時進行：(a)核分裂〔**有絲分裂**（mitosis）時，產生兩個相同的細胞核；減數分裂時，產生4個核，但遺傳副本大小減半〕。(b)細胞質分裂（胞質分裂）。

**cell fusion　細胞融合**　在**組織培養**（tissue culture）中將兩個細胞融合為一的操作。

**cell lineage 細胞譜系** 一個成熟細胞由合子（zygote）起的發育歷程。

**cell membrane** or **plasma membrane 細胞膜，質膜** 細胞的對外界面，其結構只能在電子顯微鏡（electron microscope）下見到，至今還不甚了解。曾提出過兩個主要的模型來解釋膜的結構：單位膜模型（unit membrane model）和液體相嵌模型（fluid-mosaic model）。細胞膜使細胞具有一定形狀並提供保護，同時還是一個調節性的過濾器以選擇進出細胞的物質（見 active transport 和 diffusion）。高等植物、眞菌和細菌，在細胞膜之外還有一層細胞壁（cell wall）。

**cell plate 細胞板** 植物細胞有絲分裂（mitosis）末期（telophase）在紡錘體赤道處出現的一層異染性物質，參與兩個新細胞之間中膠層（middle lamella）的形成。見 cytokinesis。

**cell respiration 細胞呼吸** 見 cellular respiration。

**cell sap 細胞液** 植物細胞液泡（vacuoles）內的水樣液，相對於外面介質通常為高滲（見 hypotonic）。因此空泡就藉由滲透作用（osmosis）向內吸水，維持細胞的膨壓（turgor）。

**cell structure 細胞結構** 見 cell。

**cell theory 細胞學說** 認爲一切生物都由細胞（cell）構成的學說，首先於1838/39由德國生物學家許萊登和許旺提出。人們還根據細胞學說提出，一切活細胞都來自已有的活細胞，而不是出於自然發生（spontaneous generation）。

**cellular respiration** or **cell respiration 細胞呼吸** 細胞內的一種分解代謝程序（見 catabolism），複雜的有機分子分解釋出能量供其他細胞程序之用。細胞呼吸通常發生於有氧情況下（見 aerobic respiration），不過某些生物的呼吸也可不需氧（見 anaerobic respiration）。

**cellulase 纖維素酶** 能將纖維素（cellulose）分解爲葡萄糖的酶（enzyme），通常用於軟化或消化植物細胞壁。大多數生物都不能產生纖維素酶,因此也不能消化植物性食物,而只能依靠腸內微生物產生纖維素酶然後再吸收由此分解出來的葡萄糖(見 cecum)。高等植物葉柄的*脫離*(abscission)處也生產大量纖維素酶,它可在落葉前就使該處細胞壁軟化。

**cellulose 纖維素** 由葡萄糖(glucose)連接而成的一類不分支多醣,可被*纖維素酶*(cellulase)所水解。纖維素是植物細胞壁的主要成分,也是地球上最多見的有機物質。

**cell wall 細胞壁** 植物、真菌和細菌*細胞膜*(cell membrane)外的一層厚而具剛性的外皮,主要由細胞原生質分泌的纖維素(cellulose)構成。較老的細胞還在初生壁之內形成一個更厚含*木質素*(lignin)的次生壁,提供了更強的支援。這一類細胞在產生次生壁之後常常死去,例如*木質部*(xylem)的導管細胞。

**cement 齒堊質** 哺乳動物牙根周圍的海綿樣骨質,其功能是幫助將牙固定在牙槽中。在某些哺乳動物,例如有蹄動物中,部分牙冠釉質的外面也覆有齒堊質。

**ceno- or caeno- or coeno- or caino- [字首]** 意為新。

**cenobium 共生集團** 藻類細胞組成而具有恆定形狀和數目的群體,通常外包有膠凍狀介質。這些細胞互相連通,像個功能單位般一起行動,因此被視為是一個生物,例如團藻(*Volvox*)。

**cenocyte 多核體** 當細胞核分裂而細胞質不分裂時形成的多核原生質團,見於多種真菌。

**cenogenetic 新性發生的** (指幼體特徵)因在幼體階段有功能而演化出來但在成體不復存在的特徵。

**cenospecies 共交種** *生態種*(ecospecies)中一切能互交並經由雜交而交換基因的個體,例如狗和狼。

**Cenozoic or Cainozoic period 新生代** 一個地質時代,包括第四紀(Quaternary period)和第三紀(Tertiary period)。

大約始於6500萬年前直至現在。見 geological time。

**centi-** ［字首］ 意為一百。

**central dogma** **中心學說** 建立在魏斯曼學說（Weismannism）基礎上的一個假說，主張遺傳資訊只能由去氧核糖核酸（DNA）到核糖核酸（RNA）、再到蛋白質（protein）沿一個方向流動，而不能反方向流動。因此在一般情況下，由外力造成的蛋白質結構變化不能遺傳。見 somatic mutation。

**central nervous system（CNS）** **中樞神經系統** 介於動器（effector）和受器（receptor）之間的廣大神經組織，負責協調兩者之間的神經衝動。在脊椎動物中，中樞神經系統是一個位於背側的管，其前部演化為腦（brain），後部為脊髓（spinal cord），分別位於顱骨和脊椎骨之內。在無脊椎動物，中樞神經系統常常由幾根神經索組成，其中膨大部分稱為神經節（見 ganglion）。在某些無脊椎動物如腔腸動物（coelenterates），中樞神經系統由一個瀰散的神經網所替代。除了傳遞來自受器的資訊外，中樞神經系統還有它自己的記憶功能，即儲存過去的經驗，至少在高等動物是如此。亦見 autonomic nervous system。

**centric fission** **中節分裂** 一個染色體在著絲粒或靠近著絲點（centromere）處分裂為兩個染色體。

**centric fussion** **中節融合** 兩個無著絲點染色體（acentric chromosomes）融合成為一個中著絲點染色體（metacentric chromosome）的程序。

**centric leaf** **圓柱形葉** 見 leaf。

**centrifugation** **離心沉澱法** 懸浮顆粒在離心機（centrifuge）中旋轉受離心力作用而形成沉澱的過程去上清液（supernatant）後再以更高速度離心，就可以把不同大小的顆粒分離出來。最後就只剩下可溶物質仍存在上清液中。見 differential centrifugation 和 ultracentrifuge。

**centrifuge 離心機** 一個旋轉的機械，借助離心力分離液體和固體或不同液體。

**centriole 中心粒** 低等植物和一切動物細胞核外的一對互成直角的胞器（organelles）（見圖97）。中心粒是自我複製的，在**細胞週期**（cell cycle）**間期**（interphase）內的 S 期中分裂為兩對，各自遷移到未來的有絲分裂紡錘體的一個極處，將來**星狀體**（aster）即在該處形成。中心粒在核分裂中的作用還不清楚，因為大部分植物細胞中都沒有中心粒，而用雷射照射中心粒對分裂並無影響。

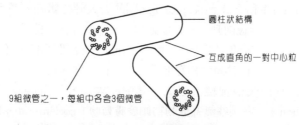

圓柱狀結構

互成直角的一對中心粒

9組微管之一，每組中各含3個微管

**圖97　中心粒。結構及其方向。**

**centrolecithal 中（央卵）黃的** 卵黃聚集在中心部位的。

**centromere 著絲點** **染色體**（chromosome）上的一個結構，在光學顯微鏡下顯示為一個結節或縮窄，著絲粒的位置有助於鑑定染色體。染色體含有一套複雜的纖維，稱為**動粒**（kinetochore），在染色體分裂為**染色單體**（chromatids）時動粒也複製。在核分裂時動粒同**紡錘體**（spindle）微管連接。染色體受傷失去著絲粒（**無著絲點染色體**, acentric chromosomes）就不能在核分裂時正常移動。

**centrosome 中心體** **細胞質**（cytoplasm）中接近核的一塊區域，因為它能聚合**微管**（microtubules）和使微管解構，所以被認為是核分裂的組織中心。核分裂開始時，中心體就分裂為兩個組織中心，分別遷移至兩極，如果存在**中心粒**（centrioles）就一同移動，然後在兩者之間形成紡錘體。

**centrum　椎體**　每個脊椎（vertebra）的中心部位。椎體位於脊髓的背側，其胚胎來源是**脊索**（notochord）。每個椎體都是由**膠原蛋白**（collagen）纖維同下一個脊椎的椎體連接。

**Cepaea　蝸牛屬**　陸生螺的一個屬，因其**遺傳多態性**（genetic polymorphism）而受到廣泛研究。

**cephal-** or **cephalo-**　〔字首〕　表示頭。

**cephalic　頭的**

**cephalic index　頭顱指數**　人類學指標，最大頭顱（前後）長度除以最大頭顱寬度而得，以百分數表示。

長頭型＜75％　中頭型 75－80％　短頭型＞80％

各頭型之間的比率因人種而有所不同，這一點曾用於研究種族。

**cephalization　頭部專化**　在演化程序中生物形成頭部的程序。這個程序主要是因爲感覺器官集中在動物前面的原因（見 brain）。頭部的複雜程度取決於動物的習性。高度活躍營獨立生活的動物，其頭部最發達，因爲它需要時刻警惕前方的環境。但定居的生物，其頭部通常不大發達。

**Cephalochordata　頭索動物**　脊索動物門中一個較原始的類群，常列爲一個綱。本類只有**文昌魚**（amphioxus）和少數相關種類。

**cephalopod　頭足動物**　頭足綱動物，包括槍烏賊（十足）和章魚（八足）等軟體動物。頭部發達，眼睛同脊椎動物的非常近似〔**趨同演化**（convergence）的一個例證〕，並因其有**色素細胞**（chromatophore）而可迅速變色。

**cephalothorax　頭胸部**　頭胸混爲一體的結構，見於許多**節肢動物**（arthropods），特別是**甲殼動物**（crustaceans）中。

**cerat-**　〔字首〕　指角或角樣。

**cercaria　尾蚴**　肝吸蟲（fluke）最後的幼蟲階段。棲於淡水螺（*Limnaea*）體內，以囊包繞自己，被羊或其他第一寄主吞食後發育爲成體吸蟲。

**cerci 尾鬚** 許多昆蟲腹部後端的附件，常具感覺功能。可短而鈍，或長而使人誤其爲鉤狀尾。

**cere 蠟膜** 鳥喙上頜基部隆起且呈蠟樣的部分。

**cereal 穀物** 禾本科植物，產生可食果實，如稻、麥、玉米、燕麥和大麥。

**cerebellum 小腦** 後腦（hindbrain）背面的前端，控制肌肉的協調。在鳥類和哺乳類中最爲發達。在哺乳動物中，小腦具有一個含灰質的皮層，而整個表面均具褶皺。褶皺中有浦金埃細胞（Purkinje cells）。去除小腦將使動物失去平衡，並影響隨意動作的精確性。

**cerebral cortex 大腦皮質** 高等脊椎動物前腦的大腦半球（cerebral hemisphere）頂最表面的一層灰質（gray matter）。大腦皮層包含數以億計的緊密排列的神經細胞，並富含突觸。見於爬行類、鳥類、哺乳類，以及某些低等脊椎動物。見 brain。

**cerebral hemisphere 大腦半球** 脊椎動物前腦的兩個大葉。在爬行類、鳥類和哺乳類，協調功能起主導作用，牠們的大腦半球控制了大部分活動。在低等脊椎動物，大腦半球主要只與嗅覺有關。在哺乳動物，大腦半球的擴大部分，也就是大腦（brain）的最大部分，是由新皮層發育形成的，它組成了前腦的整個頂蓋和側邊。在人類，額葉特別發達，是記憶、思維和智力的中心。見圖98。

**cerebro- ［字首］** 指大腦。

**cerebrospinal fluid（CSF） 腦脊髓液** 脈絡叢（choroid plexuses）分泌的一種液體。人類4個腦室（ventricles 2）中每一個腦室的頂部都有一個脈絡叢。腦脊液充滿腦和脊髓的腔隙，以及中樞神經系統（central nervous system）和其包膜間的腔隙。它包含血中可見的大部分小分子，如鹽和葡萄糖等，但蛋白質和細胞很少，其作用是作爲營養介質。在人類，其總量約爲100立方公分。

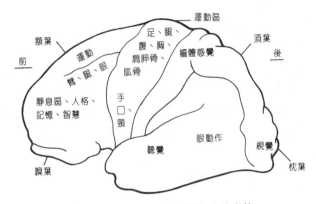

圖98 大腦半球。人類大腦的功能定位。

**cerebrum 大腦** 前腦中擴大形成**大腦半球**（cerebral hemispheres）的部分，見於除了魚類以外的一切脊椎動物。

**cerumen 耵聹** 哺乳動物耳中分泌的蠟質。

**cervic- or cervico-** ［字首］ 指頸。

**cervical 頸的**

**cervix 子宮頸** 雌性哺乳動物子宮（uterus）的頸部，伸入**陰道**（vagina）。它包含許多腺體，為陰道提供**黏液**（mucus）。

**Cestoda 絛蟲綱** 扁形動物的一個綱，包括寄生動物絛蟲，其成蟲是脊椎動物的腸道寄生蟲。它們具有極複雜的**生活史**（life cycles），通常要經過一些中間寄主，而第一寄主以它們為食因此被感染。

**cetacean or whale 鯨類** 鯨目水生**真獸類**（eutherian）哺乳動物，包括鼠海豚、海豚和鯨。鯨類完全水生，在演化中已失去後肢，前肢鰭樣，常具背鰭，而與魚類最不同處，鯨有氣孔，且具橫向尾鰭。幼鯨出生時體大，哺乳一如其他哺乳動物。鯨類因海生故具有廣布全身的外部脂層，腦大，能進行複雜的通訊。

**chaeta or seta 剛毛** 一種鬃毛樣結構，常為幾丁質（見

chitin）。這種結構特別見於環形動物（annelid）蠕蟲，每個體節上都長有剛毛，在行動時起固定作用。

**chaeto-** ［字首］ 指毛。

**chaetognath** **毛顎動物** 毛顎動物門的小型蠕蟲樣海洋無脊椎動物，如箭蟲，是水域類型的隨遇種（indicator species）。

**Chaetopoda** **毛足類** 指多毛目或寡毛目的環形動物（annelid）蠕蟲，其特點是具剛毛（chaeta）。見 oligochaete, polychaete。

**chain reaction** **連鎖反應** 化學或原子反應，其中每個階段的產物都促發下一個反應。一開始是一個緩慢的引導期，但隨著反應的進展，速度越來越快。

**chalaza** **合點** 有花植物胚珠（ovule）的基部，珠柄（funicle 1）與之相連且花粉管有時在受精前經此進入胚珠。

**chalice cell** **杯狀細胞** 見 goblet cell。

**chalone** **抑素** 動物活細胞中一組專門抑制有絲分裂（mitosis）的化學物質〔胜肽（peptides）和糖蛋白（glycoproteins）〕。

**chamaephyte** **地上芽植物** 其全年生芽（見 perennation）位於地面及其上25公分之間。見 Raunkiaer's life forms。

**character** **性狀** 個體可度量的遺傳特性。這些特性常存在幾種可互換的類型，分別由不同的對偶基因（alleles）控制。例如豆科植物的高度是個性狀，其中高的（高2公尺）和矮的（高0.3公尺）就是兩個類型（見 qualitative inheritance）。性狀也有時表現出連續系列，如人類身高，這可能是受環境條件的強烈影響（見 polygenic inheritance, multiple allelism）。

**character displacement** **性狀替代** 同域種（見 sympatric speciation）間因競爭的選擇作用而造成的性狀（見 character）分異現象。

**character index** **性狀指數** 根據幾種遺傳性狀（genetic

characters）的評級分數綜合而成的數值，在**數量分類學**（numerical taxonomy）中用於表示相關類元間的差別程度。見key。

**Charophyta　輪藻**　藻類（algae）的一個類群，棲於池塘。

**chartaceous　紙質的**　（指植物結構）

**Chase, Martha　蔡斯**　見 Hershey。

**chasmogamous　開花受精的**　（指花）受精前開放的。

**checklist　分類清單**　一個**族**（group）中的物種清單，在排列收集品時可作爲參考，例如物種在不同生境中的分布清單。

**cheese　乾酪**　半發酵的凝固奶製品。發酵時使用的菌種不同和奶的類型不同可以造出各式各樣的乾酪。

**cheironym　擬用名**　手稿尚未發表時對一個生物的暫用名。

**Cheiroptera　翼手目**　見 Chiroptera。

**chela　螯**　蟹和螯蝦的大型鉗爪，是由附肢的第5節（指節）和第6節（掌節）變形而來。

**chelation　螯合作用**　金屬離子與有機分子的可逆性結合。例如在複雜分子中，螯合作用使羧胜肽酶中的胺基酸與鋅結合。螯合作用還使植物能以攝取金屬離子如鐵，否則是很難以取得自由態的鐵。

**cheli-　〔字首〕**　指爪。

**Chelonia　龜鱉目**　爬行動物的一個目，包含陸龜和海龜。

**chemiosmosis　化學滲透**　見 electron transport system。

**chemoautotrophic** or **chemotrophic　化能自營**　（指生物）能借助化能合成（chemosynthesis）由二氧化碳和水製造有機分子的。例如硫細菌（*Thiobacillus*）能把硫化氫氧化成硫，從中取得化學合成所需的能量。化能自營生物是**自營生物**（autotroph）的一種，另一種則爲**光自營生物**（photoautotrophism）。

**chemoheterotroph　化能異營生物**　化能自營（chemoautotrophic）的異營生物。

**chemoreceptor 化學感受器** 接觸分子而受到刺激的受器（receptor），能鑑別不同化學刺激並做出不同反應，如味覺和嗅覺。

**chemostat 恆化器** 使輸入的營養和產出的細胞保持平衡的培養箱。

**chemosynthesis 化能合成** 由簡單無機化學反應獲得能量並用於合成有機化學物質的程序。這要求特殊的呼吸作用，經氧化鐵、氨、硫酸氫等無機化合物而取得能量；有幾種化能自營（chemoautotrophic）細菌進行這種代謝。見 autotroph。

**chemotaxis 趨化性** 動物針對特定化學物質而採取的取向動作，如動物遠離則稱負趨化性，如動物趨近則稱正趨化性。例如一隻黃峰飛向啤酒的香氣，這就是正趨化性。

**chemotherapy 化學治療** 用化學物質治療微生物疾病。但此詞現也常用指標對癌瘤的化學治療。

**chemotrophic 化能自營的** 見 chemoautotrophic。

**chemotropism 向化性** 植物針對特定化學物質的生長反應。例如花粉管在受精後的定向生長，這可能是由於柱頭處的某種化學物質。

**chiasma 交叉** 在減數分裂的互換（crossing over）程序中出現的染色單體交叉構形。

**chickenpox 水痘** 急性傳染病，有輕微發燒和皮膚疱疹的症狀，病原是疱疹病毒的一種（herpes varicella-zoster virus）。這同樣病毒可在成人造成帶狀疱疹。這是一種沿著大神經脈絡上出現的發炎症狀，伴隨著疼痛，常常見於斜跨脊背或兩肋。

**chief cells 主細胞** 胃上皮分泌胃蛋白酶的細胞。

**chilo-** ［字首］ 指唇。

**chilopod 蜈蚣** 唇足綱的節肢動物，還包括蚰蜒等，是食肉性的多足綱（Myriapoda），其特徵是每個體節有一對足。

**chimera；chimaera　嵌合體；銀鮫**　1.嵌合體。亦稱嫁接雜種（graft-hybrid），指因突變或嫁接而造成的身體組織含有一個以上基因型的個體，常為培養植物。2.銀鮫。一種深海軟骨魚，屬全頭亞綱，體表光滑，盛產於侏羅紀。

**Chiroptera　翼手目**　哺乳動物的一個目，包括蝙蝠。翼由皮膚形成，稱翼狀膜，由前肢伸向後肢，包繞各指，大拇指除外。

**chi-square test　卡方試驗**　一種統計學方法，用以比較一個實驗的實際觀察值和理論預期值，測定其間差異的**顯著性**（significance）。這個方法得出一個稱為卡方（$\chi^2$）的值：

$$\chi^2 = \sum \frac{（觀察值－預期值）^2}{預期值}$$

這個卡方值然後再利用卡方表轉換為機率值（P）。如果 P 值大於5%，則我們可以得出結論：觀察值和理論值之間沒有顯著性差異，一切差別都出於機會。如果小於5%，則兩者之間存在顯著性差異。要注意，卡方試驗只能用於離散值，例如擲錢幣時的陰陽面、物件的長或短、顏色是黃色或橙色等。

**chitin　幾丁質**　一種含氮的**多醣**（polysaccharide），因其纖維分子較長而具有相當的強度。對化學物質有抵抗力。見於昆蟲和某些其他節肢動物的表皮，在其外還覆有鞣化蛋白更增加了它的強度。許多真菌的細胞壁中也含有一種幾丁樣物質。

**Chlamydomonas　衣藻屬**　一種具纖毛的單細胞綠色藻類，現歸於**綠藻門**（Chlorophyta），但在過去教科書中卻被視為原生動物而歸於**鞭毛蟲綱**（Mastigophora）。它的特徵是具有兩根鞭毛（見 flagellum），並且因其體內有**色素體**（chromatophores 1）而被稱為植鞭毛蟲，甚至單立為鞭毛蟲亞綱（Phytoflagellata）。生殖是經過連續的分裂，或其他方法，包括無性生殖和有性的**接合生殖**（conjugation）方式，這依物種而異。不過，它們產生的不是分化好的雌雄配子，而是**同形配子**（isogametes）。見圖99。

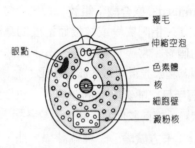

圖99　衣藻屬。模式結構。

鞭毛
伸縮空泡
色素體
核
細胞壁
澱粉核
眼點

**chlamydospore　厚壁孢子**　真菌由無性生殖產生的一種厚壁孢子，能渡過真菌主體難以經受的惡劣環境。

**chloragogen cells　黃色細胞**　蚯蚓腸道周圍的黃色細胞，經常脫落到腹腔裡，吸收含氮廢物，隨後破裂，最終經腎管排出或沉積在他處化為黃色素。

**chloramphenicol　氯黴素**　一種抑菌（bacteriostatic）抗生素，由一種鏈黴菌（*Streptomyces*）產生，可抑制多種生物體內的蛋白質合成。

**Chlorella　綠球藻**　一種微型綠藻，富含蛋白質，商業上用於製作食物和糖果的添加劑。

**chlorenchyma　綠色組織**　細胞質中含有葉綠體（chloroplasts）的植物細胞，通常屬於薄壁組織（parenchyma type）類型酶。常見於葉（見 mesophyll）及其他植物組織。

**chloride secretory cells　氯化物分泌細胞**　硬骨魚（teleost）鰓部的一類細胞，在海水中可主動排鹽。在淡水，這種細胞從周圍水中向體內運送鹽分。

**chloride shift　氯離子轉移**　由血漿向紅血球（見 erythrocyte）內轉運氯離子的程序。紅血球在攜帶二氧化碳的程序中在細胞內積累了碳酸氫根離子，但由於細胞膜對陰離子的通透性，很快又都擴散到血漿中去。紅血球保留了陽離子，於是就獲得淨的陽電荷，但這又被血漿向內流入的陰性氯離子所中和。

這就保證了運輸二氧化碳程序中的離子和電荷上的穩定性。見圖
100。

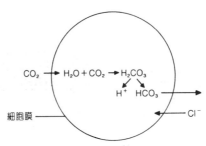

圖100　**氯離子轉移**。氯離子（Cl）由周圍血漿進入紅血球。
二氧化碳是由正在呼吸的組織中進入紅血球的。

**chlorocrurin　血綠蛋白**　存在於某些多毛類動物體內的呼吸
色素，呈綠色，與血紅蛋白近緣。

**chlorophyll　葉綠素**　使大部分植物成為綠色的一組色素，見
於植物暴露於陽光下的任何部分。通常位於一種稱為**葉綠體**
（chloroplasts）的胞器中。葉綠素有幾種類型，其中以**葉綠素 a**
和 **b** 最為常見，它們負責吸收陽光為光合作用提供能量。

**Chlorophyta　綠藻**　藻類中最大的一個類群，由顯微鏡下的
單細胞藻直到大型的扁長海藻**葉狀體**（thallus），單細胞藻有的
不能動，有的則具鞭毛（見 flagellum）。生殖可以是無性的
（見 cell division，fragmentation，zoospore），或有性的（見
anisogamy，isogamete）。綠藻見於陸地上的潮濕地方如樹幹，
以及淡水和海水中。

**chloroplast** or **granum　葉綠體，葉綠餅**　一類含有**葉綠素**
（chlorophyll）的**原漿質**（plastid），見於植物葉和莖部細胞
中。葉綠素存在於一種稱為**量子體**（quantasome）的顆粒中，而
後者又位於一類扁平稱為**類囊體**（lamellae）的壁中。在有的地
方，片層密集疊累在一起，組成基粒；在基粒中間的地帶，片層
比較鬆散。人們認為，光合作用的**光反應**（light reaction）就發

151

生在量子體中,而暗反應(dark reactions)則發生在片層周圍的水介質中,這部分另稱基質。見圖101。

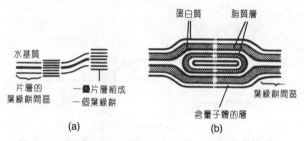

圖101 葉綠體。(a)類囊體的排列。(b)葉綠餅的一個放大剖面圖。

**chlorosis 黃萎病** 因缺乏葉綠素(chlorophyll)而造成植物葉子變黃的現象。可由於缺鎂或鐵,或由於疾病,例如病毒性萎黃病,後者可導致光合率降低。

**choanae 內鼻孔** 一切呼吸空氣的脊椎動物體內開口於口腔頂的內鼻孔。

**choanate 內鼻動物** 一切具內鼻孔的脊椎動物。

**Choanichthyes 內鼻魚亞綱** 與分生出兩生類的魚類主系近緣的一個綱。在泥盆紀和白堊紀常見。包括今日的肺魚和腔棘魚(coelacanths)。

**choanocyte** or **collar cell 領細胞** 鞭毛(flagellum)周圍具原生質鞘的細胞,只見於海綿(有孔動物)及領鞭毛蟲類。

**choanoflagellate** or **collar flagellate 領鞭蟲類** 一類具柄的原生動物,可單生或形成有分支的群體,具一個單鞭毛(flagellum),外圍有一杯形結構,食物在鞭毛運動驅使下經此結構進入細胞。外形極似領細胞(choanocyte)。

**choice chamber 選擇室** 動物行為實驗使用的容器,動物在其中可任意選擇溼或乾、熱或冷等不同條件。

**cholecystokinin-pancreozymin(CCK-PZ) 膽囊收縮素**

－**促胰激素**　一個單一的激素，當食物進入哺乳動物小腸時由十二指腸壁分泌出的。CCK-PZ引發膽囊收縮，使膽汁經膽管流入十二指腸，同時它還刺激胰腺分泌胰液，胰液內含大量消化酶，經由膽管的下段匯流進入十二指腸。這個激素曾被認為是兩個不同的激素。此外，它也可以引起腸道血管的**血管舒張**（vasodilatation）。

**cholera　霍亂**　霍亂弧菌（*Vibrio cholerae*）引起的人類腸道感染，病情嚴重，造成腹瀉、嘔吐和腹部絞痛。由腸道每天可以丟失15公升的液體，造成極度脫水，甚至死亡。治療要補充丟失的體液和鹽分。霍亂是第三世界某些國家的地方病，在寄主的自然抵抗力下降時，特別是在營養不良的情況下，更常發生。

**cholesterol　膽固醇**　動物細胞的細胞膜上的一種固醇，植物上沒有。膽固醇產生於肝臟，過量時經膽管排出，但有一部分又被迴腸吸回體內。它在膽囊或膽管裡可以沉積為膽石。或者，血裡膽固醇過多時，也可沉積在血管壁上，阻塞血管並常導致血管內血栓，而這如果發生在心臟就可以造成心絞痛和心肌梗塞。膽固醇還是動物固醇類激素和膽酸的前質。

**choline　膽鹼**　一種有機鹼，是**乙醯膽鹼**（acetylcholine）的組成部分。

**cholinergic　膽鹼激性**　（指神經纖維）分泌**乙醯膽鹼**（acetylcholine），作為**傳遞物質**（transmitter substance）。在脊椎動物中，這包括由中樞神經系統發出的，控制**橫紋肌**（striated muscle）的運動纖維，控制**不隨意肌**（involuntary muscle）的運動纖維，和通往交感神經節的纖維。對照 adrenergic。

**cholinesterase　膽鹼脂酶**　水解和破壞過量**乙醯膽鹼**（acetylcholine）的酶，後者在釋放出並已在交感神經後膜的特定部位上發揮作用之後，就應該令其失效。見 nerve impulse。

**chondr-** or **chondrio-** or **chondro-**　[**字首**]　指軟骨的。

**Chondrichthyes　軟骨魚綱**　脊索動物門中的一個綱，包括軟骨魚、鯊、鰩和銀鮫等。按照某些系統，此詞和板鰓亞綱（elas-mobranchii）為同義詞。牠們是最低等的脊椎動物，脊椎完備且相互分離，下頜可動，附肢成對。全為捕食者，且幾乎全部都是海生。它們的特點是缺乏真骨，雄魚具交合突（clasper 1），並有小齒（denticle）。

**chondrin　軟骨膠**　軟骨（cartilage）中白色半透明的基質。

**chondrioclast　破軟骨細胞**　見 osteoclast。

**chondriosome　粒線體**　見 mitochondrion。

**chondroblast　成軟骨細胞**　產生軟骨（cartilage）的細胞。

**chondrocranium　軟骨顱**　包圍胚胎腦部的軟骨質頭顱，其中大部分在進一步發育時被硬骨所替代。

**chorda cells　脊索細胞**　胚胎中產生脊索（notochord）的細胞。

**chordamesoderm　脊索中胚層**　脊椎動物胚胎中的中胚層（mesoderm）和脊索（notochord），最初時兩者形成有相似細胞構成的質團，為方便計乃用同一詞為名。

**chordate　脊索動物；脊索動物的**　1.脊索動物。脊索動物門的動物，其特徵包括脊索、中空的背神經管和鰓裂。主要分為原索動物（protochordates）和脊椎動物（vertebrates）。2.脊索動物的。與脊索動物有關的。

**chordotonal receptors　弦音感受器**　昆蟲用以測知肌肉張力的感受器。

**chorioallantoic grafting　尿囊絨毛膜移植**　一種培養組織的方法，將組織引入活雞胚的絨毛膜（chorion 2）上，血管可以長進組織，可以在封閉卵殼之後繼續供養它。

**chorion　卵殼；絨毛膜**　1.卵殼。昆蟲卵的表層外殼，不含細胞，是由卵巢分泌出來包繞在卵之外的。2.絨毛膜。羊膜動物（amniotes）的胎膜，由外部的外胚層（見 ectoderm）和裡面的中胚層（見 mesoderm）組成。見 amnion。在鳥類和哺乳類，絨毛膜是包繞羊膜腔的外層膜，而在哺乳類絨毛膜的中胚層部分還同尿囊融合，形成絨膜尿囊胎盤（placenta）。這裡的絨毛膜還生出許多指狀突起，稱絨膜絨毛（chorionic villi），一直伸進母體子宮的血腔中。見 chorionic biopsy。

**chorionic biopsy　絨毛膜活組織檢查**　一種產前檢查胎兒的技術，可在孕期第9到第11周期間從絨膜絨毛取樣。這些絨毛極小，是絨毛膜（chorion 2）生出的指樣突起，在取樣時其中正充滿快速分裂的胎兒細胞。用一個小管經陰道和子宮頸採取絨毛。不需要麻醉，也不收集羊水。這大量正在分裂的胎兒細胞就意味著，可以迅速地對其進行染色體和生物化學檢查。這樣的話，如果需要時就可以在1周前終止妊娠，比起在羊膜穿刺術（amniocentesis）之後再做，危險要小多了。

**choroid　脈絡膜；絨毛膜樣的**　1.脈絡膜。脊椎動物眼部視網膜後的一層膜，其中包含血管和色素。2.絨毛膜樣的。像絨毛膜（chorion）。

**choroid plexus　脈絡叢**　伸入脊椎動物腦室頂壁的一層非神經性上皮。腦脊髓液（cerebrospinal fluid）是由它分泌出來的。

**choroid rete　脈絡網**　硬骨魚眼部視網膜後、小動脈和小靜脈組成的血管網，兩者間可進行逆流交換。

**chrom-** or **chrome-** or **chromo-**　〔字首〕　表示顏色。

**chromatid　染色單體**　在細胞週期（cell cycle）合成期中經染色質複製產生的一對染色體（chromosome）中的一個，兩者在著絲點（centromere）處相聯。見圖102。核分裂時，著絲粒分裂〔在有絲分裂的後期；減數分裂（meiosis）第2次分裂的後期〕，產生兩個分離的染色體。

**chromatid interference　染色單體干擾**　在減數分裂（meiosis）第1次分裂的前期中由於一個預先形成的交叉（chiasma）而導致對非姊妹染色單體間互換（crossing over）的限制現象。這種干擾使重組（recombination）減少，因此也會造成人們對於同

**圖102　染色單體。**(a)在複製前。(b)在複製後。

一染色體上相連基因間圖距的低估。

**chromatin　染色質**　細胞核中被鹼性染料深染的部分。現知這些染色物質是由 DNA 和組織蛋白（histone）及非組織蛋白形成的。

**chromatography　層析法**　分離混合物中各組份的一種技術，主要利用這些組份同某一惰性物質的不同結合力，例如電荷力。這個惰性基質可以是紙或矽膠，它支托著待測的混合物，另有一種溶劑由上流過。混合物可能對溶劑有不同的親和力因而被溶劑帶到不同部位，結果導致分離。然後可以和已知化合物的遷移模式相比較，就可以借此判斷分開的組分都是些什麼。

**chromatophore　色素體；色素細胞；載色片層**　1.載色體。亦寫作 chromoplast。（在植物）細胞中的一種色素質體（plastid），可能因為存在葉綠素而呈綠色，或因為存在其他類胡蘿蔔（carotenoid）色素而呈其他顏色。載色體（chromatophores）一詞常指色素業已分解的葉綠體（chloroplasts），如指成熟果實。2.色素細胞。（在動物）一種細胞質中含有色素的細胞。色素可以分散開，或集中在一起，從而改變動物整體的顏色，如見於蛙、避役和頭足類軟體動物。3.載色片層。（在細菌和藍藻）中帶有光合色素的片層（lamella）。

**chromomere　染色粒**　某些昆蟲中唾腺染色體（salivary gland chromosomes）上的深染條帶，現認為它們代表不同基因所在的真實位置。

**chromoplast　色素體**　見 chromatophore 1。

**chromosomal mutation　染色體突變**　染色體結構上的遺傳

改變，通常影響較大（對照 point mutation）。常分爲：(a)倒置。染色體的一種重排，使各個段落的次序顛倒，如 ABCDE 變爲 ADCBE；(b)缺失。染色體個別段落的脫落；(c)重複。染色體上個別段落的重複出現，可以是緊鄰出現，也可以是相隔很遠；(d)易位。在非同源染色體之間交換段落的現象。有時，整個染色體可以缺失或增加，這是染色體突變的極端事例。（見 aneuploidy 和 euploidy）。

**chromosome　染色體**　眞核生物（eukaryote）細胞核中的一種捲曲結構，其中含有去氧核糖核酸（DNA），即組成基因的遺傳材料，還有稱爲組織蛋白的鹼性蛋白質，以及酸性的非組織蛋白，後者可能負責調節 DNA 的活動。每種生物都各具特徵的染色體數目，如人類是46個，而玉米是20個。而在雙倍體（diploid）生物中，它們都組成同源（homologous）染色體對。但在低等生物如眞菌中，每個類型卻只有一個染色體（見 haploid 1）在細胞週期（cell cycle）的分裂間期中，染色體是不可見的。但在有絲分裂（mitosis）和減數分裂（meiosis）時，染色體濃縮，經過適當的製備後可在顯微鏡下觀看。個別染色體可由它們的長度和著絲點（centromere）的位置加以辨別。在原核生物（prokaryotes）中，染色體由一個完整的 DNA 分子構成，沒有著絲粒，並常爲環形。在病毒，染色體的材料或是 DNA，或是 RNA。

**chromosome map or linkage map or genetic map　染色體圖，連鎖圖，遺傳圖**　一種示意圖，用線代表各個染色體，在上再標出各個基因的相對位置。圖是根據遺傳連鎖（genetic linkage）分析估計得來。

**chromosome puffs or puffs　染色體膨脹物**　唾腺染色體（salivary gland chromosomes）的某些染色粒（chromomeres）上在特定時期特定區域出現的霧狀區，其中含有 DNA 和 RNA，據認爲是基因正在轉錄（transcription）的表現。這種看法得到其他觀察的支持，因爲脹泡出現很規律，說明這時發生了

157

基因轉換（gene switching）程序。

**chronic 慢性的** 1.（指疾病）的病程長，發病緩漸而不急促。2.（指放射劑量）長時間維持低劑量，而不是急性的（acute）給藥。

**chrys-** or **chryso-** ［字首］ 指金色。

**chrysalis 蛹** 內生翅類（Endopterygotes）昆蟲如蛾和蝶經過幼蟲期後所化的蛹。在此期中毫無動靜，似乎在休眠，但其實內部有很大的活動。幼蟲的結構在分解，而成蟲（imago）的結構在形成中。

**Chrysophyta 金藻門** 藻類的一個門。其顏色是由於類胡蘿蔔素（carotenoid）和葉綠素（chlorophyll）共同造成。這個淡水和海水都存在的龐雜門類包括金藻綱、黃藻綱和矽藻綱。

**chyle 乳糜** 食物經過哺乳動物小腸（small intestine）後形成的一種鹼性乳狀液。

**chymase 凝乳酶** 見凝乳酶（rennin）。

**chyme 食糜** 食物經過胃反復收縮攪動而變成的半液態。

**chymotrypsin 胰凝乳蛋白酶** 哺乳動物胰液中的一種酶，是一類內肽酶，它加速胜肽鍵（peptide bonds）的水解。它分解特定胺基酸（苯丙胺酸、酪胺酸、白胺酸、色胺酸和甲硫胺酸）的羧基，產生較大的胜肽。此酶工作於小腸的鹼性環境中。胰腺分泌出的是非活性的酶原。

**chymotrypsinogen 胰凝乳蛋白酶原** 胰凝乳蛋白酶（chymotrypsin）的無活性前質。

**cichlid fish 瀨魚** 一類硬骨魚，可在口中攜帶幼魚。

**cilia 纖毛** 見 cilium。

**ciliary body 睫狀體** 脊椎動物眼部脈絡膜（choroid）的加厚邊緣，它包繞著水晶體和虹膜。它包含睫狀肌（ciliary muscles），並分泌水狀液（aqueous humor）。

**ciliary feeding 纖毛取食** 動物取食方法之一，如軟體動物就利用纖毛（見 cilium）運動造成水流，驅使食物進入消化道開口。

**ciliary movement　纖毛運動**　借助纖毛（見 cilium）擊打而運動，見於某些原生動物（纖毛蟲）和獨立生活的扁蟲（渦蟲）。身體上長出的無數纖毛輪番擊打造成波浪效果。這稱為**變時性節律**（metachronal rhythm）。纖毛向後擊打時呈剛性，但向前返回時卻彎曲起來。

**ciliary muscle　睫狀肌**　脊椎動物眼部**睫狀體**（ciliary body）內的肌肉，後者包繞水晶體。睫狀肌與水晶體相連，肌肉的舒縮可改變水晶體的形狀從而實現遠近**視覺調節**（accomodation 1）。

**ciliate　纖毛蟲**　纖毛蟲綱的**原生動物**（protozoan），常被置於纖毛亞門之內，這一亞門的生物在一生中某個階段都具**纖毛**（cilium），用來行動或取食。纖毛蟲據說是原生動物中最特化的生物，它具有多種細胞器用來完成特定的功能。現存有5500種以上的纖毛蟲，在淡水和海水中都很常見。

**ciliated epithelium　纖毛上皮**　在暴露表面上帶有纖毛（見 cilium）的細胞層（見 epithelium）。這些纖毛呈現**變時性節律**（metachronal rhythm）運動，通常在動物體內起移動液體的作用，例如在陸地脊椎動物的呼吸道裡向外排除塵粒及其他異物。纖毛上皮通常是柱狀的。

**Ciliophora　纖毛亞門**　**原生動物**（protozoans）門中極大的一個亞門，包括纖毛綱和吸管綱，這兩類動物在一生中的某個階段具有纖毛（見 cilium）和一個小核和大核。

**cilium（複數 cilia）　纖毛**　由細胞表面向外伸出的線樣結構，由纖細的細胞質所組成。一個細胞可以有許多纖毛，都向一個方向擺動，或將水向後撥動，或（相對於周圍液體）將自身向前推動，例如**原生動物**（protozoans）的行動就是如此。纖毛也見於除了**節肢動物**（arthropods）和**線蟲**（nematodes）之外的後

生動物，但植物中只見於少數幾類，如蘇鐵。纖毛的結構和鞭毛
（flagellum）的類似，都是外面圍著一層膜，中心是兩根中央微
管（microtubules），再外是一圈九根微小管（組成一種9＋2的
結構）。見圖103。

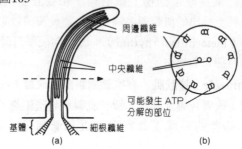

周邊纖維

中央纖維

可能發生 ATP
分解的部位

基體

細根纖維

(a)                                    (b)

圖103　纖毛。(a)縱切面 (b)橫切面。

**circadian rhythm　生理節律**　將生物與環境中日常活動分離
開，例如說將其放在完全黑暗中，這時表現出的以接近24小時為
基本週期的生活節律。這表示，生物器官可以測度時間，但其生
理基礎不明。見 diurnal rhythm, biological clock。

**circular overlap　環形重疊**　一個分布廣泛的漸變種，其中相
鄰種群可互交繁育，但兩頭可環繞地球一周互相接觸重疊卻不再
能互交繁育。這樣的種又稱環形種。

**circulatory system　循環系統**　見 blood circulatory system。

**circum-　〔字首〕**　表示周圍。

**circumnutation　回旋轉頭運動**　植物器官沿螺旋路線生長的
現象，如見於旋花科（*Convolvulus*）植物的纏繞莖。

**circumscissile　周裂的**　〔指開裂的（dehiscent）孢子或種
莢〕橫向開裂，頂端打開如蓋。

**cirriped　蔓足動物**　蔓足綱的海洋甲殼動物，如藤壺和寄生的
蟹奴（*Sacculina*）。

**cis-phase　順式相**　在分子同側具有類似原子或基團的異構體

（見 isomerism）。

**cisterna（複數 cisternae） 池槽** 細胞內胞器中由膜所包繞而形成的空腔，如見於高基氏體（Golgi apparatus）。

**cis-trans isomerization 順反異構化** 構型的轉化，如類似的原子或基團位於分子同側的順式異構體（見 isomerism）轉化爲類似的原子或基團位於異側的反式異構體。

**cis-trans test 順反測驗** 遺傳上的互補試驗（complementation test），用於測試兩個突變是發生於同一順反子（cistron）之內還是發生於相鄰順反子之間。這個試驗要求將兩個突變同時引入同一細胞。如果它們互補，能產生野生型（wild type）表型，這兩個突變是位於不同的順反子上，也即它們是非等位的。如果產生的是突變型表型，這就證明這兩個突變是非互補的，因此必然位於同一順反子上，也即它們是等位的。在順反測驗中可能存在兩種排列（見圖104），這可見於一個異合子（heterozygote）個體上，也就是一個單倍體生物中的異核體（heterokaryon）上。但更重要的是反式構型，因爲由它可以做出明確判斷。如果兩個突變是非等位的，並出現野生型，那麼一定存在兩個正常順反子，而如果兩個突變是等位的，並出現突變表型，那麼同一順反子在兩個染體上都是突變的。

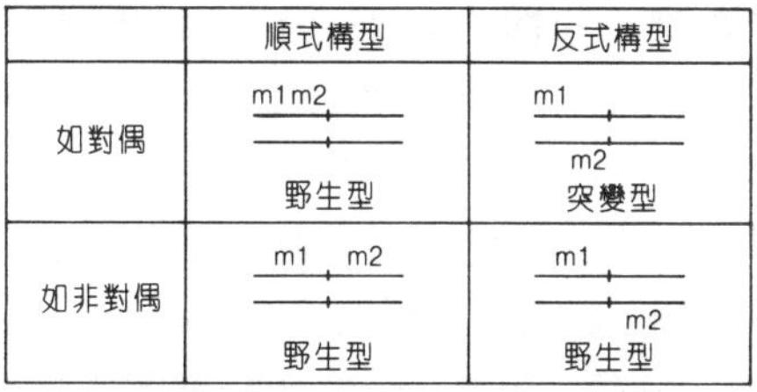

| | 順式構型 | 反式構型 |
|---|---|---|
| 如對偶 | m1 m2 ————<br>野生型 | m1 ————<br>—— m2 ——<br>突變型 |
| 如非對偶 | m1 m2 ————<br>野生型 | m1 ————<br>—— m2 ——<br>野生型 |

圖104 **順反測驗。** 上面是順反測驗的構型，m1和 m2指突變。兩條線代表兩個同源染色體。

**cistron or functional gene 順反子，或功能基因** 去氧核糖核酸（DNA）上一段編碼一個多胜肽鏈（polypeptide chain）的

序列。因此 一個基因一個酶的假說就變成了一個基因一個多胜肽的假說。

**citric-acid cycle　檸檬酸循環**　克列伯循環（Krebs cycle），即三羧酸循環。

**cladistics　分支演化**　生物分類（classification）的一種方法，這種方法是將生物按照共同祖先的近度來歸併，類似於族譜。這個系統只考慮族譜分支，而不關心形態的同異。後者是演化分類學家的熱點，他們反對分支演化方法。

**clado- or clad-　[字首]**　表示分枝。

**cladoceran　枝角蟲**　枝角目微型甲殼動物，胸甲側扁，大而具叉的觸鬚則用於游泳。

**cladode　葉狀枝**　見 cladophyll。

**cladogram　演化分支圖**　根據分支演化（cladistics）原理建立的一種譜系樹狀圖（dendrogram），這種圖不考慮演化分異的速率。

**cladophyll or cladode　葉狀枝**　功能像葉子一樣的綠色扁平莖枝。如假葉樹（*Ruscus aculeatus*）的側枝就是葉狀枝，上面還生有花芽。

**clasmatocyte　組織細胞**　見 histocyte。

**claspers　交合突，抱器**　1. 交合突。雄性軟骨魚（elasmobranch）腹鰭中間的一個突起，用於交配。2. 抱器。雄性昆蟲腹部尖端的突起，交配時用於抱握異性。

**class　綱**　門以下目以上的一個分類單元（taxon）。近緣的綱組成一個門，正如近緣的目共同組成一個綱。見 classification。

**classification　分類**　根據生物間的種種關係將生物排序分成不同類群的工作。這些類群被稱為分類單元（taxa），例如界、門、綱、目、科、屬、種。通常使用的是自然分類，是建立在進化總體關係上的。而在一般鑑定工作上使用的人為分類，則常出於非進化的考慮，或是建立在少數一兩個或幾個特徵上。近來，分支演化（cladistics）的處理方式在某些領域中受到重視。分類不可和鑑定混同，後者是按照某些演繹程式將生物納入早已設立的類群中去。分類中使用的標準大部分根據結構，但隨著生理和生化方面所知越多，這方面的標準也要用於分類，目前許多微生物的分類就已用到這些方面。見 numerical taxonomy, taxonomy。

**clavate　棒狀的**　（指動植物結構）

**clavicle　鎖骨**　在許多脊椎動物中，在兩側同肩帶腹面相連的骨頭。在人類，英語中又稱 collar bone，直譯為衣領骨。見圖105。

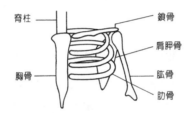

脊柱　鎖骨　肩胛骨　胸骨　肱骨　肋骨

圖105　鎖骨。靈長動物的左側鎖骨。

**clay soil　黏質土**　由黏土底質形成的土壤。

**clearing　透明**　顯微製片的一個方法，繼酒精脫水之後，將切片放入苯或二甲苯中使之透明。這是因為這些透明劑與封裝劑和酒精兩者都是可互溶的（miscible），而酒精則和封裝劑是不可混溶的。

**cleavage　卵裂**　卵受精（fertilization）形成合子（zygote）之後，核分裂（見 meiosis, mitosis）時細胞質的分裂。完全卵裂見於卵黃很少的動物中，整個卵都參與分裂。不全卵裂則見於合子的卵黃部分無法分裂，而合子只有部分參與分裂。對稱卵裂（bilateral cleavage）造成分裂球的雙側對稱排列，而螺旋卵裂則造成分裂球的螺旋狀排列。對稱分裂見於脊索動物棘皮動物，以及一些較小的動物類群，這表示牠們有共同的祖先。其他大多數無脊椎動物則都是螺旋卵裂。見圖106。

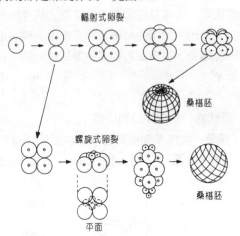

輻射式卵裂

桑椹胚

螺旋式卵裂

平面

桑椹胚

圖106 卵裂。輻射式和螺旋式卵裂。

**cleidoic egg 有殼卵** 具有保護性外殼的卵。

**cleistocarp 閉囊果** 某些子囊菌（ascomycete）真菌的子實體，完全封閉，必須破裂才能釋出孢子。

**cleistogamy 閉花受精** 植物產生小而不奪目的花朵，在其內部先自花受精後才開放。例如菫菜開的花大而鮮豔並異花傳粉，但至晚夏還開一些閉花受精的花。

**climacteric 轉變期，關鍵期，更年期，絕經期** 1.任何關鍵期。2.絕經期（menopause）。

**climacteric phase 頹化期** 在某些充分成熟的果實中接近衰老之前的一個階段，這時呼吸頻率顯著加速。使用高濃度二氧化碳和溫度都可防止此類果實，如蘋果和香蕉，經歷這段呼吸加速期。銷售前可再用乙烯來加速這個程序。許多水果如柑桔則無這個階段。

**climate 氣候** 某個地區流行的一般氣象情況。

**climax 顛峰** 已達到穩定並同此時氣候條件達到平衡的植物群落，例如一個成熟的橡樹林。由於氣候變化而造成的頂極群落演替稱氣候演替系列。

**cline 生態群** 生物的體型或顏色隨著地理或生態條件而逐漸且連續或接近連續的變化。例如隨著緯度往北，海鴿種群中某些體型的比例逐漸增多。

**clisere 氣候演替系列** 見 climax。

**clitellum 環帶** 某些環節動物（annelid）蠕蟲圍繞前半部身體的一種鞍狀的結構，含有腺體，分泌的黏液可包繞交配中的動物，並包繞卵形成繭。

**clitoris 陰蒂** 雌性哺乳動物的一個勃起組織，相當於雄性的陰莖（penis），位於子宮的腹側。

**cloaca 泄殖腔** 大部分脊椎動物（除去高等哺乳動物）的腸道末端，泌尿和生殖系統的管道也開口於此。因此，在這類型動物中後端只有一個向外的開口，而不像哺乳動物有兩個：肛門和泌尿生殖系統開口。在某些脊椎動物如鳥類，洩殖腔是可以翻過來的，雄性交配時翻過來的洩殖腔就像一個陰莖樣的結構。

**clock，internal 體內鐘** 見 biological clock。

**clone 無性（繁殖）系** 1. 由同一親體經無性繁殖（asexual reproduction）生出的兩個以上具有相同遺傳結構的個體，例如草莓匍匐莖（runners）生出的子代植物和組織培養培育出的整株植物。2. 幼胚分裂形成完全相同的個體。

**closed community 封閉群落** 地面上過度密生不容新種侵入的植物群落。

**closed population 閉鎖種群** 無外界基因輸入的種群；唯一能發生的遺傳改變只能來自突變（mutation）。

**cloven-footed herbivore 偶蹄草食性動物** 偶蹄目（artio-dactyla）的哺乳動物，每個足上有兩個趾（第三和第四趾）有功能。雖然這一類群都是食草動物，但有些是反芻動物（ruminants），如駱駝、鹿、綿羊和牛，而另一些則不是，如豬和河馬。

**club moss　石松**　石松綱的蘚樣蕨類植物，莖直立或匍匐，上面覆滿小而重疊的葉子。這類植物古生代就有。石松（*Lycopodium*）和卷柏（*Selaginella*）是現存的種類。

**clustering methods　聚類方法**　將親緣的或相似的生物聚合成不同分類層次類群的方法。

**clypeus　唇基**　昆蟲頭部在下唇（labium）之上的角質板。

**Cnidaria　刺胞動物門**　在某些分類體系中腔腸動物門之下的一個亞門，另一個亞門為櫛水母動物門（見 coelenterate）。在較新的分類中，櫛水母動物列為一個門，所以原分在刺胞動物門中的生物，如水螅、水母、海葵和珊瑚等，是新的腔腸動物門中僅存的動物，這就使刺胞動物門一詞廢用了。

**cnido-　〔字首〕**　表示刺絲囊、刺細胞。

**cnidoblast or nematoblast　刺囊細胞**　一類刺絲細胞。

**cnidocil　刺針**　刺細胞上的觸發器。

**CNS　中樞神經系統**　見 central nervous system。

**co- or con- or com-　〔字首〕**　表示共同。

**CO₂ acceptor　二氧化碳納體**　在卡爾文氏循環（Calvin cycle）中結合二氧化碳的一個分子（二磷酸核酮糖）。

**coacervate theory　團聚體學說**　俄羅斯生化學家奧巴林在1936年提出的一個學說。他認為，在出現生命之前先是形成一類膠體單位，稱團聚體。團聚體是由兩種或多種膠體組成的顆粒，這些膠體可以是蛋白質、脂質或核酸。奧巴林提出，雖然這些分子還不具有生命，但它們在原始海洋中的活動卻很像生物系統，而且它們的大小和化學性質也受到自然選擇。以後美國生物化學家米勒（Miller, Stanley）和尤理（Urey, Harold）的工作證明，在生命前地球上的條件下，這類有機物質也可由無機物質直接形成。他們在一個封閉系統中往簡單的氣體的混合物中通電火花，結果合成了胺基酸。

**coagulation　凝結**　液體中懸浮顆粒分離並沉澱的程序。

**coalescent　並生的，聯合的**　（指植物結構）

**cobalamin** or **cobalamine** or **cyanocobalamin** or **vitamin B₁₂**　**鈷胺素，氰鈷胺，維生素** B₁₂　維生素 B 群（B-complex）之一，水溶性，含有鈷，爲紅血球產生所需要。缺乏維生素 B₁₂ 可導致惡性貧血，特別是在老人。它是在腸道中由細菌製造的，而不是由飲食中得到的。

**coccidiosis　球蟲病**　孢子蟲（sporozoan）造成的兔和家禽寄生蟲病。

**coccus　球菌**　球形細菌。

**coccys　尾骨**　由後端脊椎融合而成的單一骨頭。人類尾骨是由3塊脊椎構成，形成尾巴的殘跡。

**cochlea　耳蝸**　內耳的一部分，負責察覺音調的高低。由球囊（saccule 2）生出。見於爬行動物、鳥類和哺乳動物。在哺乳動物，它是一個盤旋的彎管，裡面是3個平行的腔道，還有科蒂氏器官（organ of Corti），這個器官是眞正對聲音做出反應的部分。見圖107。

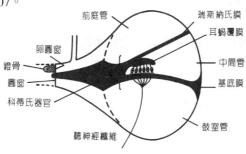

前庭管　瑞斯納氏膜　耳蝸覆膜　卵圓窗　鐙骨　中間管　圓窗　基底膜　科蒂氏器官　鼓室管　聽神經纖維

圖107　耳蝸。橫切面。

**cocoon　卵袋，繭**　卵或幼蟲的保護層，見於幾類無脊椎動物。例如在環節動物（annelids）中，是由成蟲做一卵袋將卵保護起來，而在昆蟲則由幼蟲做繭將蛹保護起來。

**codominance　等顯性，共顯性**　在異合（heterozygote）中一

個基因的兩個不同**對偶基因**（alleles）間的一種關係，此時該個體的**表現型**（phenotype）同時顯示此一性狀的兩種親體形式。例如 ABO 血型中，A 型和 B 型之間的關係就是共顯性，因此一個同時具有兩個不同等位基因的人（A/B），體內同時產生 A 和 B 兩種抗原。對照 incomplete dominance。見 dominance 1。

**codon** or **triplet　密碼子，三聯體**　一組三個相聯的核苷酸，它們共同編碼一個特定的胺基酸。見 protein synthesis, genetic code。

**coefficient of the difference　差異係數**　平均數之差除以**標準差**（standard deviation）之和。

**coefficient of dispersion　分布係數**　方差除以平均數。當此值為 1 時，表示存在隨機分布或**蒲松分布**（Poisson distribution）。大於1時，表示存在聚集或欠分散現象。小於1時，表示平均分布或過度散布，例如鳥中可能存在佔域現象。

**coefficient of inbreeding　近交係數**　任意結合形成合子的兩配子攜帶來自同一**共同祖先**（common ancester）基因的相同等位基因的機率，符號為：F。

**coefficient of variability　變異係數**　表示為平均數百分值的**標準差**（standard deviation）。

**coel-　[字首]**　表示空腔。

**coelacanth　腔棘魚**　一類原始的硬骨魚，其鰭具裂，不同於輻鰭。幾乎牠的一切親緣種類都是**泥盆紀**（Devonian period）遺留下的淡水化石。矛尾魚是現存的海洋種，發現於西南非洲外的科摩羅群島周圍，是1938年第一次捕到。值得注意的是，牠和牠在三千萬年前的**下石炭紀**（Carboniferous period）的祖先相比幾乎未變。見圖108。

**coelenterate　腔腸動物**　腔腸動物門的無脊椎動物。包括水螅類（水螅綱）、水母類（缽水母綱）、海葵和珊瑚（輻形動物綱）。根據某些分類，櫛水母（櫛水母門）也列為一個亞門。見

圖108 腔棘魚。矛尾魚。體長1.5公尺。

Cnidaria。

**coelenteron 腔腸** 腔腸動物（coelenterates）的消化腔，它只有一個開口，即口。

**coelom 體腔** 在大多數具有三個體層的動物體內的主要體腔，是界於中胚層（mesoderm）的內外兩層之間的一個充滿液體的空隙。體腔常有小管通向體外，稱體腔管（coelomoducts）。見圖109。

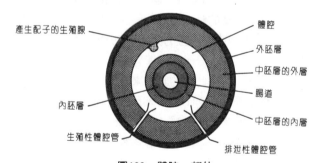

圖109 體腔。部位。

**coelomoduct 體腔管** 由動物體腔通向體外的管道，可排出廢物或配子。例如脊椎動物的輸卵管就被認為是來源於體腔管。

**coenzyme 輔酶** 較蛋白質小的一類輔因子（cofactor），與酶（enzyme）結合協助催化生化反應。和酶一樣，輔酶在反應中也不被消耗或被改變，因而可反復使用，但為了保證正常的酶功能和健康也需要一個最低量的補充。這正可說明維生素（vitamins）為什麼是必需的營養，因為它們通常正是起輔酶的作用。參見 acetyl coenzyme A。

**coenzyme A　輔酶 A**　見 acetyl coenzyme A。

**coevolution　協同演化**　無親緣關係的生物間經由某種聯繫而共同演化的現象，例如昆蟲和牠們傳粉的花朵（見 entomophily）、寄生蟲及其寄主，以及共生關係中的各個成員（見 symbiosis）。斑葉馬蹄蓮（arum lily）就是一個好例子。

**cofactor　輔因子**　為某些酶發揮催化作用所必需的物質，僅在催化反應時才與酶結合。輔因子可以是金屬離子，也可是非蛋白質的有機分子（輔酶），如維生素 B 群（B-complex）中的維生素。

**coherent　連著的**　（指植物結構）看去是游離的但在某點上是連接的。

**cohesion-tension hypothesis　凝聚力與拉力假說**　解釋植物體內液體由根上升至葉的動力的一個假說。根據此說，蒸散作用（transpiration）失水造成的拉力對導管形成張力，水分子間彼此存在內聚力，再加上水分子對細管管壁的黏附力，它們加在一起就促使水分上升。支持此說的證據來自兩方面：⑴連接葉枝的水銀柱比真空中水銀柱高；⑵在白天蒸騰作用最強烈時樹幹直徑的縮小（可能是由於張力）。見 dendrometer。

**coincidence, coefficient of　併發係數**　在子代中雙重組體的比例同預期數目相較，低於1.0，說明發生了染色單體干擾（chromatid interference）。

**coitus　交配**　兩性動物之間的交媾行為，精子由雄性傳遞至雌性。

**colchicine　秋水仙素**　由秋水仙（*Colchicum autumnale*）球莖提取的一種有毒生物鹼，在核分裂（nuclear division）時可抑制紡錘體的形成，因此可用於產生含有雙套染色體的細胞，這是通過不分離（nondisjunction）機制。

**cold receptor　冷感受器**　感覺器官，專對冷，但也有時對壓力敏感。這種感受器見於脊椎動物表皮。在人類，比溫覺感受器更多更表面。在溫度10－40℃之間，來自冷感受器的纖維表現活躍，但在 20－34℃ 之間發放神經衝動的頻率達到最高。

**Coleoptera　鞘翅目**　昆蟲的一個目，包括甲蟲和象甲。前翅厚，革質，無脈，特稱鞘翅。當收翅時，兩鞘翅在中線對合，保護下面的膜質後翅。本目大約有28萬個種。但其中一些種無翅。有完全變態（ metamorphosis ）。見圖110。

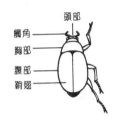

頭部
觸角
胸部
腹部
鞘翅

圖110　鞘翅目。一般構造。

**coleoptile　胚芽鞘**　在某些單子葉植物（ monocotyledons ）如燕麥中覆蓋幼株生長芽的不含葉綠體的保護層。胚芽鞘是發芽後第一個穿破土壤進入空氣的結構。生長繼續進行下去時，它就被裡面包藏的第一個葉片穿破。燕麥的胚芽鞘曾被大量用於研究植物生長素（ auxins ）的實驗。

**coleorhiza　胚根鞘**　一個和胚芽鞘（ coleoptile ）相似的結構，但它是包繞幼芽胚根的。

**coliform　大腸菌屬**　（指革蘭氏桿菌）例如大腸桿菌（ *Escherichia coli* ）、產氣氣桿菌、克雷伯氏菌等。見 Gram's solution。

**colinearity　聯合線性對應**　指一段去氧核糖核酸（ DNA ）密碼〔一個順反子（ cistron ）〕及其多胜肽鏈（ polypeptide chain ）之間的線性對應關係（見圖111）。因此：（ A 至 X ）÷（ A 至 B ）＝（ C 至 Y ）÷（ C 至 D ）。

COLLAGEN

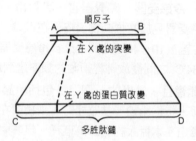

圖111 聯合線性對應。DNA鹼基是由左向右轉錄。

**collagen 膠原蛋白** 一種纖維蛋白,組成脊椎動物結締組織 (connective tissue)白纖維的材料。其中如腱組織有極高張力,但無彈性。膠原組織包含糖蛋白基質及致密排列的膠原纖維。

**collagenoblast 成膠原細胞** 產生膠原蛋白(collagen)的一類成纖維母細胞(fibroblast)。

**collar cell 領細胞** 見 choanocyte。

**collar flagellate 領鞭蟲類** 見 choanoflagellate。

**collateral 側枝** 血管或神經分出的小枝。

**collateral bud 側芽** 植物莖上的副芽,並生於腋芽之旁。

**collateral bundle 外韌維管束** 一類維管束,其韌皮部 (phloem)與木質部(xylem)位於同一輻射線之上,但在其外側。

**collecting duct 集尿管** 腎臟腎小管中在抗利尿激素 (ADH)控制之下負責回吸水分的部分,依據身體內總液量的多少而產生不同濃度的尿液。

**Collembola 彈尾目** 昆蟲的一個目,體小,無翅,包括彈尾蟲,牠們大部都有一個彈跳器官,稱彈器。棲居於土壤和落葉層中。見 ventral tube。

**collenchyma 厚角組織** 一類植物組織,類似薄壁組織

（parenchyma），但具有纖維素壁加厚的部位，特別是在橫斷面的壁角處。厚角組織是一種支撐組織，特別在幼莖和幼葉中。見圖112。

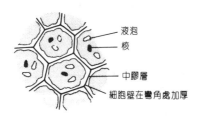

液泡
核
中膠層
細胞壁在彎角處加厚

**圖112　厚角組織。橫切面。**

**colloid　膠體**　含兩種不相混溶（見 miscible）物質的混合物，但因其一的顆粒太小不會下沉而長期處於懸浮狀態。動物膠就是動物明膠在水中的一種膠體。這裡水是基質，而明膠是內含物。膠體顆粒直徑在0.1微米到1毫微米之間，形成溶膠（sol）或凝膠（gel）結構，但兩者都不能擴散通過細胞膜。細胞中膠體很常見，它們提供的廣大表面積可供化學反應在其上不斷進行。

**colon　結腸**　哺乳動物大腸的一部分，腸管寬闊，腸壁具皺褶，位於小腸的**迴腸**（ileum）與**直腸**（rectum）之間。其主要功能是從**糞便**（feces）回吸水分。

**colon bacillus　大腸桿菌**　大腸中的 *Escherichia coli* 菌。

**colonial animal　集落動物**　個體互連的動物，如水螅和苔蘚動物。此詞通常不用於高等動物，例如不用於群集的鳥類。

**colony　集群，集落，菌落**　1.集群。個別生物為特定目的集合在一起，如鳥類為繁育目的而結成的鳥群。2.集落。沒有完全分開的個體形成的群體，如某些水螅型**腔腸動物**（coelenterates）和苔蘚動物。3.菌落。一個限局的微生物種群，如在培養皿上由單一個體分生而來的菌群。

**color blindness　色盲**　不能區分某些顏色的情況，是由於體內缺乏一種或一種以上吸收有色光的色素。在人類，最常見的是

173

紅綠色盲，這可認為是由 X 染色體（X-chromosome）上的一個基因位所決定的，不過已知有兩個密切連鎖的基因位也會與這種色盲有關。相對於色盲的對偶基因來，正常視覺對偶基因屬於顯性基因。因此，女性必須是色盲對偶基因的同型合子（homozygous）才會產生色盲，而男性只要有一個色盲對偶基因就是色盲。所以，色盲在男性比女性更常見。

**color change 變色** 某些動物如槍烏賊和鰈魚可以透過神經或激素的控制改變牠們色素細胞中色素的濃度而改變身體顏色（見 chromatophore 1）。

**color vision 色覺** 某些動物類群查覺物體顏色的本領，在脊椎動物主要是借助眼睛視網膜中的*視錐細胞*（cone cells）。具有色覺的動物如靈長動物、許多魚類、大部分鳥類和昆蟲。無色覺的動物可能只靠分辨不同灰度來視物（單色視覺）。

**colostrum 初乳** 雌性哺乳動物在懷孕晚期和生產後頭幾天由乳頭分泌出的黃色濃稠液體。初乳的蛋白質含量高，富含維生素 A 和*抗體*（antibodies），因此它可給幼兒帶來立時但短暫的對外界*抗原*（antigens）的被動免疫。

**columella 蒴軸，囊軸，基粒棒，中柱** 1.蒴軸。苔蘚孢蒴中的不育中柱。2.囊軸。某些真菌中支撐孢子囊的中柱，如見於毛黴。見圖113。3.基粒棒。根冠的中心部位，其中含有*平衡石*（statoliths 1）。4.中柱。果實的中軸。

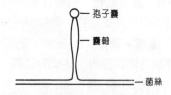

孢子囊

囊軸

菌絲

圖113　囊軸。毛黴的孢子囊。

**columella auris 耳柱骨** 在爬行動物、鳥類和某些兩生動物中，連接耳鼓至內耳的硬骨或軟骨棒。與哺乳動物的*鐙骨*（stapes）以及魚類的*舌頜骨*（hyomandibula）同源。

**columnar epithelium　柱狀上皮**　見 epithelium。

**coma　種纓**　連在種子種皮（testa）上的一撮毛，有助風力散布。

**commensal　共棲**　（指生物）不同種間的緊密聯合，但無明顯的利害關係。例如某些多毛類（polychaete）蠕蟲棲於其他生物的管中。見 symbiosis。

**Commission　委員會**　常用做國際動物命名委員會的簡稱。

**commissure　連合；接著面**　1.連合。在無脊椎動物，指連接神經節的神經纖維；在脊椎動物，指連接左右兩大腦半球或左右脊髓的神經纖維。2.接著面。在植物，指兩個心皮（carpels）對接的面。

**common ancestor　共同祖先**　在雙親族譜中交叉處的親緣個體。例如表親結婚則外祖父母即為共同祖先。

**communication　通訊**　動物個體向同種或異種個體傳遞資訊，由後者接收並理解的程序。五種感覺都可用於通訊。許多高等動物使用聲音，但身體採取某些姿勢例如鳥和哺乳動物求偶時採取的，以及蜜蜂的舞蹈，和觸覺、嗅覺（見 pheromone）等都是傳遞資訊的重要手段。

**community　群落**　一個自然存在由棲居在一處的不同物種組成並相互作用形成統一自足整體的群體，並且同相鄰群落間具有相對獨立性，較少輸入輸出。理想的情況是，在食物關係上，一個群落是自足的，而得自外界的能量通常只有日光能。

**companion cell　伴細胞**　見 sieve tube。

**compatibility　相容性**　兩個生物或兩種生物組織可以交容並存的狀態。例如兩個植物可以互相交配，或兩種組織可以並存像外科移植或輸血造成的那樣。動物的相容性取決於抗原（antigens）和抗體（antibodies）之間的適當配合。亦見 self-incompatibility。

**compensation light intensity　補償光強度**　植物體內光合作

175

用同呼吸作用恰恰平衡時的光照強度。只有光強度超過這個水準時，才能積累有機物質使植物量得到淨增加。

**compensation period　補償期**　植物脫離黑暗後到達補償點（即光合作用和呼吸作用速率相等而碳水化合物無淨得或淨失時）的時間。蔭地植物的補償期較短，因爲它們善於利用低強度光線。

**compensation point　平準點**　見 compensation period。

**compensatory hypertrophy　代償性肥大**　因組織或器官丟失或損壞而發生的現存組織或器官的增大現象。例如一個人被割去一個腎臟，另外的腎就會增大。

**competence　感受態**　1.一個正在分化的細胞或組織處於能轉向另一發育路徑（pathway）的階段。見 induction, cell differentiation, gene switching, canalization。2.在性狀轉變（transformation）中，細菌能接受來自其他細菌 DNA 的狀態。

**competition　競爭**　存在於相互追求同一目的之生物間的互動作用。這種互動作用可以妨礙對方的生長和生存。這包括爲食物、棲息地和配偶的競爭。見 interspecific competition, intraspecific competition。

**competitive exclusion　競爭排除**　一條生態學定理：兩個物種如果有著相同的生態需求，就不能共存。

**competitive inhibition　競爭抑制**　一種控制酵素的方式。一個同酵素的正常基質（substrate）結構非常相似的抑制物分子，可以和酵素的活性部位（active site）可逆結合，從而減少酵素被利用的量。但如果有過量的基質存在，基質可以取代抑制物而將其驅趕走，於是反應繼續進行。對照 noncompetitive inhibition。

**complement　補體**　血清中的一類蛋白成份，它們可以與已在細胞表面形成的抗原/抗體複合物結合而增加巨噬細胞（phagocytes）對外來異物的破壞力。

**complemental males　補雄**　附著於雌體身上的雄體，體積遠較雌體爲小，如垂釣魚。

**complementary base pairing　互補鹼基配對**　在去氧核糖核酸（DNA）的兩股多聚核苷酸之間，或在轉錄（transcription）程序中 DNA 和傳訊核糖核酸（messenger RNA）之間，核苷酸鹼基（nucleotide bases）中嘌呤永遠與嘧啶互相鍵結的情況。在 DNA 的兩鏈之間是腺嘌呤和胸腺嘧啶，以及尿嘌呤和胞嘧啶配對。見圖130。

**complementation test　互補試驗**　在 DNA 的一個區域內測定突變準確位置的遺傳測驗。見 cis-trans test。

**compost heap　堆肥**　植物材料的堆積；堆積程序中微生物將其分解，隨後可用作肥料以提高園田土壤的肥沃。

**compound　複合的**　（指植物結構）由相似部分組成的，如由幾個小葉組成的複合葉。但一般簡單結構就不能分解爲相似的部分。

**compound microscope　複式顯微鏡**　見 microscope。

**compressed　扁的**

**concentration gradient　濃度梯度**　沿著某個方向漸升或漸降的一系列濃度。例如跨膜的離子濃度、汁液中的溶質濃度等。

**concentric bundle　同心維管束**　一個組織包繞另一個組織的維管束，如韌皮部包繞木質部（周韌維管束, amphicribral bundle）或木質部包繞韌皮部（周木維管束, amphivasal bundle）。

**conceptacle　生殖窩**　幾種褐藻如墨角藻（Fucus）中含有性器官的空腔。

**conchiolin　貝殼硬蛋白**　組成貝殼基質的纖維狀不溶性蛋白質。

**concolorous　同色**　在整個結構都是同一顏色的，如花瓣或葉片。

**concordance　一致性**　在同卵雙生（monozygotic twins）或具

177

有相似基因者之間的類似性狀。

**condensation reaction　縮合反應**　兩個或多個小分子經脫水而聚合成一個大分子的反應。例如雙醣的蔗糖就是葡萄糖和果糖分子通過縮合反應形成的。對照 hydrolysis。

**conditional lethal　條件致死**　在一定條件下導致死亡的突變，例如說在高溫下致死，但在低溫下則不。

**conditioned reflex　條件反射**　隨經驗而改變的反射，所以雖然反應仍然相同，但刺激卻已改變。典型的例子就是俄羅斯生理學家巴夫洛夫（1849-1936）用狗做的實驗，他使食物的香味、形象以及味道都可以引起狗流涎。巴氏在給食物之前搖鈴，經過適當次重複之後，僅僅搖鈴而並無食物也可引起流涎（巴夫洛夫反應）。

**conductance　電導；熱導**　1.電導。一個導體傳導電流的本領，用西門子（S）作為單位（歐姆的倒數）。2.熱導。在一定溫度梯度下，熱流傳過一個物體的能力。

**conduction　導電**　導體對電流的傳導。

**conductivity　導電性；傳導性**　1.導電性。傳導電流的能力。2.傳導性。生理狀態波動如*神經衝動*（nerve impulse）通過組織或細胞的傳導。

**condyle　髁**　骨頭的突起，可納入另一骨頭的凹槽從而形成關節。

**cone　球果；視錐**　1.球果。植物中一種生殖器官，由鱗片狀孢子葉圍繞一個中柱形成的圓錐狀結構，特別見於*裸子植物*（gymnosperms），但也見於其他植物類群如木賊。2.視錐。脊椎動物眼中對光敏感的結構。

**cone cell　視錐細胞**　一類光敏神經細胞，含有光化學色素*視紫藍質*（iodopsin），它不易被強光漂白。視錐細胞負責分辨顏色，它見於大多數脊椎動物眼中。在眼內*中央窩*（fovea）處視錐細胞的密度最高，但許多活動於黑暗中的動物卻缺乏它。現認為有3個類型的視錐細胞，分別對光譜中的藍色（450毫微米）、綠色（525毫微米）和紅色（550毫微米）做出最強反應。色覺是對這3類型視錐細胞給予不同刺激的結果，因此所見的顏色實際是這3類型視錐細胞分別發生不同興奮的結果。這正符合色覺的三色學說，這個學說認為一切顏色都可以由這藍綠紅3顏色混合而成。一般說來，視錐細胞提供給大腦的資訊要比 *視桿細胞*（rods）多，而且在黃斑部分每個視錐細胞都有自己的視神經纖維，但許多視桿細胞卻會聚到一個單一的視神經纖維上去（網膜會聚現象）。離開黃斑時分布給視錐細胞的神經纖維比分布給視桿細胞的多，這就使視錐細胞能辨別得更精細，但視桿細胞卻更靈敏。

**congeneric　同屬的**　（指物種）分類中屬於同一屬的。

**congenital　先天的**　在生時或生前既有的，特別是指由周圍環境造成而不是遺傳的缺陷和疾病。

**conidiophore　分生孢子柄**　見 conidium。

**conidium　分生孢子**　某些真菌的有性孢子（spore），位於孢子梗之上，而孢子梗是特化了的菌絲（hypha）。

**conifer　針葉樹**　松柏綱的裸子植物（gymnosperm），喬木或灌木，北方種類如松和雲杉，溫帶一些的如雪松、紅豆杉和落葉松。大部分為高大成林喬木，通常為常青，但也有些如落葉松卻落葉。通常雌雄同株（monoecious），但有雌雄不同的球果。

**conjugant　接合體**　參與接合生殖（conjugation）的一對配子之一。

**conjugation　接合生殖**　有性生殖的一種方式，互相融合的配子（gametes）形似但融合時尚未脫離親體，如纖毛蟲中兩個個體融合在一起，互換小核材料，然後再分開。接合亦發生於某些藻類和真菌，如水綿和毛黴。兩個細菌細胞之間互換部分遺傳物質，也可認為是接合。

**conjunctiva　結膜**　由脊椎動物眼前一直延伸至眼瞼內的一層

保護性外膜，由一層分泌黏液的上皮及其下的結締組織構成。

**connate　合生的**　（指植物器官）原分開的但現在生長在一起的。

**connective tissue　結締組織**　一種動物組織，其中細胞間基質佔據主要部分。主要分為3類：(1)真結締組織〔脂肪組織（adipose tissue）；蜂窩組織（areolar tissue）；韌帶（ligaments）；腱（tendons）〕。(2)軟骨（cartilage）。(3)血液。這最後一類同前兩者不同，其基質（血漿，blood plasm）中沒有纖維。

**connivent　靠合的**　（指植物體部位）在基部距離較遠，但至頂端靠攏在一起。

**consanguineous mating　近親交配**

**conservation　保育**　對環境的保養、保護和管理。一方面要盡可能保護自然界的動植物區系，同時還要允許自然資源和農業的利用，此外也要考慮到環境的文娛和美學價值。這就需要對取之於環境的動植物以及其他物質資源作合理的規畫，同時還需要盡可能地保留自然生境，因此也就保留了盡可能大的基因庫（gene pool）。

**conservative replication model　保留性複製模型**　有關DNA合成機制的一個模型，現已廢棄，此模型認為原分子的兩個鏈在複製新分子時都做為模板。現在認為半保留複製模型（semiconservative replication model）是去氧核糖核酸（DNA）複製的正確方法。

**consociation　單優種群落**　只有一個優勢種的頂極植被。對比多優種群落，或稱植物群叢（association）。

**conspecific　同種的**　（指動植物）

**constant（C）region　恆定區**　免疫球蛋白（immunoglobulin）分子上的一個區域，這個區域在不同分子之間極少變異。對照 variable region。

**constitutive enzyme　組成酶**　細胞總是以恆定速率製造的酶,它不受誘導物的影響。

**consumer　消費者**　以其他生物為食的生物,例如異營生物(heterotrophs)和腐生生物(saprobionts)。大型消費者(吞噬者)主要是動物,牠們吞食其他生物或顆粒狀有機物質(碎屑)。微型消費者主要是細菌和真菌,它們分解死的有機物質,吸收部分分解產物並釋放出其中的無機營養素(這可以再被生產者所利用)和有機物質,這又為其他生物提供營養。

**contact insecticide　觸殺劑**　一類化學物質,如DDT和馬拉硫磷,昆蟲落在覆有此類毒劑的表面就會死亡。對照 systemic biocide。

**contagious　接觸傳染的**　(指感染)

**contaminant　污染物**　指污染培養的生物,通常是微生物。

**contiguous　鄰接的**　(指植物體的部位)邊緣相接觸的。

**continental drift　大陸漂移**　1912年由魏格納首先提出的一個學說,認為大陸塊不斷在地球表面移動,就像在熔岩的海洋上漂動。多年來這個學說被廣泛懷疑,但現在被普遍接受,並得到來自地磁學研究和板塊構造(plate tectonics)研究的支持。兩億年前,現在的各大陸聯成一個共同的大陸塊,稱泛古陸(Pangaea)。自彼時起,大陸就漂開了,而對板塊構造的研究顯示,這些大陸現仍在漂移。例如,在四億年間不列顛已由坎普里科恩熱帶之南移動到現今位置,跨過緯度80度。泛古陸也許是由再以前的分散的大陸匯合而成,而阿巴拉契亞、喀里多尼亞、格陵蘭和斯堪的納維亞等山脈就可能是因北美、歐洲和非洲接觸而形成的。以前的分離可以解釋4億4000萬年前赤道和南極的位置。見圖114。

**contingency table　列聯表**　說明兩個性狀間關係的一種表示法,然後可以用一種修改了的卡方測驗(chi-square test,不純一性卡方測驗)進行統計測試。例如可以將某一人口樣本中的眼

亞洲
北美州
歐洲
4億4千萬年前的赤道
×
4億4千萬年前的南極
南美州
非洲
印度
澳洲
南極洲

圖114　大陸漂移。兩億年前的泛古陸。

睛顏色和毛髮顏色並列在列聯表中進行測驗。見圖115。

眼睛顏色

| 毛髮顏色 | | 藍色 | 灰色 | 棕色 | 總計 |
|---|---|---|---|---|---|
| | 金色 | 96 | 42 | 37 | 175 |
| | 棕色 | 58 | 61 | 107 | 226 |
| | 黑色 | 17 | 32 | 93 | 142 |
| | 總計 | 171 | 135 | 237 | 543 |

圖115　列聯表。一人口樣本中眼色和髮色的列聯表。

**continuity　連續性**　分類學原則：一個特定科學名稱的約定俗成比發表日期更具有優先權。但在科學分類中，發表日期通常具有優先權。

**continuous variation　連續變異**　某些性狀（characters）的特點，如身高的不同是連續改變的，如在人群中取樣常可得出一個鐘形常態分布曲線（normal distribution curve）。亦見 polygenic inheritance。

**contorted　旋轉的**　（指花被的分片）互相重疊，好像扭轉的。

**contour feathers　廓羽**　具有羽片和羽小枝的羽毛，主要被覆在鳥的軀體上並使其獲得流線的外形。超過軀體進入鳥翼用於飛行的羽叫做飛羽。

**contraceptive　避孕藥**　見 birth control。

**contractile vacuole　收縮空泡**　由膜包覆而成的空泡，它週期性地充進液體，擴張，然後再將其內容物排到體外。特別見於原生動物和淡水海綿，在這些動物體內收縮泡似乎有調節滲透壓的功能。支持這個學說的事實有：在海洋阿米巴體內就比較缺乏這樣的收縮泡，而在淡水阿米巴就很常見，後者由於身體同環境間存在的滲透壓梯度總要不斷攝入水分。

**control　對照組；控制**　1.用於為其他實驗提供標準的實驗。例如，當測驗某一營養物對一植物的效果時，對照組植物就種在完全相似的條件下，只是不加該測驗營養物。2.亦稱種群控制，指人對有害動植物的數量進行限制，可由人為手段如噴灑藥物、毒殺、射殺，也可由半自然的手段如**生物防治**（biological control）。亦見 regulation 2。

**controlling factor　控制因子**　隨著種群擴大其影響也增加的因子。見 density-dependent factors。

**conus arteriosus　動脈圓錐**　肺動脈由右心室出來處的突起。

**convection　對流**　液體和氣體中借助受熱顆粒的運動而實現的熱傳導。

**convergence** or **convergent evolution** or **parallelism　趨同，趨同演化，平行演化**　演化的一種形式，原本互相之間無親緣關係的物種卻在演化過程中各自獨立地取得了相似或是同功的體形與機能，這常是由於它們適應於近似環境的結果。例如魚和鯨都進化出相似的流線體形和鰭。

**converging　集聚**　（指植物體部）頂部比基部更聚攏。

**convolute　捲曲的**　形容扭轉或滾捲的。

**Cooley's anemia　庫利氏貧血**　見 thalassemia。

**cooling 降溫** 見 temperature regulation。

**copepod 橈足類** 橈足亞綱的甲殼動物，體小，獨立生活或寄生。缺乏胸甲，在淡水和海水浮游生物中極爲常見，構成較大動物如魚類的重要食源。

**coprodeum 糞道** 鳥類泄殖腔（cloaca）中直腸開口的部分。

**coprophage 食糞動物** 以其他動物糞便爲食的動物。

**copulation** or **coition 交配** 雌雄動物性交的動作。在哺乳動物，指雄性性器官（陰莖）插入雌性器官並射入雄性配子（gametes）。結合（mating）一詞常限於指雌雄吸引交往的行爲方面，這通常是發生在交配之前，而受精則發生在交配之後。

**coracoid 喙狀骨** 許多脊椎動物肩帶腹面的一對骨頭。在大多數哺乳動物，喙狀骨已縮小成爲肩胛骨（scapula）上的突起，而它的作用也被鎖骨（clavicles）所替代。

**coral 珊瑚** 1.某些腔腸動物（coelenterates）的鈣質骨骼。2.這個骨骼，連同在其中居住同時也是分泌這個骨骼的動物的總稱。這整個結構常構成海礁。這些動物通常是珊瑚類或水螅類，它們具有螅形體（polyp）結構。

**Cordaitales 科達目** 石炭紀裸子植物（gymnosperms）的一個已滅絕的目，高大瘦削喬木，頂端有分枝組成的樹冠，上有狹長的樹葉。

**cordate 心形的**

**corepressor 共抑制物** 一類低分子量物質，它可與阻遏物蛋白（aporepressor）結合從而減低某些結構基因表現的活性（見operon model）。

**core temperature（Tc）核心溫度** 生物體內超出周圍狀態（ambient）溫度影響的組織平均溫度。這不能精確測度，但通常是由某些特定區域體溫來代表，如直腸和洩殖腔的溫度。

**coriaceous 革質的** （指植物結構）

**corium 真皮** 見 dermis。

**cork　木栓**　一種植物組織，其細胞壁厚，含有木栓質（suberin）。木栓細胞成熟時已死亡，但它組成木本植物的根莖的外皮，不透水和氣。栓皮櫟產生大量木栓，可剝除加以商業利用。

**cork cambium　木栓形成層**　特種形成層（cambium），幫助形成樹皮。

**corm　球莖**　某些單子葉植物（monocotyledons）中的一種變態地下莖，寬度大於高度，不像鱗莖（bulb）那樣有肉質的鱗片，而是將食物儲備在莖中。例如藏紅花。見圖116。

在葉內藏有一個或多個芽　　老花枝的殘餘物

莖內的儲藏結構

圖116　球莖。一般構造。

**cormidium　合體節**　一個管水母（siphonophore）中的水螅體群體。

**corn　穀物**　在世界許多地方，指各種糧食作物。常指一個地區的主要作物，如英格蘭的麥子、蘇格蘭和愛爾蘭的燕麥，和南北美的玉米。

**cornea　角膜**　脊椎動物眼睛前的鞏膜（sclera）部分，覆蓋著虹膜和水晶體。由上皮（epithelium）和結締組織（connective tissue）所組成，透明，光線通過它進入眼內並受到一定的折射，最後水晶體將光線聚焦到網膜上。

**cornification　角質化**　在上皮中形成角蛋白（keratin）的程序，如當皮膚受到摩擦刺激時。

**corolla　花冠**　花瓣的集合。

**corona　副花冠**　花被（perianth）的一個喇叭狀突起，如見於黃水仙。

**coronary thrombosis　冠狀動脈血栓**　在冠狀動脈中形成血栓。

**coronary vessels　冠狀血管**　供應心臟肌肉的動脈和靜脈。

**corpus　體**

**corpus allatum　咽側體**　昆蟲頭部的一個腺體，它分泌保幼激素，在每次蛻皮時保持個體的幼蟲特徵直到變態爲成蟲。見圖117。

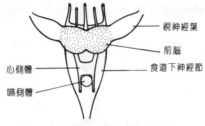

視神經葉
前腦
心側體
食道下神經節
嗡側體

圖117　嗡側體。玫瑰蟲的腦部。

**corpus callosum　胼胝體**　高等哺乳動物中聯結大腦兩半球的神經組織。

**corpus cavernosum　陰莖海綿體**　哺乳動物陰莖兩側的一對能夠勃起的組織，它和尿道海綿體（corpus spongiosum）一同在充滿血液時造成陰莖勃起。

**corpus luteum　黃體**　哺乳動物在**排卵**（ovulation）後，於**格拉夫卵泡**（Graafian follicle）中形成的一個內分泌腺體。它在LH和**催乳激素**（LTH）的影響下分泌**黃體激素**（progesterone）。如果卵受精了，黃體就在懷孕期間一直存在。否則它就在**動情週期**（estrous cycle）之末退化。它是在**腦垂腺**（pituitary gland）前葉產生的LH影響下形成的。黃體激素準備生殖器官使之能承受懷孕並在懷孕期間保持子宮內膜的適孕狀態。

**corpus quadrigemina　四疊體**　哺乳動物腦上的4個葉。

**corpus spongiosum　尿道海綿體**　哺乳動物陰莖中央的勃起組織。見 corpus cavernosum。

**correlated response　相關反應**　因選擇（selection）了完全不同的另一種性狀而造成的表型（phenotype）改變。例如說，本來是選擇更多的鬃毛，但對於某些昆蟲卻導致不育。

**correlation　相關**　兩個變數間的統計相關，常表示為相關係數 r。這個係數的取值範圍由 r＝1.0（完全的正相關）到 r＝－1.0（完全的負相關），而 r＝0則表示兩變數間毫無關係。人類的身高和體重是正相關，因為人身高增加時體重也增加，而另外一些變量則呈負相關，例如人的年齡增加時，頭腦的靈活性卻降低。

**cortex　皮層，皮質**　器官或任何部位的外層，例如人的腎臟和腦都有皮層，植物維管束（vascular bundle）外表皮之內的組織也叫皮層。

**corticotropin　促皮質素**　見 adrenocorticotropic hormone。

**cortisol or hydrocortisone　皮質醇，氫化可體松**　腎上腺皮質產生的一種固醇，其作用類似腎上腺皮質素（cortisone）。

**cortisone　腎上腺皮質素**　腎上腺皮質分泌的一種葡萄糖皮質素（glucocorticoid），其作用是化解一些生理壓力。它使淋巴節縮小，白血球數降低，減緩炎症，促進癒合，並促進生糖作用（gluconeogenesis）。可體松的產生受其本身的調控，可利用負回饋機制（feedback mechanism）由促腎上腺皮質激素（adreno-corticotropic hormone）引發可體松的產生。

**corymb　繖房花序**　總狀花序（raceme）的一種，其花梗越靠上的越短，結果造成一個平頂，上面形成一個平面。

**corymbose cyme　繖房狀聚繖花序**　一種平頂的聚繖花序（cymose），很像繖房花序（corymb），但產生的方式不同，因為最老的部分在中心（頂部）。

**cosmic rays　宇宙（射）線**　從外太空以接近光速射入大氣層的原子粒子。現認爲宇宙線是造成**自發突變**（spontaneous mutation）的一個原因。

**cosmoid　齒鱗**　（指腔棘魚和肺魚的鱗）其組成包括：一個外層的齒鱗質，它很像牙本質；中層是海綿骨；下層則爲骨板。對照 ganoid, placoid。

**costal　肋的**　與肋骨有關的。

**cotyledon　子葉；絨毛葉**　1.子葉。植物胚胎的一個部分，狀似種子上的一個特化小葉，但其實是個儲藏器官，它由胚乳處吸收營養，並在**出土**（epigeal）發芽後起葉子的作用。有些**被子植物**（angiosperms）有一個子葉（**單子葉植物**, monocotyledons），而有些有兩個（**雙子葉植物**, dicotyledons）。2.絨毛葉。哺乳動物胎盤上一塊塊生長絨毛的部分，特別見於反芻動物。

**cotype　共模標本**　見 syntype。

**Coulter counter　庫爾特計數器**　一種電子式的顆粒計數器，其中有兩個電極可察知從中通過的顆粒對阻抗造成的影響。用於測量微生物樣本中的總細胞計數。

**countercurrent exchange　逆流交換**　一種生物機制，可最大限度地促進兩種液體間的交換。其效果依賴於這兩種液體流動方向相反，同時在兩者之間存在濃度梯度。液體一高濃度→低濃度，液體二高濃度←低濃度。例如，這種機制發生於魚鰓處血管和水之間的氧氣交換，還發生於哺乳動物腎臟**亨利圈**（loop of Henle）的上升和下降小管處。

**countercurrent multiplier　逆流倍增**　在一個**逆流交換**（countercurrent exchange）系統中，在單位距離上交叉轉運的數量。這是發生交換的總距離的函數。

**counterflow system　逆流系統**　水和血液在魚鰓處反向流過，這樣就保證血液總能遇到含氧量最高的水。見 countercurrent exchange。

**coupling 偶聯** 在異合子（heterozygote）中兩個基因的**野生型**（wild type）對偶基因都位於同一個染色體上，而兩個基因的**突變型**（mutant）對偶基因都位於另一**同源染色體**（homologous chromosome）上。連鎖基因的這種排列通常稱為相引（見圖118）。當考慮**遺傳連鎖**（genetic linkage）時，這樣的排列很重要。對照 repulsion。

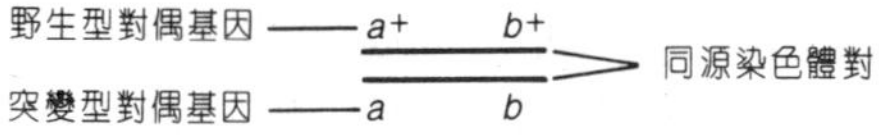

圖118　偶聯。偶聯時基因的排列。

**courtship 求偶** 為求得交配而採取的炫耀弄姿等行為。

**cover glass** or **cover slip 蓋玻片** 覆蓋生物顯微標本以供鏡下檢查的薄玻璃片。

**coxa（複數 coxae） 基節** 昆蟲附肢的基底節。

**crab 蟹** 十足目短尾亞目的甲殼動物（crustacean），頭胸甲扁而寬，腹部前突。

**cranial nerve 腦神經** 脊椎動物自腦部發出的10對（在**無羊膜動物**, anamniotes）或12對（在**羊膜動物**, amniotes）周圍神經。

**Craniata 有頭動物** 見 vertebrate。

**cranium 顱** 脊椎動物的頭顱。

**crassulacean acid metabolism（CAM） 景天酸代謝** 景天科某些肉質植物的一種光合作用（photosynthesis）方式。這些植物白天將氣孔關閉以防過量的**蒸散作用**（transpiration）失水，而只在夜間開放氣孔。到夜間將二氧化碳吸入並以有機酸（如蘋果酸）的形式存起來。至白天再將二氧化碳由酸中放出並用於**卡爾文氏循環**（Calvin cycle）。

**crayfish 螯蝦** 十足目長尾亞目的甲殼動物，體長，體部具**蝦形排列**（caridoid facies）。

189

**creatine phosphate** or **phosphocreatine**　**磷酸肌酸**　見 phosphagen。

**creatinine**　**肌酐**　肌肉肌酸的含氮廢物。見 phosphagen。

**crenate**　**具圓齒的**　（指植物葉子）

**Cretaceous period**　**白堊紀**　從距今約1億3500萬年前到6500萬年前的地史時期。通常又分爲下白堊紀（1億3500萬到9500萬年前）和上白堊紀（9400萬到6500萬前）兩個時期。顯花植物的繁盛時期始於此時，而大型爬行動物如恐龍和菊石類都在本紀末滅絕。見 geological time。

**cretin**　**呆小症患者**　在發育期中甲狀腺（thyroid gland）功能嚴重不足造成的後果。患者生長緩慢，腹部腫大，智能嚴重缺陷，性發育遲緩。

**Crick, Francis**　**克立克**（1916-　）　英國生物化學家，因其同華生（James Watson）和威爾金斯（Maurice Wilkins）對去氧核糖核酸（DNA）分子結構的工作而知名於世，並於1962年獲諾貝爾獎。他和華生提出一個 DNA 分子結構的模型，並指出 DNA 複製的機制，這現已爲人廣泛接受。克氏還提出擺動假說（wobble hypothesis），即每個 DNA 密碼的第三個鹼基都可以改變而不影響所編碼的胺基酸（amino acid）。

**crinoid**　**海百合**　海百合綱的棘皮動物，包括現在的海百合。從寒武紀（Cambrian period）起在整個地質時期中都遺留有化石。主要固著海底。

**crisped**　**皺波狀的**　（指植物結構）

**crista（複數 cristae）**　**脊**　粒線體（mitochondrion）內膜的皺褶，有氧呼吸（aerobic respiration）的電子傳遞反應就在其上發生。

**critical group**　**臨界群**　很難區分其中分類差別的分類類群。

**CRM（cross-reacting material）**　**交叉反應物質**　一種蛋白質，通常無酵素的功能，但可經由血清學測驗測出。

**crocodile　鱷魚**　鱷目的大型水棲蜥蜴樣爬行動物，為爬行動物中具四室心臟的僅有生物。

**crop　嗉囊；作物，消耗量**　1.嗉囊。脊椎動物，特別是鳥類中，食管的一個擴大部分，用於儲藏食物。2.嗉囊。無脊椎動物腸道系統前端的一個膨起部分，用於消化或儲藏食物。3.作物。收成。如農作物和魚業的收成。4.消耗量。生態學中指總年產量同淨產量間的差額，即捕食動物和草食動物所食，還包括人類以及造成腐壞的生物所消耗。見 standing crop。

**crop growth rate　作物生長率**　定時段內單位土地面積上一個群落（community）生產的總乾物品質。

**crop milk　嗉囊乳**　鴿乳，是嗉囊（crop）上皮分泌用於餵飼幼鴿的。

**crop pruning　作物疏耕**　去舊利新以提高作物（crops 3）產品質的農耕方法。

**crop rotation　輪作**　按照一定順序在不同季節栽種不同作物（crops 3），以免耗竭地力。舉一個簡單的例子：塊根作物＞燕麥＞豆科植物和麥子。其中的豆科植物尤其重要，因為它可由根中的固氮細菌（見 nitrogen fixation）將大氣中的氮還給土壤。

**crop spraying　作物噴藥**　用化學藥劑噴灑作物（coprs 3）以除蟲和消除病原體的措施。

**cross　雜交**　1.動植物物種內雌雄結合，從而產生子代的程序。2.兩不同親體交配產生的雜種。

**crossbreed　雜交育種**　見 interbreed 2。

**cross-bridge link　橫橋聯結**　骨骼肌纖維中肌凝蛋白（myosin）的球狀頭部同肌球蛋白粗絲之間的聯結。

**cross-fertilization or allogamy　異體受精**　分別來自不同植物的雌雄配子（gamete）相互融合產生子代的程序。對照 self-fertilization。

**crossing over　互換**　在減數分裂（meiosis）的第一次分裂前

期的雙線期（diplotene）中發生的一個程序，即在非姊妹染色單體（chromatids）間發生交換，造成遺傳重組（recombination）（見圖119）。亦見 unequal crossing over。

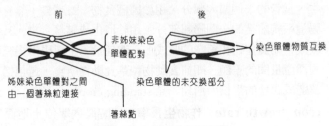

圖119　互換。染色單體的物質互換。

**Crossopterygii　總鰭魚亞綱**　內鼻孔魚綱的一個亞綱，是一個古老的類群，主要是淡水魚，包括許多化石種，但現存種只有一個，即腔棘魚（coelacanth）中的矛尾魚（Latimeria）。

**cross-over value　互換率**　一個估計值：即含有減數分裂（meiosis）中因互換（crossing over）而產生的基因組合的配子數目，佔所產生的配子中一切基因組合的比例。由此計算出的頻率可用作遺傳連鎖（genetic linkage）的一個量度，一個百分數的交換值等價於一個圖距單位。

**cross-pollination　異花授粉**　借助風力、昆蟲攜帶或其他方式將花粉由一朵花的花藥傳到另一朵花的柱頭，並隨即形成花粉管的現象。對照 self-pollination。見 pollination。

**crustacean　甲殼動物**　節肢動物門甲殼動物綱的動物。本綱包括蝦、螯蝦、蟹和水蚤等。大多數是水生，不過也有少數是陸生，住在潮濕地方，如窺蟲。

**cryophytes　冰雪植物**　在冰雪上生長的植物，通常有藻類、苔類、眞菌和細菌。

**cryoturbation　冰擾作用**　因冰的形成而造成的凍土沉積的運動。

**cryptic coloration　隱藏色**　因同環境色澤相近而使動物得以

隱藏於其自然生境中的色彩（見 camouflage）。

**cryptic species　同形種**

**crypto-**　［**字首**］　表示隱藏的。

**crypt of Lieberkuhn　利貝昆氏隱窩**　十二指腸（duodenum）和迴腸（ileum）內膜絨毛底部的狹細坑窩，內中有十二指腸腺（Brunner's glands）、潘尼氏細胞（Paneth cells）和杯狀細胞（goblet cells）分泌的液體流出。見圖120。

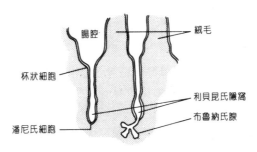

圖120　利貝昆氏隱窩。十二指腸壁的橫切面圖。

**cryptogam　隱花植物**　（在廢用的分類系統中）指一切不產生種子的植物，即原植體植物、苔蘚植物和蕨類植物中的植物。在松柏和有花植物（顯花植物）中生殖器官很顯著，但在隱花植物中卻大不相同，正因如此才得到這個名稱。

**cryptophyte** or **geophyte　隱芽植物**　再生芽埋在地下的植物。

**cryptozoa　隱居動物；待證動物**　1.隱居動物。居住於落葉層，暗處，以及土壤表層的動物。2.待證動物。可能存在但尚需明確證實的動物，例如雪人。

**CSF　腦脊髓液**　見 cerebrospinal fluid。

**ctenidium（複數 ctenidia）　櫛狀鰓**　許多軟體動物（特別是瓣鰓綱）套膜中的梳狀鰓。

**ctenophore　櫛水母**　櫛水母動物門的海洋無脊椎動物，包括借助一排排梳狀纖毛移動身體的球節水母。有時也同**腔腸動物**（coelenterates）被分類在一起，更多的時侯被列爲一個門。

**cubical epithelium　立方上皮**　見 epithelium。

**cud　反芻食團**　來自反芻動物第一個胃的食物，返流入口再次咀嚼。

**cull　淘汰**　1.從牧群中剔除劣質個體。2.靠屠殺來減少動物種群的數目，例如海豹屠殺。

**culmen　嘴峰**　鳥喙上頜的中央縱向凸脊。

**cultivar　栽培種**　動植物中培養的品種，常具有獨特的特徵，並能借助有性或無性方式繁殖。在園藝學中常使用培養品種的名稱，就寫在種名之後，如常見的長春藤品種寫做 *Hedera helix*（洋常春藤）。

**cultivation　開墾，栽培**　1.開墾。爲作物準備土地。2.對作物的種植、管理和收穫。

**culture medium　培養基**　見 medium。

**cuneate　楔形的**　（指葉子）

**cuneiform** or **cuniform　楔形的**　（指葉子）楔子較窄的一端靠近基部。

**cupula　杯狀結構；頂**　1.杯狀結構。2.頂。耳內壺腹（ampulla）中的一個結構，內含感覺末梢。

**curare　箭毒**　一種麻痺性毒藥，原由南美印第安人從馬錢子屬植物（*Strychnos toxifera*）的根萃取出並敷在箭頭上用於毒殺獵物。現爲重要藥物。它的麻痺作用是由於它可阻止**乙醯膽鹼**（acetylcholine）使節後膜發生去極化，特別是在神經和肌肉接頭處，從而阻斷神經衝動的傳導致使中毒者不能動作。

**cusp　齒阜**　哺乳動物臼齒咬面的突起。

**cutaneous respiration　皮膚呼吸**　經由皮膚進行的氣體交

換。動物界中許多低等動物，只要它們的體積足夠小，就可以完全由瀰散作用吸取氧氣和釋放二氧化碳。直徑不到1公釐的生物，如果它們的耗氧量是每小時每克體重0.05毫升，那麼它們就完全可以由瀰散作用滿足氧氣需要。如果它們的代謝率更低而需氧更少，則體積就可以更大，但比這更低的耗氧量極少見。因此，直徑超過1公釐的動物必須有一個特殊的運氧系統來保證對體內組織的供應。不過，即使是具有這種系統的動物也還可以經由皮膚來交換氣體。兩生動物就是在溫度達到22℃之前，皮膚呼吸進氧量大於肺呼吸的。

**cuticle** or **cuticula　角質層**　1.動植物表皮分泌的一層薄薄的非細胞性物質。在高等植物，它覆蓋了除氣孔和皮孔以外的整個外表，起防止水分丟失的作用（角質化）。在許多節肢動物，它還組成**外骨骼**（exoskeleton），其中還包含**幾丁質**（chitin）和**蛋白質**（protein），在**甲殼動物**（crustaceans）中更含有鈣質。2.在脊椎動物（角質層）中則是由表皮細胞轉化為**角蛋白**（keratin，如見於毛髮、羽毛、鱗片、趾甲、爪、蹄、角等中），也是起防止水分丟失、細菌侵入，以及紫外線輻射等作用。

**cutinization　角質化**　植物中形成**角質層**（cuticle）的程序，在細胞壁中要滲入一種不透水的脂質物質，稱角質（cutin）。

**cutting　插條**　植物人工繁殖的一種方法，通常是將一段小莖帶著附葉由母株（例如秋海棠、老鸛草）上取下，置於水或濕砂中。一旦長出**不定**（adventitious 1）根，就可以再移栽到土壤中。

**Cuvierian duct** or **ductus Cuvieri　古維管**　魚類中由血竇和血管引向心臟靜脈竇的一對血管。與高等脊椎動物中的腔靜脈同源。

**cyanide　氰化物**　例如氰化鉀（KCN）和氰酸（HCN），兩者都為劇毒。它們可與細胞色素酶類（例如**細胞色素氧化酶**，

cytochrome oxidase）結合，後者負責在細胞呼吸（cellular respiration）程序中運輸氫原子，因此結合後就會造成細胞不能產生能量。

**cyanocobalamin　氰鈷胺**　見 cobalamin。

**cyanophyte　藍綠藻**　見 blue-green algae。

**cybernetics　控制論**　研究活體內的控制和人造機械系統如機械人中的控制問題的學科。

**cycad　蘇鐵**　蘇鐵目中熱帶或亞熱帶裸子植物（gymnosperm）。蘇鐵始於中生代（Mesozoic period）。現存種可長至20公尺高，樹冠為蕨樣葉片。可活至千年。

**Cycadofilicales　蘇鐵蕨目**　裸子植物（gymnosperm）中已滅絕的一個目，由種系發生的角度看，其成員很令人感興趣。它們靠種子繁殖，但卻有著蕨樣的維管束，並可生出次生木材。

**cyclic AMP（cAMP，adenine monophosphate）　環腺核苷單磷酸**　據信它可作為激素和靶細胞中生化程序之間的中介。現認為，(a)激素到達靶細胞就和細胞膜上的受體結合；(b)腺苷酸環化酶被激活，將 ATP 轉化為 cAMP；(c)cAMP 又激活特定的細胞酶，從而啟動一系列鏈式反應。亦見 cyclic GMP。

**cyclic GMP（cGMP，guanosine monophosphate）　環鳥糞核苷單磷酸**　常同環腺核苷單磷酸（cyclic AMP）產生相反效應的核苷酸。和環腺核苷單磷酸同功，但它一般只含有極低濃度。

**cyclic phosphrylation　循環磷酸化**　見 light reactions。

**cycling matter　循環物質**　在一個系統中重複循環的物質。

**cyclo-　[字首]**　表示環狀。

**cyclopia　獨眼**　只有一個中眼。

**cyclosis　細胞質環流**　見 cytoplasmic streaming。

**cyclostome　圓口類**　1.圓口魚。圓口綱魚類，包括七鰓鰻和肺魚，無頜，具吸吮型口。2.圓口亞目。苔蘚動物的一個亞目，管狀體壁，缺孔蓋。

**cyme 聚繖花序**

**cymose 聚繖狀** （指花序）生長部分的末端都是花，因此整體生長情況就全靠側面的生長點。結果造成花序中的最老的部分在頂部。

**cyphonautes larva 雙殼幼蟲** 苔蘚動物的幼蟲，類似擔輪幼蟲（trochophore），具雙殼。

**cypris larva 腺介蟲幼蟲** 滕壺的幼蟲。

**cypsela 連萼瘦果** 菊科成員的果實，類似瘦果（achene），由兩個心皮形成。

**cyst 包囊；囊腫** 1.包囊。一個生物形成的囊狀結構，常用於存儲該生物的休眠期。許多生物類群都有包囊期，如原生動物、線蟲、吸蟲和條蟲。2.囊腫。由皮膚向外生長形成的病態（morbid）結構，如因導管阻塞造成的皮脂囊腫，或是內部的生長物如卵巢囊腫。

**cysteine 半胱胺酸** 蛋白質中常見的20種胺基酸（amino acids）之一，具極性側鏈，溶於水。見圖121。半胱胺酸的等電點（isoelectric point）為5.1。

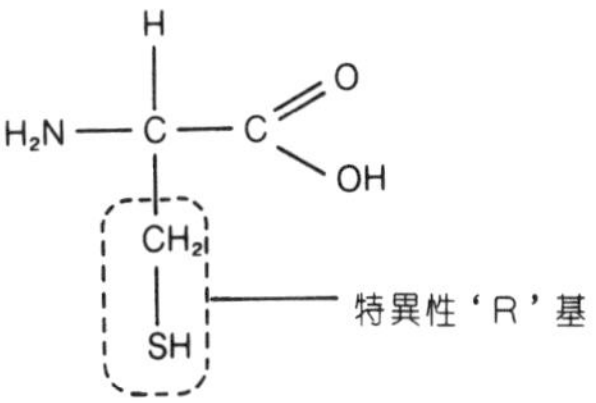

圖121 半胱胺酸。分子結構。

**cysticercoid 擬囊尾幼蟲** 條蟲的一種幼蟲，類似囊尾幼蟲，但只有一個小囊。

**cysticercus 囊尾幼蟲** 一類條蟲的幼體，它由一個囊和其中的反向翻轉的頭結（scolex）構成，如果它被終末寄主食入就可能發育爲成蟲。食入後,外囊壁被消化,頭結翻出,包囊消失。
頭結附著到寄主的腸壁上,隨著節片的生長,一個新的條蟲就形
成了。見圖122。

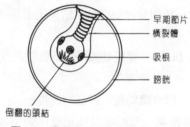

早期節片
橫裂體
吸根
膀胱

倒翻的頭結

**圖122  囊尾幼蟲。一般結構。**

**cystic fibrosis  囊腫性纖維化**　　一種人類疾病,2000個活嬰
就有一個患兒,患兒分泌黏液的腺體,特別是胰臟和肺臟中的腺
體變得纖維化了,產生的黏液特別稠厚。其症狀包括腸道阻塞和
肺炎,儘管現代的醫學進展,仍然可能造成死亡。本病是第7對
染色體長臂上的普通染色體隱性遺傳病,所以患病的兒童都是純
合子隱性,其**突變體**(mutant)對偶基因分別來自父母雙方。
目前還沒有治癒的方法,但在1986年宣布已發展出基因探針,可
用於在產前,即約於胎兒9周時,進行**絨毛膜活組織檢查**(chori-
onic biopsy)檢查。如果結果爲陽性,則父母有機會決定是否終
止妊娠。

**cystitis  膀胱炎**　　因腸道的大腸桿菌感染膀胱而造成的痛性炎
症。

**cystocarp  囊果**　　由紅藻的受精**果孢**(carpogonium)生長出
的一個結構,它隨後再生出**果孢子**(carpospores)。

**cystolith  鐘乳體**　　某些植物如蕁麻中的一種結構,是細胞壁
向內生長並在其頂部帶進一粒碳酸鈣形成的。

**cytochrome  細胞色素**　　一種含鐵的蛋白質色素,它能交替地
被氧化和還原,因而能在**線粒體**(mitochondrion)中的**電子傳
遞系統**(electron transport system)上擔任電子載體。

**cytochrome oxidase　細胞色素氧化酶**　電子傳遞系統（electron transport system）中最後的一個氫電子載體，它由細胞色素（cytochrome）處得到一個電子，再將它傳給氧同時形成水。

**cytogenetics　細胞遺傳學**　研究細胞及其染色體遺傳的學科。對胎兒細胞進行細胞遺傳學分析（見 amniocentesis 和 cystic fibrosis），可用於估計嬰兒患病的風險。

**cytokinesis　細胞質分裂**　細胞分裂（cell division）的一部分，通常發生於核分裂的末期（telophase）。細胞質分為兩部分，這有時是不平均的，例如在卵子生成（oogenesis）程序中，分成卵和極體的大小不等。在不同生物之間，分裂的方式也不同。在高等植物，先由裡面出現一個產生膜的區域（細胞板），它再同外膜相連。在低等植物，細胞壁和質膜是由外向裡生長的。在動物，質膜由外向裡先出現一圈深深的溝，最後將細胞分為兩半。

**cytokinin or kinetin or kinin　細胞分裂素**　一種促進細胞分裂（細胞質分裂, cytokinesis）和細胞增大（腫脹）的植物激素（plant hormone）。它有幾種效應和植物生長素（auxin）相似，但另外一些則不同。例如細胞分裂素促進側芽的發育和生長，而植物生長速卻抑制側芽（見 apical dominance）。

**cytology　細胞學**　研究細胞的學科。

**cytolysis　細胞溶解**　細胞的分解。

**cytoplasm　細胞質**　細胞原生質（protoplasm）中不位於核內的部分。在原核生物（prokaryote）和真核生物（eukaryote）之間，細胞質中含有的細胞器種類差別很大。

**cytoplasmic inheritance or extranuclear inheritance　細胞質遺傳，核外遺傳**　由真核生物（eukaryote）細胞質中遺傳因子控制某些性狀的現象。這些細胞質中的遺傳機制可以表現為母體影響，如某些扁螺對螺殼左右構型的控制。另外，在某些細胞器如粒線體（mitochondrion）和葉綠體（chloroplast）上還發現了 DNA，它們可以獨立於核之外進行複製和發揮功能。

**cytoplasmic streaming** or **cyclosis** **細胞質環流** 細胞質由一個區域向另一個區域運動的現象，通常是按照固定的流向，據認爲是受微絲（microfilaments）的控制，而微絲所含蛋白質和肌動蛋白相似。這種流動可能有幾種功能：(a)在細胞內運輸物質，例如在篩管（sieve tubes）內運輸（translocation）；(b)細胞行動，如白血球的僞足（pseudopodia）；(c)維持最佳溫度；(d)爲葉綠體提供最佳光照條件，如在葉子的葉肉（mesophyll）細胞中。

**cytosine** **胞嘧啶** 去氧核糖核酸（DNA）中4種含氮鹼基之一，具單環結構，屬嘧啶（pyrimidines）類。胞嘧啶是一類稱爲核苷酸（nucleotide）的 DNA 單位的構成成份，它永遠同一種稱爲鳥嘌呤（guanine）的嘌呤鹼配對。胞嘧啶也見於 RNA 分子中。見圖123。

**圖123 胞嘧啶。分子結構。**

**cytoskeleton** **細胞骨架** 細胞質中由微管（microtubules）和微絲（microfilaments）組成的網路，據認細胞是由它賦形的。這個網路使某些細胞器能在細胞質中運動，如高基氏體（Golgi apparatus）產生的小泡，它還造成細胞質環流（cytoplasmic streaming）。

**cytosol** **胞液** 細胞質中的可溶部分，包括其中溶解的溶質，但不包括顆粒物質。

**cytostome** **胞口** 許多單細胞生物的嘴樣開口。

**cytotaxonomy** **細胞分類學** 根據染色體特徵進行分類的一種方法。

# D

**dactylo-** ［字首］ 表示指或趾。

**dactylozooid** **指狀個體** 一種刺人的腔腸動物（coelenterate）水螅體，通常使用長觸手捕獵群居動物。

**damping-off** **猝倒病** 一類植病，通常由腐黴感染造成。幼苗過分擁擠或遭遇潮濕，就會受染患病，導致萎蔫倒伏。

**damselfly** **豆娘** 束翅亞目昆蟲，與蜻蜓類似但較小。

**Danielli, James** **丹尼利** 見 unit-membrane model。

**dark adaptation** **暗適應** 在黑暗中停留使眼睛對光的敏感性增加的現象。

**dark-field microscopy** **暗視野顯微鏡檢術** 先造成一個暗背景再用反射光觀察物體的顯微鏡檢查技術。這樣看到的是暗背景上的亮物體。

**dark reactions** **暗反應** 光合作用（photosynthesis）中不需要能量從而在光暗情況都可進行的程序。暗反應主要是卡爾文氏循環（Calvin cycle）中將二氧化碳還原為碳水化合物的程序，它利用的 ATP 和 NADPH$_2$是在光反應（light reactions）中形成的。

**dark repair** **暗修復** 借助一種不需要光的機制來對去氧核糖核酸（DNA）進行的修復。

**dart sac** **交尾矢** 螺類由陰道分出的一個囊，其中有一個刺，在兩個螺交配前相互射出並刺入對方組織。

**Darwin, Charles Robert** **達爾文**（1809-1892） 英國博物

學家。他的著作包括：《小獵犬號的旅行》（1839）、《物種原始》（1859）、《人類的由來》（1871）等。他和華萊士（Alfred Russel Wallace）提出了現代的進化學說。見 Darwinism。

**Darwinism 達爾文學說** 達爾文（Charles Darwin）提出的進化學說。他主張，不同的動植物都來自一種跨越多少世代的緩漸的程序，都是**自然選擇**（natural selection）的結果。達爾文學說的要點包括：(a)在有性繁殖的生物中，不論是種內還是種間都存在大量變異。(b)一切活的生物都具有高速增長的潛能，可按幾何級數增長。(c)種群一般都限於在一定的大小範圍內，這表示一定存在生存競爭，使不適應當時環境條件的個體被淘汰或不能像其他生物那樣成功地繁殖（見 fitness）。(d)生存競爭導致自然選擇，只有最適應的個體才得以生存。斯賓賽（1820-1893）在他的《生物學原理》（1865）一書中將這個現象描述為適者生存。

**Darwin's finches 達爾文雀** 在太平洋加拉巴哥群島上生存的雀鳥。群島位於大洋中，由一個先祖類型棲居該島，逐漸形成種，因此為**適應輻射**（adaptive radiation）現象提供了一個範例。

**daughter cell 子細胞** 見 cell division。

**Davson，H. 戴夫森** 見 unit-membrane model。

**day-neutral plant 中性日照植物** 不計光照期（photoperiod）長短經一段營養生長即開花的植物。如蒲公英、番茄和向日葵等。對照 short-day plant, long-day plant。

**day sleep 晝眠** 複葉中的小葉在強光下捲曲使氣孔聚攏減少水分逸失的現象。

**DDT 滴滴涕** 二氯二苯三氯乙烯的英文縮寫，具持久後效的強力殺蟲藥。DDT 是第一個使用的主要殺蟲藥。雖然 DDT 製造費用少，但它卻產生了不良的生態學後果。它不能被生物降解以及它易在脂肪組織中積累的特點，使它在**食物鏈**（food chain）中從一個消費者轉移到下一個，並逐步濃縮。所造成的一個後果就是給頂極食肉性鳥類帶來危害；因為 DDT 使鈣在輸卵管中不能被利用，以致卵殼變薄，這樣就使許多稀有鳥類的生殖潛力降低。雖然發生了這些情況，但要殺滅的昆蟲卻因 DDT 帶來的強大選擇（selection）壓力，使它們之中出現了具高度抵抗力的昆蟲種群，造成 DDT 在世界許多地區失效。

**de-** ［字首］ 表示去、脫。

**dealation** 脫翅 指蟻和其他昆蟲失去翅的現象。例如蟻后在受精後產卵前失去翅。

**deamination** 脫胺作用 從一個分子上移走一個胺基（$NH_2$）的反應，例如從胺基酸（amino acid）中釋放氨（$NH_3$）的程序。這樣殘餘的碳鏈就可進入三羧酸循環（Krebs cycle），這通常是通過乙醯輔酶 A（acetylcoenzyme A）。釋放的胺基則進入鳥胺酸循環（ornithine cycle）。

**death rate** 死亡率 見 mortality rate。

**deca-** ［字首］ 表示十。

**decapod** 十足類 分類學名稱，常用於兩類完全不同的生物類群：1.十足目的大型海洋甲殼動物，具5對步行肢，包括蟹、大螯蝦、蝦、對蝦、螯蝦等。2.十足目的頭足類軟體動物，具8個短觸手和兩個長觸手，包括槍烏賊和烏賊。

**decarboxylation** 脫羧 從分子中移走二氧化碳的反應，如三羧酸循環（Krebs cycle）中草醯琥珀酸（$C_6$）轉變為酮戊二酸（$C_5$）的程序。

**decay** 腐敗 死亡組織的分解。

**decerebrate rigidity** 去腦強直 四肢伸肌進入張力性收縮從而向外呈僵直的狀態。如果直接地在中腦紅核之後橫切，就會出現這種情況。

**decerebration** 大腦切除術 一種切斷大腦活動的實驗操作，或是切斷腦幹，或是阻斷供應腦部的血供應。

**decidua** 蛻膜 哺乳動物子宮內襯，在孕期一度增厚，但在產後做爲胞衣（afterbirth）的一部分被排出體外。

**deciduous teeth** or **milk teeth　乳齒**　大部分哺乳動物中都有的第一套牙齒。它們後來要被第二套恆齒所替代，此外還要增添幾個乳齒中沒有的臼齒。

**deciduous tree　落葉樹**　秋季落葉冬季休眠春季再生新葉的樹木。這類樹通常都是被子植物（angiosperms）（如櫟樹、梣樹、山毛欅），不過有些裸子植物也是落葉的（如落葉松）。

**decomposer　分解者**　腐生生物如細菌和眞菌，它們將有機物質依次分解爲較簡單的化合物和無機物質。後者可以再被生產者利用來合成有機物質。

**decomposition　分解；腐敗**　1.分解。化學物質分解爲一個或多個較簡單的物質。2.腐敗。有機物質被微生物所分解。

**decumbent　匍生的**　（指植莖）匍匐在地面，只在尖部才向上生長。

**decussate　十字對生的**　（指葉子）互相成直角的。

**dedifferentiation　去分化**　使業已發生細胞分化（cell differentiation）的組織再發生相反的程序又變回原基細胞（見gurdon）。理論上講，所有細胞都應具有這個能力，因爲成熟細胞並未丟失去氧核糖核酸（DNA）（見 totipotency），但在植物中比在動物中更容易實現這種轉變。

**deer　鹿**　鹿科的反芻四足動物。

**defecation　排便**　經由肛門將消化道中的糞便排出體外。這需要腸壁平滑肌在自主神經的控制下的規律收縮，和肛門括約肌（sphincter）中橫紋肌在意識控制下的鬆弛。

**deficiency disease　缺乏病**　由於膳食中缺乏特定成分而出現的異常情況。如腳氣病（beriberi，缺維生素 $B_1$）、壞血病（scurvy，缺維生素 C）、缺蛋白病（kwashiorkor，缺蛋白質）、佝僂病（rickets，缺維生素 D）。植物也可因缺乏礦物質而出現症狀。例如鎂爲合成葉綠素（chlorophyll）所必需，缺乏時就會出現萎黃病（chlorosis）。

**deflexed　下彎的**　（指彎曲的結構）

**degeneracy　簡化性**　基因密碼（genetic code）中的一種情況，即大多數胺基酸都是由不止一個三聯去氧核糖核酸（DNA）核苷酸（nucleotide）鹼基來編碼的。例如編碼精胺酸（arginine）的有 CGU、CGC、CGA 和 CGG 等幾種密碼子（codons）。亦見 Crick。

**degeneration　退化**　在個體生命中或進化程序中，器官的喪失或體積縮小。後一種情況常導致退化器官的存在。

**deglutition　吞嚥**　吞嚥活動是咽部受到刺激時引發一系列複雜反射造成的。

**degree of freedom（d.f.）　自由度**　頻率分布中不受限制之變數的數目。這是統計測驗中極重要的一個因素。例如在一個簡單的卡方測驗（chi-square test）中，自由度的數目比個體類型數目少一，減少一個自由度是因為事先假定了預期在每一類型中有多大比例出現。因此，如果要測驗 9：3：3：1 的比例，則自由度只有3。

**dehiscent　開裂的**　（指植物結構）自動裂開釋放出內含物的。共有兩類開裂結構：一類是花藥（anthers）開裂釋放花粉粒；一類是某些乾果開裂釋放種子，如豌豆、豆、飛燕草等。亦見 circumscissile。

**dehydration　脫水**　由任何物質中脫除水分的操作。常用於凍乾保存物品，或從供顯微觀察的材料中去除水分，後者是因為需要使用不能同水共溶的物質。

**dehydrogenase　脫氫酶**　一種從分子中脫去氫的酵素，如呼吸酶中的脫氫酶，所脫去的氫常常進入電子傳遞系統（electron transport system）。例如在三羧酸循環（Krebs cycle）中將琥珀酸轉化為延胡索酸的反應就是由琥珀酸脫氫酶催化的，所釋放的氫則傳給黃素腺嘌呤二核苷酸（FAD）。

**dehydrogenation　脫氫作用**　將氫從一個供體分子轉移到一個受體分子的程序，前者被氧化，後者被還原。這個反應由**脫氫酶**（dehydrogenases）催化。

**deleterious gene　有害基因**　一個對偶基因（allele），它對**表型**（phenotype）的影響會導致**適合度**（fitness）的下降。這樣的基因常常是隱性的，所以除非兩個隱性基因都出現在一個人身上，它們可以在家系中傳播而不被察覺。

**deletion mapping　缺失定位法**　利用重疊缺失（見 deletion mutation）來定位基因在**染色體圖**（chromosome map）上的位置。

**deletion mutation　缺失突變**　因遺傳材料從染色體上丟失所造成的**突變**〔mutation（見 chromosomal mutation, point muta-tion）〕。缺失可以小到只涉及到一個單獨的**去氧核糖核酸**（DNA）鹼基，從而造成在**蛋白質合成**（protein synthesis）時發生鹼基序列的錯讀（見 frameshift），也可大到一大段包括許多**基因**（genes）的染色體的缺失。

**delimitation　定界**　在分類體系中界定一個**分類單元**（taxon）性質的正式陳述。

**deltoid　三角形的**

**deme** or **local population　同類群**　一個種之內的一個同本種內其他個體在遺傳上相對隔離的群體，具有截然不同的遺傳學、細胞學以及其他方面的特徵。

**demersal　底棲的**　（指生物）棲居海底或接近海底但在潮間帶之外的。

**demi-　〔字首〕**　表示半。

**demographic transition　人口變遷**　人口學的一個學說，認為在一個國家工業化的程序中人口也要發生變化，先是嬰兒和成人死亡率降低，然後是出生率下降。在死亡率降低之後，出生率下降的延遲就在發展中國家造成人口的迅速增長。在已開發國家中，出生率和死亡率接近相等，因而人口結構就穩定。

**demography　人口學**

**denaturation　變性**　蛋白質（protein）的四級、三級和二級結構的破壞。許多物質都可造成變性，如過熱、強酸、強鹼、有機溶劑和超聲振盪。通常變性是不可逆的，如加熱蛋清使之成為凝固的蛋白時。

**dendr-** or **dendro-**　［字首］　表示樹。

**dendrite** or **dendron　樹突**　起自神經細胞的突起，它接受來自其他軸突的神經衝動，和這些軸突之間形成**突觸**（synapses）。見 neuron 及圖222。

**dendrochronology　年輪測年**　研究木材年輪（annual rings）以判定木材年齡以及樹木生長時的氣候情況。

**dendrogram　樹狀圖**　按家系樹的方式表示分類關係的圖解。

**dendrometer　樹徑測量儀**　測量樹幹圍長的儀器，文中提到時常是因為拿它作為**內聚力-張力假說**（cohesion-tension hypothesis）的證據。

**dendron　樹突**　見 dendrite。

**denitrification　脫氮作用**　含氮化合物降解並釋放出氣態氮至大氣的程序，例如將硝酸鹽和亞硝酸鹽分解為氣態氮，這是由土壤細菌在無氧氣存在的情況下完成的。見 nitrogen cycle。

**denitrifying bacteria　脫氮細菌**　負責脫氮作用（denitrification）的細菌。

**density-dependent factor　密度依變因子**　調節自然情況下種群大小的因子，當種群增大時就對種群產生遏制作用。這些因子可影響出生率或死亡率，但影響後者時更多。種群密度高時，某些個體可能產仔減少，或者是死亡率（這通常是因被捕食、染病或食物短缺）增加。這些因子使種群數目在一個長時間之內保持在一個相對恆定的水準上，見 control, regulation 2。對照 density-independent factors。

**density-gradient centrifugation　密度梯度離心**　借助離心作用（centrifugation）分離一勻漿中的各組分，使每一組分移動到與溶質梯度相當的密度處。見 differential centrifugation, ultracentrifuge, equilibrium centrifugation。

**density-independent factor　非密度依變因子**　不依賴於種群密度的因子，如氣候。對照 density-dependent factor。

**dent-　〔字首〕**　表示牙齒。

**dental formula　齒式**　根據口腔一側的切齒、犬齒、前臼齒和臼齒的數目列出的公式。在式中上牙的數目列在下牙的數目之上，例如人類的齒式是：

$$\frac{2\ 1\ 2\ 3}{2\ 1\ 2\ 3}$$

**dentary　齒骨**　哺乳動物的下頜骨。

**dentate　齒狀的**　（指植物結構）

**denticle　小齒**　見 placoid。

**dentine　象牙質**　牙齒髓腔四周的含鈣組織。牙本質無細胞但結構同骨相似。從髓腔有細胞突起穿過本質並向外分泌琺瑯質。

**dentition　齒系**　脊椎動物牙齒的排列、類型和數目。

**deoxyribonucleic acid　去氧核糖核酸**　見 DNA。

**deoxyribose　去氧核糖**　一種五碳糖，是去氧核糖核酸中的糖成份（見 DNA）。

**dependent differentiation　被動分化**　胚胎組織由其他組織藉組織因子（organizers）啟動的分化程序。例如青蛙眼中晶狀體是在視杯的影響之下發育的。見 cell differentiation。

**depolarization　去極化**　跨膜電荷〔通常是在神經元（neuron）上〕的翻轉程序，從而引發動作電位（action potential）。在去極化程序中，正常情況下是膜裡面由陰性變為陽性，外面則變為陰性。這是因為陽性的鈉離子迅速流進軸突。然後再經由鈉泵（sodium pump）的作用，恢復靜止電位（resting potential）。見圖124。

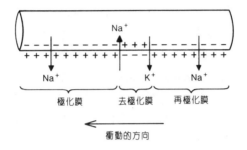

圖124　去極化。神經纖維的去極化。

**depressed　凹陷的；扁平的**　（指植物結構）

**depressor muscle　降肌**　見 flight。

**depth distribution　深度分布**　土壤或水中生物的縱向分布。

**derived character　衍生性狀**　與祖先性狀相較已有相當改變的性狀。

**derm-　［字首］**　表示皮膚。

**dermal bone　皮骨**　積生在皮膚底層的骨頭，並不是替代已有軟骨而成。例如鎖骨和哺乳動物的顱骨。

**Dermaptera　革翅目**　昆蟲的一個目，包括蠼螋。

**dermatogen　表皮原**　植物莖枝生長點上的表層細胞，一般認為表皮即源於此。

**dermis** or **corium　真皮**　脊椎動物皮膚（skin）的深層。胚胎時源於中胚層（mesoderm），位於表皮之下，後者則來自外胚層。真皮包含神經、血管、肌肉和結締組織。

**Dermoptera　皮翼目**　一類食蟲的哺乳動物，包括飛狐猴，有膜張在腕、踝和尾之間，以助滑翔。

**description　類述**　描述有關一個分類單元（taxon）諸般性狀的正式說明，其中要特別強調同近緣種類的區別。

**desert　沙漠**　一類陸地環境，其特點包括貧瘠的土壤、極端溫度和極低降雨量，因此生物也極爲稀少，而且這些生物必須能適應這種特殊環境。見 xerophyte, metabolic water。

**desiccation　乾燥**　驅除水汽乾燥物品的操作。這通常是在乾燥器中進行，乾燥器中裝有氯化鈣等乾燥劑。

**design of experiments　實驗設計**　實驗應設計得使實驗結果足以肯定或否定所測試的假說。舉例說，如果一個實驗需要抽樣，那麼所得結果必須能保證正確的統計測驗。因此，在設計實驗時，最好應找個統計師咨詢。

**desmognathous　索顎型的**　（指頜骨）具有大型海綿狀的上頜顎骨，常和梨骨在腹面相連。這類頜骨見於天鵝、鵝、鴨、鸚鵡，以及某些猛禽。

**desmosome　橋粒**　眞核細胞的相鄰細胞膜上的加厚部分。

**detergent　清潔劑**　溶於水可做爲清潔劑，藉改變水與其他液體或液體間的張力而去除油脂。強力劑也用於消除海面油污。

**determination　決定**　胚胎組織變得只能產生單一種成年器官或組織的程序。

**detoxication　解毒**　使有毒物質變爲無害的程序。例如肝臟可將氨轉變爲毒性較小的尿素（見 ornthine cycle），而**過氧化氫酶**（catalase）可分解過氧化氫爲水和氧。

**detritivore　食碎屑動物**　以腐屑爲食的生物。

**detritus　腐屑**　有機物殘屑。

**deutero-　[字首]**　表示第二。

**Deuteromycotina　不完全菌類**　見 fungi imperfecti。

**deutoplasm　滋養質**　卵中的卵黃或食物成份。

**development　發育**　卵、胚胎或幼體走向成熟的程序。

**Devonian period　泥盆紀**　地質時代，約從4億1500萬到3億7000萬年前。此時期存在許多淡水魚，植物也已在陸地定居。眞種子植物已出現，石松類也已成樹。兩生類已進化出來；最早的昆蟲、蜘蛛和蟎已出現；但筆石已滅絕。見 geological time。

**de Vriesianism　德夫理厄斯假說**　認爲進化是由於在種的水準上發生劇烈突變而造成的假說。這是由荷蘭植物學家德夫理厄斯（1848-1935）在1900年提出的。德氏還是**孟德爾遺傳學**（Mendelian genetics）的再發現者。

**dextrin　糊精**　一類多醣，可能是不溶於水的澱粉水解爲可溶性的葡萄糖程序中的一個中間步驟，變爲葡萄糖後才能進一步用於**細胞呼吸**（cell respiration）、**運輸**（translocation），或進一步的合成。見圖125。

澱粉 ⟶ 糊精 ⟶ 麥芽糖 ⟶ 葡萄糖

圖125　糊精。不溶的澱粉水解爲可溶的葡萄糖。

**dextrorotatory　右旋的**　（指結晶、液體或溶液）（例如葡萄糖）可將偏振光的平面旋向右。對照 levorotatory。

**dextrose　葡萄糖，右旋糖**　見 glucose。

**di-　〔字首〕**　表示二、兩次。

**dia-　〔字首〕**　表示穿過或跨過。

**diabetes insipidus or diabetes mellitus　尿崩症；糖尿病**　代謝性疾病，或表現爲排尿量增多（尿崩症），或表現爲血和尿中出現過量的糖同時伴有口渴和體重降低（糖尿病）。前者是因垂體分泌抗利尿激素（ADH）不足，而後者則因**胰島**（islets of langerhans）分泌胰島素不足。

**diadelphous　二體的**　（指雄蕊）花絲聯合爲兩組，或有一個單獨的而其餘的聯合爲一組。

**diageotropism　橫向地性**　對重力採取橫向生長的現象，例如**根莖**（rhizome）。

**diagnosis　診斷**　根據最重要的特徵，將某一特定**分類單元**

211

（taxon）與類似類元區分開的陳述。

**diakinesis　肥厚期**　減數分裂（meiosis）第一次分裂的前期最後一個階段，此時染色體已達到最濃縮的狀態而同源染色體（homologous chromosomes）正要分開之際。此時核仁（nucleolus）已消失，核膜已退化，由中心體（centrosome）產生的微管則已組成一個紡錘體。

**dialysis　透析**　利用微孔膜將小分子同較大分子區分開的方法，例如用火綿膠截留住較大分子但允許較小分子透過到另一面水分多的地方。腎臟就是利用這個原理工作，這也是用於腎臟病和腎功能衰竭的人工腎的原理。

**diapause　休止**　昆蟲停止生長和發育的階段，這受內分泌的控制。滯育是一種適應，可幫助昆蟲度過不利情況。但不利情況消除後，因爲它是由遺傳決定的，所以它並不自動停止。不過，滯育卻可藉適當的環境改變或人爲的溫度刺激和化學刺激來打斷。

**diapedesis　血球透出**　血球細胞由變形穿過無損的血管壁的程序。

**diaphragm　橫膈**　僅存在於哺乳動物的分隔胸腹腔的一片組織。它由肌肉和肌腱組成，而它由隆起轉爲繃平是吸氣時擴展肺部的一個重要因素。見 breathing。

**diaphysis　骨幹**　長骨的幹部。對照 epiphysis。

**diapsid　雙弓顱；雙弓類**　1.雙弓顱。在眶後有兩個窩的顱。2.雙弓類。（在某些分類中）雙弓亞綱的爬行動物。

**diastase　澱粉酶**　常見於種子如大麥中的一種酵素混合物，負責澱粉的水解。這種混合物含有眞正的澱粉酶，可將澱粉轉變爲麥芽糖（maltose），也有時要通過糊精（dextrin），其中還有麥芽糖酶（maltase），後者則將麥芽糖轉變爲葡萄糖。

**diastema　齒隙**　牙齒間的間隙。

**diastole　心舒**　見 heart，cardiac cycle。

**diatom　矽藻**　矽藻綱（Bacillariophyceae）的成員。

**dicarboxylic acid　二羧酸**　含兩個羧基（-COOH）的有機酸。

**dicentric　具雙著點粒的**　（指染色體）

**dichasium　二歧聚繖花序**　指聚繖花序（cyme），其中的分支對生且大致等長。

**dichlamydeous　兩被的**　有兩輪花被的。

**dichogamy　雌雄異熟**　一個花中的雌雄蕊在不同時間成熟。

**dichotomous　二歧的，二叉的**　1.（指植物）反復分支為二等份的。2.（指性狀）在兩個可能性之間選擇的。見 key, identification。

**dicotyledon　雙子葉植物**　被子植物綱雙子葉亞綱的有花植物。其他被子植物（angiosperms）則屬於單子葉亞綱（見monocotyledon）。見圖126和166。

| 特徵 | 雙子葉植物 | 單子葉植物 |
|---|---|---|
| 1. 子葉/胚的數目 | 兩個 | 一個 |
| 2. 葉脈結構 | 羽狀或掌狀 | 平行 |
| 3. 莖部維管束 | 圓柱狀排列 | 散生 |
| 4. 根系 | 基本上是直根 | 基本上是鬚根 |
| 5. 維管束中有無形成層？ | 有 | 無 |
| 6. 花瓣部位 | 四、五或其倍數 | 三或其倍數 |

**圖126　雙子葉植物。**雙子葉植物和單子葉植物的區別。

**dictyosome　高基氏體**　見 Golgi apparatus。

**dictyostele　網狀中柱**　某些植物中的一種維管柱（stele），內有韌皮部（phloem），外有木質部（xylem），分裂為網狀分離束，每一分離束外包內皮層（endodermis）。

**Didelphia　有袋動物**　（負鼠類）見 marsupial。

**didymous　成雙的**　（指植物結構）由兩個互連的相似部分構

成。

**didynamous　二強**　（指雄蕊）由兩對組成，其中一對較大。

**dieback　枝梢枯死**　枝條由頂端向下壞死（necrosis）。

**dieldrin　地特靈**　一類氯烴，爲長效強力殺蟲劑。在許多國家，因其對生態的危害而被禁止。亦見 DDT。

**differential centrifugation　差速離心**　利用不同速度離心勻漿而將不同細胞器沉積並加以分離的技術。細胞器越小，沉積所需速度越高。見 density gradient centrifugation, ultracentrifuge, centrifugation。

**differential permeability　差異滲透性**　見 selective permeability。

**differentiation　分化**　見 cell differentiation。

**diffusion** or **passive transport　擴散，被動運輸**　特定物質由高濃度區至低濃度區，即沿*濃度梯度*（concentration gradient）的分子運動。由於分子結構的不同，在氣體中的擴散比在液體中的擴散要快得多。舉例說，二氧化碳在空氣中擴散比在水中要快1萬倍。

**diffusion pressure deficit（DPD）　擴散壓不足**　見 water potential。

**digastric　雙腹的；二腹肌**　1.雙腹的（指肌肉）。含有兩個膨起部分，中間由肌腱相連。2.二腹肌。位於人頸部，參與吞嚥反射。

**Digenea　複殖亞綱**　吸蟲的一個亞綱，包括肝*吸蟲*（fluke）。對照 monogenea。

**digestion　消化**　借助酵素的作用將複雜的食物分子*水解*（hydrolysis）爲可吸收狀態的過程。在某些生物，消化在細胞外進行，酵素要分泌到體外，而消化產物要再吸收進來，例如真菌。在大多數*異養生物*（heterotrophs）中，消化則在一個特化的管腔中進行，稱消化道（alimentary canal）。這個管道通常由肌肉組成，食物是借助蠕動（peristalsis）擠壓而通過消化系統（digestive system）的。

**digestive system　消化系統**　消化道（alimentary canal）連同相聯的消化腺（見 digestion）。以哺乳動物為例，消化活動主要發生在下面幾個地方：(a)口（mouth）腔。在咀嚼程序中澱粉就被消化，牙齒構造因習用食物的差別而有所不同，而牙齒的作用主要是增加食物的表面積。口腔的 pH 值由弱酸直到輕度鹼性。(b)胃（stomach）。胃提供酸性條件和強有力的肌肉攪動，從這裡開始對蛋白質進行消化。連骨頭在此也部分被消化。(c)小腸（small intestine）。所有食物的主要消化場所，消化酶來自胰臟和腸腺。強鹼性條件。

**digit　指，趾**　1.靈長類的指或趾。2.脊椎動物五指（趾）附肢（pentadactyl limb）的指（趾）骨（phalanges）。

**digitate　具指狀突的**

**digitigrade　趾行的**　以指或趾著地行走，像狗貓等能快速奔跑的動物都是趾行。

**dihybrid　雙因子異型合子；雙因子雜交**　1.雙因子雜合子。含有一個基因的兩個對偶基因（alleles）同時含有另一基因的兩個等位基因的生物。例如一個生物同時具有性狀 A（是由等位基因 $A_1$ 和 $A_2$ 控制的）和性狀 B（是由等位基因 $B_1$ 和 $B_2$ 控制的）。這樣一個雙因子雜合子的基因型是 $A_1A_2B_1B_2$，也即一個雙重雜合子（heterozygote）。2.雙因子雜交。兩個相同雙重雜合子之間的雜交；這兩個相同的雙重雜合子可以是同一對親體的兩個雙雜合子子代交配所生，也可以是一個雙雜合子自體受精（見 self-fertilization）所生。孟德爾（Mendel）就是根據豌豆不同性狀間雙因子雜交的結果推導出他的獨立分配（independent assortment）定律。

**dikaryon　雙核體**　1.真菌菌絲中兩核並存於同一細胞中但並未融合的狀態，由細胞學觀點來說是 n + n。如果兩核來自遺傳性質不同的株,則稱異核體(heterokaryon)。2.具兩核的單一動物細胞,兩核分別來自不同的物種,例如鼠和人。

**dilute 稀釋** 加水減低溶質濃度的操作。

**dimer 二聚體** 兩相同分子聚合而成的分子,即兩單體(monomers)聚合而成的分子。紫外線可以誘導在去氧核糖核酸(DNA)中形成胸腺嘧啶二聚體,使一根多聚核苷酸鏈上的兩個胸腺嘧啶鹼基形成一個二聚體,這就妨礙了它們和對面多聚核苷酸鏈上的腺嘌呤借氫鍵結合,從而使 DNA 分子失活。

**dimictic lake 二次混合湖** 每年湖水兩次垂直翻轉的湖。

**dimorphism 二態性** 一個生物存在兩種形態的現象,如存在雌雄雙態(見 sexual dimorphism)。二態性可表現在體形上,也可表現在顏色上,例如雙斑瓢蟲,一型色棕有4紅點,另一型色紅有二暗斑。見 genetic polymorphism。

**dino- 〔字首〕** 表示可怕的。

**dinoflagellate 雙鞭藻** 一類單細胞具雙鞭毛的水生浮游生物,現歸於甲藻門。它們既可以看作是原生動物的一個目(溝鞭毛蟲),也可看作是水藻的一個綱(甲藻)。

**Dinornithidae 恐鳥** 紐西蘭已滅絕的大型鳥類(高可超過 3 公尺),可能因人類獵殺以致滅絕。

**dinosaur 恐龍** 龍盤目(Saurischia)和鳥盤目(Ornithischia)的已滅絕的爬行動物。恐龍(恐怖的蜥蜴)在侏羅紀(Jurassic)和白堊紀(Cretaceous)曾為陸地脊椎動物中的優勢種。

**dinucleotide 二核苷酸** 由兩個核苷酸(nucleotides)組成的化合物。

**dioecious 雌雄異株的** (指植物)雌花和雄花分別生長在不同個體上,如柳樹。(字面上講,此詞意為兩個家)。對照 monoecious。

**dioxin 戴奧辛** 製造某些殺蟲劑和殺菌劑,特別是製造四氯二苯駢對戴奧辛（TCDD）時的副產品，性質極毒。

**dipeptide　二肽**　由縮合反應（condensation reaction）形成胜肽鍵（peptide bond）將兩胺基酸結合而成的化合物。見圖127。

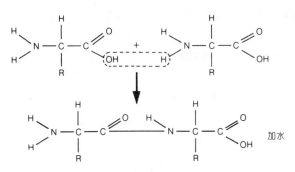

**圖127　二肽。形成方式和分子結構。**

**diphtheria　白喉**　白喉桿菌感染人類上呼吸道的一類嚴重疾病。白喉毒素造成咽部上皮細胞的**壞死**（necrosis），局部產生灰色**滲出物**（exudate）並逐漸在扁桃體上形成膜，這個膜可向上擴展到鼻腔，或向下延展至喉部，若不治療可造成窒息。

**diplanetism　兩游現象**　某些真菌的生活史中存在兩個遊動**孢子**（zoospore）階段。

**dipleurula　對稱幼蟲**　**棘皮動物**（echinoderms）的幼蟲，體形雙側對稱。

**diplo-　〔字首〕**　表示雙重。

**diploblastic　雙胚層的**　（指動物）體壁由**外胚層**（ectoderm）和**內胚層**（endoderm）兩層細胞組成的，這種排列只見於**腔腸動物**（coelenterates）。

**diploid　二倍體**　1.（指細胞核）含有同源染色體兩型中的每一型，並且是由有性生殖程序形成的。2.（指生物）在主要的生命階段中，細胞核具有兩型染色體，通常表示為2n。除了某些真菌外，二倍體階段見於一切**真核生物**（eukaryotes）。比起**單倍體**（haploid）狀態（n），它可造成更大遺傳變異性。

**diplonema 雙線** 減數分裂雙線期（diplotene）中的染色體結構。

**diplont 二倍體生物** 處於二倍體（diploid）階段的生物。

**diplopod 倍足類** 倍足亞綱（多足綱）的節肢動物，即馬陸類。體呈圓柱狀，每個腹節上有兩對附肢。

**diplospondyly 雙體椎形** 每個體節上有兩個脊椎，如見於某些魚的尾部。

**diplotene 雙線期** 減數分裂（meiosis）第一次分裂的前期中的一期，此時染色單體（chromatid）除在交叉處外都已分離而染色體材料正在收縮。交叉的存在表示正在發生互換（crossing-over）。見 chiasma。

**Dipnoi 肺魚亞綱** 內鼻孔魚類（choanichthyes）下屬的一個亞綱，包括現僅存的3個肺魚種，不過這個類群在泥盆紀（Devonian periods）和石炭紀（Carboniferous periods）卻很常見。其鰾演化為肺以供在大氣中呼吸，這幫助它們渡過乾季。

**dipolarity 偶極性** 一個分子同時存在正負電荷，結果是一端呈陽性而另一端呈陰性。

**dipteran 雙翅類** 昆蟲綱雙翅目的蚊蠅類。雙翅類屬內翅類（Endopterygotes），它後面的一對翅退化為平衡棒（halteres），用於飛行時平衡身體。見圖128。

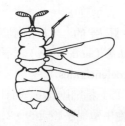

圖128 雙翅類。水虻科蠅。

**directional selection 定向選擇** 沿著某個固定方向進行選擇

（selection），例如說沿著體積增大的方向，這種情況可能是環境變化的結果。舉例來說，如果有另一個冰期迫在眉睫，氣溫要下降，於是棲於某個地區的溫血脊椎動物的體積就有可能增加。見 Bergmann's rule。

**disaccharide　雙醣**　例如**麥芽糖**（maltose）或**乳糖**（lactose），其通式為 $C_{12}H_{22}O_{11}$。是由兩個**單醣**（monosaccharide）經由縮合反應形成的。見圖129。

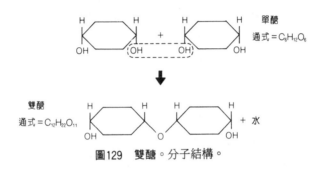

圖129　雙醣。分子結構。

**disc　花盤**　見 disk。

**Discomedusae　盤水母目**　缽水母綱（腔腸動物，coelenterates）的一個目，包括大多數常見的盤形水母。

**discontinuous distribution　不連續分布**　一種分布類型，親緣種的種群分散於世界上相距甚遠的地區，例如肺吸蟲在澳洲、非洲和南美洲都存在。人們認為這種分布表示這個類群異常古老，而位於現存種群中間的種群業已滅絕。

**discontinuous variation　不連續變異**　某一性狀（character）的不同形式分布於不同的組別中彼此間毫不重疊，這常是受幾個主要基因的控制。例如果蠅中的白色和紅色眼色。亦見 qualitative inheritance。

**discordance　不一致性**　因遺傳差別造成的個體間性狀差異，如在**異卵雙生**（dizygotic twin）中所見，這在**同卵雙生**（monozygotic twins）中不常見。

**disease 疾病** 因病原微生物造成的動植物異常情況,這可能影響重大功能的發揮,通常還出現具診斷意義的症狀。

**disease resistance 抗病性** 抵禦致病因子(pathogens)的襲擊並保持不受影響的能力。抵抗力可自然發生,但在種群中可借人為選擇(artificial selection)措施加以提高,例如在動植物育種工作中可以育出能抵禦某些真菌的番茄品種。

**disjunction 分離** 在細胞核分裂,特別是減數分裂的後期中,同源染色體(homologous chromosomes)相互分離走向兩極的程序。分離程序的異常情況(見 nondisjunction)可導致染色體突變,造成子細胞中含有過多或過少的染色體。在人類,多餘的普通染色體(autosomes)可造成嚴重異常的個體(見 Down syndrome, Patau syndrome, Edwards' syndrome)。有關性染色體(sex chromosomes)不分離造成的異常,亦見 Turner's syndrome 和 Klinefelter's syndrome。

**disk** or **disc 花盤** 花托中圍繞植物子房的部分,肉質,有時還分泌花蜜。

**dispersal 分散** 植物種子或動物幼蟲(這在固著型動物尤為重要)散播,以及動物成體運動,從而擴大了棲居和活動範圍的現象。動物幼蟲可以是能運動的,但孢子、種子和果實都是靠風力、水流或動物攜帶,而在某些植物還存在一種彈射迸發的機制。協助擴散的機制很多:有的果實帶鉤,例如川續斷和牛蒡,可以黏附在動物身上;有的利用媒介生物,如瘧疾寄生蟲利用蚊蟲;而有的海洋生物幼蟲則移動到另外和成體棲居的水層有不同水流方向的水層。擴散的技巧還包括遷出(emigration)、遷入(immigration)和遷徙(migration)。

**dispersion 離差** 擴散(dispersal)發生之後個別生物的分布格局。例如,生物可以是隨機分散、分散不足(聚集)或過分分散(如見於佔域性動物)。分散不可同分布相混淆,後者通常是指整個物種而不是指個體。

**displacement activity　替換活動**　表面看來同當時情景毫無關係的行為，通常是發生在應激的情況下。曾有人解釋為是攻擊行為和逃逸行為同時發生的結果。例如鳥類的假孵卵行為，鳥類在受到來自鳥巢方面的干擾時反由地上銜起築巢材料扔開；以及刺魚在領域邊界發生衝突時卻向下作挖掘動作。見 vacuum activity。

**display　炫耀**　儀式化行為，包括意圖引發對方特定反應的體位姿勢、發聲，以及動作。求偶表演，特別是在鳥類，可以很複雜，但表演也可以是帶恐嚇性的，或意在迷惑（distraction），以及其他含義。

**disruptive selection　分歧化選擇**　造成表型在種群中兩歧發展的選擇作用。歧化選擇造成子種群間的分歧。對照 stabilizing selection。

**dissociation　解離**　化學結合的產物分離為其組分的程序，如血紅蛋白和氧的解離。見 oxygen-dissociation curve。

**distal　遠側的**　遠離身體中心的。如手指是位於人臂的遠側端。對照 proximal。

**distal-convoluted tubule　遠曲小管**　見 kidney。

**distance receptor　距離受器**　能探測來自環境刺激的受器（receptor），它使動物能以針對刺激做出反應。

**distichous　二列的**　（指植物結構）排成相反的兩列的。

**distraction　迷惑**　動物的一種表演行為，常見於有捕食者危及卵或幼體時，例如可以表現為假裝受傷，或從事某種指向捕食者的動作，目的是分散對方的注意力。

**distribution　分布**　一個物種於所在地區上的生存情況，即存在範圍，或地理分布。在水生生物，或土壤生物，或甚至高山生物，垂直分布也很重要。對於某些生物來講，特別是遷徙的生物，垂直分布以及地理分布都隨季節而變。見 frequency distribution, dispersion。

**disulfide bridge 雙硫鍵** 兩個硫原子間的共價鍵,特別見於胜肽和蛋白質中的。

**diuresis 利尿** 增加腎臟排尿。見 ADH。

**diuretic 利尿劑** 促進利尿(diuresis)的藥物。

**diurnal rhythm 晝夜節律** 以24小時有規律晝夜週期爲基礎的活動節律。參見 circadian rhythm。

**divaricate 分叉的**

**divergent evolution 趨異演化** 源於同一共祖的演化(evolution)。

**diversity 多樣性** 一個群落(community)中物種的變異度。

**diversity (D) region 多樣性區域** 個別免疫球蛋白(immunoglobulins)所獨有的胺基酸序列,它使分子能以發揮其對抗特異抗原(antigens)的抗體(antibody)作用。

**diversity index 多樣性指數** 表示某一特定生物群落如淡水無脊椎動物的多樣性的綜合指標。還可將其同生態系統中的污染聯繫起來,那樣就可發現多樣性越大,污染的程度就越小。

**diverticulum 憩室** 管形器官,特別是腸道,其壁向外膨出形成的囊或袋。

**division 部;分裂** 1.部。植物分類中的一個較大單位,相當於動物分類中的門(phylum)。2.分裂。由母細胞分爲子細胞的程序(見 cell division)。

**dizygotic twins or fraternal twins 異卵雙胞胎** 一母同時生出的一對嬰兒,但來自不同的受精卵。因此這樣的雙生兒僅相當於同胞(siblings),可以是同性或異性。對照 monozygotic twins。

**DNA (deoxyribonucleic acid) 去氧核糖核酸** 一類複雜的核糖核酸(nucleic acid),存在於幾乎一切生物的染色體中作爲基本的遺傳材料,它控制蛋白資的結構,因此也就影響一切酶促反應。

(a)結構。華生（Watson）和克立克（Crick）在1953年提出的模型，現已被普遍接受。現認爲 DNA 是由兩個**多聚核苷酸鏈**（polynucleotide chains）借**核苷酸**（nucleotide）鹼基間的氫鍵連接而成，由於特定鹼基間的**互補鹼基配對**（complementary base pairing）就保證形成一個平行的穩定結構：腺嘌呤（adenine）永遠同胸腺嘧啶（thymine）配對（兩個 H 鍵）而胞嘧啶（cytosine）永遠同鳥糞嘌呤（guanine）配對（三個 H 鍵）。見圖130。兩個多聚核糖核苷酸因磷酸根同糖的連接方式而有相反的極性，於是整個分子就扭轉形成一個雙螺旋，每10個鹼基盤繞一圈。見圖131。

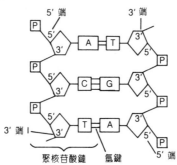

圖130　DNA。互補鹼基配對。

圖131　DNA。盤旋而成的雙螺旋。

(b)複製。（見 semiconservative replication model）。首先在兩個多聚核糖核酸鏈之間的氫鍵通過酵素解斷開。然後每個鏈都做爲一個模板供游離核糖核酸在不同的 DNA **多聚酶**（DNA polymerases）作用下按照由5′到3′的方向附著上去。見圖132。DNA複製發生於**細胞週期**（cell cycle）中細胞分裂之前的 S 期中。

223

DNA LIGASE

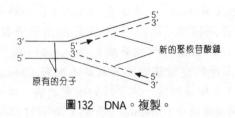

新的聚核苷酸鏈

原有的分子

圖132　DNA。複製。

(c)位置。除去某些病毒如煙草花葉病毒之外，DNA 見於一切染色體。在煙草花葉病毒（TMV）中，遺傳物質是**核糖核酸**（RNA）。在**原核生物**（prokaryotes）中，DNA 是個連續的環，並常以染色體外遺傳物質的形式存在於細胞質中。在**真核生物**（eukaryotes）中，DNA 也是高度盤旋的，但卻是同鹼性和酸性蛋白質複合在一起。可能每個染色體只有一個極長的 DNA 分子。DNA 也存在於真核生物細胞質中的**葉綠體**（chloroplasts）和線粒體（mitochondria）中（見 cytoplasmic inheritance）。

(d)DNA 作為遺傳材料。有一些證據可說明 DNA 在遺傳中的作用：(1)**格立菲**（Griffith）在1928年做的肺炎球菌性狀轉變（transformation）實驗；(2)**埃弗里**（Avery）、**麥克勞德**（MacLeod）和麥卡蒂（McCarty）等人在1944年鑑定了轉化因子是 DNA；(3)造成各種原核和真核生物發生突變的紫外線波長符合核酸的**吸收光譜**（absorption spectrum, 260 nm）；(4)**赫爾希**（Hershey）和**蔡斯**（Chase）用標記的**噬菌體**（bacteriophage）做的實驗。DNA 具有幾個特點使它成為理想的遺傳材料。高度的穩定性（見上述結構部分）；精確的複製使每個細胞都有一個資訊的副本；4種核苷酸鹼基提供了編碼資訊（見 genetic code）；能由鹼基的改變而突變；能夠在打開後還可重新聯合而形成新的遺傳組合（見 recombination）；儲存的資訊可以被其他細胞分子閱讀（見 transcription）。

**DNA ligase**　DNA **連接酶**　促進在已打開的 DNA **聚核苷酸鏈**（polynucleotide chain）兩相鄰部分間形成共價鍵，從而有助於

DNA 修復。

**DNA polymerase** DNA **聚合酶** 有3型聚合酶負責在複製時將游離核苷酸（nucleotides）連接到已打開的 DNA 分子上。第一個 DNA 聚合酶是在1957年由科恩伯格（A. Kornberg）發現的，他並爲此獲諾貝爾獎，但現知這個酵素並不是最主要的，它只是用於修復 DNA 損傷的。

**dogfish** **角鯊** 角鯊科的小型軟骨魚；小型鯊魚。

**dolicho-** ［**字首**］ 表示長。

**dolichocephalic** **長頭的** （指人類）見 cephalic index。

**Dollo's law of irreversibility** **多洛氏不可逆定律** 比利時古生物學家多洛（L. Dollo）提出的原理：一個結構在進化歷程中一旦丟失，就不能再重新得到。

**dominance** **顯性；優勢** 1.顯性。基因間相互作用的一種形式：在異合子（heterozygote）中，一個對偶基因（allele）掩蓋另一個等位基因的表達，使表型（phenotype）只受顯性基因的控制。例如說，基因 A 有兩個等位基因 A1和 A2：

A1/A1 ＝ 黑色表型

A2/A2 ＝ 白色表型

但在雜合子中，A1/A2＝黑色表型。因此，A1相對於 A2來講是顯性，而 A2相對於 A1來講是隱性。用分子生物學的術語來說，A1等位基因所編碼的蛋白質在品質和數量上都保證了能產生出正常數的黑色素，儘管 A2等位基因未能編碼出正常的酵素也未影響。參見 codominance, incomplete dominance。2.優勢。在生態群落（community）中，某一物種可在數量上佔據優勢，例如櫟樹林中的櫟樹就是其中的優勢種。

**dominance hierarchy** **優勢等級** 動物社群中的一種現象：某些成員從屬於另一些成員，使位於其上的成員可以得到取食和交配上的優勢。見 pecking order。

**dominant epistasis** **上位顯性** 上位（epistasis）的一種類

型：一個基因的顯性對偶基因（alleles）可以掩蓋處於另一坐位的等位基因的表達。這種互動作用會產生一個12：3：1的雙因子異型合子（dihybrid 1）比例，而不是常見的9：3：3：1比例。對照 recessive epistasis。

**dominant species　優勢種**　一個群落（community）中最常見的物種。

**Donnan equilibrium　唐南平衡**　在半透膜兩側的兩種溶液之離子間建立的平衡，由於部分離子不能通透過去，就在膜的兩側造成一定的電勢差。

**donor　提供者**　為受者提供組織如骨髓的人。見 compatibility, ABO blood group, universal donor/recipient。

**DOPA（dihydroxy phenylalanine）　二羥基苯丙胺酸**　動物體內產生黑色素（melanin）的生化路徑（pathway）中的一個前體。在白化病（albinism）患者體內，DOPA 不被代謝。

**dopamine　多巴胺**　二羥基苯丙胺酸（DOPA）的脫羧產物。分子式為：$C_8H_{11}O_2N$。

**dormancy　休眠**　種子或地下莖等結構在低溫或乾旱等不利條件下減低代謝活動至最低點以求安渡難關的一種狀態。在真菌孢子，休眠可以是外源的（exogenous），萌發時需要一個外來刺激，例如某些營養的存在；也可以是內源的（endogenous），這時休眠全由孢子內在性質所決定，並不受環境的影響。有關種子打破休眠時發生的變化，見 germination。

**dormin　休眠素**　休眠（dormancy）植物芽中的一種抑制生長的物質，其化學結構與脫落酸（abscisic acid）相同。

**dorsal　背面的**　1.（在動物中）通常是最上面。動物的後背就是背側面。背側通常是向上的，如背鰭，不過對於直立的靈長類來講背側卻是向後的。2.（在植物中）指器官上遠離軸心的那一邊。見 dorsiventral leaf。

**dorsal fin　背鰭**　魚或其他水生脊椎動物背上不成對的鰭。此鰭維持行動中的身體平衡。

**dorsal lip　背唇**　胚孔（blastopore）上緣將來要變成背部的部分。

**dorsal root　背根**　在背部進入脊髓（spinal cord）僅含感覺軸突的神經幹。

**dorsifixed　背著的**　（指花藥，anthers）

**dorsiventral leaf　異面葉**　主要見於雙子葉植物（dicotyledons）中的葉型，其結構背腹面不同。主要的區域有：上面的表皮（epidermis）沒有氣孔；下一層是柵欄狀葉肉（mesophyll）；再下則是海綿狀葉肉，中間有較大的細胞間隙；還有一個下表皮，上面有不規則排列的氣孔（stomata）。這樣的葉子一般是水平方向伸展的。

**dosage compensation　劑量補償作用**　一個基因的對偶基因（alleles）自動調節基因產物數量的機制，這樣可使純合顯性基因型（genotypes）產生的基因產物的數量和雜合子產生的一樣。這樣兩個基因型也就無法區分了。劑量代償作用經常發生於雌性哺乳動物中；人們認為每個細胞中總有一個 X 染色體要失活，以使雌雄性產生的基因產物數量可以保持一致。見 inactive-X hypothesis。

**dose　劑量**　生物所接受的化學物質或其他處理的數量。

**double circulation　雙重循環**　哺乳動物和鳥類中的循環類型：肺循環和體循環是完全分離的。見 blood circulatory system。

**double cross　雙重雜交**　植物育種的一種方法。先將4個近交系相互雜交（A×B 和 C×D），然後再將其子代相互雜交（（A×B）×（C×D）），最後產生具有高度活力的雙雜交種子。

**double crossover　雙重互換**　在染色單體（chromatids）之間的兩個單獨互換（crossing-over）事件。在包括3個基因的測交（test cross）中，可以查出有過雙交換的子代，這通常是出現頻率最低的子代。

**double fertilization　雙重受精**　在有花植物中，一個雄核同卵核結合，而另一個雄核同初生胚乳結合形成胚乳核。見 embryo sac。

**double helix　雙螺旋**　見 DNA。

**double recessive　雙隱性**　一個基因的兩個對偶基因（alleles）都是隱性的基因型（genotype），也即純合子（homozygous）。見 dominance 1。

**doubling time　倍增時間**　（細菌學中）指一個菌落中細菌數目加一倍的時間。

**down　短絨毛**　覆蓋鳥體幫助保溫的短小柔軟但沒有羽小支（barbules）的絨毛。

**Down syndrome　唐氏症**　過去曾稱先天愚型（mongolism），因每個細胞染色體組中存在一個多餘的常染色體〔autosome，第21對（見 aneuploidy）〕。本症候群的主要特徵包括：精神發育遲滯，身矮，手指粗短，斜視及心臟缺陷。一般起因於母卵，母親的年歲越大，產生異常卵的機會也越大。這可能是因為年長的母親從她自己出生以來直至受精時為止母卵經歷減數分裂（meiosis）第一次分裂前期的時間比年輕的母親要長，所以面臨不分離（nondisjunction）風險的時間也要長得多。唐氏症候群是人類最常見的染色體異常，發病率為每600活嬰出現一個。

**drainpipe cells　排水管細胞**　具有排水管樣胞內空腔的上皮細胞（見 epithelium），如昆蟲氣管（tracheoles）和扁蟲的排泄管。

**drift　漂移**　見 random genetic drift。

**Drosophila or fruit fly　果蠅**　果蠅屬的小型雙翅（見 dipteran）蠅類。曾廣泛用於遺傳研究。黑腹果蠅也許是在遺傳方面研究得最多的動物。

**drought tolerance　耐旱性**　植物抵禦乾旱的本領。見 xero-phyte。

**drug　藥物**　1.用作藥劑成份的物質。2.影響正常身體功能的物質。

**drupe　核果**　一類肉質果實，種子包藏在果內堅硬木質果核中。核果是由腫脹的**果皮**（pericarp）發育而來。核果如桃、李、櫻桃、橄欖和杏。

**dryopithecine　森林古猿**　森林古猿屬已滅絕的舊大陸猿。

**dry rot　乾腐病；乾腐**　1.乾腐病。淚菌侵染樹木造成的一種腐病，受染樹木顯示典型的方形裂紋。一開始是潮濕部分受染，但後來經由長導水結構也可波及較乾的部分。2.任何與**濕腐**（wet rot）不同的植病症狀，如唐菖蒲的乾腐。

**dry weight　乾重**　生物材料在105℃乾燥直至不再失水爲止時的重量。因爲個體間的水含量相差極大，所以乾重是測量動植物重量的最常用方法。見 biomass。

**ductless gland　內分泌腺**　見 endocrine gland。

**ductus arteriosus　動脈導管**　在哺乳動物胎兒時期中連接肺動脈至**大動脈**（aorta）的一條血管，它成爲肺臟的一個旁路。見圖133。出生後這條血管立即關閉，使血全部流經肺臟進行氧合。偶爾這條血管並未閉合完全，就會造成一種情況，稱爲**藍嬰**（blue baby）。

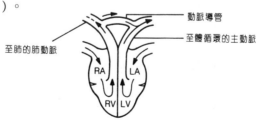

圖133　動脈導管。在哺乳動物體內的位置。

**ductus Cuvieri　古維管**　見 Cuvierian duct。

**Duffy blood group　達菲氏血型**　存在於某些人類種族的一種紅血球抗原（antigen），受第一對染色體上的一個常染色體基因的控制。這個抗原在65％的高加索人種和99％中國人種中爲陽性，不是 Fy⁺ 的純合子就是雜合子，但92％的西非人種是陰性，是 Fy⁻ 的純合子。

**duodenum　十二指腸**　小腸（small intestine）中連接胃至迴腸的部分。人類十二指腸約有12公分長。腸壁內部高度皺褶，還有大量微細突起物，稱絨毛（villi），它們大大增加了消化和吸收的表面積。在壁中有十二指腸腺（Brunner's gland）和潘尼氏細胞（Paneth cells），它們連同經膽管進入十二指腸的胰腺分泌液，提供了全套的消化酶，可以完成全部消化作用。

**duplication, chromosomal　染色體重複**　染色體突變（chromosomal mutation）的一個類型；部分染色體被複製，造成該複製段落中基因的多餘副本。例如果蠅的棒眼畸形就是 X 染色體（X-chromosome）上一個段落的重複突變。

**dura mater　硬腦膜**　覆蓋脊椎動物腦和脊髓的結締組織。見 meninges。

**dwarfism　侏儒症**　因軀體的功能缺陷導致成年個體達不到正常高度，有時還可能伴有其他異常。這可因缺乏垂體前葉分泌的生長激素（growth hormone），也可能因爲遺傳缺陷造成的軟骨異常（見 achodroplasia）。對照 gigantism。

**dyad　二分體**　在分離（disjunction）之後，由兩個染色單體（chromatids）在著絲粒處連接而成的染色體。

**dynamic equilibrium　動態平衡**　連續變化形成的平衡狀態，例如水和水蒸汽達到平衡時這兩相之間仍不斷有分子往來。

**dysentery　痢疾**　由痢疾桿菌和其他菌種感染迴腸和結腸造成的嚴重疾病，有腹絞痛、腹瀉和發熱。本病經由食物、糞便、手和蒼蠅傳播，所以可靠衛生措施來控制。

**dysgenic　劣生的**　和有害遺傳變化有關的。參見 Turner's

syndrome。

**dyslexia** or **word blindness**　**失讀症**　因腦部疾患喪失閱讀功能。

**dysplasia**　**發育異常**　異常生長或發育，如發生於器官或細胞。

**dyspnea**　**呼吸困難**　呼吸費力，伴有氣短。

# E

**e-** or **ex-** ［**字首**］ 表示離開、沒有。

**ear** **耳** 脊椎動物感受聲音、平衡（balance，探測身體與重力間的相對關係）和加速度的感覺器官。兩生動物和某些爬行動物沒有外耳，它們的耳鼓就在皮膚表面。在其他動物則出現外耳，它包括**聽道**（auditory canal）和耳廓，後者是由皮膚和軟骨構成的一個突起。在耳鼓和聽泡之間的是中耳，或稱鼓室；這在某些兩生動物和爬行動物中不存在。**耳咽管**（eustachian tube）將中耳連至咽部。中耳位於顱骨突出的耳骨泡中，其中有耳骨。內耳，或稱膜樣迷路，則位於聽泡中。由橢圓囊伸出半規管（平衡覺），而由球囊則伸出聽覺器官，後者在某些四足動物中為**耳蝸**（cochlea）狀。見圖134。

聽覺起於聲波撞擊鼓膜引起震動時。這震動再通過耳骨傳至卵圓窗，耳骨還對聲波進行放大。震動擾動了耳蝸前庭管中的液體，造成**瑞斯納氏膜**（Reissner's membrane）的震動，這又引起中間管道中液體的位移。這就帶動了基底膜，於是又擾動了鼓管中的液體並擴張圓窗。基底膜的運動刺激科蒂氏器官（見cochlea），於是聽神經就發出衝動。大聲造成基底膜的較大震動。聲音的高低則決定了基底膜運動的頻率。

**eardrum** **鼓膜** 見 tympanic membrane。

**ear ossicle** **聽骨** 低等脊椎動物的**耳柱骨**（columella auris）和哺乳動物的**鎚骨**（malleus）、**砧骨**（incus）和**鐙骨**（stapes）。見 ear。

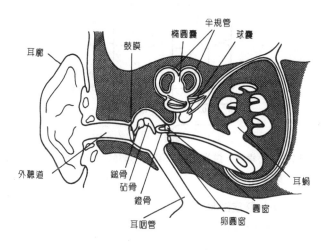

半規管
橢圓囊
球囊
鼓膜
耳廓

外聽道

鎚骨
砧骨
鐙骨
耳咽管
卵圓窗
圓窗
耳蝸

圖134　耳。人耳。

**earthworm　蚯蚓**　寡毛目的環節動物（annelid）。

**ecad　適應型**　因生境而非遺傳造成的植物體型。見 phenotypic plasticity。

**ecdysis　蛻皮**　昆蟲在未成熟前蛻去表皮的程序。蛻皮時，陳舊的表皮裂開並脫去，露出下面新而柔軟的表皮。昆蟲的體積進一步增大，新表皮又逐漸硬化。每個幼蟲階段稱爲一齡（instar），所以一齡以第一次蛻皮爲結束，二齡以第二次蛻皮爲結束。蛻皮一般是由蛻皮激素（molting hormone）發動的。

**ecdysone　蛻皮激素**　見 molting hormone。

**ecesis　定居**　植物在新生境發芽並建立群體的程序。

**ECG（electrocardiogram）　心電圖**　對心搏（見 heart, cardiac cycle）中心電變化的記錄，可用於診斷心臟功能障礙。爲測得心電圖，要在身體表面多處附著電極，通常包括雙臂和左腿。亦稱 EKG。見圖135。

**echidna　針鼴**　單孔目針鼴科身覆長針的哺乳動物，分布於澳洲和新幾內亞。具長吻和爪以掘取螞蟻。

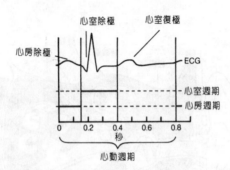

圖135 心電圖。這裡記錄了引發心搏的電流。斷線代表舒張期，實線代表收縮期。

**echinoderm 棘皮動物** 棘皮動物門的成員，包括球海膽、海星、蛇尾、海參、海羊齒、海百合等。本門的特徵是五輻對稱的結構（一種五邊的輻射對稱），以及大多數棘皮動物具管足。

**echinoid 海膽** 海膽綱的棘皮動物（echinoderm），包括球海膽。

**eclipse 隱蔽期；陰黯** 1.隱蔽期。病毒作為游離的核酸存在於寄主中的階段。2.（羽毛）陰黯，指婚羽蛻去後短時存在的羽毛，特別見於鴨類。

**ecogeographical rules 生態地理法則** 見 Bergmann's rule, Allen's rule, Gloger's rule。

**ecological equivalent 生態等位** 來自共祖的兩個種，在相似環境中進化，顯示相同的適應特徵，彼此互為生態等值。

**ecological isolation 生態隔離** 通常指生在同一地理區域但因偏好不同生境而形成的分異。例如福勒蟾蜍和美洲蟾蜍兩者居住在同一地區，但在不同生境中繁殖，前者在大而靜止的水體如池塘，後者在小水坑或溪流積水處。對照 geographic isolation。參見 speciation。

**ecological niche 生態區位** 1.生物所佔據的空間位置。2.生物在群落中的功能角色，例如營養級（trophic level）。3.生物生存的其他條件，例如偏好的溫度、濕度和 pH 值。

**ecological pyramid 生態金字塔** 一種表示生態群落中營養結構或營養功能的圖解法。一般有3種：(a)**數目錐體**（pyramid of numbers）。它表示每個**營養級**（trophic level）上的生物個體數目（見圖256）。(b)**生物量**（biomass）**錐體**。以每一級上的**乾重**（dry weight），或偶爾也以活重來表示。(c)能量錐體。表示各級間能量的流動。見圖136。見 food chain。

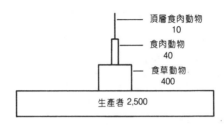

圖136 生態金字塔。熱帶草原現有量的生態金字塔（假想）。圖中數字單位為每年每平方公尺的仟卡數。

頂層食肉動物
10

食肉動物
40

食草動物
400

生產者 2,500

**ecological race 生態宗** 因特定環境的選擇作用而演化出特化性狀的地區性生物類群。

**ecology** or **bionomics 生態學** 研究動植物與環境的關係的學科。

**ecophenotype 生態表型** 因環境影響而造成的表型改變（不可遺傳的）。見 phenotypic plasticity。

**ecospecies 生態種** 一個可以分為幾個**生態型**（ecotypes，見 cenospecies）彼此間可以隨意交換基因而子代不會因此喪失生育力的動植物物種。

**ecosphere 生態圈** 地球及大氣中生物能生存的部分。

**ecosystem 生態系** 全部生物及其棲居的自然環境構成的系統。

**ecotone 生態過渡帶；群落交會帶** 兩個生態群落之間的過渡帶，其中雙方並未融合漸變而是交錯存在，如草原和林地之間。

這種群落間過陡的梯度（驟變）常是人為的結果。

**ecotype　生態型**　生物基因型（genotype）因適應於某一特定生境而做出的反應。例如鹽生車前在泥水中僅高17.5公分，但在肥沃的草原上可高56公分。亦見 phenotypic plasticity。

**ecto- or ect-　[字首]**　表示外。

**ectoblast　外胚層**　見 ectoderm。

**ectoderm or ectoblast　外胚層**　覆蓋發育中胚胎最外面的胚層，它最後大部分發育為上皮（epidermis），但也可發育為神經組織，以及腎管（見 nephridium）。對照 endoderm。

**ectoenzymes　胞外酶**　腐生生物（saprophyte）經體壁分泌到它們侵染的生物材料上的消化酶，消化後再吸收。

**ectoparasite　外寄生物**　見 parasite。

**ectoplasm　外質**　細胞質的外層，以區別於細胞中的內質（endoplasm）。同液狀的內質比，外質通常比較更接近凝膠（見 plasma gel），但兩者之間並無明確的分界線。對於單細胞動物如阿米巴的行動來講，外質很重要。

**Ectoprocta　外肛動物**　見 bryozoan。

**ectotherm　變溫動物**　見 poikilotherm。

**ectotroph　外營生物**　直接由體外吸取食物的異養生物（heterotroph），如麵包黴和絛蟲。與外養生物完全不同，內養生物是自腸腔中吸收食物的異養生物，如人類和水螅。

**eczema　濕疹**　以水泡為特徵的皮疹，常由於變態反應引起。

**edaphic factor　土壤因素**　由土壤中物理、化學或生物成份造成的環境特徵。

**edaphic race　土壤宗**　因基質（substrate）而非其他因素造成的生態表型（ecophenotype）。

**edema　水腫**　因毛細血管滲出液體到周圍組織中增加了細胞間液體含量從而造成的組織腫脹。

**edentate　貧齒類**　貧齒目的有胎盤類哺乳動物。貧齒類為較原始的哺乳動物，缺乏真正的牙齒，只有小釘樣結構起牙齒的作用，上面沒有釉質。包括樹懶、食蟻獸和犰狳。

**edentulous　缺齒的**

**Edwards' syndrome　愛德華茲症候群**　一種人類遺傳缺陷，表現為多種先天畸形：舟狀頭、低位耳、蹼頸及嚴重的智力遲鈍。原因是第18染色體的**三體性**（trisomy），而且和**唐氏症**（Down syndrome）一樣，也和母親的年齡有關。90％的病例於出生後6個月內死亡。

**EEG（electroencephalogram）　電子腦波掃描**　將電極置於頭皮並將電勢放大記錄下來的腦部電學變化。EEG 主要顯示3類波形：α、β和δ。它們的頻率不同，以δ波最慢，正常情況下只見於睡眠。

**eel　鰻**　鰻鱺目的硬骨魚，體表閃光平滑，軀幹細長似蛇，鰭退化。

**eelworm　線蟲**　寄生於植物或獨立生活的線蟲。

**effector　動器**　受器（receptor）接受刺激時做出反應的結構或器官，這個刺激可來自中樞神經系統或來自激素。

**efferent neuron　傳出神經元**　由中樞神經系統向外攜帶衝動至效應細胞的神經纖維。對照 afferent neuron。

**egestion　排便**　從體向外排出糞便或未利用的食物的程序。

**egg　卵**　1.見 ovum。2.卵。昆蟲、鳥類及爬行動物產生的一種生物結構，其功能是保證胚胎在陸地無水的情況下能在母體外正常發育。脊椎動物的卵有一個外殼（在鳥類是硬的，在爬行動物是革質的）、4型胎膜，還有卵黃及周圍蛋白中的食物儲備，最後是胚胎。胚胎是從受精的**卵細胞**（ovum）發育而來，發育時卵殼尚未形成。家禽可產生未受精卵，其中不會育出胚胎來。

**egg cell　卵細胞**　見 ovum。

**egg membrane　卵膜**　包圍並保護卵的膜、殼或膠凍樣組織。

包括卵細胞（ovum）或卵母細胞（oocyte）分泌的初生結構，卵巢細胞分泌的次生膜，以及輸卵管腺體分泌的第三級膜類，如蛋白和卵殼。

**egg tooth　卵齒**　幼鳥喙尖上的角質小突起，用於啄破卵殼。

**eglandular　無腺的**

**ejaculation　射精**　尿道壁肌肉強烈收縮造成精液（semen）從陰莖中射出的程序。

**elasmobranch　板鰓類**　（軟骨魚綱，Chondrichthyes）板鰓亞綱的軟骨魚，包括鯊、角鯊、鰩（除銀鮫以外整個綱）。在某些分類中，這個術語和軟骨魚同義。

**elastic cartilage　彈性軟骨**　見 cartilage。

**elastic fiber　彈性纖維**　脊椎動物散見於結締組織（connective tissue）中富有彈性的纖維，特別見於肺和動脈壁中。

**elastin　彈性蛋白**　彈性纖維（elastic fibers）中的蛋白質。

**elater　彈孢；彈絲**　1.在苔中，一類細胞其內部壁上有螺旋形加厚帶，在高濕度的刺激下有助於將孢子彈射出去。2.在木賊中，指孢子上的一種附件，其功能類似上述。

**elaterid　叩頭蟲**　鞘翅目（Coleopteran）叩頭蟲科的昆蟲，包括叩頭蟲、螢火蟲，以及狹體和闊體叩頭蟲。

**electric organ　放電器**　主要見於板鰓（elasmobranch）魚類如魟中，能電擊與之接觸的其他生物。

**electrocardiogram　心電圖**　見 ECG。

**electroencephalogram　電子腦波掃描**　見 EEG。

**electromagnetic spectrum　電磁波譜**　電磁波的全部波長範圍，其中大部分是人眼看不到的，可見光譜約在400到700毫微米。波長短於可見光譜的輻射包含大量能量，可能對活組織有害。見圖137。見 X-ray, gamma radiation, ultraviolet light。

**electron microscope（EM）　電子顯微鏡**　利用電子和標本

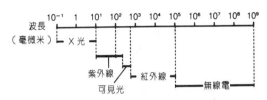

**圖137　電磁波譜。**電磁波譜的波長範圍。

的互動作用產生高解析度圖像的顯微鏡，鏡中電子是由電磁透鏡引導的。電子顯微鏡主要有兩型：(a)透射電子顯微鏡（TEM）。電子束穿透標本（例如切得很薄的切片），再聚焦到螢光屏或攝影膠片上。放大可超過25萬倍，解析度小於1毫微米。(b)掃描電子顯微鏡（SEM）。用高能量電子轟擊標本（可以是整個細胞或組織）使標本表面產生低能量的次級電子。收集這些次級電子形成標本表面的圖像。放大可超過10萬倍，解析度大致在5毫微米。見圖138。

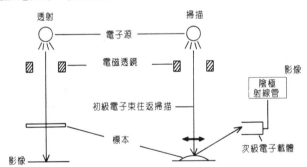

**圖138　電子顯微鏡。**在穿透式電子顯微鏡（TEM）和掃描式電子顯微鏡（SEM）中電子運動的路線。

**electron transport system　（ETS）　電子傳遞系統**　一系列傳遞能量的生物化學步驟，每一步都有一個具有特定能階，或曰具有特定氧化還原電勢（redox potential）的電子載體，這些載體按能量逐漸降低的順序排列。見圖139。

## ELECTRON TRANSPORT SYSTEM

圖139 電子傳遞系統。電子載體的作用。

因此，X 的氧化產生的能量大於還原 Y 所需。這釋放的能量可用於在線粒體（mitochondria）和葉綠體（chloroplasts）中產生腺苷三磷酸（ATP），可能是經一種稱為化學滲透的機制。這個機制首先是由米切爾（P. Mitchell, 1920-，在1978年獲諾貝爾獎）提出，其大意是：氫離子由含有電子傳遞系統的膜泵進泵出，產生一種質子動力，促使由腺苷二磷酸（ADP）和磷（P）合成 ATP。電子傳遞對於光合作用（photosynthesis）和有氧呼吸（aerobic respiration）都極重要：(a)光合作用。在葉綠體基粒中進行的光反應（light reactions）裡使用了兩套電子傳遞系統。一套借助光合磷酸化作用（photophosphorylation）產生 ATP，另一套則產生還原型輔酶 II（NADP）。見圖140。

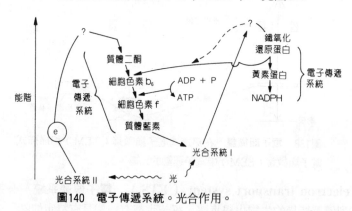

圖140 電子傳遞系統。光合作用。

(b)厭氧呼吸。來自醣酵解（glycolysis）或三羧酸循環（Krebs cycle）的一個分子的 NADPH 傳到粒線體脊，在呼吸電子傳遞系統中被氧化，最後產物包括水和3個分子的 ATP（氧化磷酸化）。見圖141。NADPH 的自由能約為220kJ。其中約102kJ 儲存在3個 ATP 中（3×34kJ），其餘的能量以熱的形式散失，轉換效率約為46%。還原型黃素腺嘌呤二核苷酸（FADH）以較 NADH 為低的能階進入電子傳遞系統，因此只產生2個 ATP。

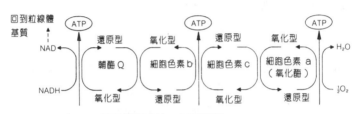

**圖141　電子傳遞系統。無氧呼吸。**

**electro-osmosis　電滲透**　滲透的一個類型：半透膜（semipermeable membrane）的兩側存在電勢差，所以帶電荷的溶質由負性的一邊向正性的一邊移動。

**electrophoresis　電泳**　分離具有不同電荷的物質的方法，例如分離蛋白質。所用器具包括一種支援介質，介質浸有適當的緩衝液，還有橫跨介質兩端的電場。待測的混合物（例如血蛋白）則置於介質上。攜帶不同電荷的組份相繼分離開，最後將它們最終的位置與標準物的位置相比可判定其歸屬。

**element　元素**　利用一般電能不能摧毀的物質。

**elephantiasis　象皮病**　人類因淋巴管阻塞造成周圍組織腫脹的一種病症，因常造成下肢腫脹如象腿故名。常因細菌感染引起，但在熱帶地區卻最常因絲蟲（filarial worms）造成。

**elevator muscle　提肌**　見 flight。

**elimination　排除**　由排糞或呼出二氧化碳等方式從體內排出廢物及未消化物質的程序。

**elytron　鞘翅**　見 Coleoptera。

**emarginate 凹緣的** （指植物結構）近葉尖處有淺缺口。

**emasculation 去雄；閹割** 1.（植物的）去雄。在花粉還未釋放前就由兩性花中將雄蕊去除，以利人工異花授粉的進行。2.（動物的）閹割。去除睪丸，亦稱去勢。

**embedding 包埋** 將標本封包於石蠟中以利切片機進行切片的操作。

**Embioptera 紡足目** 半變態昆蟲（外翅類）的一個目。雄性有4個翅；雌性無翅。社群動物，棲於樹皮下或石下光滑的通道中。

**embryo 胚胎；胚** 1.（動物的）胚胎。由卵裂（cleavage）開始直至動物孵出，或破卵膜而出，或生出爲止的階段。2.（植物的）胚。僅部分發育的孢子體（sporophyte），它在被子植物（angiosperms）中是保護在種子中的。在胚軸的一端是胚根（radicle），即根（root）；在另一端是頂端分生組織（meristem），在某些生物中則是胚芽（plumules），此外還有一兩片幼葉（子葉，cotyledons）。

**embryology 胚胎學** 研究動植物胚胎（embryo）發育的學科。

**embryonic membrane** or **extraembryonic membrane 胚膜，胚外膜** 保護動物胚胎並參與胚胎呼吸和營養的膜。它們來自合子，但位於胚胎之外，包括絨毛膜（chorion）、尿囊（allantois）、羊膜（amnion）和卵黃囊（yolk sac）。

**embryophyte 有胚植物** 有胚植物類的植物，都具有胚和多細胞性器官。包括苔、蘚、蕨類和種子植物。

**embryo sac 胚囊** 有花植物的雌性配子體（gametophyte），包括胚珠（ovule）裡的一個囊樣結構，裡面有6個單倍體（haploid）細胞（無細胞壁）和兩個單倍體核。見圖142。胚囊一詞是因爲植物胚即在此囊中發育出來。兩個雄性配子核（male gamete nuclei）經由花粉管（pollen tube）進入胚囊，進行雙授精。一個雄核同卵核融合，產生雙倍體（diploid）的合子，即未來的植物。另一個雄核和兩個極核融合，產生三倍體（3n）的胚乳（endosperm）核，在某些種類中作為未來的食物儲備。

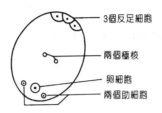

圖142　胚囊。垂直切面。

**emendation　訂正**　改正過去已發表但有誤的學名。

**emigration　遷出**　動物自某地區外遷的行為。對照 immigration。

**emphysema　肺氣腫**　肺部疾患，肺泡過度膨脹並受到破壞。

**emulsification　乳化**　形成乳化液的程序；乳化液是一種液體中有另一種液體以小滴狀分散在其中，例如奶中的脂肪滴。膽汁（bile）是哺乳動物消化系統中的重要乳化劑。

**enamel　琺瑯質**　見於牙冠和魚類小齒上的一種物質，主要由磷酸鈣/碳酸鈣組成，並由角蛋白（keratin）連接在一起。它是由口腔上皮（epithelium）形成。見 tooth。

**enation　突出**　因病毒感染葉片以至葉細胞增生造成的突起。

**encephalitis** or **sleeping sickness　腦炎**　人類中樞神經系統（central nervous system）的病毒性炎症，為北美一些地區的地方病。腦炎不可同非洲昏睡病（African sleeping sickness）相混淆，後者是由錐蟲造成的。

**encystment　結囊**　出現於某些生物特定生命階段的一個現象：生物用組織包繞自身形成一個包囊（cyst）。這通常是一個保護措施，例如見於裸藻（眼蟲）以及吸蟲（flukes）的幼蟲階段。

**endangered species 瀕危物種** 因人類活動而面臨滅絕危險的生物物種。

**endemic 特有的，地方的** （指生物或疾病）局限於特定地理區域如某島嶼的。

**endergonic reaction** or **endothermic reaction 吸能反應，吸熱反應** 需要外源自由能如熱能才能開始的反應。參見 activation energy。

**endo- ［字首］** 表示內。

**endoblast 內胚層** 見 endoderm。

**endocardium 心內膜** 心臟（heart）的內襯膜。

**endocrine gland** or **ductless gland 內分泌腺** 製造內分泌的腺體，它們將分泌物（激素, hormones）直接泌入血液系統。

**endocrinology 內分泌學** 研究內分泌腺及其分泌物的學科。

**endocytosis 內吞作用** 某些細胞主動吞入小顆粒如食渣並形成含食粒膜泡的程序。對照 exocytosis。見 phagocytosis 和 pinocytosis。

**endoderm** or **endoblast 內胚層** 動物胚胎中發育為腸道及其相關器官的胚層。本身起源於原腸胚形成（gastrulation）過程，是由囊胚（blastula）表面的細胞移入形成的。對照 ectoderm。

**endodermis 內皮層** 被子植物（angiosperms）維管組織外的一層單細胞組織，在根中特別重要，在這裡的內皮細胞加厚成為凱氏帶（Casparian strips）以控制水的運輸。

**endogamy 同系配合** 同株異花間的授粉。對照 exogamy。

**endogenous 內源的，內生的** （指生長或生產）指來自體內的，例如由老根（root）的中柱鞘（pericycle）發育出新根便是內源的。對照 exogenous。

**endolymph 內淋巴** 脊椎動物膜性迷路內的液體。

**endometrium　子宮內膜**　雌性哺乳動物子宮的內襯膜，爲一富有腺體的黏膜，它在**動情週期**（estrous cycle）中發生變化，爲接受受精卵作準備。如果未發生受精，內膜就退化，或者像在人類、類人猿，以及舊大陸猴那樣發生突然的崩潰和出血。見menstrual cycle。

**endomitosis　核內有絲分裂**　染色體數目加倍但細胞未發生分裂，從而造成**多倍體**（polyploid）。

**endonuclease restriction enzymes　限制性核酸內切酶**　一類由細菌產生的**酵素**（enzymes），它可在**去氧核糖核酸**（DNA）的特定**核苷酸**（nucleotide）序列處切開；據認爲這種功能有助於細菌防禦異源 DNA 的入侵。這些酵素廣泛用於判定DNA 鹼基序列的位置，例如判定控制**血紅素**（hemoglobin）分子鹼基序列的位置。

**endoparasite　內寄生物**　見 parasite。

**endopeptidase** or **proteinase　肽鏈內切酶，蛋白酶**　一類僅在胜肽鏈內部而不在兩端水解胜肽鍵的蛋白分解酶。有三個主要類型：**胃蛋白酶**（pepsin，在胃臟）、**胰蛋白酶**（trypsin）和**糜蛋白酶**（chymotrypsin，兩者都來自胰臟）。這些酵素負責蛋白質消化的第一步。其他蛋白酶（蛋白質分解酵素）稱爲**外蛋白酶**（exopeptidase）的，則在**迴腸**（ileum）中完成蛋白質的消化。

**endoplasm　內質**　細胞中位於質膜和**外質**（ectoplasm）之內的細胞質。它常常比外質更近於液體（見 plasma sol）；它對於某些**原生動物**（protozoans）的行動很重要。它含的顆粒比外質也多，但兩者很難區分，因爲兩者之間並無明確界線。

**endoplasmic reticulum （ ER ）　內質網**　一系列彼此相連的扁平空腔。包繞空腔的膜厚約4毫微米，與**核膜**（nuclear membrane）是連續的。當上面覆蓋有**核糖體**（ribosomes）時，稱粗面內質網。沒有核糖體時，稱光面內質網，**高基氏體**（Golgi apparatus）也是由它轉化而來的。

**Endoprocta　內肛動物**　見 bryozoan。

**Endopterygota** or **Holometabola　內生翅類，全變態類**　昆蟲（insecta）綱的一個亞綱，包括具有明顯變態（metamorphosis）、其幼蟲化蛹並變成體形迴然不同的成蟲的昆蟲。本亞綱包括雙翅類（dipterans）和鱗翅目（Lepidoptera）。

**end organ　終端器官（終器）**　周圍神經系統（在中樞神經系統之外）纖維末端由單一或多個細胞組成的器官。或爲感受器，或爲傳導衝動到效應器的中間結構如運動終板（見 endplate, motor）。

**endorphin　腦內啡**　脊椎動物神經系統產生的一種小蛋白質，其作用與嗎啡相似。

**endoskeleton　內骨骼**　在生物體內的骨骼，例如脊椎動物的骨骼。對照 exoskeleton。

**endosperm　胚乳**　見於多種被子植物種子中的一種三倍體（triploid 1）組織，如蓖麻油，功能是作爲胚胎發育的食物儲備。無胚乳種子的植物如荣豆則將食物儲存於子葉中。其來源，見 embryo sac。

**endostyle　內柱**　尾索動物，頭索動物和七鰓鰻的沙隱蟲幼蟲的咽部腹側壁上一條覆有纖毛的溝，借助纖毛運動將食物運送至腸道。

**endothelium　內皮**　覆蓋心臟、血管和淋巴管的單層扁平細胞。

**endothermic reaction　吸熱反應**　見 endergonic reaction。

**endothermy　內溫，恆溫**　產生足夠的代謝熱能使核心溫度（core temperature）高於環境的能力。體內溫度可以持續維持，或只維持有限時間，例如只在活動時。

**endotroph　內營生物**　見 ectotroph。

**endplate, motor　運動終端板**　在神經肌肉接點處的肌肉纖維膜變形並接受神經樹突（dendrite）、形成一個終端器官（end organ）。神經末梢釋放的**乙醯膽鹼**（acetylcholine）瀰散跨過接點使終板去極化，引發終板電位。而當終板電位積累起來，就導致**動作電位**（action potential）從而造成肌肉收縮。見圖143。

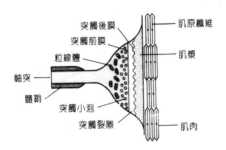

**圖143　運動終端板。垂直剖面。**

**end-product inhibition　末產物抑制**　一類**回饋機制**（feedback mechanism）：沿著一個生物合成**路徑**（pathway）的物質流受到終產物的阻止，結果導致自我調節。

**energy　能量**　一個物體或系統做功的本領。就生物而言，最重要的能量形式有：熱能、輻射能、化學能和機械能。重要的能量單位有：

1卡＝使1克水升高1℃的熱能。

1耳格＝使1克重物體抗重力升高1公分的能量/981。

1焦耳＝1000萬耳格。

1大卡＝1仟卡（＝1000卡）。

1卡＝4200萬耳格＝4.2焦耳。

進入地球大氣的日光能是每年每平方公尺64億3000萬焦耳。能量的**國際標準制單位**（SI unit）是焦耳。在植物和動物中，短期能儲是存於**腺苷三磷酸**（ATP）中，而長期能儲則存於澱粉或脂**肪**（fat）中。

**energy acceptor　能量接受體**　能接受能量的分子，如**細胞色素**（cytochrome），接受的能量常以電子的形式存在，這個納體還可將能量（電子）再傳遞給另一個納體，在**電子傳遞系統**

（electron transport system）中就是這個情況。

**energy donor　能量供體**　提供能量驅動吸能反應（endergonic reaction）的分子。

**energy flow　能量流**　經由生態系統（ecosystem）的能量流動。首先是生產者（producers）吸取了（來自太陽的）輻射能，此能量然後又被食草動物（herbivores）食用，接著又可能被捕食者（predators）所消耗。最後死亡的生物可能被還原者所分解，這每一步都有熱能丟失。但存活的生物蘊藏了一部分能量，而死去的生物也未必都被分解而是以化石燃料的形式保留著大量能量。

**enrichment culture　豐質培養基**　從混合培養中分離出特定生物的技術，即改變培養條件以利該生物的生長同時卻壓抑他種生物的滋生。

**enteric canal　腸管**　見 alimentary canal。

**entero-　〔字首〕**　表示腸。

**enterocrinine　促腸液激素**　一種胃腸道激素，它控制腸液的分泌。

**enterogastrone　腸抑胃素，胃抑激素**　十二指腸黏膜（mucosa）分泌的一種激素，進食脂肪時它就分泌，可降低胃的分泌和運動。

**enterokinase　腸激酶**　小腸壁分泌的一種酶（enzyme），它的功能是促進胰液中的無活性胰蛋白酶原轉化為活性的胰蛋白酶（trypsin）。

**enteron　腸，消化道**　見 alimentary canal。

**Enteropneusta　腸鰓綱**　見 hemichordata。

**entire　全緣的**　（指植物結構）無缺刻的。

**ento-　〔字首〕**　表示內。

**entomo-　〔字首〕**　表示昆蟲。

**entomogenous　昆蟲寄生的**　（指真菌）

**entomology　昆蟲學**　研究昆蟲的學科。

**entomophily　蟲媒授粉**　由昆蟲為植物傳粉（pollination）。這種動物傳粉是將花粉傳遞至柱頭的兩大機制之一，另一機制為**風媒傳粉**（anemophily）。蟲媒花的顏色是適應於它們的傳粉者的。例如蛾是在黃昏或夜晚採花的，牠們採的花大都是白色的。蜜蜂看不見紅色，牠們主要採藍色或黃色的花。許多花的樣式只能在**紫外光**（ultraviolet light）下才能顯現，而這只有昆蟲能看到，哺乳動物是看不到的。花蕊深在的花是由具有長口器的昆蟲來傳粉的，短花則由短口器昆蟲來傳粉，這正是植物和昆蟲**協同演化**（coevolution）的事例。

**entropy　熵**　系統中無序性或隨機性的測度。例如蛋白質受熱變性（見 denaturation），原具有固定形狀的分子舒展開，並採取了隨機的形狀，這時熵就大為增加。

**envelope　外膜，被膜，包膜**　包覆結構，如外膜或外皮。在細菌，這指細胞中包繞細胞質的部分，即細胞膜、細胞壁和莢膜。在**病毒**（viruses），這指毒粒外面含脂質的外膜。

**environment　環境**　任何生物的外周，包括介質（medium）、**基質**（substrate）、氣候情況、其他生物（見 biotic factors）、光線和酸鹼度。

**environmental resistance　環境阻力**　捕食者以及在食物和空間方面的競爭者等等因素對於種群增長的聯合阻力。

**environmental temperature　環境溫度**　將一個與給定生物具有相同形狀和大小的無生命物體置於同一空間位置上，經過一段時間當它和環境取得平衡後所達到的溫度。這個溫度包括對於該生物的輻射及對流等影響。

**environmental variation　環境變異**　見 phenotypic plasticity。

**enzyme　酶；酵素**　依靠降低啟動反應所需活化能（activation energy）來催化生化反應的蛋白質分子。酵素對底物來講通常是專一的，或曰是特異的（見 active site），同時它對於環境條件如 pH 及溫度等很敏感（見圖144及 $Q_{10}$）。異構酶（allosteric enzymes）存在活性和非活性狀態，而其他酶類則可被非底物分子所抑制（見 competitive inhibition, noncompetitive inhibition）。哺乳動物消化系統剛產生出的蛋白質分解酶（蛋白酶）就是無活性形式，這樣減少了產生自身消化的風險。例如胰蛋白酶（trypsin）就是以胰蛋白酶原的形式產生的。

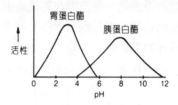

圖144　酵素。pH 值的影響。

**enzyme induction　酵素誘導**　底物同阻遏物結合從而激活酵素的結構基因，這樣產生的酵素則催化底物的代謝。見操縱子模型（operon model）。

**enzyme inhibitor　酵素抑制物**　阻止酵素發揮催化作用的分子。抑制物可以是同正常底物競爭（見 competitive inhibition），也可以是封閉活性部位，從而防止底物的結合（noncompetitive inhibition）。酵素抑制物常爲回饋機制（feedback mechanism）的一部分，幫助調節生化途徑。

**eobiont　原生物**　一個假想的活細胞的化學前體。

**Eocene　始新世**　由5400萬到3800萬年前的一段地質時代，屬第三紀（Tertiary period）。在這段時間內，浮游生物有孔蟲的種群沉積下大片的基岩，埃及的金字塔就是用這些岩石建造的。還有些哺乳動物也是在這個時期第一次出現的，如齧齒類、鯨和食肉動物。見 geological time

**eosinophil leukocyte　嗜伊紅白血球**　嗜染酸性顏料的白血球，屬粒細胞（granulocyte）系。嗜酸性白血球約佔成年人白血球的4％。它們是在骨髓中產生的。它們的功能可能同**免疫反應**（immune response）有關，特別是同**過敏**（allergies）有關。

**ep- or epi- or eph-** 〔**字首**〕 表示在上、超過。

**ephemeral** **短齡的** （指生物）生命期極短的。特別用指一年中生存幾代的植物，以區別於**一年生**（annual）、**二年生**（biennial）、**多年生**（perennial）。

**Ephemeroptera** **蜉蝣目** 昆蟲綱的一個目，包括蜉蝣。屬於**外翅類**（Exopterygotes），一生中大部時間都處於若蟲階段，只有幾分鐘或幾小時是處於不進食的成蟲階段。見圖145。

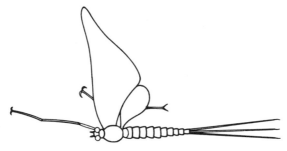

圖145 蜉蝣目。蜉蝣。

**ephyra** **碟狀幼體** **腔腸動物**（coelenterate）水母的游泳幼蟲，是由缽口幼蟲經**橫裂**（strobilation）產生的（見scyphozoan）。

**epiblem** **根被皮** 植物根部**薄壁**（parenchyma）細胞的最外層，隨著根毛層的脫落，它就變成發揮功能的外皮。

**epiboly** **外包法** 通過外胚層包繞內胚層生長的且由**囊胚**（blastula）轉變為**原腸胚**（gastrula）的方法。

**epicalyx** **副萼，外擬萼** 在真花萼之外包繞著花萼（calyx）的花萼樣結構，如見於草莓花。

**epicardium** **心外膜** **心臟**（heart）壁的外部包膜。

**epicotyl** **上胚軸** 幼芽的莖幹，位於**子葉**（cotyledon）之上。

見 germination 及圖166。

**epidemic 流行病** 在一個地區之內出現許多病例的情況。

**epidemiology 流行病學** 研究人群中流行（epidemic）病的發病率，分布情況和控制措施的學科。

**epidermis 表皮** 1.（在植物）指圍繞幼根、幼莖、幼葉的單層細胞厚的組織。在莖和葉上，表皮分泌角質層（cuticle 1）。在根部則不分泌。在較老的根和莖上，表皮常被木栓組織所替代。2.（在動物）指由**外胚層**（ectoderm）發育而來的皮膚最外層。在脊椎動物，表皮層通常是由復層**上皮**（epithelium）連同外層角質化（見 keratin）死細胞構成的一個保護層。無脊椎動物的表皮通常只有一層細胞厚，常形成一個保護性的角質層。

**epididymis 附睪** 高等脊椎動物體內由**睪丸**（testis）通向**輸精管**（vas deferens）的細長盤曲的小管。其功能是儲精。

**epifauna 底面層動物相** 棲於泥底表面的**底棲生物**（benthos）。

**epigamic character 誘導性的性狀** 因激素作用而出現並用於求偶的第二性徵。

**epigeal 出土的，地上的** 指同種子**發芽**（germination）有關的，此時子葉（cotyledons）出土並形成植物的第一對綠葉，如用指菜豆。

**epigenesis 後生說，漸成** 在胚胎（embryo）發育程序中形成全新結構。

**epigenetic landscape 後生格局，漸成格局** 細胞分化所經的發育路徑（pathways）。見 canalization。

**epiglottis 會厭** 一個可靈活運動的葉狀結構，由軟骨（cartilage）組成。它守衛著進入喉頭的入口（聲門），防止吞嚥時食物進入氣管（trachea）。見圖146。

**epigynous 上位的** 見 gynoecium。

**epilepsy 顛癇** 因大腦皮層的異常而造成的神經病症，表現為

**圖146 會厭。人類左側頸區縱切面。**

軟顎
口腔
舌
咽
會厭
聲門
喉
食道
氣管

神經發作，輕者可僅爲身體某部位的麻木感（小發作），重者則爲全身抽搐（大發作）。顛癇患者在**電子腦波掃描**（EEG）上顯示大的異常腦波。

**epimere　上段中胚層**　脊椎動物胚胎中胚葉的背面部分，由一系列**體節**（somites）組成。

**epinasty　偏上性**　一個結構如葉片的上表面過度增長以致整個結構向下彎曲的現象。

**epinephrine　腎上腺素**　見 adrenalin。

**epipelagic zone　海面層**　見 euphotic zone。

**epipetalous　上位**　（指植物結構）著生於**花冠**（corolla）上，如報春花的雄蕊。

**epiphysis　骺骨；松果體**　1.骺骨。脊椎動物附肢骨和脊椎骨兩端的骨化部分，在生長期間它和主幹上骨化部分隔著軟骨板。當生長結束時，骺骨和骨中其餘骨化部分融合。對照 diaphysis。2.松果體。見 pineal body。

**epiphyte　附生植物**　附著在其他植物身上生長的植物，如蘚類和蘭。它們僅以後者爲支援，並無寄生關係。

**epiphytotic　植物流行的**　（指植物病和寄生蟲）影響廣大地區中植物的。

**episome　基因副體**　細菌體內游離的環狀 DNA 分子，它也可整合到主要**染色體**（chromosome）中去。近年來，附加體被歸於一大組染色體外因子中去，稱**質粒**（plasmids）。

**epistasis　上位**　基因相互作用的一個類型：一個基因干擾另一基因的表達。例如基因 A 和 B 編碼某一代謝途徑中的酵素。見圖147。如果 A 基因的兩個對偶基因（alleles）編碼出的酵素蛋白 A 都是無功能的，那麼不管 B 基因是由哪個等位基因來編碼，這條代謝途徑都不能進行了。也就是說，相對於基因 B 來說，基因 A 是上位。對照 dominant epistasis, recessive epistasis-STASIS。

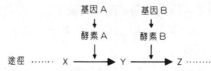

**圖147**　上位。基因 A 和 B 之間的相互作用。

**epithelium　上皮**　1.（動物中）指外覆的細胞層，通常是單細胞層並且覆蓋著結締組織，它是由外胚層（ectoderm）發育而來。上皮細胞常具分泌功能，而上皮的名稱即來自其組成細胞的形狀，如柱狀上皮、立方上皮、鱗狀上皮等（見圖148）。當細胞超過一層時，則稱爲復層。類似的細胞也可能來自中胚層（mesoderm），此時如果是覆蓋體腔（coelom）則稱間皮，如果是覆蓋血管則稱內皮（endothelium）。2.（植物中）指覆蓋腔隙和分泌管道的單層細胞，如見於樹脂管。

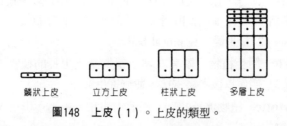

**圖148　上皮（1）。上皮的類型。**

**epizoite　附生動物**　附著於其他生物以求保護或以之爲行動工具的動物，但兩者之間間並無寄生關係。

**epizootic　動物間流行的**　（指疾病）突然並一時影響了大批

動物的。

**equal weighting　相等權重**　分類時認為一切性狀都具有相等的重要性，即給予相等的權重。在**數量分類學**（numerical taxonomy）中常使用此方法。

**equatorial plate　赤道板**　在有絲分裂（mitosis）或減數分裂（meiosis）的中期（metaphase）由染色體在紡錘體赤道部位組成一個平面。

**equilibrium centrifugation　平衡離心**　在採用**密度梯度離心**（density-gradient centrifugation）法時，持續離心至分子不再移動，使每種分子的密度都同溶液的密度相平衡。

**equilibrium of population　族群平衡**　見 genetic equilibrium。

**Equisetum　木賊**　木賊屬的蕨類植物，包括木賊。為草本，具根莖，還有直立莖，上面生有一圈圈鱗狀葉。常見於水邊或潮濕地區。是木賊目最後存活的代表植物。

**eradicant　剷除劑**　任何用於消除已穩定感染的殺生物劑，如殺真菌劑。

**erection，penis　陰莖勃起**　哺乳動物陰莖的變硬加長，為的是便於交配。勃起是因為**尿道海綿體**（corpus spongiosum）和**陰莖海綿體**（corpus cavernosum）充血而變為脹硬。

**erector-pili muscle　豎毛肌**　哺乳動物**真皮**（dermis）中連接到毛髮上的小肌肉，它控制毛髮相對於皮膚的位置，用於調節體溫。

**erepsin　腸肽酶**　哺乳動物小腸分泌的**蛋白水解酶**（proteolytic enzymes）混合物。

**ergot　麥角病；麥角**　1.麥角病。穀物和草類的麥角菌感染。2.麥角。在受病穀穗上生長的**菌核**（scleotium）。麥角含有毒物質，但也可用於醫藥。

**erose　齧蝕狀**　（指植物結構）像被啃咬過，具不規則缺刻。

**erosion　侵蝕**　對地質建造如岩石和土壤的磨蝕消耗。例如濫伐可以造成土壤侵蝕。

**erythro-　[字首]**　表示紅色。

**erythroblastosis fetalis　胎兒溶血性貧血**　一種新生兒血症，Rh 陰性的母親生產了一個 Rh 陽性的孩子時就可能造成這個情況（見 Rhesus blood group）。在妊娠晚期，Rh 陽性的細胞可能進入母體，母親產生的抗體可能又穿過胎盤進入胎兒，於是造成溶血。

**erythrocyte or red blood cell（RBC）　紅血球**　在脊椎動物體內由組織攜帶二氧化碳（以 $HCO_3$ 形式）至肺（參見 chloride shift）並借助所含血紅素（hemoglobin）色素由肺攜帶氧至組織的細胞。和其他脊椎動物的細胞不同，哺乳動物的 RBC 是無核的且呈雙凹碟形。見圖149。對照 leukocyte。

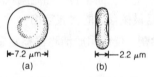

**圖149　紅血球。** (a)表面觀 (b)縱切面。

**erythromycin　紅黴素**　由一株鏈黴菌產生的抗生素，它抑制細菌的蛋白質合成，特別是革蘭氏陽性菌（見 Gram's solution）。

**escape　野化種**　1.定生於野地的原培育植物。2.回歸自然環境的原圈養動物。

**escape response　逃避反應**　因恐嚇而產生的逃逸反應。

**Escherichia coli（E. coli）　大腸桿菌**　人類腸道中的常見菌種，廣泛用於生化和遺傳研究。

**eserine　毒扁豆鹼**　能抑制乙醯膽鹼脂酶（cholinesterase）的一種植物生物鹼。

**esophagus　食道**　脊椎動物消化道咽部（pharynx）和胃（stomach）之間的部分。這裡不產生消化液，但蠕動（peristalsis）幫助由低垂的頭部運送食團至胃。

**essential amino acid　必需胺基酸**　必須由食物供應的胺基酸（amino acid），這有別於非必需胺基酸，後者可在生物體內利用必需胺基酸由轉胺作用（transamination）製造出來。人類需要10種必需胺基酸：精胺酸（arginine）、色胺酸（tryptophan）、異亮胺酸（isoleucine）、甲硫胺酸（methionine）、蘇胺酸（threonine）、賴胺酸（lysine）、亮胺酸（leucine）、纈胺酸（valine）、組胺酸（histidine）和苯丙胺酸（phenylalanine）。

**essential element** or **mineral element　必需元素，礦質元素**　為正常生長和生殖所必需的元素。植物需要7種必需元素：氮、磷、硫、鉀、鈣、鎂和鐵。此外還需要一些微量元素（trace elements），但需要量小得多，例如錳、硼和氯。動物也需要元素，需要的內容和植物的相似。

**essential fatty acid　必需脂肪酸**　見 linoleic acid。

**ester　酯**　醇和酸形成酯（ester）化合物。

**esterification　酯化作用**　形成脂的程序。

**estivation　夏蟄；花被卷疊式**　1.（動物）夏蟄。在乾熱季節的休眠。對照 hibernation。2.（植物）的花被卷疊式。指花芽的排列方式。

**estradiol　雌二醇**　脊椎動物卵巢濾泡細胞產生的一種雌激素（estrogen）。它促發動情週期，維持子宮內膜的發育，並刺激促黃體產生激素（ICSH）的分泌。

**estrogen　雌激素**　雌性脊椎動物卵巢（ovary）產生的一種激素，它負責維持雌性第二性徵（secondary sexual characters）以及在月經（見 menstrual cycle）之後修復子宮壁。胎盤（placenta）分泌雌激素，腎上腺皮質（adrenal cortex）和雄性睪丸

（testis）也分泌少量雌激素。

**estrous cycle　動情週期**　因腦垂腺（pituitary gland）週期性分泌促性腺激素而造成的生殖週期。動情週期見於雌性成年哺乳動物，而且只有在沒有發生懷孕的情況下才出現完整的週期，每個週期持續5天，其長短決定於物種。開始時，垂體分泌的**促濾泡激素**（follicle-stimulating hormone）使卵巢中的濾泡開始生長。這促發了**雌激素**（estrogen）的產生和子宮內膜的增厚。雌激素的積累又促使垂體產生**黃體激素**（luteinizing hormone），後者則引起卵巢排卵、**黃體**（corpus luteum）形成、子宮腺發育、黃體分泌孕酮（它又抑制促濾泡激素的產生），以及雌激素生產的減少。在這個階段可能發生受精，而如果發生了，孕期就開始。如果沒有發生，黃體就退化，而隨著孕酮的減少又反饋刺激垂體產生促濾泡激素。新的濾泡形成，子宮內膜變薄，在人類和某些靈長類雌性中發生月經（見 menstrual cycle），孕酮停止分泌而雌激素則持續下降。於是隨著卵泡的生長，週期再次開始。只有在週期的初期階段，發生排卵時，大多數哺乳動物的雌性才肯交配。這就是動物的發情期。

**estrus　發情**　哺乳動物的動情期。

**estuary　河口灣**　河流入海的地點，該處鹽水和淡水交混，常出現潮灘和鹽沼。由於鹽度和潮汐覆蓋面積的變化，這裡常有特殊的動植物區系存在。

**ethanoic acid　乙酸，醋酸**　見 acetic acid。

**ethanol　乙醇**　酒精發酵（alcoholic fermentation）產生的醇。

**ethene　乙烯**　見 ethylene。

**ethology　行為學**　在動物的自然生境中研究動物行為的學科。

**ethylene** or **ethene　乙烯**　一個簡單的烴，其分子式為 $CH_2 = CH_2$，它在極低濃度（甚至低到1ppm）可以作為**植物激素**（plant hormone）。對於大多數生長中的植物，乙烯可以抑制抽條；對於某些植物，它促進葉片**脱離**（abscission）和果實成熟。植物細胞是從**甲硫胺酸**（methionine）製造乙烯的。見圖150。

| 原核生物 | 眞核生物 |
|---|---|
| 1. 沒有眞正的核 | 有具核膜的核 |
| 2. 由核酸組成的單一染色體 | 多個染色體；核酸和蛋白質複合在一起 |
| 3. 無胞器 | 具有高基氏體、內質網、溶體、粒線體 |
| 4. 若有葉綠素，不存在於葉綠體中 | 若有葉綠素時，存在於葉綠體中 |
| 5. 鞭毛缺乏9＋2的結構 | 鞭毛具9＋2的結構 |
| 6. 細胞分裂是二分分裂 | 細胞分裂是有絲分裂和減數分裂 |

**圖150　眞核生物。**眞核生物和原核生物的比較。

**etiolation　黃化**　植物生長於黑暗中產生的一系列症狀。例如可能由於缺乏葉綠素而顏色變成淡黃或白色，節間加長，葉片小且不發育，木質化組織也不發育。

**etiology** or **aetiology　病因學**　研究原因（通常指疾病）的學科。

**ETS　電子傳遞系統**　見 electron transport system。

**eu-　〔字首〕**　表示眞，好。

**eucarpic　分體產果的**　〔指眞菌的原植體（thallus）〕營養部分和生殖部分有明確的界線。

**eucaryote　真核生物**　見 eukaryote。

**euchromatin　正染色質**　在**中期**（metaphase）深染而在**間期**（interphase）解旋並進行**轉錄**（transcription）時幾乎不著色的染色體材料。對照 heterochromatin。

**eugenics　優生學**　研究提高種群遺傳素質的學科，特別是指經由社會控制和採用遺傳原理來改善人群遺傳素質。

**Euglena　裸藻屬**　大型綠色鞭毛藻的一個屬（裸藻門），常見於淡水和鹽水。它產生一種多醣質的儲備分子，稱副澱粉或裸藻澱粉（paramylum）。同其他鞭毛藻不同，裸藻沒有細胞壁，而只產生一層柔軟的表膜（pellicle）。

**Euglenophyta　裸藻門**　藻的一個門，有時也被動物學家歸為鞭毛蟲綱。它們通常都有葉綠素 a 和 b，但有時也可能將它們丟失了。無色的種類再也不會重新獲得葉綠素，而本門中無一成員是徹底自營的（autotrophic）。

**eukaryote or eucaryote　真核生物**　除了細菌和藍藻是原核生物（prokaryotes）外，其他一切生物包括所有植物和動物都是真核生物。它們的特點是，具有一個由膜包繞遺傳物質形成的核，不過它們同原核生物還有其他分別。見圖150。

**Eumycota　真菌門**　（過去稱 Mycophyta）真菌（見 fungus）為菌界的一個門。

**euphausiid　磷蝦**　磷蝦目的小型海洋蝦樣甲殼動物（crustacean）。磷蝦是鬚鯨的主要食物。

**euphotic zone or photic zone or epipelagic zone　透光層**　海水的頂部100公尺，是光線可透入而發生光合作用（photosynthesis）的部位。見 sea zonation。

**euploidy　整倍性**　細胞、組織，或生物具有一個或多個整套染色體組的狀態，例如三倍體（triploid, 3n）。由超過兩套染色體組成的整倍體又稱多倍體（polyploids）。

**eupnea　平靜呼吸**　動物休息狀態下的正常平靜呼吸。

**euryhaline　廣鹽性的**　（指生物）能耐受周圍介質中廣泛範圍鹽度的。

**eurypterid　板足鱟**　（廣鰭鱟）板足鱟目中大型已滅絕的水生蠍樣節肢動物，生存於志留紀（Silurian period）。

**eurythermous　廣溫性的**　（指生物）能耐受廣大範圍環境溫度的。

**eusporangiate　真孢囊型**　由一組親本細胞發育而來並至少有

兩層細胞厚的。

**Eustachian tube　耳咽管**　高等脊椎動物中由咽部到中耳的管道，其作用是平衡鼓膜（tympanic membrane）兩側的壓力。

**euthanasia　安樂死**　爲使病人由不治之症的苦難中解脫出來而實行的無痛致死的作法。

**eutherian　真哺乳動物**　眞哺乳亞綱的有胎盤哺乳動物，其特徵爲：胚胎在雌性子宮中發育，由胎盤（placenta）從母體取得食物和交換氣體。

**eutrophic　富營養的**　（指水體）富有有機和礦質營養，可爲自然存在或因施肥造成。

**eutrophication　富營養化作用**　污染物使水體富含有機和礦質營養，以致藻類滋生耗竭水中氧氣。

**e value　e 值**　以佔地球日光能的百分比來表示其他行星獲得的日光能。

**$E_0$ values　$E_0$ 值**　表示分子的氧化還原電勢（redox potential）的數字系列。一個分子會接受來自具有 $E_0$ 值更正的分子的質子。

**evaporation　蒸發**　液體變氣體的物理程序。因爲這種變化常需要熱作爲能源，所以要由環境中吸取熱量，這就帶來明顯的冷卻效應。這冷卻效應的大小決定於液體的蒸發潛熱。哺乳動物就由出汗程序利用水的蒸發來調節體溫。植物蒸散（transpiration）時，葉肉細胞上也發生蒸發作用。

**evergreen　常綠**　四季不落葉的喬木或灌木。大多數針葉樹（conifers）是常綠的，有許多被子植物（angiosperms）如月桂和女貞也是常綠的。

**eversible　可外翻的**　（指結構）可從身體內部向外翻出的。例如某些蠕蟲的可外翻長吻，某些鳥類的泄殖腔也可外翻形成一個陰莖樣的結構用於交配。

**evocation　誘發**　由化學刺激誘導胚胎組織的形成。例如在脊

261

椎動物胚胎中，外胚層（ectoderm）產生神經組織就是經由下面脊索中胚層（chordamesoderm）發出的一種誘發物（見 organizer region）。

**evocator region　誘發物區**　見 organizer region。

**evolution　演化**　解釋今日生物何以形成的一種理論，其中涉及種群遺傳構成的改變，以及這些改變的跨代傳遞。根據達爾文學說（Darwinism），是進化性突變（mutations）帶來的這些變化，而經過自然選擇（natural selection），這些變化不是存活下來表現為更加適應的生物（見 adaptaiton, genetic），就是被淘汰。現普遍接受進化說而不是特創論（special creation）作為產生新種的機制，不過對於進化究竟是怎樣發生的以及需要多快才能出現改變，還有爭議。見 Lamarckism。

**evolutionary tree　演化樹**　表示一組生物之間的關係以及它們由一個共祖進化的路線的圖解。

**excision　切除**　由染色體上去除一段 DNA 片斷。

**excision repair　切補修復**　由 DNA 上切除一段損壞的多聚核苷酸片斷，例如切除由紫外線造成的胸腺嘧啶二聚體（dimers），再取一段正確的片段利用 DNA 聚合酶（DNA polymerase）和 DNA 連接酶（DNA ligase）修補上去。

**excitability　興奮性**　因刺激產生的膜電導的改變。

**excitation　興奮**　電刺激表面膜引起肌肉收縮或引起神經末梢分泌遞質等程序。

**excitatory postsynaptic potential（EPSP）　興奮性突觸後電位**　因來自突觸前細胞的傳遞物質（transmitter substance）而引起的突觸後細胞靜止電位（resting potential）的下降。這個下降使膜電位接近閾值（threshold），也即趨向動作電位（action potential）。見 facilitation。

**excitor neuron　興奮性神經元**　直接興奮肌肉或其他器官的神經元。

**exclusion principle　排除原理**　兩個有同樣生態需求的物種不能共存的原理。

**excretion　排泄**　從有機體內部排出不需要物質的程序，如排出代謝（metabolism）產生的二氧化碳和含氮廢物。應注意，所謂排泄的物質必須是體內產生的而不是僅僅通過體內的；例如哺乳動物的糞便只是個混合物，其中有排泄物如膽汁，但也有未消化的腸道內容物。

**exergonic reaction** or **exothermic reaction　放能反應，放熱反應**　釋放自由能的反應，如見於自發變化中。

**exine　外壁**　花粉粒（pollen grain）的外壁，其外面常有各種突起、刺等等。外壁還常有幾處薄弱的地方，將來會出現孔洞供花粉管的伸出。

**exobiology　宇宙生物學**　研究可能存在的地球外生物的學科。

**exocytosis　外胞飲作用**　主動將細胞內待排泄或分泌的物質由小泡攜帶至周邊，然後小泡膜同細胞膜融合將其內容物釋放至胞外。對照內容作用（endocytosis）。見 phagocytosis, pinocytosis。

**exodermis　外皮層**　在根部較老的部分代替根毛層的皮層細胞。

**exogamy　異系配合**　無親緣關係個體間的交配。對照 endogamy。

**exogenous　外源的；外生的**　1.外源的。源於外因的。2.外生的。靠近生物體表發育的，如植物中腋芽的發育。

**exon** or **extron　表現序列**　轉錄為 mRNA 並翻譯為蛋白質的**眞核生物**（eukaryote）基因之 DNA 片斷。外顯子沿著基因分布，但其中卻穿插著一些稱為**內子**（introns）的片斷，它們也被轉錄為 mRNA。不過內含子 mRNA 然後又被切除了，而只剩下外顯子 mRNA 片斷結合成一個基因 mRNA 的整體，這個程序稱為 RNA 剪接（splicing）。

**exonuclease　核酸外切酶**　切除聚核苷酸鏈（polynucleotide chain）中末端核苷酸（nucleotide）的酶。核酸外切酶是連續地一個一個切除末端核苷酸，其功能是高度特異的。

**exopeptidase　肽鏈外切酶**　蛋白分解酵素（enzyme）的一個類型，它負責水解末端胜肽鍵（peptide bonds）而不水解鏈內的鍵。在哺乳動物腸道內主要有3個類型的肽鏈外切酶，每個都水解蛋白質中的特定部位：羧基胜肽酶水解鏈的羧基端；胺基胜肽酶水解鏈的胺基端；二胜肽酶則水解二肽（dipeptides）。蛋白質的消化是靠這些酵素完成的，然後才能被吸收進入血液。對照 endopeptidase。

**exophthalmic goiter　突眼性甲狀腺腫**　因甲狀腺素（thyroxine）的過量產生和釋放造成的一種人類疾病。患者甲狀腺腫大。症狀還包括代謝亢進、神經緊張、易激動和體重下降；雙眼凝視、眼球突出。治療包括：抗甲狀腺藥物、放射性碘和手術切除部分腺體。

**Exopterygota** or **Heterometabola** or **Hemimetabola　外翅類**　昆蟲（insecta）綱的一個亞綱，包括沒有明顯變態（metamorphosis）而若蟲階段隨著每次蛻皮逐漸接近成蟲的昆蟲。本亞綱包括蜉蝣目（Ephemeroptera）、蜻蜓目（Odonata）。

**exoskeleton　外骨骼**　存在於身體外表的骨骼，如節肢動物（arthropods）和軟體動物（mollusks）的骨骼。有些脊椎動物除了內骨骼（endoskeleton）之外，還有外骨骼，例如犰狳和龜。外骨骼可以在表皮（epidermis）之外如見於節肢動物，也可以在內如見於有鱗魚和陸龜。

**exothermic reaction　放熱反應**　見 exergonic reaction。

**experimental cytology　實驗細胞學**　利用顯微術和電子顯微術並結合生化和生物物理實驗技術對細胞進行的研究。

**expiration　呼氣**　見 breathing。

**explant 培植體** 在組織培養中可以誘導出愈傷組織（callus）的積極分生的植物組織。

**exploitation 剝削** 一個生物犧牲其他生物以取利的現象。

**exponent 指數** 置於數目字之後作爲上標以表示該數自乘的次數，例如$10^6$。

**exposure 坡向；露頭；剖面** 1.坡向。某個地點相對於羅盤的方向，例如某些園林植物喜好向南的坡向。2.露頭。如一塊岩石露頭。3.剖面。如土壤剖面。

**expressivity 表現度** 一個已然外顯（penetrance）的基因，在一個生物的表型（phenotype）中表現的程度。例如一個外顯的禿髮基因在人身上可以顯示各種程度的表現度，由僅僅是頭髮略稀直到完全禿頂。

**exserted 突出的** （指植物結構）

**exsiccata（單數 exsiccatum） 乾標本** 植物標本室的保存標本。

**exstipulate 無托葉的** 缺乏托葉（stipules）的。

**extensor 伸肌**

**exteroceptor 外受器** 感受來自體外刺激的感受器。

**extinct 滅絕的** （指動植物物種）已死光，在世界上不復存在的。

**extinction 滅絕** 1.使滅絕（extinct）的行動，或滅絕狀態。2.由於隨機遺傳漂變（random genetic drift）或不利的選擇（selection）壓力而致種群中某個基因的一個等位基因的消失。3.由於週期性災難事故而致在地質歷史中某一點發生一個物種或一個較大的分類類群的突然死亡。現有人認爲這些滅絕事件是週期性發生的，每2840萬年發生一次，而原因則歸之於宇宙活動，如小行星雨或彗星雨，不過至今這個週期性的存在和所提出原因並未得到普遍承認。

**extra- ［字首］** 表示之外。

**extracellular　細胞外的**　表示位於或發生於細胞之外，如細胞外消化指細胞分泌出酵素在細胞外消化食物然後再吸收進來。

**extraembryonic　胚外的**　如胚膜（embryonic membrane）。

**extranuclear inheritance　核外遺傳**　見 cytoplasmic inheritance。

**extrapolation　外推法**　根據已給系列數據估計系列外的數值，如延長根據計算數據繪製的曲線。

**extrorse　向外的**　（指花藥）向花外開的。

**exudate　滲出物**　由生物表面切口或破裂處流出的物質，如細胞碎屑。

**eye　眼**　動物的光感受器。其複雜程度由昆蟲和某些無脊椎動物的僅具一個晶狀體的單眼直到脊椎動物的眼睛，後者的光是由一個晶狀體聚焦到由視桿（rods）和視錐（cones 2）等感光細胞組成的網膜上。見圖151。脊椎動物眼的前方覆有**角膜**（cornea），其後是**虹膜**（iris），它控制瞳孔的大小，因此也就決定進光量的大小。晶狀體的形狀和聚焦是在**自主神經系統**（autonomic nervous system）的調節下由睫狀體的**不隨意肌肉**（involuntary muscle）控制。光聚焦在網膜上。見 color vision, accommodation, binocular vision 和 eye, compound。

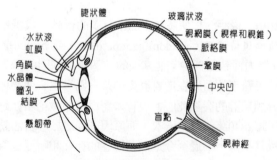

圖151　眼。哺乳動物眼的縱切面。

**eye, compound　複眼**　光感受器的一個類型，特別見於昆蟲和甲殼動物，是由大量小眼（ommatidia）組成，每個眼都可形成一個單獨的圖像。小眼之間的色素移動時(a)可以形成聯立像，即進入的光線都平行小眼的長軸，因此形成嵌合圖像；而當色素退縮時(b)也可形成重疊像，即光線可以透過小眼邊緣，於是形成一系列明亮但模糊的重疊圖像。見圖152。這後一種圖像見於夜行昆蟲，前者見於晝行昆蟲，而由後者變為前者時則出現暗適應。但許多昆蟲，不形成聯立像就形成重疊像，不存在暗適應能力。小眼比視桿和視錐大，所以同一空間裡的小眼要少得多。因此，圖像的細節就不如脊椎動物的好。例如蜜蜂的視力就只有人眼的1％，而大部分其他節肢動物的視力更差。但昆蟲的複眼能察覺更廣大範圍內的運動，而且因為反應時間短，昆蟲能迅速對運動做出反應。

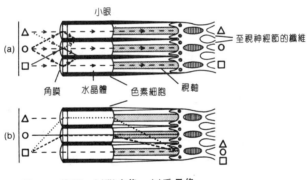

圖152　複眼。(a)聯立像。(b)重疊像。

**eye muscle　眼肌**　1.運動眼球的6根肌肉，即所謂的外眼肌，有一對斜肌靠前，另4根直肌靠後。2.位於眼球內同虹膜、晶狀體和睫狀體有關的眼內肌。見眼（eye）。

**eye spot　眼點**　1.單細胞生物、綠藻、動孢子和某些配子中的光敏細胞器。2.某些昆蟲，特別是蛾類的翅上的眼樣花斑（見warning coloration）。

# F

**F₁ 第一子代** 雜交的第一代後裔。上面的下標可以改變用以表示不同的世代數。例如 F₃表示某一對個體的重孫。

**facial nerve 顏面神經** 第7對顱神經,為背根,這在哺乳動物主要司運動功能。它供應面部肌肉、唾液腺和舌前的味蕾。

**facilitated transport 協助運輸** 由載體中介的跨膜運輸(見 carrier molecule),載體協助瀰散作用增強瀰散分子的移動性,而其中並無主動運輸(active transport)的參與。

**facilitation 易化** 在神經細胞或效應器細胞的接頭處,當第一個衝動沒能通過時,它卻產生一定的殘餘效應使第二個衝動能以通過。這是由於衝動的總和作用(summation)造成反應性的提高。這稱為易化。

**factor, genetic 遺傳因子** 早期遺傳學家,如龐尼特(R.C. Punnett),用來描述一個基因的對偶基因(allele)的術語。

**actorial experiment 分析因素實驗** 在實驗時同時變動所有處理,所以可分別測量各單獨因素以及它們的各種組合的效果。

**facultative 兼性的** (指生物)除正常的生活方式外能採取另一種生活方式。這時在兼性一詞之後要跟以那比較少見的生活方式。因此,一個兼性寄生蟲(parasite)在正常情況下是個腐生生物,只是偶爾營寄生生活。一個兼性腐生生物(saprophyte)卻是在正常情況下寄生,但能變成腐生。一個兼性厭氧微生物(anaerobe)正常時好氧,但能在厭氧條件下生存。對照 obligate。

**FAD （flavin adenine dinucleotide） 黃素腺嘌呤二核苷酸** 功能與輔酶 I（NAD）相似的電子載體。它從三羧酸循環（Krebs cycle）中的琥珀酸處取得電子，再傳遞給線粒體電子傳遞系統（electron transport system）。但它進入點比 NAD 為低，所以只釋出兩個 ATP 分子，而不像以 NAD 作載體時產生3個 ATP 分子。

**falcate 鐮刀狀的**

**Fallopian tube 輸卵管** 雌性哺乳動物兩側由腹腔向子宮傳送卵子的管道，是輸卵管（oviduct）的一部分，受精（fertilization）通常就發生在這裡。卵的運輸需要纖毛運動，而將交配後存於陰道的精子向上輸送則依靠肌肉收縮。

**family 科** 在目（order）和屬（genus）之間的分類單元（taxon），通常包括不止一個屬。動物科名通常以-idae 結尾，而植物科名以-ceae 結尾。例如熊科為 Ursidae，而薔薇科則為 Rosaceae。

**family planning 家庭計畫** 見 birth control。

**farmer's lung 農民肺** 人類疾病，係肺部對乾草中真菌孢子的免疫反應（immune response），導致小血管受到損傷。其他如製啤酒、養鴿和製乾酪等職業中也有類似症狀的報導。

**fascia 筋膜** 片狀結締組織（connective tissue）。

**fasciation 帶化現象** 枝條聚生形成異常厚密的植叢。

**fascicular 維管束的** 見 cambium。

**fat 脂肪** 見於一切生物的一類簡單脂質（lipid），為重要儲能物質，每克含能為糖的兩倍。還有助於隔熱、抗衝擊和保護。一個甘油分子和3個脂肪酸分子（3個不見得完全相同）結合成三甘油脂就是脂肪。見圖 153。植物種子富含脂肪，脂肪還見於根莖葉，約佔乾重的5%。在動物，脂肪存儲於組成脂肪組織（adipose tissue）的特化細胞中。亦見 brown fat。

**fat body 脂肪體** 1.（兩生動物和爬行動物中）在生殖腺前

$$\text{甘油} + 3 \text{ 脂肪酸} \underset{\text{水解作用}}{\overset{\text{縮合反應}}{\rightleftharpoons}} \text{脂肪} + H_2O$$

圖153　脂肪。三酸甘油酯的形成。

面的一個指樣突起。脂肪體儲藏脂肪組織（adipose tissue），而在冬眠之前增至最大。它對於雄性尤爲重要，因爲雄性在繁殖季節很少或根本不吃食物，此後脂肪體的體積大爲減小。2.（昆蟲中）在器官之間或腸導周圍的鬆散網狀組織，其中存儲脂肪、蛋白質、肝醣和尿酸。脂肪體最常見於變態（metamorphosis）前的幼年昆蟲。

**fate map　原基分布圖**　一個發育早期胚胎圖，顯示未來結構將要出現的區域。

**fatigue　疲勞**　經過一段活動期後由於過勞或過分刺激而造成的力竭。

**fat-soluble vitamin　脂溶性維生素**　溶於有機溶劑但不溶於水的維生素，包括 A、D、E，和 K。

**fatty acids　脂肪酸**　具有通式 $C_nH_{2n+1}COOH$ 的一族有機分子，自然存在於許多生物中，常同甘油結合成脂肪（fats）。脂肪酸有兩個主要類型：不飽和脂肪酸，至少要有一個碳碳之間的雙鍵；和飽和脂肪酸，沒有這類鍵。脂肪酸中的不飽和脂肪酸越多，熔點越低，許多不飽和脂肪酸在室溫下是液體。目前有證據顯示，過分食用飽和脂肪會導致動脈硬化，但這點仍有爭論，特別是黃油製造商要爭論。

**fauna　動物區系**　在一個地區中或地質歷史某個時代中動物的總和。

**favism　蠶豆症**　人類疾病，其特徵爲紅血球被破壞導致嚴重貧血。本病因食用生蠶豆，吸入蠶豆碎屑、花粉，或幾種化學物質如防蟲丸中的萘。本病是因爲紅血球中缺乏葡萄糖6磷酸脫氫酶，這個性狀是受一個 X 連鎖的基因控制，這個基因在大多數高加索人種中罕見，但在黑種人中較多。因爲本病爲 X 連鎖，所以在男性中多見，不過也可查出女性雜合體內缺乏脫氫酶。

**F⁺ cell　致育細胞**　有致育因子（F factor）的細菌細胞。

**F⁻ cell　非致育細胞**　在細菌結合時可接受來自 F⁺ 細胞的致育因子（F factor）而自身變為 F⁺ 的細菌細胞。

**feather　羽毛**　組成鳥類羽衣的扁而輕並防水的上皮結構，共有幾型共同組成鳥類覆體結構。主要有：飛羽（remige）、尾羽（rectrice）、正羽（contour feather，覆蓋鳥的外部）、絨羽（down，體表軟毛）和毛狀羽（filoplume，生於正羽之間）。羽毛有一中央羽軸（rachis），上面有羽枝（barbs）。除了絨羽外，這些羽枝還借羽小枝（barbules）連接成羽片。

**feces　糞便**　在大腸成形並經肛門排出的體內廢物。糞便包含：肝臟的排泄物如膽紅素，它給糞便以其特有的顏色；穿腸而過的食物；死的細菌；死細胞；和黏液。

**Fechner's law　費希納氏定律**　見 Weber-Fechner law。

**fecundity　生育力**　一個生物一生中生育幼仔的數目。對照 fertility 3。見 reproductive potential。

**feedback mechanism　回饋機制**　一個程序的產物又作為程序的調節者而發揮作用。許多生化程序是受負反饋機制的調節。見圖154。哺乳動物利用負反饋機制來維持幾個系統的自穩態，例如血中甲狀腺素的水準、體溫和血液滲透壓。偶爾也會發生正反饋。這可導致崩潰，因為一個程序的產物又造成更進一步的激活（activation）。例如哺乳動物過分的核心溫度會引起更高的代謝率，而更高的代謝率又會產生更多的熱量，最後會帶來死亡。

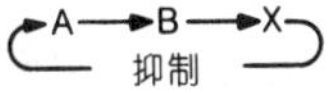

$$\underset{\text{抑制}}{\boxed{\text{A} \longrightarrow \text{B} \longrightarrow \text{X}}}$$

**圖154　回饋機制。**產生的 X，抑制由 A 到 B 的第一步，進而造成程序的關閉。

**feeding phase　攝食期**　生活史中攝取食物的階段，例如蜉蝣若蟲的階段。

**Fehling's test 費林氏試驗** 在未知溶液中檢測**還原性糖**（reducing sugar）的試驗。費林氏溶液 A 含有酒石酸銅〔Cu（II）〕，而費林氏溶液 B 含有氫氧化鈉。將兩溶液混合再倒入待測溶液並煮沸。出現氧化銅〔CU（I）〕的橙紅色沉澱表示有還原性糖的存在。

**femur 股骨** 1.股骨。**四足動物**（tetrapods）的大腿骨。2.股節。昆蟲的轉節（第二節）和脛節（第四節）之間的腿節。

**fen 沼澤群落** 在鹼性、中性或微酸性的泥炭上生長的植物群落，較濕，通常爲低位。

**fenestra ovalis and rotunda 卵圓窗和圓窗** 由中耳到內耳的覆膜視窗。見 ear。

**fenestration 穿孔** 生物體記憶體在的窗樣開口，如見於有袋動物的顎上。

**feral 野生的** （指動植物）存在於野地，在人類耕種地和棲息地之外的。

**fermentation 發酵** 1.見 alcoholic fermentation。2.任何使用發酵罐進行大規模工業化的細胞培養，包括有氧和無氧等情況。

**fern 蕨類** 維管植物門（一度列爲蕨類植物門）真蕨亞門真蕨綱的蕨類植物。蕨類構成本門大多數物種，具有大型地上**二倍體**（diploid 2）莖。孢子囊生於葉片的底面，而**單倍體**（haploid 2）的孢子通常產生具同形孢子的原葉體，上面同時攜帶著**精子囊**（antheridia）和**藏卵器**（archegonia）。此外還有一小族具異形孢子的水生蕨類（見 heterospory）。

**ferredoxin 鐵氧化還原蛋白** 一個重要的含鐵蛋白，是**電子傳遞系統**（electron transport system）中的電子載體，在**光合作用**（photosynthesis）的**光反應**（light reactions），特別是在非循環光合磷酸化作用（noncyclic photophosphorylation）中起作用。

**ferritin 鐵蛋白** 一類高電子密度的結合蛋白，在腸黏膜中參與鐵的吸收。是肝脾中的儲鐵蛋白。

**fertility 配子結合力；授（受）精力；生殖力；肥力** 1.配子結合力。一個生物配子同異性配子（gamete）結合的能力。2.授（受）精力。精子（或卵子）授（受）精以形成可存活合子（zygote）的能力。3.生殖力。生物，特別是雜交體（見 heterosis），產生受精卵的能力。如果這些生物育出許多的幼仔，也就說它們的生育力（fecundity）很大。生殖力和生育力二詞常易混淆。4.肥力。土壤的生產力。

**fertility factor 致育因子** 見 F factor。

**fertilization 受精** 雌雄配子（gametes）結合產生合子（zygote）的程序，後者再發育為一個新生物。有關動物受精的進一步細節，見 acrosome。有關有花植物的雙受精細節，見 embryo sac。

**fertilization membrane 受精膜** 受精（fertilization）後卵表面上出現的一個膜。它其實是一個加厚的卵黃膜（vitelline membrane），可同卵表面分開。它可防止額外精子的進入。

**fertilizer 肥料** 施用於耕地的增肥劑，常為化學物質或糞尿。

**fetal membrane 胎膜** 哺乳動物胎兒的胚外膜（extraembryonic membranes）。

**fetus 胎兒** 哺乳動物胚胎（embryo）達到粗具成人體形的時期。這通常是在形成羊膜的時侯，即約在婦女懷孕8周左右。見 amniocentesis 及圖29。

**Feulgen，Robert 福伊爾根（1884-1955）** 德國生理學家和化學家，以其 DNA 染色而知名。該法稱福伊爾根氏反應，是利用醛基同無色品紅的反應。細胞核中的紫色強度常用來作為核 DNA 的含量測度。

**Feulgen reagent 福伊爾根試劑** 一種深紫色染料，用於著染細胞核中 DNA 的脫氧糖。

**F factor** or **fertility factor** or **sex factor** **致育因子** 一類附加體（episome），它使細胞（cell）成爲供體，於是在細菌接合生殖（conjugation）時又將一份 F 因子和一小段細菌 DNA 給於一個 F 細胞，使後者變爲 $F^+$。

**fiber** **纖維** 生物纖維，包括植物中由厚壁組織（sclerenchyma）構成的纖維和動物中由膠原蛋白（collagen）、網硬蛋白（reticulin）或彈性蛋白（elastin）構成的纖維。

**fibril** **纖絲，原纖維**

**fibrillar muscle** **纖維肌肉** 見 flight。

**fibrillation** or **ventricular fibrillation** **（室性）纖維性顫動** 心臟（heart）的心室肌肉的極迅速且極不規則的收縮，使血流驟然停止。如果具備條件，可利用心臟除顫器通電流使心室纖維性顫動停止。

**fibrin** **纖維蛋白** 見 fibrinogen。

**fibrinogen** **纖維蛋白原** 血漿（blood plasma）中一種大型可溶蛋白質，產生於肝臟，在血液凝固（blood clotting）程序中轉化爲不溶的纖維蛋白（fibrin）。

**fibroblast** **成纖維母細胞** 一類結締組織細胞，可分化爲成軟骨細胞（chondroblasts）、成膠原細胞（collagenoblasts）和成骨細胞（osteoblasts）。

**fibrocartilage** **纖維軟骨** 見 cartilage。

**fibrous protein** **纖維狀蛋白質** 見 protein。

**fibrous root system** **鬚根系** 主要有支根而沒有主根的根系。見於許多草本多年生植物（perennials），特別是草類。

**fibula** **腓骨** 四足動物後肢的一根骨頭，與脛骨平行並略靠後。見 pentadactyl limb。

**fight-or-flight reaction** **不戰即逃反應** 高等動物的一種防禦反應或警戒反應，包括血壓和心率的提高和加快，血液從內臟再分配到橫紋肌（striated muscle）。這些變化源於腦中統一的神經通路，稱爲防禦中心，還有來自腎上腺素（adrenaline）的作用。

**filament　花絲；絲狀體**　1.花絲。雄蕊（stamen）的柄，其頂端爲花藥（anther）。2.絲狀體。細胞組織的一個類型，表現爲線狀排列的細胞，見於某些藻類如水綿。

**filarial worm　絲蟲**　寄生脊椎動物的一種線蟲（nematode），其中間寄主爲節肢動物（arthropod）。例如班氏線蟲堵塞人類淋巴管造成象皮病（elephantiasis），絲蟲的媒介生物是夜行蚊蟲。

**Filicales　真蕨目**　在蕨類（pteridophytes）的舊分類中包括蕨類的目。

**Filicinae　真蕨綱**　見 fern。

**filiform　線狀**

**filter feeder　濾食性動物**　以微型生物爲食的海水或淡水動物。它們或是借助纖毛運動製造水流將食物帶入體腔，例如海鞘。它們也可以是在食物流過鰓時用黏液（mucus）將食物黏住，再借纖毛運動將其運至腸道開口，例如淡水蛤無齒蚌。濾食性動物是屬於食微粒的（microphagous）生物。

**fimbriate　流蘇狀的**　（指植物結構）邊緣處具穗的。

**fin　鰭**　水生動物的扁平附肢，用於行動。

**fin rays　鰭條**　魚鰭中有助成形的骨骼結構。可爲軟骨質、骨質或纖維質。

**first-division segregation　第一次分裂分離**　一個基因的不同等位基因在減數分裂（meiosis）的第一次分裂時就分離到不同核中的現象。在子囊菌（ascus）的四分體分析（tetrad analysis）中，如果4個相鄰的子囊孢子屬於一個等位基因型，而另4個相鄰子囊孢子屬於另一個等位基因型，這就表示出現了第一次分裂分離。

**first law of thermodynamics　熱力學第一定律**　見 thermo-dynamics。

**first order reaction　一級反應**　反應速率正比於任一反應物（無論是產物或底物）濃度的反應。

**fish　魚**　一大族冷血帶鰭的水生脊椎動物。魚類在過去被歸於一個大類群，魚綱。現在則認識到實際有4個不同的綱：**輻鰭綱**（actinopterygii），鰭有輻射狀鰭條支援；**內鼻孔魚綱**（choanichthyes），鰭有中央骨質軸，這兩大類有時統稱為硬骨魚（見 bony fish）；**軟骨魚綱**（chondrychthyes），如鯊；**盾皮魚**（aphetohyidean），已滅絕的有頜魚類。

**fission　分裂生殖**　見 binary fission。

**fitness　適合度**　生物向下代傳遞基因的本領。**選擇**（selection），不管是自然選擇還是人工選擇，所選中的生物都有較高的適合度，而遭受不利選擇壓力的生物則有較低的適合度。例如在施用殺蟲劑的情況下，昆蟲種群中有抗藥性的個體就有較高的適合度，因而產生更多的子代，而易感的個體則有較低的適合度。

**fixation　固定**　就一個基因的某個等位基因而言，整個種群的個體均為**純合子**（homozygous），也即對於該位點不存在其他等位基因時，此種群可稱處於固定狀態。固定常發生於小種群中。亦見 extinction 2。

**Flagellata　鞭毛蟲類**　見 mastigophora。

**flagellate　鞭毛蟲**　一切攜帶鞭毛（flagellum）的生物。

**flagellum（複數 flagella）　鞭毛**　細胞的纖細毛樣突起，在單細胞生物中起行動作用。與纖毛（cilium）的結構相似，但它們的數目較少，體積較長。鞭毛見於鞭毛蟲類、大多數可動配子、**動孢**（zoospores），偶爾也見於**後生動物**（metazoans），如見於某些**腔腸動物**（coelenterates）的**內胚層**（endoderm）。它的構造和纖毛（cilium）的相似（見圖103）。

**flame cell　焰細胞**　一類特化的細胞，具有一個中央空腔，其中有幾根纖毛在空腔中製造水流。這空腔借小管同外界相連。焰細胞控制體內水分。焰細胞連同小管稱爲原腎臟，見於扁形動物（platyhelminths）、紐形動物（nemertines）、輪蟲、環節動物（annelids）、軟體動物的幼蟲和文昌魚（amphioxus）。見圖155。

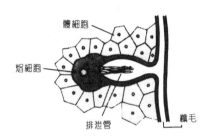

圖155　焰細胞。一般構造。

**flatworm　扁蟲**　見 platyhelminth。

**flavin adenine dinucleotide　黃素腺嘌呤二核苷酸**　見 FAD。

**flavin mononucleotide　黃素單核苷酸**　見 FMN。

**flavoprotein　黃素蛋白**　同黃素輔基結合併作爲呼吸鏈中脫氫酶和細胞色素間的中間載體的蛋白。見 electron transport system。

**flea　蚤**　內生翅類（Endopterygote）蚤目（Aphaniptera, Siphonaptera）的小型無翅寄生吸血昆蟲。

**Fleming, Sir Alexander　弗萊明**（1881-1955）　蘇格蘭細菌學家，因於1928發現抗生素（antibiotic）靑黴素而於1945年獲諾貝爾獎。

**flexor　屈肌**　造成附肢屈曲的肌肉。

**flexuous　曲折的，之字形的**　（指莖）

**flight　飛行**　指空中的行動，可為主動，可為被動（滑翔）。主動飛行是依靠肌肉帶動飛翼或翅，如鳥或昆蟲。滑翔肌肉用力的需要極小，只見於某些較大的鳥以及某些適應於飛行的哺乳動物如鼯猴和狐蝠。在鳥類，肌肉是直接連到骨頭上，並有兩個類型：降肌，它由肱骨連到胸骨（sternum），司向下搧動；和提肌，它通過一根長腱從胸骨繞過肩帶連到肱骨的背面，司上揚飛翼。在昆蟲如蜜蜂、黃蜂、蚊蠅、甲蟲等，升降飛翅的肌肉是連到胸壁上（間接飛行肌）而不是連到翅上，又稱非同步纖維肌肉。連接飛翅的直接飛行肌則用於改變飛翅的角度使之適應靜止位置。在另一些昆蟲，如蜻蜓，飛行肌是直接連到翅上，稱同步肌肉。非同步飛翅比同步的搧動頻率要慢得多。

**flight feathers　飛羽**　見 contour feathers。

**flightless　不能飛的**　（指鳥和昆蟲）原會飛，後喪失飛行能力的。此詞通常指鳥類，如平胸類（ratites）和企鵝。

**floccose　被絨毛的**　（指植物結構）被覆小毛的。

**flocking　群集**　動物主動聚攏成群的現象。在大多數動物，群集發生於非繁殖季節。英文此詞通常主要指鳥類和哺乳動物。魚類的群集在英文稱 schooling；昆蟲的群集稱 swarming。集群有助禦敵，或有助於交流有關食源的資訊，使個體可以隨群抵達食源。

**flora　特徵植物習性；植物志**　1.特徵植物習性。地區特有的植物生活習性。2.植物志。可借其中檢索表（keys）鑑別植物的植物手冊。

**floral diagram　花圖**　顯示組成花的各器官組分的數目和位置的圖解。見花程式（floral formula）。

**floral formula　花程式**　表述花圖（floral diagram）中各種資訊的公式。例如毛茛的花程式是 $K_5C_5A_\infty \overline{G}_\infty$，表示在花萼中有5個萼片（K）；花冠中有5個花瓣（C）；雄蕊群（A）和雌蕊群（$\overline{G}$）所有的雄蕊和心皮的數目不定。$\overline{G}$ 上面有一橫，表示上位雌蕊（gynoecium）。

**florigen　開花素**　一種假想的植物激素，可能是在適當光照下（見 photoperiodism）由葉片產生，再移至花芽刺激開花。

**floristics　植物物種組成學**　植物學分支，研究植被中的物種組成。

**flower　花**　被子植物（angiosperms）的有性生殖結構，其中通常包括4類器官：萼片（sepals），花瓣（petals），雄蕊（stamens），以及一個或多個心皮（carpels）。見圖156。有些植物有單性花。兩種單性花見於同一株個體時，該植物是**雌雄同株的**（monoecious）。如分別見於不同個體，則該植物是**雌雄異株**（dioecious）。許多植物的花聚整合叢集，稱**花序**（inflorescences）。

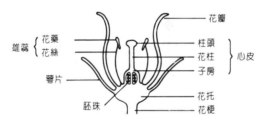

圖156　花。典型花的縱切面。

**fluid-mosaic model　液體鑲嵌模型**　有關**細胞膜**（cell membrane）結構的一個假想模型，其根據為**電子顯微鏡**（electron microscope）所見。此模型認為，細胞膜有兩個磷脂層構成，其中夾有蛋白質，有時蛋白質也突出到外層，呈現一種隨機分布的鑲嵌模式。見圖157。膜結構不是靜止的。脂質分子可側向移動，因為分子間的鍵很弱，蛋白質也一樣，只是程度差一些。有些膜蛋白是**主動運輸**（active transport）中的載體。見 unit-membrane model。

**fluke　吸蟲**　寄生性扁蟲，如**血吸蟲**（blood fluke）或肝吸蟲，兩者寄生於脊椎動物內臟並可導致嚴重疾病。見 bilharzia。

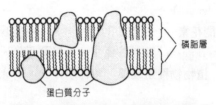

圖157　液體鑲嵌模型。細胞膜的構造。

**fluorescence　螢光**　受入射光激發時可發光的性能。射出光的波長永遠比入射光的波長爲短。

**fluorescent antibody technique** or **immunofluorescence 螢光抗體技術，免疫螢光法**　用於顯示特定抗原（antigen）的技術。抗體先用紫外線螢光物質標記，抗體和抗原結合後固定在組織中，然後可借發出的螢光（fluorescence）定位檢測。

**fluoridation　氟化，加氟**　在飲水中加氟（通常是氟化鈉，濃度爲1 ppm）以求減少齲齒發生的措施。　牙齒也可以由牙科醫生直接用氟化物膠塗覆來治療，這通常是在兒科使用。

**fluoride　氟化物**　氟的化合物，可替代牙和骨中的羥基從而減低生長齲齒的傾向。它的治療效果是偶然在阿肯色州發現的；因爲用缺氟的水代替含氟的水而造成兒童齲洞的增加。見 fluoridation。

**flush　潮濕地**　常在山側的濕地，地表有水但不形成河床，其特徵爲存在泥炭蘚。

**flux　流通量**　物質或能量的流通量。

**fly　蠅**　見 dipteran。

**flying fish　飛魚**　一種燕鱝，其胸鰭增大，在魚騰空時起飛翼作用。它可躍飛50公尺遠，可能是爲躲避捕食動物。

**FMN（flavin mononucleotide）　黃素單核苷酸**　核黃素（riboflavin）磷酸化時產生的一個輔酶（coenzyme）。爲生物合成脂肪所必需。

**focus** or **primary focus**　疫源地，原發疫源地　有病動植物集中的地區，疫病即可能由此向外傳播。

**foliar feeding**　葉面施肥法　將必需元素（essential elements）及其他營養素如尿素的水溶液噴灑在葉面上，爲植物提供營養的方法。這些營養可經角質層（cuticle）被吸收。

**folic acid** or **vitamin M** or **vitamin B$_c$**　葉酸　維生素B群（B complex）之一，由微生物在哺乳動物腸道中合成，但正常膳食中也需要它。合成核酸（nucleic acids）以及製造紅血球時都需要葉酸，缺乏時使生長受阻並導致貧血。

**follicle**　濾泡，囊；骨突（果）　1.濾泡。小的空腔或囊。（見graafian follicle；hair follicle；ovarian follicle）。2.骨突。由單心皮形成的乾果，它通常在腹面開裂放出種子。

**follicle-stimulating hormone**（**FSH**）　促濾泡成熟激素　脊椎動物腦垂腺（pituitary gland）前葉分泌的一種糖蛋白。它刺激卵巢（ovary）中卵泡（ovarian follicles）和卵母細胞（oocytes）的生長，以及睾丸（testis）細精管中的精子發生（spermatogenesis）。

**follicular phase**　濾泡期　動情週期（estrous cycle）中格拉夫卵泡（Graafian follicles）形成並開始分泌的階段。

**fomite**（**單數 fomes**）　染菌物　任何可以傳播致病微生物的非生命物質，它們並不支援微生物的生長，但卻可傳遞它們，如染菌的書本。

**fontanelle**　囟門　顱骨上的裂縫，該處只有皮膚覆蓋腦部。人類嬰兒在額骨和頂骨之間有一個頂囟。

**food**　食物　營養物質，包含可供體內利用來建造身體結構和提供能量以維持生命的化學成份。大部分植物是自養生物（autotrophs），它們的食物中只需要必需元素（essential elements），但動物卻是異營生物（heterotrophs），所以它們的食物必須包含糖、脂肪、蛋白質，以及維生素和必需元素。

**food chain 食物鏈** 生物的一種排列順序，後面的類群以前面的類群為食，例如第二個類群是食草動物（herbivores），它以第一個類群初級生產者（primary producer）為食，而第三個類群食肉動物（carnivores）則以第二個類群為食。見圖 158。

初級生產者 ⟶ 初級消費者 ⟶ 次級消費者
（$P_1$）　　　（食草動物；$H_1$）　（食肉動物；$C_1$）

**圖158 食物鏈。一個簡單的食物鏈。**

食物鏈中的每種生物都由前面的生物那裡取得能量，每個營養級（trophic level）的相對能量值可用生態錐體（ecological pyramids）來估價。事實上，這樣簡單的系統不大存在，而生物間的營養關係正常是形成食物網。見圖159。

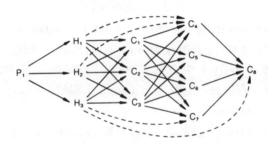

**圖159 食物鏈。一個由生產者（P）、食草動物（H）和食肉動物（C）組成的複雜食物網。**

**food poisoning 食物中毒** 因食用被細菌或其毒素污染的食物而發生的急性（acute 2）腸道疾病，例如肉類桿菌中毒（botulism）。

**food pollen 誘食花粉** 特種花藥（anthers）產生的不育花粉，以吸引昆蟲在採集誘食花粉的同時也採集了可育花粉。

**food production 食物生產** 指養殖動植物性食物資源及隨後將其收穫以供人類消費的程序。

**food test 食物試驗** 測試食物中某些成分的試驗，如檢測食物中還原性糖的**費林氏試驗**（Fehling's test）。

**food vacuole 食泡** 細胞的細胞質中的含液腔隙。是由細胞質膜包繞食物顆粒內陷形成，凹陷逐漸加深成瓶狀，最後瓶頸處封閉斷開變成游離的食物泡。這個程序稱**噬菌作用**（phagocytosis）。

**food web 食物網** 見 food chain。

**foot 足** 1.脊椎動物附肢中在站立時接觸地面的部分。2.無脊椎動物的行動器官，例如軟體動物的足和棘皮動物的管足。

**foramen 孔**

**foramen ovale 卵圓孔** 哺乳動物心臟中分割左右心房的間隔在胚胎期中存在的一個孔道，它提供了一個肺循環的旁路。生後此孔未閉會導致**藍嬰**（blue baby）症。

**Foraminifera 有孔蟲** 阿米巴樣**原生動物**（protozoans），具幾丁質、鈣質或矽質多室外殼。鈣質有孔蟲是構成白堊的主要成份。

**forb 非禾本草本植物**

**Ford，E．B． 福特**（1901- ） 英國昆蟲學家，因其對**鱗翅目**（Lepidoptera）的**遺傳學**及**遺傳多態性**（genetic polymorphism）的研究而著稱。

**forebrain 前腦** 腦中包括**大腦半球**（cerebral hemispheres）、嗅葉、**松果腺**（pineal gland）、**腦垂腺**（pituitary gland）及**視交叉**（optic chiasma）的部分。在胚胎發育中，一度腦部是由兩處縮窄分成三葉：前腦、**中腦**（midbrain）及**後腦**（hindbrain）。

**foreskin 包皮** 圍繞哺乳動物陰莖頭部的皮膚褶。

**forespore 前孢子** **孢子形成**（sporulation）中的一個階段，檢查時呈現為一折射體，但此時對熱尚無抵抗力。

**forest 森林**

**form 類型；野兔窩** 1.類型。一個中性的術語，或用於表示：一群性狀相似的個體，或任何一類分類階元。2.野兔窩。野兔棲息生育的地方。

**formation　群系**　由氣候決定的大範圍內的自然植被類型，例如凍原、草原、雨林和針葉林。

**formenkreiss　型圈**　異域種（allopatric species）或亞種（subspecies）的集合。

**forward mutation　正向突變**　由野生型（wild type）的DNA變化為突變型（mutant）序列。對照 reverse mutation。

**fossa　窩；溝**

**fossil　化石**　在岩層中保留的生物遺體。

**fossil record　化石記錄**　岩層中存留的生物遺體或它們留下的痕跡如足跡，反映了它們在地球上的起源和演變。因為化石形成之不易，此類記錄通常是不完全的，但也提供了證據說明發生了進化，特別是當我們能找到某一生物在長時間內的演變時。

**founder effect　先趨者效應**　由少數個體，或稱建群者開始建立一個新的種群時，就某一個特定基因座（locus）而言，它們的基因庫（gene pool）中所有的對偶基因（alleles）的比例不一定同原種群中的比例相同。例如在 ABO 血型（ABO blood group）中，澳洲土著並沒有3種等位基因，而是缺乏 B 等位基因，因此他們沒有 B 和 AB 血型。這可能是建群者效應的結果，這樣小的種群易發生隨機遺傳漂變（random genetic drift）。

**fovea　中央窩**　視網膜中心一個富含視錐（cones）但缺乏視桿（rods）的區域（見圖151）。人類的凹較淺，約1公釐直徑；這裡和他處不同，上面沒有神經纖維層。凹見於靈長動物、晝行鳥類和蜥蜴。這是個視力最敏銳的地方，也是在雙眼視覺（binocular vision）中物像聚焦的地方。

**Fox，Sidney W.　福克斯**（1912- ）　美國生物化學家和教育家，因其對生命起源的研究而聞名於世。他的工作集中於蛋白質，包括蛋白的結構、進化和合成，特別是聯繫到蛋白質在生命起源上的作用。

**fragmentation 裂殖** 某些低等植物中無性生殖（asexual reproduction）的一個類型。如見於水綿和藍藻；它們的**絲狀體**（filament 2）可以斷裂，每一節又長成一個新個體。風力、波浪作用和下雨都可以造成裂殖。

**frameshift 移碼** 由於 DNA 或 RNA 發生點突變（point mutation）、插入或缺失鹼基，造成序列的改變，導致在**蛋白質合成**（protein synthesis）的**轉譯**（translation）階段中對**遺傳密碼**（genetic code）的讀法發生改變。圖160顯示的是，在鹼基4′和5′之間插入了一個鹼基。這時由左向右讀序列時，第一個胺基酸沒變，但第二個和以後的胺基酸都改變了，結果形成一個突變的蛋白質。

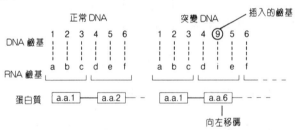

圖160　移碼。在核苷酸鹼基序列中插入一個額外的 DNA 鹼基引起的後果。

**fraternal twins 異卵雙胞胎** 見 dizygotic twins。

**free energy 自由能** 化學反應中釋放用於做功的能量。例如一個分子的 ATP 水解為 ADP＋P 時放出的自由能約為34 kJ。

**freemartin 雙生間雌** 一雌一雄的雙生中，在雄性產生的激素的干擾下正常性發育受阻的雌性個體。

**freeze-drying 冷凍乾燥法** 保存生物材料的一種方法：一邊冰凍，一邊在真空下去除水分。

**freeze-etching 冷凍蝕刻** 製備供**電子顯微鏡**（electron microscope）觀察用材料的一種方法，先冰凍再切片。

**frequency-dependent selection　頻率依賴性選擇**　選擇（selection）的類型之一；基因型的**適合度**（fitness）直接同種群中各種**表型**（phenotypes）的比例有關，以致常見物種的頻率下降而少見物種的頻率反而增加。這種選擇壓力常導致一種穩定的**遺傳多態性**（genetic polymorphism）。當其中還有捕食現象參與時，這又稱**反常型選擇**（apostatic selection）。

**frequency distribution　頻率分布**　按照變數大小的頻率排列統計數據的方法。例如2、3、5、3、4、2、1、3、4這幾個數的頻率分布如圖161所示。來自大樣本的數據常常產生一個**常態分布曲線**（normal distribution curve）。

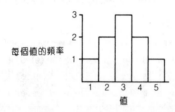

**圖161　頻率分布。根據9個數（見本條目）。**

**fresh water　淡水**　指溪、河、湖等水域，其中甚少溶解礦質，而且是主要來自降雨。主要同海洋等鹽水相區分。

**Frisch, Carl von　弗理施**（1886-1982）　奧地利行為生物學家，因其對蜜蜂的語言、定向和覓食行為的研究而著稱，他並因此獲1973年諾貝爾獎。他還對蜜蜂的色覺和魚的色覺、聽覺、嗅覺及味覺進行過廣泛的研究。

**frog　蛙**　見 anuran。

**frond　葉；藻體**　1.葉。蕨類的巨型葉，又可再分為羽片和小羽片。2.藻體。水藻或地衣的原植體。

**frontal bone　額骨**　頭前部的一對皮質骨，如人類的前額。

**fructose　果糖**　糖的一種，但被視為是非典型**酮糖**（ketose）

因爲它在**費林氏試驗**（Fehling's test）中表現一如還原性糖。見 monosaccharide 及圖218。

**fruit　果實**　植物結構之一，包含一個或多個成熟子房，伴有或不伴有種子，還帶有同子房相連的花部。許多果實如漿果和核果是肉質的，但果實也常有無肉的如**瘦果**（achene）和**堅果**（nut）。參見 pericarp。

**fruit fly　果蠅**　見 Drosophila。

**fruiting body　子實體**　一類特殊的眞菌結構，主要包容有性孢子。子實體由**菌絲**（hyphae）及上面包容的孢子構成；它們在不同的類群中有不同的名稱，如子囊果、分生孢子梗、孢梗束和性孢子器等。

**frustule　矽藻細胞**　*矽藻*（diatom）中含矽質胞壁的細胞。

**FSH　促濾泡成熟激素**　見 follicle-stimulating hormone。

**fucoxanthin　岩藻黃質**　一類棕色類胡蘿蔔素（carotenoid）色素，和**葉綠素** c（chlorophyll c）一同存在於褐藻和矽藻中。

**Fucus　岩藻屬**　藻類的一個屬，具棕綠色帶黏液質的**藻體**（frond 2），如墨角藻。

**fugacious　先落的**　（指植物器官）

**fungicide　殺菌劑**　任何能殺滅**眞菌**（fungi）的藥劑，如多菌靈等。

**Fungi Imperfecti** or **imperfect fungi** or **Deuteromycotina　不完全菌類**　一種對眞菌的人爲歸類，指有性階段不詳的眞菌。這些眞菌尙未找到任何生殖結構。半知菌包含某些**子囊菌**（ascomycetes）和**擔子菌**（basidiomycetes）的無性階段。

**fungistasis　止菌作用**

**fungus（複數 fungi）　真菌**　可爲單細胞，也可由管狀絲狀體（**菌絲**, hyphae）組成，但缺乏**葉綠素**（chlorophyll）。眞菌爲**腐生生物**（saprophytes）或**寄生生物**（parasites）。主要分爲兩個門：**眞菌門**（Eumycota）和**黏菌門**（Myxomyceta）。這兩

個現在都被列為門，但在舊的分類中，它們卻和藻類共同列入藻菌植物門（或譯原植體植物門）。

**funicle 珠柄；索節** 1.珠柄。植物中將胚珠（ovule）連於胎座的柄。2.索節。某些膜翅目（Hymenoptera）昆蟲觸角中在第二節和末節即棒狀節之間的節。

**furanose ring 呋喃糖環** 一個具五碳環的單醣。

**furca 叉** 任何叉狀結構，如某些節肢動物最後兩個腹節形成的尾叉，或某些昆蟲吻上支援兩個海綿墊的叉。

**furcula 叉骨；彈器** 1.叉骨。鳥類的鎖骨。2.彈器。彈尾目（Collembola）的叉狀彈跳器官。

**fusiform 梭形的** （指植物結構）

# G

**G1 stage　G1 期**　細胞週期（cell cycle）的第一生長期。

**G2 stage　G2 期**　細胞週期（cell cycle）的第二生長期。

**gain　增益；定向偏移**　1.（在生理實驗中）因放大而取得的信號增大。2.因定向選擇（directional selection）而致子代平均值相對於原種群平均值的偏移。此值常用來估算性狀的**遺傳率**（heritability）。

**galactose　半乳糖**　一種單醣的醣類（carbohydrate），不獨立存在於自然界，而是與**葡萄糖**（glucose）結合形成**乳糖**（lactose）存在於乳液中。

**galactosemia　半乳糖血症**　一種少見的**先天代謝障礙**（inborn error of metabolism），人類嬰兒因食用母乳而受到危害，但過錯在於病嬰無力代謝乳中的**半乳糖**（galactose）。在正常情況下，半乳糖會轉化爲葡萄糖而得以被氧化並放能。但在病嬰，半乳糖卻積累在各種組織內，包括腦中，導致嚴重的營養不良以及智力發育遲滯。半乳糖血症是由於尿苷醯轉移酶的缺乏或無活性，以至半乳糖-1-磷酸不能轉化爲葡萄糖-1-磷酸。這個情況是受一個常染色體基因的控制，它也許是位於第9對染色體，病兒都是這種隱性等位基因的純合子。由**羊膜穿刺**（amniocentesis）取出胎兒細胞可檢查出這種酵素的存在與否，如對新生兒給予一種特殊飲食，則其發育可維持正常。

**galactosidase　半乳糖苷酶**　一個促進半乳糖苷水解（見 glycoside）的誘導酶，是在**半乳糖**（galactose）和乙醇作用時產生的。

**Galapagos Islands　加拉巴哥群島**　太平洋上的一群15個島嶼，位於厄瓜多爾以西1500公里的赤道上。1835年達爾文在乘小獵犬號環遊世界時曾拜訪該群島，而該島的動物群體對他的進化思想產生很大的影響。根據他的學說，**地理隔離**（geographical isolation）促進物種的分異，正因如此該島上的**達爾文雀**（Darwin's finches）可能就是都源於同一祖先，但由於缺乏其他鳥類的競爭，現在卻棲息於各島的諸多生態位中。該島上的海生鬣鱗蜥和巨型海龜也很有學術價值；而且該地無棕櫚和針葉樹，平常並不高大的霸王樹在此卻長到大樹的規模。

**galea　外顎葉**　昆蟲下顎（maxilla）的外葉。

**gall　蟲癭**　因昆蟲、蟎、線蟲或真菌造成植物組織的異常生長。

**gallbladder　膽囊**　人類膽囊為一袋狀容器，容量約在50立方公分，位於肝臟邊緣靠近腸道處，其功能是儲藏肝臟產生的膽汁。在**縮膽囊素-促胰酶素**（cholecystokinin-pancreozymin）的作用下，膽囊的內容物噴射入腸道。見 bile 及圖64。

**gallstones　膽結石**　膽囊（gallbladder）中形成的含鈣凝結物。

**gametangium　配子囊**　低等植物中產生配子（gemetes）的器官。

**gamete** or **germ cell　配子，生殖細胞**　一類特化的單倍體（haploid）細胞，它可與來自異性或不同結合型的配子融合成雙倍體的合子（zygote）。在簡單生物，這個程序稱**同配生殖**（isogamy）（見 isogamete），而在較複雜的生物中，發生的是**卵配生殖**（oogamy）。動物中進行的就是卵配生殖；雄性配子稱精子而雌性配子則是卵。在高等植物中情況比較複雜，不過基本上雄性配子總是花粉粒（pollen grain）中的生殖核而雌性配子總是胚囊（embryo sac）中的卵細胞。

**gameto-** or **gamo-** ［字首］ 表示配子。

**gametocyte** **配子母細胞** 由減數分裂發育爲配子的動物或植物細胞。見 gametogenesis。

**gametogenesis** **配子形成** 雙倍體細胞由減數分裂（meiosis）形成單倍體配子（gametes）的程序。植物的配子形成，見圖 162；動物的，見圖163。

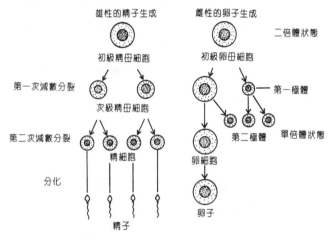

圖162 配子形成。動物。

**gametophyte** **配子體** 植物生命週期中具單倍體（haploid）核的階段，它們產生的性細胞融合產生雙倍體（diploid）階段，後者通常形成孢子體（sporophyte）階段。見 alternation of generations。

**gamma globulin** γ **球蛋白** 血漿（blood plasma）中蛋白質之一，可作爲抗體（antibody）。見 immunoglobulin。

**gamma radiation** γ **放射** 較 X 光（X rays）波長更短能量更大的電磁輻射。見 electromagnetic spectrum。

**gamopetalous** or **sympetalous** **合瓣的** （指花）花瓣融合成一個管狀，如見於報春花和旋花科植物。其他植物如毛莨和鬱金香則每個花瓣都是獨立的，這稱爲離瓣的。

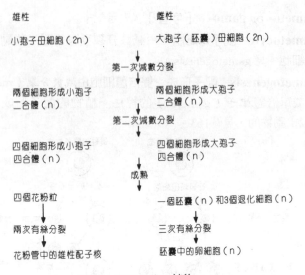

| 雄性 | 雌性 |
|---|---|
| 小孢子母細胞（2n） | 大孢子（胚囊）母細胞（2n） |

第一次減數分裂

| 兩個細胞形成小孢子二合體（n） | 兩個細胞形成大孢子二合體（n） |
|---|---|

第二次減數分裂

| 四個細胞形成小孢子四合體（n） | 四個細胞形成大孢子四合體（n） |
|---|---|

成熟

| 四個花粉粒 | 一個胚囊（n）和3個退化細胞（n） |
|---|---|

| 兩次有絲分裂 | 三次有絲分裂 |
|---|---|
| 花粉管中的雄性配子核 | 胚囊中的卵細胞（n） |

圖163　配子形成。植物。

**gamosepalous　合萼的**　花萼（sepals）融合在一起的。

**ganglion（複數 ganglia）　神經節**　由神經元細胞體（cell bodies）組成的結構。在脊椎動物，神經節通常都位於中樞神經系統（CNS）之外，但在無脊椎動物則可能構成中樞神經系統的一部分，一般在頭部最為發達。在脊椎動物中，神經節見於周圍神經系統（peripheral nervous system）和自主神經系統（autonomic nervous system）中。

**ganoid　硬鱗**　（指魚）指具有硬鱗的魚，此種鱗的特點為外覆堅硬閃光的硬鱗質，這是一種釉質樣的物質，而且其生長是將一層層硬鱗質加覆在上面。對照 cosmoid, placoid。

**Garrod, Archibald E.　加羅德**（1857-1936）　英國醫生，他在 1900 年至 1910 年間報告了首例按照孟德爾遺傳學（Mendelian genetics）定律遺傳的人類病例。這就是尿黑酸尿症（alkaptonuria），是一種受單一常染色體隱性基因控制的病。加羅德提出，催化分解尿黑酸為乙醯乙酸的酶在病人中不起作用了。其結果是尿黑酸積累在尿中，而接觸空氣時變爲黑色，這很快間可在嬰兒尿布上看出。但直到1958年才在一個尿黑酸尿症患兒身上證實它的肝中缺乏具功能的尿黑酸氧化酶。加羅德還提出其他幾種人類疾病如**白化病**（albinism），都屬於**先天代謝障礙**（inborn errors of metabolism）。

**gas analysis  氣體分析**  對比呼出氣體和大氣成份。對於一個住於海平面的靜止人體來講，其氧氣含量爲16.4%（大氣中爲20.95%），二氧化碳爲4.1%（大氣中爲0.04%），氮氣爲79.5%（大氣中爲79%）。

**gas bladder  鰾**  見 air bladder。

**gas carriage  氣體交換**  見 gas exchange。

**gas exchange** or **gas carriage  氣體交換**  生物和其環境間的氣體交換。**呼吸**（respiration）時，攝入氧氣，排出二氧化碳。植物中的**光合作用**（photosynthesis）增加了複雜性；在光合作用進行時，植物需要二氧化碳卻產生氧氣（見 compensation period）。在植物和小動物如**原生動物**（protozoans）和**扁形動物**（platyhelminths），氣體交換是**靠擴散作用**（diffusion）。在高等動物演化出特殊的呼吸表面，例如內鰓、外鰓、肺和氣管。

**gas loading  氣體輸入**  見 gas exchange, oxygen dissociation curve。

**gastric  胃的**  與胃有關的。

**gastric gland  胃腺**  胃中分泌**胃液**（gastric juice）成份的腺體。

**gastric juice  胃液**  胃腺分泌的液體，包括**胃蛋白酶**（pepsin）、血管緊張**凝乳酶**（renin）和鹽酸。

**gastric mill  胃磨**  **甲殼動物**（crustaceans）前胃中的一個結構，其中有一系列角質齒可用於磨碎食物。

**gastrin  胃泌素**  幽門腺胃泌素細胞分泌的一種激素，可促進胃液的分泌。

**gastroenteritis　胃腸炎**　腸道的炎症，可導致腹瀉、嘔吐和噁心。

**gastrointestinal tract　胃腸道**　見 alimentary canal。

**gastrolith　胃石**　甲殼動物前胃中偶然見到的石灰質（calcareous）物質。可能是在蛻皮前由從外骨骼回吸的鈣質形成。

**gastropod　腹足類**　軟體動物門腹足綱的動物，包括各種軟體動物（mollusks）如蛞蝓、螺、翼足類、帽貝、濱螺、蛾螺、裸鰓類等。有些缺殼，但只要有殼時殼為單數，並常為螺旋形。海生、淡水生和陸生者均有。通常具明顯的頭部，上有一對觸手和眼睛。

**gastrotrich　腹毛類**　腹毛門動物，小型多細胞水生動物，不分節，蠕蟲樣，借表皮纖毛行動。同輪蟲（rotifers）和線蟲（nematodes）有親緣關係。

**gastrozooid　營養個體**　群體腔腸動物（coelenterates）中負責攝食水螅體。

**gastrula　原腸胚**　胚胎發育的一個階段，此時通過囊胚（blastula）內陷已形成一雙層胚胎，此程序稱原腸胚形成（gastrulation）。見 archenteron。

**gastrulation　腸胚形成**　囊胚（blastula）形成原腸胚（gastrula）的過程。

**Gause's law　高斯定律**　具相同生態需求的兩物種不能並存於同一環境內。此定律係根據德國解剖學家高斯（G. F. Gause）而命名。

**Gaussian curve　高斯曲線**　見 normal distribution curve。

**G banding　吉姆薩分帶技術**　用吉姆薩氏染色顯示染色體上濃淡染色條帶的方法。條帶的分布隨各種染色體而不同，因而可據此排列染色體以供核型（karyotype）分析之用。

**gel　凝膠**　膠體（colloid）的半固體狀態，以別於更近於液體的溶膠（sol）。

**gelding　閹割**　見 emasculation。

**gemma（複數 gemmae）　芽胞**　某些苔蘚植物用於營養繁殖的小細胞團。這些細胞由**主原植體**（thallus）脫離，並常存在於一種杯狀結構（芽胞杯）中。每個芽胞都可發育成一個新的植株。

**gemmation　芽胞形成；芽生**　1.芽胞形成。形成**芽胞**（gemma）的程序。2.芽生。出芽生殖，如見於水螅，一個新個體是由親體的一部分向外突出生長而成。

**gemmule　芽球**　海綿的生殖結構，先以內生細胞團的形式出現，在淡水種類越冬親體死亡之後，它們存活下來並生長為新個體。

**gene　基因**　遺傳的基本結構，負責由一個細胞傳遞資訊給另一個細胞，由一代傳給另一代。基因包含特定的 DNA 核酸片段，可以編碼多胜肽鏈（見 cistron）、tRNA 分子和 rRNA 分子（見 transcription, translation）。由變異形式，即**對偶基因**（alleles）的存在，可以辨識個別基因；這也正是**遺傳變異性**（genetic variability）的基礎。生物可以認為是基因的載體，受基因的控制，盡可能地增加遺傳材料存活的機率。

**gene amplification　基因增殖**　在其他基因不複製的情況下某個基因製出大量副本的程序。這樣製出的基因可以在短時內大量製造某種產物。例如在爪蟾的卵母細胞中 rRNA 基因增殖了4000倍，這樣在卵發育時就有利蛋白質的製造。

**gene bank　基因庫**　1.包含某個特定生物如大腸桿菌全部基因的無性繁殖系集合。2.包含某個特定作物的多種遺傳系的集合。通常作為植物育種家的資源。

**gene bridge　基因過渡**　植物病原體寄住在非正常季節生長的植物上以渡過主要寄主生長季節之間的間隙。這樣，一個穀物病原體就可以在9月從一個成熟的春播寄主轉移到一個新播的冬季穀物上。

**gene cloning　基因選殖**　遺傳工程技術：先從寄主 DNA 上切下特定的基因，將其插入載體質粒，導入寄主細胞，寄主細胞分裂時就會產生大量該基因的拷貝（無性系）。

**genecology　遺傳生態學**　從生境和遺傳結構的角度對植物種群進行的研究。

**gene exchange　基因交流**　在一個繁殖種群中由正常有性生殖在子代中造成基因的新組合，這種新組合中的基因是由親代雙方提供的。

**gene flow** or **gene migration　基因流動**　經由配子（gametes），基因從一個種群流動到另一個種群。

**gene-for-gene concept　基因對應存在學說**　一個學說：它認為，對應於寄主植物的一個病原（pathogen）抗性基因，在病原體內也存在一個相應的致病性基因。

**gene frequency　基因頻率**　見 allele frequency。

**gene induction　基因誘導**　活化一個無活性基因使之能進行轉錄（transcription）。見 operon model。

**gene locus　基因座位**　見 locus。

**gene migration　基因流動**　見 gene flow。

**gene mutation　基因突變**　見 point mutation。

**gene pool　基因庫**　一個種群中在特定時間內全部可育個體（breeding individual）的全部基因總體，可用其配子（gametes）來代表。要注意，年幼尚不能生育的以及已經歷遺傳性死亡（genetic death）的個體對基因庫是沒有貢獻的。

**generation　世代；增殖**　1.世代。接近同齡的一組生物，常源於同一代雙親，被稱作子一代（F1）。2.增殖。產生新個體，延續種族。

**generation time　世代時間**　1.亦稱分裂時間，一個細胞群體加倍的時間。2.一代個體由出生直到性成熟和生育的時間。世代時間是決定人口增長率的一個關鍵因素，而像中國大陸就在努力延長人們的世代時間以圖減緩人口增長率。

**generative nucleus　生殖核**　有花植物花粉粒（pollen grains）中兩個單倍體（haploid）核之一，花粉管形成後它進入花粉管，行有絲分裂（mitosis），然後作爲雄性配子核在受精（fertilization）程序中同雌性卵細胞融合。

**generator potential　發生器電勢**　當受器（receptor）的敏感部位收到刺激時出現的非傳導電荷。這個電荷的大小決定於刺激的強度，而當電荷達到一定的閾值時，就會引起動作電位（action potential）。

**gene repression　基因抑制**　使基因失活而致不能進行轉錄（transcription）的現象。見 operon model。

**generic　屬的**　與屬有關的。

**gene switching　基因轉換**　在發育程序中基因的相繼啓動和關閉，以順序產生序列基因產物，有的參與目前的生化途徑，而有的則誘導或阻遏其他基因（見 Jacob）。有關基因轉換的證據，參見 chromosome puff。

**genetic　基因的**　與基因有關的。

**genetic background　遺傳背景**　1.除目前研究的基因之外的其他基因。2.在實驗中可改變不同交配主要結果的種種因素。

**genetic code　遺傳密碼**　DNA 和 RNA 密碼子（codons）的集合，其中包含轉譯（translation）中有關多胜肽鏈（polypeptide chain）序接的資訊，每個三聯密碼通常編碼一個胺基酸（amino acid）。見移碼（frameshift）和圖160。一個三聯密碼由4個字母（C 胞嘧啶；G 尿糞嘌呤；A 腺嘌呤；T 胸腺嘧啶）組成，共存在$4^3 = 64$個組合。現證明，每個密碼子都有一個特定的功能。見圖164。

**genetic death　遺傳死亡**　一個性成熟的個體，牠不能或不願交配將其基因由基因庫（gene pool）傳給下一代，這時我們就說他或她處於遺傳死亡狀態。在大多數動植物種群中，遺傳死亡很

第二鹼基

| | | U | C | A | G | |
|---|---|---|---|---|---|---|
| 第一鹼基<br>（5′端） | U | UUU 苯基<br>UUC 丙胺酸<br>UUA 白胺酸<br>UUG | UCU<br>UCC 絲<br>UCA 胺酸<br>UCG | UAU 酪胺酸<br>UAC<br>UAA 終止<br>UAG 密碼子 | UGU 半胱<br>UGC 胺酸<br>UGA Stop<br>UGG 色胺酸 | U<br>C<br>A<br>G |
| | C | CUU<br>CUC 白胺酸<br>CUA<br>CUG | CCU<br>CCC 脯<br>CCA 胺酸<br>CCG | CAU 組織<br>CAC 胺酸<br>CAA 麩胺<br>CAG 醯胺 | CGU<br>CGC 精<br>CGA 胺酸<br>CGG | U<br>C<br>A<br>G |
| | A | AUU 異<br>AUC 白胺酸<br>AUA<br>AUG 甲硫胺酸<br>（起始密碼子） | ACU<br>ACC 蘇<br>ACA 胺酸<br>ACG | AAU 天門<br>AAC 冬醯胺<br>AAA 離胺酸<br>AAG | AGU 絲<br>AGC 胺酸<br>AGA 精<br>AGG 胺酸 | U<br>C<br>A<br>G |
| | G | GUU<br>GUC 纈胺酸<br>GUA<br>GUG | GCU<br>GCC 丙<br>GCA 胺酸<br>GCG | GAU 天門<br>GAC 冬胺酸<br>GAA 麩胺酸<br>GAG | GGU<br>GGC 苯<br>GGA 胺酸<br>GGG | U<br>C<br>A<br>G |

第三鹼基（3′端）

圖164 遺傳密碼。按遺傳密碼表排序的遺傳密碼之 mRNA 密碼子。

罕見。但在發達國家中人類遺傳死亡卻有增加趨勢，不僅是老齡人口在增加，而且是因為計畫生育的人在增加。

**genetic dictionary　遺傳密碼表**　顯示資訊核糖核酸（messenger RNA）的三聯密碼同每個胺基酸之間關係的表格。

**genetic drift　遺傳漂變**　見 random genetic drift。

**genetic engineering　遺傳工程**　對生物的遺傳結構進行改造使之有利於人類福利操作。此詞包括一系列旨在經由選擇（selection）提高生理功能的遺傳技術（舉例來說，包括動植物育種），但近年來此詞更常用指將遺傳材料轉移至其他不存在此種材料的生物中的操作。例如可以從人類細胞中取出一個基因，利用噬菌體（bacteriophage）或質粒（plasmid）載體，轉移至微生物細胞中去，這時這些外來基因可以控制生產一些有益的產品。現在利用這些方法可以工業生產胰島素（insulin）和干擾素（interferon）。在最近的未來有可能將微生物的遺傳材料片段轉移給高等生物。例如說將固氮細菌的基因引入非豆科作物的基因組以增加其營養。

**genetic equilibrium** or **equilibrium of population　遺傳平衡，或族群平衡**　一個種群中各種基因頻率連續幾代保持恆定的狀況。當**選擇**（selection）造成穩定的**遺傳多態性**（genetic polymorphism）時，也可達到平衡狀態。亦見**哈地-溫伯格定律**（Hardy-Weinberg law）。

**genetic homeostasis　遺傳穩定態**　一個種群抗禦突變保持遺傳組成穩定的本領。

**genetic isolation　遺傳隔離**　**生殖隔離**（reproductive isolation）的一種，兩個物種雜交不能產生可育**配子**（gametes）的情況。例如馬和驢交配生出的騾子是不育的。見 isolation。

**genetic linkage　遺傳連鎖**　位於同一染色體上的基因常協同行動，因此它們產生的配子其比例就不同於根據孟德爾自由組合（**獨立分配**, independent assortment）定律所推算的比例。不過，除非在極緊密的連鎖情況下，還會產生同樣幾種**類型**（types）的配子。配子中特定基因會聚攏成和親本一樣的組合，稱親本型，而其他組合則少見（見 recombination 和 crossing over）。根據約定，兩個互相連鎖的基因間的重組量就直接度量了它們在染色體上的距離，1% 的重組等價於一個**染色體圖單位**（map unit）。重組量最好是利用**測交**（testcross）來測量，以總子代數量為分母並以重組類型的總數為分子即可求出。例如圖165中的測交，兩突變等位基因處於**偶聯**（coupling）位置，所產生的**表型**（phenotype）如圖示；則重組量將為：

試交　　$\dfrac{A\ B}{a\ b} \times \dfrac{a\ b}{a\ b}$

後代表型

| A B | 108 | 親代型 |
|---|---|---|
| a b | 97 | |
| A b | 33 | 重組型 |
| a B | 42 | |
| | 280 | |

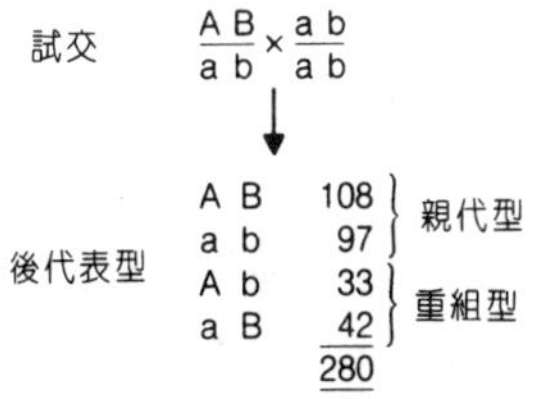

圖165　**遺傳連鎖。**一個試交產生的表型。

$$\frac{33+42}{280} \times 100 = 26.8\%$$

而在**遺傳圖**（genetic map）上，基因 A 和基因 B 可表示為：

$$\frac{A \qquad\qquad B}{26.8}$$

若這兩個基因是（自由組合）獨立分配的，亦即位於不同的染色體上，那麼子代中每種表型就會出現大致相等的數目（約70）。且因兩個基因間的最高重組量為50％，如果兩個基因在染色體上的距離超過50個染色體圖單位，它們的表現就和完全獨立一樣。

**genetic load 遺傳負荷** 一個種群中有害基因數目的測度，常用每個個體平均具有的致死當量來計算。

**genetic map 遺傳圖** 見 chromosome map。

**genetic polymorphism** or **polymorphism 遺傳多態性** 在一個種群中因存在同一基因的不同等位基因而出現多個形態型（morphs）的現象，且其中最罕見的等位基因也不是依靠重複發生突變（mutation）來維持的，也即其頻率超過0.05％。這樣的定義排除了連續變化的性狀如人類身高和膚色等，但人類的血型卻是最典型的例子；單一的基因存在多個等位基因造成不同的抗原表型。遺傳多態現象可經由幾種機制來維持，例如雜合優勢或頻率依賴性選擇（frequency-dependent selection），且遺傳多態可歷經數代保持穩定（平衡多態，balanced polymorphism），也可只是短暫的如當環境變遷時。見 sickle cell anemia。

**genetic population 遺傳族群** 見 population。

**genetic recombination 遺傳重組** 見 recombination。

**genetics 遺傳學** 研究世代間遺傳的格局，以及個體一生中基因表達方式的學科。

**genetic variability 遺傳變異性** 因一個或多個基因的等位基因造成的某個性狀（character）的各種表型，這些表型可表現為界線分明的類群（見 qualitative inheritance）或一連續型態譜（見 polygenic inheritance）。遺傳變異源於突變（mutation），並依靠有性生殖和減數分裂（meiosis）時的互換（crossing over）作用來維持。這些變異正是自然選擇（natural selection）賴以發揮作用的素材，以保證最適應的變異型能最大量地繁殖。

**geniculate　膝狀的** （指植物結構）

**genitalia　外生殖器**　生殖器官及其附件。

**genitourinary system　生殖泌尿系統**　動物的排泄和生殖器官。這兩者密切相關，所以常放在一起，特別是雄性動物的尿道（urethra）是尿液和精子的共同通道。

**genome　基因組**　一個細胞中或一個個體的全套遺傳材料。

**genotype　基因型**　一個個體的遺傳素質，常就某一個性狀（character）而言。因此人類白化病基因可寫作 A 和 a，存在3種可能的基因型：a/a，A/a 和 A/A。有關表型（phenotype）中基因型的表達，見 dominance 1。

**genotype frequency　基因型頻率**　一個種群中某一特定基因型所佔的比例。例如一個種群中有5個白化病患者和95個膚色正常的人，則白化病（a/a）的基因型頻率為0.05。但要注意，我們不能確定正常人中 A/a 和 A/A 基因型的頻率，因為存在顯性關係他們都具有同樣的表型（phenotype）。但利用哈地－溫伯格定律（Hardy-Weinberg law）可以估計它們的頻率。

**genus　屬**　分類單元（taxon）之一，位於種之上，常包括一組親緣關係密切的種。屬名的首字母大寫，按照二名法（binomial nomenclature）要放在種名之前，而後者首字母要小寫。

**geobotany　地理植物學**　植物學中與生態學和植物的地理分布有關的部分。

**Geoffroyism　直接適應論**　認為基因型可直接適應環境的需要發生適應性變化，亦即認為環境可誘發適當的遺傳改變。此說的外文名稱源於法國博物學家若弗魯瓦（Hilaire Geoffroy）。

**geographical distribution　地理分布**　見 distribution。

**geographical isolation　地理隔離**　由於地理屏障造成的對基

因庫（gene pool）的隔離。例如島嶼受到海洋的隔離，許多生物都無法渡海。進化出新種是由於基因流（gene flow）受到阻隔和限制，而各種隔離機制在此中起到作用，其中最重要的當屬地理隔離。對照 ecological isolation。見 speciation。

**geographical speciation　地理成種作用**　見 speciation。

**geographical variation　地理變異**　空間分割的種群間出現的變異。

**geologic time　地質年代**　自地球形成至今的這個時期。在一般年表中常由寒武紀開始，因為大多數化石都由那時起。前寒武紀則起於約 50 億年前的地球形成時。岩石的定年常是由測定放射性衰變來進行的。岩石越老，放射性越小。有機物遺蹟則常用放射性碳定年法（carbon dating）。見附錄 A。

**geophyte　地下芽植物**　見 cryptophyte。

**geotaxis　趨地性**　趨向重力方向的動物運動。例如果蠅顯示負的趨地性，總是在培養瓶中向上，向遠離重力方向運動。

**geotropism　向地性**　在重力影響下的植物生長運動。例如根表現正的向地性，向下生長，而莖枝則通常表現負的向地性，向上生長。

**Gephyrea　橋蟲綱**　大型海洋環節動物（annelid），體節極少或不分，剛毛極少或無，例如棘尾門（*Echiuroidea*）和星蟲門（*Sipunculoidea*）。

**German measles** or **rubella　德國麻疹**　一種較輕的人類疾病，其主要特徵為在感染後18天出現皮疹。病原是風疹病毒，高度傳染性，經由鼻部分泌物直接傳播。這個病毒還可由母親直接傳給胎兒，可在許多胎兒組織中造成損傷甚至死亡。對胎兒的主要風險期是懷孕的頭三個月，此時有30％的風險造成畸型。因此許多西方國家對女性傳統注射疫苗，通常是在女嬰時或當其長至10-14歲時。

**germ cell　生殖細胞**　見 gamete。

**germicide 殺菌劑**

**germinal epithelium 生殖上皮** 脊椎動物卵巢（ovary）外表面以及睪丸（testis）細精管內裡的一層細胞。在雌性，它產生濾泡細胞；在雄性則產生精原細胞。在雄性它還產生塞爾托利氏細胞（Sertoli cells），後者為發育中的精子提供營養。

**germinal vesicle 胚泡** 動物細胞質生長期間，卵母細胞在減數分裂前期（prophase）中的核。

**germination 萌發，發芽** 種子、孢子或其他休眠結構的開始生長。種子休眠（dormancy）可以經幾個不同因素予以打破，這決定於物種：(a)去除萌發抑制劑，這可以由流水淋洗而去除。(b)經歷一段低溫（低溫層儲，stratification）。(c)接觸適當波長的光線以刺激種子中的植物光敏色素（phytochromes）。例如萵苣種子的發芽需要紅光而遠紅光則抑制它。(d)種皮因下列原因而開裂：(1)微生物的分解；(2)土壤的磨蝕作用，如見於荒漠植物；(3)灌木叢火災放出的熱量；(4)消化液的作用，如被鳥吞食時，或由於水分的軟化作用。一旦打破休眠，就出現一系列很規律的變化。種子吸水使組織膨脹，並增加糊粉（aleurone）層中的酶作用。胚胎中放出的吉貝素（gibberellin）也加速了這個程序。胚乳（endosperm）或子葉（cotyledons）中的食物儲備也動員出來。這時形成的生長素（auxins）和細胞分裂素（cytokinin）則促進細胞分裂和增大，使胚胎生長並脹破種皮。見圖166。發芽有兩種類型，決定於種子的子葉是帶出地面的（出土的，epigeal）還是留在地下的（留土的，hypogeal）。

**germ layer 胚層** 在胚胎原腸胚（gastrula）形成和稍後一段時間內可以分辨出的三個細胞層：外胚層（ectoderm）、內胚層（endoderm）和中胚層（mesoderm）。

**germ line 種系** 在胚胎發育早期就和體細胞分化開來的一組細胞，它們產生生殖腺（gonads）。只有它們才能進行減數分裂（meiosis），而它們的突變（mutation），不像體細胞的變化，

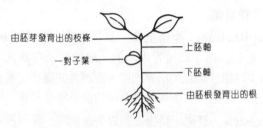

由胚芽發育出的枝條 ————

上胚軸

一對子葉 ————

下胚軸

由胚根發育出的根

圖166　發芽。典型的芽。

是可以傳給後代的（見 somatic mutation）。

**germ plasm theory　種質學說**　魏斯曼（August Weismann, 1834-1914）提出的一個概念，認為性細胞是由種質產生的，而種質完整地由一代傳給下一代，在每一代給出個體的體細胞。現在我們認為 DNA 就是細胞層次上的種質。

**gestation　妊娠**　胚胎在哺乳動物子宮中發育的階段。妊娠期是從受精著床到生產為止這段時間。在家貓是60天；人類是9個月；印度象是18個月。

**giant fiber　巨纖維**　某些無脊椎動物如節肢動物（arthropods）和環節動物（annelids）的大型神經軸突。由於內部縱向阻力的減小，巨纖維傳導衝動的速度要比一般纖維快。

**gibberellic acid　赤黴酸**　植物中的一種結晶狀酸，其促進生長的作用類似於吉貝素（gibberellin）。

**gibberellin　吉貝素**　植物生長調節因子之一，可刺激植莖伸長，但不像生長素（auxins），它不抑制根的生長。對於不成熟植物，可用吉貝素來誘導抽苔（bolting）；對於成熟植物，它可幫助消除矮態。不像植物生長素，吉貝素可在植物體內自由運動。對照 antigibberellin。

**gibbon　長臂猿**　長臂猿科的長臂類人猿。

**gibbous　具囊狀隆起的**　（指實心物體）

**gigantism　巨人症**　一種罕見的人類疾病；因腦垂腺（pituitary gland）前葉在童年或少年時過量分泌**生長激素**（growth hormone）而造成長骨過分伸長，結果導致腦垂體性巨人。對照 dwarfism。

**gill　鰓；蕈褶**　1. 鰓。水生動物的呼吸器官。蝌蚪的外鰓是由**外胚層**（ectoderm）產生的。而魚中的內鰓源自咽部，因此是來自內胚層（見 endoderm）。鰓富含血管，而氧氣和二氧化碳的交換就是經鰓的廣大表面積進行的（見 countercurrent exchange）。鰓亦見於無脊椎動物，如見於昆蟲像石蛾幼蟲，或軟體動物如牡蠣。偶爾一些特殊器官也可起鰓的作用，例如某些蜻蜓若蟲的直腸壁可交換氣體，氣體再由水經肛門泵進泵出。2. 菌褶。擔子菌的菌蓋下面攜帶孢子的片狀組織。

**gill bar　鰓條**　分隔**鰓裂**（gill clefts）的組織，包括骨質、神經組織、血管等。

**gill book　書鰓**　見 book gill。

**gill cleft or gill slit　鰓裂**　正在發育的**脊索動物**（chordate）胚胎，包括人類，鰓區上皮的向內凹陷。它們通常會遇到來自咽部內胚層的向外凹陷。在魚類，以及偶爾在陸生脊椎動物如兩生類中，這兩側凹陷相遇並穿通，乃形成鰓裂。

**gill fungus　傘菌**　**擔子菌**（basidiomycete），其子實體在菌蓋下面有一系列菌褶，上面是攜帶著孢子的子實層。

**gill pouch　鰓囊**　早期胚胎中由咽部向外的凹陷，在魚和兩生類胚胎中變為鰓，在高等動物中則通常隨著進一步的發育而消失。

**gill slit　鰓裂**　見 gill cleft。

**gingivitis　牙齦炎**　牙齦的炎症，牙齦上積有各種菌斑，例如含有血鏈球菌。雖然有些疼和不舒服，但通常不會造成掉牙。

**Ginkgoales　銀杏目**　**裸子植物**（gymnosperms）的一個目，只有一個種，即銀杏。其祖先種在**中生代**（Mesozoic period）繁盛一時。

**girdle　肢帶**　脊椎動物供附肢附著的骨質結構。見 pectoral girdle, pelvic girdle。

**gizzard　砂囊，胗**　靠近消化道前端的一個結構，食物先在其中破碎後再進行消化。通常具有豐厚的肌肉壁，在無脊椎動物還有內部突起。在某些鳥如杓鷸中，砂囊中的內膜不斷更新，老的內膜脫落後呈丸狀吐出。

**glabrous　無毛的**　（指植物結構）

**glaciation　冰川作用**　天氣轉冷以致地球大部分被冰川覆蓋的現象。

**gland　腺**　製造特種產物並將其分泌出本身結構的器官，有時是經管道分泌出去，如唾液腺、乳腺和淚腺等外分泌腺，但也可能是直接分泌到血液系統中，像內分泌腺（endocrine glands）。偶爾單個細胞也可作為腺體，例如水螅中分泌消化液的腺細胞。

**glandular cells　腺細胞**　產生分泌物的細胞。

**glandular epithelium　腺上皮**　具分泌功能的上皮，分泌產物進入由該上皮襯裡的腔隙，例如脊椎動物的內襯腸道的上皮。

**glandular fever or infective mononucleosis　傳染性單核細胞增多症**　一種急性（acute）感染性疾病，可能由埃巴二氏病毒（Epstein-Barr virus）所致。主要侵犯全身淋巴組織，出現異常的血內淋巴細胞（由此得名單核細胞增多症），以及淋巴結和脾臟腫大，有時還出現發熱和嚥痛。本病主要影響來自富裕家庭的青少年，因此在學生間流行。目前尚無控制措施。

**glaucous　帶藍色的**　（指植物結構）

**glenoid cavity　關節盂**　1.肩胛骨上容肱骨嵌入的凹入部分。2.哺乳動物鱗骨上的一個凹陷，下頜關節即嵌於其中。

**glia or neuroglia　神經膠質**　腦和脊髓中支援神經細胞並充填空隙的接連成網的未分化細胞。

**globigerina ooze　球房蟲軟泥**　海底的一種石灰質（calcareous）軟泥，是由死去的有孔蟲的介鞘殼堆積而成，其中以球房蟲最多。

**globular protein　球狀蛋白**　蛋白質（protein）的一個類型。

**globulin　球蛋白**　一族溶於鹽水、受熱即凝固的蛋白質，見於血漿和抗體，並為植物種子中的主要蛋白質。

**glochidium　瓣鉤幼蟲**　瓣鰓綱動物如河蚌的幼蟲，具有小型雙殼和一個觸鬚樣吸盤供吸附在魚身上之用。

**Gloger's Rule　格魯格法則**　棲居溫濕地區的物種比棲居乾冷地區有較重的色素。

**glomerular filtrate　小球濾液**　透過脊椎動物腎小球（glomerulus）的濾液。

**glomerular filtration rate　小球濾過率**　一個生物個體的兩個腎中全部小球每分鐘濾過的液體量。

**glomerulus　腎小球**　脊椎動物腎臟中的一叢叢外被包囊的微血管，該包囊又稱鮑氏囊（Bowman's capsule）。水和其中溶解的物質自血中濾出，要經過微血管的內膜和包囊的上皮，再進入通向亨利圈（loop of Henle）的小管。

**glossopharyngeal nerve　舌咽神經**　脊椎動物的第9對顱神經（cranial nerve），是一對背根神經。它控制哺乳動物的吞嚥反射和舌背上的味蕾。

**glottis　聲門**　見 epiglottis。

**glucagon　抗胰島素**　脊椎動物胰臟的胰島（islets of langer-hans）細胞分泌的一種含29個胺基酸的多肽。其作用如激素，但和胰島素（insulin）相反，它刺激肝醣（glycogen）分解和葡萄糖的釋放入血。

**glucocorticoid　葡萄糖皮質素**　腎上腺皮質分泌的一種類固醇激素，影響糖和蛋白質的代謝，包括皮質醇（氫化可體松）和皮質酮等。

**gluconeogenesis　生糖作用**　在肝臟中從非糖類前體如胺基酸

（amino acids）、甘油（glycerol）和乳酸（lactic acid）形成葡萄糖（glucose）或肝醣（glycogen）的程序。

**glucose or dextrose　葡萄糖，右旋糖**　一類重要的六碳糖，具酮糖（aldose）結構，有兩型：α和β型。 其通式為 $C_6H_{12}O_6$。存在於甜味水果中，特別是葡萄中。葡萄糖產生於光合作用（photosynthesis）的卡爾文氏循環（Calvin cycle）中，為動植物細胞的主要能源，不過它經常轉化為不溶的形式以利儲存：這不溶形式在植物是澱粉（starch），在動物則為肝醣（glycogen）。葡萄糖的結構見單醣（monosaccharide）。

**glucose-6-phosphate dehydrogenase（G-6-P.D.）　葡萄糖-6-磷酸去氫酶**　糖代謝的戊糖磷酸途徑（pentose phosphate pathway）中一個重要的酶，在有輔酶 NADP 存在的情況下，它催化葡糖6磷酸的氧化，產生6磷酸葡萄糖酸內脂和 NADPH。血中紅血球裡面的 G6P.D.特別值得注意，因為它的活性減低時會引起一種病情，叫蠶豆黃（favism）。

**glume　穎片**　包繞草類小穗或苔草花的穀殼狀鱗片。

**glutamate　麩酸根**　麩胺酸（glutamic acid）的游離形式。

**glutamic acid　麩胺酸**　蛋白質中常見的20種胺基酸（amino acids）之一，它有一個多餘的羧基，在溶液中呈酸性。見圖167。穀氨酸的等電點（isoelectric point）為3.2。

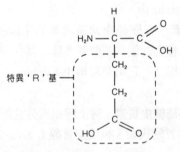

圖167　麩胺酸。分子結構。

**glutamine　麩胺醯胺**　蛋白質中常見的20種胺基酸（amino acids）之一，具極性的‘R’基，溶於水。見圖168。

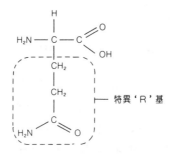

圖168　麩胺醯胺。分子結構。

**glyceraldehyde phosphate　甘油醛磷酸**　見 PGAL。

**glyceraldehyde 3-phosphate（GALP）　甘油醛-3-磷酸**　見 PGAL。

**glycerate 3-phosphate（GP）　甘油酸-3-磷酸**　見 PGA。

**glyceric acid phosphate　甘油酸磷酸**　見 PGA。

**glycerol** or **glycerin　甘油**　一類簡單脂質（lipid），是脂肪的基本成份。含有大量能量，可在代謝中釋放出來。見圖169。

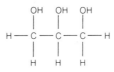

圖169　甘油。分子結構。

**glycine　苯胺酸**　蛋白質中常見的20種胺基酸之一，雖然它的 R 基爲非極性，但卻溶於水。見圖170。甘胺酸的等電點（iso-electric point）爲 6.0。

**glycocalyx　蠟梅糖**　腸道刷毛緣微絨毛膜上產生的厚約3微米的微絲叢，由酸性黏多糖和糖蛋白（glycoprotein）組成，被認爲參與小分子食物的消化。其他動物細胞外也有一層多糖蛋白質

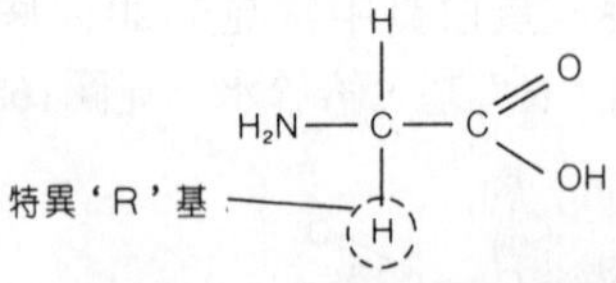

圖170　苯胺酸。分子結構。

複合物，它使細胞能以互相辨認，這在胚胎發育中起重要作用。

**glycogen　肝醣**　動物體內儲藏糖的主要形式，當血糖水準過高時在哺乳動物的肝臟（見 phosphatase）和肌肉中由葡萄糖產生，這個程序稱爲**糖原生成**（glycogenesis）並受**胰島素**（insulin）的影響。當血糖水準低時肝臟中的肝醣又可分解爲葡萄糖，這個程序稱糖原分解並受抗胰島素（glucagon）的影響。見圖171。但肝醣在肌肉中卻分解爲乳酸（lactic acid），而不是分解爲葡萄糖，這個程序稱爲**醣酵解**（glycolysis）。

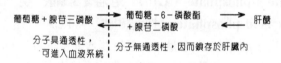

圖171　肝醣。肝醣在肝臟中的形成和分解。

**glycogenesis　糖原生成**　見 glycogen。

**glycogenolysis　糖原分解**　見 glycogen。

**glycolipid　醣脂**　含糖的脂類（lipid）。

**glycolysis　醣酵解**　細胞呼吸（cellular respiration）的第一步，有無氧均可，葡萄糖轉化爲兩個分子的丙酮酸。見圖172。參見 aerobic respiration。

**glycophorin　血型醣蛋白**　人類紅血球中的一種糖多肽。

**glycoprotein　醣蛋白**　分子中含糖的蛋白質（protein）。

**glycoside　糖苷**　糖的縮醛衍化物，經酶或酸水解後可生出糖。含有葡萄糖苷的糖稱葡糖苷；含半乳糖的稱半乳糖苷。它們

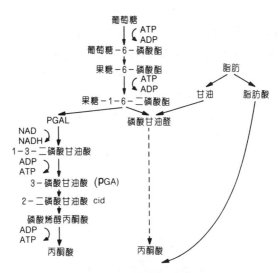

圖172 醣酵解。醣酵解的每個步驟。

使不需要的物質變成化學惰性或者形成食物儲備，例如形成肝醣
（glycogen）。

**glycosidic bond** or **glycosidic link　糖苷鍵**　糖中的異頭碳
原子和另一個基團或分子之間形成的鍵。

**glycosuria　糖尿**　因血糖水準超過正常（高糖血症）而致葡萄
糖由尿排出。糖尿是糖尿病（diabetes）的症狀之一。

**glycosylation　醣化作用**　將一個醣（carbohydrate）加合到一
個有機分子如蛋白質（protein）上去的程序。

**Gnathostomata　頜口類**　具有真頜的脊椎動物，即所有真魚
（不含七鰓鰻和盲鰻）、兩生類、爬行動物、鳥類和哺乳動物。

**gnathous　[字首]**　指有頜的。

**Gnetales　買麻藤目**　裸子植物（gymnosperms）的一個目，本
目成員在其次生木材中有真正的導管，而在其胚珠中無頸卵器。
在這些特徵上它們更似被子植物（angiosperms）。

**goblet cells** or **chalice cell　杯狀細胞**　哺乳動物腸道柱狀上

皮中的酒杯狀細胞，它分泌黏蛋白（mucin）。

**goiter　甲狀腺腫**　因食物中缺碘而造成的甲狀腺異常腫大。

**Golgi apparatus** or **dictyosome　高基氏體**　一系列胞器（organelles），由一串稱為液泡（cisternae）的膜泡組成，1898年高基（Camillo Golgi）首先描述了它，但是直到使用了電子顯微鏡（electron microscope）之後才真正清楚其結構。見圖173。高基氏體的膜常常和內質網（endoplasmic reticulum）暫時聯在一起，而分泌泡由高基氏體形成並移至細胞邊緣後，再完成胞飲作用（exocytosis）。據認為，高基氏體除有儲存作用，還可將簡單分子組裝成複雜分子。例如可將糖和蛋白質組裝成醣蛋白。

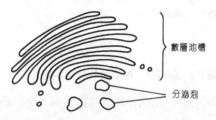

數層池槽

分泌泡

**圖173　高基氏體。** 分泌泡將產物由高基氏體攜至細胞邊緣，而可能由此排出細胞外。

**gon-** or **gono-**　［字首］　表示同性有關的。

**gonad　生殖腺**　一個生物的卵巢（ovary）或睪丸（testis）。

**gonad hormones　生殖腺激素**　生殖腺（gonads）分泌的性激素。

**gonadotrophin** or **gonadotrophic hormones　促性腺激素**
腦垂腺（pituitary gland）前葉分泌的激素，在某些哺乳動物的妊娠期中也可由胎盤（placenta）分泌。濾泡刺激素（FSH）和黃體化激素（LH）見於一切四足動物（tetrapods），但魚類似乎沒有 FSH。催乳激素（Luteotrophin, LTH）見於大鼠，其功能在於維持黃體（corpus luteum），但不見於其他哺乳動物。促乳素見於某些脊椎動物，控制乳汁的分泌。（催乳激素其實就是一種促乳素。）腦垂體的輸出受下視丘的控制。促性腺激素影響其他同生殖有關的腺體,它控制性腺的活動、性成熟程序的啓動、**動情週期**(estrous cycle)、生殖節律和**泌乳**(lactation)。亦見 HCG。

**Gondwana** or **Gondwanaland 岡瓦納古陸** 三疊紀(Triassic period)南北分裂的大陸群中的北組,南組名**勞亞古陸**(Laurasia)。岡瓦納古陸包括南美洲、非洲、印度、澳洲和南極洲。

**gonochorism 雌雄異體** 一個生物個體身上只有一種**生殖腺**(gonad),或雌或雄。

**gonophore 生殖(芽)體** 任何攜帶生殖腺的器官,但特指群體**腔腸動物**(coelenterates)中的特化水螅體,其上攜有生殖腺而其外形頗似固著棲於基底的水母——這是**生殖個體**(gonozooid)的一個類型。

**gonorrhea 淋病** 人類生殖器官黏膜的傳染性炎症,其特徵爲尿道或陰道有黏液或膿外溢,是由淋病奈瑟氏球菌造成。淋病也許是今日人類中最流行的傳染性疾病。它也是**性病**(venereal disease),但和**梅毒**(syphilis)不同。

**gonotheca 生殖鞘** 集群**腔腸動物**(coelenterates)生殖結構四周的幾丁質圍鞘。

**gonozooid 生殖個體** 集群腔腸動物中攜帶生殖腺的特化水螅體(見 gonophore)。

**goodness-of-fit 適合度** 比較觀察到的結果和根據理論並由某一**虛無假設**(null hypothesis)支持的結果兩者之間的符合程度。例如**卡方試驗**(chi-square test)。

**Graafian follicle 格拉夫卵泡** 雌性哺乳動物卵巢中的一種結構,內有一個**卵母細胞**(oocyte),外面是顆粒性的**濾泡**(follicle)細胞,這些細胞還包圍著一個空腔,這整個結構包在一個結締組織壁內。見圖174。

　　格拉夫卵泡在卵巢深部形成,隨著動情週期的發展逐步增大

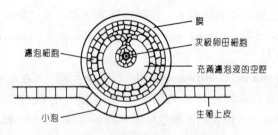

圖174　格拉夫卵泡。一般結構。

和成熟並移向表面，最後在表面突起像個小泡，直到其壁破裂釋出卵子（排卵）。排卵之後，濾泡變爲黃體（corpus luteum）。正常情況下黃體阻止再次排卵，因爲它分泌出黃體酮（progesterone），後者抑制腦垂腺（pituitary gland）產生促卵泡激素（FSH），因此不再形成濾泡。泡內的空腔是區別格拉夫卵泡（因格拉夫氏而命名）和其他脊椎動物卵泡（ovarian follicles）的不同處。

**grade　級**　具有同樣組織層次的一群生物。

**graded response　梯級反應**　隨著提供能量的增多而逐漸加強的反應，與之相對應的是全或無定律（all-or-none law）所描述的反應。

**graft　嫁接，移植**　將一個生物的一小部分移植到另一較大部分上的操作。這可能是在同一生物身上從一個部分移植到另一部分上去（見 autograft），或從一個生物移植到另一個生物（見 isograft, homograft, heterograft）。許多胚胎學研究都使用移植方法，而且由醫學觀點來說，皮膚移植已成傳統手術。器官移植例如心臟移植現在也不少見，不過一個動物排斥來自另外一個動物的組織仍然是個嚴重的問題（見 immune response）。在動物，移植物取自供體，再移植到受體身上。在植物，嫁接通常用於園藝，一般是將用於培養的接穗移植到根栽的**砧木**（stock 1）上去。

**graft-hybrid　嫁接雜種**　見 chimera。

**Gram-negative** or **Gram-positive　格蘭氏陰性；格蘭氏陽性**
見 Gram's stain。

**Gram's stain　格蘭氏染色法**　為格蘭氏陽性細菌所吸收的染料，可用以區分開不吸收此染料的細菌（格蘭氏陰性型）。先用的染料是結晶紫和碘的複合物，然後用酒精可使格蘭氏陰性細菌脫色，但格蘭氏陽性細菌則保留一種藍紫色。

**grandfather method　外祖父法**　估計一個生物個體身上性聯基因的重組次數的方法，主要是依靠外祖父身上的基因排列方式。例如一位母親已知是個雜合體，那麼她的基因可能是偶聯（coupling）或相斥。但如果她父親的表型為已知，則這個疑問就沒有了，因為他只有一個 X 染色體。例如說，如果他是 Ab，那麼他的雜合體的女兒必然是 Ab/aB，這樣她的子女就可以正確地鑑定為親本類型或重組類型（見 genetic linkage）。

**granulocyte　顆粒性白血球**　白血球（leukocyte）的一個類型，其細胞質中含有顆粒，是在骨髓中形成的。顆粒細胞佔全部白血球的70％，共分3型：嗜伊紅白血球（eosinophils），嗜鹼性細胞（basophils）和嗜中性細胞（neutrophils）。

**granum　葉綠餅**　見 chloroplast。

**graptolite　筆石**　已滅絕的古生代筆石綱海洋群體動物。在較晚的岩層中可見有分支的類型，並一直延續到石炭紀。

**grass　禾草**　禾本科植物，都具分節的管狀莖、鞘葉和藏於穎片（glumes）中的花朵。例如穀物、蘆葦和竹子。

**gravity　重力**　物質相互吸引的力量。

**gray matter　灰質**　脊椎動物中樞神經系統（central nervous system）中含細胞體的物質，細胞體使其帶有灰色，因此與纖維（fibers）的白色可區別開來（對照 white matter）。灰質還包含神經細胞的樹突（dendrites），但其上無髓鞘；包含血管；和包含膠質細胞，膠質有支撐作用。脊髓中的灰質位於內部，在橫剖面上呈 H 字形。但在腦中，灰質位於外側。協調即發生於中樞神經系統（CNS）的灰質中。

**green gland　綠腺**　甲殼動物的排泄器官，有一對，開口於觸角的基部。

**greenhouse effect　溫室效應**　1.發生於溫室內的效應，因玻璃通透短波但吸收和反射長波，所以就使內部加熱。2.將此效應引申到地球大氣層。紅外線容易被大氣中的二氧化碳和水蒸汽所吸收，其中一部分還被反射到地球表面，這就使地表升溫。

**green-island effect　綠島效應**　在由生物營養性病原體所致病害周圍出現的光合作用局部加強的現象。

**green revolution　綠色革命**　人類利用新的穀物雜交品種如大麥、稻米、玉米、小麥等來滿足人類需求的措施。新品種是利用雜交和選擇方法產生出來的。綠色革命對發展中國家產生了特別驚人的效果。例如墨西哥的小麥，因為在1960年引種了一種新的矮桿品種，增產了300％。但是，植物改良並不總是給農民帶來好處。

**greeting display　歡迎表演**　動物行為的一種，尤見於鳥類。常常是當配偶攜食物來到鳥巢時發生。

**Griffith, Frederick　格立菲**　英國醫學細菌學家，他在1928年發表一篇文章，指出有可能轉變肺炎球菌的菌型。具體地講，他當時用兩型細菌做實驗：

| $R$ 型 | $S$ 型 |
|---|---|
| 外膜粗糙， | 外膜光滑， |
| 對小鼠無毒 | 對小鼠有毒 |

他的結果見圖175。格立菲指出，在實驗四中已被熱力殺死的 S 型不知通過什麼途徑卻能將活的 R 型細菌變為有毒的 S 型，這個程序他稱為**性狀轉變**（transformation）。後來經人證明，這個轉化因子就是 DNA。

| 實驗 | 給老鼠注射的細菌類型 | 老鼠的反應 | 最後由老鼠體內回收的細菌類型 |
|------|------|------|------|
| 1 | 活的 R 型 | 存活 | — |
| 2 | 活的 S 型 | 死亡 | — |
| 3 | 死的 S 型 | 存活 | — |
| 4 | 死的 S 型 和 活的 R 型 | 死亡 | 活的 S 型 |

圖175　格立菲。他的研究結果。

**gristle　軟骨**　見 cartilage。

**ground state　基態**　一個分子處於最低能階時的狀態。

**group　族**　相近的分類單元（見 taxon）的一個集合，特指相近種的集合。

**growth　生長**　體積的增長，它包含三個不同的成分：(a)細胞分裂，(b)同化，(c)細胞膨脹。生長的基礎是**細胞分裂**（cell division），但爲了增長體積，細胞還必須能從鄰近環境中取得原材料合成新的結構。這個程序叫同化，它導致體積的增大。在發育期間，生長可以是連續的但卻是異度的（見 allometric growth），如人類；也可以是不連續的，如昆蟲只是在每次蛻皮時才有生長。

**growth curve　生長曲線**　種群增長的圖形表示。可以是指數式的，理論上講種群密度最後將以無限速度增長；曲線也可以是邏輯式的（見 logistic curve），種群密度可以在接近**承載力**（carrying capacity）時穩定下來。見圖176。微生物種群常經歷一個包含4個階段的生長曲線（見圖177）。

　　停滯期是適應新環境的時期，此期間發生**酶誘導**（enzyme induction）而生殖率和死亡率相等。對數增長期是指數增長，生殖率遠大於死亡率。靜止期是個平衡期，代表對某個限制性因素如食源的反應，而到了死亡期生殖極少或沒有，於是種群數目下降。

**growth, grand period of　大生長期**　一個細胞、器官或植株

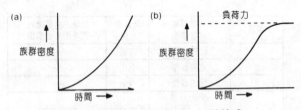

圖176 生長曲線。(a)指數式。(b)計算式。

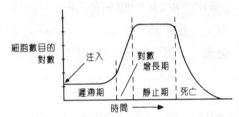

圖177 生長曲線。微生物培養基中的生長曲線。

部位增長體積的全部時間,先緩後快,再慢下來直至成熟。

**growth habit 生長習性** 植物生長的特徵方式。

**growth hormone** or **somatotrophic hormone(STH) 生長激素** 腦垂腺(pituitary gland)前葉主要於生長期分泌的一種激素,它刺激四足動物(tetrapods)長骨的伸長,促進蛋白質合成,抑制胰島素(insulin)因而升高血糖。發育期間過度分泌可導致巨人症(gigantism),但在人生晚期過量則造成肢端巨大症(acromegaly),前額、鼻子和下頜變大。生長激素的缺乏導致侏儒症(dwarfism)。

**grub 蠐螬** 一類昆蟲幼蟲,無附肢。

**guanine 鳥糞嘌呤** 去氧核糖核酸(DNA)中4類含氮鹼基之一,具有嘌呤類雙環結構。尿嘌呤構成 DNA 單位核苷酸(nucleotide)的一部分,並永遠同一種稱為胞嘧啶(cytosine)的 DNA 嘧啶鹼基配對。尿嘌呤亦見於核糖核酸(RNA)。見圖178。

**guano 鳥糞** 鳥類和爬行類所排白色含氮乾糞便,富含尿酸。

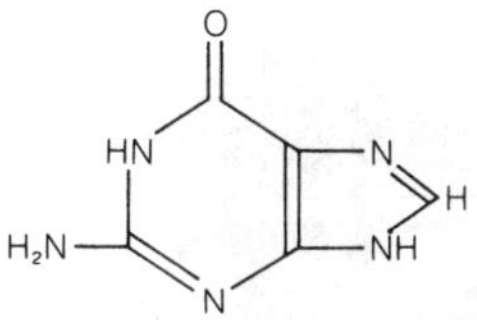

**圖178　鳥糞嘌呤。分子結構。**

積糞爲寶貴肥料，南美積糞鳥（鸕鷀）群居處曾遭大量開發。

**guard cells　保衛細胞**　葉子表面的特化上皮細胞，兩兩成對，組成氣孔。有關氣孔大小的調節，見 stoma。

**guild　依賴集團**　以同樣方式利用同樣環境資源的一群物種。

**Gurdon，J．B．　格登**（1933-）　英國實驗胚胎學家，他曾證明，將取自爪蟾腸道已分化細胞的核植入另一去核細胞中可發育爲正常個體。換句話說，他證明，一個已充分分化的細胞仍然具有指導整個動物細胞發育所需的遺傳資訊（見 totipotency）。

**gustation　味覺**　體驗味道的程序或能力。這是由於溶於水中的離子或分子刺激了特化的上皮受器。

**gustatory sensillum　味蕾**

**gut　腸道**　見 alimentary canal。

**guttation　泌水作用**　葉脈末梢出水的現象，通常發生於夜間蒸散作用（transpiration）不明顯或不存在時。因此泌水作用是個排除多餘水分的方法，它是經由葉尖特殊的通水孔道稱**排水孔**（hydathode）。和正常的氣孔不同，排水孔不能控制自身的孔徑大小。泌水現象常見於矮生植物如草類。見圖179。

**gymno-　[字首]**　表示裸露的。

**Gymnophiona　裸蛇目**　見 Apoda。

**gymnosperm　裸子植物**　裸子植物綱的成員，包括**針葉樹**（conifers）和類似的植物。裸子植物一名源於其胚珠在生下來時在大孢子葉上就沒有覆蓋，大孢子葉通常呈球果狀。

**gynandromorph　雌雄嵌體**　兼具雌雄兩性特徵的動物，常常

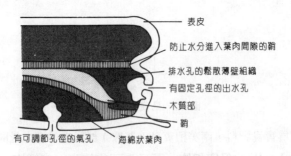

表皮

防止水分進入葉肉間隙的鞘

排水孔的鬆散薄壁組織

有固定孔徑的出水孔

木質部

鞘

有可調節孔徑的氣孔　　海綿狀葉肉

**圖179　泌水作用。虎耳草葉的橫切面。**

是身體分爲相等的兩個部分各具一性。例如左側爲雄性，右側爲雌性。

**gynobasic　基生的**　（指花柱）

**gynodioecious　雌花兩性花異株的**　這種性狀被認爲有助於異花授粉，例如見於百里香。

**gynoecium** or **gynaecium** or **pistil　雌蕊群，雌蕊**　花的雌性部分，包括一個或多個心皮（carpels）。當存在多個心皮時，這些心皮可以完全融合，形成一個複合子房、柱頭和花柱。心皮也可以是各個分離的，但在這兩個極端之間也可存在種種不同的中間類型。見圖 180。當其他花部長在雌蕊群之下時，我們就說這個花是下位的，子房是上位的。換過來說，當其他花部長在雌蕊群之上而**花托**（receptacle）包繞子房時，我們就說這個花是上位的，子房是下位的。

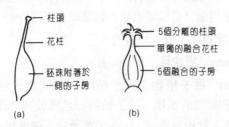

柱頭

花柱

胚珠附著於一側的子房

5個分離的柱頭

單獨的融合花柱

5個融合的子房

(a)　　　　　　(b)

**圖180　雌蕊群。(a)簡單型，如豌豆。(b)複雜型，如天竺葵。**

**gynogenesis** **雌核發育** 卵膜已被雄配子穿破後卵的孤雌發育。不存在核融合，發育的啓動可以是由於單純的機械刺激。

**gynomonoecious** **雌花兩性花同株的** 例如雛菊。

# H

**habit 體形** 植物的一般外形和分支情況。例如蒲公英依所在地區的不同可以是直立的或平卧的。見 phenotypic plasticity。

**habitable zone 生存帶** 一個恆星例如太陽的周圍有能量足以維持生命的範圍。

**habitat 棲所** 一個動物或植物佔居的環境，可以是一條小溪、一片草地，或一塊鹽沼。

**habitat selection 棲所選擇** 一個正在擴散的生物（見 dispersal）選擇適宜生境的過程。

**habituation 習慣** 在持續刺激的情況下逐漸失去行為反應的現象。

**Haeckel's law of Recapitulation** or **palingenesis** or **von Baer's law 海克爾重演定律，重演性發生，貝爾定律** 認為個體發生（ontogeny）重演種系發生（phylogeny）的學說，也即認為一個生物在胚胎時經歷的階段和在演化史中經歷的階段相似。例如哺乳動物在胚胎時有一個魚狀的階段。這個定律是德國生物學家海克爾（Ernst Haeckel, 1834-1919）歸納出的。

**hair 毛髮** 1.在植物，毛是上皮細胞的絲狀突起，可能具有分泌功能如腺體，吸收功能如根毛，也可能只是用於阻止空氣流動以減少蒸散作用（transpiration），如葉面的毛。2.在動物，毛是由哺乳動物皮膚毛囊中生長的角化上皮細胞組成的絲狀結構。

**hair cell 毛細胞** 脊椎動物的感覺上皮細胞，感受力學刺激。具有一根可動的纖毛（動纖毛），或具有若干根不動的纖毛狀細胞突（靜纖毛）。這樣的細胞見於側線系統（lateral-line system）和耳中。

**hair follicle 毛囊** 哺乳動物上皮中的一種小囊（follicle），毛髮由此深入眞皮層。毛囊還和皮脂腺和豎毛肌相連。

**half-life 半衰期** 放射性物質蛻變一半所需的時間。例如碳-14的半衰期爲5570年。見圖181。

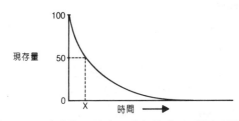

100

現存量 50

0

X 時間

**圖181 半衰期。x＝半衰期。注意，現存量減至0所需時間並非2x。**

**hallux 拇趾** 脊椎動物後足的第一趾，與人類的大腳趾同源。

**halolimnic 鹽沼生的** 住於鹽沼或在鹽沼取食的。

**halophyte 鹽生植物** 耐受土壤和大氣中高鹽度的植物，通常見於海邊，如海馬齒或鹽角草。

**halter（複數 halteres）or balancer 平衡器** 雙翅類（dipterans）昆蟲所有的一對結構。現認爲它們是由後翅演化而來，通常不大，棒狀，比前翅要小得多。它的功能可能是在飛行中維持平衡。

**hammer 鎚骨** 見 malleus。

**hamulus（複數 hamuli） 鉤狀突** 見於交鎖的羽毛的羽小支上，或見於昆蟲的前翅，用於和後翅相連。

**haplo- ［字首］** 表示單一的。

**haplochlamydeous 單被花的** 見 monochlamydeous。

**haploid 單倍體** 1.（指細胞核），每一型染色體只有一個。

323

2.一個生物在它的主要生命階段中每一型染色體只有一個，這用（n）來表示。此類生物如真菌和許多藻類，通常也有一個簡短的二倍體（diploid 2）期（2n），但經由減數分裂又變爲單倍體。見 alternation of generations。

**haplont　單倍性生物**

**haplotype　單型**　見 HLA system。

**hapten　半抗原**　可與抗體結合，但若不附著在一個大型載體分子（carrier molecule）上便不能單獨刺激產生抗體的抗原。

**haptotropism　向觸性**　見 thigmotropism。

**Hardy-Weinberg law　哈地-溫伯格定律**　本定律證明，在一個大的隨機交配的族群中，對偶基因（alleles）的頻率一代代不變更。這是在1908年由英國的哈地（G.H. Hardy）和德國的溫伯格（W. Weinberg）提出。本定律解釋了一個基因的各對偶基因的頻率可以在族群中保持恆定，但仍符合孟德爾遺傳學（Mendelian genetics）。定律還證明，在一族群中顯性表型（phenotype）不見得必然超過隱性表型。例如一個基因有兩個對偶基因，A 和 a，頻率分別爲 p 和 q，則相應的基因型頻率是

$$AA \quad Aa \quad aa$$
$$p^2 + 2pq + q^2 = 1.0$$

本定律是由二項展開式（binomial expansion）$(p+q)^2 = 1.0$ 推導來的。這樣的遺傳平衡（genetic equilibrium）只在下述條件下才能成立：不存在選擇作用和突變現象，無遷入或遷出，隨機交配，族群極大。但選擇壓力也可造成穩定性（見 genetic polymorphism），而選擇和突變也可互相抵消彼此的作用。

**Harvey，William　哈維（1578-1657）**　英國醫生，他發現了人類的血液循環，血液經動脈離心外出再經靜脈回心。

**Hatch-Slack pathway　哈奇-斯萊克途徑**　和卡爾文氏循環（Calvin cycle）並行的一條光合作用途徑，據認爲發生在某些熱帶植物和雙子葉植物中。在此途徑中，磷酸烯醇丙酮酸經羧化

作用先形成草醯乙酸。

**Hatscheck's pit　哈氏窩**　文昌魚（amphioxus）口笠中的黏液腺。

**haustorium　吸器**　1.寄生性眞菌菌絲（hypha）末端特化而成的結構，用於穿入寄主細胞吸取食物。2.（見於某些寄生性植物），進入寄主吸取食物的器官。

**Haversian canal　哈佛氏管**　由成骨細胞（osteoblasts）同心圓式形成的骨內管道，其功能是幫助骨內活組織間的聯繫。每個管道都包括一根動脈、一根靜脈和一根神經，而這些管道貫穿硬骨，內與骨髓外和骨膜（periosteum）相連。哈佛氏系統主要是縱向的，但橫向也有聯繫。

**hay fever　花粉熱**　對大氣中塵埃和花粉的過敏反應。花粉熱可引起因眼鼻黏膜發炎而造成的流淚、噴嚏和其他症狀。

**HCG（human chorionic gonadotrophin）　人類絨毛膜促性腺激素**　發育中胎兒組織滋養層（trophoblast）分泌的一種激素（hormone）。它負責在妊娠期的頭3個月內維持黃體（corpus luteum），這就保證有足夠的黃體素（progesterone）可用於維持子宮內膜和防止月經（menstruation）發生。滋養層一旦植入子宮壁就開始分泌HCG，而到妊娠期的第7周其濃度達到最高。婦女在妊娠期第一個月的尿就含有足夠的HCG，足可以用化學方法輕易檢測出來。在達到最高點以後，它又降下來，這時只知其功能是維持男性胎兒的睪丸分泌睪固酮（testosterone）。HCG和促黃體激素（LH）和催乳激素（luteotropic hormone）的聯合作用幾乎相同。

**head　頭**　1.脊椎動物的上端或前端，包含腦（brain）、眼、口、鼻和耳。感覺器官常集中在頭部，例如眼、觸手、觸角和口器。頭部也許是因爲動物是前向運動而演化出來的，因爲在無單向運動的生物如海膽中就不存在發達的頭部。2.無脊椎動物中的相應部分。亦見 cephalization。

**heart　心**　血液循環系統（blood circulatory system）中的肌肉幫浦。在有一個心臟的無脊椎動物如節肢動物（arthropods）、環節動物（annelids）、軟體動物（mollusks）和棘皮動物（echinoderms）中，心是由幾個腔室組成的，心位於腸道的背側。在脊椎動物中，心臟是由特殊的心肌（cardiac muscle）構成的，位於腹側，外面還有心包膜（pericardium）圍繞。在脊椎動物的5個綱中，心臟越來越複雜，由魚類中的只有一個心房（atrium）和一個心室（ventricle 2）的 S 形心臟，經過兩生類和大部分爬行類，它們的心房已分為兩個但心室還只有一個，直到鳥類和哺乳類的心完全分為兩側，有兩個心房和兩個心室。人類心臟的主要特點包括：(a)右側壓送血液經由肺循環得以和氧結合，而左側則壓送血液經由體循環，再脫去氧。(b)來自全身的血液經由上腔靜脈（上身）和下腔靜脈（下身）進入右心房。還有一個冠狀竇將心臟本身的回血引入心臟。右心房將血由房室孔壓入富含肌肉的右心室。最後血液被噴射進入肺動脈的單一開口，隨後肺動脈又分為兩個，各進入一個肺。(c)來自4個肺靜脈的血進入左心室，再經過左側房室孔進入左心室。左心室壁比右側厚得多，這反映左側需要更大的力量。左心室的的血經由一根大血管（主動脈）離開，它供應全身一切部分，包括心臟。(d)由於存在各種瓣膜，血在心中只沿一個方向運動。房室瓣阻止血液由心室向心房回流，在左側是具有3個瓣的三尖瓣，在右側是具有兩個瓣的二尖（bicuspid 3）瓣。這兩個瓣都由稱為鼓索的結締組織條索固定在原位。半月瓣則阻止血液由動脈向心室回流。(e)和收縮程序有關的各個神經區域都位於心內（見 heart, cardiac cycle）：(i)竇房結（SAN），即節律點，位於右心房壁靠近腔靜脈入口處；(ii)房室結（AVN），位於4個心腔的交匯處；和(iii)由蒲金埃組織和其他纖維組成的網路，從 AVN 發出跨過兩室的室壁。見圖182。

　　其他位於心內或靠近心臟的神經區域還有：(i)心臟壁、主動脈弧、頸動脈竇、腔靜脈，以及肺靜脈進入心房處的壓力受器。

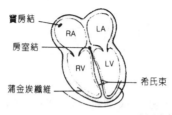

**圖182　心臟。**哺乳動物心臟中的神經中樞。

上述結構伸張時這些受器受到刺激，就導致血壓降低。(ii)對血中二氧化碳濃度敏感的化學受器，存在於**大動脈體**（aortic body）和**頸動脈體**（carotid body）中。

**heart, cardiac cycle　心臟，心搏週期**　促使血液通過心臟和血液循環系統的心肌收縮過程。在**節肢動物**（arthropods），血液回心的機制和其它動物都不相同。在節肢動物，血液從心包腔進入心臟是靠吸力。在其它動物，血液進入心臟是由於靜脈血壓高於鬆弛的心臟，因此將血壓入心臟。哺乳動物心動循環的特徵如下：(a)**心肌**（cardiac muscle）具有來自自身的規律性搏動。在人類，這種**肌源收縮**（myogenic contraction）每分鐘約72次，但在較小的哺乳動物中會更快。其頻率受兩個連於**竇房結**（SAN）的神經的調節。來自脊髓的交感神經加速心搏，來自延髓的迷走神經則使心搏率減慢。(b)心臟鬆弛時（舒張期），腔靜脈的壓力使血進入心房，也有少量進入心室。一旦心房充滿血液，起自竇房結的電能波傳遍心房，造成一次陡起的肌肉收縮，將血逼入舒張的心室。(c)來自心房的電能聚集在房室結，然後又由希氏束和蒲金埃纖維造成心室收縮。此時，心房開始舒張，準備接受靜脈的進一步來血。這些變化在圖183中做了說明；圖183是一個高度簡化的圖解。

**heartwood　心材**　樹木中心的材質，其作用只是支持，其中無活細胞。

**heat exhaustion　熱衰竭**　溫血動物因體溫過度升高體內冷卻

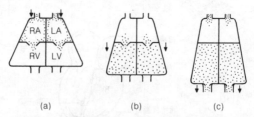

**圖183　心臟，心動週期。**(a)心房和心室的舒張期。(b)心房收縮期和心室舒張期。(c)心房開始舒張，心室還在收縮期。

機制衰竭，其特徵爲痙攣和頭暈。

**heat gain　熱量獲得**　由外源輻射或傳導而獲得熱量以致體溫增高，全身器官的代謝率均升高的現象。見 temperature regulation。

**heath　石南灌叢**　一類低地植物群落，其中優勢植物爲石南，土壤砂性，有淺泥炭。

**heat-labile　熱不穩定的**　易被熱破壞的。

**heat-loss　失熱**　在體溫調節（temperature regulation）的過程中，身體因輻射、蒸發或對流散失熱量的現象。

**heavy chain　重鏈**　見 immunoglobulin。

**heavy isotope　重同位素**　同位素中含中子更多質量更大的穩定原子。例如氮-15就是重同位素，而氮-14是正常同位素。

**heavy metal　重金屬**　一些具高原子量（大於100）的金屬，例如汞、鉛、鎘、鉻。重金屬有廣泛的工業用途，由空氣、水和土壤的污染，很多重金屬釋放於生物圈（biosphere）。重金屬是有毒的，並在一次吸收後趨向持久存在於活的生物體中。典型的是，重金屬進入食物鏈（food chain）並集聚於局部的器官，特別是處於上層營養級（trophic levels）動物的腦、肝和腎中，逐漸地毒害其宿主，十分小量的重金屬（百萬分之一公克）會是致命的。在生態系統中由重金屬集聚引起的能量和特質的運動會發生全體動物群的消失。例如，在日本海灣，汞的集聚導致許多甲殼動物（crustaceans）的消失。一些科學家認爲重金屬污染的威脅對生物圈即刻的穩定性是唯一且重要的威脅。

**heavy-metal pollution　重金屬污染**　由重金屬（heavy metal）造成的污染，常見於污泥。

**hedgerow　灌木樹籬**　一排灌木，形成一個和天然林木邊緣相似的生境，這通常是人工種植的，目的是劃分不同的土地。

**Heidelberg man　海德堡人**　海德堡猿人約生存於距今55萬年前，約於40萬年前滅絕。海德堡猿人、爪哇猿人、北京猿人和阿特拉猿人現都被視爲直立人。

**HeLa cell　海拉細胞**　組織培養中使用的一個細胞類型，現在全世界作爲一個實驗室標準。它是從1951年的一個病人海里塔·拉克斯（Henrietta Lacks）的子宮頸癌組織中取得的。

**helical　螺旋狀**

**helico-　［字首］**　表示螺旋。

**helicotrema　蝸孔**　耳蝸（cochlea）尖部的一個開口，聯通鼓室階和前庭階。

**helio-　［字首］**　表示太陽。

**heliotropism　向日性**　向光性（phototropism）的一種，指植物花朵在日間總朝向陽光的現象。

**helix（複數 helixes or helices）　螺旋**　螺旋的一種，其中任何一點都和中央軸線等距。核糖核酸（RNA）有一個等距螺旋，去氧核糖核酸（DNA）則有兩個等距螺旋。

**helminth　蠕蟲**　指扁形動物（platyhelminth）蠕蟲。

**helminthology　蠕蟲學**　研究寄生蠕蟲的學科。

**helophyte　沼生植物**　全年生芽是在泥中形成的草本植物。

**helper T-cell　輔助 T 細胞**　見 T-cell。

**hematin　正鐵血紅素**　血紅素（hemoglobin）分解後產生的一種含鐵色素。

**hematoblast　成血細胞**　紅血球的母細胞。

**hematocrit 血球比容** 紅血球在血液中所佔的百分容積。在人類為40.5%。

**hematocyte 血球**

**hematopoiesis** or **hemopoiesis 血液生成** 紅血球的形成。

**heme 血色素** 含有一個亞鐵分子的環狀結構，它是一個輔基（prosthetic group），連到血紅素（hemoglobin）或肌血紅素（myoglobin）中的每個多胜肽鏈（polypeptide chain）上，使血液和肌肉呈現其特徵的紅色。

**hemerythrin 蚓紅質** 見於某些環節動物（annelids）和幾種小無脊椎動物類群血漿中的含鐵蛋白質紅色素。和血紅素（hemoglobin）一樣，它也能和氧結合，但攝取氧時鐵卻由二價變為三價。

**hemi-** ［字首］ 表示半。

**hemibiotroph 半活體營養生物** 一類病原體，通常是真菌，它在一生中有一段活體營養（biotrophic）階段，也有一段死體營養（necrotrophic）階段。例如蘋果斑點病和大麥的黑麥喙孢病。

**hemicellulose** or **hexosan 半木質纖維** 植物細胞壁中和纖維素及木質素（lignin）在一起的一種多醣。

**hemichordate 半索動物** 半索動物亞門或稱腸鰓動物亞門的小型蠕蟲狀海洋動物，為原索動物（Protochordates）門的一個分支，包含蠕蟲狀動物，如柱頭蟲。

**hemicryptophyte 地面芽植物** 全年生芽位於土壤面的草本植物，靠落葉層或土壤保護。

**Hemimetabola 半變態類** 見 Exopterygote。

**hemiparasite 半寄生物** 部分營養取自其他生物的生物。

**hemipteran 半翅目昆蟲** 半翅目的外翅類（Exopterygote）昆蟲，包括蚱蜢、胭脂蟲、蚧、臭蟲、蚜等。它們可造成嚴重的經濟損失，而且其中還包含動植物寄生蟲，這些寄生蟲可藉由其穿刺式口器吸吮植物汁液或動物血液。正常情況下，具兩對翅，其前翅至少是半硬化的，像甲蟲的鞘翅（見 coleoptera）。

**hemizygous 半合子的** （指二倍體生物）只具有一個基因的一個對偶基因，而不是正常情況下的兩個。如雄性哺乳動物在其單個的 X 染色體上每個基因都只有一個對偶基因。見 sex linkage。

**hemo- or hem- or hemato- ［字首］** 表示血。

**hemocoel 血腔** 許多無脊椎動物如節肢動物和甲殼動物的體腔，它實際是血液系統的膨大部分。和**真體腔**（coelom）不同，血腔絕不開向體外，也不含有生殖細胞。見圖184。

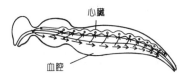

**圖184 血腔。** 昆蟲的橫切面，顯示心臟、血腔和血流的位置。

**hemocyanin 血青素** 許多軟體動物和甲殼動物血漿中的呼吸色素，其功能和其它動物的**血紅素**（hemoglobin）一樣。但其**輔基**（prosthetic group）中的金屬是銅而不是鐵，因而其色為淡藍。

**hemoglobin 血紅素** 一類大型**蛋白質**（protein），由4個**多胜肽鏈**（polypeptide chains）組成四級結構，即兩個 α 鏈和兩個 β 鏈，每個又都和一個**血色素**（heme）相連。哺乳動物循環中每個紅血球大約含有3億個血紅蛋白分子，每個分子最多可結合4個氧分子，即一個血紅素結合一個氧分子（氧合）。有關攜氧程序的解釋，見 oxygen dissociation curve。血紅蛋白見於全部脊椎動物和許多無脊椎動物。在哺乳動物，胎兒血紅蛋白（HbF）的多胜肽鏈組合和成年人的血紅蛋白（HbA）不同，胎兒的包含兩個 α 鏈和兩個 γ 鏈，其攜氧特性也不同，在低氧張力的情況下可超過成人的 30%。HbA 中有一個 β 鏈發生改變就導致**鎌形血球**

貧血症（sickle cell anemia）。

**hemolysis　溶血**　紅血球破裂並釋放出血紅素（hemoglobin）的過程。這個過程可發生在下面三種情況：(a)細胞由滲透作用（osmosis）吸進過多水分，(b)發生抗原—抗體反應，例如在恆河猴血型溶血性貧血（Rhesus hemolytic anemia）時，(c)由於其它異常，如蠶豆症（favism）。在血液樣本中加入冰醋酸可造成紅血球溶解，更便於白血球的檢查。

**hemophilia　血友病**　一類少見的血液疾病，其特徵是血液凝固（blood clotting）系統有缺陷，造成嚴重的內外出血。這種情況是因為血中缺乏纖維蛋白，這是受 X 染色體上面兩個緊密連鎖的基因的控制，而這兩個基因負責製造不同的凝血因子。A 型血友病患者缺乏抗血友病球蛋白（AHG），而 B 型血友病患者缺乏血漿凝血酶原激酶。男性在這兩個坐位中的任一個上面帶有突變型對偶基因（alleles），或者在更少見的情況下是女性同型合子在任一坐位上帶有兩個隱性突變對偶基因，就都會出現本病。不過女性異型合子的血液是正常的。甲型血友病最為常見，佔80%，它能用輸入 AHG 的方法治療。

**hemopoiesis　血液生成**　見 hematopoiesis。

**hemorrhage　出血**　由於創傷或疾病以致血液逸出血管外。

**hemosporidian　血孢子蟲**　球形蟲目的寄生性原生動物，見於脊椎動物血球中，藉無脊椎動物傳播。見 malaria parasite。

**Henderson-Hasselback equation　韓德森—哈索巴赫方程式**　計算緩衝溶液 pH 值的公式：

$$pH = pK + \log(\text{H}^+\text{接受者} / \text{H}^+\text{供給者})$$

式中 pK 為該酸的解離常數。變數項實為濃度比值，可視為和加入緩衝液的酸鹼量成比例。例如在100毫升的0.1M 醋酸中加入30毫升的0.1M NaOH，而醋酸的 pK 值為4.73，於是我們可以估計：

$$pH = 4.73 + \log(30 / (100 - 30))$$

$$= 4.73 + \log 0.429$$
$$= 4.36$$

**Henle, loop of  亨利圈**  見 loop of Henle。

**heparin  肝素**  肝臟產生的一種黏多醣分子，有抗凝作用，可阻止凝血酶原轉變爲凝血酶，這是*血液凝固*（blood clotting）的一個關鍵步驟。

**hepatic  肝的**

**Hepaticae  苔綱**  苔蘚植物（bryophyta）的一個綱，包括苔類植物。苔類生長於潮濕環境，形態多歧，由只有一個1公分寬的肉質*原植體*（thallus）的種類直到多葉有似蘚類的種類。它可借助*芽胞*（gemmae）進行營養繁殖，也可經由*精子囊*（antheridia）和*藏卵器*（archegonia）進行有性繁殖。雄性配子可動，受精產生一個孢葫，內含雙倍體的孢子母細胞。孢子母細胞再進行減數分裂，產生單倍體孢子，孢子再發育爲*原絲體*（protonema），後者長出新且成熟的單倍體配子體。

**hepatic cecum  肝盲囊**  見 cecum。

**hepatic portal system  肝門靜脈系統**  脊椎動物*血液循環系統*（blood circulatory system）中的一部分，其中來自消化道的血液要經過肝臟中的*微血管*（capillaries）再回心。這樣的靜脈系統可使腸道中吸收的物質在經過肝臟時得到儲存或過濾。

**hepatitis  肝炎**  一類肝臟的嚴重疾病，可導致黃疸、肝硬化，甚至死亡。這種情況由兩種病毒造成：A 型肝炎病毒，它產生經腸道－口腔傳播的傳染性肝炎；B 型肝炎病毒，它產生由被污染血液或其產品傳播的血清性肝炎。雖然經由試驗可以區分這兩種肝炎，但在急性期從臨床上無法鑑別，它們之間的主要分別就是 A 型的潛伏期比較短。對肝炎沒有特效療法，不過疫苗正在研究中。

**hepato- or hepat-  〔字首〕**  表示肝臟。

**hepatocyte  肝細胞**

**herb　草本植物，香草，藥草**　1.任何非木本具維管束的種子植物，其地上部分在生長季節結束時也告結束。2.用於烹調或醫藥的植物，如迷迭香。

**herbaceous　草本的**　（指植物）

**herbarium　植物標本室**

**herbicide　除草劑**　殺滅植物的化學物質。可具高度選擇性。例如2,4-D只殺雙子葉植物（dicotyledons，闊葉植物），留下單子葉植物（monocotyledons）不受傷。

**herbivore　草食性動物**　以植物為食的動物。

**heredity　遺傳**　生物性狀由一代向下一代傳遞的程序，其機制涉及基因（genes）和染色體（chromosomes）。

**heritability（$h^2$）　遺傳率**　在一個族群中因遺傳差別造成的表型變異（方差）所佔的比例。可用兩個主要方式來求得：廣義遺傳率（broad-sense heritability）和狹義遺傳率（narrow-sense heritability）。遺傳率因此是一個測量遺傳變異的一般標準，如果沒有遺傳變異，無論是自然選擇還是人工選擇都無法進行。植物和動物育種家都用遺傳率來估計選擇所能產生的結果。例如說，如果某一個性狀的的遺傳率值很低，這就意味著環境變異度較高，因此對選擇的反應也不會快。

**hermaphrodite　兩性體**　1.在同一花朵中具有雄蕊（stamens）和心皮（carpels）的植物。2.同時具有雌雄兩性性器官的動物。這種情況常見於許多植物和低等動物，但也可作為一種出現於單性生物的異常現象。

**heroin　海洛因**　從嗎啡製作出的一種白色結晶粉末，其鹽酸鹽用作鎮靜和麻醉劑。

**herpes simplex　單純性疱疹**　一種常見的人類病毒，可持續存在於靜止或潛伏狀態下，不定期地活躍起來，在黏膜或皮膚上出現疱疹，還可局部繁殖。感染活動的一個常見結果是在口鼻四周出現疱疹，但有一型病毒造成生殖器疱疹，這是一種生殖器或肛門處的持久而疼痛的感染，並經由性接觸傳染。

**Hershey，Alfred　賀胥**（1908- ）　美國科學家，他在1951年和同事蔡斯利用差別放射性標記共同證明，在寄主大腸桿菌菌體內產生新嗜菌體所必需的是 T$_2$噬菌體（T$_2$ bacteriophage）的**去氧核糖核酸**（DNA）而不是其蛋白質。現認爲這個實驗結果證明 DNA 是遺傳物質。

**hertz（Hz）　赫茲**　**頻率的國際制單位**（SI unit），測量每秒週期數目。

**hetero-　[字首]**　表示不同的或其他的。

**heterocercal fin　歪鰭**　鯊魚的尾鰭，其腹側部分大於背側部分。

**heterocercal tail　歪尾**　見 heterocercal fin。

**heterochlamydeous　異花被的**　（指花）在兩輪花被（perianth）中，萼片和花瓣形狀不同。

**heterochromatic　異染色質的**　（指染色體製備）與主要染色體部分染色不同的。

**heterochromatin　異染色質**　在**細胞週期**（cell cycle）的間期中深度染色的染色體片斷或整個染色體（對照 euchromatin），是由於高度濃縮造成，可能表示遺傳無活性。異染色質可能總是濃縮的（結構性），也可能只是在特定時刻（兼性）。見 C-banding。

**heterodont　異型齒**　（指動物）有不同齒型，如門齒和臼齒之分。

**heteroduplex　異型雙螺旋體**　（指分子）有雙股核酸但其中兩個聚核苷酸鏈（polynucleotide chain）爲不同來源，或爲兩個不同的 DNA 股，或是 DNA/RNA 雙螺旋，兩股之間靠**互補配對**（complementary pairing）結合在一起。

**heteroecious　易寄生的**　（指鏽菌）在不同寄主植物上有不同的孢子形態。

**heterogametic sex　異配性別**　在每個細胞核中有一個 X 染色體和一個 Y 染色體（或只有一個 X 染色體）的生物個體，可產生兩類具有不同性染色體（sex chromosome）的配子。它們的性別稱異配性別。雄性通常是異配性別，但在鳥類雌性是異配性別。因爲性別決定（sex determination）常是受性染色體控制的，所以子代性別就由異配性別決定。

**heterogamy　異配生殖**　見 heterogametic sex。

**heterogeneity chi-square test　異質性卡方測驗**　見 contingency table。

**heterograft** or **xenograft　異種移植**　在物種間的移植。

**heterokaryon　異核體**　包含來自兩個不同來源的核細胞，或在眞菌中包含遺傳特性不同的核的菌絲、孢子、菌絲體，或生物個體。見 complementation test。

**Heterometabola　不全變態類**　見 Exopterygota。

**heteromorphic　異態的**　1.（指生物）在一生中有不同的形態，如在世代交替（alternation of generations）情況下。2.（指同源染色體對）大小和形態不同。

**heteropteran　異翅亞目昆蟲**　異翅亞目的半翅目（hemipteran）昆蟲，其前翅爲半鞘翅。本亞目包括劃蝽、蠍蝽、臭蟲和大部分盲蝽。

**heterosis** or **hybrid vigor　雜種優勢**　兩個各具一個或多個低劣性狀的親代交配產生的雜種（hybrid）所具有的優勢。因此兩個穀物近交系交配產生的雜交種比其親代顯示高得多的產量和生活力。

**heterosome　性染色體**　見 sex chromosome。

**heterospory　孢子異形**　在蕨類和種子植物中出現多種孢子（spore）的現象，通常是形成小孢子（microspores）和大孢子（megaspores）兩種，隨後發育成雌雄不同的配子體（gametophyte）世代。大孢子和小孢子兩詞首先是用於蕨類植物（pteridophytes），它們的孢子有大小之分。後來也用於種子植物，但它們的孢子大小很少有差別。在種子植物，小孢子就是花粉，而大孢子就是發育爲胚囊（embryo sac）的細胞。

**heterostyly　花柱異長**　開花植物中結合形態和生理兩種機制來促進異花授粉的現象。從結構上來看，通常是有兩個花型，例如待宵草的針式型和線式型花，這就保證了一型雄蕊上的花粉落在另一型的柱頭上（見 entomophily）。在同型花的花粉和柱頭之間還存在自交不親和（self-incompatibility），而在異型之間則存在親和性。對照 homostyly。

**heterothallism　異宗配合現象**　（在藻類和眞菌），只當有兩個自交不育的葉狀體之間才能發生有性生殖的現象。見 thallus。

**heterotherm　異溫動物**　見 poikilotherm。

**heterotrichous　異絲體的**　（指藻類葉狀體）平臥、匍匐，並具分支絲的。

**heterotroph　異營生物**　自身不能合成有機物質而必須從外界取得有機食物的生物。所有動物、眞菌、許多細菌和少數有花植物如食蟲植物，都是異營生物。它們取得的有機物質幾乎都是直接或間接來自自營生物（autotrophs）的活動。

**heterotroph hypothesis　異營生物假說**　本假說認爲，地球上最初的生物是異營生物（heterotrophs）。

**heterozygote　異合子**　所有雙倍體（diploid 1）細胞中包含同一基因的兩個不同的對偶基因的個體。因此，如果基因 A 有兩個對偶基因，A1和A2，則異型合子就包含兩個對偶基因（A1/A2）。對照 homozygote。

**hexa-　［字首］**　表示六。

**hexacanth　六鉤的**　某些條蟲的具6個鉤突的圓形幼蟲。

**hexapod　六足的**　見 insect。

**hexosan　半木質纖維**　見 hemicellulose。

**hexose monophosphate shunt　單磷酸己糖支路**　見 pentose phosphate pathway。

**hexose sugar　己糖，六碳糖**　含有6個碳的糖，如葡萄糖（$C_6H_{12}O_6$）。己糖是構造更複雜的醣類（carbohydrates）的基本單位。

**Hfr strain　高頻菌株**　大腸桿菌的一類菌株，它能將染色體轉給 F⁻細胞並顯示高頻重組特性。致育因子（F factor）即整合在 Hfr 細胞染色體中。

**hibernation　冬眠**　許多動物在冬季進入的休眠狀態，特別是在高寒緯度區域。某些溫帶和極區哺乳動物、爬行動物，和某些兩生動物都冬眠。在冬眠狀態中，新陳代謝變緩，體溫下降。冬眠通常是由冷天氣引起；雖然哺乳動物的體溫正常情況下是還維持在原水平，但也可能下降很多直到接近零點，如倉鼠，或降至和環境一樣，如蝙蝠。真正的冬眠動物多是體型中等的動物，這樣表面積既不太大以致失熱過多，又可存儲足夠的食物。熊不是真正的冬眠動物，因為它們的體溫並沒有下降，而且很容易從冬眠中喚醒。在溫帶，溫度的升高可能使某些動物暫時脫離冬眠。對照 estivation 1。

**hierarchy　階層系統**　（在分類中）由種到界的循序排列的系統。見 higher category。

**high-altitude adjustment　高度適應**　動物由低海拔到高海拔遷徙，對大氣壓力的生理適應，包括呼吸和循環系統的改變，和血液中紅血球和血紅蛋白含量的升高。見 acclimatization 和 adaptation, physiological。

**high-energy bond　高能鍵**　蘊含能量比正常高幾倍的化學鍵。見 AMP, ATP。

**higher category　高級類目**　（在分類中）任何較種高而更接近界一級的類目。見 hierarchy。

**higher taxon　高層類元**　（在分類中）任何較目前分類單元

更高而更接近界一級的分類單元。

**Hillman and Sartory　希爾曼和薩爾托理**　見 artifact。

**Hill reaction　希氏反應**　希爾（R. Hill）於1936年報告的一個反應，於存在強氧化劑如高鐵鹽的情況下當**葉綠體**（chloroplasts）受到光照時水中產生氧和氫。但希爾未能利用葉綠體做到二氧化碳的同化（見 Calvin cycle）。我們現在知道他的實驗正說明光合作用是個兩階段反應，而他做的只是其中的**光反應**（light reactions）。

**hilum　種臍，門**　1.種臍。種子一側下面的一個痂，是**胚珠**（ovule）附著在子房上的地點。2.門。哺乳動物腎臟凹側的一個痕跡，是血管神經出入的地方。

**Himalayan rabbit　喜馬拉雅雪兔**　兔的一個品種，兔毛白色，但一切尖端部位均爲黑色，包括：鼻尖、爪、耳和尾。這種情況是受一個體染色體基因的控制，但存在**複對偶現象**（multiple allelism），一個管**棕灰色**（agouti），一個管**白化**（albinism），第三個管喜馬拉亞體色。這三個對偶基因之間的顯性關係是：棕灰色＞白化＞喜馬拉亞體色。其中喜馬拉亞體色對偶基因是溫度敏感的，它編碼的酶負責在皮膚遇冷時形成黑色素，但這個酶在較高溫度時就沒有作用了。

**hindbrain　後腦**　腦中由延髓和小腦組成的部分，來自胚胎腦的後三分之一。見 forebrain, midbrain。

**hip girdle　髖帶**　見 pelvic girdle。

**hirsute　具粗毛的**

**Hirudinea　蛭綱**　環節動物門的一個綱，包括蛭和缺乏剛毛和疣足的環節動物，體表分節比內部分節還明顯得多，具吸盤供吸附。大部分種類以血液爲食。

**His, bundle of　希氏束**　一組特化心肌纖維，自房室結向下經室間隔、並連同蒲金埃纖維傳送電能跨過室壁，造成心室收縮。見 heart, cardiac cycle。

**hispid　具糙硬毛的**　（指植物組織）

**histamine　組織胺**　白血球（leukocyte）以及其他細胞如肥大細胞（mast cells）產生的一種化學物質（$C_5H_9N_3$）。它可增加微血管通透性，促進液體外滲，造成局部腫脹。有外界抗原（antigen）時，組織胺就釋放出來。見 anaphylaxis, immune response。

**histidine　組織胺酸**　蛋白質中常見的20種胺基酸之一。它有額外的鹼基，因此呈鹼性並溶於水。見圖185。組織胺酸的等電點（isoelectric point）為7.6。

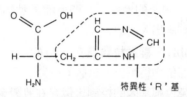

圖185　組織胺酸。分子結構。

**histo-　〔字首〕**　表示組織。

**histochemistry　組織化學**　在標本製作時利用染色方法研究物質在組織中分布的學科。

**histocompatibility　組織相容性**　受組織者對來自其它供者的組織的容納狀態，這種狀態是由組織相容性抗原（antigen）決定的。

**histocyte or clasmatocyte　組織細胞**　一類大型吞噬細胞，外形不規則，見於血液、淋巴和結締組織。組織細胞和單核細胞（mnonocytes）相似，但能被染色。

**histogen　組織原**　許多植物的頂端分生組織的一個界限分明的組織帶，特別見於根端分生組織。

**histogenesis　組織發生**　從未分化細胞形成組織和器官的程序。

**histogram　直方圖**　用方塊面積表示頻率分布的圖形。見 frequency distribution 和圖161。

**histology　組織學**　研究生物組織的學科。

**histolysis　組織溶解**　組織的解體。

**histone　組織蛋白**　一類簡單蛋白質，通常爲鹼性，易和核酸（如去氧核糖核酸，DNA）結合形成複合物，組成核體（nucleosomes）。眞核生物（eukaryotes）的染色體（chromosomes）含有大量組蛋白，它可能有調節去氧核糖核酸（DNA）的作用。五種主要組蛋白一般寫做：H1、H2A、H2B、H3、H4。

**HLA（human leukocyte A）system　人類白血球抗原系統**　一個主要組織相容性（histocompatibility）複合物，包括4個或5個基因，分別稱：HLA-A、HLA-B、HLA-C 和 HLA-D。其中 D 位點最靠近第6染色體短臂的著絲粒。每個基因可有高達35個對偶基因，在一個染色體上這4個基因的對偶基因的特定組合稱爲單型（haplotype）。因爲人類是雙倍體生物，所以我們有兩個單型，這要測定一個人白血球的特異 HLA 抗原才能決定。雖然對偶基因這麼多，因而在一個人身上可能存在的組合應更多，這就會把這個系統搞得極複雜，但事實上情況要比表面上推想的簡單得多。HLA 系統內的4個基因是緊密連鎖在一起的，它們之間很少會發生互換（crossing over）。因此，每個單型都是整塊地而不是作爲4個基因分散地遺傳下去。既然4個基因間不發生重組，一次交配所生子代中就只會出現4種重新組合。所以，每一個孩子就只有四分之一的機會和他（她）的同胞兄弟姐妹有同樣的 HLA 組合。由於器官移植的成功率取決於 HLA 對偶基因之間的緊密契合（要知甚至一個對偶基因的差別都可能導致器官被排斥），所以只有在親緣關係最密切的人之間 HLA 分型配合的機率才最高。

**holandric　限雄遺傳的**　（指基因）指存在於 Y 性染色體（Y-sex chromosome）上並由異配性別（heterogametic sex）傳遞的基因。在哺乳動物，限雄基因是由父傳子的。

**holdfast　固著器**　大型海藻如墨角藻和海帶的柄基部固著在水底基質上的部分。

**holistic　整體性的**　視整體不僅是部分之和。

**holo-　〔字首〕**　表示整體或全部。

**holoblastic cleavage　完全卵裂**　見 cleavage。

**holocarpic　整體產果的**　（指真菌的整個成熟菌體）全變成生殖結構的。

**Holocene epoch or Recent epoch　全新世**　地質時代（geological time）中從最後一次冰期終止時至今，也即第四紀（Quaternary period）的最後1萬年。

**Holocephali　全頭亞綱**　軟骨魚綱（Chondrichthyes）的一個亞綱，下屬魚類頭側扁，牙齒扁平以利壓碎軟體動物。今日唯一的代表動物為銀鮫（chimera 2）。

**holocrine　全泌的**　1.（指細胞消化的一個類型，特別見於昆蟲）消化液來自細胞的自身分解。2.（指腺體分泌）細胞自身分解形成分泌產物，如皮脂腺。

**holoenzyme　全酶**　一個完整的結合酶，包括一個蛋白質組份（酶蛋白）和一個非蛋白質組份（輔酶或活化物）。

**hologamete　整體配子**　由整個原大小的原生動物（protozoan）形成的配子，它和一個類似的個體融合形成合子（zygote）。

**Holometabola　全變態類**　（昆蟲）見 Endopterygota。

**holophytic　自養的**　（指植物）利用陽光使葉綠素合成有機化合物。見 autotroph。

**holothurian　海參**　海參綱棘皮動物（echinoderm），包括一般海參。

**holotroph　整食生物**　能吞食其它整個生物的生物。

**holotype　正模標本**　由學名作者在初次發表時標注為模式標

本（type）的標本。

**holozoic　全動物營養的**　（指生物）以其它生物身體的固體有機物質爲食的。這主要是動物取食的方式，不過也有少數特化的植物如食蟲植物可以用此種方式獲得營養。

**homeo-　［字首］**　表示相似。

**homeostasis　恆定性**　一個生物維持體內環境恆定的方式，例如透過胰島素調節血糖。這個方式包括自我調節的機制；一個物質之所以維持在一個特定的水平正是由這個被調節的物質本身所啓動的。參見 feedback mechanism。

**homeotherm　恆溫動物**　見 homoiotherm。

**homeotic mutant　同源突變，相等突變**　昆蟲中一個結構突變爲另一結構的現象，如翅變爲平衡棒，觸角芒變爲附肢。

**home range　巢區**　一個動物正常覓食或尋偶，以及育幼的活動範圍。對照 territory。

**homing　洄游**　（修飾詞）返回原處的。見 navigation。

**Homo　人**　人屬的靈長類動物。現存的只有一個種，即智人。另有幾種均已滅絕，如直立人和能人。

**homo-　［字首］**　表示相同。

**homocercal fin　正尾鰭**　形狀對稱的尾鰭，即其上下部分大小相等。

**homocercal tail　正尾**　見 homocercal fin。

**homochlamydeous　同型花被的**　（指花朵）兩輪花被（perianth）中萼片和花瓣無法區分。

**homodont　同型齒**　（大部分非哺乳動物的脊椎動物）口中牙齒類型均相似。

**Homo erectus　直立人**　見 Heidelberg man。

**homogametic sex　同配性別**　在細胞核內有相似性染色體（sex chromosome）如 XX 因而產生的配子都具有相同類型的性

染色體。對照 heterogametic sex。

**homogamy 雌雄蕊同熟**

**homogentisic acid 尿黑酸** 見 garrod。

**homograft 同種移植** 見 allograft。

**homoiotherm** or **homeotherm** or **homotherm 恆溫動物**
溫血動物（哺乳動物或鳥類）。不管外界環境溫度有多大變化，恆溫動物都可以保持其體溫在一個很窄的範圍內，一般高於周圍環境（見 core temperature）。這個體溫可能是連續保持，也可以是只保持一段時間。對照 poikilotherm。

**homokaryon 同核體** 包含相同單倍體核的真菌細胞或菌絲。

**homologous 同源的** （指器官或結構）來自同一演化來源。例如四足動物的前肢、人類的上臂和鳥類的翼都是同源的（見 pentadactyl limb）。其間的相似性最容易在胚胎期中看出，分類學家即根據這些相似性推斷現存物種間的關係。

**homologous chromosome 同源染色體** 有相同遺傳坐位的染色體（chromosomes），不過可能有著不同的對偶基因。在雙倍體（diploid）生物中，同源染色體成對，分別來自不同親代，它們在減數分裂（meiosis）時相互分離，這就造成遺傳分離（segregation）。

**homology 同源現象**

**homonym 異物同名** 多個不同生物用過的同一種名或屬名。最早發表的同形詞被註明為 senior（早），而最近的被註明為 junior（晚）。

**homopteran 同翅目昆蟲** 半翅目同翅亞目的昆蟲，其前翅性質均一。包括盲蟬、沫蟬和蚜。

**homosporous 具同形孢子的** （指生物）顯示同形孢子現象（homospory）的。

**homospory 同形孢子現象** 只具有一個類型的孢子，因此只產生一個單配子體（gametophyte）世代，上面生有雌雄兩類生殖器官。

**homostyly　花柱同長**　一個物種中的花柱都等長，這比花柱異長（heterostyly）更爲常見。

**homothallism　同宗配合**　藻類和眞菌中從一個孢子產生的群體內部出現的有性生殖，其中每個葉狀體或菌體都是自交可育的。

**homotherm　恆溫動物**　見 homoiotherm。

**homozygote　同型合子**　一個生物個體的所有雙倍體（diploid 1）細胞中的同一基因（gene）具有同樣的對偶基因，因此它可以做到純育。如果一個基因 A 有兩個對偶基因，A1和A2，這時就有兩種同型合子可能存在：A1/A1和 A2/A2。對照 heterozygote。

**honeybee　蜜蜂**　人工飼養的蜂種（見 hymenopteran）。

**honeycomb　蜂窩**　蜜蜂（honeybee）製造的由臘質六角形小室組成的結構，用於育幼和儲蜜。

**honeydew　蜜露**　蚜類和類似昆蟲排出的含糖廢物。

**hookworm　鉤蟲**　寄生人體的一類線蟲（nematode），可引起貧血和精神及身體的發育障礙。見 ankylostomiasis。

**hoof　蹄**　由固化的表皮角質層產生的保護蹄趾的保護層，特別見於有蹄動物。

**horizon　層**　土壤垂直剖面中可見的分層。

**horizontal classification　水平分類**　分類（classification）的一個類型，強調在同一演化層次組合物種，而不是將它們沿同一線系排列。對照 vertical classification。

**horizontal resistance　水平抵抗性**　見 nonrace-specific resistance。

**hormone　激素**　植物或動物體內產生的化學物質，有時產量極微，但當執行至身體其它部位時（在動物一般是經由血流）可引起一定的反應。因此激素是化學信差。在動物，分泌激素的無管腺稱爲內分泌器官（endocrine organs）。動物中影響其他內分泌腺的激素叫做促激素如促性腺激素（gonadotrophins）。參見 plant hormone。

**horsetail 木賊** 見 Equisetum。

**host 寄主，宿主** 寄生蟲（parasite）寄生的生物。

**H-substance** or **H-antigen** H 物質 紅血球表面 A 和 B 抗原的醣類先質（見 ABO blood group），也存在於各種組織液中（見 secretor status），可利用從荊豆種子中製作的抗 H 試劑加以識別。

**human chorionic gonadotrophin（HCG） 人類絨毛膜促性腺激素** 胎盤（placenta 1）分泌的促性腺激素，其效果和促黃體激素（見 LH）相似。

**humerus 肱骨** 脊椎動物前肢（臂）的長骨，靠近軀幹，並由肩胛骨連於軀幹，其遠端經由肘關節與橈骨（radius）和尺骨（ulna）相連。

**humoral 體液的** 例如由淋巴中運輸的抗體構成體液免疫。

**humus 腐植質** 土壤表層中動植物分解轉化而成的有機物質。腐植質具膠體性質，它經由下述方式提高土壤肥沃力：(a)保留各種營養物質，避免它們被淋溶至深層；(b)增加土壤的保水能力；(c)改良土壤質地和易碎性。

**humus-carbonate soil 腐植質-碳酸鹽土壤** 見 rendzina。

**Huntington's chorea 亨廷頓氏舞蹈症** 一種人類神經系統變性的不治之症，患者的頭部、面部或四肢出現不自主運動，最後導致死亡。本病是由第四對染色體上的一個顯性基因造成（見 dominance），但具遲發外顯率，在25歲之前出現症狀的不到5%。因此，許多攜帶這個顯性基因的人已生育之後他們本身的基因才顯露出來。而他們的子女也要到自己中年之後才知道他們自己是否遺傳了這個病。這個病是根據美國神經病學家亨廷頓

（George Huntington，1851-1916）命名的。

**hyal-** or **hyalo-** ［字首］ 表示玻璃。

**hyaline** 透明的

**hyaline cartilage** 透明軟骨 見 Cartilage。

**hyaloid canal** 透明管 脊椎動物眼睛內從晶狀體處穿過玻璃體液直達盲點的一條管道。

**hyaluronidase** 透明質酸酶 蛇毒液和細菌中都存在的一種酶，它促進透明質酸的水解，使之不能阻止入侵微生物和其它毒性物質的播散。

**hybrid** 雜種 具不同遺傳特性的兩個生物個體交配產生的子代。參見 heterozygote, heterosis。

**hybrid DNA** 雜交去氧核糖核酸 由不同來源的去氧核糖核酸（DNA）的聚核苷酸鏈（polynucleotide chains）連接而成的核酸。見 heteroduplex。

**hybridization** 雜交 見 molecular hybridization。

**hybrid sterility** 雜交不育 某些雜種（hybrids）由於在減數分裂（meiosis）時染色體錯誤配對而致不能形成有功能的配子。這是一種生殖隔離（reproductive isolation）現象。

**hybrid swarm** 雜種隔離群 兩個界限分明的族群雜交後形成的遺傳性質多歧的群體。由於分離效應，交配和反交造成一個遺傳變異度極大的族群。這個遺傳變異常常表現為形態變異，例如體色變異。當各種體色見於種群各部分時，這個雜種群集中可見到多種甚至一切可能的體色。

**hybrid vigor** 雜交優勢 見 heterosis。

**hydathode** 排水孔 許多植物葉緣上的腺體，可泌水。見 guttation。

**hydatid cyst** 棘球幼蟲囊 某些條蟲如棘球條蟲的囊狀幼蟲，有時囊可大到5公升，而且裡面還可生出許多小囊。在哺乳動物，囊常長在腦部，產生癲癇樣症狀。

**Hydra　水螅屬**　水螅綱腔腸動物的一個屬。大部分種類見於淡水，並且應說是不典型的水螅，因為它們沒有世代交替（alternation of generations）。

**hydranth　水螅體**　腔腸動物（coelenterate）的水螅型，中央是口，四周是觸手，見於大部分群體型。

**hydration　水合作用**　與水化學結合形成水合物的程序。

**hydro- or hydr-　[字首]**　表示水。

**hydrocele　水管；水囊腫**　1.棘皮動物的水管系統，有分支通向管足，和行動有關。2.人體內漿液的聚集，常見於睪丸周圍。

**hydrogen acceptor　氫受體**　任何可接受氫而被還原的物質，如細胞色素氧化酶（cytochrome oxidase）。它可傳遞和釋放氫，如在電子傳遞系統（electron transport system）中。

**hydrogen bond　氫鍵**　一個分子上的氫原子和另一分子上的氮氧等電負性原子間形成的非共價鍵。這些弱鍵和某些化合物的生物功能有關，如蛋白質的二級結構中和核酸（nucleic acid）的互補鹼基之間都有氫鍵形成。

**hydrogen carrier system　氫載體系統**　見 electron transport system。

**hydrogen ion cocentration　氫離子濃度**　見 pH。

**hydroid　水螅體**　水螅綱的腔腸動物（coelenterate）。大部為集群型，生於海洋環境的岩石和海藻上，如藪枝蟲。通常存在世代交替（alternation of generations）（但不見於水螅屬），其中自由游泳的水母（medusa）上有性器官。在整個生活史中，這個固著定居無性階段常被稱為水螅型或水螅階段。

**hydrolase　水解酶**　促進水解反應的酶。

**hydrolysis　水解作用**　大分子加水分解的化學反應，例如脂肪水解為脂肪酸和甘油，麥芽糖（maltose）水解為兩個葡萄糖，二肽（dipeptide）水解為兩個胺基酸等。這些反應通常是酶所促成的。對照 condensation reaction。

**hydrolytic enzyme　水解酶**　見 hydrolase。

**hydromedusa　水螅水母類**　水螅綱（hydrozoan）腔腸動物的水母（medusa）。

**hydrophilic　親水的**　對水有親和力的。

**hydrophobic　疏水的**　排斥水的。

**hydrophyte　水生植物**　棲居濕地其全年生芽生於水中的植物。對照 mesophyte, xerophyte。

**hydroponics　水耕**　無土培養植物的技術，將根懸浮在充氣溶液中，其中含有已知量的化學物質，這個量還可以根據情況調節改變。溫室培養番茄和黃瓜等植物，現用此法的越來越多。

**hydrorhiza　螅根**　集群型腔腸動物（coelenterate）的根狀基部，其作用是將群體固著在基質上。

**hydrosere　水生演替系列**　源於水中的植物演替系列。

**hydrosphere　水圈**　地球的水層，包括地下水和大氣中的水蒸氣。

**hydrostatic skeleton　液壓骨骼**　借助液體（通常是水）充滿內腔來維持生物體形的現象。見 skeleton。

**hydrotheca　螅鞘**　集群型腔腸動物（coelenterates）圍鞘中包圍和保護水螅體的杯狀部分。

**hydrotropism　向溼性**　植物根部與水所在部位形成某個角度生長的現象，通常是朝向濕處。

**hydrozoan　水螅綱動物**　水螅綱的獨生型或集群型腔腸動物（coelenterate），包括大部分顯示世代交替（alternation of generations）現象的物種，它們在水螅型（hydroid）和水母型（見 medusa）兩型間交替變化。

**hymen　處女膜**　一些哺乳動物橫跨陰道入口處的一層黏膜。上面通常有一個小孔，這個膜在第一次交配時破裂。

**hymenium　子實層**　在擔子菌（basidiomycetes）和子囊菌

（ascomycetes）子實體上的一層產孢子的結構。

**hymeno-** ［**字首**］ 表示膜。

**Hymenoptera　膜翅目**　昆蟲內翅亞綱（Endopterygota）的一個目，包括一些最重要的社群性昆蟲，如蟻、蜜蜂、胡蜂等。它們具有兩對連在一起的膜狀翅，而且在胸腹之間常有明顯的縮窄（蜂腰）。除了上述社群型昆蟲外，本目還包括許多獨生型蜜蜂、胡蜂和姬蜂，它們的幼蟲常寄生在其他昆蟲身上。見圖186。

圖186　膜翅目。帶翅的雌蟻。

**hyoid arch　舌骨弓**　緊接在下頜弓後面的鰓弓，負責支持脊椎動物的口腔底部。

**hyomandibula　舌頜骨**　舌骨弓末端的一塊硬骨或軟骨，它在魚類組成頜的一部分，在高等脊椎動物變為鐙骨（stapes）。

**hyostylic jaw suspension　舌接型頜顱掛接**　頜顱掛接的一個類型；上頜僅借助韌帶和舌頜骨掛接在顱骨上，見於角鯊魚。

**hyper-** ［**字首**］ 表示超過。

**hypercalcemia　高鈣血症**　血漿中鈣水準過高。

**hypercapnea　高碳酸血症**　血漿中二氧化碳濃度過高。

**hyperemia　充血**　某個器官或組織的血流過多。

**hyperglycemia　高血糖**　見 glycosuria。

**hypermetropia　遠視**　見 hyperopia。

**hyperopia** or **hypermetropia** or **far-sightedness　遠視**　物

像聚焦在視網膜之後而不能看清近物的症狀，常因眼晶狀體調節能力不足所致。對照 myopia。

**hyperparasite　重寄生物**　寄生於寄生物上的另一寄生物。

**hyperplasia　增生**　因細胞數目增加而導致的組織體積增大。

**hyperpnea　呼吸過度**　肺部通氣的增加。

**hypersensitivity　過敏**　植物病原體侵入植物細胞導致局部細胞死亡的現象。這種反應可能是寄主防禦機制之一，因為細胞的死亡常可阻止生物營養性病原體的進一步生長，例如白粉病和鏽病。

**hyperthyroidism　甲狀腺機能亢進**　一種人類病態，由於甲狀腺激素的過量產生而表現神經質、不耐熱和失眠。

**hypertonic　高張的，高滲的**　見 hypotonic。

**hypertrophy　肥大**　器官或組織的過度增長或發育。

**hyperventilation　換氣過度**　1. 吸氣的增加。2. 呼吸的加深或加速。

**hypha（複數 hyphae）　菌絲**　真菌的絲狀菌體，菌絲的總體就構成真菌的非生殖部分，以別於有生殖功能的子實體。菌絲可以是有隔的，具內部隔膜，如藻狀菌，也可是無隔的，如其他類群。但即或是有隔的，隔膜上也有孔，所以細胞質在整個菌絲中是連通的。參見 haustorium。

**hypo-　［字首］**　表示在下。

**hypocotyl　下胚軸**　正在萌發的籽芽，就位於子葉之下。見 germination 和圖166。

**hypodermis　下皮層**　植物葉片表皮下面的一層細胞。這層有時用於儲水，或用於加強保護。

**hypodigm　種型群**　分類學家所能得到的一切資料。

**hypogeal　地下生的，留土的**　（指發芽種子）子葉（cotyledons 2）仍和種皮一起留在地下，只有幼條和根長出來，例如利馬豆。

**hypoglossal nerve　舌下神經**　高等脊椎動物的第12對腦神經（cranial nerve），爲運動神經，供應口底和舌頭。

**hypogynous　下位的**　見 gynoecium。

**hyponasty　偏下發育**　一個器官的下邊組織生長較上邊更快，故導致彎曲。

**hypopharynx　舌**　昆蟲中源自口底的一個幾丁質結構，唾液開口即位於其上。在吸血昆蟲，這個結構一直延伸進入吻。

**hypophysectomy　腦下垂體切除術**　腦下垂體的摘除。

**hypophysis　垂體；腦下垂體**　1.胚胎中在口腔前面形成的囊，它連同漏斗腺（infundibulum）共同組成腦下垂體。2.表示腦垂腺（pituitary gland）的一個泛稱。

**hypopnea　換氣不足**

**hyposodont　高冠齒**　齒根持續生長以補償磨損的牙齒類型。常見於草食動物如有蹄動物和齧齒動物。

**hypostasis　下位**　基因相互關係的一個類型；它們的產物都作用在同一生化路徑（pathway）中，但其中一個的功能效應被另一個的效應所掩蓋。下位基因編碼的酶在生化途徑中發揮作用的時間要比上位基因編碼的酶發揮的時間爲晚。見 epistasis。

**hypostome　口圍**　位於口周或口下面的結構，如水螅的口錐。

**hypothalamus　下視丘**　來自前腦的腦側部和底部。和體溫調節有關，它可能還部分地控制腦垂腺（pituitary gland），其中的一些中樞還控制著睡眠與覺醒、進食、飲水、說話和滲透調節，這最後一項是由神經分泌細胞分泌抗利尿激素（ADH）來完成的。它還和生殖行爲的某些方面有關。

**hypothermia　體溫過低**　體溫過分下降使新陳代謝率低到危險水平甚至導致死亡，這常見於老人遭遇寒冷天氣時。但在醫療中有時也特意誘導低溫，目的是降低新陳代謝率。

**hypotonic　低張的，低滲的**　（指液體）對其它液體而言，其水勢（water potential）較負，或者說其溶質的濃度更低，這時那個另外的液體就是相對高張的。見圖187。參見**質壁分離**（plasmolysis）。

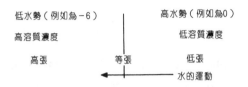

低水勢（例如為-6）　　　高水勢（例如為0）

高溶質濃度　　　　　　　低溶質濃度

高張　　　　等張　　　　低張

水的運動

**圖187　低張的**。水由低張液體流向高張液體的運動。

**hypoxia　低氧**　氧量的降低。

**H zone　H帶**　肌小節（sarcomere）中央色淡的區域，該處肌凝蛋白（myosin）和肌動蛋白（actin）互不重疊。

# I

**IAA （ indole-3-acetic acid or indolacetic acid ）　吲哚-3-乙酸**　植物生長素（auxin）中研究得最徹底的一員，曾從各種植物來源中取得。見圖188。

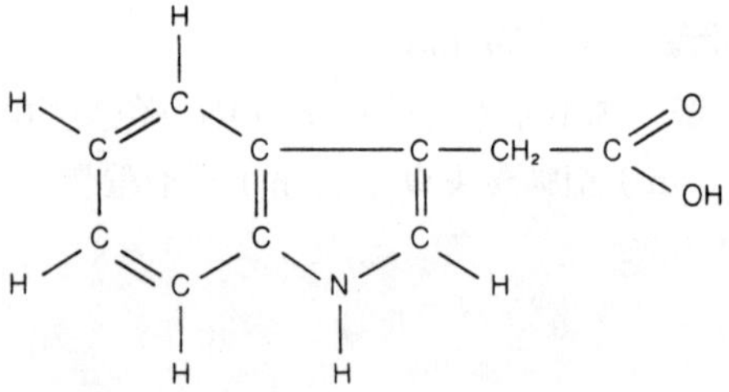

**圖188　吲哚－3－乙酸。分子結構。**

**IAN （ indole-3-aceto nitrile ）　吲哚乙腈**　植物生長調節激素的一種。

**I-band or isotropic band　明帶**　在光學顯微鏡下恰可看到的肌原纖維像一根根線一樣延伸肌肉纖維的全長，在電子顯微鏡下則可見 I 帶是一條條橫向跨過肌肉纖維的明帶。每個肌原纖維是由一系列肌原纖維節排列成鏈狀（見 sarcomere 和圖265）。在電子顯微鏡下可看到這些肌原纖維上面都有明暗相間的條帶，而每個明帶中間又有一條較暗的 Z 膜跨過，這每個明帶都是由肌動蛋白（actin）細絲構成。見 muscle 和圖219。

**ichthyo-　［字首］**　表示魚。

**ichthyosaur　魚龍**　已滅絕的大型爬行動物，生存於三疊紀（Triassic period）到白堊紀（Cretaceous period）之間。具鰭狀

肢，頜有齒，尾如魚。

**identical twins　同卵雙生**　見 monozygotic twins。

**identification　鑑定**　鑑定一個生物個體的分類學歸屬。見 key。

**idio-　〔字首〕**　表示獨特的。

**idioblast　異細胞**　一個和自身組織中其它細胞均不相同的細胞。

**idiogram　補體圖**　核型（karyotype）的圖形表示。

**ileum　迴腸**　腸道中介於十二指腸和大腸之間的部分，糖、脂肪和蛋白質在此處被酶分解（見 small intestine）。食物亦在此吸收。

**ilium　髂骨**　骨盆帶（pelvic girdle）上背側的骨頭，與骶椎（sacral vertebrae）相連。

**imaginal disk　器官芽，成蟲盤**　內翅類（Endopterygotes）昆蟲蛹上的結構，由表皮及其下面的組織加厚構成，在變態時變成成蟲結構。

**imago　成蟲**　性成熟的成蟲。

**imbibition　吸漲作用**　水分攝取，例如乾種子吸水後萌發（germination）。這個程序並非由於跨膜的選擇滲透性（selective permeability），而是由於纖維素、果膠和細胞質蛋白等膠體顆粒對水的吸附（adsorption），這是一種化學和靜電吸引力。

**imbricate　覆瓦狀的**　（指植物芽中各部分）在邊緣處重疊像瓦片一樣。

**immigration　遷入**　生物進入一個地區。對照 emigration。

**immune response　免疫反應**　寄主針對異源抗原（antigen）的對抗性反應，包括由 B 細胞（B-cells）製造抗體（antibodies），或由 T 細胞（T-cells）發動細胞主導的反應。身體裡存在這些抗體時，我們就說這個人對引發抗體反應的特定抗原有了**免疫力**（immunity）。免疫反應是個關乎性命的防禦機制，但也會造成嚴重問題，例如說當需要接受來自提供器官者的腎臟時。在這種情況下，要配試雙方的組織相容性，而受者還要服用降低免疫反應的藥物。

**immunity　免疫，免疫力**　對外界抗原（antigen）如病毒等的抵抗力。免疫可以是主動的，這時是身體在接受疫苗後產生自己的**免疫反應**（immune response），也可是被動的，即接受由血清提供的預先製備好的抗體，或是接受母親在生產時或哺乳時提供的抗體。

**immunization　免疫接種**　由疫苗給予**抗原**（antigen）以引發**免疫反應**（immune response），這樣就可在將來再接觸該抗原時發揮保護作用。見 attenuation。

**immunofluorescence　免疫螢光法**　見 fluorescent antibody technique。

**immunoglobulin　免疫球蛋白**　一類由 B 細胞（B-cells）製造的具有抗體活性的 gamma 球蛋白，是由4個**多肽鏈**（polypeptide chains）組成：兩個同樣的輕鏈和兩個同樣的重鏈，相互間由雙硫鍵連接在一起。人類免疫球蛋白共有5類，主要靠重鏈來區別：

| 型 | IgG | IgM | IgA | IgD | IgE |
|---|---|---|---|---|---|
| 重鏈 | gamma | mu | alpha | delta | epsilon |
| 分子量（千） | 144 | 160 | 144 | 156 | 166 |

每個重鏈和輕鏈都包含一個由胺基酸組成的**恆定區**（constant region），它在同類的一切抗體中幾乎都是一樣的，還有一個**可變區**（variable region），其中的胺基酸順序使該抗體只對一個**抗原**（antigen）有作用。見圖189。

**immunological tolerance　免疫耐受性**　對潛在抗原不產生反應的狀態。

**immunotoxin　免疫毒素**　將抗體連於特異性毒性制劑上以殺

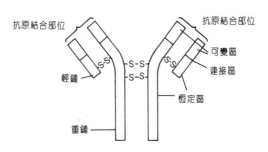

圖189 免疫球蛋白。分子結構。S＝硫鍵。

傷特定的癌細胞。目前還處於研究階段，所謂魔彈的此物，作為新型癌症化療（chemotherapy）方法，引起人們極大的希望。

**impedance　阻抗**　對液體的脈衝流如血流的阻力。

**imperfect fungus　不完全菌類**　見 fungi imperfecti。

**implantation　著床**　哺乳動物胚胎植入母體子宮壁的程序。

**impressed　壓入的**　陷於表面之下的。

**imprinting　印痕**　學習的一種類型；在發育早期對某特定刺激很快就發展出一定的反應。幼年動物會辨認它們見到過的第一個事物，例如母親的形象，它們甚至可以對非本物種的物體產生印痕反應。舉例說，**勞倫茲**（Konrad Lorenz）曾使幾支灰雁對他自己產生印痕現象，把他視為母親形象。印痕也見於其它場合，如鳥鳴；缺乏經歷的幼鳥可以對成鳥的鳴叫產生印痕現象。

**inactive-X hypothesis** or **Lyon hypothesis　失活 X 染色體假說，萊昂氏假說**　萊昂提出用來解釋哺乳動物（包括人類）X染色體的劑量補償作用（dosage compensation）的一個假說。這個假說的主旨是，在成熟哺乳動物細胞中只有一個 X 染色體有活性，其它的 X 染色體都在胚胎發育階段失去活性了。現認為，在不同細胞中失去活性的 X 染色體也不同，因此在一個異型合子個體中可能產生一個**嵌合體**（mosaic）表型。據認為，**巴氏體**（Barr bodies）就代表失活的 X 染色體。

**inborn error of metabolism　先天代謝障礙**　人類因先天性

酶缺陷造成的生化異常。此詞係在本世紀初由**加羅德**（Archibald Garrod）所創，他當時推論認為，他在醫院所研究的各例都是由於酶有缺陷，或造成生化途徑的中斷，或造成中間產物的堆積。加羅德的工作當時未受到重視，但到1940年代**一個基因一個酶假說**（one gene/one enzyme hypothesis）提出後，局面就改變了。

**inbreeding 近親交配** 在親屬間交配，但由於雙親來自共同祖先而導致有缺陷基因的累積，可造成生存力的普遍降低。對照 outbreeding。

**inbreeding depression 近交衰退** 因**近親交配**（inbreeding）以致同型合子狀態增加造成的生存力下降。

**incisor 門牙** 哺乳動物口前方鑿子狀的牙齒，通常用於切割囓咬。在某些種類，門牙終生生長。例如囓齒動物和兔子有所謂宿存髓，髓腔終生開放。在另一些種類，門齒也有變為獠牙的。

**inclusion 內含物** 包含在細胞或器官內的顆粒或結構。

**inclusion body 內含體** 病毒或其它細胞內寄生蟲侵染後在細胞質或細胞核內出現的物體。

**incompatibility 不親和性** 見 self-incompatibility。

**incomplete dominance 不完全顯性** 遺傳的一個類型；兩個表型不同的雙親產生的子代和雙親都不同，但卻具有雙方的部分特徵。常引用的例子如花色。例如交配白花和紅花卻產生粉色的花。對照 codominance。參見 dominance 1。

**in coupling 配對** 見 coupling。

**incubation 孵化；潛伏期；培育** 1.孵化。例如孵化小鳥。2.潛伏期。從病原體感染到出現症狀的這段時間。3.培育。在特定溫度下維持微生物培養經歷一段時間。

**incurved 內彎的** （指植物結構）

**incus** or **anvil 砧骨** 中耳（ear）內的砧狀骨，是3塊耳骨中間的一塊，位於鎚骨（malleus）和鐙骨（stapes）之間。

**indehiscent 不開裂的** （指植物器官）不開放釋出孢子或種子。

**independent assortment 自由組合，獨立分配** 在減數分裂（meiosis）時染色體的隨機排列和分離，使各種組合均有平等的機會，不像**遺傳連鎖**（genetic linkage）的情況。這對於理解**孟德爾遺傳學**（Mendelian genetics）極為重要，它還說明了在配子中基因或非同源染色體的隨機分配。例如說，在一個**雙倍體**（diploid 1）細胞中有兩對**同源染色體**（homologous chromosomes）。到第一次分裂的後期，染色體有兩種方式分離（見圖190）。在圖中，自由組合給出4種可能的配子（1＋3）、（2＋4）、（1＋4）和（2＋3）。事實上，組合的數目是2乘染色體對數的次方，在上例中為2的2次方等於4。一個有23對染色體的人，則自由組合會給出2的23次方共838萬8608種組合。

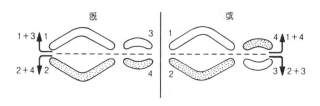

圖190 自由組合。染色體的分離。

**indicator community 指標群落** 一組能代表特定的環境條件的物種。例如**喜鈣植物**（calcicole）就指出這裡是富含鹼的土壤。

**indicator species 隨遇種** 能代表特定環境條件的物種。例如石蛭只見於鹼性或污染水域，而某種箭蟲代表大陸棚水域，秀箭蟲則表徵大洋水域。

**indigenous 本地的，自然存在的** 非人為引進的。

**indirect selection 間接選擇** 根據其不能在特定培養基上生長的特性來選擇突變微生物。

**individual variation 個體變異** 同個族群中見到的變異。

**indolacetic acid 吲哚乙酸** 見 IAA。

**inducer 誘導物** 使操縱組（operon）的抑制物失去活性的小分子，通常是誘導物和抑制物結合使抑制物無法和操縱子的操縱基因再結合。

**inducible enzyme 誘導酶** 只有當受質，即其誘導物，存在時才產生的酶。見 operon model。

**induction 誘導** 1.（在生物化學中）在另一化學物質的刺激下才合成某個酶。見 operon model。2.（在胚胎學中）在另一誘導物分子的影響下才經由細胞分化（cell differentiation）形成一個新的細胞類型。3.（在微生物遺傳學中）在例如紫外線的刺激下，細菌染色體釋放出原嗜菌體（prophage）。

**indumentum 表被物**

**indurated 硬化的**

**indusium 子囊群蓋** 覆蓋孢子囊的外蓋。

**industrial melanism 工業黑化** 見於幾組生物特別是蛾類的一種現象：在嚴重人為污染的地區，深色的品種（形態型，morph）成為最常見的種。這種黑化現象是微進化（microevolution）的最佳例證，因為在這裡強烈的自然選擇的力量造成迅速的演化改變，選擇了黑化的顯性對偶基因。這裡的選擇力量是鳥類，它們捕食在背景上最突出的蛾，也就是棲息在煙塵染黑的樹幹上的淺色品種。黑色品種和淺色品種的比例，與污染的程度成正比，不過哪一方也沒有絕跡，這正形成遺傳多態性（genetic polymorphism）。參見 Kettlewell。

**infauna 潛底性動物** 底棲生物（benthos）中，會潛入底層內部的生物。

**infection 感染** 微生物侵入組織的現象，不管是否產生疾病。

**infective hepatitis 傳染性肝炎** 見 hepatitis。

**inferior ovary 下位子房** 花被位於其上的子房，此時子房看似同花托融合在一起。

**inflammation　發炎**　對創傷的局部反應，包括血管擴張，以及血漿蛋白、血漿和白血球（leukocyte）進入組織與入侵細菌對抗。

**inflexed　內彎的**

**inflorescence　花序**　一類特化的花支，例如荑蕤花序（catkin）。

**influenza　流行性感冒**　急性呼吸系統疾病，侵犯上呼吸道，伴隨發熱、寒顫、全身痠痛等症狀，由一組病毒引起，特別是其中的 A 型和 B 型。流行性感冒經常流行，並可擴及全球，常常合併續發細菌性併發症。在1918年大流行（pandemic）期間死亡人數超過2000萬人，特別是青年人他們可能預先接觸了毒性特別大的病毒株。

**information theory　信息論**　研究密碼和資訊的性質以及如何測量的學說。

**infra-　[字首]**　表示在下。

**infrared　紅外線**　在紅光和無線電波之間的電磁波。見 electromagnetic spectrum。

**infraspecific　種內的**

**infrasubspecific　亞種內的**

**infundibulum　漏斗腺**　腦垂腺（pituitary gland）中由前腦後部向下生長而成的部分。

**infusion　浸取液**　水中浸泡物質從而得出的萃取液體。

**infusoria　浸取液生物，纖毛蟲**　見於有機物質浸取液中的生物，如原生動物和輪蟲。但此詞也常僅限於纖毛蟲（ciliates）。

**ingestion　攝食**　將食物攝入腸道的程序，食物在腸道中將進一步接受消化（digestion）。

**inheritance　遺傳；固有性狀**　1.在由祖先向後代傳遞遺傳物

質的程序中，子代取得親代性狀的程序。2.受精卵中蘊藏的全部性狀。

**inherited abnormality　遺傳異常**　一切由遺傳決定的功能異常。這有兩個類型：1.由單一基因控制的，如因異常對偶基因編碼而有缺陷的酶造成生化途徑的紊亂，如白化症（albinism）（參見 inborn errors of metabolism）。在其他情況，例如鐮型血球貧血症（sickle-cell anemia）中，所產生的分子不能正常工作。2.由染色體改變造成的（見 chromosomal mutation）。染色體的全部或部分的遺失或增加都會帶來嚴重的後果。體染色體的改變（見 Down syndrome）所造成的後果常比性染色體改變帶來的後果嚴重（見 Klinefelter's syndrome）。

**inhibiting factor　抑制因子**　見 releasing factor。

**inhibition　抑制**　酶不能發揮催化作用的狀態。見 competitive inhibition 和 noncompetitive inhibition。

**initial　原始細胞**　分化產生其他細胞或組織的細胞及細胞團，如分生組織（meristem）。

**initiation codon　起始密碼子**　傳訊核糖核酸（mRNA）中的一個三聯鹼基，AUG，它是轉譯（translation）程序的啓動信號，指出多胜肽鏈（polypeptide chain）N 端的第一個胺基酸。見 genetic code。

**ink sac　墨囊**　某些頭足類（cephalopods）體內開向直腸的一個囊，受刺激時，囊中可噴出深棕色汁液，產生煙幕作用。

**innate behavior　先天行為**　隔離培育下生長的動物所表現的行為，似屬遺傳，因此按照某種理解可以稱之為本能行為。先天行為的出現並不受他人行為的影響。見 instinct, imprinting。

**innate reflex　先天反射**　任何自動的而不是學習來的行為反應，例如反射動作（見 reflex arc）。

**innervate　以神經支配；神經刺激**　1.以神經支配一個器官或身體某部位。2.以神經刺激一個器官或身體某部位。

**innominate　無名動脈；無名骨**　1.起自大動脈（aorta）的一節動脈，再分支成鎖骨下動脈和頸動脈。2. 髂骨、坐骨和恥骨融合形成的骨頭，兩個無名骨組成**骨盆帶**（pelvic girdle）。

**inoculation　接種**　將生物材料（接種物）引入介質的程序，這介質可能為生物身體、合成受質，或土壤。

**inoculum　接種體**　見 inoculation。

**inotropic　收縮能的**　影響或控制心臟收縮力量的。例如能加強收縮力的化學物質就說是具有正收縮效應。

**input load　輸入負荷**　因突變和遷入而引入基因庫的劣質對偶基因的數量。

**in repulsion　相斥**　見 repulsion。

**insect　昆蟲**　昆蟲綱中呼吸空氣的小型節肢動物，其成蟲有6個附肢，軀幹分3個區域（頭、胸、腹），還有1對觸角和一對或兩對翅。其口器是適應其進食方式，例如有咀嚼、穿刺、吸吮等方式（見圖191）。

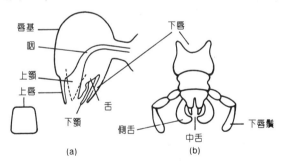

**圖191　昆蟲。**昆蟲口器的垂直剖面 (a) 和前視圖 (b)。

除了較原始的類別如彈翅目以外，一般腹部無附肢。大多數昆蟲都有明顯不同的幼年時代，也許是一個若蟲（見 Exopterygota），或是一個幼蟲（見 Endopterygota）。這些都要經歷**變態**（metamorphosis）才變為成蟲。昆蟲佔已知動物種類的六分

INSECT

之五。本綱包括下面這些類群：

　亞綱：**無翅亞綱**（Apterygota）

　　目：原翅目

　　　　彈翅目—跳蟲

　　　　雙尾目—鋏尾蟲

　　　　總尾目—衣魚

　亞綱：**有翅亞綱**（Pterygota）

　　　　外生翅類（不全變態類）或半變態類

　　目：蜻蛉目—蜻蜓

　　　　蜉蝣目—蜉蝣

　　　　直翅目—蝗蟲

　　　　革翅目—蠼螋

　　　　積翅目—石蠅

　　　　等翅目—白蟻

　　　　紡足目—足絲蟻

　　　　食毛目—鳥虱

　　　　虱目—虱

　　　　齧蟲目—書蝨

　　　　缺翅目

　　　　半翅目

　　　　纓翅目—薊馬

　　　　**內生翅類**（Endopterygota）（全變態類）

　　　　長翅目—蠍蛉

　　　　脈翅目—草蛉

　　　　毛翅目—石蛾

　　　　鱗翅目—蝶，蛾

　　　　雙翅目—蚊，蠅

　　　　蚤目—蚤

　　　　鞘翅目—甲蟲

　　　　撚翅目—撚翅蟲

　　　膜翅目—蟻，蜜蜂，胡蜂
比較重要的目將在各條中詳述。

**insecticide　殺蟲劑**　殺滅昆蟲的藥劑。參見 pesticide。

**insecticide resistance　抗蟲藥性**　昆蟲抵抗殺蟲劑毒性以致該藥無效的能力。目前認為，在普遍敏感的蟲群中用藥前，抗藥基因存在的頻率很低。但在用藥後，敏感個體被消滅，存活者繁殖起來，逐漸變為主流，這時這個族群才稱為抗藥族群。

**insectivore　食蟲類**　食蟲目的哺乳動物，包括鼩鼱、鼴和舊大陸刺蝟。

**insemination　授精**　將雄性精子引入雌性體內的程序，但指在精卵結合（受精，fertilization）之前。見 artificial insemination。

**insertion　著生點；著力點**　1.一個器官（如葉子或肌肉）附著於軀體或主幹的部位。2.肌肉施力的部位。

**insertion mutation　嵌入突變**　點突變（point mutation）的一種，因在去氧核糖核酸（DNA）中插入一或數個鹼基而造成轉譯（translation）時的移碼（frameshift）錯讀。

**insight learning　頓悟學習**　因頓悟而產生新的適應性的反應。例如，在高處懸掛一串香蕉讓黑猩猩搆不著時，他可能會堆上幾個箱子或接上兩根竿子來摘取。

**inspiration　吸氣**　見 breathing。

**inspiratory center　吸氣中樞**　見 breathing。

**instantaneous speciation　瞬時物種形成**　產生和雙親生殖隔離並能建立新族群的個體的程序。

**instar　齡（蟲）**　幼蟲在兩次蛻皮間的蟲期。由卵生出來的是第一齡蟲，而在第一次蛻皮之後（見 ecdysis）就稱為第二齡蟲。因此，第三齡蟲就是完成兩次蛻皮的幼蟲。

**instinct　本能**　不是學來的，像是遺傳的，因而即指先天行為（innate behavior）。因為在學習和某些所謂本能行為之間很難分辨,此詞現不常做爲一個科學術語來使用。

**instinctive behavior　本能行為**　是遺傳而非學來的行爲模式。

**insulin　胰島素**　控制血糖量的激素,由胰島(islets of langerhans)的細胞分泌。胰島素有3個作用點:肝臟、肌肉和脂肪組織;它經由下面3個方式來降低血糖:(a)改變細胞膜通透性以促進肌肉和脂肪細胞從血液中吸收葡萄糖。(b)刺激肝和肌肉中的葡萄糖轉變爲肝醣(glycogen),從而減少游離葡萄糖的供應。(c)促進肝和脂肪細胞中葡萄糖轉變爲脂肪(脂肪形成,lipogenesis)。(d)抑制生糖作用(gluconeogenesis)。(e)促進一切細胞中的醣酵解(glycolysis)。胰島素分泌不足造成糖尿病,使血糖升高和尿中出現糖(見glycosuria)。如不治療,本病可致命,治療主要是注射胰島素。本激素不能口服,因爲它是個蛋白質,服下去會被消化。胰島素是在1921年由班廷(Banting)和貝斯特(Best)發現的。在血糖控制中,血糖濃度的改變會自動引起相反的變化,這正是負回饋機制(feedback mechanism)的良好範例。

**integrated control　綜合防治**　由化學、生物學、文化,以及立法等手段綜合互補地防治害蟲(pest)和病原(pathogen)。

**integration　整合**　一個生物的去氧核糖核酸(DNA)插入到另一個生物的染色體中的程序。

**integument　珠被;體壁**　1.珠被。(在開花植物中)胚珠(ovule)的中央組織(珠心)的外被,其中包含胚囊(embryo sac)。大部分開花植物都有內外兩個珠被,後者硬化時形成種子的外種皮(testa)。2.體壁。(在昆蟲)指表皮。

**intelligence　智力**　理解和創造抽象思想的能力。設計來測試智力的測驗卻不太可靠,因爲很難以區分環境的影響,例如上學情況和社會背景,與內在能力兩者。但是這類測驗被廣泛使用,其結果表現爲一種數目,稱智商(I.Q.),其定義如下:

（智力年齡/實際年齡）×100。

因此如果某些人的智力年齡恰好和該年齡組的平均值相同，那麼他們的智商就是100。目前一般認爲智商的**遺傳率**（heritability）在 0.5 和 0.7 之間。

**inter-** ［**字首**］ 表示在兩者之間，在其中。

**interbreed　品系內交配；品種間雜交** 1.品系內交配。在單一科或品系內部的交配，目的是追求子代中的特殊品質。2.品種間雜交。（亦稱雜交）指不同品種間的雜交育種。

**intercellular fluid　細胞間液** 見 interstitial fluid。

**intercostal muscles　肋間肌** 脊椎動物肋間的肌肉，它和肋骨組成胸壁。外肋間肌的收縮使肋骨向外向上運動，擴張胸腔，減低胸內壓，幫助將氣吸入肺中。見 breathing。

**interfascicular cambium　束間形成層** 植物莖根中由**維管束**（vascular bundles）間**薄壁組織**（parenchyma）細胞發育而來的分生組織（見 meristem），它和**束中形成層**（cambrium）連成完整一圈形成層，其快速分裂幫助**次生加厚**（secondary thickening）。

**interference　干擾** 見 chromatid interference。

**interferon　干擾素** 在受到病毒侵襲時細胞產生的一類糖蛋白，其功能似乎是激發同一物種中其他未感染細胞的一種防禦機制，對病毒進行干擾。因爲有人提出干擾素可能會抑制病毒的繁殖，甚至抑制某些癌組織，所以已花費了大力氣試圖分離出足夠量的干擾素來作臨床試驗。現在生產的問題已由**基因工程**（genetic engineering）解決了，但目前試驗的結果還不足以下結論。

**intergranum　葉綠餅間片層** 見 chloroplast。

**interleukins　白血球介素** 免疫系統細胞間傳遞資訊的胜肽群。見 T-cell。

**internal clock　體內時鐘** 見 biological clock。

**internal environment 內環境** 所有體內細胞浸浴其中的液體介質，平時其 pH 值、滲透壓，以及其他物理量保持恆定（見 homeostasis）。

**international code of zoological nomenclature 國際動物學命名法則** 有關動物學名和分類的正式規定。

**interneuron 中間神經元** 兩個神經元間的聯絡神經元。

**internode 節間** 植物莖的兩個相鄰節（nodes）之間的部分。參見 bolting。

**interoceptor 內受器** 接受來自體內刺激的感覺受器。

**interpetiolar 葉柄間的**

**interphase 間期** 細胞週期（cell cycle）中的一個階段，此時有代謝作用（metabolism）但不見細胞核分裂。

**interrenal bodies 腎間體** 魚類兩腎間的內分泌器官，與哺乳動物的腎上腺皮質（adrenal cortex）同源。

**interrupted gene 間斷基因** 真核生物（eukaryote）或其病毒的基因，它們是由內子（intron）和表現序列（exon）的片斷組成的基因序列。

**intersex 雌雄間性** 性狀介乎雌雄兩者之間的個體。

**interspecific behavior 種間行為** 涉及到物種間關係的行為。

**interspecific competition 種間競爭** 在兩個或多個物種之間為了資源如食物進行的有限競爭。有關各種群都會受到不利影響，可能是死亡率增加或出生率下降。

**interstitial cells 間質細胞** 1.填充其他組織間空隙的細胞。2.見 Leydig cells。

**interstitial fluid** or **intercellular fluid 組織液，細胞間液** 浸浴全身細胞的液體，在淋巴管內時亦稱淋巴，其作用是聯繫血液和細胞。一個總體液在42升的成年男性，大約有7公升組織液。

**interstitium　組織間隙**　細胞間的組織空隙。

**intestine　腸道**　在胃和肛門之間的消化道。它通常是盤曲的，而其內部因有大量皺褶和突起而大大增加了表面積，使消化和吸收更爲有效。腸道前段裡面的**上皮**（epithelium）含分泌酶和黏液的腺體，在高等脊椎動物被稱爲小腸。後部，即所謂大腸，則負責使糞便脫水，糞便一直儲存在大腸中直到被排出。

**intine　內壁**　花粉粒的內側薄壁，由纖維素組成。

**intra-　〔字首〕**　表示在內。

**intracellular　胞內**

**intracellular tubules　胞內小管**　如排水管細胞（drainpipe cells）。

**intrafusal fibers　肌梭內纖維**　肌梭（muscle spindle）中的肌纖維。

**intrapetiolar　葉柄內的**　植物莖與葉柄之間的。

**intraspecific　種內的**。

**intraspecific competition　種內競爭**　在同一物種族群內部爲爭奪資源如食物而進行的有限競爭。並不是所有成員都受到不利影響，這種競爭會造成它們之間在生存和繁殖的能力方面有所不同（見 fitness）。

**intravaginal　葉鞘內的；陰道內的**　1.葉鞘內的。（指植物）在葉鞘內的。2.陰道內的。（指動物）在陰道內的。

**introduced species　引進物種**　非本地生而是由人類偶然或特意引入的，例如澳洲的兔子原是由西班牙特意引進的。

**introgressive hybridization　漸滲雜交**　由於雜交而使一個物種的基因散布到另一個物種的種質中去。

**intron　內子**　眞核生物（eukaryote）去氧核糖核酸（DNA）的一類片斷，它被轉錄進傳訊核糖核酸（mRNA）但又從核糖核酸（RNA）中被剪去，只剩下**表現序列**（exon）被翻譯成多肽。

**introrse  內向的**  （指花藥）

**intussusception  內填**  細胞壁包容附加顆粒而增加其表面積的程序。

**inulin  菊糖**  一類複雜的**果糖**（fructose）聚合物，溶於水，見於儲藏器官的細胞質中如大麗花**塊莖**（tuber）和蒲公英**軸根**（tap root）中。

**invagination  內陷**  細胞層的內卷，如見於原腸胚形成（gastrulation）或肛道（proctodeum）形成的程序中。

**invasion  侵入**  生物侵入和佔居寄主的程序。

**inversion  倒位**  **染色體突變**（chromosomal mutation）的一種類型。染色體的一個片斷的順序顛倒；雖然遺傳物質沒有得失，但對於表型可能產生**位置效應**（position effect）。

**invertase  轉化酶**  見 sucrase。

**invertebrate  無脊椎動物**  沒有脊椎的動物。

**in vitro  活體外**  （指生物程序或反應）發生在生物體外，在人工環境下（vitro 一詞意爲玻璃）。例如人卵的體外受精是在實驗室內進行的，然後再重植入到母體內。對照 in vivo。

**in vivo  活體內**  （指生物程序或實驗）發生在生物體內。對照 in vitro。

**involucre  總苞；苞膜**  1. 總苞。在一個縮合**花序**（inflorescence）基部由苞片形成的花萼樣結構。2. 苞膜。苔類（見 hepatica）由葉狀體長出的覆蓋和保護**藏卵器**（archegonium）的組織。

**involuntary muscle** or **visceral muscle** or **smooth muscle  不隨意肌，內臟肌，平滑肌**  此類肌被稱爲不隨意，是因爲支配它們的是**自律神經系統**（autonomic nervous system）。被稱爲內臟肌，是因爲它們見於消化道、血管、**睫狀體**（ciliary body）、呼吸道，和泌尿生殖系統（urinogenital system）。它們還被稱爲平滑肌，是因爲它的肌原纖維（myofibrils）缺少橫紋。不隨意肌收縮緩慢，但收縮很久才疲勞。對照 striated muscle。

**involuntary response　不隨意反應**　不隨意肌（involuntary muscle）的一種反應，其反應機制是非意志所能控制的。

**involution　內卷**　（指植物器官）邊緣內卷。

**iodopsin　視紫質**　視網膜視錐（cones）狀細胞中的一類光化學色素，據認爲有3型。用高強度光線也不易將其褪色。參見 rhodopsin。

**ion　離子**　因失去或獲得電子而帶有電荷的原子。

**ionic bond　離子鍵**　一種因靜電產生的鍵結。

**ionizing radiation　離子輻射線**　一束短波電磁能，它能深入組織，留下不穩定失去電子的原子（離子，ion）之軌跡。此類輻射，包括 X 射線和伽馬射線，都是強有力的突變劑（mutagen）。

**iris　虹膜**　脊椎動物眼睛含色素的部分。由一薄層組織構成，其外緣連在睫狀體（ciliary body）上。睫狀體有輻射狀肌肉，它可增加瞳孔的大小，還有一圈環形肌肉，可減少瞳孔的大小。因此虹膜可調節眼睛的進光量。有關畏光現象，見 albinism。

**irreversibility　不可逆性**　見 Dollo's law of irreversibility。

**irrigation　衝灌**　用水濕潤或衝洗製備物。

**irritability　感應性**　生物對周圍環境改變的感應性。

**ischium　坐骨**　脊椎動物骨盆帶（pelvic girdle）中腹面的骨頭，負擔坐位人體的重量。

**islets of Langerhans　胰島（郎格爾漢氏）**　有頜脊椎動物胰臟中散布的細胞群，它們分泌胰島素（insulin）和抗胰島素（glucagon）。根據德國組織學家郎格爾漢而命名。

**iso-　［字首］**　表示相同、相等。

**isoalleles　同等位基因**　對偶基因中表型差異極小，需要特殊技巧才能證明其存在者。

**isobilateral　二側相等的**　如單子葉植物的葉片。

**isoelectric focusing　等電聚焦法**　根據電荷的差異區分不同分子的方法，每個分子都移動到各自在 pH 梯度中不顯示淨電荷的地方。

**isoelectric point　等電點**　兩性（amphoteric）溶液在電中性時的 pH 值（氫離子指數）；胺基酸（amino acid）在等電點是個兼性離子（zwitterion）。

**isogamete　同形配子**　受精時相互交配的配子（gamete）形狀相似。這樣的有性生殖稱為同配生殖，見於幾種原始的植物類群，如許多藻類（algae）。

**isogamy　同配生殖**　見 isogamete。

**isogenic　等基因的**　具有相同基因的。

**isograft　同基因移植**　極近緣具相同基因型的個體間的移植，例如在同卵雙生（monozygotic twins）間的移植，或如在鼠類相同近交系成員間的移植。

**isohyet　等雨量線**　地圖上連接具有相同雨量的地點間的線條。

**isolate　分離；分離物**　1.從新鮮材料中分離出一個微生物並建立純培養的操作。2.一個微生物的純培養。

**isolation　隔離**　1.同種生物中各族群間的地理隔離。2.一類遺傳隔離，因地理隔離而致基因傳遞受到限制或完全受阻。這種隔離可以稱為是行為上的、生態上的、季節性的（不同的繁育季節），和生理性的。基因傳遞的受阻結果就造成新的演化系。

**isolating barrier　隔離阻障**　任何限制生物運動以致阻止基因傳遞的障礙。如海洋、沙漠、山脈、鹽度和溫度。

**isolating mechanism　隔離機制**　妨礙兩族群間成功繁育的機制。

**isoleucine　異白胺酸**　蛋白質中常見的20種胺基酸之一。非極性，不溶於水。異白胺酸的等電點爲6.0。見圖192。

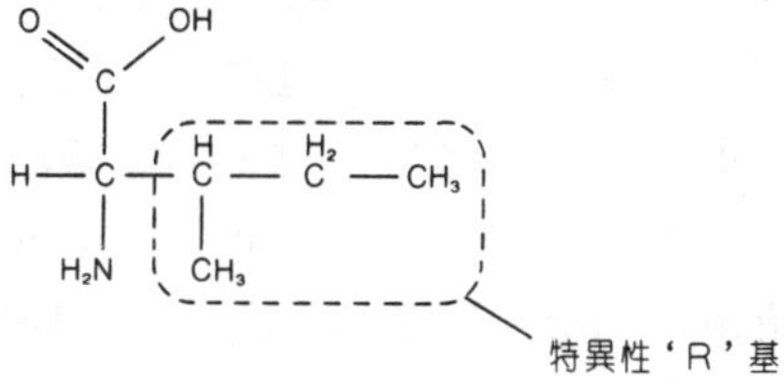

**圖192　異白胺酸。分子結構。**

**isomerase　異構酶**　將有機化合物由 D-構型轉化爲 L-構型或由 L-構型轉化爲 D-構型的酶。

**isomerism　同質異構**　兩個化學物質具有相同分子式但原子排列不同的現象。

**isomerous　等部位數的**　（指植物）在不同花輪上具有相同數目的部分，如一個植物有5個雄蕊和5個心皮。

**isomorphic　同態的**　（指生物，通常指植物）在生活史的不同階段具有類似的形態，例如在**世代交替**（ alternation of generations ）中各世代間相似時。

**isophene　等物候線**　一條連接相同**性狀**（ character ）表現區域的線，此線與**生態群**（ cline ）垂直。

**isopod　等足目**　等足目的甲殼動物，如木虱和球潮蟲。

**Isoptera　等翅目**　昆蟲的一個目，包括白蟻。白蟻群居，有複雜的等級制度。

**isosmotic　等滲的**　（指兩個溶液）有同樣**滲透壓**（ osmotic pressure ）的。

**isospore　同形孢子**　見 asexual spore。

**isostatic　均衡的**　（指地殼）冰期冰川形成致冰層積累使局部地殼負荷增加而下沉，但始終維持均衡。

**isotonic　等張的**　（指液體）**水勢**（ water potential ）和另一

液體相等的狀態。見 hypotonic 和圖187。

**isotope　同位素**　一個元素中質子數（原子序）相同但中子數（原子量）不同的不同形式。有些同位素是放射性同位素（例如碳-12不是放射性，但碳-14是），但它們都可以在生物材料中正常工作。因此可以用同位素標記，再用適當檢測方法如蓋格計數器，觀測生物化學程序的發生。見 half-life, autoradiograph。

**isozyme** or **isoenzyme　同工酶**　在一個生物個體或族群中存在的一個酶的幾種形式，分別由同一個基因的不同對偶基因編碼。同工酶也是一種*同種異形酶*（allozyme）。

**iter（inter a tertio ad quartum ventriculum）　中腦水管**　脊椎動物腦部第三和第四腦室間的通道。

**IUD（intrauterine device）　子宮內避孕器**　裝入女性子宮內的器械，以防止卵的受精或胚胎的著床。見 birth control。

# J

**Jacob-Monod hypothesis　賈柯－莫諾假說**　見 operon model。

**Java man　爪哇猿人**　直立人的一個原始人種。

**jaw　頜**　動物的頜骨。此詞常專指脊椎動物口周的骨頭，上面的叫上頜骨，下面的叫下頜骨。有牙齒時，牙齒即位於頜骨之上；頜骨常用於壓碎食物。

**jaw articulation　頜關節**　脊椎動物口周骨之間的關節，上頜骨和下頜骨之間的關節。

**jejunum　空腸**　十二指腸和迴腸之間的小腸（small intestine）。

**jellyfish　水母，海蜇**　1.缽水母綱的大型水母。2.任何腔腸動物的水母樣階段。

**Jenner, Edward　詹納**（1749-1823）　英國醫生，他發現牛痘物質可以安全地用作接種物，或叫疫苗（vaccine），來預防天花。第一次牛痘接種是在1796年做的。

**Johannsen, Wilhelm　約翰森**（1858－1927）　丹麥植物學家，他在本世紀初用豌豆做過選擇實驗，它證明選擇是個被動程序，只能淘汰變異而不能產生變異。但約翰森在今日之享名主要是因為他創造了基因（gene）、基因型（genotype）和表型（phenotype）這幾個術語。

**Johnston's organ　約氏器官**　昆蟲觸角基部的一種器官，內含一組弦音感受器（chordotonal receptors），可能和觸角的運

375

動有關。此名來自美國醫生 C. Johnston 之姓氏。

**joint** or **articulation**　**關節**　兩塊骨頭間的連接。

**joule**　**焦耳**　國際制單位（SI）的能量單位，等於1000萬耳格或0.239卡。此名根據物理學家焦耳（1818-1889），他測出熱功當量，並證明 4200萬耳格＝1卡（4.2 焦耳＝1卡）。

**jugular**　**頸的**　和頸與喉有關的，特別是頸靜脈，分內外兩根，由頭運送血液至上腔靜脈，也即回到心臟。

**junior homonym**　**新同形異義詞**　最近發表的同形異義詞（同名異物）。

**junior synonym**　**新同義詞**　最近發表的同義詞（同物異名）。

**Jurassic period**　**侏羅紀**　中生代（Mesozoic era）的一個紀，由2億年前到1億3500萬年前，鳥類就是在此時期演化出來。蘇鐵、蕨類和松柏廣布各處。恐龍是優勢種，而最早的蛾類化石見於此時。泛古陸開始分裂。

**juvenile hormone**　**保幼激素：青春激素**　幼齡昆蟲腦部喉側體（corpus allatum）分泌的一種激素。只要有此激素存在，則表皮在每次蛻皮時仍然保持其若蟲或幼蟲特徵。只有當這個激素停止分泌或分泌量減低到閾值之下時，蛻皮後才能化爲成蟲。保幼激素曾用於控制昆蟲，例如在醫院中防止蟲蟻的孳生。

**juxta-glomerular complex**　**腎小球旁複合體**　貼附在腎小球出球小動脈內壁上的一組細胞，負責探測血容量。當血容量降低時，這些細胞分泌腎素（renin），刺激腎上腺皮質釋放醛酮（aldosterone），導致鈉儲留。當血滲透壓增加時，抗利尿激素被釋放，這兩者共同扭轉血容量降低的情形，這正是回饋機制（feedback mechanism）的一個例子。

# K

**K 環境容納量** 洛特卡（Lotka）－沃爾泰勒方程式中表示可能容許的最大個體數目。

**K selection K 選擇** 一種選擇方式，力求增大環境容納量（K）和減少內部增長力（r），這樣也就是充分利用環境資源卻不耗費多餘能量，將食物能轉化為生產子代。

**kappa particles 卡巴粒子** 生長在草履蟲細胞質中的一種細菌。它們可以產生一種毒素，無卡巴粒子的草履蟲在和帶有卡巴粒子做接合生殖（conjugation）後會因為對這種毒素敏感而被殺死。攜帶卡巴粒子的草履蟲卻對這種毒素有免疫力。

**karyo-　［字首］** 表示細胞核。

**karyokinesis 核分裂** 細胞核的分裂。

**karyological 核細胞學的** 有關染色體結構和數目的。

**karyoplast 細胞核** 細胞核及周圍一薄層細胞質和膜。

**karyopsis 穎果** 子房壁和種皮連在一起的瘦果（achene）。

**karyosome 染色質核仁** 靜止的細胞核中的染色質聚集塊。

**karyotype 核型** 一個細胞或一個生物的全套染色體（chromosome），特指在有絲分裂（mitosis）中期所見，著重於染色體的數目、大小和構型。

**katadromous 下溯** 魚類由淡水游向海水產卵的行為。

**keel 龍骨** 見 carina。

**kelp 大型海藻** 如海帶。

**Kelvin scale 凱氏溫標** 一類絕對溫標，1凱氏度（1K）也相當於1攝氏度（1℃），但0K = -273.15℃ = -459.67°F。

**keratin 角蛋白** 一類堅硬、纖維狀、含硫的蛋白質，其中富含 α 螺旋結構。見於脊椎動物表皮，大部分在皮膚的外層。角質蛋白可有不同的形式：在鱗片、羽毛、蹄、角、爪、甲等中的角蛋白是硬的；在毛、髮中的是柔軟的。

**ketone 酮** 一類有機分子，其中 C＝O 基是位於分子內部，而不是位於兩端。酮類的結構多樣，由簡單的丙酮（見圖193）直到果糖（fructose），後者是一個酮糖（ketose）

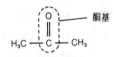

圖193 酮。丙酮的分子結構。

**ketose 酮糖** 具酮結構的單醣（monosaccharide）（見ketone）

**Kettlewell, H. B. D. 凱特爾威爾** 英國生物學家，他在50年代中葉用淺色和黑色樺尺蛾進行了一系列漂亮的現場和實驗室實驗。他證明，不利於尺蛾的選擇壓力來自鳥類，牠們特別喜歡啄食背景無法隱蔽的尺蛾。參見 industrial melanism。

**key 檢索性狀** 具有特殊意義的生物性狀。根據這些性狀的有無連續檢索可據以判斷一個生物的歸屬。這樣的性狀常常是二叉的（dichotomous 2），就是說，在每一步都要在兩個可能性中間作選擇。但檢索表也可在一步設有多個選擇，而隨著陰性性狀的逐步剔除直到完成鑑定。

**kidney 腎臟** 脊椎動物靠背側的一對器官，其功能是雙重的：排泄（excretion）和滲透調節（osmoregulation）。見圖194。過濾作用發生在腎小球，過濾液含有除了血球和血漿蛋白之外的一切血液成分。約0.1微米直徑的小孔可以讓過濾液在壓力下透過，這壓力是因為腎小球的輸出血管比輸入血管細。過濾液在經過腎小管時產生變化而在最後排出時就變成尿了。

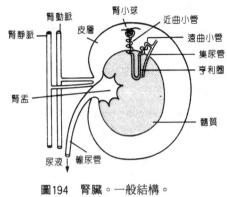

**圖194　腎臟。一般結構。**

　　亨利圈（loop of Henle）利用逆流倍增（countercurrent multiplier）的原理。鹽分（NaCl）主動由降肢被運送到升肢，增加了後者中的濃度。這就造成在髓質的深處存在高鹽濃度，而這正是集尿管經過的地方。水分在遠曲小管和集尿管處藉由滲透作用被吸出，於是尿乃被濃縮（見 ADH）。腎中液體有超過99％在腎小管中被吸回。見 nephron。

**kinase　激酶**　促使磷酸根從 ATP 轉移到另一分子上去。

**kinesis　動態**　一類定向運動，並不和刺激保持固定方向，而是動得越來越快或越來越慢直到與刺激更近一些或更遠一些。例如一個木虱覺得太乾了，它就會到處活動直到找到一塊濕地爲止，它也可能就定居在那裡了。對照 taxis。

**kinesthetic　運動覺的**　能探知運動的，如肌肉、肌腱、關節等處的感覺器。

**kinetin　激動素**　見 cytokinin。

**kineto-　〔字首〕**　表示運動。

**kinetochore　動粒**　見 centromere。

**kinetodesmata　動絲**　纖毛動物中連接動體（kinetosome）的絲。

**kinetoplast 動體** 見 kinetosome。

**kinetosome** or **kinetoplast 動體** 纖毛（cilium）的基體（basal body）。

**kingdom 界** 生物分類中最高的類元。見 animal kingdom, plant kingdom。

**kinin 細胞分裂素** 見 cytokinin。

**kinomere 著絲點** 紡錘體在染色體上附著的區域。

**kin selection 親緣選擇** 選擇的一種類型，這種選擇有利於針對親屬的利他（自我犧牲）行為。這種程序保證，即使個人存活的機會因而減少，但他或她的一部分基因卻得以在其親屬中保存下來。

**Klinefelter's syndrome 克氏症候群** 一種人類染色體異常，患者有一個多餘的 X 染色體，結果是除了44根體染色體外，還有3個性染色體（XXY），共47個。患者為男性，說明 Y 染色體的性別決定（sex determination）作用，但生育力大大降低，此外時常還出現一些女性第二性徵如乳房。在活產男嬰中大約1000個便有一個存在此情況。這是由於雙親之一的染色體不分離（nondisjunction）造成的，更可能的是母親年歲較大，和唐氏症（Down syndrome）的產生情況一樣。

**klinostat 迴轉器**

**klinotactic response 斜趨性反應** 由刺激引起的生物的定向運動。

**knockdown 擊倒，打昏** 當真實死亡率難以評估時採用的一種殺蟲效應測量。這種測量特別適用於殺蟲劑試驗，已證明其結果與實際死亡率測量相似。常常是以昆蟲對光或觸摸無反應作為擊倒的標準。見 knockdown line。

**knockdown line 擊倒線** 殺蟲劑擊倒效應的圖形表示，以擊倒（knockdown）作 y 軸，以時間作 x 軸。不同蟲株的反應可以經由比較它們之間的擊倒線斜率和位置來表示。

**Koch，Robert 科赫（**1843-1910**）** 德國細菌學家，他首先引進製做細菌抹片和將其熱固定的方法。他研究了腺鼠疫和睡眠病，發現了這些病的傳播方式。他還研製出培養細菌的方法，並制定了正確鑑定不同疾病病原的方法。但他最為人知的還是他制定的一套建立特異病原關係的準則。這套準則被稱為科赫氏準則：⒜這個微生物必須存在於每個病例中。⒝必須將這個微生物從患者身上分離出並培養於培養基中。⒞將純培養再種入未患病但易感染的寄主中，必須能複製出本病。⒟必須能從這個實驗性感染的寄主身中重新分離出該微生物。

**Kranz anatomy 花環結構** $C_4$植物（$C_4$ plants）葉部的特殊構造。例如在玉米葉中，相當於海綿狀葉肉細胞的組織在葉脈周圍聚成一個個花環，就緊貼在維管束鞘細胞之外。維管束鞘細胞含有大型**葉綠體**（chloroplasts），而海綿狀葉肉細胞卻沒有多少葉綠體，這點和$C_3$植物不同。見 mesophyll。見圖195。

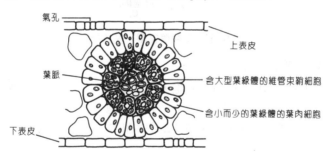

氣孔

上表皮

葉脈

含大型葉綠體的維管束鞘細胞

含小而少的葉綠體的葉肉細胞

下表皮

**圖195 花環結構。葉片的橫剖面。**

**Krebs cycle** or **tricarboxylic acid cycle（TCA cycle）** or **citric-acid cycle 克列伯循環，三羧酸循環（以前亦曾稱檸檬酸循環）** 一系列循環進行的反應，均位於**粒線體**（mitochondria）基質內，在有氧的情況下是**細胞呼吸**（cell respiration）的重要部分。循環中各步驟是由克雷伯（Sir Hans Krebs，1900-1981）推導出來的，他因此獲得諾貝爾獎。到本循環為止以前的各個反應，包括**乙醯輔酶** A（acetylcoenzyme A）的產生，以及本循環在分解複雜分子中的作用等等，都在有氧呼吸（aerobic respiration）一條中介紹了。循環的每一輪放出兩個分子的二氧化碳和8個氫原子，後者由電子傳遞系統（electron transport system）產生11個 ATP 分子，還有1個 ATP 分子是由受質層次磷酸化（substrate-level phosphorylation）產生的。要完全分解一個分子的葡萄糖需要本循環轉兩輪。見圖196。

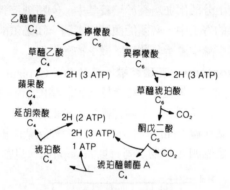

圖196　三羧酸循環。主要步驟。

**krill　磷蝦**　見 euphausiid。

**Kupffer cells　庫柏法細胞，星狀細胞**　肝中網狀內皮系統（reticuloendothelial system）的吞噬細胞，負責破壞流經肝臟血液中的老舊紅血球和清除其中的異物顆粒。以德國解剖學家庫普弗氏命名。

**kwashiorkor　缺蛋白病**　急性蛋白質缺乏造成的最普遍最嚴重的人類營養性疾病。其特點有：表情淡漠、生長障礙、皮膚潰瘍、手腳腫脹和肝臟腫大。如不治療，可致死。本病常侵犯剛斷奶的幼兒。

**kymograph　描記器**　用於測量記錄神經肌肉生理的轉鼓。通常它可按不同轉速旋轉，再經由槓桿將生理結果記錄在上面的記錄紙上。

# L

**label　標記**　常爲放射性標記；標記在特定分子或生物上，用以定位和監測它們的行動跡象。

**labella（複數 labellae）　唇瓣**　昆蟲喙遠端的突起。在蚊蟲，其功能純屬感覺，但在大蒼蠅中已變形成爲唇瓣環溝，專用於吸食液體。

**labio-　[字首]**　表示唇。

**labium（複數 labia）　下唇**　昆蟲下唇，位於下顎之後。由頭後成對附肢融合而成。見圖191。

**labrum　上唇**　昆蟲頭前的一塊表皮板，形成上唇。緊貼於唇基之下，兩者融合在一起，並位於上顎（mandibles）之前。見圖191。

**labyrinth, membranous　膜迷路**　見 ear。

**labyrinthodont　迷齒類**　迷齒目的原始兩生動物，存在於泥盆紀到三疊紀之間。和總鰭魚有親緣關係，有些種類和爬行類相近。

**Labyrinthulales　網黏菌目**　一類水生而且主要是海洋種類的生物，它們分泌黏絲結成網狀，細胞可以在上面滑行。屬黏菌門。

**lacerate　撕裂的**

**lacertilian　蜥蜴**　蜥蜴亞目的爬行類，包括普通蜥蜴。

**lachrymal gland　淚腺**　哺乳動物上眼瞼之下的淚腺，其功能是分泌一種無菌而且防腐的液體來濕潤和清潔眼球表面。過多的液體則由眼角的鼻淚管引流到鼻腔。

**lac-operon 乳糖操縱組** 大腸桿菌的一套代謝乳糖的遺傳系統，操縱組模型（operon model）就是建立在它的上面。

**lactase 乳糖酶** 小腸（small intestine）壁上的腺體所分泌的一種可將乳糖（lactose）分解為半乳糖和葡萄糖的酵素。細菌在酵素誘導（enzyme induction）的情況下也可產生乳糖酶。見operon model。

**lactation 泌乳** 成年雌性哺乳動物乳腺生產乳汁的程序，她們以此育幼。腦垂腺（pituitary gland）前葉分泌的催乳激素（luteotropic hormones）刺激泌乳。

**lacteals 乳糜管** 脊椎動物腸道絨毛中央的淋巴管，在柱狀上皮細胞中剛從脂肪酸和甘油合成的中性脂肪首先進入乳糜管。此時脂肪呈現為由微粒組成的乳糜液，使得淋巴液呈乳糜狀，故得此名。脂肪隨後被運送至全身。

**lactic acid 乳酸** 一種有機酸（$CH_3CH(OH)COOH$）。在微生物中和在運動的肌肉中，丙酮酸由無氧呼吸（anaerobic respiration）可產生乳酸（見lactose），丙酮酸的氫化是由乳酸脫氫酶（LDH）催化的。在動物，當氧氣供應充足時，乳酸還可利用LDH重新氧化為丙酮酸。大部分轉化都發生在肝臟。

**lactogenesis 產生乳汁**

**lactogenic hormone 催乳激素** 見luteotropic hormone。

**lactose or milk sugar 乳糖** 哺乳動物乳汁中的一種雙醣（disaccharide）。乳糖是由半乳糖和葡萄糖經由縮合反應（condensation reaction）形成的。見圖197。在乳糖酶（lactase）的作用下，乳糖可再分解為其組成的單醣。乳汁的變酸是由於乳汁中的微生物使乳糖轉化為乳酸（lactic acid）。

**lactose synthetase 乳糖合成酶** 促進從葡萄糖合成乳糖的酶。

**lacuna 腔隙** 骨板間的小空隙，裡面是一個個骨細胞。有小

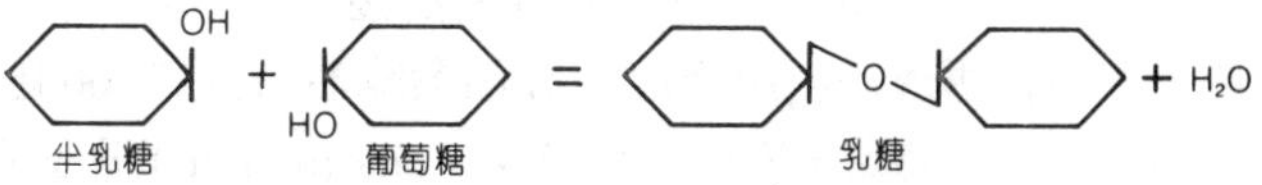

圖197　乳糖。半乳糖和葡萄糖之間的縮合反應。

管從腔隙向外輻射而出互相連接，管中是骨細胞伸出的細胞突，不同腔隙的骨細胞細胞突由小管互相連接。見 Haversian canal。

**lacunate　細胞間隙的**　分成深而不規則小段的。

**lag phase　遲滯期**　1.微生物生長的一個階段，此時核酸和蛋白質都在合成但無細胞分裂。2. 一個適應階段。見 growth curve。

**Lamarck，Jean-Baptiste Pierre Antoine de Monet　拉馬克**（1744-1829）　法國博物學家，以其獲得性狀遺傳學說而知名於世（見 Lamarckism）。雖然這個學說現在已被廢棄，但應承認他是現代無脊椎動物學的實際奠基人。他也是早期認真考慮生命的演化起源的科學家之一。

**Lamarckism　拉馬克主義**　提出後天性狀（acquired charcters）可以遺傳的學說；這個學說認為生物結構在有生之年經使用可以發展變化，然後這些變化可以作為獲得性狀傳給下代。由這些獲得性狀的遺傳就可以說明演化改變。這個學說是拉馬克（Lamarck）提出的，現已廢棄，大家都相信達爾文主義（Darwinism）。根據後者，對生物個體有用的性狀是因為被選擇而保留下來，不利的性狀則是被淘汰掉的。所以，拉馬克會說鐵匠的兒子為什麼身體結實是由於他父親的職業，而達爾文會說他父親為什麼會當鐵匠是因為他結實而結實的人生的孩子常常也結實。李森科（Lysenko）在1930年代曾試圖將拉馬克學說用於蘇聯的作物栽培，但未成功。

**lambda phage　λ噬菌體**　大腸桿菌的一種溫和噬菌體（temperate phage）。

**lamella or thylakoid　類囊體；菌褶；片層**　1.類囊體。葉綠

體（chloroplast）內的由片狀膜組成的小體，每一個都由一對膜組成，其中有薄薄的一層空隙。每個葉綠體有大約3000個類囊體。其功能是保持量子體中的**葉綠素**（chlorophyll）分子處於能接受最大量光線的位置。2.菌褶。擔子菌的菌褶，以菌柄爲中心向外輻射而出，上覆菌傘，菌褶上則載有大量孢子。3.片層。骨中生長鈣化基質的片狀結構，每個大約5微米厚。

**lamelli-** ［字首］ 表示片層。

**lamellibranch 瓣鰓類** 見 bivalve。

**lamina 片** 薄而扁平的結構，如葉片或花瓣。

**lampbrush chromosomes 燈刷染色體** 脊椎動物（主要是兩生動物）卵母細胞中的巨大染色體，它長有許多側向毛狀的環，中心是**去氧核糖核酸**（DNA）組成的的核心。

**lamprey 八目鰻** 無頜綱（Agnatha）的魚類。

**lamp shell 腕足類** 見 Brachiopod。

**lanceolate 矛形的** （指植物結構）漸窄、逐漸集中於一點的。

**Landsteiner, Karl 蘭德施泰納**（1868-1943） 奧地利病理學家，後移居美國，在美國渡過他大部分的時間，從事人類血型研究。1901年，他發現所有人類可分爲4種 **ABO 血型**（ABO blood groups）。1928年，他和萊文共同發現另一套血型抗原，後來稱爲 MN 血型。而到1940年，他和維納又發現了獼猴因子血型（見 Rhesus blood group），這對於新生兒溶血性疾病很重要。（見 Rhesus hemolytic anemia）。

**languets 小舌樣突起**

**lanugo 胎毛** 人類胚胎身上的毛，在產前脫落。

**lapsus calami 筆誤** 特指命名時的拼寫錯誤。

**large intestine 大腸** 見 colon。

**larva（複數 larvae） 幼蟲** 許多動物的成體前階段，通常和成體的形態不同，這個階段可佔一生中的大部分。幼蟲通常是性不成熟的，但在**幼體生殖**（pedogenesis）的情況，例如美西**鈍口螈**（axolotl）在此階段也可生殖。幼蟲還常常屬於擴散相，如許多海洋無脊椎動物會在幼蟲階段擴散，它們就存在於**浮游動物**（plankton）中，而且幼蟲的攝食方式和成體不同，所以互不競爭。

**larynx　喉**　四足動物氣管上端的膨脹部位（人類的亞當果），位於頸部的前方。呈三角形，但三角形的底在上方，由9塊軟骨組成，有肌肉可移動它們。其中包括聲帶，聲帶是兩個彈性軟骨，就埋在兩個黏膜褶之內。

**Lassa virus　拉薩病毒**　1969年首次在尼日分離出的一種病毒，傳染性極大，首先造成全身不適，繼而引起嚴重胸部感染，甚至死亡。

**latent infection　潛伏感染**　沒有明顯病徵，但可能傳播給另一寄主的感染。

**latent period** or **reaction time　潛伏期，反應時間**　簡單肌肉收縮的第一個階段，即刺激和開始收縮之間的間隔，通常約0.01秒。見圖198。

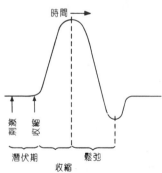

**圖198　潛伏期。**青蛙腓腸肌顫搐的記錄。

**lateral　側生的**

**lateral inhibition　側抑制**　感覺神經網路中相鄰神經元間造成的互動抑制。

**lateral-line system** or **acoustico-lateralis system** **側線系統，聽側線系統** 魚和兩生類中的一套複雜的感覺器系統，在身體兩側沿全長呈線狀分布，但在頭上則構形複雜。感覺器存在於孔中或管中，可感受周圍介質壓力的微細變化，例如水波的震動。當動物移動時，來自傳出神經的衝動抑制這些感覺器作出反應，這樣它們就不會對自身的運動作出反應。現認爲脊椎動物的內耳就是由側線系統的感覺器演化而來。

**lateral meristem** **側向分生組織** 見 cambium。

**lateral plate** **側板** 脊椎動物胚胎體內腹側位置的中胚層部分。

**lateral root** or **secondary root** **側根，次生根** 由植物根部深處長出的支根〔也即它們是內生的（endogenous）〕，該處的中柱鞘細胞變成了分生組織（meristem），形成一個生長點並分化爲成熟組織。這種分支發生在根毛區的後面，是由植物生長素（auxin）啓動的。

**latex** **乳狀液** 植物分泌的乳樣汁液。

**latiseptate** **具寬隔膜的** 在最寬直徑處有隔膜，如某些水果。

**Laurasia** **勞亞古陸** 中生紀（Mesozoic era）北方的超大陸，包括北美、格陵蘭和歐亞大陸。由以前的泛古陸（Pangaea）分裂出北方的勞亞古陸和南方的岡瓦納古陸（Gondwana）。參見 continental drift。

**law of mass action** **質量作用定律** 主張化學反應速度正比於反應物濃度的學說。

**LD₅₀** **半數致死量** 見 lethal dose。

**leaching** **淋溶** 水分在土壤中滲濾將營養素移走的程序。

**leader region** **前導區** 細菌操縱子中在啓動子區和結構基因之間的部位（見 operon model）。前導區不翻譯成蛋白質，但可能包含一個衰減子（attenuator）。

**leaf 葉** 維管束植物的主要光合作用器官，典型的葉子是一個扁平的片層，由葉柄連到莖上，在這連接處還可能見到一個腋芽。葉子有多種類型：1.背腹性葉。呈水平位置，上半側包含大部分光合細胞（有關圖解，見 mesophyll）。典型的情況是，大多數氣孔（stomata）都集中在下表皮，氣體交換和蒸散作用都由氣孔進行。葉脈通常結成網狀，主脈稱中脈。葉片可以有缺凹而形成複葉，或只是維持簡單的結構。見圖199。背腹性也是**雙子葉植物**（dicotyledons）的典型葉形。(b)等面葉。葉片筆直生長呈劍形，是**單子葉植物**（monocotyledons）的典型葉片。兩側表面都有氣孔，柵狀葉肉組織即位於其下。等面葉具平行葉脈，而且不會再分為複葉。見**花環結構**（Kranz anatomy）。(c)圓柱形葉。葉子多少為圓柱形，維管束在中央，四周是葉肉組織。如洋蔥葉和松針。有些葉子發生了特殊的適應性改變。例如乾旱地區的許多植物出現儲水的葉子，如仙人掌。其他葉子，有的變成供攀援用的卷鬚（如豌豆），而另一些則變成刺，如金雀花。

**leaf-area duration 延時葉面積** 在一段時間內的**葉面積指數**（leaf area index）。由於這個數值是隨時間而變的，所以它相當於葉面積指數隨時間變化的曲線下邊的面積。

**leaf-area index 葉面積指數** 葉子（一側）的總面積和其下的地面面積之比。

**leaf blade 葉片** 葉子上發生光合作用的部位。

**leaf gap 葉隙** 維管束在葉跡（leaf trace）處的部分，該處為**薄壁組織**（parenchyma）。蕨類、裸子和開花植物才有葉跡。

**leaf scar 葉痕** 葉子**脫離**（abscission）後在莖上留下的痕跡。在葉痕上還可見到若干小痕跡，每一個都代表一個**維管束**（vascular bundle）鑽進葉（leaf）柄的部位。見圖 200。

**leaf sheath 葉鞘** 葉下面圍繞莖的部分，如見於草。

**leaf trace 葉跡** 由主莖到葉基部的**維管束**（vascular bundle）。

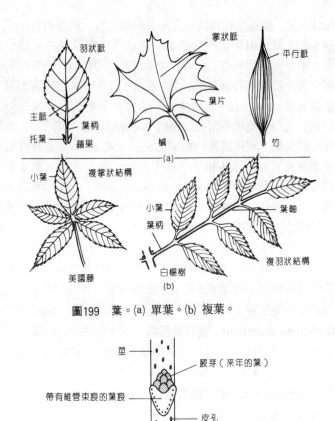

圖199 葉。(a) 單葉。(b) 複葉。

圖200 葉痕。

**learning 學習** 因經驗而得來的行爲上的適應性改變。學來的行爲和先天行爲不同,而且可以從胚胎時就開始。例如,小雞學會啄食是因爲牠的心跳就使牠的頭向前移動和使牠的喙張開。英國的行爲學家索普(W. H. Thorpe, 1902- )曾把行爲分爲下面幾種:(a)習慣化。動物接受反覆刺激之後停止作出反應。(b)古典式條件化。建立條件反射(conditioned reflex)式動作。(c)試誤再試型學習。如大鼠在迷宮中尋找正確路線一樣。(d)潛在學習。例如讓一個大鼠走迷宮卻不給獎勵，但以後再給獎勵時，牠的成績一下就趕上自始至終都受到獎勵的大鼠。因此牠在未受到獎勵期間一定也（潛在地）學習到東西了。必須強調，這些分類範疇互相重疊，而且還存在其他分類方法。

**lecithin　卵磷脂**　見於動植物組織的一類磷脂，包含膽鹼、磷酸、脂肪酸和甘油。

**lectotype　選模標本**　分類學家為生物命名時所用的一系列**全模標本**（syntypes）之一，隨後又被定為**模式標本**（type）的標本。

**leech　蛭**　蛭目的水生環節動物。

**legionnaires' disease　退伍軍人症**　一類少見的人類肺部感染，因退伍軍人菌（*Legionella pneumophila*）侵犯人體所致，可致死。本病名稱來自一次爆發：1976年美國退伍軍人在費城一家旅館開聯誼會時發生本病，致病菌最後被追溯到旅館的空調裝置。自此，又報告了一些和水循環系統有關的病例。目前還沒有人與人之間傳染的證據。

**legume　豆科植物**　豆科的植物，其果均為莢果，如豌豆、菜豆、羽扁豆、金鏈花等。大部分豆科植物都有根瘤，所以可以在缺氮的土壤中生長（見 nitrogen fixation）。

**leishmaniasis　利士曼原蟲病**　因原生動物利士曼原蟲感染所致的人類疾病。有幾個類型。在熱帶和亞熱帶存在的一個主要類型是皮膚利士曼原蟲病，患者的面部和上下肢可發生嚴重的膿疱和潰瘍。在非洲和亞洲，另一類型則造成致死的內臟病變，常常侵犯脾臟、肝臟和其他器官，產生黑熱病和杜姆杜馬病（dum-dum fever）的症狀。

**lemma　外稃**　一種草苞片，其形似穎片（glume），在腋部生有一花朵。

**lemur　狐猴**　一類原始的靈長動物，樹生，夜行。狐猴為舊大陸種類，拇指和其它指可對握，具捕握尾和立體視覺。

**lens 晶狀體** 脊椎動物眼前部的一個透明結構，其主要功能是視覺調節（accommodation）而不是折射，不過確實有折射發生。角膜（cornea）才是最重要的折射結構。

**lentic 靜水的** 和靜止水如池塘、湖泊、水庫等有關的，而不是和溪流、江河等流動水有關的。

**lenticel 皮孔** 高等植物莖和根表面上的小孔。皮孔常起自表皮氣孔（stomata）的下面，因原處的鬆散填充組織被木栓質（suberin）變得不透水，只剩下大的細胞間空隙可允許氣體交換得以進行。皮孔四周有木栓（cork）層包圍。見圖201。

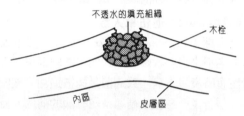

不透水的填充組織

木栓

內區

皮層區

圖201 皮孔。莖外圍的橫切面。

**lenticular 晶狀體的** 似雙凸透鏡，輪廓為圓形，兩面突起。

**lepido-　〔字首〕** 表示鱗。

**Lepidodendron 鱗木屬** 石松綱的一個已滅絕的屬，均為大型樹樣石松。

**Lepidoptera 鱗翅目** 內生翅類（Endopterygote）昆蟲的一個目，包括蝶類和蛾類，其特點是翅和軀幹上覆有鱗片。蝶和蛾現已不再分為不同的類元。幼蟲是毛蟲（或稱蠋），它主要以植物組織為食。帶翅的成蟲則通常食花蜜，因此對傳粉有重要作用。見圖202。

**Lepidosiren 南美肺魚屬** 和澳洲肺魚的分別是，牠有兩個肺而不是一個。

**leprosy 麻瘋病** 一種慢性病，其特點是可斷肢毀容和四肢末

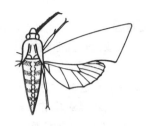

**圖202　鱗翅目。一般結構。**

端感覺喪失，係由麻瘋分支桿菌引起。雖然麻瘋病並不太傳染，但全世界有300萬人患此病，其傳染是由於被染者的皮膚受損時接觸了患者的病變。用磺氨類藥物長期治療可取得逐漸緩解。

**lepto-**　〔字首〕　表示薄、輕。

**leptocephalus　細頭幼體**　鰻鱺屬鰻魚的透明幼體，牠要跨過大西洋，然後在歐洲淡水中生長爲成魚。

**leptosporangiate　薄囊的**　由一個單一細胞發育而來，且其壁只有一個細胞厚的。

**leptotene　細絲期**　減數分裂（meiosis）的第一次分裂前期（prophase 1）的第一階段，此時剛由間期（interphase）過來的每個染色體看去像條細線。染色體已分成染色單體（chromatids），但通常還看不出來。

**lesion　病變**　一塊局限的患病組織。

**lethal allele** or **lethal mutation　致死對偶基因，致死突變**　突變型對偶基因（mutant allele）在異合子（heterozygote）顯性或同型合子（homozygote）隱性的情況下造成夭折。

**lethal dose（LD）　致死量**　在標準時間內造成一個實驗動物死亡的處理量，例如接種的病毒量或使用的殺蟲劑量。因爲生物對處理的反應常常是非線性的，所以測量在標準時間內造成半數死亡的處理量更爲方便，這即所謂半數致死量（$LD_{50}$）。在某些試驗中，處理劑量是固定的但處理時間是變化的，這可以得出對致死時間的估計和一個半數致死時間（$LT_{50}$）。

**lethal gene　致死基因**　一個對*表型*（phenotype）產生劇烈影響足以致死的基因。由致死基因造成的死亡可發生於從受精到高齡之間的任何時間。致死基因可以是顯性的，如*亨廷頓氏舞蹈症*（Huntington's chorea），是進行性的神經障礙，常在中年出現。也可以是隱性的，如*鐮形血球貧血症*（sickle cell anemia），這是一類*血紅素*（hemoglobin）的疾病，可在青春期造成死亡。

**leucine　白胺酸**　蛋白質中常見的20種胺基酸之一。其支鏈具*非極性*（nonpolar）結構，故相對不溶於水。見圖203。白胺酸的*等電點*（isoelectric point）為6.0。

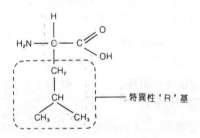

圖203　白胺酸。分子結構。

**leuco-　[字首]**　見 leuko-

**leucosin　黃金藻多醣；麥蛋白素**　黃金藻的一種儲存食物（見 polysaccharide）。

**leukemia　白血病**　*白血球*（leukocytes）的一類癌症，導致不成熟白血球在身體器官以及血液內不受限制地增生。

**leuko- or leuco-　[字首]**　表示白的、白血球。

**leukocyte or leucocyte or white blood cell　白血球**　脊椎動物血中的大型無色素細胞。有幾個類型，分別由淋巴腺和骨髓形成。見圖204。

　　白血球是防禦入侵微生物和其他異物的首要防線，主要利用兩種防禦方法：*噬菌作用*（phagocytosis）和*免疫反應*（immune response）。白血球的數目通常在每立方公釐血液中1萬個。但

圖204　白血球。白血球的類型和相對頻率。

這並不是全身的數目，因爲白血球在胸腺、脾臟和腎臟等組織中和在血液中一樣多。白血球的壽命很短，僅 2 至 14天，不過產生抗體的細胞（B 細胞，B-cell）卻可活到100天。對照 erythrocyte。參見圖204中各細胞的項目。

**leukocytosis　白血球增多**　血中出現大量白血球，通常是由於組織受到創傷或感染。

**leukophyte　白化藻類**　不進行光合作用的白色藻類。

**leukoplast　無色體**　植物細胞中的原漿質（plastid），其中常儲有澱粉（見 amyloplast）。白色體也可產生葉綠素而起葉綠體（chloroplasts）的作用，如馬鈴薯塊莖刨出並曝光後。

**levorotatory　左旋的**　（指晶體、液體或溶液）能將偏振光平面向左旋轉的，例如果糖。對照 dextrorotatory。

**Leydig cells** or **interstitial cells　萊迪希氏細胞，間質細胞**　睪丸中在促黃體激素（luteinizing hormone）刺激下分泌睪固酮（testosterone）的細胞。

**LH（luteinizing hormone）** or **ICSH（interstitial cell-stimulating hormone）　黃體成長激素，促間質細胞激素**　腦垂腺（pituitary gland）前葉分泌的糖蛋白激素。在雌性動物，在卵巢組織分泌的雌激素（estrogen）的刺激下 LH 會引發排卵，並促使格拉夫卵泡（Graafian follicle）轉化爲黃體（corpus luteum）。LH 還刺激黃體產生黃體激素（progesterone），後者則抑制 LH 的產生以及隨後黃體激素的產生，這正是回饋機制（feedback mechanism）的一個範例。於是月經接著就發生了。在雄性動物，LH 促使睪丸分泌雄激素。

**liana　藤本植物**　一類熱帶攀援植物，其莖呈繩狀。

**lichen　地衣**　藻類細胞和外包的眞菌菌絲共生（symbiosis）結合形成一類植物。藻類是綠藻或藍綠藻，而眞菌通常是子囊菌（ascomycete），有時則是擔子菌（basidiomycete）。眞菌從藻類取得氧氣和醣類，而藻類則從眞菌處取得水分、二氧化碳和礦物質。地衣借助粉芽（菌絲細胞內包藻類）進行營養生殖，而進行有性生殖時則依靠眞菌子囊盤或稱子囊殼（perithecia）。如果通常結合的藻類不存在，則萌發的眞菌孢子就死去。地衣常見於未污染的樹木和岩石上，可作爲隨遇種（indicator species）。

**life cycle　生活史**　一個生物由受精（fertilization）直到產生配子（gametes）時歷經各階段的程序。在高等動植物，生活史始於受精而終於成體產生配子時，但還有許多生物存在無性階段。見 alternation of generations。

**life table　生命表**　記錄一個生物或物種的死亡率以及生活史中各階段的表。

**ligament　韌帶**　連接骨頭的帶狀彈性結締組織（connective tissue）。韌帶是由緊密堆積的彈性纖維組成，特別適合接受關節處常遭受的突然壓力負荷。

**ligand　配位體**　能和特異性抗體（antibody）結合的分子，常用於鑑別相似抗體。

**ligase　連接酶**　將短分子連接爲長分子的酶，如去氧核糖核酸連接酶（DNA ligase）。

**light　光**　電磁波譜（electromagnetic spectrum）中人眼可見的部分，其波長在400毫微米（藍色）和770毫微米（紅色）之間。

**light chain　輕鏈**　見 immunoglobulin。

**light compass reaction　光晷反應**　某些生物（特別是昆蟲）根據陽光來定向的能力。這涉及身體內部的定時機制，目前還不十分了解。

**light-dependent reaction 需光反應** 需要光存在才能進行的光合反應。對照 light-independent reaction。

**light-independent reaction 不需光反應** 在無光情況下仍進行的光合反應。對照 light-dependent reaction。

**light intesity 光強度** 存在的光量。

**light reactions 光反應** 需要光能並產生 ATP 和 NADPH 的光合作用（photosynthesis）程序，其產物隨後進入卡爾文氏循環（Calvin cycle）。光反應的進行需要許多成份：(a)在高等綠色植物中，在薄壁細胞（特別是在葉片內葉肉組織）中的葉綠體（chloroplasts）。(b)在葉綠體內膜上用於捕捉光能的各種色素。其周圍是葉綠素 a 和一種或多種輔助色素如葉綠素 b，中間是一個分子的特化的葉綠素 a（$P_{680}$ 和 $P_{700}$），這樣就形成一個光系統。光系統 I（PSI）包含的是 $P_{700}$，而光系統 II 包含的是 $P_{680}$。(c)兩個電子傳遞系統（electron transport systems, ETS，見圖 140）。(d) 水。存在兩個單獨的光合磷酸化（photophosphorylation）程序：(i)循環光合磷酸化。PSI 的各種色素收集射到葉綠體上的光能，將它們傳遞給 $P_{700}$，後者發生光活化（photoactivation）。然後一個能階被提高的電子被鐵氧還原蛋白接收並傳遞給 ETS，在 ETS 中產生 ATP 後能階又落回起始點。(ii)非循環光合磷酸化。此處，電子的原初來源是水，水經電荷分離〔以前認為是由於光解作用（photolysis）放出電子，電子傳給 PSII，後經光作用提高了能階再到質體二酮〕。和循環光合磷酸化一樣，也是經 ETS 產生 ATP 而電子能階又降至 PSI。不過光能再次提高了電子能階，直到可被鐵氧還原蛋白接收。在此階段又進入另一 ETS，產生 NADPH，所需的氫來自水的分解爲離子。還原 NADP 需要兩個光系統，因爲陽光中的能量不足以把水中的氫直接加到 NADP 上去。因此，這兩類光反應的產物有：ATP、NADPH 和氧。其中頭兩個產物又進入光合作用的暗反應（dark reactions），加入卡爾文氏循環（Calvin cycle）並合成 PGAL，最後導致合成葡萄糖（glucose）。見圖205。

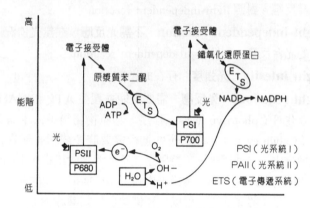

圖205　光反應。光合作用光反應中的主要化學途徑。

**light year　光年**　光在一年裡所經過的距離。

**lignase　連接酶**　催化兩個分子凝聚的一族酵素（enzyme）。

**lignin　木質素**　細胞壁上的一類複雜的非醣類聚合物，其功能是為細胞提供支持，如木質部導管（vessels）和樹皮纖維。因為木質素是不透水的，所以細胞木質化後也就死了。

**ligulate　帶狀的**

**ligule　舌狀的**　石松和某些草類葉片上的小型鱗片樣突起。

**limb　肢；分支；瓣片**　1.肢。動物軀幹伸出的帶關節的突生部分，用於行動，如腿或翅。2.分支。樹枝。3.瓣片。萼片或花冠的扁平部分，其下則為管狀部分。

**liming　施用石灰**　在土壤中施加含鈣化合物，有3個主要影響：(a)提供主要營養素，鈣；(b)中和酸性土壤；(c)促進黏土顆粒的絮凝作用，使之結成更大的顆粒，以利通風和排水。

**limiting factor　限制因素**　1.（在化學程序中）限制產量或生產速度的因子。例如光強度就可成為光合作用（photosynthesis）的限制因子。2.（在生態學中）限制種群數目的因子，如食物供應或可結巢地方的多少。

**limnology 湖沼學** 研究淡水水體如池沼、湖泊和溪流及其棲居生物的學科。

**limpet 笠貝** 笠貝屬海洋腹足類**軟體動物**（mollusk），單殼，圓錐形。露在低潮下時，緊緊貼附在基底（通常是岩石）上。

**Limulus 鱟** 亦名馬蹄蟹，水生劍尾目節肢動物，現有體形與**三疊紀**（Triassic period）時相似。

**lincomysin 林可黴素** 鏈黴菌生產的一種抑菌性抗生素，抑制細菌的蛋白質合成。

**line 系** 具有某些共同性的子族群。因此如一個昆蟲的族群可以根據它們的耐藥性分爲幾個子族群，每一個子族群又可進一步近交繁育。

**linear 線形的** 特指植物體部，細窄的。

**linear regression analysis 線性回歸分析** 意在確定兩變數間關係的一種統計學方法，得出的值 b，稱回歸係數。進行這種分析，要有幾個假設：(a)存在一個可精確測量的獨立變數 x，如時間，另外還有一個應變數 y，例如新陳代謝率；(b)對於每個 x 值，存在一個 y 的真值。線性回歸分析使我們可以在一個散點圖上配上一條直線，其方程式爲：$y = a + bx$，式中 a 代表回歸線和 y 軸相交的（截距）。

**linear scale 線性尺度** 等間隔代表相等增量，如溫度計上的溫度刻度，以與**對數尺度**（logarithmic scale）等等相區別。見圖206。

**line precedence 分類名居先規定** 將一優先分類名印於其他名稱的同頁之先的規定。

**lingual 舌的**

**lingulate 舌樣的** （指植物結構）

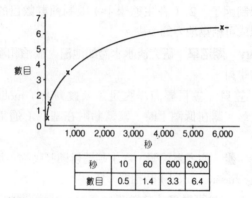

| 秒 | 10 | 60 | 600 | 6,000 |
|---|---|---|---|---|
| 數目 | 0.5 | 1.4 | 3.3 | 6.4 |

**圖206　線性尺度。**由於在曲線變平的地方缺乏觀察值，所以此處的線形難以確定。

**linkage disequilibrium　連鎖不平衡**　在一族群中，不同位點的對偶基因的非隨機組合，例如兩個位點緊密連鎖而選擇作用又總維持某些基因組合。

**linkage, genetic　遺傳連鎖**　見 genetic linkage。

**linkage map　連鎖圖**　見 chromosome map。

**linkage unit　連鎖單位**　見 map unit。

**Linnaeus, Carolus　林奈（**1707-1778**）**　瑞典生物學家，《自然系統》的作者，在該書中他提出生物分類的二名系統（見 binomial nomenclature）。因此他被認為是現代分類學之父。林奈是個非常能幹的生物學家，但他卻支持物種不變的思想，這是反演化論的。不過，可能他在晚年已改變了他在這方面的見解。（林奈的瑞典名字是 Carl von Linné）。

**linoleic acid or essential fatty acid　亞麻油酸，必需脂肪酸**　一種人類不能自身合成的不飽和脂肪酸，又稱為必需脂肪酸。膳食中缺乏亞麻油酸可致代謝率增加、生長遲緩，甚至死亡。

**lip　唇**　1.（指胚胎的胚孔），胚孔的邊緣。2.（指花被），花被的一部分片段多少有些融合，和其餘片段明顯分開的部分。3.（指脊椎動物），口上下兩片肉質結構。

**lipase　脂肪酶**　將脂肪分解爲脂肪酸和甘油的酶。主要來自胰液（pancreatic juice）。

**lipid　脂類**　一類含碳、氫、氧以及氮、磷等元素的生物物質。脂類是細胞膜和神經組織的結構成分，還是重要的能源，儲存在身體的各個部分（見 adipose tissue）。脂類分子的體積大，不溶於水，但它們卻可溶於有機溶劑，如丙酮和乙醚。

**lipin　類脂**　複雜的脂肪，含有氮，常常還有磷和硫。

**lipo-　[字首]**　表示脂肪。

**lipogenesis　脂肪形成**　由非脂肪來源形成脂肪的程序。

**lipoid　類脂質**　任何具有脂肪樣特性的物質，如脂肪（fats）、類固醇（steroids）和類脂（lipins）。

**lipophilic　親脂性**　對脂類（lipids）有親和力的。

**lipoprotein　脂蛋白**　一個由蛋白質和脂類構成的水溶性分子。如見於原生質中，作爲脂類運輸的載體。

**liquid feeder　液食動物**　只進食液體食物的動物，如蚊蟲。

**lithosere　石生演替系列**　由岩石表面開始的演替系列。

**lithotroph　無機營養生物**　利用無機電子供應體的生物。

**litter　枯敗落葉層；一胎生的動物（一窩）**　1.土壤表面堆積的來自地上植被的物質。2.哺乳動物一胎所生的小動物。

**littoral zone　濱海帶**　海岸，也即海灘的潮間帶，靠陸地這邊以春潮的最高水位爲界，靠海這邊以春潮的最低水位爲界。

**liver　肝**　脊椎動物體內最大最複雜的臟器，有多種功能（見下），其中一些關乎性命。哺乳動物的肝有雙重血液供應，其中約70％來自肝門脈系統（hepatic portal system），約30％來自動脈系統。肝臟：(a)將血液中多餘的糖儲存爲肝醣（glycogen）。(b)當血糖降低時，將肝醣再分解爲葡萄糖。(c)轉化不同食物，例如將醣類轉變爲脂肪，將胺基酸轉變爲醣類或脂肪。(d)使胺基酸脫胺，再經烏胺酸循環（ornithine cycle）將脫胺產生的氨轉化為尿素，最後把含氮廢物釋入血中。(e)由酮酸將一種胺基酸轉化為另一種胺基酸（見 transamination）。(f)解毒許多有害物質。(g)製造脂肪，包括膽固醇。(h)製造許多血漿蛋白，包括**纖維蛋白原**（fibrinogen）和**凝血酶原**（prothrombin）。(i)儲存幾種重要物質，如鐵和脂溶性維生素。(j)排泄膽色素。(k)製造膽鹽。(l)破壞老舊紅血球。

**liver fluke　肝吸蟲**　見 fluke。

**liverwort　苔類植物**　見 Hepatica。

**lizard　蜥蜴**　蜥蜴目的爬行動物，大部分都具有細長覆鱗的身軀和長尾以及四個明顯的附肢。

**loam　砂質黏土**　由砂、黏土和有機或腐植質組成的土壤。

**lobed　分裂的**　（指葉片）分裂但尚未分為不同的葉片。

**lobule of liver　肝小葉**　肝臟的分部。

**local population　地方族群**　見 deme。

**loci　基因座**　見 locus。

**lock-and-key mechanism　鎖鑰機制**　見 active site。

**locomotion　行動**　生物整體的持續移動。

**loculicidal　室背開裂**　（指子房）每個室自中開裂。

**locus（複數 loci）　基因座**　一個基因在染色體上的位置。

**lodicule　漿片**　草花中的小花被，它膨大撐開周圍苞片，露出雌雄蕊。

**lod score　優勢對數計分**　估計人類基因間連鎖的一種統計學方法；計算某一特定生殖頻率是由於**遺傳連鎖**（genetic linkage）造成的機率，再計算它是純因**自由組合**（independent assortment）造成的機率。lod 是 log of odds 的縮寫。

**loess　黃土**　一種風吹來的細粒粉砂，為溫帶區域所特有，在這些地區最近一次冰期後冰層撤退就留下厚層黃土。

**logarithmic scale　對數尺度**　變數值表示為對數的尺度。變數值分布範圍很廣時，常利用這種數據轉換方法簡化圖形的繪製。見圖207。圖177就是使用對數尺度的一個好例子，那裡顯示的是一個微生物**生長曲線**（growth curve）的**對數增長期**（log phase）。對照 linear scale。

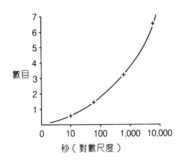

**圖207　對數尺度**。比較線性尺度曲線，兩者根據相同數據，但這裡特別平滑。

**logistic curve　邏輯曲線**　數目對時間的 S 形曲線，它反映了在有限環境下種群增長的情況。見 growth curve。

**log phase　對數增長期**　細菌培養的指數增長階段。取細胞數目的對數則得出一直線。見 logarithmic scale 和圖207。

**log-probit analysis　對數機率分析**　一種表示藥物實驗結果的技巧，例如將藥物劑量在 x 軸上用對數尺度表示，而將死亡率在 y 軸上用機率尺度表示。由於採用了這個尺度，畫出的對數機率曲線就更接近直線，這樣就更容易比較不同實驗的結果。

**lomasome　質膜外泡**　真菌菌絲和產生孢子結構上的內陷（invagination）。

**lomentum　節莢**　一類莢果，各種子間有縮窄處，故每個種子可以單獨脫落。

**long-day plant　長日照植物**　需要日照超過某一最小值才能開花的植物。此詞容易引起誤解，因為事實上，例如萵苣和苜蓿真正敏感的是黑暗的長度而不是白晝的長度，它們需要夜間的長度不得超過某一最大值，因此長日照植物最好改稱短夜植物。對照 short-day plant, day-neutral plant。

**loop of Henle　亨利圈**　腎小管中 U 形不回旋的部分。小管由鮑氏囊（Bowman's capsule）直延伸至腎盂，尿液即在其中得到濃縮。囊和小管在一起形成腎元（nephron）。乾旱地區的動物的亨利圈極長，它們只排出少量高度濃縮的尿。

**lophophore　總擔，觸手冠**　苔蘚動物和腕足動物口周的纖毛觸手環。

**Lorenz, Konrad　勞倫茲**（1903- ）　奧地利生物學家，現代行為生物學（ethology）的先驅，他建立了視動物行為為適應性進化產物的行為學派。可能他最為有名的就是他的著作：《索羅門王的指環》（1952）和《人與狗》（1954），以及他論述印痕（imprinting）現象的著作。

**lotic　激流群落的**

**Lotka, Alfred James　洛特卡**（1880-1949）　美國生物學家，《物理生物學原理》（1925）的作者，他推導數學公式描述了捕食動物和獵物間競爭的結局。沃爾泰勒於1926年在義大利也發表了類似的結果。見 K。

**louse　蝨**　食毛目（羽蝨或袋鼠蝨）和蝨目（蝨或血蝨）的無翅昆蟲。

**lower critical temperature　下限臨界溫度**　表示一個快速代謝動物（見 tachymetabolism）熱中性帶（thermoneutral zone）下限的環境溫度。在下限臨界溫度以下時，該動物就必須在它的基礎代謝率之外還要進行調節性熱量生產（regulatory heat production）以維持恆溫（見 homoiotherm）。

**LSD（lysergic acid diethylamide）　麥角酸醯二乙胺**　由麥角酸製備的一類迷幻劑。

**LTH　催乳激素**　見 lactogenic hormone。

**luciferase　蟲螢光素酶**　一類氧化酶，它在螢火蟲及其他類似昆蟲體內作用於生物發光物質螢光素上就會造成發光。見 luminescence。

**lugworm　沙蠋**　沙蠋屬海洋環節動物的俗稱。

**lumbar vertebra　腰椎**　胸椎和骶椎之間的脊椎骨，在哺乳動物的腰部位。見 vertebral column。

**lumen　腔**　位於細胞或其他結構中的腔，如腸腔。

**luminescence　發光**　活生物體內因螢光素氧化而發出的光。這個反應需要 ATP 供能和**蟲螢光素酶**（luciferase）的催化。參見 bioluminescence。

**luminosity　光度**　發射或反射的光量；亮度。

**lumper　統合派分類學家**　喜歡合併小的類元成為更大的類元的分類學家。

**lung　肺**　使生物能以在空氣中呼吸的器官（見 aerial respiration）。哺乳動物有成對的肺臟，各有一根支氣管供應，支氣管又像樹樣反覆分支成細支氣管。每個細支氣管都止於一個肺泡房，由此再分出若干肺泡，其中有大量微血管。成人肺泡的表面積約有70平方公尺，所以氣體交換的面積很大。見 breathing。

**lung book　書肺**　蜘蛛及蠍子的呼吸器官，具有無數平行的葉狀結構，可讓空氣在其中流動，由於形狀像書頁，故有此名。

**lungfish　肺魚**　見 Dipnoan。

**luteal phase　黃體期**　動情週期（estrous cycle）中形成黃體（corpus luteum）的階段。開始分泌黃體激素（progesterone），接著便是子宮腺體的增生和雌激素（estrogen）分泌的下降。

**luteal tissue　黃體組織**　源於濾泡細胞、充滿已破的格拉夫卵泡並形成黃體的組織。

**luteinizing hormone　黃體成長激素**　見 LH。

**luteotropic hormone（LTH）**or **lactogenic hormone** or **prolactin　催乳激素**　脊椎動物腦垂腺（pituitary gland）前葉

分泌的一種蛋白質激素，其功能很廣，包括作為一種促性腺激素（gonadotrophin）。LTH影響泌乳的開始，在哺乳動物（連同黃體成長激素，luteinizing hormone）刺激黃體（corpus luteum）分泌黃體激素（progester rone），而在一切脊椎動物中還引發母性行為。

**luxuriance 雜種優勢** 雜種的身體優勢，但這並不增加它的競爭能力。

**lyase 裂解酶** 促進(a)往雙鍵上加上化學基；和(b)從雙鍵上移走化學基的酶。

**Lycopodiales 石松目** 維管束植物（tracheophyta）的一個目，包括石松。

**Lycopsida 石松綱** 維管束植物（tracheophyta）的一個分支，包括石松及其近緣種類。

**Lyell, Charles 賴爾**（1797-1875） 英國地質學家，曾廣泛研究古生物學（paleontology），但從生物學的角度來看，他最為人知的事還是他為達爾文和華萊士安排了他們發表各自對物種起源的見解的機會。

**lymph 淋巴** 脊椎動物的淋巴系統（lymphatic system）中和組織間的組織液（interstitial fluid）。雖然淋巴的組成隨在身上的部位而有所變化，但它基本上是一個清亮透明的液體（95%的水），而且如果由淋巴管中取出，它就會凝固，和血一樣，這是因為它也含有一切凝血因子，只是沒有血小板。淋巴還含有蛋白質、葡萄糖和鹽類，還有大量白血球（leukocytes），主要是淋巴球（lymphocytes）。

**lymphatic capillary 微淋管** 見 lymphatic vessel。

**lymphatic node 淋巴結** 見 lymph node。

**lymphatic system 淋巴系統** 脊椎動物的一個管道系統，負責將組織間隙中的多餘組織液（淋巴，lymph）排至血液中。和微血管（capillaries）不同，微淋管在組織間隙的這一端是封死的，而在另一端則逐漸融併成越來越粗的管道，直到最後有兩個主要的淋巴管在胸腔進入靜脈系統。淋巴的運動不靠心臟收縮的驅動，而是和靜脈一樣靠周圍的骨骼肌。淋巴管有單向的活瓣可阻止液體的回流。哺乳動物和某些鳥類有成團的淋巴組織，叫淋巴結，它們既是過濾器又是製造淋巴球（lymphocyte）的場所。淋巴結在頸部、腋窩和腹股溝最多，附近有感染時，它們就會腫大。除了將多餘的水分和蛋白質送回血液系統以及和感染作積極抗爭之外，淋巴（不是血液）還負責將脂肪從腸道運出，淋巴管被稱為乳糜管（lacteals）就是因為它的內容呈乳樣。

**lymphatic vessel** or **lymphatic capillary**　淋巴管，微淋管
　運送淋巴（lymph）的管道。

**lymph heart**　淋巴心　能夠泵送淋巴的擴大淋巴管道。大部分脊椎動物都有，但不見於鳥類和哺乳動物。

**lymph node** or **lymphatic node**　淋巴結　一團淋巴組織，能產生抗體，含有巨噬細胞可幫助將異物清出淋巴。只有哺乳動物和鳥類才有淋巴結。

**lymphocyte**　淋巴球　白血球（leukocyte）的一型，屬於骨髓產生的無粒性白細胞（agranulocyte）一類。從骨髓起，淋巴球就分化為 B 細胞（B-cells）和 T 細胞（T-cells）。淋巴球的典型體積和紅血球大致相同，直徑在8微米。淋巴球本身是不能移動的，但在免疫反應（immune response）中卻能破壞外來抗原（antigen）。淋巴球匯集在脾臟和淋巴結中，因此在嚴重感染時兩者都會腫大起來。這兩型淋巴球的反應不同。T 細胞會破壞抗原本身（細胞免疫）而 B 細胞則產生抗體（antibodies）。

**lymphoid tissue**　淋巴組織　主要由淋巴球（lymphocytes）組成的組織，如胸腺和淋巴結。

**lymphokine**　淋巴細胞活素　淋巴球和特異性抗原接觸時釋放出的可溶性介質。

**lymphoma**　淋巴瘤　淋巴組織的腫瘤。

**lyrate 琴狀的**

**lysergic acid 麥角酸** 見 LSD。

**Lyon hypothesis 萊恩假說** 見 inactive-X hypothesis。

**Lysenko, Trofim Denisovitch 李森科（1898-1976）** 俄國植物生物學家，它曾試圖將拉馬克主義應用於作物發育。見 Lamarckism。

**lysigenous 溶生的** （指組織）經由組織溶解形成空腔，如某些植物的分泌器官。

**lysin 溶細胞素** 一種抗體（antibody）。

**lysine 離胺酸** 蛋白質中常見的20種胺基酸（amino acid）之一，有一個多餘的鹼基，所以在溶液中呈鹼性。見圖208。賴胺酸的等電點為10.0。

圖208　離胺酸。分子結構。

**lysis 溶解** 細胞破碎釋出內容物的過程。例如一個細菌可以破碎放出噬菌體（bacteriophages）；而在溶血現象，是紅血球破碎了（見 Rhesus hemolytic anemia）。

**lysogenic bacterium 潛溶性細菌** 攜帶有溫和病毒原噬菌體的細菌。

**lysogeny 溶源現象** 活細菌攜帶非毒性溫和噬菌體（temperate phage）的狀態。在此狀態，噬菌體的 DNA 是整合在細菌染色體內的。

**lysosome 溶體** 真核生物（eukaryote）的一種胞器，內含水解酶，現認為它起源於高基氏體（Golgi apparatus）。溶體呈囊狀,外面是一個單層膜,但它不通透,對裡面的酶也有抵抗力。溶體可作為細胞的消化系統。囊破裂的時候,其中的酶就進入噬菌作用(phagocytosis)形成的食物泡中,對食入的物質進行分解。

**lysozyme　溶菌酶**　一種可以分解細菌細胞壁從而有助防禦細菌侵襲的酶,它存在於皮膚、黏膜和許多體液中。

**lytic cycle　溶解週期**　噬菌體(bacteriophage)的生活循環:產生許多新的噬菌體,寄主細菌細胞發生溶解(lysis),而噬菌體則進入新的細菌寄主。

# M

**McCarty，Maclyn　麥卡蒂**　見 avery。

**MacLeod，Colin　麥克勞德**　見 avery。

**macro-**　〔**字首**〕　表示大。

**macrobiotic　長壽的**

**macrobiotics　延壽膳食**　推崇全穀和不用化學肥料、農藥種植的蔬菜的膳食原則，其中食物都是按陰陽原理調製的。

**macrocephalic　大頭的**

**macrocyte　單核細胞**　見 monocyte。

**macroevolution　種外演化**　進化幅度涉及到種以上的類元，形成屬或科。

**macrofauna　廣動物相；宏觀相**　1.廣泛分布的動物區系。2.肉眼可見的動物。

**macrogamete　大配子**　雌性配子，因其體積較大故名。見 isogamy，anisogamy。

**macrolepidoptera　大鱗翅類**　大型蝶類和蛾類。此詞無分類學意義。

**macromere　大分裂球**　發育中卵的營養集中的大細胞。此類細胞含有卵黃，將來形成胚胎的內胚層（endoderm）。

**macromolecule　大分子**　極大型分子，含有許多原子，分子量極大。如核酸和蛋白質。

**macronucleus** or **meganucleus　大核**　某些原生動物（proto-

zoans）中兩核之間的較大者（見 micronucleus）。它在接合生殖
（conjugation）時消失，然後再由小核材料經互換接合後重新形
成。它的功能似乎只是營養性。

**macronutrient　主要營養素；大營養素**　為維持生長需要量較
大的元素，如植物需要的氮和鉀。對照 micronutrient。

**macrophage　巨噬細胞**　脊椎動物組織中廣泛存在的一類細
胞，源於單核細胞（monocyte）。它的功能是由噬菌作用
（phagocytosis）清除碎屑，它能借助偽足（pseudopodia）運
動。巨噬細胞見於結締組織、淋巴和血液，而它的一個重要功能
就是在脾臟中消化陳舊的紅血球。有的巨噬細胞能自由移動，有
的則固定在一定的部位，如庫柏法細胞（Kupffer cells）。全部
的吞噬細胞組成了網狀內皮系統（reticulo-endothelial
system）。

**macrophagous　巨噬的**　（指動物）所食顆粒和本身體積相比
較大者。

**Macropodidae　袋鼠科**　有袋動物（marsupials）的一個科，
包括袋鼠和沙袋鼠。跳躍型哺乳動物，後腿長，尾有平衡作用。

**macropterous　大翅的**　如白蟻和蟻中的某些級。

**macrosporangium　大孢子囊**　見 megasporangium。

**macrospore　大孢子**　見 megaspore。

**macrosporophyll　大孢子葉**　見 megasporophyll。

**macrurous　長尾的**　此詞通常用指體長的甲殼動物（crus-
taceans），如龍蝦，牠們的尾向後翹而不像蟹等動物的尾是盤
於腹下。

**macula　色斑**　許多沒有中央窩（fovea）的脊椎動物視網膜中
的視力敏銳的區域。

**madreporite　篩板**　棘皮動物（echinoderms）中通向水腔的
多孔板層。

**maggot　蛆**　缺乏附肢和明顯頭部的昆蟲幼蟲，通常指雙翅類

昆蟲的幼蟲。

**magnetite** **磁鐵石** 某些動物體內的一種鐵氧化物，由於其磁性可能在地磁定向方面有一定作用。

**maize** **玉蜀黍** 即玉米，可能是高等植物中研究得最徹底的。

**major histocompatibility complex（MHC）** **主要組織相容性複合體** 人類第6染色體上一群緊密連鎖的基因。這些基因所編碼的蛋白就附在身體細胞上，免疫系統用它們來識別自身和異源的物質。最容易辨識的 MHC 蛋白就在白血球的表面上，被稱為*人類白血球抗原系統*（HLA system）。

**Malacostraca** **軟甲亞綱** 甲殼動物的一個類群，包括蟹、蝦和各種淡水和海水螯蝦。參見 caridoid facies。

**malaria** **瘧疾** 見 malaria parasite。

**malaria parasite** **瘧原蟲** 引起人類瘧疾的*原生動物*（protozoan），瘧原蟲。它是由蚊傳播的，蚊吸食人血時攝入瘧原蟲*配子體*（gametocytes）。配子體在蚊胃中分化為雌雄配子，在受精之後，合子（zygote）穿過胃壁，形成卵囊，並產生成千上萬的子孢子，子孢子再移行至唾液腺。蚊蟲下一次再吸血時子孢子就傳給人體了，同時還有抗凝物質隨唾液注入以利蚊蟲吸血。子孢子侵犯人類肝臟並形成裂殖體，後者又再侵入紅血球。在紅血球裡裂殖體又進一步增殖，而裂殖體的一次次進入血流就造成一次次發熱。配子體來自裂殖體，它也在紅血球生長，當蚊蟲吸入這些紅血球時就完成了瘧原蟲的生活史。

**male gamete nuclei** **雄配子核** 開花植物中由花粉粒（pollen grain）生殖核經有絲分裂而來的兩個*單倍體*（haploid 1）核，它們進入花粉管再進入*胚囊*（embryo sac），參與雙重受精。

**malic acid** or **malate** **蘋果酸** 一種四碳有機酸，*三羧酸循環*（Krebs cycle）的一個中間步驟，是延胡索酸的*水解*（hydrolysis）產物（見圖209）。在 $C_4$ 植物如甘蔗中，蘋果酸也很重要，因為在這裡，二氧化碳被固定後首先就是在*葉肉*（mesophyll）

細胞中形成蘋果酸和其他四碳酸，然後才轉移到附近細胞的**葉綠體**（chloroplasts）處進入**卡爾文氏循環**（Calvin cycle）。見 Kranz anatomy。

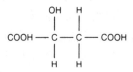

圖209　蘋果酸。分子結構。

**malignancy　惡性**　惡性腫瘤，或其他惡性情況如某種發熱其結果會威脅生命。

**malleus** or **hammer　鎚骨**　三個耳骨中最靠外邊的一個。

**Mallophaga　食毛目**　見 louse。

**Malpighian body** or **Malpighian corpuscle　馬氏小體，腎小體**　脊椎動物腎中過濾血液的結構，是由**鮑氏囊**（Bowman's capsule）和與它相連的**腎小球**（glomerulus）所構成。

**Malpighian layer　表皮生髮層，馬爾皮基氏層**　哺乳動物皮膚表皮的最深一層，緊附在**真皮**（dermis）之上，它不斷進行有絲分裂以替補因磨耗而損壞的表皮外層細胞。

**Malpighian tubules　馬氏管**　某些**節肢動物**（arthropods）如昆蟲和蛛形動物的排泄器官，這些小管從體液中搜集廢物再將其排至後腸。它們是管狀腺體，一頭開至後腸的前部，另一頭是封閉的，就浸在**血腔**（hemocoel）的血中。細管含肌肉，能運動，其細胞從血中吸取尿酸鉀、水和二氧化碳。這幾者相互作用形成碳酸氫鉀和尿酸。$KHCO_3$和一部分水又被吸回血內。多餘的水被直腸腺吸回，只有尿酸結晶進入腸道等待排出。

**maltase　麥芽糖酶**　將**麥芽糖**（maltose）水解為葡萄糖的酶。在哺乳動物，**小腸**（small intestine）的**利貝昆氏隱窩**（crypt of Lieberkuhn）產生麥芽糖酶，它就存在於腸液中。麥芽糖酶也見於許多種子中。

**Malthus, Thomas Robert　馬爾薩斯（**1766-1834 **）**　英國政治經濟學家，他關於人口增長的思想曾影響了**達爾文**（Darwin）和**華萊士**（Wallace）的進化學說。他最值得注意的發現就是，人口如果不得到遏制就會按幾何級數增長，而食物供應只能按算術級數增長，這就要造成大規模的饑荒。他認爲，對人口增長的遏制只有疾病、戰爭、饑荒和性的節制，這最後一項是當時認爲最可靠的**節育**（birth control）措施。

**maltose　麥芽糖**　**醣類**（carbohydrate）的一種，是由兩個**葡萄糖**（glucose）由**糖苷**（glycoside）鍵組成的雙醣，常見於發芽的大麥（見圖210）。在冬天將大麥種子浸泡起來，就會釋放出大量**澱粉酶**（amylase），這是一種水解酶，它可將儲存的澱粉分解爲麥芽糖。麥芽糖是一種還原糖。

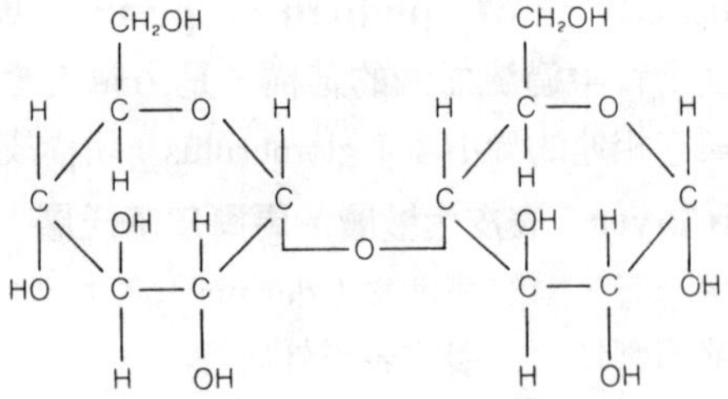

圖210　麥芽糖。分子結構。

**mammal　哺乳動物**　哺乳動物綱的脊椎動物，常被認爲是最進化的動物。現存有3個亞綱：(a) 單孔亞綱。即**單孔類**（monotremes），原始的產卵哺乳動物，如鴨嘴獸和針鼴，後一種是帶刺的食蟻動物。(b) 有袋亞綱。即**有袋動物**（marsupials），其幼體的發育晚期是在袋中渡過的。(c)眞獸亞綱。即**眞哺乳動物**（eutherians），它們都具有一個胎盤。哺乳動物的特徵是：有毛髮；有一個**橫膈**（diaphragm），用於**空氣呼吸**（aerial respiration）；雌性**分泌乳**（lactation）；血液循環系統中只有左側的一個主動脈弓；耳部有3個耳骨；下頜由一對骨頭組成。除了單孔類外，各綱都是胎生。

**mammary gland** or **milk gland**　乳腺　雌性哺乳動物所有的腺體，功能是泌乳以哺育幼體（見 lactation）。可能是由汗腺演化而來，至少有兩個，不過許多哺乳動物都有多對乳腺，通常都集中在下腹部骨盆帶以下。在大多數哺乳動物，腺體的大小決定於動情週期（estrous cycle）。

**mandible**　下頜；上顎　動物口器中主要負責咬碎食物的部分。在脊椎動物，此詞常指下頜。在昆蟲和其他節肢動物，此詞指上顎，是一對口器中用於咬碎食物的部分（見圖191）。

**mantle**　套膜　軟體動物表皮（epidermis）的一部分，殼是它分泌出來的，它還覆蓋背腹表面。

**manubrium**　柄；垂管；胸骨柄；彈器基　1.柄。手樣的長突起。2.垂管。水母的管狀口。3.胸骨柄。哺乳動物胸骨的最前一節。4.彈器基。彈尾目（Collembola）彈器的第一節。

**manus**　手；前足　四足動物（tetrapod）的手或前足。

**manuscript name**　手稿名　尚未發表的科學名稱。

**map unit** or **linkage unit**　染色體圖單位　基因在染色體上的相對距離。圖距單位的大小直接和坐位間的重組（recombination）量相關；也即，1％的重組就相當於一個圖距單位。見 cross-over value, genetic linkage。

**marker gene**　標記基因　一個其位置和特徵都很清楚的基因，這樣就可以用它來研究其他基因。例如可以用它來決定其他基因的相對位置。

**marram grass**　濱草　一類生長於海灘沙丘上的草。屬旱生植物（xerophyte），在乾旱時可將葉片卷起來以防止水分的散失。其根狀莖（rhizome）和根深植，有助固沙，因此常栽種來固定沙丘。

**marrow**　骨髓　大骨腔隙中的漿狀內容物，它製造紅血球，有時也製造白血球。

**marsh**　沼澤　潮濕或週期性潮濕的非泥炭土地。

**marsupial 有袋動物** 有袋亞綱的哺乳動物，亦稱負鼠亞綱或後獸亞綱，其特徵是在身上有一個袋，未發育好的幼體在其中繼續哺育。袋中有乳腺，其數目因物種而異。本類群一度分布很廣，但現在只限於大洋洲和南美。在大洋洲，因為沒有**真哺乳動物**（eutherian），即（胎盤）哺乳動物的競爭，所以已經分布到大多數在別處由胎盤動物佔居的生態位了。

**marsupium 育兒袋** 有袋類哺乳動物的袋。

**mass flow 集體流動** 用水壓梯度來解釋溶質在植物體內流動的假說。大意是：植物的一部分（源）將溶質顆粒主動泌入**韌皮部**（phloem）的篩管，造成高滲透壓，於是由滲透作用吸水。在植物的另一部分（匯）則顆粒離開韌皮部，降低滲透濃度，於是水分也離開韌皮部。這樣就在源（例如說，葉片）和匯（例如根部）之間就建立了一個壓力梯度，而水分就沿著這個梯度由一端流向另一端。見 translocation 1。

**mass selection 混合選擇** 一種產生動植物新品種的方法，讓許多適合的個體都為新品種提供基因而族群中的一切低劣類型都已被選掉。

**mast cell 肥大細胞** 結締組織（connective tissue）基質中一類大型阿米巴樣細胞，它產生**肝素**（heparin）和**組織胺**（histamine）。在對**抗原**（antigens）的快速反應中，它可能有重要作用。見 immune response。

**mastication 咀嚼** 吞嚥前嚼碎食物的程序。

**mastigoneme 鞭毛絲** 沿某些鞭毛上長的小突起，其作用是增加表面積。

**Mastigophora or Flagellata 鞭毛綱** 鞭毛原生動物（protozoans）的一個類群，有時被視為綱。既包括動物營養式的鞭毛蟲，又包括植物營養式的鞭毛蟲。

**mastodon 乳齒象** 象的近緣，生存於**中新世**（Miocene）和**上新世**（Pliocene）。性狀似象，軀幹短但象牙長。

**mastoid process** or **mastoid bone** **乳突** 耳周骨的一部分，在人類的耳後形成一個突起。

**material** **材料** 供分類學研究用的樣本。

**maternal effect** **母體效應** 環境影響的一種；母體組織影響了子代的表型。一個例子：母親吸煙影響了未生胎兒的體重。

**maternal inheritance** **母體遺傳** 細胞質遺傳（cytoplasmic inheritance）的一個類型，指基因只經由雌性傳給下代。

**mating** **交配，結合** 1.任何涉及兩性的生殖現象。2.（在低等生物），在生理有異而體形全同的類型間的生殖現象。3.（在鳥類和哺乳動物），指結偶的行為方面而不指交媾以致生殖的方面。

**mating system** **交配體系** 在繁育季節兩性間的社會關係，由對偶直到雜交。交配的情形可以是*隨機交配*（random mating），也可以是*選型交配*（assortative mating）。

**mating types** **交配型態** 低等生物的性配對，在型態區別上，生理差異大於身體差異，其間*交配體系*（mating system）通常被繼承下去。

**matrix** **基質** 在基質中可以含有其他物質或細胞，例如*結締組織*（connective tissue）中可以有纖維，而血漿也可以認為是個基質，其中有各種血液細胞。

**matroclinous inheritance** **偏母遺傳** 遺傳的一個類型：交配子代全具有母親的*表型*（phenotype）。見 cytoplasmic inheritance。對照 patroclinous inheritance。

**matter** **物質** 組成生物軀體的材料，有重量，佔空間，並能定量。

**maturation of germ cells** **生殖細胞的成熟** *配子形成*（gametogenesis）過程中卵和精子發育的最後階段，由此產生能夠*受精*（fertilization）的*配子*（gametes）。

**maturation（viral）** **成熟** （病毒的）寄主細胞內形成感

染性病毒粒子的過程。

**maxilla　上頜；下顎**　1.上頜骨。（在脊椎動物），常指上頜骨，上面有除了門齒外的全部牙齒。此詞偶爾也用指整個上頜。2.下顎。（在節肢動物），指口器中下頜後面的部分。見 labrum, labium。

**maxillipede　顎足；顎肢**　專為捕食用的附肢，通常位於附肢之前，特別見於甲殼動物。

**maxillule　第一小顎**　甲殼動物成對第一下頜（maxillae 2）之一。

**maze　迷宮**　由曲折通道組成的迷宮，用於研究學習的行為實驗。

**M.D.　肌肉萎縮症**　見 muscular dystrophy。

**mean　平均數**　見 arithmetic mean。

**mean body temperature　平均體溫**　靠行為調節體溫的徐緩代謝型（見 bradymetabolism）動物在自然情況下實際達到的核心溫度（core temperature）。

**measles　麻疹**　急性兒童疾病，全身出現紅色皮疹，伴有乾咳、低燒和咽痛。由麻疹病毒引起。高度傳染，經由呼吸分泌物傳播，但一旦得病則終身免疫。防治是靠在兒童中進行減毒活疫苗注射。

**meatus　道**　任何自然開口或通道，但特指通向鼓膜（tympanum）的外耳道。

**mechanical tissues　機械組織**　支持植物的組織，如厚角組織（collenchyma）和厚壁組織（sclerenchyma）。

**mechanoreceptor　機械感受器**　感受機械性刺激的受器，如聲音、壓力和移動。

**Meckel's cartilage　梅克爾軟骨**　組成軟骨魚如鯊魚和鰩的下頜的一對軟骨。在魚、爬行類和鳥類中，它形成骨化的關節骨。在哺乳動物，它變成鎚骨（malleus）。

**meconium　胎糞**　哺乳動物胎兒的腸道內容物，包括吞嚥的羊水和腸道中的分泌物。

**Mecoptera　長翅目**　昆蟲的一個目，包含蠍蛉。

**median　正中的；中位數**　1.正中的。（指結構或特徵），在兩側對稱結構的中線部位。2.中位數。（指統計），頻率分布的中間數目，其兩側的數值數目相等。

**mediastinum　縱隔**　哺乳動物胸部的一個腔隙，其中包容著心臟（heart）、氣管（trachea）和食道（esophagus）。

**medium　培養基**　微生物或其他小生物可以在其上或其內培養的物質。培養基可以是液體或固體。如為固體，常含有瓊脂，這是由海藻中提出的一種固化劑。培養基可含一切必要的營養素和微量元素以保證其正常生長（基本培養基），但也可以是另有補充的。如可以補充抗生素（antibiotics）以測定細菌的抗藥性。

**medulla　髓質**　1.動物氣管的中央部分，如腦、腎上腺和腎臟的髓質。2.（樹）髓。見 pith。

**medulla oblongata　延腦；延髓**　脊椎動物後腦的最後和脊髓相連的部分。腹面壁厚，內含一組組神經細胞稱為神經核；背面壁薄，內有後脈絡叢（choroid plexus）。延腦含有幾個重要的不受意識影響的神經控制中樞。呼吸和心血管中樞控制呼吸和心跳及側線系統（lateral-line system）。耳、味覺和觸覺在延腦中也有它們的協調中樞。

**medullary plate　髓板**　脊椎動物胚胎的神經板。

**medullary ray　髓射線**　植物莖維管束之間的部位，開始時包含薄壁組織（parenchyma）細胞，但後來也可能轉化為分生組織。見 interfascicular cambium。

**medullated nerve fiber　有髓神經纖維**　見 myelin sheath。

**medusa（複數 medusae，medusas）　水母**　腔腸動物生活史中的水母階段，通常能獨立游泳，借助傘型身體的收縮驅動水流反推前進。水母通常營有性生殖。在缽水母綱，水母是生活史中的優勢相，但在其他綱中水母型可能不存在或不重要。

**medusoid** 類水母 見 medusa。

**mega-** 〔字首〕 表示巨、大。見 megalo-。

**megagamete** 大配子，雌配子 兩個配子（gametes）中的較大者，通常是雌性的卵（ovum）。

**megakaryocytes** 巨核細胞 見 blood platelets。

**megalo-** or **mega-** 〔字首〕 表示巨、大。

**meganucleus** 大核 見 macronucleus。

**megaphyll** 巨型葉 蕨類和種子植物中的葉子類型，現認為巨型葉的葉片是由扁平的樹枝演化而來，其中含有維管束（vascular bundle）。

**megapode** 塚雉 澳洲和東南亞的塚雉，牠們把卵埋於土堆中因此不必親身孵化。

**megasporangium** or **macrosporangium** 大孢子囊 大孢子（megaspores）在其中形成的器官。在有花植物就是胚珠（ovule）。

**megaspore** or **macrospore** 大孢子 在許多蕨類和種子植物所產生的兩個孢子（spores）中的較大者。這個大孢子在蕨類和種子植物產生雌性配子體（gametophyte），但在開花植物則變為胚囊（embryo sac）。對照 microspore。

**megasporophyll** or **macrosporophyll** 大孢子葉 1.攜帶大孢子囊（megasporangium）的變形葉。2.開花植物的心皮（carpel）。

**meiosis** 減數分裂 細胞核分裂的一個類型，和有性生殖有關，它從一個雙倍體（diploid 1）細胞產生4個單倍體（haploid 1）細胞，整個程序中有兩次分裂。雖然減數分裂是個連續程序，但卻被分成若干個階段，如下述。每個階段的細節，可參閱有關個別條目。

前期 I（prophase I）：同源染色體相互配對，分為染色單體

（chromatids），且發生**互換**（crossing over）。核膜分解。

**中期Ⅰ**（metaphase Ⅰ）：染色體移動到紡錘赤道處，並借著**絲點**（centromeres）與之相連。

**後期Ⅰ**（anaphase Ⅰ）：**同源染色體**（homologous chromosomes）分離並移動至兩極。

**末期Ⅰ**（telophase Ⅰ）：形成新的核，每個核中只有一個類型的染色體，但它們也都分離爲染色單體。

**前期Ⅱ**（prophase Ⅱ）：核膜消失。

**中期Ⅱ**（metaphase Ⅱ）：染色體連至赤道。

**後期Ⅱ**（anaphase Ⅱ）：染色單體分別至兩極。

**末期Ⅱ**（telophase Ⅱ）：產生4個單倍體核，每個有一個類型的染色體。

減數分裂有兩個主要的功能：(a)將染色體數目減半，以避免發生染色體數目隨每代加倍的現象；(b)藉由**自由組合**（independent assortment）和**重組**（recombination）使遺傳物質在子代中發生混合。要注意，只有在母細胞中已存在變異時，上述第二點才能實現。在單倍體生物和雙倍體生物的生活史不同階段出現減數分裂。見圖211。參見 mitosis, gametogenesis 和圖162及163。

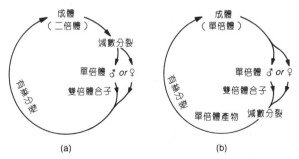

**圖211　減數分裂。**(a)合子前減數分裂，如在人類。(b)合子後減數分裂，如在眞菌。

**meiospore　減數孢子**　減數分裂（meiosis）形成的孢子。

**meiotic drive　減數分裂驅動**　減數分裂（meiosis）過程中出現的一種現象，導致一個異型合子產生的兩類配子的數目不等。當減數分裂驅動造成性別比例失調時可能帶來嚴重後果，因此有人試圖利用這個現象來控制昆蟲，即產生過量雄性而減少雌性。

**Meissner's corpuscle　觸覺小體**　在哺乳動物皮膚無毛區域存在的一種輕觸感受器。

**melanin　黑色素**　皮膚和毛髮中的一種暗褐或黑色的色素。見 albinism, DOPA。

**melanism　黑化現象**　因鱗片、皮膚或羽毛中存在過量黑色素而致外觀呈暗色或黑色的現象。見 industrial melanism。

**melanoma　黑色素瘤**　上皮的一種癌症，癌細胞中含黑色素。

**melanophore or melanocyte　黑色素細胞**　色素細胞（chromatophore）的一種，其中含有黑色素，通常存在於動物皮膚。具有保護和偽裝作用。

**melanophore stimulatory hormone　促黑激素**　垂體腺性部（adenohypophysis）分泌的一種胜肽（peptide）激素。它可在魚類、兩生類和爬行類中改變細胞（見 melanophore）中的色素分布進而造成體色變化。

**melatonin　褪黑激素**　一種腦垂腺激素，據認為可以抑制生殖活動。

**melting　解鏈**　去氧核糖核酸（DNA）的變性。

**melting point　熔點**　固體液化的溫度。

**membrane　膜**　薄層組織。

**membrane carrier　膜載體**　膜上的一個蛋白質或一個酶分子，它可和某物質接合再將其攜帶過生物膜。

**membrane potential　膜電位**　細胞膜兩側間的電位差。

**membranous　膜質的**　（植物的）乾、可曲，但不是綠色的。

**membranous labyrinth　膜迷路**　見 ear。

**memory　記憶；記憶體**　1.記憶。經歷一段時間以後，對往事和以前學過的技巧的回憶。2.記憶體。電腦的儲存量，通常用位元組或仟位元組（Kb）來表示，一個仟位元組（K）等於1024個位元組。

**menarche　初潮**　月經開始的時間，通常是在青春期。

**Mendel, Gregor　孟德爾（** 1822-1884 **）**　奧地利教士和數學家，他根據豌豆實驗推導出幾個說明基因如何在世代間傳遞的規律（見 Mendelian genetics）。孟德爾的工作發表於1866年，但一直未受注意，直到他死後16年才被人重新發現。

**Mendelian genetics or Mendel's laws　孟德爾遺傳學說，孟德爾定律**　遺傳的基本定律，首先由孟德爾（Mendel）於1866年發表，用於解釋他的豌豆實驗的結果。他工作時並不知道細胞結構或細胞分裂的詳情，但他卻提出：(a)每個性狀，例如說高度，是由兩個因子控制的。用現在的說法就是，每個基因有兩個對偶基因，每個**同源染色體**（homologous chromosome）上有一個。(b)每個因子在卵或花粉中就分離了。用現在的說法是，**減數分裂**（meiosis）將兩個對偶基因分開（孟德爾第一定律；見 segregation）。(c)負責不同性狀的因子表現**自由組合**（independent assortment）。現代的說法是，除非基因連鎖在同一染色體上，否則在減數分裂時基因是自由組合的（孟德爾第二定律）。(d)因子並不融合，不是顯性的（見 dominance 1）就是隱性的。我們現在知道，我們可以用酶的活性來解釋顯性。而且有時兩個基因編碼的蛋白質在一起時造成中間型的表型（見 incomplete dominance）。(e)因子在卵細胞和花粉粒中的分布遵守基本統計學規律，因此其子代的比例是可預計的。(f)不管顯性性狀屬於母方還是屬於父方，雜交的結果都一樣。但我們現在知道，只有當有關基因是位於**普通染色體**（autosome）時，這個說法才正確（見 sex linkage）。

**Mendel's laws　孟德爾定律**　見 Mendelian genetics。

**meninges（單數 meninx）　腦脊膜**　脊椎動物體內覆蓋中樞神經系統（central nervous system）的3層膜：蜘蛛膜（arachnoid）、硬腦膜（dura mater）和軟腦膜（pia mater）。

**meningitis　腦膜炎**　感染所致腦脊膜（meninges）的炎症。

**meniscus　彎月面；關節半月板**　1.液柱頂端因毛細現象造成的或凸或凹的液面。2.關節內兩骨之間的纖維軟骨墊板。

**menopause** or **climacteric　絕經期，更年期**　婦女停止排卵因而月經週期（menstrual cycle）也終止的時間。一般在45至50歲左右。

**menstrual cycle　月經週期**　在大多數靈長類出現的變形的動情週期（estrous cycle），其結果是在每個黃體期（luteal phase）之末子宮壁黏膜發生週期性破壞。這造成每隔28天出一回血，子宮內膜（endometrium）脫落，稱爲月經。

**menstruation　月經**　見 menstrual cycle。

**mental prominence　頦隆凸**　下頜骨隆凸；頦。

**mentum　頦**　昆蟲頭部下唇之下的一個結構。

**mericarp　分果片**　乾果或從合心皮（syncarpous）子房成熟時裂出的裂果（schizocarp）的一個含種子的部分。

**meristele　分體中柱**　在某些蕨類中的維管柱，外圍以內皮層，最後則造成中柱（stele）的分散。

**meristem** or **meristematic tissue　分生組織**　植物中細胞有絲分裂（mitosis）積極進行的區域，分生組織的細胞由未分化狀態演變爲特化狀態。分生組織見於根和莖枝的頂端（見 apical meristem），這造成植物的長度增加。樹徑的增加則依靠維管束（vascular bundles）的形成層（cambium）以及束間形成層（interfascicular cambium）。要注意，這樣的特化分生帶並不見於動物，動物的大多數組織都可以進行細胞分裂。

**meristematic tissue　分生組織**　見 meristem。

**meristic variation　分生組織變異**　分類性狀上的數量變異，如剛毛、脊椎骨和斑點數目的變異。

**mero-　〔字首〕**　表示部分。

**meroblastic cleavage　不完全卵裂**　見 cleavage。

**merogamete　裂生配子**　由母細胞分裂產生的原生動物配子（gamete）。

**meromatic　裂層的**　（指湖泊）湖水分層，表層和底層水永不混合。

**-merous　〔字尾〕**　表示分部的。

**mes-　〔字首〕**　表示中間的。見 meso-。

**mescaline　仙人掌毒鹼**　一種迷幻劑，可能是因為干擾了正腎上腺素（noradrenaline）在突觸的作用。

**Meselson, Matthew　梅松森**　見 semiconservative replication model。

**mesencephalon　中腦**　見 midbrain。

**mesenchyme　間充質**　動物中來源於胚胎中胚層的鬆散細胞組織，常充填於器官之間。可以認為間質相當於植物中的薄壁組織（parenchyma）。

**mesentery　腸繫膜；隔膜**　1.腸繫膜。將腸道及其相關器官（如脾臟，spleen）連到腹腔背面上的腹膜（peritoneum）層。供應腸道的血、淋巴和神經都包容在腸系膜中。2.隔膜。分隔海葵和珊瑚體腔的膜。

**meso- or mes-　〔字首〕**　表示中間。

**mesocephalic　中頭型**　（指人類）有中等大小的頭。見 cephalic index。

**mesoderm　中胚層**　在所有高等動物〔除了腔腸動物以外的一切後生動物（metazoan）〕中介於外胚層（ectoderm）和內胚層（endoderm）之間的一層胚胎細胞，由它發育出肌肉、血液系

425

統、結締組織、腎臟、皮膚的眞皮,和中軸骨骼。中胚層又常分裂爲兩層,中間形成體腔(coelom)。

**mesodermal pouches 中胚層袋** 脊椎動物胚胎中脊索(notochord)兩側的節段分布的中胚層囊塊,隨後將由它們發育出體節(somite)。

**mesoglea 中膠層** 腔腸動物(coelenterates)內外層之間的膠凍樣物質。在水螅綱(hydrozoa)中中膠層比較薄,但在另外兩個綱,鉢水母綱(scyphozoa)和輻形動物綱(actinozoa),這個中膠層就厚得多。中膠層無細胞,完全是由 內外層分泌出來的。

**Mesolithic 中石器時代** 大約由1萬4000年前到5500年前的時代,在歐洲的某些地區這時正在使用小的燧石器具。

**mesonephros** or **Wolffian body 中腎** 胚胎腎的中間部分,它在魚和兩生類是眞正有作用的腎,但在鳥類、哺乳類和爬行類,它卻變爲睪丸中的小管。參見 Wolffian duct。

**mesophilic 嗜中溫的** (指微生物)最佳生長溫度在20℃至45℃之間的。

**mesophyll 葉肉** 植物葉片內部除維管束(vascular bundles)以外的組織。在異面葉,葉肉又分化爲一個上層的柵狀葉肉和下面的鬆散排列的海綿狀葉肉。在二側相等葉片,則上下均爲柵狀葉肉,中間是海綿狀葉肉。在 $C_4$ 植物($C_4$ plant)還有另一種結構,稱花環結構(Kranz anatomy)。所有葉肉細胞都包含葉綠體(chloroplasts)以進行光合作用(photosynthesis),這些葉綠體都靠近細胞邊緣以爭取最大量的陽光和氣體供應。葉肉組織中有無數細胞間隙,它們和外面氣孔(stomata)相連。見圖212。

**mesophyte 中生植物** 生長於具正常水含量土壤的植物。對照 hydrophyte, xerophyte。

**mesoplankton 中型浮游生物** 浮游生物(plankton)中生活

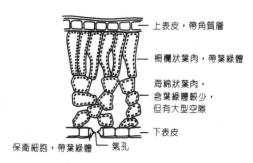

上表皮,帶角質層

柵欄狀葉肉,帶葉綠體

海綿狀葉肉,
含葉綠體較少,
但有大型空隙

下表皮

保衛細胞,帶葉綠體 — 氣孔

圖212　葉肉。異面葉的橫切面。

於183公尺以下水深的種類。

**mesosome　間體;中體**　細菌細胞膜內陷形成的結構,其性質接近粒線體(mitochondrion)。

**mesothorax　中胸**　昆蟲的3個胸節的中間一個。

**mesotrophic　中營養的**　(指植物)對土壤營養要求中等的。

**Mesozoic era　中生代**　約從2億2500萬年前開始並延續1億5500萬年的地質時代。包括白堊紀(Cretaceous period)、侏羅紀(Jurassic period)和三疊紀(Triassic period)。在此時期中,裸子植物(gymnosperms)成為優勢植物,恐龍成為優勢動物,翼龍征服了空域,而鳥類和哺乳類則剛演化出來。

**messenger RNA(mRNA)　傳訊核糖核酸**　一類單股多核苷酸(polynucleotide)分子,包含4種鹼基:腺嘌呤(adenine)、鳥糞嘌呤(guanine)、胞嘧啶(cytosine)和尿嘧啶(uracil)。mRNA的功能是從核中的去氧核糖核酸(DNA)處攜帶一段有關蛋白質構造的指令至內質網(endoplasmic reticulum)上的核糖體(ribosomes),這個程序稱轉錄(transcription)。

**metabolic intensity　代謝強度**　單位重量活組織的代謝率。

**metabolic pathway　代謝途徑**　從一個物質製造另一物質中間所經歷的一系列酶的反應。見 metabolism。

**metabolic rate　代謝率**　生物進行代謝作用（metabolism）的速率，和溫度密切相關。代謝率和溫度的關係可以用一個稱為$Q_{10}$的值來表示。參見 basal metabolic rate。

**metabolic waste　代謝廢物**　生物在代謝程序中產生的任何廢物，如尿素中的氮。

**metabolic water　代謝水**　分解代謝（catabolism）（代謝的一個類型）中形成的水，在此程序中複雜分子分解釋放出它們存儲的能量，水就是個副產品。某些昆蟲和沙漠動物主要以乾燥種子為食，它們的保水機制效率極高，僅靠代謝水就足以補充正常水分流失，所以它們的膳食裡不需要單獨的水供應。

**metabolism　代謝作用**　細胞中進行的一切化學程序，其中有進行儲能的（合成代謝，anabolism），有進行放能的（分解代謝，catabolism），生命就要依靠這個合成代謝同分解代謝間的平衡。所有代謝反應都是一步一步來的，化合物是逐步合成或分解的。代謝途徑的每一步都是由一個不同的酶來催化的，其最終產物稱為代謝物。在這些程序中有一個特殊的儲能分子參與，它叫做腺苷三磷酸（ATP）。見 basal metabolic rate。

**metabolite　代謝物**　見 metabolism。

**metacarpal　掌骨**　組成人手掌或脊椎動物前足扁平部分的骨頭。見 carpal。

**metacarpus　掌**　四足動物（tetrapods）前肢上的一塊骨頭，介於腕骨（carpal）和指（趾）骨（phalanges）之間。人類的掌就是手掌。見 pentadactyl limb。

**metacentric chromosome　等臂染色體**　著絲點（centromere）位於中間的染色體。對照 acentric chromosome。

**metachromatic　異染性**　一種染色可以染出不同顏色的。例如亞甲藍可以將白喉桿菌染成藍色，但其中有紅色內含物。

**metachronal rhythm　變時性節律**　纖毛（cilium）的擊打或沙蠶附肢的運動時，像有一個波浪由後向前移動，和風吹麥浪相似。見圖213。其結果是，表面的液體向後，但生物卻是前行。

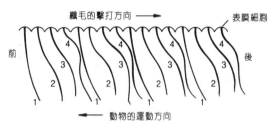

**圖213 變時性節律。波動的情形。**

**metameric segmentation 分節現象** 生物如蚯蚓的軀體分成一系列相似或相同體節的現象。這些重複的分節稱為體節。每個體節中都有相似的一套肌肉塊、血管、排泄器官、表皮結構和神經系統的一部分。

**metamorphosis 變態** 生物由幼體到成體的轉變，常常進行得很快，如由蝌蚪變為青蛙和由毛蟲變為蝶。如果像在**外翅類**（Exopterygota）昆蟲（不全變態類或半變態類）中由**若蟲**（nymph）逐漸變為成蟲，這就稱為不完全變態。如果像在**內翅類**（Endopterygota）昆蟲（完全變態類）中間有個蛹期，這就稱為完全變態。

**metanephros 後腎** 在爬行類、鳥類和哺乳類的成體中真正發揮作用的腎臟，它取代了胚胎期中的**中腎**（mesonephros）。

**metaphase 中期** 真核生物（eukaryote）細胞核分裂的一個階段，在**有絲分裂**（mitosis）中發生一次，在**減數分裂**（meiosis）中發生兩次。這其中最主要的程序是染色體排列在紡錘體的赤道處，形成中期板。每個染色體分裂成兩個**染色單體**（chromatids），僅在**著絲點**（centromere）處相連。染色體此時深染且高度濃縮，這些性質都有利於判定**核型**（karyotypes）。紡錘體微管（microtubules）連於著絲點上的一個部分，稱作動粒。染色體呈現隨機排列（這點有重要含義，見

independent assortment）而且是在有絲分裂和減數分裂中不相同（見圖214）。在減數分裂的第二次分裂中的中期板同第一次分裂中的中期板正好互相垂直。

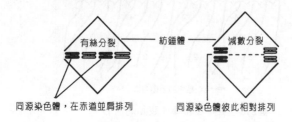

有絲分裂　——紡錘體——　減數分裂

同源染色體，在赤道並肩排列　　　同源染色體彼此相對排列

圖214　中期。有絲分裂和減數分裂中染色體的位置。

**metaphase plate　中期板**　見 metaphase。

**metaphloem　後生韌皮部**　繼原生韌皮部之後由原形成層生出的典型**韌皮部**（phloem），更接近莖的中心。它具有正常的**篩管**（sieve tubes），不像原生韌皮部的篩管那樣簡化和小，而且也缺乏伴細胞。

**Metaphyta　後生植物**　一個分類單元（taxon），也常給予界的地位，包括一切多細胞植物。

**metaplasia　組織轉化**　一種組織轉化爲另一種組織。

**metaplasm　後成質**　原生質中的無生命組份。

**metapneustic　後氣門式**　（指昆蟲如蚊蟲的幼蟲）**氣門**（spiracles）位於腹部後端的。

**metarhodopsin　後視紫質**　視紫質（rhodopsin）受光時產生的物質。

**metastasis　轉移**　癌組織播散到身體各部分的程序。

**metatarsal　蹠骨**　蹠（metatarsus）中的任一塊骨頭。

**metatarsus　蹠**　四足動物（tetrapod）足部趾骨和跗骨之間的骨骼，包括後肢的5塊骨頭。在人類，這就形成了腳的中後部分。見 pentadactyl limb。

**Metatheria　後獸類**　見 marsupial。

**metathorax　後胸**　昆蟲3個胸節中的最後一個。

**metaxylem　後生木質部**　植物根莖中由形成層最後形成的木質部，比最早形成的原初木質部的細胞要大。

**metazoan　後生動物**　多細胞動物，和單細胞的原生動物（protozoans）迥然不同。海綿（見 parazoan）是唯一排除在後生動物之外的非原生動物。除了腔腸動物（coelenterates）外，後生動物的身體都具有三層結構：外面一個外胚層（ectoderm），中間的中胚層（mesoderm），和裡面的內胚層（endoderm）。

**metazoite　裂生原蟲**　某些原生動物（protozoa）經多次無性分裂形成的細胞。

**methionine　甲硫胺酸**　蛋白質中常見的20種胺基酸（amino acid）之一。其 R 側鏈具非極性結構，相對不溶於水。見圖215。甲硫胺酸的等電點（isoelectric point）爲5.7。

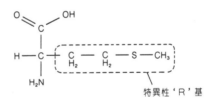

圖215　甲硫胺酸。分子結構。

**metric character　度量性狀**　一類定量性狀，如人類身高，其變異是連續的。此類性狀是受多基因遺傳（polygenic inheritance）系統的控制。

**micelle　微團**　在細胞原生質中的蛋白質或其他物質的團粒。

**Michaelis-Menten constant $K_M$　邁可－蒙田常數**　酶素反應達到最高速度的一半時，一個物質的莫耳濃度（每升）。

**micro-　[字首]**　表示小，指同物種各成員間相比爲小的。

在國際單位系統中，指百萬分之一，如微升就是百萬分一升。見 SI unit。

**microaerophile　微嗜氧菌**　任何只需要微量氧氣的生物。

**microbe　微生物**　任何微觀生物。但有時限於指致病微生物，如細菌（bacteria）和病毒（viruses）。

**microbial degradation　微生物分解**　這是微生物的有益作用，對污水污物進行生物分解。對照 biodeterioration。

**microclimate　小氣候**　一個生物局部環境的氣候，如一個葉片周圍的、植被層內部的，以及鄰近土壤內部的氣候。

**microdissection　顯微解剖**　對極小結構的解剖，常常要借助顯微操作器，這是一個可以消除手顫影響的器具。

**microevolution　微演化，種內演化**　由遺傳適應程序帶來的小規模變化，常常表現為種內的變化而不是新種的形成。見 industrial melanism。

**microfauna　小型動物區系**　1.一個微生境中的微觀動物。2.任何肉眼看不到的動物。

**microfibril　微纖維**　細胞壁（cell wall）中由兩千來個纖維素鏈組合成的結構。微原纖維埋在有機基質之中，給細胞壁帶來極大的強度。

**microfilament　微絲**　真核生物（eukaryote）細胞質中的一種纖細的次細胞結構，直徑約5微米，由肌動蛋白（actin）或類似蛋白構成。微絲可以收縮，它參與細胞質環流（cytoplasmic streaming）和噬菌作用（phagocytosis）。

**microgamete　小配子，雄配子**　兩配子中較小的一個。它是比較活躍的，常稱為雄配子。

**microgeographic race　小地理族**　局限於極小塊地理區域的族。

**microhabitat　小生境**　棲所（habitat）內部獨具特殊性質的小分區，例如有特殊的小氣候（microclimate）。

**Microlepidoptera 小鱗翅目** 鱗翅目（Lepidopteran）昆蟲的一個子類群，但現已無分類學意義。它包括的都是幾個公釐長的小型種類。

**micromere 小分裂球** 發育中卵的動物極的小型囊胚細胞（blastomeres）。它們將來會變成外胚層。

**micron 微米** 長度單位，相當於百萬分之一公尺。符號為 μm。

**micronucleus 小核** 某些原生動物的兩核中較小的一個，與細胞分裂有關。對照 macronucleus。

**micronutrient 微量營養素** 生物只需要極小量的微量元素（trace element）或化合物。對照 macronutrient。

**microorganism 微生物** 任何單細胞生物如原生動物（protozoan）、細菌（bacterium）和病毒（virus）。此詞也常引申用於真菌。

**microphagous 食微粒的** （指水生生物）收集水中懸浮的微粒作為食物。見 filter feeder。

**microphyll 小型葉** 某些蘚類中的無維管組織的微小葉片。

**micropinocytic vesicle 微胞飲小泡** 細胞膜的一個花瓶狀凹陷，它最後會在頸部縮窄並自行斷去，形成一個胞內的小泡。見 pinocytosis。

**micropinocytosis 微胞飲作用** 見 pinocytosis。

**micropyle 珠孔** 開花植物胚珠周圍珠被上的一個小通道，花粉管（pollen tube）通常就經此孔進入胚珠並通向胚囊（embryo sac）。發芽（germination）之前，水分也經此孔進入種子。

**microscope 顯微鏡** 放大物體的器具。最簡單的顯微鏡就是手鏡，但現在常用的是複式顯微鏡，它有兩套鏡片：目鏡和物鏡。利用在鏡片和切片之間的油質界面，複式顯微鏡可以放大600到1000倍（見 oil immersion objective lens），而使用適合的目鏡，甚至可放大到1500倍以上，這也是一般光學顯微鏡的最高放大率。使用電子顯微鏡（electron microscope）可以得到更高的放大倍數。

**microsomal fraction　微粒體部分**　用差速離心（differential centrifugation）分離出來的一組微小的次細胞顆粒，用光學顯微鏡是看不清楚的，但用電子顯微鏡（electron microscope）可以看出，這些微粒體是來自內質網（endoplasmic reticulum）的膜碎片和核糖體（ribosome）。

**microsome　微粒體**　見 microsomal fraction。

**microsphere　微球體**　在模擬地球上生命初創時情況的實驗中，用不同蛋白質組合的小球體。

**microsporangium　小孢子囊**　產生小孢子的孢子囊，這在高等植物就相當於花粉囊。見 anther。

**microspore　小孢子**　在蕨類和高等植物中，兩類型孢子中較小的一種，它後來產生配子體（gametophyte）。在微管束植物（tracheophytes），小孢子是花粉粒（pollen grain）。對照 megaspore。

**microsporophyll　小孢子葉**　負載小孢子囊的結構，通常是葉片或變形的葉片，在有花植物則是雄蕊（stamen）。

**microtome　切片機**　製備顯微鏡切片的機械。

**microtubule** or **neurotubule　微管；神經小管**　眞核生物（eukaryote）細胞中的中空絲狀體，直徑約20毫微米，由稱爲微管蛋白的肌動蛋白（actin）樣蛋白質構成。現認爲，微管構成了細胞骨架（cytoskeleton），減數分裂（meiosis）和有絲分裂（mitosis）中的紡錘體（參見 colchicine），以及在某些動植物細胞中的具有 9 + 2 結構的纖毛（cilium）和鞭毛（flagellum）。

**microvillus　微絨毛**　細胞表面大量突起的微小指狀細胞突，大量叢生在上皮表面時稱刷毛緣。微絨毛見於小腸內絨毛上。

**micturition　排尿**　從身體排出尿液的程序。見 bladder。

**midbrain** or **mesencephalon** 中腦 前腦和後腦之間的腦部。包括視神經葉，特別與聽覺和視覺有關。見 forebrain，hindbrain。

**middle ear** 中耳 見 ear。

**middle lamella（複數 lamellae）** 中膠層 夾在兩個相鄰植物細胞之間的薄膜，功能是將兩方固著在一起。它包含數量不定的果膠（pectin），其量決定於吲哚-3-乙酸（IAA）的濃度（見圖216）。

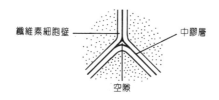

纖維素細胞壁　　　　　　　　中膠層

空隙

圖216　中膠層。跨過幾個細胞壁的橫切面。

**midgut** 中腸 消化道（alimentary canal）的中間部分。

**midparent value** 雙親中值 度量性狀（metric character）在雙親身上的平均值。將此和同子代的數值比較，可以直接估計狹義遺傳率（narrow-sense heritability）。

**midriff** 膈 1.人體胸腰之間的部分。2.（在解剖學上）橫膈（diaphragm）。

**migration** 遷徙 動物在生活史中按固定期限（通常是按年度）進行的週期性運動，永遠要返回原處。向外的行動稱遷出（emigration），向內的行動稱遷入（immigration）。

**mildew** 黴 1.真菌造成的植物病。2.能引起穀物發霉的任何真菌，如白粉菌。3.在基底上長滿菌絲而無明顯子實體的真菌。

**milk** 乳 1.哺乳動物乳腺分泌的白色液體，用於哺育幼體。2.白色液體，如椰乳。

**milk gland** 乳腺 1.見 mammary gland。2.某些胎生昆蟲如

采采蠅的子宮中的營養腺。

**milk teeth 乳齒** 見 deciduous teeth。

**Miller, Stanley 米勒** 見 coacervate theory。

**milli- ［字首］** 表示千。在工程技術中，表示基本單位的千分之一。

**millipede** or **millepede 馬陸** 多足綱倍足亞綱的節肢動物，圓柱狀，約70個體節上每節有兩對附肢，陸生，食草。

**Millon's test 米隆氏試驗** 測試混合物中是否存在蛋白質的試驗，可使用米隆氏試劑，即含硝酸和汞的一個試劑。在含蛋白質溶液中加幾滴米隆氏試劑再加熱（在密閉抽風櫥中），就會出現紅紫色沉澱。此試驗因汞鹽毒性現已不常使用，而以**雙縮脲反應**（biuret reaction）來代替。

**mimetic 擬態的** （指生物）經由演化模擬其他物種形態的。見 mimicry。

**mimicry 擬態** 一個物種模擬了另一物種特徵的現象，如模擬體色、習性和結構等。特別常見於昆蟲，有兩種主要的類型：（a）貝茨氏擬態。兩個物種有同一外觀，常常是同一警戒色，但被擬者對捕食者不適口。擬者得益在於捕食者已將此警戒色和不適口性聯繫在一起，因而對兩者都不取食。（b）米勒氏擬態。兩物種都不適口，因而兩物種都得益；不管捕食者先吃的是哪個物種，它都會迴避具有類似外觀的一切生物。

**mineral deficiency 礦物質缺乏** 生物的膳食中缺乏礦物質。

**mineral element 礦物質元素** 見 essential element。

**mineralization 礦化作用** 把有機物質轉化為無機物質的程序。

**mineralocorticoids 礦物性皮質素** 見 adrenal cortical hormones。

**mineral requirement 礦物質需要量** 為維持正常健康狀態

所需的礦物質。

**mineral salt　無機鹽**　任何無機勻質固體，如鈉、鉀、磷、氯等。

**minimal medium　最基本培養基**　只含有微生物生長所需的最低需要量的食物，即含碳、無機鹽和水。這種培養基用於篩選營養缺陷性（auxotrophs）。見 one gene/one enzyme hypothesis。

**Miocene epoch　中新世**　第三紀（Tertiary period）中的一個時代劃分，始於2600萬年前止於700萬年前。在本世中，哺乳動物都已變成現代的模樣。歐洲的植物區系變得更接近溫帶型，增加了草原。

**miracidium（複數 miracidia）　纖毛幼蟲**　肝吸蟲的第一個幼蟲，它由卵發育出來就成爲一個扁平的長滿纖毛的幼蟲，可獨立游泳尋找下一個寄主。

**miscarriage　流產**　在胎兒還不能在子宮外獨立存活時將胎兒排出體外。

**miscible　可互溶的**　（指液體）

**mismatch of bases　鹼基錯誤配對**　去氧核糖核酸（DNA）分子中核酸的非互補配對，也許是源於替換突變（substitution mutation）。此種錯誤可以在下一次複製時得到矯正，產生一個突變體和一個正常分子。

**mis-sense mutation　錯義突變**　去氧核糖核酸（DNA）密碼子（codon）的鹼基發生改變以致該密碼子編碼另一胺基酸。例如一個三聯密碼的第一個鹼基發生替換突變（substitution mutation），就可能出現下面的突變：CCU（脯胺酸）變成 ACU（蘇胺酸）。見 genetic code。

**Mitchell, P.　密契爾**　見 electron transport system。

**mite　蟎**　蛛型動物（arachnids）蜱蟎目的成員，口前附肢帶爪（螯）。可爲獨立生活（每立方公尺土壤中可有成千上萬），也可以是寄生性。

**mitochondria　粒線體**　見 mitochondrion。

**mitochondrial shunt　粒線體支路**　在氧存在的情況下，細胞質中由醣酵解（glycolysis）產生的還原型輔酶 I（NAD）進入粒線體（mitochondrion）的途徑。它進入粒線體內膜上的電子傳遞系統（electron transport system）。

**mitochondrion（複數 mitochondria）　粒線體**　真核生物（eukaryotes）的圓柱形胞器，長約0.2到10.5微米。在電子顯微鏡下可見，粒線體是由兩層膜包圍著基質，內膜褶皺形成許多突起，稱為脊（cristae）。脊壁是電子傳遞系統（electron transport system）產生腺苷三磷酸（ATP）的地方，而三羧酸循環（Krebs cycle）的反應則發生在基質中。因此粒線體被稱為細胞的動力站；它在能量需求高的部位也最多。粒線體能自我複製，它含有去氧核糖核酸，能編碼合成自身需要的一部分蛋白質。

**mitogen　促細胞分裂劑**　血液中的一類蛋白質生長因子，常引致特定目標器官的有絲分裂（mitosis）。

**mitogenetic rays　分生射線**　一種假想的短波射線，根據某種理論，認為它是由組織射出，可刺激其他組織發生有絲分裂（mitosis）。

**mitosis　有絲分裂**　細胞核分裂的一個類型；分裂後兩個子細胞的染色體數目和母細胞不變。有絲分裂和無性生長及修補有關，而且雖然它是個連續的程序，但可以分成以下的4個階段。每個階段的細節可參閱有關條目。（a）前期（prophase）：染色體收縮，變為可見，呈線狀。每個染色體分成兩個染色單體（chromatids），核膜分解。（b）中期（metaphase）：染色體移至紡錘體赤道，通過著絲點（centromeres）連到紡錘體微管上。（c）後期（anaphase）：染色單體分離，走向兩極。（d）末期（telophase）：核膜再形成；染色體加長本並變得難以分清。參見 meiosis。

**mitospore　有絲分裂孢子**　由有絲分裂（mitosis）形成的孢子（spore）。

**mitotic crossing over　有絲分裂互換**　雙倍體細胞進行有絲分裂（mitosis）時兩個同源染色體（homologous chromosomes）間發生的重組，所產生的雙倍體子細胞其對偶基因組合和母細胞不同。見圖217。

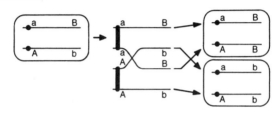

圖217　有絲分裂互換。同源染色體間的重組。

**mitral valve　僧帽瓣**　見 bicuspid 3。

**mixed nerve　混合神經**　包含傳出神經元（efferent neurons）和傳入神經元（afferent neurons）兩者的神經。

**ml　縮寫**　代表毫升，也可記作立方公分（$cm^3$）。

**moa　恐鳥**　紐西蘭一種大型不能飛的鳥類，可高達3公尺。在歷史時期內才滅絕。現在在沼澤地帶仍可發現保存完好的卵。

**mobile genetic element　活動性遺傳成分**　見 transposable genetic element。

**mobility, electrical　電遷移率**　一個離子在電場中的遷移率。

**mobility, mechanical　機械遷移率**　一個分子在液相中擴散的速率。

**mode　眾數**　（統計學）在一系列觀察中最常觀察到的數值，也即頻率分布（frequency distribution）中的峰值。

**modifier gene　修飾基因**　任何改變一個非對偶基因的表型的基因。見 genetic background。

**molality　重量克分子濃度**　一公斤純溶劑中溶質的克分子（moles）數目。

**molarity　體積克分子濃度**　一公升溶液中溶質的克分子數目。

**molar teeth　臼齒**　哺乳動物頜後邊的磨牙，每個臼齒有幾個根，並且在磨面上有由牙尖和凹面組成的複雜格局。臼齒並沒有相應的乳齒。

**mold　黴菌**　見 mildew 3。

**mole　克分子；莫耳**　物質的國際標準單位。一個克分子的任何物質都含有 $6.023 \times 10^{23}$ 次方（亞佛加厥常數）個分子、原子或離子，不論是元素還是化合物。符號是：mol。

**molecular biology　分子生物學**　研究細胞中分子的結構及性質的學科。

**molecular hybridization** or **hybridization** or **annealing　分子雜交，雜交，連接**　由把互補的單鏈 RNA 和 DNA 雜交起來人為製造複合的多核苷酸分子。這種技術可以幫助我們估計 DNA/DNA、DNA/RNA 和 RNA/RNA 之間的互補性。見 complementary base pairing。

**molecule　分子**　物質的最小單位，仍具有整體物質的化學特徵。

**mollusk　軟體動物**　軟體動物綱的無脊椎動物，包括螺類（腹足類，gastropods）、雙殼類（bivalves）、烏賊和章魚（頭族類，cephalopods），以及兩個較小的綱，雙神經綱和掘足綱。大部分都有一個到多個殼和一個不分節的身體，還有一個體腔（coelom）。有些是陸生的，但大部分是水生。

**molt　蛻皮；換羽**　（指鳥類、哺乳動物、爬行動物和節肢動物）脫去羽毛、毛髮、皮膚或表皮的過程。見 ecdysis, molting hormone。

**molting hormone** or **ecdysone　蛻皮激素**　昆蟲胸腺分泌的

一種激素，它可引起表皮的脫落和隨後的生長（蛻皮，ecdysis）。它提高代謝率，並促進生長組織利用胺基酸（amino acid）製造蛋白質。

**mol．wt．　縮寫**　代表分子量（molecular weight）。

**monadelphous　單體的**　（指雄蕊）雄蕊聯合成為一束。

**Monera　原核生物**　包括細菌（bacteria）和藍綠藻（blue-green algae）。

**mongolism　先天愚型**　見 Down syndrome。

**monkey　猴**　除眼鏡猴和狐猴外的一切長尾靈長動物，包括舊大陸和新大陸的猴和狨。

**mono-　[字首]**　表示單一。

**monoaminoxidase　單胺氧化酶**　在腎上腺素激導的（adren-ergic）神經處使正腎上腺素（noradrenaline）失去活性的酶。

**monocarpic　結一次果的**　（指植物）一生只開一次花。

**monochasium　單歧聚繖花序**　小枝互生或螺旋排列，或一枝較另一枝發育得更為強大的頭狀聚繖（cymose）花序。

**monochlamydeous** or **haplochlamydeous　單被的**　（指花）只有一輪花被的。

**monoclonal antibody　單株抗體**　由單一揀選細胞衍生出單一株（clone），再由此產生的抗體（antibody）。這種抗體極純；單株技術已能製出針對腫瘤細胞的特異抗體。

**monocotyledon　單子葉植物**　單子葉亞綱的開花植物。有關對照表，可見 dicotyledon（圖126）。

**monocyte** or **macrocyte　單核細胞**　白血球（leukocyte）的一個類型，屬於無粒性白血球（agranulocyte），是由骨髓中幹細胞產生的，直徑為12至15微米。單核細胞在血中停留短時後就移至其他組織變成巨噬細胞（macrophages），可以再游動到受細菌或異物侵襲的部位，借噬菌作用（phagocytosis）可吞噬大顆粒。參見 histocyte, lymphocyte。

**monoecious　雌雄同株的**　（指植物）雌雄器官都在一棵植物上，在單性花中，如玉米、榛子。在字面上，monoecious 意為一個家。對照 dioecious。

**monogamy　單配性**　單一雄性和單一雌性組成配偶，關係可以延續幾個季節。單配性常見於鳥類，例如天鵝。但在哺乳動物中較少見。

**Monogenea　單殖亞綱**　外寄生於魚類和兩生類的一組吸蟲（flukes），它們只有一個寄主。和複殖亞綱（Digenea）不同，後者有兩個寄主。參見 bilharzia。

**monogenic　單基因的**　有關受單基因控制的遺傳性狀的。

**monograph　專著**　通常是有關一個高級分類單元（taxon）的生物學專著，其中詳盡探討了與分類學有關的一切生物學資料。

**monohybrid　單性雜交**　一個攜帶一個基因的兩個對偶基因（alleles）的生物。例如性狀 A 是受對偶基因 A1和 A2的控制，就可能產生一個單基因雜種，其基因型（genotype）為 A1A2，也即為一個異型合子（heterozygote）。單基因雜交指兩個親代產生一個單基因雜種，後者再交配，或者指一個單基因雜種植物自體受精（見 self-fertilization）。孟德爾就是利用豌豆單一性狀的單基因雜交的結果來總結出它的分離（segregation）定律。

**monohybrid inheritance　單性雜交遺傳**　雜交結果顯示是單一基因控制某一特定性狀。見 monohybrid。

**monokaryon or monocaryon　單核單倍體**　真菌菌絲中每個細胞都只有一個單倍體（haploid 1）的核，這是擔子菌（basidiomycetes）的特點。

**monolayer　單分子層**　見 monomolecular film。

**monomer　單體**　既可以單獨存在又可以同其他類似分子形成聚合體的分子。

**monomolecular film or monolayer　單分子層**　一單層脂質分子其烴基鏈和表面直角相交，例如讓一種脂質攤開在純水水面上時。見 unit membrane, fluid-mosaic model。

**mononuclear phagocyte system or reticuloendothelial system  單核吞噬系統，網狀內皮系統**  哺乳動物抵禦異物的系統，包括位於淋巴結（見 lymphatic system）、肝臟、脾臟和骨髓的巨噬細胞（macrophage）。

**monophyletic  單源的**  （指一組個體）來自同一祖先的。

**monoploid  單倍體**  一個生物或細胞只有一套染色體而不是正常情況下的兩套。

**monopodial  單軸的**  （指莖）同一頂端生長點負責來年的生長。

**monopodium  單軸**  藉頂端生長增加長度的結構，如樹幹。

**monosaccharide  單醣**  醣的單體（monomer），具通式（$CH_2O$）$_n$，例如 $C_6H_{12}O_6$ 是葡萄糖和果糖。見圖218。此類醣通常是白色結晶，味甜，溶於水。形成這些醣的骨幹的碳鏈可有各種長度。有的單醣只有3個碳（丙醣類如甘油醛），其他則有5個碳（戊醣類如去氧核糖核酸的去氧核糖）。有6碳的（己醣如葡萄糖）是最重要的，因為它們可以由縮合反應（condensation reactions）脫水而形成雙醣（disaccharides）和多醣（polysaccharides）。

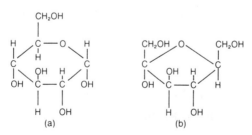

圖218　單醣。(a)葡萄糖和(b)果糖的分子結構。

**monosomic  單體的**  體細胞雙倍體染色體中有一個遺失。例如特納氏症（Turner's syndrome）。見 aneuploidy。

**monotreme 單孔類** 單孔亞綱的哺乳動物，包括鴨嘴獸和針鼴。單孔類和其他哺乳類不同之處在於：它們產卵，並且只有一個開孔（泄殖腔）排卵、排精、排糞和排尿。它們棲於澳大利亞和新幾內亞。

**monotypic 單型的** （指分類單元）只有一個下屬分類單元的。如下面只有一個種的屬，或下面只有一個亞種的種。

**monozygotic twins** or **identical twins** or **uniovular twins 同卵雙生** 由一個卵發育出的同胞，有著相同的遺傳資訊，通常外觀也極為相似。在單合子雙生兒間查出的任何心身上的差別必然是來自生前或生後的環境差別。這種雙生兒是株（clone）的實例，永遠是同一性別。對照 dizygotic twins。

**moor 高沼** 一類高地生境，優勢生物是泥炭蘚上生長的帚石楠，通常並無積水。

**morbid 病態的** 如 morbid anatomy 為病理解剖學，即研究疾病造成的結構改變的學科。

**Morgan, Thomas Hunt 摩根** （1866-1945）美國動物學家，現代遺傳學的奠基人。他首先使用果蠅作為實驗動物，在1910年發現了性連鎖（sex linkage），並且研究出一種簡單地在同一染色體上為基因定位的方法（見 genetic linkage），基因間的距離單位原來就叫做分摩（以其姓為單位名）。

**morph 形態型** 一個多形態種中的個別形態變體。

**morphine 嗎啡** 一種白色結晶麻醉劑，由鴉片取得的生物鹼。分子式：$C_{17}H_{19}NO_3$。

**morphogenesis 形態發生** 一個生物在其生活史中外形和結構的發育過程。

**morphogenetic movement 形態發生運動** 在胚胎發育程序中細胞集團的重定向和運動。

**morphology 形態學** 研究生物體形、外觀的學科；和解剖學

（anatomy）不同，後者要解剖以發現內部結構。

**morphospecies　形態種**　完全根據其形態（morphology）辨識的物種。

**mortality rate** or **death rate　死亡率**　1.一個族群中一年死亡的百分比。2.人口每千人中死亡所佔有的比率。

**morula　桑椹胚**　受精卵經卵裂形成的一團細胞。它是由一團囊胚細胞（blastomeres）組成，隨後將組成一個囊胚（blastula）。

**mosaic　嵌合體**　由來自不同遺傳組成的細胞構成的生物個體，如兩性體（gynandromorph）。見 inactive-X hypothesis。顯示這種現象的植物亦稱爲嵌合體（chimera 1）。

**mosaic egg　鑲嵌卵**　具有明確可區分的區域的卵，這些區域在後期將要發育爲不同的組織和器官。

**mosaic evolution　鑲嵌演化**　演化的一個類型：某一個表型的各種性狀和結構具有不同的變化速率。

**mosquito　蚊蟲**　雙翅目昆蟲，是無數熱帶病的媒介生物，如瘧疾（malaria）和黃熱病（yellow fever）。

**moss　蘚類**　蘚綱的低等植物。通常個體很小（不到5公分高），靠假根附著在潮濕的基底上；這是它的孢子體（sporophyte）世代。性器官則生長於配子體（gametophyte）世代，而且精子囊（antheridia）和藏卵器（archegonia）分別位於不同的蓮座葉上。雄配子能活動，在受精之後就產生出一個雙倍體的孢子體，在其中發育出單倍體的孢子，每個孢子長出一個原絲體從上面再生出新的配子體。

**moth　蛾**　鱗翅目（Lepidopteran）昆蟲，主要夜行，缺多節的觸角，休息時翅平鋪在背上。此詞無分類學意義。

**motility　機動性**

**motivation　動機**　動物在從事某一特定行爲之前的內在狀態。

**motor　運動**　和動器（effector）的刺激有關的。

**motor cortex　運動皮層**　大腦皮層中控制運動的部分。

**motor neuron　運動神經元**　一類神經細胞，它負責聯繫意識控制下的橫紋肌（striated muscle），並由中樞神經系統（central nervous system）傳導刺激至動器，後者則經受刺激而進入活動狀態。

**mountain sickness　高山病**　在海拔4000公尺以上時因缺氧而致疲勞、頭痛、噁心等症狀。

**mouth　口**　動物消化道（alimentary canal）的前面開口，食物經此被攝入體內。口周常有口器和觸手等結構以利取食。見digestive system。

**mouthbreeder　口育魚類**　在口中哺育幼魚的非洲麗魚，魚卵是在口中孵出並受到保護。

**mouthpart　口器**　節肢動物口周協助取食的成對附件。

**mRNA　傳訊核糖核酸**　見 messenger RNA。

**mucin　黏蛋白**　一種在溶液中形成黏液的黏蛋白（mucoprotein）。

**mucopolysaccharide　黏多醣**　含有胺基糖或其衍生物的多醣，如玻尿酸或肝磷脂。

**mucoprotein　黏蛋白**　蛋白質和多醣的一個複合物。

**mucosa　黏膜**　分泌黏液（mucus）的上皮（epithelium），例如襯在消化道裡面的黏膜（mucous membrane）。

**mucous membrane　黏膜**　動物腸道系統和泌尿生殖系統的內襯膜，主要由覆蓋結締組織（connective tissue）的濕潤上皮（epithelium）組成。上皮中的杯狀細胞（goblet cells）負責分泌黏液。

**mucronate　具短尖的**　（指葉片）

**mucus　黏液**　1.無脊椎動物或植物分泌的任何黏性物質。2.

脊椎動物黏膜（mucous membrane）分泌的黏蛋白（mucin）溶液。

**muddy shore 泥岸** 沉積有沖積土和碎屑的海岸，這有別於有沙或礫石的海灘。泥岸宜於形成鹽沼（salt marsh）。

**Mullerian duct 繆勒氏管，副中腎管** 來自胚胎期中前腎（pronephros）的管道；在哺乳動物的後期發育中，它在雌性變為輸卵管而在雄性則消失。名稱來自德國解剖學家和生理學家繆勒（Johannes Müller, 1801-1858）。

**Mullerian mimicry 繆勒擬態** 見 mimicry。

**multi- or mult-** ［字首］ 表示多。

**multicellular 多細胞** 見 acellular。

**multifactorial 多因子的** （指性狀）由多個基因控制的。

**multinucleate 多核** 有多個核的。

**multiple allelism 複對偶現象** 一個基因有多個對偶基因（alleles）的現象，不過一個生物個體在任何時間同時只能有一對對偶基因存在。例如 ABO 血型（ABO blood group）至少有6個對偶基因。事實上好像每個基因都有許多對偶基因，但這通常查不出來，因為這些對偶基因並不造成可見的表型（phenotype）改變。

**multiple factors or multiple genes 多因子，多基因** 一些合在一起產生一個特定性狀如人類身高的基因。

**multiple fission 複分裂** 核先分裂數次後細胞質再分裂，如見於某些原生動物（protozoans）。

**multisite activity 多位作用** 化學物質（例如銅）在生物系統中的作用，它們可損傷多條生化途徑。

**multivalent 多價體** （指染色體）在減數分裂（meiosis）的第一次分裂前期形成聯合的染色體。對照 bivalent。

**multivariate analysis 多變數分析** （統計學）同時涉及多個變數的分析運算。

**mumps　流行性腮腺炎**　人類的急性傳染性病毒感染，特別見於兒童，其特徵爲耳下腮腺的腫脹，是由一種副黏液病毒造成。流行性腮腺炎病毒是由患者唾液和呼吸道分泌物顆粒進入一個新寄主的呼吸道。此病常出現於冬季和早春，在成人可引起**腦膜炎**（meningitis）。在男性還可造成不育。一旦感染，將導致終身免疫。可利用減毒疫苗預防。

**murein　胞壁質**　組成細菌細胞壁堅硬框架的交聯黏多胜肽。

**muricate　刺面的**　（指植物結構）由小瘤樣突起造成的表面粗糙。

**muscarine　毒蕈鹼**　某些蘑菇中的有毒生物鹼。

**muscarinic　蕈毒鹼的**　（生理學術語）具有對毒蕈鹼敏感而對菸鹼不敏感的乙醯膽鹼受體的。

**muscle　肌肉**　動物身體的肉質部分，其組成成分是高度可收縮的細胞，其功能是造成身體各部分間的相對移動。一根肌肉由許多纖維（肌肉細胞）組成。在**橫紋肌**（striated muscle）中，每個細胞包含一束**肌原纖維**（myofibrils），每個肌原纖維又顯示一種橫向條帶，並由一串端對端連接的**肌原纖維節**（sarcomere）構成。肌節是收縮的單位，而表面看到的條帶是由於組成肌原纖維的肌絲有兩型：粗肌絲（暗色）和細肌絲（亮色）。這些肌絲互相重疊如圖219所示。粗肌絲由**肌凝蛋白**（myosin）組成，而細肌絲由**肌動蛋白**（actin）組成。

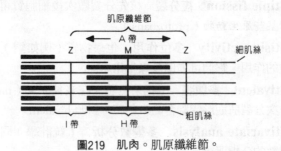

圖219　肌肉。肌原纖維節。

赫克斯利和哈理森發現，收縮時亮帶（I bands）變窄；舒張時亮帶又變寬。在發生極強收縮時，H帶消失，細絲重疊。赫哈二氏提出滑行肌絲學說來解釋他們觀察到的現象。粗細肌絲之間存在一種橋狀機構，在收縮時這些橋就利用一種棘輪機制帶動細肌絲由粗肌絲旁邊滑過。當一部分肌絲還掛接在一起時，另一些則脫開原有的連接並重新掛接另一處。在橋和細肌絲接觸處形成肌動球蛋白（actomyosin）。每個橋經歷由掛接、收縮，到再掛接的一個循環，需要分解一個分子的**腺苷三磷酸**（ATP）的能量，而每秒大致要經歷這樣的循環50次。ATP的供應來自肌原纖維旁邊的**粒線體**（mitochondria）。在肌纖維表面傳過來的**動作電位**（action potential）的刺激下，肌漿網中小泡釋放出鈣離子，而這些鈣離子就分裂ATP。原來原肌凝蛋白阻止肌凝蛋白橋和肌動蛋白纖維結合，但鈣離子動作的肌鈣蛋白這時取代了原肌凝蛋白。一旦肌凝蛋白橋和肌動蛋白纖維結合，就活化了腺苷三磷酸，而ATP水解就使肌凝蛋白橋經歷它的循環而發生收縮。

**muscle fiber　肌纖維**　包含有無數**肌原纖維**（myofibrils）的肌肉細胞。

**muscle spindle　肌梭**　肌肉中的一類**本體受器**（proprioceptor），其形為一梭狀包囊，裡面有特化的肌肉細胞和神經末梢。肌肉細胞的長度或張力的改變可刺激肌梭。

**muscular dystrophy（MD）　肌肉萎縮症**　以進行性肌肉萎縮和最終死亡為特徵的疾病。有一型稱迪謝納（Duchenne）氏肌營養不良，是受一個性染色體上的隱性基因控制的（見 sex linkage），因此患病的男孩較女孩多。本病首先出現於1到6歲之間，病情進行到約十幾歲後病患就只能靠輪椅行動，而大部分患者不到20歲就死亡。其他類型是由普通染色體基因控制，顯性和隱性都有，男女性患者一樣多。

**muscularis mucosa　黏膜肌層**　消化道黏膜最外層的一小薄

層肌肉細胞。

**musculoepithelial cell　肌上皮細胞**　主要見於腔腸動物（coelenterates）的一種細胞，柱狀，和外胚層及內胚層細胞在一起，它有兩個收縮突一直伸入到中膠層。

**musculoskeletal system　肌肉骨骼系統**　脊椎動物運動的基礎，肌肉（muscles）作用於骨骼上就造成行動。

**mushroom　菇類**　擔子菌傘菌科眞菌的子實體的俗稱。

**mussel　蚌**　雙殼類軟體動物，如藍貽貝（*Mytilus edulis*）。

**mutagen　突變劑**　能增加生物突變（mutation）率的藥劑，例如 X 光、紫外線、芥子氣等。

**mutant　突變型，突變體**　1.任何經歷突變（mutation）的基因。2.顯示突變效應，且其表型已非野生型（wild type）的個體。

**mutant site　突變點**　基因內發生點突變（point nutation）之處。

**mutation　突變**　生物遺傳物質的改變。如果此改變涉及生殖細胞，那麼這個突變是可遺傳的。如果是體細胞（非性細胞）發生突變，這種突變一般不會遺傳。突變可以發生在兩個層次：（a）一個單個的基因發生突變（點突變），產生一個不同的對偶基因（allele），和（b）染色體的結構或數目發生改變。參見 spontaneous mutation, chromosomal mutation。

**mutation breeding　突變育種**　一種使用突變劑（mutagens）來產生新而具有有用性狀的農業品種的育種技術。雖然這常常可以製造出新的類型，但卻很難控制所產生的各種改變，它們常會搞亂一個特定品種內部各基因之間的微妙平衡。

**mutation frequency　突變頻率**　一個族群中，突變體和正常野生型（wild type）相比所佔的比率。

**mutation rate　突變率**　在一段固定時期內一個基因發生突變的次數。在有性生物中，這常是按每個配子的突變數目來計算。

在不同基因之間以及在不同生物之間的突變率變異很大，但一個典型的數值是每10萬個配子中每個坐位會發生一次突變。

**muton** **突變子** 基因中能進行**突變**（mutation）的最小部分。現已知一個突變子就是一個**去氧核糖核酸**（DNA）鹼基的大小。

**mutualism** **互利共生** 見 symbiosis。

**mycelium** **菌絲體** 一個**真菌**（fungus）的全部菌絲（hyphae），這構成真菌的營養體以與其子實體相區別。

**Mycetozoa** **菌蟲** 見 Myxomyceta。

**myco-** or **-mycete** ［**字首**］ 表示真菌。

**mycology** **真菌學** 研究真菌的學科。

**Mycophyta** **真菌植物** 見 Eumycota。

**mycoplasmas** **支原體，菌質體** 一組極小的**原核生物**（prokaryotes），類似細菌，但無細胞壁，因此形態多變。

**mycorrhiza** **菌根** **真菌**（fungus）和高等植物根部的一種結合。真菌可以是在根的表面或在其內部。在有些情況中，真菌可以分解**蛋白質**（proteins）或**胺基酸**（amino acids），產物溶於水，再被植物吸收。但在大多數情況下，真菌的活動只產生氮和磷的化合物。高等植物合成的醣類則被真菌利用，所以這是一種**共生**（symbiosis）關係。有些植物缺乏葉綠素，例如鳥巢蘭，它們就依靠菌根取得醣類和蛋白質。

**mycosis** **真菌病** 真菌感染造成的動物疾病。

**Mycota** **真菌界** 包括真菌和黏菌。

**mycotrophic** **菌根營養的** （指植物）根系上有菌根的。

**myel-** or **myelo-** ［**字首**］ 表示髓。

**myelin** **髓磷質** 一類白色的磷脂。見 myelin sheath。

**myelin sheath** or **medullated nerve fiber** **髓鞘，有髓神經纖維** 脊椎動物的大神經纖維周圍由脂質和蛋白質構成的包鞘

（見 dendrite）。這白色的脂質包鞘是由許旺氏細胞（Schwann cells）產生的。這個鞘允許更大量的電流，因此加速了神經衝動。髓鞘上的縮窄處稱阮氏結，表示不同許旺氏細胞之間的界限。無髓神經常見於無脊椎動物中，也見於脊椎動物脊髓內和**自主神經系統**（autonomic nervous system）中。在脊椎動物中，白色的有髓神經位於脊髓的外側。見圖220。

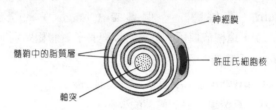

圖220　髓鞘。髓神經纖維的橫切面。

**myelitis　脊髓炎**　脊髓神經的炎症。

**myeloid tissue　髓樣組織**　脊椎動物的造血組織，正常位於骨髓內。

**myeloma　骨髓瘤**　骨髓的癌症。

**Mymaridae　柄翅卵蜂目**　包括柄翅卵蜂（膜翅目，Hymenoptera），已知最小的昆蟲。和小蜂近緣，完全都是卵的寄生蟲。

**myo-　[字首]**　表示肌肉。

**myoblast　肌母細胞**　產生肌肉纖維的細胞。

**myocardium　心肌層**　脊椎動物心臟的肌肉壁。

**myocoel　肌節腔**　體腔在每個肌節（myotome）裡面的部分。

**myofibril　肌原纖維**　橫紋肌（striated muscle）的微觀收縮單位，是由一系列肌原纖維節組成。肌原纖維是由無數根縱長的肌絲構成，肌絲分兩型：粗肌絲（肌凝蛋白，myosin），和細肌絲（肌動蛋白，actin）。（見 muscle, I-band）。對於平滑肌的收縮所知較少，平滑肌中的所謂收縮成分據認為包括肌動蛋白和肌凝蛋白兩者。

**myogenic contraction　肌源收縮**　由肌肉內部發動而不是由神經衝動刺激引起的收縮。例如，即使將心臟取出體外，在節律點（pacemaker）的帶動下，心肌（cardiac muscle）會繼續搏動。

**myoglobin　肌血紅素**　一類較小的球形蛋白質（分子量＝17,000），由153個胺基酸組成一條多胜肽鏈（polypeptide chain），還包含一個血色素（heme）。這種蛋白見於脊椎動物和某些無脊椎動物的肌肉，使肌肉呈現紅色。它對氧有高度親和力。

**myoneme　肌纖維**　某些原生動物中的收縮原纖維，如見於喇叭蟲（*Stentor*）和吊鐘蟲（*Vorticella*）。

**myopia** or **nearsightedness　近視**　不能看清遠物，由於角膜和晶狀體組成一個過強的光學系統以致焦點落在網膜之前。對照 hyperopia。

**myoplasm　肌漿**　肌肉細胞細胞質中的溶膠（sol）部分。

**myosin　肌凝蛋白**　肌肉（muscle）的肌原纖維節（sarcomeres）中粗絲所含的蛋白質。在收縮時，肌球蛋白和肌動蛋白（actin）結合形成肌動球蛋白（actomyosin）。

**myostatic reflex　牽張反射**　見 stretch reflex。

**myotome　生肌節**　每個分節（metameric segment）裡都有的一對肌肉囊塊。但在頭部和生長附肢的地方，分節的情況就有很大的改變。

**Myriapoda　多足綱**　節肢動物（arthropods）的一個綱，包括蜈蚣（唇足亞綱）和馬陸（倍足亞綱）等。

**myrmecophily　蟻共生**　其他昆蟲（常常是甲蟲）利用蟻的現象，例如以之作食源或利用蟻窩作居處。

**myxameba　變形黏菌**　孢子萌生時產生的細胞。見於黏菌和某些簡單的真菌，能作變形運動。

**myxedema 黏液性水腫** 成年人因甲狀腺素（thyroxine）分泌不足造成的病情。代謝率（metabolic rate）下降，皮下脂肪增加，皮膚變粗，精神和軀體活動都變遲緩。

**Myxomyceta** or **Mycetozoa** or **Myxomycophyta** or **slime mold 黏菌門，黏菌蟲，黏菌** 眞菌樣生物（見plasmodium），像一團裸露的原生質，以死亡、腐壞或活的植物爲食。它們借孢子繁殖，能進行變形運動。本類群現歸入眞菌界的黏菌門。見 myxameba。

**Myxomycophyta 黏菌門** 見 Myxomyceta。

**Myxophyta 藍綠藻植物** 見 blue-green algae。

**Myxosporidia 黏孢子蟲** 一組孢子蟲（sporozoans），寄生於淡水魚，它借助於一種類似於腔腸動物刺絲囊（nematocysts）狀的結構釘附在魚身上。

# N

**nacreous layer　真珠層**　軟體動物外殼內部的珠光層，是由套膜上皮分泌出來的。

**NAD（ nicotinamide adenine dinucleotide ）　鹼醯胺腺嘌呤二核苷酸，輔酶 I**　傳遞氫的一個輔酶（ coenzyme ）。

$$NAD \leftrightarrows NADH$$
氧化　　還原

NAD 在細胞中是作爲能量載體。在有氧呼吸（ aerobic respiration ）時，還原型 NADH 將電子傳遞給電子傳遞系統（ electron transport system ）。亦見 FAD。

**NADP（ nicotinamide adenine dinucleotide phosphate ）　菸鹼醯胺腺嘌呤二核苷酸磷酸，輔酶 II**　在光合磷酸化（ photophosphorylation ）程序中接受氫，並將電子傳遞給光合作用（ photosynthesis ）的卡爾文氏循環（ Calvin cycle ）的輔酶。

$$NADP \leftrightarrows NADPH$$
氧化　　　還原

**nail　指（趾）甲**　人類和其他靈長類保護每個指（趾）末端的角質層。在其他陸生脊椎動物中，指（趾）甲都呈爪狀。

**naked　裸的**　（指植物結構）無毛、無鱗片的。

**nanometer　毫微米**　十億分之一公尺。縮寫爲：nm。

**narco-　[字首]**　表示昏睡。

**narcotic　麻醉劑**　任何能導致昏睡狀態的藥物，如鴉片。

**nares　鼻孔**　見 nostril。

**narrow-sense heritability  狹義遺傳率**  一個族群的表型（phenotypes）差異中可歸因於加成性遺傳差異的部分，所謂加成性遺傳差異是指族群中一切影響某一特定性狀的基因的平均效應。狹義遺傳率（heritability）說明，親代的表型有多少可遺傳給子代，它常常是根據選擇實驗的結果來估計的。對照 broad-sense heritability。

**nasal cavity  鼻腔**  哺乳動物硬顎以上的一組腔室，空氣由鼻孔進入鼻腔再經咽部入肺。在吸氣時，空氣在鼻腔中被過濾、加溫和加濕，氣味也是在此被感覺的。

**nastic movement** or **nastic response  感性運動，感性反應**  植物針對分散、無方向性刺激的生長反應，如藏紅花（Crocus）對溫度改變的開合反應。

**nastic response  感性反應**  見 nastic movement。

**national park  國家公園**  一片較大且滿足下列條件的鄉間或荒野土地：（a）沒有因人類的存在或使用而造成實質性改變；（b）有立法保障，以維護其特徵；（c）僅在特定的文化娛樂目的下允許遊客參觀。這個定義是1969年由自然和自然資源保護國際聯盟（IUCN）採用的。

**native  本地種**  未經人助而定居在一地的物種。

**native protein  天然蛋白**  天然存在的蛋白質。

**natural classification  自然分類**  見 classification。

**natural immunity  自然免疫**  由於適宜的遺傳特徵而形成的免疫力，而不是因爲疫苗或血清帶來的免疫力。

**natural order  自然目**  已廢用術語，指開花植物的一個科（family）。

**natural selection  自然選擇，天擇**  達爾文（Charles Darwin）所提出的造成漸進演化的機制。更適應環境的生物產生的幼體也多，這樣就增加了它們在族群中的比例，因此也就是說它們被選擇了。這樣的機制決定於它們在族群中的變異度，而這個變異度來自突變（mutation）。於是有益的突變就被自然選擇（natural selection）保留下來。

**nature and nurture　遺傳與環境，先天與後天**　見phenotype。

**nauplius　無節幼蟲**　典型的甲殼動物幼蟲，有一個眼，3對附肢，和一個圓形透明的身體。

**nautiloid　鸚鵡螺**　鸚鵡螺亞綱的軟體動物，是一組和化石中菊石近緣的頭足類動物，有一個大型螺旋形多室的殼，動物就棲居在最後一個室中。

**navigation or orientation　定向**　許多動物都能定向，特別是遠距遷徙（migration）的種類。已知，鳥類返家（見homing）除路標外還依靠太陽和星星。蜜蜂和其他節肢動物（arthropods）則利用空中的偏振光，由此判斷出太陽的方向。其他生物可能利用化學梯度來追蹤路途。例如鮭魚就是由海循特殊味道尋找排卵的特殊河流。

**Neanderthal man　尼安德塔人，尼人**　一種原始人類：智人尼安德塔亞種（*Homo sapiens neanderthalus*），約生存於10萬年前。

**necrosis　壞死**　動植物組織的局部死亡，例如葉片受到病原體侵襲時的壞死反應。一塊受侵的區域則被描述為壞死的。見diphtheria。

**necrotrophic or saprophytic　死體營養的，腐食的**　（指微生物和植物）以死亡組織為食的（見 saprophyte）。對照biotrophic。

**nectar　花蜜**　許多花中蜜腺（nectary）分泌的含糖液體。它吸引昆蟲，進而促進傳粉。

**nectary　蜜腺**　花中一塊分泌花蜜的組織，用於吸引昆蟲。蜜腺通常都位於花冠深處，所以傳粉昆蟲既授粉又帶走花粉。見entomophily。

**negative feedback　負回饋**　見 feedback mechanism。

**nekton　自游生物，游泳生物**　棲於海洋（pelagic）帶的獨立游泳的生物。對照 plankton。

**nemato-　[字首]**　表示線或線樣。

**nematoblast　刺線細胞**　見 cnidoblast。

**nematocyst　刺囊**　腔腸動物（coelenterates）的刺囊細胞（cnidoblast）中的一個結構，其中有一個長線狀空管。受到刺激時，例如遇到獵物，這個線狀空管就會翻轉射出去。有幾種類型：例如穿刺刺絲囊，它可向獵物注射毒液；黏性刺絲囊，它可排出黏性物質將獵物黏在腔腸動物的觸手上。某些種類的觸手上有大量刺絲囊，這正是水母螫人的原因。這種細胞也可被其他生物利用，例如被某些以腔腸動物為食的扁蟲。被食後的刺絲囊會遷移到扁蟲的表面，於是扁蟲利用它們就正和當初腔腸動物利用它們一樣。見圖221。

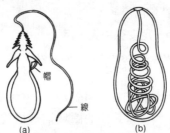

帽

線

(a)　　　　(b)

圖221　刺囊。水螅的刺囊。(a)已射出的穿刺刺囊。(b)未排出的黏性刺囊。

**nematode　線蟲**　線形動物門的無脊椎動物，包括蛔蟲（ascaris）。

**nemertean　紐蟲**　紐形動物門的無脊椎動物，包括帶蟲。

**neo-　字首**　表示新。

**neo-Darwinism　新達爾文主義**　一種演化學說，是孟德爾遺傳學（Mendelian genetics）和達爾文主義（Darwinism）的結合。見 central dogma。

**Neogene　新第三紀**　第三紀（Tertiary period）的晚期，包括更新世、上新世和中新世。

**Neognathae　今顎首目**　現存鳥類兩個主要類群之一，包括能飛行的種類。本類的主要特點為：具有小的前鋤骨，與翼狀骨不接觸。對照 Paleognathae。

**neo-Lamarckism　新拉馬克主義**　一個現代的嘗試，想為拉馬克主義（Lamarckism）增添一些遺傳學的支援，但目前還很少證據。它強調環境因子對遺傳改變的影響。

**Neolithic　新石器時代**　1.新石器時代大約於1萬年前開始於中東。這個時代標誌人類培育植物和馴養動物的開始。2.作為形容詞，新石器時代的。

**neonatal　新生兒線**　（指新生子代，特別是人類）獨立生活的頭一個月。

**neontology　今生物學**　研究近現代生物的學科。對照 paleontology。

**neopallium　新大腦皮質**　人類大腦皮質的主要部分，也是其他脊椎動物大腦半球的頂蓋。新大腦皮質和全身的肌肉協調以及智力有關。

**neoplasm　贅生物**　身體上自發生長的組織，但無明顯生理功能，如腫瘤（tumor）。

**neoplastic disease　贅生物疾病**　因贅生物（neoplasm）而造成的異常情況。

**Neornithes　今鳥類**　除了始祖鳥以外的一切鳥類。

**neoteny　幼態成熟**　見 pedogenesis。

**neotype　新模標本**　原始描述發表以後，當原有模式遺失、被毀，或者因其他原因失效，這時再重新選為模式的標本。

**nephridiopore　腎孔**　腎管（nephridium）的外部開口。

**nephridium　（複數 nephridia）腎管**　存在於許多無脊椎動物

（如蚯蚓）的原始排泄管，一端開向體外，另一端或開向**體腔**（coelom）或終止於**焰細胞**（flame cell）。

**nephromyxium　混腎**　**體腔管**（coelomoduct）和**腎管**（nephridium）結合成爲一個排泄管，如見於**環節動物**（annelids）。

**nephron　腎元**　脊椎動物腎臟中的**馬氏小體**（Malpighian body）連同其相關小管。每個人腎中約有100萬個腎元，所以兩個腎中的小管總長可達80公里。

**nephrostome　腎口**　**腎管**（nephridium）或**混合腎管**（nephromyxium）的內部開口。

**neritic　近海的**

**nerve　神經；脈**　1.（在動物）神經。位於**中樞神經系統**（central nervous system）之外的一束神經纖維，通常包括傳入神經（通向中樞神經系統）和傳出神經（離開中樞神經系統）兩者，此外還有相關的結締組織和血管，共同包在**結締組織**（connective tissue）包膜中。2.（在植物）脈。葉部筋條狀結構，包括輸導和機械組織。

**nerve cell　神經細胞**　見 neuron。

**nerve cord　神經索**　組成無脊椎動物中樞神經系統的神經組織束。

**nerve ending　神經末梢**　神經纖維的末端，或終止於**終端器官**（end organ），或形成細小的分支。

**nerve fiber　神經纖維**　**神經**（nerve 1）的**軸突**（axon）連同它們的包膜。

**nerve impulse　神經衝動**　沿**神經**（nerve 1）**軸突**（axon）傳送的資訊。衝動是由於沿軸突傳送的**去極化**（depolarization）波一路產生的膜外負電荷。**靜止電位**（resting potential）被翻轉，變成了**動作電位**（action potential），然後以1至100毫秒的速度沿軸突傳遞，速度大小決定於纖維的粗細、有無**髓鞘**（myelin sheath）、溫度、動物種類，以及其他因素。一旦一個衝動開始了，它就會進行下去而不衰減，刺激的力量和性質對它也無影響。一旦產生，強度就那麼大；要不產生，就完全沒有（**全有全無律**，all- or -none law）。改變刺激只改變衝動的次數（見summation）。在每次衝動之後，都有一個**不反應期**（refractory period），在此期間不可能通過第二個衝動。

**nerve net　神經網**　在缺乏**中樞神經系統**（central nervous systems）的無脊椎動物如**腔腸動物**（coelenterates）和**棘皮動物**（echinoderms）中，神經細胞互相連接結成網狀，稱神經網。神經網在其他類群中幾乎不存在。因爲其中的突觸通常並非單向的，所以傳導在網上執行很慢，而且常常是向各方向傳。

**nerve ring　神經環**　**棘皮動物**（echinoderms）口周的一圈神經。

**nerve root　神經根**　脊神經源於脊髓的起點。每根神經有兩個根：一個**背根**（dorsal root），一個**腹根**（ventral root）。

**nervous system　神經系統**　**後生動物**（metazoan）以快速反應來協調自身活動的主要方法。〔**內分泌腺**（endocrine gland）也有協調功能，但比較慢而持久。〕受器接受刺激並由神經細胞把刺激傳遞給動器官。神經細胞藉由**突觸**（synapses）互相聯繫，還可和其他神經細胞、受器，或動器聯繫。複雜聯繫提供複雜反應，協調是在**中樞神經系統**（central nervous system）裡進行，那裡的突觸特別多。協調就是經由**神經衝動**（nerve impulses）的傳遞而造成的。

**nervous tissue　神經組織**　**神經**（nerve）細胞連同它們的**軸突**（axons）和附屬細胞。

**net assimilation rate　淨同化率**　由測量植物的特定部分（通常是葉面積）而不是植物整體來估算的植物生長（單位時間內的重量增加）。

**net primary production　淨初級生產量**　見 primary production。

**neural　神經的**

**neural plate　神經板**　在脊椎動物胚胎中沉陷至表面之下並形成脊髓外胚層的部分。

**neurenteric canal　神經腸管**　當胚孔（blastopore）被神經褶蓋過來時，連接腸道和神經管的胚胎組織。

**neurilemma　神經膜**　圍繞有髓神經纖維的髓鞘（myelin sheath）的薄膜。它是許旺氏細胞（Schwann cell）緊貼著軸突的一部分。

**neurin　神經絲蛋白**　附著在腦細胞裡的絲狀蛋白，類似肌動蛋白（actin），可能在胞飲作用（exocytosis）中有某些作用。

**neurocranium　腦顱**　脊椎動物頭顱中包容腦和感官囊的部分。

**neuroglia　神經膠質**　見 glia。

**neurohumor　神經液**　神經末梢（nerve ending）分泌的一種激素。

**neurohypophysis　神經性垂體**　見 pituitary gland。

**neuromuscular junction　神經肌肉接頭**　運動神經元（motor neuron）和肌肉纖維（muscle fiber）間的接觸部位。

**neuron or nerve cell　神經元，神經細胞**　神經系統的結構單位，通常包括細胞體和細胞質延伸部分。最長的延伸部分叫做軸突（axons），負責將神經衝動從細胞體傳遞給其他神經細胞或動器。大量短的延伸部分叫做樹突（dendrites），它們負責接收衝動。軸突可以是有髓的（帶有髓鞘），也可是無髓的，但在有髓神經，衝動的傳導比較快，因為動作電位是從一個阮氏結跳躍到另一個傳導的。見圖222。

**neuron theory　神經元學說**　本學說認為，神經系統是由無數獨立的神經元（neurons）組成，它們只是經突觸互相接觸，原生質並無聯繫。

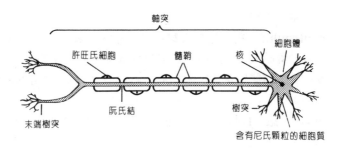

圖222　神經元。脊椎動物的運動神經細胞。

**neuropeptide　神經多胜肽**　見 endorphin。

**neurophysiology　神經生理學**　研究神經（nerves）的生理的學科。

**neuropil　神經氈**　包圍中樞神經系統細胞周圍的樹突（dendrites）和軸突（axons）團。

**Neuroptera　脈翅目**　內翅類（Endopterygote）昆蟲的一個目，包括泥蛉、草蛉等，具有兩對類似的膜翅。

**neurosecretion　神經分泌**　神經細胞分泌激素的程序。

**neurotransmitter　神經傳導物質**　見 transmitter substance。

**neurotubule　神經小管**　見 microtubule。

**neurula　神經胚**　脊椎動物胚胎的一個階段，此時原腸胚已大部形成，神經板也正在形成，最後將形成神經管。

**neuston　漂浮生物**　在水面上營漂浮生活的生物。

**neuter　中性生物**　一個性器官無功能或根本沒有器官的生物。一個無性植物就是沒有雌雄花的植物，如向日葵的邊花。一個無性動物是性不發育或不育的動物，如蜜蜂群中的工蜂，或是閹割的動物。

**neutral allele　中性對偶基因**　在身體中不影響個體的生存和生殖適合度（fitness）的對偶基因。

**neutral term　中性分類術語**　分類學中使用的不涉及分類單

元分級的術語。

**neutrophil  嗜中性白血球**  最常見的*白血球*（leukocyte），形成於骨髓，在人血中的正常數目爲每立方公釐2500-7500個。嗜中性白血球是*吞噬細胞*（phagocytes），在抵禦細菌感染方面很重要。

**nevus  痣**  1.胎記，常常是皮膚上的一塊紅色斑片。2.皮膚上的色素痣。

**niacin  菸鹼酸**  見 nicotinic acid。

**niche  生態區位**  決定一個生物在*生態系統*（ecosystem）中地位的全部性狀。這包括它生存所必需的以及限制它的分布和生長的一切化學的、物理的、空間的、時間的因素。生態區位爲一個物種所特有，沒有兩個物種能共存於同一生態區位中。但在正常佔有者不在時，另一不同物種卻可佔居同一生態區位。

**nick  缺口**  單股去氧核糖核酸（DNA）的缺斷處。DNA 的出現缺口可能是 DNA 的修補機制的一部分，這常是在 DNA 受到紫外線損傷之後進行修補時。

**nicotinamide  菸鹼醯胺**  維生素 B 群的成分之一，爲一鹼性結晶醯胺。

**nicotine  菸鹼**  由煙草中提出的一種生物鹼。

**nicotinic acid** or **niacin  菸鹼酸**  維生素 B 群（B complex）中的一個維生素，見於肉、酵母和全麥。菸鹼酸在體內轉化爲菸醯胺，進入*鹼醯胺腺嘌呤二核苷酸*（NAD），這是細胞呼吸中的一個重要輔酶。菸鹼酸的缺乏可導致一種疾病，稱糙皮病，其症狀包括皮炎、肌肉無力和精神障礙。

**nictitating membrane  瞬膜**  鳥類、爬行類、某些哺乳類、鯊魚和兩生類的第三個眼瞼。透明，可以從內眼角快速向外閃動，清潔並濕潤眼球而不影響視力。在潛水鳥類如海雀，膜上還有一個晶體狀的視窗可以幫助調節水下的聚焦。

**nidicolous  留巢性**  （指幼鳥如鳴禽）孵出時還發育不足，要在巢中長翅。

**nidifugous　離巢性**　（指幼鳥如涉禽）生後幾小時就可離巢。此類鳥是在巢外長翅的。

**nipple　乳頭**　乳腺中央的一個圓錐狀突起，乳汁由此溢出。

**Nissl granules** or **Nissl bodies　尼氏顆粒，尼氏小體**　在神經元（neuron）細胞體中的一種顆粒。由核蛋白及鐵構成，和蛋白質合成有關。

**nit　蝨卵**　人蝨（*Pediculus humanus*）的卵，黏附在毛髮上。

**Nitella　麗藻**　綠藻的一個屬。

**nitrification　硝化作用**　土壤細菌將有機氮轉化為植物可吸收的無機硝酸鹽的程序。動植物蛋白質腐壞產生含氮化合物，後者可被亞硝化單胞菌和硝化球菌氧化為硝酸鹽。硝化桿菌則將亞硝酸鹽氧化為硝酸鹽。見 nitrogen cycle。

**nitrogen cycle　氮循環**　由於生物活動造成的氮在環境中的循環。80％的大氣都是氮氣，而這是靠這個循環的平衡作用來維持的。見圖223。

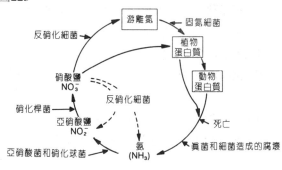

圖223　氮循環。

**nitrogen deficiency　氮缺乏**　氮的供應不足生物的需求。

**nitrogen fixation　固氮作用**　某些細菌和藍綠藻利用大氣氮合成胺基酸（amino acids）的程序。這些原核生物

（prokaryotes）可以是獨立生活的（例如固氮菌，它是好氧菌；梭菌，它是專性厭氧菌），也可以是和植物生長在一起的（如根瘤菌），它就住在根瘤裡。這後一種關係是**共生**（symbiosis）的關係，因爲植物從中獲得營養而能生長在缺氮的土壤上，而固氮者也可由植物處得到醣類。在細菌那裡，氮借助固氮被還原爲氨：$N_2 + 3H_2 = 2NH_3$，氨再和酮酸作用形成胺基酸。

**nitrogen-fixing bacteria　固氮細菌**　見 nitrogen fixation。

**nitrogenous waste　含氮廢物**　代謝（metabolism）產生的氮廢物。原來氮都是存在於**胺基酸**（amino acids）中，但沒有多少動物可直接排泄胺基酸。許多無脊椎動物和水生脊椎動物排泄的是氨，但如果沒有多餘的水，氨是有毒的。海洋硬骨魚排泄的是**氧化三甲胺**（trimethylamine oxide），此物無毒，排泄時需要水也不多。哺乳動物、龜和兩生動物排泄**尿素**（urea）；而陸生爬行動物、螺類、昆蟲和鳥類排泄的都是**尿酸**（uric acid），而且在排出之前其中的水已被吸回。

**nm　縮寫**　代表毫微米（nanometer）。

**Noctuidae　夜蛾科**　其幼蟲會給作物根帶來嚴重危害。

**node　節**　植物莖上生長葉子的地方。參見 internode。

**nodes of Ranvier　阮氏結**　見 myelin sheath。

**nodule　結；根瘤**　1.結。任何小圓瘤塊。2.根瘤。見 nitrogen fixation。

**nomenclature　命名法**　見 binomial nomenclature。

**nomen conservandum　保留名**　動物命名委員會正式制定的名稱。

**nomen dubium　疑難學名**　證據不足以辨識有關物種的名稱。

**nomen oblitum　遺忘名**　已失效的名稱。

**nominal taxon　標稱類元**　由模式標本（type）客觀界定的類元。

**nominate　指名的，模式的**　（指分類單元）與緊鄰上位類元同名，且即為其模式。例如紅腳鷸（一種舊大陸鷸）的名稱（ *Tringa totanus* ）中，（ *totanus* ）即為種名。

**noncompetitive inhibition　非競爭性抑制**　一類控制酵素的方式；此類酵素有兩個活性部位（ active sites ），一個可和抑制劑結合，另一個和酵素受質結合。抑制劑影響酵素的催化活性可能是透過改變受質活性部位的形狀。對照 competitive inhibition。參見 allosteric enzyme。

**noncyclic photophosphorylation　非循環光合磷酸化**　光合作用（ photosynthesis ）的光反應中兩個主要的程序之一，該程序經由葉綠素光系統 I 和 II 形成 ATP 和還原型 NADP。見 light reactions。

**nondimensional　非維度的**　（指物種）兩個共存族群不相交配繁育即為兩個種，這也就無時空的考慮。

**nondisjunction　不分離**　在細胞核分裂時染色體未移向兩極，結果造成兩子細胞的染色體數目不等（見 aneuploidy）。見圖224。不分離可造成**體染色體**（ autosomes ）的異常數目（如唐氏症候群），也可造成**性染色體**（ sex chromosomes ）的異常數目（如特納氏症候群）。

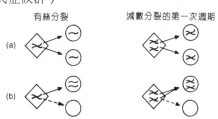

**圖224　不分離。**(a)正常分離。(b)不分離。

**nonessential amino acid　非必需胺基酸**　不是**必需胺基酸**（ essential amino acid ）的胺基酸。

**nonhomologous　異源的**　（指染色體或染色體片段）包含許

多減數分裂時不配對的基因的。對照 homologous chromosomes。

**non-Mendelian genetics 非孟德爾遺傳** 不遵守孟德爾的分離（segregation）和自由組合（independent assortment）定律的遺傳。例如，基因間的*遺傳連鎖*（genetic linkage）現象所造成的子代基因頻率和根據自由組合定律推算的頻率不同。

**nonpolar 非極性** （指物質）沒有電荷或羥基，因此也不和水結合的。

**nonrace-specific resistance** or **horizontal resistance 非品種特異性抵抗力，水平抵抗性** 寄主身上有大量基因（多基因，polygenes）使它對多種病原體或寄生蟲有廣泛的抵抗力。這樣的系統通常能抵抗侵害生物的遺傳改變，因此也能保證穩定的作物收成。對照 race-specific resistance。

**nonrandom mating 非隨機交配** 各種類型個體間的交配不符合按照機率推斷的頻率。有兩種主要的非隨機交配類型：在近緣個體間的交配（見 inbreeding）；在具有相似表型的個體間的交配（見 assortative mating）。

**nonreducing sugar 非還原性糖** 見*糖*（sugar）。

**nonsense codon** or **termination codon** or **stop codon 無意義密碼子，終止密碼子** 一個三聯*傳訊核糖核酸*（messenger RNA）*鹼基*，如*赭石密碼子*（ochre codon），它並不編碼任何*胺基酸*（amino acid），但卻在*蛋白質合成*（protein synthesis）的轉譯階段用於終止多的合成。在*遺傳密碼*（genetic code）中共有3個無意義密碼子。

**nonsense mutation 無意義突變** 在轉錄為*傳訊核糖核酸*（mRNA）時導致形成*無意義密碼子*（nonsense codon）的*去氧核糖核酸*（DNA）*聚核苷酸鏈*（polynucleotide chain）的改變。

**noradrenaline 正腎上腺素** *腎上腺素激導的*（adrenergic）神經末梢產生的傳遞物質，效果類似*腎上腺素*（adrenaline）。在傳遞後，它就被單胺氧化酶滅活，以防進一步積累。正腎上腺素的作用可被多種藥物抑制，如仙人球毒鹼，後者可引致幻覺。

**normal distribution curve** or **Gaussian curve** 常態分布曲線，高斯曲線 在一個正常族群中抽樣檢查一個連續改變的性狀（如人類身高）並將頻率分布（frequency distribution）畫在圖上時所得到的鐘形曲線。理論上這個曲線是絕對對稱的，平均數兩側的圖形互為鏡像，並具有完全相同的面積。見圖225。因此眾數（mode）、中位數（median）和平均數（mean）都位於分布的中心。

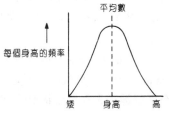

圖225 常態分布曲線。曲線表示在一個所謂常態人類族群中記錄的身高頻率。

**normalizing selection** 保常態選擇 穩定化選擇（stabilizing selection）的一種；在分布兩極端的適合度較低的個體被淘汰，減少種群中的變異。

**nose** 鼻 高等脊椎動物頭部的突起部分，鼻孔通常位於其上，有嗅覺功能。

**nostril** or **nares** 鼻孔 鼻子的外部開口，向內通至鼻腔。

**noto-** 字首 表示背。

**notochord** 脊索 所有脊索動物胚胎中的縱長軸向支架（骨骼），它位於神經索的腹側和消化道的背側。在成體中還可見脊索的殘餘，就在脊椎之間被脊椎所包圍。

**nucellus** 珠心 植物胚珠（ovule）內部的組織，外面是珠被（integument 1），其中還有胚囊（embryo sac）。

**nuclear division** 核分裂 細胞週期（cell cycle）的一部分。

見 mitosis, meiosis。

**nuclear membrane** **核膜** 真核生物細胞核物質的外包膜，由兩個單位膜組成（見 unit-membrane model），中間還有一層明確的空隙。膜上隔一定間距有大孔穿過，允許與細胞質間交換物質。核膜和內質網（endoplasmic reticulum）中的空隙相連。

**nuclear pore** **核孔** 細胞核膜（nuclear membrane）上的大量穿孔。

**nuclease** **核酸酶** 促進核酸（nucleic acids）水解的，如去氧核糖核酸，它催化去氧核糖核酸（DNA）分解為單獨的 DNA 核苷酸（nucleotides）。

**nucleic acid** **核酸** 由核苷酸（nucleotides）串接成的聚核苷酸鏈（polynucleotide chain）分子。核酸的功能是作為細胞的遺傳材料，其存在形式不是雙鏈的去氧核糖核酸（DNA）就是單鏈的核糖核酸（RNA）。

**nucleolar organizer** **核仁組成中心** 包含編碼核糖體核糖核酸（ribosomal RNA）的基因的一塊去氧核糖核酸（DNA）區域。這塊區域和核仁相連。

**nucleolus（複數 nucleoli）** **核仁** 真核生物（eukaryotes）核中的一個胞器，其中包含核糖體核糖核酸（ribosomal RNA）並和編碼 rRNA 的染色體部分相連。每個核有一個或多個核仁，在顯微製備時核仁染色很深。

**nucleoplasm** **核質** 細胞核在核膜（nuclear membrane）裡的內容物。

**nucleoprotein** **核蛋白** 特別見於核中的蛋白質，例如在真核生物核小體中和去氧核糖核酸（DNA）複合在一起的組織蛋白（histone）。

**nucleoside** **核苷** 一個含氮鹼基和一個糖結合在一起的化合物。見於去氧核糖核酸（DNA）核酸之中，在這裡還有一個磷酸根連到核苷的去氧核糖上。

**nucleosome 核體** 眞核生物染色體的基本結構單位，由4對組織蛋白（histone）（H2A、H2B、H3和H4）組成，形成一個八聚體，外面再纏繞著 DNA 的約150個核苷酸對。

**nucleotidase 核苷酸酶** 水解核苷酸爲核苷和磷酸的。

**nucleotide 核苷酸** 作爲核酸（nucleic acid）基本單位的一類複雜有機分子，由3個組份構成：一個5碳糖（核糖，或少一個氧原子的去氧核糖）；一個有機鹼（嘌呤型：腺嘌呤和鳥糞嘌呤，或嘧啶型：胞嘧啶、胸腺嘧啶和尿嘧啶）；和一個磷酸根（見圖226）。這3個組份是經由兩個縮合反應連在一起的；先是糖的1'碳和鹼基形成核苷（nucleoside），再是糖的5'碳和磷酸之間形成核苷酸（見圖227）。這些核苷酸再進一步組成聚核苷酸鏈（polynucleotide chain）。

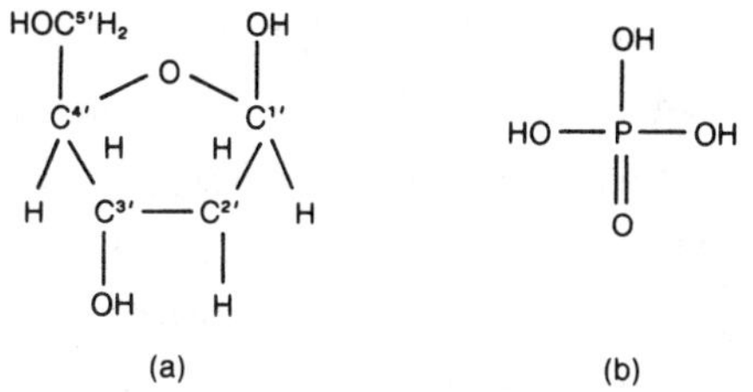

圖226 核苷酸。(a)去氧核糖和(b)磷酸根的基本單位。每個碳原子都標了數目（1'、2' 等。）。

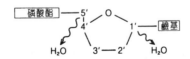

圖227 核苷酸。3個核苷酸單元的連接。

**nucleotide pair 核苷酸對** 依靠弱氫鍵連接的雙股去氧核糖核酸（DNA）對面的兩個核苷酸（nucleotides）（見圖228）。見 complementary base pairing。

**nucleus 細胞核** 1.眞核細胞中的一個胞器，外面由核膜

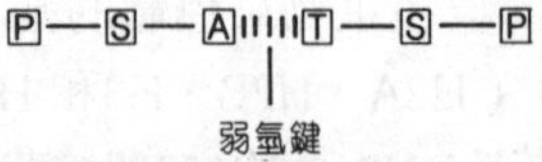

P—S—A⫶T—S—P
弱氫鍵

圖228　核苷酸對。互補的鹼基配對。P＝磷酸酯，S＝糖，A ＝腺嘌呤，T＝胸腺嘧啶。

（nuclear membrane）包覆，其中染色體上的基因控制細胞內蛋白質的結構。2.（在解剖學上），脊椎動物腦中靠神經纖維連接的神經細胞團。

**null allele　無效對偶基因**　一個無產物或產物無明顯表型功能的對偶基因。如在一個不完全顯性（incomplete dominance）的異型合子中，一個無效對偶基因不起作用，而另一個對偶基因又不能抵補這個無效對偶基因，於是就產生了一個中間的表型。

**null hypothesis（N.H.）　虛無假設**　一個典型的虛無假設就是，實際觀察結果和預期值之間的差別純屬機會。作出這樣的假設，才便於對現實關係進行統計顯著性（significance）檢試。在生物學上，虛無假設為真的機率大於5％就是可以接受的。

**nullisomic　缺對染色體的**　（指突變情況）缺少一對同源染色體（homologous chromosomes），使遺傳成份變成2n-2。

**numerical phenetics　數量表型系統學**　假設分類單元間的關係可以根據總體不加權相似度計算出來。

**numerical taxonomy　數量分類學**　經計算共有性狀的數目來研究生物間關係的學科。參見 character index。

**nunatak　冰原島峰**　見 refugium。

**nut　堅果**　果實的一個類型，有一個種子和堅硬的木質外皮（果皮，pericarp），如核桃。

**nutation　延伸，回轉**　植物生長部分的連續運動，通常採取螺旋回轉方式，如旋花的莖。

**nutrient　營養素**　生物吸收並同化以供生長和維持生命的物質。

**nutrient cycle　營養循環**　一種營養素經由生態系統（ecosystem）最後再回到初級生產者（primary producers）處的循環。

**nutrition　營養**　由環境攝取物質以維持生物的生存和生長的程序。不同生物有不同的營養需求。例如大腸桿菌可以合成一切需要的胺基酸（amino acids）、輔酶（coenzymes）、卟啉（porphyrin）結構（如血紅蛋白中的），以及核酸（nucleic acids）。但人類，除了水分和許多必需元素（essential element）外，卻還需要攝入胺基酸、維生素（vitamins）、醣類（carbohydrates）和脂肪酸（fatty acids）。

**nyct-　［字首］**　表示夜。

**nyctinasty　睡眠運動**　所謂的植物睡眠運動，如葉片入夜下垂，這是一種晝夜節律（diurnal rhythm）。這種活動特別常見於有複葉的植物，如酢漿草。

**nymph　若蟲**　外翅類（Exopterygote）昆蟲的未成熟階段，如蜉蝣。它有複眼和口器很像成蟲，但通常缺少翅（有時有些痕跡），在性功能上是不成熟的。見 metamorphosis, Endopterygote。

**nystatin　制黴菌素**　一類桿狀的抗生素分子，它可在膜上製造通道，讓小於0.4毫微米的分子通透過去。

# O

**ob-** ［字首］ 表示向、近於、對抗。

**obdiplostemous 外輪對瓣的** （指植物雄蕊）雄蕊成兩輪，外輪和花瓣一一相對，內輪和萼片相對。

**objective synonym 客觀同義詞** 根據同一模式標本（type）建立的同義詞。

**obligate 專性的** （指生物）只能營寄生生活的。對照 facultative。

**oblong 長橢圓形** 1.（指植物），一個軸比另一個長。2.（指葉片），橢圓形。

**obtuse 鈍的**

**Occam's razor** or **Ockham's razor 奧康姆的剃刀** 這是一個哲學和科學準則：在多種假說中選擇時，應從提出假定最少的假說開始。名稱來自奧康姆的威廉（死於1349年）。

**occipital condyle 枕骨髁** 脊椎動物顱骨後面的一個突起，和脊柱形成關節。在大部分魚類中無此結構。

**occipital lobe 枕葉** 大腦半球（cerebral hemisphere）的後部，位於頂葉之後，負責解釋來自視網膜的視覺資訊。

**occiput** or **occipital region 枕骨區；後頭** 1.枕骨區。脊椎動物顱骨的堅硬部分。2.後頭。昆蟲頭部的背外側板。

**oceanic 遠洋的** 在海水深度超過200公尺的地區。

**ocellus 單眼** 昆蟲和一些其他無脊椎動物中的單眼，內中有一個晶狀體。

**ochre codon　赭石密碼子**　遺傳密碼（genetic code）中的3個無意義密碼子（nonsense codon）中的一個，包含3個傳訊核糖核酸（mRNA）鹼基，即 UAA。

**ochrea or ocrea　托葉鞘**　兩個托葉圍繞莖部形成的筒狀鞘。

**Ockham's razor　奧康姆的剃刀**　見 Occam's razor。

**oct- or octo-　〔字首〕**　表示八。

**octad　八孢體**　真菌子囊（ascus）中的8個子囊孢子。

**octoploid　八倍體**　有8套染色體的細胞或個體（8n），亦即，染色體有雙倍體（diploid 1）的4倍。

**octopod　八足動物，八腕動物**　任何軟體動物門頭足綱的八足軟體動物，如章魚。

**oculo-　〔字首〕**　表示眼睛。

**oculomotor nerve　動眼神經**　脊椎動物的第3對顱神經，它控制運動眼球的肌肉。

**Odonata　蜻蜓目**　昆蟲的一個目，包括蜻蜓和豆娘。

**odonto- or odont-　〔字首〕**　表示牙齒。

**odontoblasts　齒原細胞，成牙質細胞**　在脊椎動物中產生牙質，而在無脊椎動物中產生簡單牙的細胞。

**odontoid process　樞椎齒狀突**　第二脊椎（樞椎）的一個突起，它使環椎（atlas）能以旋轉，亦即能轉動頭部。

**Oedogonium　鞘藻**　絲狀綠藻的一個屬。

**official index　廢用名錄**　動物命名委員會公布的廢用名稱。

**oil　油**　在室溫下保持液狀的脂肪。

**oil-immersion objective lens　油鏡**　用於在極高倍（至少1000倍以上）下觀察物體的物鏡。使用時，鏡片與物體之間的空隙要加入具極高折射率的油，最好其折射率與鏡片相同。在這種情況下，光線在離開物鏡之前不會發生折射。見 microscope。

**olecranon process　鷹嘴突**　哺乳動物尺骨近端的一個突起，

供三頭肌和其他伸臂肌肉附著。

**oleic acid　油酸**　見於幾乎一切中性脂肪中的一種不飽和油，用於化妝品、潤滑油和肥皂。

**olfaction　嗅覺**　感受氣態化學物質的感覺。

**olfactory　嗅覺的**　關於嗅覺的。

**olfactory lobe　嗅葉**　大腦半球額葉上的一個突出物，在大部分脊椎動物中都很發達，但在人類卻有退化，嗅神經就起自嗅葉。它和嗅覺有關。

**oligo-　［字首］**　表示少。

**Oligocene epoch　漸新世**　第三紀（Tertiary period）的一個世，在3800萬年前和2600萬年前之間。此時，現代動植物區分出現了，而鳥類和哺乳類的興盛還在持續。見 geological time。

**oligochaete　寡毛類**　寡毛綱的環節動物（annelid）蠕蟲，包括蚯蚓。牠們主要見於非酸性土和淡水中。和毛足類（Chaetopods）下的另一主要類群（多毛類，polychaete）的區別是：牠沒有疣足（parapodia），剛毛（chaetae）較少，頭部也不發達。受精是在內部（在多毛類，是在外部）。

**oligolectic　少食的，少擇的**　（指蜜蜂）只由少數幾種花中取粉。

**oligomer　寡聚物**　由少數幾個相同的多胜肽（polypeptide）次單位構成的蛋白質。

**oligophagous　寡食的**　只進食少數幾種植物的。

**oligosaccharide　寡醣**　由少數單醣構成的醣類。

**oligotrophic　寡營養的**　1.（指水體如湖泊），營養供給不足，產生有機物質較少的。見 eutrophic。2.（指植物），營養水準低的。

**omasum　重瓣胃**　反芻胃（ruminant stomach）的4個胃之一，處於發酵部分和真正的胃之間。

**ombrogenic** or **ombrogenous　雨生的**　（指泥炭沼澤）靠雨

生長的。

**ombrotrophic 雨淋營養的** （指植物或植物群落）基底經受雨淋、缺乏營養的。

**ommatidium（複數 ommatidia ） 小眼** 昆蟲或其他節肢動物複眼上的小眼。每個小眼有自己的晶體及一小組視網膜細胞，周圍是色素細胞。小眼的感光部分是**感桿束**（ rhabdom ）。當它接受到刺激時，就發生光化學反應，結果是出現衝動並傳送到視神經上去。

**omnivore 雜食動物** 以動植物兩者為食的生物。例如人類的牙齒就適應於這兩類食物。參見 carnivore。

**onchosphere 六鉤幼蟲** 絛蟲的胚胎，外面是一個幾丁質的殼，裡面是一個具六鉤的胚胎。

**oncogene 致癌基因** 一類可致寄主產生癌症（**腫瘤形成，**oncogenesis ）的病毒基因。

**oncogenesis 腫瘤形成** 有時是由**致癌基因**（ oncogene ）造成的。

**one gene/one enzyme hypothesis 一個基因一個酶假說** **畢鐸**（ G. Beadle ）和塔特姆在1941年為解釋他們的粗糙脈胞黴（ *Neurospora crassa* ）實驗結果提出的一個假說。他們得出一些突變型（**營養缺陷性，**auxotrophs ），不能在**最基本培養基**（ minimal medium ）上生長而只能在補充培養基上生長，他們還測試了培養基上積累的代謝物，他們證明了：催化一個特定生化途徑中每一個步驟的酶都是受不同的基因控制的。參見cistron。

**onomatophore 命名模式標本** 見 type。

**ontogeny 個體發生** 一個生物由受精到生命史終結的整個發育程序。見 Haeckel's law。

**Onychophora 有爪動物門** 原始節肢動物的一個亞門，只有一個屬，即往來有爪屬（ *Peripatus* ）。似毛蟲，每個節都有帶爪的附肢。它們可能源於節肢動物的祖先，並代表環節動物和節肢動物中間的一個早中期的階段。

**oo-** **字首** 表示卵。

**oocyte** **卵母細胞** 雌性動物配子形成（gametogenesis）的一個早期階段，初級卵母細胞是雙倍體（diploid 1），而次級卵母細胞是單倍體（haploid 1），因為後者已經歷過第一次減數分裂。人類女性出生時初級卵母細胞業已形成，這就增加了不分離（nondisjunction）的風險。參見 Down syndrome。

**oogamy** **異配生殖** 生物雌雄配子具有不同形態的現象，雄配子可活動，而雌配子不活動，並且體積較大。

**oogenesis** **卵子生成** 雌性雙倍體（diploid 1）動物的配子（gamete）發生程序。見 gametogenesis。

**oogonium** **卵原細胞；藏卵器** 1.卵原細胞。雌性動物配子形成（gametogenesis）的一個早期雙倍體（diploid 1）階段，隨後才產生卵母細胞（oocytes）。2.藏卵器。（在藻類和真菌），雌性性器官，內藏卵球（oospheres）。

**oosphere** **卵球** 在藏卵器（oogonium）中形成的雌性配子（gamete），體大而不活動。

**oospore** **卵孢子** 一類厚壁孢子，例如見於某些真菌，是由藏卵器（oogonium）產生的卵球（oosphere）受精而來。

**oostegites** **抱卵板，載卵葉** 某些節肢動物的胸肢板，已轉化為育囊。

**oozooid** **卵生體** 群體生物的一個單位，源於一個卵而不像芽生體是源於一個芽。卵生體見於被囊動物（tunicates）。

**opal codon** **乳白密碼子** 遺傳密碼（genetic code）中3個無意義密碼子（nonsense codon）之一，包括一個三聯傳訊核糖核酸（mRNA）鹼基，即 UGA。

**open population** **開放性群體** 基因流動（gene flow）可以自由進入的群體。

**open reading frame 開放可讀框架** 在起始密碼子（initiation codon）和無意義密碼子（nonsense codon）之間的一段核苷酸（nucleotide）鹼基序列。

**operator 操作子** 見 operon model。

**operculum 蘚蓋；鰓蓋；厴** 1.蘚蓋。蘚類（moss）孢子蒴的蓋。2.鰓蓋。覆蓋魚鰓的硬骨質蓋。3.厴。腹足類軟體動物在足部的一個外骨骼板，用於封閉外殼的入口處。

**operon 操縱組** 見 operon model。

**operon model or Jacob-Monod hypothesis 操縱組模型，賈柯－莫諾假說** 法國生化學家賈柯和莫諾在本世紀50年代晚期提出的有關基因調控的概念。利用大腸桿菌在乳糖坐位的突變體，他們證明只有乳糖存在時才能產生乳糖酵素，這是**酵素誘導**（enzyme induction）的實例。他們提出了一個新的模型，說明各相關酵素的組織。這個模型有以下幾個部分：有一個操縱子（operon），其中至少要有一個結構基因（structural gene），負責編碼主要的酵素結構，還要有兩個調節部分，一個是操縱基因（operator），另一個是啓動子（promoter），後者和**核糖核酸聚合酶**（RNA polymeraser）結合。這個模型還提出一個調節基因（regulator gene），它編碼一個抑制物質，這個抑制物和操縱基因結合進而阻止了結構基因的**轉錄**（transcription）。在酵素受到抑制時，操縱基因使結構基因失去活性，阻止在其上形成**傳訊核糖核酸**（messenger RNA），這是因爲 RNA 聚合酵素越不過操縱基因位點（見圖229）。但這時如果能引入一個適合的誘導物，例如說結構基因所編碼的酵素的受質，那麼就會形成誘導物和抑制物間的複合體，使後者不能和操縱基因結合。這樣操縱基因位點不再受到阻擋，而 RNA 聚合酵素可以由啓動子移到結構基因，後者乃可被轉錄，於是產生一個多順反子傳訊核糖核酸（polycistronic mRNA），這個程序就稱爲酵素誘導（見圖230）。當誘導物被酵素代謝分解因而濃度下降時，操縱基因又被抑制物阻止以致於結構基因再次被阻遏,這正是負回饋機制 (feedback mechanism)的實例。操縱子模型現已被擴展,包括了另一套酵素抑制系統;在其中結構基因正常時是有活性的,只有當過多產物存在時才受到阻遏。再者,雖然操縱子模型原是根據細菌研究,但這個系統現已推廣到真核生物的細胞分化(cell differentiation)程序;在整個發育程序中有順序地發生一系列基因轉換(gene switching),這從某些昆蟲中出現的染色體膨脹物(chromosome puffs)就可看出。

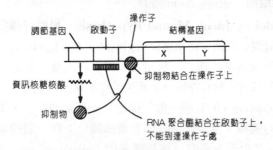

圖229 操縱組模型。抑制酵素的作用。

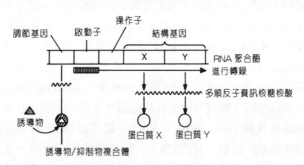

圖230 操縱組模型。酵素誘導。

**Ophidia 蛇亞目** 1.有鱗目的一個亞目,包括蛇。2.(在某些分類中),爬行動物中單獨的一個目。

**Ophiuroidea 蛇尾綱** 棘皮動物(echinoderms)的一個綱,包括蛇尾。

**ophthalmic　眼的**

**opiate　鴉片制劑**　由鴉片提煉出的麻醉劑。

**opposite　對生的**　（指兩個植物器官，如葉片）在植物上位於同一高度但在莖的對側。

**opsin　視蛋白**　存在於眼部視網膜（retina）視桿和視椎細胞中的一種蛋白質，它和 I 型及 II 型視黃醛結合成視色素。

**opsonin　調理素**　一類抗體（antibody），它和抗原（antigens）結合後增加抗原被吞噬的易感性。

**optic　眼的，視覺的**

**optic chiasma　視神經交叉**　腦部丘腦〔海馬迴〕下方兩側視神經交叉的部位。通過交叉，來自任一眼的刺激都會在對側腦的視神經葉（optic lobe）中被分析。

**optic lobe　視神經葉**　某些低等脊椎動物中腦背側的兩個隆起。視葉負責整合來自眼睛和某些聽覺反射的資訊。在哺乳動物，四疊體相當於視葉。

**optic vesicle　視泡**　脊椎動物中的一種胚胎結構，是由前腦突出形成的，它最後變成視杯。

**oral　口的**

**oral groove　口溝**　某些無脊椎動物中引向口的一個凹陷。

**orbicular　扁圓形**

**orbit　眼眶**　脊椎動物顱骨上包容眼球的骨腔。

**order　目**　一個分類單元（taxon），介於綱（一個綱可包括幾個目）和科（一個目可包括幾個科）之間。見 classification。

**Ordovician period　奧陶紀**　古生代（Paleozoic era）的一個紀，始於5億1500萬年前，終於4億4500萬年前。藻類，特別是含鈣的造礁的種類，以及筆石、珊瑚、腕足動物等在當時都很常見。最早的甲冑魚即發生於奧陶紀。

**organ　器官**　動植物體內的多細胞結構和功能單位，常由具有不同特殊功能的不同組織構成,如肝臟、葉子和眼睛。

**organelle 胞器** 細胞中具有特殊結構或功能作用的部分,如鞭毛(flagellum)或粒線體(mitochondrion)。胞器和多細胞生物體內的器官是同功的。

**organism 生物** 活的動植物等。

**organization effect 組織效應** 由於染色體組織上的一些特徵在相鄰坐位間出現的互動作用。

**organizer 組織原** 發育之胚胎中任何能對周圍部分產生形態發生作用的部分。見 induction 2。

**organizer region 組織誘導區** 動物胚胎中控制著一定範圍內細胞分化的一個區域。例如早期胚胎的性狀在很大程度上是受胚孔背側唇的影響。

**organochlorine 有機氯化物** 特別指殺蟲劑,如 DDT。

**organ of Corti 柯蒂氏器** 見 cochlea。

**organogenesis 器官形成** 動物發育程序中主要器官形成的時期。

**organophosphate 有機磷** 具殺蟲作用的磷酸鹽。有機磷可能是最常用的殺蟲劑。

**organotroph 有機營養生物** 利用有機化合物作爲電子供應體的生物。

**orientation 定向** 1.一個生物針對特定刺激採取特定身體位置的反應。2.見定向(navigation)。

**original description 原始描述** 爲新分類單元建議名稱時所提供的生物特徵描述。

**origin of life 生命起源** 生物大分子、次細胞結構和活細胞出現的程序。

**ornithine cycle** or **urea cycle 鳥胺酸循環,尿素循環** 肝臟細胞中進行的一個循環生化途徑,其中包括3個主要步驟,胺基酸分解產生的過量氨和二氧化碳反應產生尿素，後者再經由腎臟排泄出體外。反應式基本如下：

$2NH_3 + CO_2 = CO(NH_2)_2$（尿素）$+ H_2O$。見圖231。

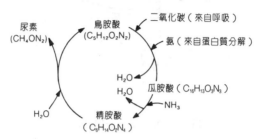

尿素
$(CH_4ON_2)$

鳥胺酸
$(C_5H_{12}O_2N_2)$

二氧化碳（來自呼吸）

氨（來自蛋白質分解）

$H_2O$

$H_2O$　瓜胺酸（$C_{16}H_{13}O_3N_3$）

$NH_3$

$H_2O$

精胺酸
（$C_6H_{14}O_2N_4$）

圖231　鳥胺酸循環。循環的主要步驟。

**Ornithischia　鳥盤目**　食草恐龍的一個大目，大部分為兩足行走。牠們的特徵是其骨盆帶似鳥，在坐骨下面有一個恥骨後骨，伸向兩側。

**ornitho-　［字首］**　表示鳥。

**Ornithorynchus　鴨嘴獸屬**　鴨嘴獸。見 monotreme。

**ortho-　［字首］**　表示直正。

**orthokinesis　直動態**　昆蟲隨機運動的速率（直線加速度）和刺激強度成正比的狀態。

**orthologous genes　直線進化基因**　來自共同祖先基因的基因。見於不同物種，雖非相同，但確可導源於共祖。

**Orthoptera　直翅目**　外翅類（Exopterygota）昆蟲的一個目，包括蝗蟲、蚱蜢、竹節蟲，和（在某些分類中）蟑螂。大部分善跑善跳，而有些已經喪失飛翔能力。大部分有囓咬和咀嚼口器，且前翅硬化用於和後肢**摩擦發聲**（stridulation）。見圖232。

**orthostichy　直列線；直列鰭**　1.連接植物莖上一列葉片的假想垂直線。2.像化石鯊魚樣魚類（如裂口鯊）魚鰭那樣具有平行軟骨鰭條的鰭。

圖232　直翅目。一般結構。

**orthotropous　直立的**　（指被子植物胚珠）珠孔（micropyle）遠離胎座（placenta），並直立於珠柄（funicle）上的。

**os　骨；口**　1.骨的學名。2.口或口器。

**osculum　出水孔**　海綿出水的大孔。

**osmic acid　鋨酸**　見 osmium tetroxide。

**osmium tetroxide** or **osmic acid　鋨酸酐，四氧化鋨**　用於固定細胞學樣品切片的藥劑，但會造成少量失眞。

**osmometer　滲透壓計**　用於測定溶液滲透壓（osmotic pressure）的儀器。

**osmoreceptor　滲透壓受器**　下丘腦裡的一組結構，可探測血中滲透壓的改變，並由神經垂體抗利尿激素作出反應。

**osmoregulation　滲透調節**　生物對體內滲透勢（osmotic potential），也即對水勢（water potential）的調節。用半透膜分隔兩側，則水分子傾向於由高滲透勢也即高水勢（低滲透壓）的區域移動到低滲透勢也即低水勢（高滲透壓）的區域。將細胞置於水溶液中，則水就會跨過細胞膜以平衡兩側的水勢。在乾燥大氣中或是在海水中，生物會將水丟失到環境中。在潮濕大氣中或是在淡水中，生物就不容易失水，所以就使用了種種方式來維持水的平衡。旱生植物（xerophyte）可能改變正常的氣孔開合規律，外面增加一個臘質不透水層，將葉片卷曲，將水分儲藏起來（肉質植物），或者以孢子或種子的形式渡過乾旱季節。某些植物靠**泌水作用**（guttation）排除多餘水分，而某些單細胞生物是利用**收縮空泡**（contractile vacuoles）來排除。在哺乳動物，滲透調節是靠腎臟，水通過**鮑氏囊**（Bowman's capsule）脫離血液進入腎小管，而按需要在小管中又被吸回。海水魚類、爬行類和鳥類可以由特殊的腺體將鹽排出。不同的動物類群排泄**含氮廢物**（nitrogenous waste）的方式都不同，但這一切都和滲透調節相關。有許多海洋生物的血液和海水是**等張的**（isotonic），因此它們也就不存在滲透調節的問題。

**osmosis　滲透作用**　溶劑（在生物系統中通常是水）由一個具高水濃度低溶質濃度的溶液跨過半透膜進入一個具低水濃度高溶質濃度的溶液的現象。

**osmotic potential（O.P. value）　滲透勢**　測量一個溶液藉滲透作用（osmosis）隔著半透膜從純水中吸取水分的傾向。純水在一個大氣壓下具有零滲透勢。任何溶液的滲透勢都是負的。滲透壓則是測量水分借助滲透作用進入一個溶液的傾向，故表爲正值。見圖233。

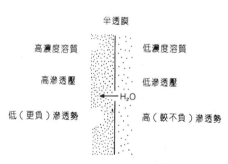

**圖233　滲透勢。**通過半透膜的滲透現象。

**osmotic pressure　滲透壓**　見 osmotic potential。

**ossicle　骨片**　中耳內連接鼓膜和卵圓窗的骨頭。哺乳動物有3

塊（鏈骨，malleus）、砧骨（incus）和鐙骨（stapes）。但爬行類、鳥類和許多兩生動物卻只有一塊，即耳柱骨（columella auris）。

**Ostariophysi　骨鰾首目**　淡水硬骨魚（teleosts）的一個首目，包括鯉和米諾魚。這個類群還存在幾個原始的特徵，例如韋伯氏骨（Weberian ossicle）。

**Osteichthyes　硬骨魚**　見 bony fish。

**osteo-　字首**　表示骨。

**osteoblast　成骨細胞**　產生骨骼中鈣化細胞間質的細胞。參見 periosteum。

**osteoclast　破骨細胞**　1.一類多核的阿米巴狀細胞，在骨的生長和再成型程序中負責破壞硬骨。2.亦稱破軟骨細胞（chondrioclast），與破骨細胞類似，負責在軟骨轉變為硬骨程序中破壞軟骨。

**Osteolepis　骨鱗魚屬**　總鰭魚的一個滅絕屬，具齒鱗，和陸生脊椎動物的祖先近緣。

**Osteostraci　骨甲魚目**　一類無頜的魚狀脊椎動物，有一個大型的背側頭盾。存在於志留紀（Silurian period）和泥盆紀（Devonian）時代。

**ostiole　小孔**　某些真菌子實體釋放孢子的開口，也是褐藻產孢子器釋放配子的開口。

**ostium　入水孔**　海綿身體上無數進水的小孔。

**Ostracodermi　甲冑魚綱**　一類無頜的化石魚，常和圓口類（cyclostomes）同歸入無頜類。存在於奧陶紀（Ordovician period）到泥盆紀（Devonian period）之間。身覆甲冑。

**otic　耳的**

**otoconium　耳砂**　見 otolith。

**otocyst　聽囊**　無脊椎動物的一個器官，內含液體和耳石（otoliths），可能有聽覺功能。

**otolith** or **otoconium　耳石**　含鈣物質的顆粒，見於脊椎動物的內耳，和感覺細胞相連，能感受重力。由此類感受器官脊椎動物乃能探知自身和重力的位置關係。

**outbreeding　異系交配**　一種交配體制，近緣之間通常不發生交配。對照 inbreeding。

**oval window　卵圓窗**　中耳和內耳之間的界面膜，連接鐙骨和耳蝸（cochlea）前庭管兩者。

**ovarian follicle　卵泡**　大多數動物中，包圍環繞卵母細胞並可能為之提供滋養的一群細胞。見格拉夫卵泡（Graafian follicle）。在脊椎動物，卵泡還分泌雌激素（estrogen）。

**ovary　卵巢；子房**　由配子形成（gametogenesis）過程中產生雌性配子的器官。在一般脊椎動物中，卵巢產生雌性激素，即雌激素和黃體激素。在哺乳動物，它還在排卵之後使格拉夫卵泡（Graafian follicle）變為黃體（corpus luteum）。在植物，子房存在於心皮（carpel）的基部，內含一個或多個胚珠（ovules）。有關上下位子房，見 gynoecium。

**ovate　卵圓形的**　（指葉片）形狀有似卵的縱剖面，較寬的一端位於基部。

**overall similarity　總體相似性**　（數量分類學術語）根據幾種性狀綜合考量計算出的一種表示相似性的數值。

**overdominance　超顯性，過顯性**　對於某一性狀而言，異型合子（heterozygote）的表型比任一種同型合子（homozygote）都更明顯。這就帶來一種雜交優勢，可維持族群中的遺傳多態性（genetic polymorphism）。

**overfishing　過度捕撈**　在一魚類族群中捕撈的魚類超過該族群能以維持自身數量的地步，結果導致族群的衰退。

**overshoot　超射**　動作電位（action potential）的一個階段，此時電壓由零一直升至正向的波峰。

**overwintering　越冬**　生物渡過冬季的程序。例如某些昆蟲以蛹的形式越多,而某些遷徙性鳥類則遠離繁殖地去過冬。

**oviduct  輸卵管**  輸送卵至外界的管道,或如哺乳動物的情況,輸送卵至該管的下部,即子宮 ( uterus ) 處,如已發生受精 ( fertilization ) 則卵即著床於子宮壁 ( 內膜 ) 上。通常輸卵管都是成對的,但鳥類卻只有一個。在高等哺乳動物,輸卵管又分為:上端的輸卵管 ( fallopian tube ) ,其中有纖毛,卵由體腔 ( coelom ) 進入該管;中間是子宮,胚胎即在其中發育;最後的陰道則通向外界。見圖234。

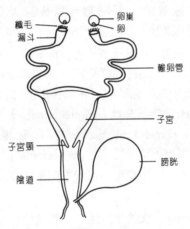

卵巢
卵
纖毛
漏斗
輸卵管
子宮
子宮頸
膀胱
陰道

圖234  輸卵管。哺乳動物輸卵管。

**oviparous  卵生的**  動物直接排出卵,胚胎在其中繼續發育,如鳥類和大多數爬行動物。對照 ovoviviparous, viviparous 1。

**ovipositor  產卵器**  雌性昆蟲的一個器官,通常位於腹部的尖端,用來產卵。有時產卵器發育得可用以穿刺組織,特別是要將卵產於其他動物或植物的體內時。

**ovoid  卵球形的**

**ovotestis  卵精巢**  某些兩性體 ( hermaphrodites 2 ) 動物的器官,它既可作為睪丸,又可作為卵巢,如見於螺類。

**ovoviviparous  卵胎生的**  ( 指某些魚、爬行動物,和許多昆蟲）胚胎是在母體中發育的，但它很少是由母體取得營養的。母體和胎兒被卵膜所分隔，更沒有**胎盤**（placenta）組織。對照 oviparous, viviparous 1。

**ovulation　排卵**　卵巢表面的**卵泡**（ovarian follicle）（亦見 Graafian follicle）破裂並釋出卵子的程序，隨後卵子就進入**輸卵管**（oviduct）。

**ovule　胚珠**　高等植物體內的一種結構，內含卵並在**受精**（fertilization）後發育為種子。在被子植物，胚珠發育在一個單心皮的子房中，內部包括一個**胚囊**（embryo sac），其中有卵細胞，外面則是**珠心**（nucellus），再外面還有**珠被**（integument）。胚珠靠**珠柄**（funicle）和子房壁相連。見圖235。

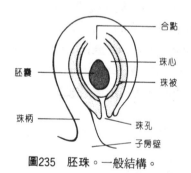

圖235　胚珠。一般結構。

**ovum（複數 ova）or egg or egg cell　卵，卵細胞**　動物經由**配子形成**（gametogenesis）所產生的有功能的卵細胞。其內常含有營養性卵黃顆粒，並常常是不動的（見 oogamy）。人卵直徑約為0.14公釐，比人精子約大5萬倍。

**oxaloacetic acid　草醯乙酸**　一種二羧酸，可與乙醯輔酵素 A 縮合形成檸檬酸和 CoA，進而啟動**三羧酸循環**（Krebs cycle）。

**oxidase　氧化酶**　促進氧和某物質（X）結合並脫氫形成水的酶。因此：

$$O_2 + X - H_2 \xrightarrow{\text{氧化酶}} H_2O + X - O$$

## OXIDATION

大部分氧化酶都是有金屬輔基的蛋白質。例如細胞色素氧化酶就含有鐵，它在有氧呼吸的*電子傳遞系統*（electron transport system）中氧化細胞色素 *a*：

$$O_2 + \text{還原型細胞色素 } a \xrightarrow[\text{氧化酶}]{\text{細胞色素}} H_2O + \text{氧化型細胞色素 } a$$

**oxidation　氧化**　1.加氧於某物質，增加分子中氧的比例。這種氧化可以不用氧而只是由脫氫來完成。2.任何使原子失去電子的反應。如：

$$\text{Fe（II）} \rightarrow \text{Fe（III）}$$

**oxidation-reduction reaction　氧化還原反應**　一類可逆化學反應，涉及電子在分子間的轉移。

**oxidative deamination　氧化脫胺**　同時起氧化作用的脫胺反應，如 α 胺基酸變爲 α 酮酸的程序。

**oxidative decarboxylation　氧化脫羧**　同時起氧化作用的脫羧（從一個有機羧基中脫去二氧化碳）反應。

**oxidative phosphorylation　氧化磷酸化**　有氧呼吸*電子傳遞系統*（electron transport system）中的一類程序，ADP 藉此作用和無機磷酸合成 ATP。這個程序是需氧生物從食物中獲取能量的主要方式。

**oxidoreductase　氧化還原酶**　催化*氧化還原反應*（oxidation-reduction reaction）的一組酶。

**oxycephaly　尖頭**　見 acrocephaly。

**oxygen　氧**　無色無味氣體，約佔地球大氣的21％，除惰性氣體外幾乎能和一切其他元素化合。氧在物理燃燒和*有氧呼吸*（aerobic respiration）的過程中特別重要。

**oxygen cycle　氧循環**　氧經由生物代謝直到再生出來所經歷的*路徑*（pathway）。

**oxygen debt　氧債**　在劇烈活動的肌肉中，肺呼吸供應的氧氣不敷需要，致使肌肉進行無氧呼吸並產生*乳酸*（lactic acid）。

當肌肉活動慢下來時，呼吸卻保持緊張直到乳酸都被氧化爲止。可根據劇烈運動時的氧需求量和平靜狀態下的需求量兩者之差求出氧債的大小。久經鍛鍊的運動員，氧債可高達18公升。

**oxygen dissociation curve　氧離曲線**　在不同氧張力（和外界氧交換情形）時血中氧（百分）飽和度的變化曲線。見圖236。曲線爲 S 形，曲線並標明*血紅素*（hemoglobin）對氧有很高的親和力。血液可在相對低的氧張力下就飽和了，但氧張力的些許下降就可使飽和度下降很多。如果組織用光了氧氣，血紅蛋白就會把氧全部給出去。二氧化碳存在時，氧張力就必須更高才能使血紅蛋白充分飽和。但是，在這種情況下血紅蛋白卻可以在較高的氧張力下釋放氧氣。所以二氧化碳影響血紅蛋白攜帶氧的效率，但卻增加它釋放氧的效率。血紅蛋白攜帶氧的能力還受pH 值的影響（見 Bohr effect）。

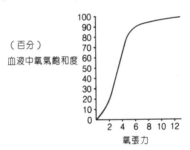

（百分）
血液中氧氣飽和度

氧張力

**圖236　氧離曲線。氧解離的典型 S 形曲線。**

**oxygen exchange　氧交換**　見 oxygen dissociation curve。

**oxyhemoglobin　氧合血紅素**　已和氧結合的*血紅素*（hemoglobin）。

**oxylophyte　喜酸植物**　見 calcifuge。

**oxyntic cell or parietal cell　泌酸細胞**　脊椎動物胃小凹中的腺細胞。其功能是分泌鹽酸，使胃液 pH 保持在2.0。

**oxytocin　催產素**　腦垂腺（pituitary gland）後葉分泌的一種激素，可使子宮肌肉收縮。本激素對分娩很重要。

# P

**P 親代** 見 parental generation。

**pacemaker 節律點** 右心房的竇房結。見 heart。

**pachyderm 厚皮類** 任何大型厚皮有蹄哺乳動物，如象、河馬和犀牛。

**pachytene 粗線期，粗絲期** 減數分裂（meiosis）第一次分裂前期中的一期，每個成對的同源染色體（homologous chromosomes）都分裂成兩個染色分體（chromatids），整個結構稱為四分體（tetrad）。

**Pacinian corpuscle 帕希尼體，環層小體** 哺乳動物皮膚中感受重壓的受器（receptor）。

**page precedence 頁優先** 存在同物異名或異物同名的同一出版品上，某一學名出現在較前頁面上者優先採納的原則。

**pain 痛** 痛覺受器（例如皮膚上的）受刺激時腦中產生的意識感覺。痛覺有保護功能，並常引起反射動作（見 reflex arc）。

**pair bond 配對結合** 高等哺乳動物雌雄間為繁殖目的而建立的關係。在某些情況如天鵝中，這種關係可能會持續終身。

**Palaeoniscus 古鱈屬** 古生代（Paleozoic era）的一個已滅絕的硬骨魚屬，具有硬骨的頭板和硬（ganoid）鱗。古鱈屬可能和內鼻魚亞綱（Choanichthyes）來自同一支系，而後者則是陸地動物的進化來源。古鱈屬的現存近緣動物包括多鰭魚屬（Polypterus）。

**palate** **顎** 脊椎動物口腔的頂蓋，其前面是由上頜的骨質突起組成，而後部由結締組織褶構成（軟顎）。哺乳動物有一個假顎，是在原顎之下形成的，結果使鼻腔開口於口腔之後（在咽部），這樣咀嚼和呼吸就可以同時進行。

**palea** **內稃，托苞** 草類個別花朵腋部形似穎片（glume）的苞片。

**palearctic region** **古北區** 全北區中包括歐亞大陸塊由它們的北端一直到撒哈拉和喜馬拉亞的部分。見 biogeographical region。

**paleo-** ［字首］ 表示古。

**paleobotany** **古植物學** 研究化石植物的學科，特別是研究花粉顆粒的化石，用以重建過去的環境。

**Paleocene epoch** **古新世** 第三紀（Tertiary period）的第一個分期，從6500萬年前到5400萬年前。（見 geological time）。這正是胎盤動物迅速演化的年代。

**paleoecology** **古生態學** 透過化石生物研究過去環境生態的學科。

**Paleognathae** **古顎總目** 現存鳥類的兩個主要類群中較原始的類群，包括平胸類（ratites）和鷸鴕類。和今顎總目（Neognathae）不同的是，古顎總目的上頜有一個較大的前犁骨（見 vomer），和翼狀骨接觸。

**paleolimnology** **古湖沼學** 根據湖中淤泥研究過去湖沼生態的學科。

**Paleolithic** **舊石器時代** 原始民族出現的時代，從大約60萬年前到1萬4000年前。已應用石器，但生存全靠狩獵和採集，此時還沒有栽培。

**paleontology** **古生物學** 研究化石動植物的學科。對照 neontology。

**Paleozoic era** **古生代** 從寒武紀（Cambrian period）初開始

直到二疊紀（Permian period）末持續3億5000萬年的一個時期，距今大致是從5億9000萬年前到2億4000萬年前。

**palindrome 迴文** 去氧核糖核酸（DNA）聚核苷酸鏈（polynucleotide chain）的一種特殊結構，其中的兩段鹼基順序恰恰相反，以致反折時可在兩者之間發生互補鹼基配對（complementary base pairing）。見圖237。

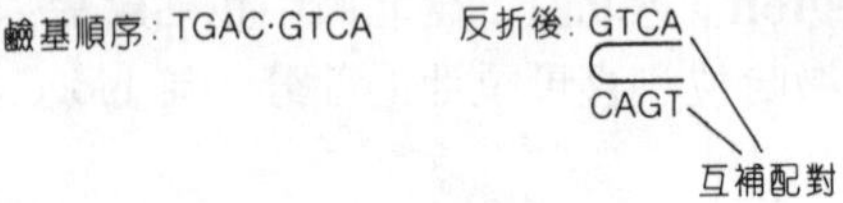

鹼基順序：TGAC·GTCA　反折後：GTCA
　　　　　　　　　　　　　　CAGT
　　　　　　　　　　　　　　　　互補配對

**圖237 迴文。互補鹼基配對。**

**palingenesis 重演性發生** 見 Haeckel's law of recapitulation。

**palisade mesophyll 柵狀肉** 見 mesophyll。

**pallium 外套膜；大腦皮質** 1.外套膜。軟體動物緊接在外殼內的一層組織。2.大腦皮質。脊椎動物大腦（cerebrum）的頂層。

**palmate 掌狀的** （指葉片）至少要有3個小葉都連在葉柄（petiole）的同一部位。見圖238。

小葉

葉柄

**圖238 掌狀的。掌狀葉。**

**palp 觸鬚** 具有觸覺功能的一類附肢，位於無脊椎動物頭部，常在口周。在某些甲殼動物，觸鬚參與行動，而在另一些動物則和進食有關，如在雙殼類軟體動物中觸鬚可製造水流以幫助進食。昆蟲中的觸鬚位於第一和第二對下顎，現認為它們和嗅覺有關。

**pancreas　胰臟**　位於有頜脊椎動物十二指腸（duodenum）腸系膜中的一個腺體，兼有內外分泌的功能。胰腺管將腺體分泌的消化酶（見 pancreatic juices）運送到十二指腸，至於胰液的分泌則受下列因素的調節：（a）迷走神經，（b）分泌素,**胰泌素**（secretin），（c）**促胰酶素**（pancreozymin）。還有一組組細胞稱爲**胰島**（islets of langerhans），它們分泌兩種激素：其中較大的 α 細胞分泌**抗胰島素**（glucagon）；較小的 β 細胞分泌**胰島素**（insulin）。

**pancreatic amylase　胰澱粉酶**　見 amylase。

**pancreatic juice　胰液**　胰腺分泌入十二指腸的透明鹼性液體，內含下列消化酶：（a）**胰澱粉酶**（amylase），它將澱粉（starch）分解爲**麥芽糖**（maltose）。（b）**胰脂肪酶**（lipase），它將脂肪分解爲脂肪酸和甘油。（c）**核酸酶**（nucleases），它將**核酸**（nucleis acid）分解爲核苷酸。（d）**胜肽酶**（peptidases），它將**多胜肽鏈**（polypeptide chains）分解爲個別的胺基酸。（e）一組密切相關的蛋白質分解酶，例如以無活性 原形式存在的**胰蛋白酶**（trypsin）。

**pancreatin　胰酶（製劑）**　含有胰的胰腺抽取物。

**pancreozymin　促胰酶素**　見 cholecystokinin-pancreozymin。

**pandemic　大流行**　發生於廣大地區的，例如大範圍的瘧疾流行。

**Paneth cell　潘尼氏細胞**　**利貝昆氏隱窩**（Crypts of lieberkuhn）底部的一種細胞。它們只存在兩個星期左右，然後便分解消失。現認爲它們負責清除重金屬離子，和分泌**胺基酸**（amino acids）及**溶菌酶**（lysozyme），後者是一種抗菌酵素，可控制腸道中細菌的數量。潘尼氏細胞還有可能分泌某些酵素，如胜肽酶和脂肪酶。

**Pangaea　泛古陸**　見 continental drift。

**panicle　圓錐花序**　1.分支的**總狀花序**（raceme）。2.任何複

雜的分支花序。

**panmixis　隨機交配**　見 random mating。

**Pantopoda　皆足綱**　蛛形動物（arachnids）的一個綱，包括海蜘蛛。

**pantothenic acid or vitamin B$_5$　泛酸，維生素 B$_5$**　存在於一切動物組織中的一種水溶性有機酸（C$_9$H$_{17}$O$_5$N），尤見於肝臟和腎臟。泛酸構成輔酶 A 的一部分，而後者和醋酸結合在一起時就形成*乙醯輔酶* A（acetylcoenzyme A）。它幾乎存在於一切食物，特別多見於新鮮蔬菜、肉、蛋和酵母。缺乏時造成神經疾患和運動協調功能障礙。

**papilla（複數 papillae）　乳頭，乳突**　結構表面的突起，例如舌乳頭，它上面攜帶著味蕾。

**papilloma　乳頭瘤**　一類良性的腫瘤。

**pappus　冠毛**　菊科植物種子上的一圈毛，是由變態花萼（calyx）形成的。冠毛有助於風力傳播種子，其作用有如降落傘，例如見於蒲公英和薊的種子。

**parabiosis　聯體生活**　在實驗中將兩個動物連在一起使它們的體液得以相混。例如用於研究昆蟲激素的作用。

**paracentric inversion　臂內倒位**　一類染色體突變，倒位（inversion）只發生在染色體的一個臂內，不涉及*著絲點*（centromere）。

**parallelism　平行演化**　見 convergence。

**paralogous genes　並行演化基因**　在同一生物個體的染色體不同部位具有同源（homologous）結構的基因，這些同源結構可能來自基因重複。見 orthologous genes。

**Paramecium　草履蟲**　淡水原生動物（protozoan）的一個屬，體呈卵形，外覆纖毛，腹面還有一個帶纖毛的溝為攝食入口。見圖239。

**paramylum　副澱粉，裸藻澱粉**　作為鞭毛原生動物和藻類儲

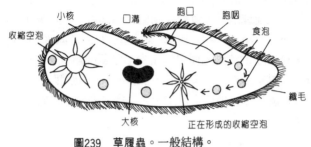

圖239　草履蟲。一般結構。

存食物的一種澱粉狀物質，如見於裸藻屬（Euglena）。

**parapatry　鄰域分布**　個別族群或物種相鄰而不重疊的分布，基因有可能交流但通常不發生互交。

**parapodium（複數 parapodia）　疣足**　多毛類蠕蟲身體上的大量按體節分布成對的突起，內有肌肉，外面常具剛毛。其功能是行動。

**parasexual reproduction　準性生殖**　無性生殖的一個類型，但體細胞有融合而且染色體有隨機性遺失。

**parasite　寄生物**　寄居在另一生物體外或體內並給該生物造成損失的生物，通常由後者取得有機營養。寄居於寄主體外的寄生生物稱為外寄生生物，如扁蝨，而寄生於體內的稱內寄生生物，如條蟲。寄生生物還可以分為**兼性的**（facultative）和**專性的**（obligate）。而造成的影響也有很大變異，由對寄主造成極小傷害而寄主還可繼續生存和生殖（這是適應得最好的寄生蟲，如條蟲），直到導致寄主死亡（如瘧原蟲）。在寄生生物和寄主之間可發生**協同演化**（coevolution）。參見 biotrophic, necrotrophic。

**parasitoid　擬寄生的**　某些交替營寄生和獨立生活的黃蜂和蠅類，如姬蜂，幼蟲先是寄生於寄主隨後將其殺死。

**parasympathetic system　副交感神經系統**　見 autonomic nervous system。

**parathyroid　副甲狀腺**　高等脊椎動物的一種內分泌腺，位於甲狀腺的裡面或附近，負責控制血鈣的濃度。血內鈣（Ca⁺）過低時，就分泌副甲狀腺激素。它（a）減低成骨細胞（osteoblast）的活動因而也就減少了骨質的形成，（b）增加鈣（Ca⁺）由腸道吸收進入血液，並（c）作用於腎小管，減少鈣和磷酸鹽的排泄。但如這個激素分泌過少則會導致血鈣降低和發生搐搦（tetany）。

**paratype　副模標本**　一個學名作者引用且除主模標本（holotype）以外的任何標本。

**parazoan　側生動物**　側生類的多細胞無脊椎動物，包括海綿。對照 metazoan。

**parenchyma　薄壁組織；實質組織；主質細胞**　1.薄壁組織。植物中由薄壁細胞構成的組織，常具填充功能。在成熟時仍具活力，可變為分生組織，如見於束間形成層（interfascicular cambium，見 secondary thickening）。見圖240。2.實質組織。構成扁形動物身體大部分的鬆散且具有空泡的組織。3.主質細胞。除結締組織和血管外的，組成器官的特異性細胞。

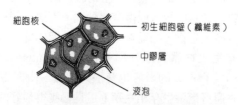

細胞核　　初生細胞壁（纖維素）

中膠層

液泡

圖240　薄壁組織。細胞的橫切面。

**parental gamete　親代型配子**　具有和原來雙倍體細胞中兩個同源染色體（homologous chromosome）之一的基因型相同基因型的配子。見 genetic linkage。

**parental generation（P）　親代**　參與兩個純育系（pure breeding lines）雜交的成員，它們的子代稱子一代（F1）。

**parietal　周緣的，側膜的；頂骨的；壁層的**　1.周緣的，側膜的。（指植物器官），如附著在子房壁上的側膜胚珠。2.頂骨的。和顱骨頂骨有關的，頂骨是膜成骨，就位於額骨之後。3.壁層的。（指體腔內膜），包覆體壁的而不是包覆臟器的（參見oxyntic cell）。

**pars intercerebralis　腦間部**　昆蟲腦的背部，包含神經分泌細胞。

**parthenocarpy　單性結果**　未經傳粉、受精或胚胎發育而發育出的無籽果實。

**parthenogenesis　單性生殖，孤雌生殖**　未經精子的受精作用而直接由卵發育出個體的程序。這主要見於低等無脊椎動物，如昆蟲。這個卵細胞可以是**單倍體**（haploid 1），例如由它再產生雄峰，也可以是**雙倍體**（diploid 1），例如無翅的雌蟻可在夏天經**有絲分裂**（mitosis）產生雙倍體的卵，後者即發育爲雌性成體，只有到了秋天才經**減數分裂**（meiosis）形成單倍體的配子，隨後再進行正常的有性生殖。

**partial dominance　部分顯性**　一種不完全顯性（incomplete dominance），所產生的異型合子更像兩個同型合子的其中之一。

**partial inflorescence　分花序**　分支花序的一部分。

**partial pressure　分壓**　混合氣體的總壓力再乘以某個氣體在總氣體中所佔的容積百分比，即得該氣體的分壓。因此，如果正常的大氣壓力爲760公釐汞柱，而大氣中有21％的氧氣，則$O_2$的分壓爲：

$$760 \times 0.21 = 160公釐汞柱。$$

**parturition　分娩**　生產子代的程序。

**passage cell　通道細胞**　植物內皮層中還未加厚而仍允許物質由皮層進入維管束的細胞。

**passerine　雀**　雀形目的鳥類，即鳴禽或稱棲木鳥，包括將近半數的已知鳥類。

**passive immunity　被動免疫**　見 antibody。

**passive transport　被動運輸**　見 diffusion。

**Pasteur, Louis　巴斯德**　（1822-1895）法國細菌學家，使微生物學成爲科學的奠基人。他提出微生物致病的學說，並證明自然發生（spontaneous generation）不存在。他證明，用減毒型微生物（見 attenuation）可以提供針對毒性型微生物的免疫力，而且證明了狂犬病是由一種看不見的微生物造成的，也就是說這導致了病毒的發現。他還介紹了用熱處理殺滅易腐壞物品如牛奶中的微生物的方法（見 pasteurization）。

**pasteurization　巴斯德滅菌法**　巴斯德（Pasteur）設計的一種部分滅菌的方法，例如將牛奶加熱至62℃維持30分鐘。這可殺滅許多有害細菌，包括致結核病的細菌。

**patagium　翅膜；領片**　1.翅膜。張在鳥類或蝙蝠兩翼上的皮膜，或張在飛鼠前後肢間有降落傘作用的皮膜。2.翼片。（在某些昆蟲），前胸兩側的突起。

**Patau syndrome　帕輻氏症候群**　一類少見的人類畸形，因第13對染色體三體性（trisomy）造成。患者壽命平均在6個月。

**patella　臏骨，膝蓋骨；笠貝屬**　1.臏骨，膝蓋骨。見於大多數哺乳動物及某些鳥類和爬行類，其功能是保護關節前方免受傷害。2.笠貝屬。見 limpet。

**pathogen　病原**　致病生物，如病毒和細菌。

**pathogenic　致病的**　像病原（pathogen）那樣作用的。

**pathology　病理學**　研究疾病造成的結構和功能改變的學科。

**pathotoxin　致病毒素**　病原（pathogen）產生的毒素，能引發疾病的各種症狀。見 botulism。

**pathway　路徑**　產生特定產物的一系列反應，例如生化途徑。

**patroclinous inheritance　偏父遺傳**　遺傳的一個類型：所有子代都有父親樣的表型（phenotype）。對照 matroclinous inheritance。

**Pauling, Linus Carl　包林**　（1901-1995）美國生化學家和諾貝爾獎獲得者，他利用 X 光繞射分析確定了幾個分子的結晶結構，還和合作者利用電泳（electrophoresis）共同發現了造成鐮形血球貧血症（sickle cell anemia）的異常血紅素（hemoglobin）的結構。

**Pavlovian response　巴夫洛夫反應**　見 conditioned reflex。

**peat　泥炭**　在沼澤潮濕缺氧的條件下積累的死植物物質，其分解不完全。通常爲酸性。

**pecking order　啄食順序**　在哺乳動物和鳥類中的行爲優勢等級。領袖佔據優勢，處於啄食順序的頂級，得到最好的食物和配偶。優勢最小的個體則位於順序的底層。在鳥類常可見到被優勢動物啄傷的疤痕。

**Pecora　有角下目**　偶蹄類（Artiodactyla）的一個附目，包括反芻動物如牛、綿羊、山羊、鹿和長頸鹿等，其胎盤絨毛呈小叢集分布。

**pecten　櫛**　任何梳子狀的結構或器官。如鳥類眼部的氧合構造，以及某些昆蟲的器官。見 stridulation。

**pectin　果膠**　一類複雜多醣（polysaccharide）常常以果膠酸鈣的形式存在於植物細胞中，成爲細胞壁中膠層（middle lamella）的成分。加熱時，果膠就形成果凍，這個特點常被利用於製作果醬。

**pectinate　梳狀的**　（指植物結構）。

**pectoral fin　胸鰭**　附著於魚類肩帶（pectoral girdle）上的一對推進及定向的器官。

**pectoral girdle** or **shoulder girdle　肩帶**　脊椎動物支援前肢的骨骼支架，它將力由前肢傳到軀幹，它還有保護胸腔器官的作用。正常爲 U 形，並由肌肉連到脊柱上。見圖241。

**pedal　足的**　特別是和軟體動物的足有關的。

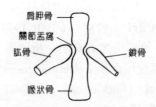

肩胛骨

關節盂窩

肱骨

鎖骨

喙狀骨

圖241 肩帶。基本形狀。

**pedate　鳥足狀的**　（指葉片）葉裂似掌狀（palmate），並有進一步的分裂。

**pedicel　花梗**

**pedigree analysis　族譜分析**　經由幾代連續追蹤遺傳模式的一種技術。

**pedipalp　鋏肢，鋏鬚**　蛛形動物的第二對頭肢，常演化爲不同特化結構以完成不同功能。如蠍子的鋏肢特化以捕捉獵物，蟹用於行動，雄蜘蛛用於受精（在此處，鋏肢的尖端變爲用於轉移精子的特殊容器），還有加工食物以及感覺等功能。

**pedo-　[字首]**　表示兒童。

**pedogenesis　幼體生殖**　在幼蟲或幼年期出現的有性生殖，這種情況可只是暫時存在，或爲永久性如美西螈。人類便在某些方面和幼年期的猿猴相似，例如缺少毛髮，所以在人類演化程序中幼期生殖可能有過重要作用。如果某些結構的幼年形狀一直持續到成年，例如鴕鳥的絨羽，這就稱爲**幼態成熟**（neoteny）。

**peduncle　總花梗**

**pelagic　海洋的**　1.（指生物），可在大洋中主動游泳（*自游生物*，nekton），而不是只能棲於水底或在水面隨波漂浮（*浮游生物*，plankton）。2.（指鳥類），大部分時間生活在海上的。

**pelecypod　斧足動物**　見 bivalve。

**pellagra　糙皮病**　見 nicotinic acid。

**pelletizing　顆粒化**　用不同材料包覆種子製造大小均等的顆

粒以利播種,所加材料可包含殺蟲劑。

**pellicle　表膜**

**peltate　盾狀的**　(指植物結構)扁平的,而且柄是連接到底部的中央而不是連到邊緣。

**pelvic fin　腹鰭**　附著於魚類體帶(pelvic girdle)的一對推進/定向器官。

**pelvic girdle** or **hip girdle　骨盆帶**　脊椎動物支持後肢的骨骼支架,它將行動時的力由後肢傳遞到軀幹。見圖242。

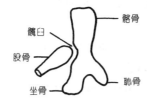

圖242　骨盆帶。基本結構。

**penetrance　外顯率**　在攜帶某一基因型(genotype)的人群中真正將該基因型表現在表型(phenotype)上的人數比例。例如說一個顯性的禿頭基因在男性的外顯率為100%而在大多數女性為0%,因為這個基因要表達需要體內有高濃度的男性激素,這是一個限性現象(sex limitation)的實例。一個基因一旦外顯,它可能還表現出不同的表現度(expressivity)。

**penicillin　青黴素,盤尼西林**　由青黴屬(*Penicillium*)黴菌產生的一種抗生素,對一部分致病的和非致病的細菌有毒性。1928年弗萊明(Fleming)觀察到,此黴菌能抑制細菌的生長,而由該黴菌萃取的物質仍然保有抗菌的能力。

**penis** or **phallus　陰莖**　雄性動物的交媾器官,它將精子輸送到雌性的生殖道中。

**Pennatulacea　海鰓科**　腔腸動物(coelenterate)的一個科,包括海鰓。

**penta-** ［字首］ 表示五。

**pentadactyl limb 五指（趾）附肢** 兩生動物、爬行動物、鳥類和哺乳動物中存在的帶有5個指（趾）的附肢。目前認為，附肢是為了陸上生活而演化出來的，它主要包括3個部分：（a）肱骨（前肢）或股骨（後肢）；（b）橈骨和尺骨（前肢）或脛骨和腓骨（後肢）；（c）手或足，分別由腕骨、掌骨和指骨，或跗骨、蹠骨和趾骨組成。在不同的動物中，附肢可有顯著變形以適應不同活動如飛翔、奔跑或游泳。

**pentaploid 五倍體** 具有5套染色體的多倍體（polyploid）個體。

**pentosan 戊聚糖** 由戊糖組成的多醣。

**pentose 戊糖，五碳糖** 由5個碳原子組成的單醣。

**pentose phosphate pathway（PPP）** or **pentose phosphate shunt** or **hexose monophosphate shunt** or **phosphogluronate pathway 戊糖磷酸路徑，戊糖磷酸支路，磷酸己糖支路，磷酸葡糖酸路徑** 葡萄糖代謝的一個路徑（pathway）。PPP 在動物細胞中特別重要，它是醣酵解（glycolysis）和三羧酸循環（Krebs cycle）的一個替代支路，不過這兩個支路是同時發生的。在 PPP 中，磷酸葡萄糖（六碳糖）脫氫（氧化）和脫羧，變成五碳糖（戊糖）並放出二氧化碳及氫原子，氫原子則轉給輔酶 II（鹼醯胺腺嘌呤二核苷酸磷酸，NADP）形成還原型的 $NADPH_2$。另有少部分的五碳糖重新合成六碳糖。和 NADP 不同，$NADPH_2$ 並不由電子傳遞系統（electron transport system）產生 ATP，而是將氫原子和電子傳給進行分子合成的場所。在進行脂肪代謝的細胞如脂肪組織、肝臟、腎上腺皮質和乳腺組織等處，$NADPH_2$ 分子特別活躍。

**pentose phosphate shunt 戊糖磷酸支路** 見 pentose phosphate pathway。

**pentose sugar 戊糖** 具有5碳環的單醣（monosaccharide），

特別是像核苷酸（nucleotides）中的核糖和去氧核糖。

**peppered moth　樺尺蠖**　曾被廣泛研究的一種蛾（*Biston betularia*）。它的體色主要有兩型：白灰相間，和深棕色，在一個地區中兩種顏色的比例決定於當地大氣污染的狀況。這是一個遺傳多態性（genetic polymorphism）的實例，是受一個具有兩對偶基因（alleles）的基因所控制，而負責深色性狀的對偶基因則為顯性。見 industrial melanism。

**pepsin　胃蛋白酶**　脊椎動物胃臟胃小凹主細胞和胃酶細胞以無活性的胃蛋白酶原（pepsinogen）形式分泌的一種酵素。胃蛋白酶在酸性溶液中將蛋白質分解為短胜肽鏈，後者再被各種胜肽酶（peptidases）進一步分解。

**pepsinogen　胃蛋白酶原**　胃蛋白酶（pepsin）在脊椎動物胃臟中的先質。胃壁上的泌酸細胞（oxyntic cells）分泌鹽酸。在鹽酸存在的情況下，胃蛋白酶原變成胃蛋白酶，而胃蛋白酶又可進一步促使更多的胃蛋白酶原變為胃蛋白酶。因此這個反應是自我催化的。

**peptidase　胜肽酶**　胰液（pancreatic juice）中的一種酵素，可分解多胜肽鏈（polypeptide chains）為游離胺基酸（amino acids）。肽鏈外切酶（exopeptidases）分解末端胺基酸，而肽鏈內切酶（endopeptidases）則負責分解鏈內的胜肽鍵。

**peptide　胜肽**　由一個或多個胺基酸藉化學鍵連接而成的化合物。見 peptide bond, dipeptide。

**peptide bond　胜肽鍵**　藉縮合反應將胺基酸（amino acids）連接在一起的化學鍵（見 dipeptide）。見圖243。

**peptidyl site（P-site）　胜肽基部位**　轉送核糖核酸（transfer RNA）在核糖體（ribosome）上的結合部位。胜肽鍵（peptide bond）就是在核糖體上形成的。

**peptone　腖**　蛋白質水解產生的可溶性產物。見 pepsin, peptidase。

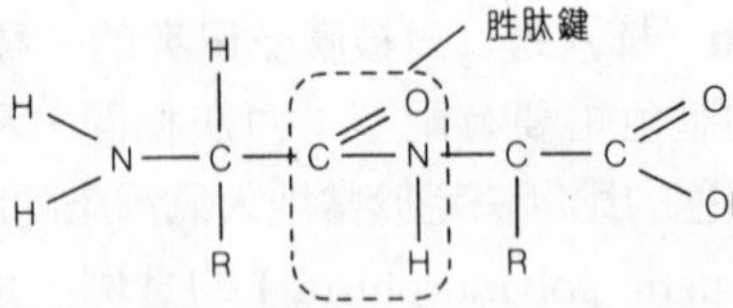

圖243 胜肽鍵。分子結構。R＝每個胺基酸特有的基團。

**per-** 〔**字首**〕 表示經、全、高、過、極。

**perennation** **多年生** 植物可一個季節接一個季節存活，但在季節之間通常有一段活動減少的階段。見 perennial。

**perennial** **多年生的** 具木質莖的植物一般為多年生（如喬木、灌木和木質藤本植物），但許多草本植物也為多年生（如蒲公英、雛菊和車前），它們的中空部分在冬季死去，只剩下多年生的器官（如塊莖、球莖和鱗莖）還存活在地下。

**perfusion** **灌注** 液體流經器官或組織。

**peri-** 〔**字首**〕 表示圍繞。

**perianth** **花被** 花中在性器官外緣的其他器官，包括花萼（calyx）和花冠（corolla）。

**perianth segment** **花被節片** 花被（perianth）的個別節片。

**periblast** **表胚層** 在不完全卵裂的卵中圍繞胚盤（blastoderm）的組織。

**pericardial cavity** **心包腔；圍心寶** 1.心包腔。脊椎動物體腔圍繞心臟的部分。2.圍心寶。節肢動物和軟體動物血腔（hemocoel）中圍繞心臟的部分。

**pericardial membrane** **圍心膜** 圍繞心臟的膜。

**pericarditis** **心包炎** 心包膜（pericardium）的發炎症狀。

**pericardium** **心包膜** 包圍脊椎動物心臟和節肢動物及軟體動物圍心寶的囊狀包膜。

**pericarp** **果皮** 果實的壁，是在受精之後由子房壁發育而來。果皮有3個界限分明的層：外果皮、中果皮和內果皮。在較乾的果實，果皮堅實，常具有一定硬度（如罌粟蒴果、草莓瘦果，achenes）；在肉質果實中，果皮膨脹，中果皮常有很高的糖分（如葡萄、桃子）。

**periclinal　平周的**　（指植物細胞的分裂平面）和植物表面平行的。

**pericycle　周鞘**　內皮層（endodermis）和韌皮部（phloem）之間的一層植物細胞，主要由薄壁組織（parenchyma）組成。側根就起自這些組織。有關圖解，見 stem 和 root。

**periderm　周皮**　在經歷過次生加厚（secondary thickening）的根和莖中的一類保護組織，包括外面的一個木栓帶，裡面的一個木栓形成層，再往裡還有一個栓內層（次生皮層）。

**perigynous　周位的**　（指花）結構扁平或凹陷，萼片、花瓣和雄蕊都生長在上面。

**perilymph　外淋巴**　內耳中分隔骨迷路和膜迷路的液體。

**perineustic　周生氣門的**　（指昆蟲）所有腹節兩側都有氣門。

**periosteum　骨膜**　脊椎動物體內圍繞骨周圍的結締組織（connective tissue），肌肉（muscles）和肌腱（tendons）都附著其上。其中含有成骨細胞（osteoblasts），在骨折修復時有很大作用。

**periostracum　角質層**　軟體動物或腕足動物外殼中3層的最外一層，由貝殼硬蛋白（conchiolin）組成。其內有稜柱層和真珠層。

**peripheral　周圍的**　一個結構的外層或周邊的。例如周圍神經系統就是指除了中樞神經系統（central nervous system）之外的神經系統（nervous system）。

**peripheral isolate　周邊隔離族群**　在物種正常範圍邊緣或之外的隔離族群。

**perisarc　圍鞘**　裸芽目、鞘芽目和水螅珊瑚目的水螅型腔腸動物的角質外鞘。在最後一個目中，圍鞘很大並含鈣質。

**perisperm　外胚乳**　某些種子中的營養組織，由胚珠的珠心（nucellus）發育而來。

**perispore　孢子周壁**

**Perissodactyla　奇蹄目**　蹄數爲奇數的有蹄動物，如馬。對照 Artiodactyla。

**peristalsis　蠕動**　動物腸道及其他管道系統中環肌和縱肌的交替收縮與鬆弛，形成波浪式運動，促使內容物向一個方向移動。

**peristome　圍口部**　圍繞口部或任一器官開口的結構。

**perithecium　子囊殼**　子囊菌中的一類子實體，其中包含無數子囊（見 ascus）。

**peritoneum　腹膜**　襯覆體腔、臟器並組成腸系膜的薄膜，發源於中胚層。

**peritrophic membrane　圍食膜**　某些昆蟲和甲殼動物腸道中的內膜，可能是用於保護腸道細胞免受食物顆粒的傷害。有證據顯示，昆蟲可用圍食膜將有害物質經由肛門排出體外。

**perivisceral cavity　圍臟腔**　包圍臟器的體腔。

**permafrost　永凍層**　地層中永遠封凍只在夏日有薄層短暫融化的部分，如在南北極。

**permanent teeth　恆齒**　哺乳動物的第二套牙齒。

**permeability of membranes　膜通透性**　有關細胞膜通透性的一個理論概念；假想膜結構具有小孔，允許溶質沿濃度梯度（concentration gradient）藉擴散（diffusion）作用穿孔而過（見 fluid-mosaic model）。但是，許多膜對某些分子具差別通透性。例如選擇滲透性（selective permeability）就造成了滲透現象（osmosis）。其他一些膜還經由主動運輸（active transport）允許溶質逆濃度梯度移動。這種現象的實例，如細胞在高鈉濃度環境中還可排出鈉。

**permease 透性酶** 推測在主動運輸（active transport）過程中有載體作用的一種蛋白質。

**Permian period 二疊紀** 古生代的最後一個紀，從2億8000萬年前持續到2億4000萬年前。兩生類數目減少，爬行類則增加，在此期中松柏類植物更趨普遍。發生了多次絕滅事件，包括三葉蟲的絕滅。這時出現了哺乳動物狀的爬行類，且最早的甲蟲和昆蟲演化出現。

**pernicious anemia 惡性貧血** 一種嚴重疾病，紅血球數目逐漸下降而細胞體積卻在上升，膚色蒼白，全身無力，並伴有消化障礙。本病可致死，但可用維生素 $B_{12}$ 治療。

**peroxidase 過氧化酶** 催化過氧化物的還原。對照 catalase。

**peroxisome 過氧化酶體** 真核（eukaryote）細胞的一類胞器，由一個單位膜圍繞而成。過氧化酶體含有過氧化酶（peroxidase），可能經由過氧化氫的分解產生氧分子。它位於粒線體（mitochondria）和植物葉綠體（chloroplasts）的附近，似乎參與細胞呼吸（cellular respiration）。

**persistence 保留時間** 從媒介生物染得一個病毒到它將該病毒傳給一個新寄主的這段時間。

**pest 有害生物，害蟲** 給人類造成危害的任何生物，危害包括經濟上的和醫學上的。我們對有害生物的分類總在變更，這取決於經濟後果。例如導致蘋果瘡痂病的真菌在某些國家被當做有害生物，因為它們造成果實畸形。但對於較貧窮的國家，這種外觀上的問題就不那麼重要，於是這種真菌也就不當做有害生物。

**pesticide 殺蟲劑** 能致有害生物於死地的藥劑。通常僅指有殺滅作用的藥劑，如除草劑、除蟲劑、除蟎劑和除真菌劑等。農藥的使用也可帶來許多問題，例如：（a）消滅對人類有益的生物（非目標物種）。（b）如使用不當，可直接危害人類。（c）在食物鏈中積累濃集，導致在較高營養級（trophic level）中毒害動物。

**petal 花瓣** 花冠的單獨部分。通常色彩鮮豔，花瓣實為變態的葉片。 在 蟲 媒 植 物 中，花 的 作 用 非 常 重 要（ 見 entomophily）。

**petaloid 花瓣狀的** （指植物結構）

**petiole 葉柄** 包括和莖中維管束（vascular bundles）相連的維管束。葉柄基部連接莖部的地方可能有一個小型的葉狀結構，叫托葉（stipule），還可能有腋芽。見 axil。

**petri dish 培養皿** 見 plate。

**PGA（ phosphoglyceric acid）or glyceric acid phosphate or glycerate 3-phosphate 磷酸甘油酸，甘油酸磷酸，甘油酸-3-磷酸** 在醣酵解（glycolysis）作用中由磷酸甘油醛（PGAL）產生的一個三碳分子（見圖244）。PGA 的結構類似於 PGAL，只是有一個氫為羥基（OH）所替代。PGA 在光合作用中也非常重要；在卡爾文氏循環（Calvin cycle）中二磷酸核酮糖和二氧化碳先結合成一個不穩定的六碳化合物，隨即分解為 PGA。

**PGAL（ phosphoglyceraldehyde）or triose phosphate or glyceraldehyde phosphate 磷酸甘油醛，磷酸丙糖，甘油醛磷酸** 在醣酵解（glycolysis）作用中由二磷酸果糖產生的一個三碳分子（見圖244）。PGAL 在光合作用（photosynthesis）也非常重要；在卡爾文氏循環（Calvin cycle）中，磷酸甘油酸（PGA）受到腺苷三磷酸（ATP）的磷酸化和還原型菸鹼醯胺腺嘌呤二核苷酸磷酸（NADPH）的還原就變成 PGAL，ATP 和 NADPH 都是在光反應（light reactions）中產生的。而又經由一系列反應，兩個分子的 PGAL 經過重排就形成一個6碳的葡萄糖（glucose）。

**pH 氫離子指數** 水溶液中氫離子濃度的一個量度。其公式為：

$$\frac{1}{\log (H^+)} 。$$

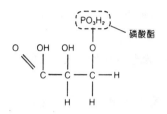

圖244 磷酸甘油醛。分子結構。

　　這個公式所得的值是：氫離子的數目越大，指數的值就越低。pH 值的幅度是從1.0（極酸）到14.0（極鹼），中性在7.0。由於 pH 是個對數指數，所以 pH 改變一個單位，氫離子數目就差10倍。測量 pH 值可以用指示劑，pH 改變時指示劑的顏色也改變，還可以用電測方式如用 pH 儀。

**Phaeophycae　褐藻綱**　本綱有時也提高到門的位置，稱褐藻門。大部分褐藻是海生，它們的綠色色素被黃色的岩藻黃素所遮蓋。本綱的某些成員是已知的最大藻類，例如海帶（*Laminaria*）。

**Phaeophyta　褐藻門**　見 Phaeophycae。

**phage　噬菌體**　見 bacteriophage。

**phago-　[字首]**　表示吞噬。

**phagocyte　吞噬細胞**　一類能圍繞並吞噬周圍物質的細胞。這些細胞可以鑑別不同顆粒。例如吞噬性的白血球只吞噬某些細菌（bacteria）。吞噬細胞形成高等動物體內的重要防禦機制，特別是對付細菌，可以吞噬並消化它們。見 macrophage。

**phagocytosis　噬菌作用**　將細胞外物質（次細胞顆粒、細胞）攝入內部，形成細胞質空泡。

**phalange　指（趾）骨**　五指（趾）附肢（pentadactyl limb）的末端部分。指（趾）骨中的近端部分和腕骨（metacarpal）或蹠骨（metatarsal）形成關節。

**Phalangeridae　袋貂科**　樹棲有袋動物的一個科，有可纏握的長尾。滑翔袋貂有翅膜（patagium 1）。

**phallus　陰莖**　見 penis。

**phanerophyte　高位芽植物，挺空植物**　芽高於底部25公分以上的木本植物。

**pharynx　咽**　脊椎動物由口腔到食道之間的這段管道。在人類，咽上部包括和鼻腔相連的部分，它和下面以軟齶爲分界。咽的下部包括口和喉。在原索動物，咽指鰓裂開向其中的腸道部分。

**phasic　階段的**

**Phasmidae　竹節蟲科**　昆蟲的一個科，見 Orthopteran。

**phenetic ranking　表象分級**　按相似性程度排列至相應類元。

**phenocopy　擬表型**　表面看似遺傳性但實爲環境影響所致的改變。例如因德國麻疹（German measles）造成非遺傳性的嬰兒耳聾。區分兩者很重要，因爲患者再遺傳給下代的機率大不相同。

**phenogram　表象圖**　根據類元間相似性排列的圖系。

**phenon　同形標本**　一組具有相似外觀的標本。見 phenotype。

**phenotype　表型**　一個個體的可見特徵，這是該生物基因型（genotype）在發育程序中和環境互動作用的結果。這個互動作用就是先後天之間的相互影響。先天變異是可遺傳的部分，即基因型。後天代表環境帶給個體的不能遺傳的部分。有時，因爲顯性（dominance 1）作用掩蓋了隱性對偶基因（allele）可使兩個不同的基因型導致同一表型。但是正確的說，我們觀察得愈仔細就愈能發覺一個被顯性掩蓋的特殊表型。例如一個對偶基因編碼了一個無功能的，因而在異型合子中就不被顯現（因此稱它爲隱性），但採用電泳（electrophoresis）這樣的方法可以查出不同類型的蛋白質。

**phenotypic plasticity** or **environmental variation** 表型可塑性，環境變異 生物根據環境的具體情況改變表型（phenotype）的能力。這種現象在植物中看得最清楚，也許是因為植物是固定在地上的。例如蒲公英如果長在花園角落和其他植物在一起，它就長得很直，花梗也長。另外一個具有同樣基因型的蒲公英，如果是長在草地上，它就可能平鋪（procumbent）在地上。

**phenotypic variance** 表型變異量 族群中一個表型性狀的變異量。

**phenylalanine** 苯丙胺酸 蛋白質中常見的20種胺基酸（amino acids）之一。有一個非極性（nonpolar）的 R 基，比較不溶於水。見圖245。苯丙胺酸的等電點（isoelectric point）為5.5。見 phenylketonuria。

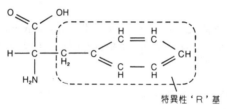

圖245 苯基丙胺酸。分子結構。

**phenylketonuria** （**PKU**） 苯酮尿症 人類的一類先天代謝障礙（inborn error of metabolism）；患者由於缺乏具功能的苯丙胺酸羥化酶因而不能將苯丙胺酸（phenylalanine）轉化為酪胺酸。本病是受一個體染色體基因的隱性對偶基因（可能位於第一對染色體）所控制，所以患者都是隱性同型合子，由雙親的每一方各得一個隱性對偶基因，而父母雙方都是異型合子攜帶者。PKU 的後果多種多樣而且很嚴重。也許主要的問題就是血和組織中苯丙胺酸的異常積累，導致神經組織嚴重受損，以致90％患者的智商（IQ）低於40，因而被歸為嚴重智力發育遲滯。三分之二的患者有小頭畸形，75％有裁縫式體位，即全身肌肉張力過高，造成患者盤腿而坐雙臂也收緊在軀幹旁。如果在極早期發現本病,則有可能治療。治療就是給予低苯丙胺酸的飲食。(但飲食中必須有少量的苯丙胺酸,因為它是一種必需胺基酸)。在某些國家,每個新生兒都要取血樣做格斯理氏測試(Guthrie test),如果血中苯丙胺酸過高就會抑制細菌生長而被檢驗出來。

**pheromone 費洛蒙** 同物種個體間互相通訊所用的化學物質。費洛蒙主要見於動物,但也見於某些低等植物類群,如雌性配子分泌化學物質到水中以吸引雄性配子。在某些動物中,費洛蒙會在空中傳播,如一些雌蛾分泌的化學物質可吸引遠距離外的雄蛾,而雄狗則用尿液來標記牠們的領域。曾有人使用昆蟲費洛蒙來捕捉雌性害蟲。

**philopatry 返家衝動** 動物停留在家區以及遷徙動物返家的傾向。

**phloem 韌皮部** 高等植物維管束(vascular bundles)裡的一種傳導組織,其中含有篩管和伴細胞。韌皮部的功能是運輸(translocation)溶解的有機物質(如蔗糖)。

**phloroglucin 間苯三酚** 一種染料,與鹽酸在一起可將植物切片中的木質素染為亮紅色。

**Phocidae 海豹科** 食肉性哺乳動物的一個科。其後肢和尾連在一起,而且無外耳。

**phosphagen 磷酸原** 所有動物中都有的一種化學物質,其功能是將高能磷酸鍵傳給腺苷二磷酸(ADP)使之變成腺苷三磷酸(ATP)。因此磷酸原為一種儲能分子,當細胞呼吸提供的ATP不足時特別有用,例如當突然要從事肌肉活動時。磷酸原有兩型:肌酸磷酸,亦稱磷酸肌酸,見於脊椎動物和棘皮動物;精胺酸磷酸,亦稱磷酸精胺酸,見於許多其他無脊椎動物。

**phosphatase 磷酸酶** 促進由分子中釋放出磷酸根的酶。如在哺乳動物中,磷酸酶將磷酸葡萄糖分解為糖。見 glycogen。

**phosphate 磷酸鹽,磷酸酯** 磷酸(phosphoric acid)的鹽或

酯。

**phosphoarginine　磷酸精胺酸**　見於許多無脊椎動物中的磷酸原。

**phosphocreatine　磷酸肌酸**　在肌肉中協助將腺苷二磷酸（ADP）轉化爲腺苷三磷酸（ATP）的一個物質，本身則轉化爲肌酸並釋放出無機磷。

**phosphoenolpyruvic acid（PEP）　磷酸烯醇丙酮酸**　醣酵解（glycolysis）作用中的一個高能化合物，當脫磷酸變爲丙酮酸時可合成腺苷三磷酸（ATP）。

**phosphogluconate pathway　磷酸葡萄糖酸途徑**　見 pentose phosphate pathway。

**phosphoglyceraldehyde　磷酸甘油醛**　見 PGAL。

**phosphoglyceric acid　磷酸甘油酸**　見 PGA。

**phospholipid　磷脂**　一類複合的脂肪分子，連接到甘油上的是兩個脂肪酸（fatty acids）和一個磷酸，磷脂大多位於細胞膜上。血中的磷脂負責脂肪在體內的運輸和利用。

**phosphorescence　磷光**　見 bioluminescence。

**phosphoric acid　磷酸**　核酸（nucleic acid）的重要成分，它連接戊糖組成聚核苷酸鏈（polynucleotide chain）。

**phosphorylation　磷酸化**　將磷酸根加到一個分子上的反應。這種反應在生物系統中經常發生。如在有氧呼吸（aerobic respiration）時，葡萄糖要在醣酵解（glycolysis）作用中先被磷酸化；腺苷二磷酸（ADP）則在受質水準和經電子傳遞系統（electron transport system）被磷酸化爲腺苷三磷酸（ATP）；在植物，ATP 則是在光合磷酸化（photophosphorylation）程序中產生的。

**photic zone　透光帶**　見 euphotic zone。

**photo-　〔字首〕**　表示光。

**photoactivation　光活化**　經由光能激發原子使電子躍升到一

個更高的能階。光線射到葉綠素上時，這個程序就成爲光合作用（photosynthesis）的起點。見 light reactions。

**photoautotroph　光自營生物**　利用光能從無機物質合成有機化合物的自營生物（autotroph）。綠色植物就是光能自營生物。

**photolysis　光解作用**　光能激發下的分解作用。1933年尼爾（生於1897）曾提出，光合作用（photosynthesis）的第一步就是水的光解，放出的氧離子形成氧氣，而氫離子則用於在光反應（light reactions）中還原菸鹼醯胺腺嘌呤二核苷酸磷酸（NADP）。但近年來更常用的解釋卻是，水的分解是經由電荷分離，這是一種迅速且自發的離子反應，水直接分解爲氫離子（$H^+$）和羥基離子（$OH^-$）。其最終結果和光解一樣，但光並沒有參與反應。

**photon　光子**　波長在電磁波譜（electromagnetic spectrum）可見光範圍內之輻射能的一個量子。

**photooxidation　光氧化**　在有氧的情況下吸收光能而發生的一種化學反應。

**photoperiod　光週期**　在每一個24小時週期中日照時間和黑暗時間的比值。見 photoperiodism。

**photoperiodism　光週期現象**　生物對光照期的時間和長度的反應。雖然一切生物都可對光週期（photoperiod）作出反應（亦見 biological clock），此詞最常指高等植物，特別是它們的開花。開花的調控很複雜，難以找出普遍規律，但仍可將植物分爲3大類：長日照植物（long-day plants）、短日照植物（short-day plants）和中性日照植物（day-neutral plants），最後一類不受光週期的影響。植物似是借助植物色素（phytochrome）查知光週期的，葉中的光敏素有兩型：在紅光下是 $P^{660}$；在紅外光下是 $P^{725}$。如果在短日照植物中存在過量的 $P^{660}$，或在長日照植物中存在過量 $P^{725}$，則就會產生開花素，使營養性頂端分生組織

（meristem）轉化爲開花的分生組織。光敏素還存在於種皮內，$P^{660}$和 $P^{725}$之間達到某種平衡就會刺激酶活化，而導致發芽。亦見 florigen。

**photophase　光期**　明暗週期中的光期。對照 scotophase。

**photophosphorylation　光合磷酸化**　以光爲能源從腺苷二磷酸（ADP）產生腺苷三磷酸（ATP）。這個過程發生在光合作用（photosynthesis）的光反應期間，也造成 NADP 還原產物，ATP 和 NDAPH 形成的詳細情形見 light reactions。

**photopigment　光化色素**　一種會受光激化的色素分子，例如葉綠素（chlorophyll）。

**photoreceptor　感光器**　對光敏感的結構或色素。在動物，這類結構稱爲眼。眼包含光敏素，並在受到刺激時能活化神經系統。在植物，光感受器常是各種色素。例如對紅光敏感的植物色素（phytochrome）（見 photoperiodism），而對藍光敏感的黃素蛋白則可激發植物生長素（auxin），導致向光性（phototropism）。

**photorespiration　光呼吸**　在光照之下和進行光合作用之時發生的呼吸作用。粒線體並未參與，也不產生腺苷三磷酸（ATP）。

**photosynthesis　光合作用**　植物利用光能將二氧化碳和水轉化爲有機化學物質並放出氧氣的過程。光合作用發生於綠色植物，後者乃稱爲自營生物（autotrophs）。見 light reactions, Calvin cycle。

**photosystems I and II　光系統 I 和 II**　見 light reacitons。

**phototaxis　趨光性**　生物整體針對有向光刺激的定向運動。例如一個單細胞藻或一隻果蠅的向光運動是正向趨光性。如果光線太強以致動物離光源而去則爲負（反）向趨光性。

**phototropism　向光性**　植物的一部分針對光刺激的彎曲生長運動。這是由於植物生長素（auxin）的濃度差別導致不均衡生長造成的。例如大多數籽苗具正向向光性，即向光線方向生長，這是因爲在遠離光線的那一邊植物中生長素的濃度更高，使那一邊生長得更快。另一方面，根是負（反）向向光性，背向光源生長。

**phragma 懸骨** 昆蟲骨骼的一部分，由背部向內下垂，供肌肉和其他器官附著之用。

**phragmocone 閉錐** 烏賊或其他頭足類的內殼，由數室構成。

**phycocyanin 藻藍素** 藍綠藻或紅藻中一種具光合作用的藍色植物色素，其吸收峰在 618 毫微米（見 absorption spectrum）。

**phycoerythrin 藻紅素** 在紅藻和某些藍綠藻中的一種具光合作用的紅色色素，其吸收峰在490、546和576毫微米（見 absorption spectrum）。

**phycomycete 藻狀菌** 藻狀菌綱的絲狀眞菌，現歸於眞菌門的兩個不同的亞門中（見 plant kingdom）。它通常無隔膜。

**phyletic 種系發生的**

**phyletic correlation 種系相關性** 能反映一個祖先遺傳綜合體的各種表型性狀的相關性。

**phyletic weighting 種系評估** 根據種系相關性（phyletic correlation）對分類意義進行評估。

**phyllo- ［字首］** 表示葉。

**phyllode 葉狀柄** 一類特殊的葉子，沒有正常的葉片，但葉柄卻扁平得很像個葉片，在葉節處仍可見到腋芽。葉狀柄見於香豌豆（*Lathyrus nissolia*）。

**phylloplane 葉面**

**phyllopodium 葉足，葉腳** 甲殼動物的一種扁而闊的附肢，用於游泳或製造水流以利呼吸。

**phylloquinone 葉綠二酮，維生素 K** 見 vitamin K。

**phyllotaxsy　葉序**　葉在莖上的排列。

**phylogenetic tree　系譜樹**　根據形態和古生物證據繪製的表示族系演化的圖解。

**phylogeny　種系發生**　一個物種或其他分類類群的整個演化歷史。見 Haeckel's law of recapitulation。

**phylogram　種系圖**　表示不同分類單元（taxa）間相互關係的樹狀圖。

**phylum　門**　一個主要的分類類群（分類單元），界（例如動物界）分爲門，而門又分爲一些綱（class）。

**physiological drought　生理乾旱**　外界有水但植物卻不能吸收的狀況。可因外界水中離子濃度過高，高滲透壓影響吸水，或因溫度過低，水凍結而無法吸收。

**physiology　生理學**　研究動植物的內在生命程序和功能的學科。

**physo-　［字首］**　表示囊。

**phyto-　［字首］**　表示植物。

**phytoalexin　植物防禦素**　高等植物產生的防禦性化學物質，常具有殺眞菌作用（見 plant disease）。植物防禦素針對侵襲的致病生物有特異性；目前在不同植物中已鑑定出約30種植物防禦素，特別是在豆科植物中。

**phytochrome　植物色素**　一類植物色素，共有兩型：$P_{660}$，它吸收紅光；和 $P_{725}$，它吸收紅外光。$P_{725}$具生物活性，它刺激 反應，但 $P_{660}$無生物上的作用。兩方向的轉化程序是同時進行的。見圖246。日光含有紅光和紅外光兩者，但紅光較多。在白天，$P_{725}$就相對增多，積累起來。而到了夜間，$P_{725}$又逐漸轉變爲 $P_{660}$。這樣，光敏素提供植物一種辨別日夜的方法，白天 $P_{725}$佔優勢，夜間 $P_{660}$佔優勢。這就是光週期現象（photoperiodism）的基礎。

**phytophagous　食植物的**　（指動物）以植物爲食的。

圖246 植物色素。持續的紅光－紅外光轉化程序。

**phytoplankton 浮游植物** 浮游生物中的植物部分。對照 zooplankton。

**phytosanitary certificate 植物檢疫證明書** 植物出口前的檢疫證明書。

**pia mater 軟腦脊膜** 腦脊膜中的最內層。見 meninges。

**pigeon's milk 鴿乳，嗉乳** 一種嗉囊分泌的營養物，用於餵飼幼鴿。

**piliferous layer 根毛層** 根尖後面產生根毛的一圈表皮細胞。

**piloerection 毛髮聳立** 皮膚上毛髮豎立以增加其絕熱效果。

**pilomotor 立毛的，豎毛的** （指對平滑肌的自主神經控制）使體毛豎立的。

**pilose 具毛被的** （指植物構造）

**pilus 線毛** 細菌細胞壁的向外延伸，可轉變為管狀以利接合生殖（conjugation）的進行。

**pineal body** or **pineal gland 松果體，松果腺** 前腦頂部的一個突生物。其後部（松果體，epiphysis）有內分泌功能，分泌褪黑激素（melatonin），後者在兩生動物和爬行動物中聚集黑色素細胞（melanophores），抑制生殖腺的發育，並參與生理節律（circadian rhythms）的控制。光照可以抑制褪黑激素的產生。其前部在某些蜥蜴形成一個眼狀的結構（第三眼）；在八目鰻中可見到雛形結構，但不見於其他脊椎動物。

**pineal gland 松果腺** 見 pineal body。

**pinna 羽片；翅，鰭；耳廓** 1.複葉的羽片。2.翅或鰭。3.哺乳動物的耳廓。

**pinnate 羽狀的** （指複葉）小葉在葉軸（rachis）兩側排成兩行。

**pinnatifid 羽狀分裂的** （指葉片）葉片（lamina）向中脈方向中途裂開而分成若干不全小葉。

**pinnatisect 羽狀全裂的** （指葉片）葉片性狀類似於羽狀半裂，但開裂深達中脈。

**Pinnipedia 鰭腳亞目** 海洋食肉動物的一個亞目，包括海豹、海獅和海象。

**pinnule 小羽片** 葉片的次級分部，蕨類的小羽片常攜有孢子囊（sporangia）。

**pinocytosis** or **micropinocytosis 胞飲作用，微胞飲作用** 內吞作用（endocytosis）的一種形式，即吞入極小顆粒或液體的程序。顆粒被細胞從各個方向包圍形成小泡，其後小泡和細胞膜脫離，在原生質（protoplasm）內部移動，最後其內容物也進入細胞本身。

**pistil 雌蕊** 見 carpel。

**pit 紋孔** 高等植物細胞壁中沒有次生壁的較薄區域。如果兩個相鄰細胞的紋孔相對，則通常在這兩個細胞中間就會有細的原生質聯繫存在，稱原生質絲（plasmodesmata）。紋孔的構造有時很複雜，如種子植物的具緣紋孔（bordered pit）。

**pitfall trap 陷阱** 例如地下的窄口陷阱，動物落入便無法逃出。

**pith** or **medulla 髓** 雙子葉植物（dicotyledon）莖的核心，包含具儲存功能的薄壁組織（parenchyma）細胞。

**Pithecanthropus 猿人屬** 存在於上新世（Pliocene epoch）的一類早期直立人。顱腔容量比類人猿大，可能可以直立行走。見 Heidelberg man。

**Pithecinae 狐尾猴** 新大陸猴的一個科，缺乏捕握尾。

**pituitary gland** or **pituitary body** or **pituitary 腦垂腺** 一

個內分泌器官（endocrine organ），源於腦漏斗部（垂體神經部）的向下生長和口腔頂部（垂體遠側和中間部）的向上生長。遠側部常稱為腦下垂體前葉，它分泌促濾泡成熟激素（follicle stimulating hormone, FSH）、黃體成長激素（luteinizing hormone, LH）、催乳激素（luteotropic hormone, LTH）、促腎上腺皮質激素（adrenocorticotropic hormone, ACTH）、促甲狀腺激素（thyrotropic hormone）和生長激素（growth hormone）。中間部和神經部（神經垂體）組成腦下垂體後葉。中間部在魚類、兩生類和爬行類（在鳥類和哺乳類中不存在此結構），產生促黑激素（intermedin），調節皮膚顏色。神經部則分泌催產素（oxytocin）和抗利尿激素（ADH），它們都於下視丘產生，而儲存於神經部。腦垂腺還控制著其他內分泌器官。

**placebo　安慰劑**　1.任何只為滿足病人求藥心理的無效藥物。2.實驗中測試藥效的對照藥物。

**placenta　胎盤；胎座**　1.胎盤。（在動物），由胎兒和母親組織在雙方連接的地方共同形成的一個結構，胎兒由它取得營養。在胎盤動物中，胚胎的血液供應可能來自尿囊（allantois），即尿囊胎盤，或來自卵黃囊，即卵黃囊胎盤。小分子的氧和食物經胎盤進入胎兒，而尿素和二氧化碳則由胎兒經胎盤排出。胎盤本身還產生幾種激素：雌激素（estrogen）、黃體激素（progesterone）和促性腺激素（gonadotrophic hormone）。除非是有異常情況，在生產時胎兒會首先被排出，然後斷開臍帶，最後是排出胞衣。見圖247。2.胎座。（在植物），子房壁生長胚珠（ovules）的地方。

**placentation　胎座式**　植物子房中胎座（placentas 2）排列的形式。可以分為下面幾個類型：（a）頂生胎座；（b）基部胎座；（c）側膜胎座，位於周邊子房壁上；（d）特立中央胎座，由子房基部生出一柱狀結構，上面再著生胚珠。

**Placodermi　盾皮魚**　見 Aphetohyoidea。

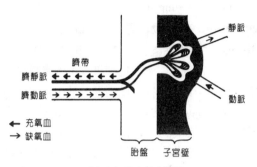

**圖247 胎盤。剖面表示血液循環。**

**placodont 楯齒龍** 三疊紀的一種化石爬行動物，具有扁平的壓磨牙齒，可能以軟體動物爲食。

**placoid** or **denticle 盾鱗；小齒** 1.齒狀結構的鱗片，內爲齒質，外覆琺瑯質。2.（形容詞），板狀。對照 cosmoid, ganoid。

**plankton 浮游生物** 棲於湖海表層水隨水流被動移動的生物。許多浮游生物能主動行動，但其游泳能力不足以抗拒水流。此類生物的體積，由單細胞生物直到直徑超過1公尺的水母。對照 nekton。

**plant 植物** 見 plant kingdom。

**plant breeding 植物育種** 藉由對品種實行遺傳工程來改良植物品質和產量的科學。植物育種家的主要手段是**選擇**（selection）；只要原材料中存在遺傳變異，就有可能改變植物的遺傳組成。另一個改良的辦法就是使近交系雜交以利用所得子代的**雜種優勢**（heterosis）（見 green revolution）。植物育種已大大提高了作物產量，使作物更易於收割（例如矮稈的品種），植物對病原體的抵抗力也有增加。近年來，已開始利用**培植體**（explants）做細胞和組織培養，以產生：（a）不育品系的大量複製品（株）；（b）具有新染色體組合的品種；（c）可誘導變爲可育**雙倍體**（diploids 2）的**單倍體**（haploids 2），這雙倍體就做爲純育系（pure breeding lines）。

**plant community　植物群落**　見 community。

**plant disease　植物病蟲害**　植物的正常生長和代謝遭到傷害以致生命力下降甚至死亡。植物病蟲害可因害蟲或害獸如昆蟲、線蟲、蟎、鳥類和其他動物造成創傷，其中某些生物還可能是植物病原體（pathogens）的媒介生物（vectors）。但病原體進入植物通常還是由害蟲獸造成的傷口。其他病原體，如穀物鏽病，能夠自己進入植物組織，通常是經由氣孔。許多植物可以在受到傷害時產生特殊的化學物質，叫做植物防禦素（phytoalexins），可以有效地防禦病害。

**plant hormone　植物激素**　植物產生的幾種在極低濃度下就可以控制生長和發育的化學物質。植物激素（hormone）都產生在積極活動的分生組織（meristem）（例如根和莖枝的頂尖），由那裡再擴散到植物的其他部分。和動物的激素系統不同之處在於，植物沒有特別產生激素的組織，也沒有一個和血液系統一樣的分配運送系統。植物激素一般分爲幾族，分別在有關的專條裡介紹：脫落酸（abscissic acid）、生長素（auxin）、細胞分裂素（cytokinins）和吉貝素（gibberellins）。

**plantigrade　蹠行性**　以全掌著地行走，如人類和熊。

**plant kingdom　植物界**　植物缺乏行動，有細胞壁，沒有明顯的神經和感覺器官。大部分植物類群都有含葉綠素（chlorophyll）的成員。

**planula　實囊幼蟲**　腔腸動物的纖毛幼蟲，它沒有體腔。

**plaque　溶菌斑**　細菌菌落上的清亮區域，是由於細菌被噬菌體（bacteriophage）感染而發生溶解（lysis）的結果。

**plasma　原生質；血漿**　1.原生質。質膜內的細胞原生質（protoplasm）。2.血漿。見 blood plasma。

**plasma gel　原生質凝膠**　任何具有凝膠（gel）結構的細胞質部分。

**plasma gene　細胞質基因**　細胞質中自我複製的顆粒，顯示細胞質遺傳（cytoplasmic inheritance）。

**plasmalemma　質膜**　連細胞間原生質絲（plasmodesmata）也包覆在內的細胞膜（cell membrane）。

**plasma membrane　原生質膜**　見 cell membrane。

**plasma proteins　血漿蛋白**　見 blood plasma。

**plasma sol　胞漿**　任何具有溶膠（sol）結構的原生質部分。

**plasmid　質體**　細菌細胞質內能獨立於寄主染色體自我複製的環形去氧核糖核酸（DNA）。質體對於公共衛生可能很重要，因爲某些質體含有針對抗生素的抗藥基因，並能很快地傳給其他類型的寄主細胞，這樣就造成抗藥性的傳播。質體還廣泛用於微生物的基因工程（genetic engineering）。亦見 episome。

**plasmo-　〔字首〕**　表示原生質。

**plasmodesmata　原生質絲，胞質間連絲**　穿過植物細胞壁小孔將細胞彼此連接起來的細胞質細絲（見 symplast）。它有利於細胞間的物質運輸，而且在次生細胞壁加厚程序中有助於纖維素的沉積。

**plasmodium　瘧原蟲；變形體**　1.瘧原蟲。瘧原蟲屬的寄生性孢子蟲，特別是傳播瘧疾的間日瘧原蟲（*P. vivax*）。2.變形體。黏菌的營養階段（見 myxomycete）。

**plasmolysis　質壁分離**　植物細胞內容物因失水而收縮以致細胞膜（cell membrane）和細胞壁分離產生一個充滿液體的腔隙。將植物細胞置於高張液體（見 hypotonic）造成滲透（osmosis）失水，就會出現質壁分離。見圖248。

**plastid　原漿質**　植物細胞的胞器，具雙層膜。質體相當大（直徑在3至6微米），它們的功能不是光合作用（葉綠體）就是儲存（澱粉粒）。

**plate　培養皿；培養**　1.培養皿。亦稱平皿（petri dish），用於培養微生物。2.（動詞）。將細胞平攤在培養基上。

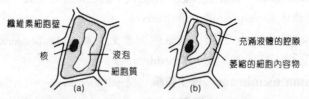

纖維素細胞壁

核

液泡

細胞質

(a)

充滿液體的腔隙

萎縮的細胞內容物

(b)

圖248　質壁分離。(a)置於等張介質。(b)置於高張介質，出現質壁分離現象。

**platelet　血小板**　見 blood platelets。

**plate tectonics　板塊構造**　研究地球表面大型板塊在大陸塊及海洋底運動的學科。見 continental drift。

**platyhelminth** or **flatworm　扁形動物，扁蟲**　扁形動物門的無脊椎動物，包括絛蟲（tapeworms）、吸蟲（flukes）和渦蟲。渦蟲水生，營獨立生活，棲於潮濕陸地。另外兩族寄生。它們的腸道系統只有前面一個開口，沒有血液系統，但本門動物已出現兩側對稱（bilateral symmetry）。

**Platyrrhini　闊鼻猴組**　新大陸猴。和舊大陸猴的區別是，軟骨質的鼻中隔寬，尾長可卷握。對照 Catharrhini。

**Plecoptera　襀翅目**　昆蟲的一個目，包括石蠅類，牠們屬半變態類，類似蜉蝣。

**pleiotropism　多效性**　一個基因可以影響表型（phenotype）中兩個或多個表面並無關聯的性狀。例如果蠅的殘翅突變不僅控制翅的大小和形狀，而且還影響了幾個其他性狀如導致生育力（fecundity）減退。

**Pleistocene epoch　更新世**　第四紀的一個階段，從200萬年前到1萬年前。本世中曾發生4次冰河期，智人也出現於本世。見 geological time。

**Pleistocene refuge　更新世冰河期殘遺種保護區**　指更新世（Pleistocene epoch）冰期中大冰蓋以南的區域，這裡的動植物得以渡過冰期存活。

**pleomorphic 多形的** （指細胞）

**plesiomorphic 原始的，祖先的** （指性狀）

**pleura 胸膜** 覆蓋肺臟和胸腔內壁的膜。

**pleural cavity 胸膜腔** 哺乳動物圍繞肺臟的體腔，它和其餘圍臟體腔藉橫膈（diaphragm）分開。胸腔不大，並且充滿液體，這是因為肺臟和體壁緊密相貼，中間並無明顯空隙。

**pleuron 側板** 節肢動物體節（somite）兩側的板狀結構。

**Pleuronectidae 鰈科** 硬骨魚（teleost）的一個科，包括鰈（比目魚），此類魚初期體形是對稱的，但隨著發育眼睛轉到另一邊，頭也扭曲了，變得休息時側臥在水底，兩眼全朝上。

**plexus 叢** 血管或神經的一團網路。

**Pliocene epoch 上新世** 第三紀（Tertiary period）的最後一個世，從700萬年前的中新世末到約200萬年前。最早期的人類就出現在這個時期，大約在300萬年前。

**ploidy 倍數性** 一個細胞裡的染色體套數，每套都包含一個生物的整個基因組。這樣，人類的倍性是2，並寫做2n。見diploid 1。

**plumule 胚芽；絨毛** 1.胚芽。（在植物），見於剛萌發的籽苗，將發育為上胚軸（epicotyl）和葉片。2.絨毛。（在動物），鳥類的絨羽。

**pluteus 長腕幼蟲** 棘皮動物（echinoderms）的幼蟲，臂上長有纖毛，有時還有鈣質的棒狀結構作支持。

**pluvial 雨成的；雨期** 1.雨成的。和雨的作用有關的。2.雨期。比現在的氣候更潮濕的時期，常指更新世（Pleistocene epoch）的時期。

**pneumaticity 含氣性** （指骨頭）骨中有和氣囊及肺相連的氣腔，特別見於鳥類。

**pneumatophore 浮囊** 管水母（siphonophores）中的囊狀水

螅體，它們的氣囊可使水螅體在水上漂浮。這通常是**合體節**（cormidium）中最上層的水螅體。

**pneumonia　肺炎**　人類肺臟疾病，可因某些細菌或病毒引起，特別是肺炎鏈球菌（*Streptococcus pneumoniae*）。

**pneumostome　呼吸孔**　允許氣體出入的小孔，如螺類呼吸腔的入口。

**pneumotaxic center　呼吸調節中樞**　見 breathing。

**podsol** or **podzol　灰壤**　一類森林土壤，其特點包括：表層有腐植質累積；強烈的淋溶；在**底土**（subsoil）中有一個或多個富集帶；植被主要是松柏類植物。

**poikilotherm** or **ectotherm** or **heterotherm　變溫動物**　體溫隨環境溫度改變的動物。變溫動物常被說成是冷血，事實上牠們的體溫可以很高。水生變溫動物跟環境溫度更接近，但陸生者可依靠陽光取暖還可由揮發而冷卻，其調溫的幅度依環境溫度而定。除了哺乳類和鳥類以外，所有動物都是變溫動物。對照 homoiotherm。

**point mutation** or **gene mutation　單點突變，基因突變**　影響一個基因座（locus）的遺傳改變，因而產生一個新的**對偶基因**（allele），但對染色體卻沒有造成大的結構改變。這個遺傳改變包括**去氧核糖核酸**（DNA）鹼基順序的改變，主要可以有3型：（a）**取代突變**（substitution mutation）、（b）**缺失突變**（deletion mutation）或（c）**插入突變**（insertion mutation）。後兩型常導致蛋白質結構中胺基酸順序的重大改變。對照 chromosomal mutation。

**Poisson distribution　蒲松分布**　（統計學）當發生事件的平均頻率遠小於可能事件的總頻率時，按發生事件數目排列的樣本分組的分布。例如一個小池塘中有100條魚，每次撒一網最多可打到100條，但隨後要求再放回去。但事實上，平常每次可能只打上一兩條魚，甚至一條也沒有。蒲松分布可預測每次打撈0、

1、2、3…100條魚的機率，這樣得出的**頻率分布**（frequency distribution）是偏斜的，偏向小數目這邊。

**polar body** or **polar nucleus** or **polocyte**　**極體**　雌性動物**卵子生成**（oogenesis）過程中產生的不發育爲有功能**卵細胞**（ovum）的單倍體細胞。在每次配子發生中，產生3個極體和一個大卵。高等植物的發育程序中也有類似的情況，由減數分裂也只產生一個可育的配子。見 embryo sac。

**polarity**　**極性**　一個軸兩端之間形態及/或生理上的差別，例如根和莖間的差別。

**polarization**　**極化**　將一個含有無數波列、振動方向都不同的普通光束，利用特殊的裝置只允許在某一個特定平面上振動的波列通過，這個方法叫做偏極化，如此通過的光會較暗一些。來自太陽的光線在大氣層高處受到分子的散射，造成到達地面的光線已是部分偏極化的。在任何一點的偏極程度決定於太陽的位置，因此根據太陽的不同位置天空都有一個相對應的偏極分布模式。即使看不清太陽，只要還可看到一部分（見 navigation）藍天，蜜蜂以及可能許多其他節肢動物都能查知這個模式。一般可用某些天然晶體如方解石或偏極片產生偏極化作用。

**polar nucleus**　**極核**　見 polar body。

**polar substance**　**極性物質**　易於和水結合的有機物質。這是由於這些有機分子上面的側鏈含有羥基的電荷。

**poliomyelitis**　**脊髓灰質炎**　**中樞神經系統**（central nervous system）細胞受到灰質炎病毒的破壞而導致癱瘓的疾病，不過大多數受染者皆不嚴重，都能完全康復。使用疫苗可以控制本病，最常用的疫苗是活的減毒疫苗。在西方，免疫已成傳統，本病已罕見。

**pollen**　**花粉**　見 pollen grain。

**pollen basket**　**花粉筐**　蜜蜂後肢的一個部分，特化用以攜帶花粉。在某些切葉蜂，花粉筐就在腹部下面。

**pollen grain　花粉粒**　高等植物攜帶雄配子核（nuclei）的一種小型結構，核外面是一個雙層壁，包括**外壁**（exine）和**內壁**（intine）。當花粉粒在**花藥**（anther）的花粉囊中成熟時，核就進行**有絲分裂**（mitosis），而兩個新核（生殖核和管核）各有不同的功能（見 pollen tube）。花粉粒由雄蕊到雌性柱頭的程序叫做**傳粉**（pollination）。

**pollen tube　花粉管**　在**傳粉**（pollination）後由**花粉粒**（pollen grain）產生的一個細管。這個管經由**外壁**（exine）的一個孔穿出，再經過柱頭、花柱和**心皮**（carpel）的子房，通常最後是經過珠孔進入胚珠。見圖249。在花粉管內時，單倍體的生殖核經**有絲分裂**（mitosis）分為兩個**雄配子核**（male gamete nuclei），它們在高等植物的**雙受精**（fertilization）程序中有重要作用（見 embryo sac）。花粉管的生長似乎是受管核的控制，還有證據說明，花粉管呈**負向氧性**（aerotropism）。花粉粒萌發的刺激來自柱頭分泌的一種含糖液體。但有時卻受到柱頭細胞和花粉粒中的**自交不親和性**（self-incompatibility）因子的阻止，在某些植物中自花傳粉就這樣受到控制。

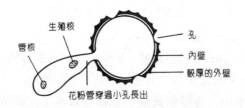

生殖核

管核

孔

內壁

較厚的外壁

花粉管穿過小孔長出

**圖249　花粉管。花粉粒剖面，顯示花粉管。**

**pollen tube nucleus　管核，花粉管核**　見 pollen tube。

**pollination　傳粉，授粉**　高等植物中花粉由雄性生殖器官傳到雌性生殖器官的程序，如在**裸子植物**（gymnosperms）由小孢子囊到胚珠，在**被子植物**（angiosperms）由花藥到柱頭。在開花植物中，花的結構和傳粉方式密切相關（見 anemophily, entomophily）。許多被子植物是**異花授粉**（cross-pollination）。其中有些還具有**自交不親和性**（self-incompatibility）系統，如芸苔屬植物，這可防止自花授粉。不過，在某些植物中，自花授粉卻很常見，如千里光和繁縷。

**pollinium　花粉塊**　黏合在一起的花粉粒（pollen grain），在**傳粉**（pollination）時以整體方式傳播。

**pollution　污染**　由於某種物質或某種能量破壞了環境的品質。重金屬、石油、污水、噪音、熱量、輻射和殺蟲劑是常見並可能嚴重影響環境的污染物。

**polocyte　極體**　見 polar body。

**poly-　［字首］**　表示多。

**polyandry　一雌多雄**　**多配性**（polygamy）的一個類型；一個雌性同時有多個交配夥伴。對照 polygyny。

**polychaete　多毛類**　多毛綱的海洋**環節動物**（annelid），包括漫遊型（errant）和管棲型（tubicolous）兩類。多毛類的特點是有**剛毛**（chaetae）和疣足（身體向外的突出物），在漫遊型中頭部較發達。受精發生在體外。本類包括沙蠶、管蟲和縷鰓蠶等。

**polycistronic mRNA　多作用子傳訊核糖核酸**　存在於許多**原核生物**（prokaryotes）中的一類傳訊核糖核酸（messenger RNA），它們每個都包含由兩個或多個順反子（cistrons）轉錄而來的資訊，並要翻譯為兩個或多個多胜肽。

**polyembryony　多胚現象；多胎現象**　1.多胚現象。（在植物），在種子**種皮**（testa）內形成多個胚。2.多胎現象。（在動物），在一個卵中形成多個胎，如見於某些寄生性**膜翅目**（Hymenoptera）昆蟲，牠們利用這種現象在寄主體內迅速增殖幼蟲。

**polygamy　多配性**　動物的交配體制之一；一個生物個體同多個異性性夥伴交配（見 polyandry，polygyny）。一雄多雌最為常見，只要有一個親代（通常是雄性）不大參加育幼，就會出現一雄多雌。

**polygenic characters　多基因性狀**　見 polygenic inheritance。

**polygenic inheritance** or **quantitative inheritance　多基因遺傳，定量遺傳**　多個基因共同控制一個性狀的遺傳系統，這種基因常稱爲定量基因，因爲常表現出連續的大範圍變異（見 heritability）。這系統中每個多基因對該性狀只有極小的作用，單獨還檢測不出來。多基因性狀的表達深受環境的影響。例如人的身高就受飲食的影響，人的智力則受社會背景的影響。

**polygyny　一雄多雌**　多配性（polygamy）的一個類型；一個雄性同時有多個雌性交配夥伴。對照 polyandry。

**polymer　聚合物，聚合體**　由長鏈重複單位（單體，monomers）組成的高分子量化合物。

**polymerase　聚合酶，多聚酶**　聚合去氧核糖核酸（DNA）和核糖核酸（RNA）核苷酸的酶。

**polymorphism　多態性**　見 genetic polymorphism。

**polynomial nomenclature　多名命名法**　用多於兩個以上名字命名的方法，例如 *Parus major minor* 中一共是3個名，第三個名就指明它是大山雀的一個亞種（*minor*）。

**polynucleotide chain　聚核苷酸鏈**　聚合成鏈的核苷酸（nucleotides）序列。核糖核酸（RNA）只有一個鏈，去氧核糖核酸（DNA）則有兩個鏈，兩鏈之間靠鹼基的互補配對鍵接在一起：腺嘌呤配胸腺嘧啶，鳥糞嘌呤配胞嘧啶。鏈上的鹼基順序就是編碼蛋白質結構的遺傳密碼（genetic code）。聚核苷酸鏈有極性，這決定於鍵和糖組成的關係。鏈的一端止於3' 位，另一端止於5' 端。見圖250。DNA 的兩個鏈極性相反。（見圖130）

**polyp　螅形體**　腔腸動物（coelenterates）中營無性生殖、常固著於水底的體形，如海葵（見 medusa）。在珊瑚綱，水螅體階段是整個生活史中的優勢部分，但在缽水母綱常沒有水螅體。

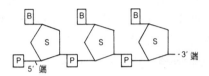

**圖250** 聚核苷酸鏈。一般結構。P＝磷酸酯，S＝核糖或去氧核糖，B＝4種鹼基之一。

**polypeptide chain 多胜肽鏈** 一系列胺基酸由胜肽鍵（peptide bond）聚合在一起，形成一個蛋白質（protein），而胺基酸的順序是根據去氧核糖核酸（DNA）聚核苷酸鏈（polynucleotide chains）上鹼基的順序按照遺傳密碼（genetic code）決定的。詳見 protein synthesis。

**polypetalous 離瓣的** 見 gamopetalous。

**polyphenism 非遺傳多態性** 在一個種群中存在幾種表型，但並非遺傳差別的結果。

**polyphyletic 多源的** （指一組生物）來自多個來源，亦即非單線演化。

**polyploid 多倍體** 1.（指細胞或生物），有三或多套染色體。2.具有這種特性的個體或細胞。見 triploid, tetraploid。

**Polypterus 多鰭魚屬** 中非洲一種原始的淡水魚，和鱘共同源於泥盆紀的古鱈類。見 Palaeoniscus。

**polyribosome** or **polysome 多核糖體** 在蛋白質合成（protein synthesis）時，在一根資訊核糖核酸（RNA）上連接的多個核糖體（ribosomes）。這樣的排列可保證用最高的速度翻譯 mRNA。

**polysaccharide 多醣** 由許多單醣（monosaccharide）單位經由縮合反應（condensation reactions）聚合成直鏈或支鏈結構的大型醣分子。雖然大多數多醣的末端都有一個單體是還原糖（reducing sugar），但這只是整個分子的一小部分，因此大多數多醣並不表現為還原性糖。多醣不溶於水,不甜,但是重要的儲存分子(如澱粉、菊粉、肝醣)和重要的結構材料(如植物細胞壁中的纖維素、甲殼動物和昆蟲表皮中的幾丁質)。

**polysome 多核糖體** 見 polyribosome。

**polytene chromosome 多絲染色體** 見 salivary gland chromosome。

**polythetic 多元的** (指分類單元)由一組性狀界定的,其中任一性狀單獨都不具界定價值。

**polytokous 多胎的** (指動物)一產多胎的。

**polytopic 異地同型的** (指亞種)地區分布不同但表型相似的族群。

**polytypic 多型的** (指分類單元)具有多於兩個直接下屬類元的,如一個有幾個亞種的種。多型種亦稱 Rassenkreiss。

**polyuracil 多聚尿嘧啶** 合成的多核苷酸鏈,曾用作合成苯丙胺酸的資訊核糖核酸(messenger RNA)。見 genetic code。

**polyzoan 苔蘚動物** 見 bryozoan。

**pome 梨果** 一種假果,例如蘋果,其重要部分並非來自子房(ovary)而是來自花托(receptacle)。

**pooter 吸蟲器** 蒐集昆蟲的器具,吸氣口可將小昆蟲吸入。

**population 種群量;族群** 1.物種口。棲居某一地區的某一物種或種以下特定類群的全部個體數目,如人口、獸口等。2.族群。(在遺傳學),在特定地區內一個物種的全部繁殖個體(breeding individuals)。

**population control 族群控制** 見 control 2。

**population dynamics 族群動態** 決定族群大小和組成的各種過程。

**population genetics 族群遺傳學** 研究族群層次的遺傳學,例如研究基因頻率、交配體制等。

534

**population growth　族群增長**　因出生率超過死亡率而導致族群大小的增加。

**pore　孔**　皮膚、表皮或任何結構上的小開口。

**Porifera　多孔動物**　見 sponge。

**porphyrin　卟啉**　4個吡環靠 CH 橋連接在一起組成的有機分子，其中心有一個重金屬。卟啉構成幾個重要生物分子，包括：血紅素（hemoglobin）和肌血紅素（myoglobin）的血色素（見圖251）；葉綠素（含鎂）；和細胞色素（含鐵）。

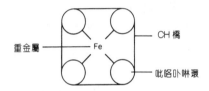

重金屬——Fe——CH 橋

吡咯卟啉環

圖251　卟啉 化合物的結構。

**porrect　平伸的**　（指植物結構）

**portal vein　門靜脈**　任何由一套微血管運血到另一套微血管的靜脈，如腎門靜脈和肝門靜脈。

**position effect　位置效應**　因在基因組（genome）中位置的改變而導致基因表達上的變化。

**positive feedback　正回饋**　見 feedback mechanism。

**post-　[字首]**　表示在後或晚於。

**postsynaptic membrane　突觸後膜**　在一個突觸中緊靠軸突的樹突興奮膜。

**potential energy　勢能**　可釋放出來做功的儲存能。

**potometer　蒸散計**　測量切開的莖枝吸水速率因而也就間接測量了該莖枝的蒸散（transpiration）率的儀器，實驗條件是可以調節的。見圖252。實驗開始時，在刻度旁邊的玻璃管內加入一個氣泡。容器 A 提供水用於補償蒸發失去的水，這個水量可由水泡沿刻度的移動距離看出。在一定時間之後,打開活門放進容器 B 中的水,迫使氣泡回移,以便從新開始另一輪實驗。

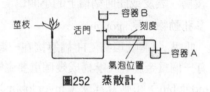

圖252 蒸散計。

**PPP 戊糖磷酸路徑** 見 pentose phosphate pathway。

**preadaptation 預先適應** 一類生物擁有一些性狀使它們能以進入一個新的**生態區位**(niche)或生境。

**Precambrian era 前寒武紀** 寒武紀(Cambrian period)開始(5億7000萬年前)之前的地質年代。在這個時期中已知化石極少。化石紀錄可說始於寒武紀的三葉蟲和腕足動物。但是,軟體動物如水母、海鰓、環節動物和某些節肢動物卻在前寒武紀的岩石中留下痕跡,這些岩石已定年在6億4000萬和5億7000萬年前之間。細菌可能在38億年前就存在了,而藍綠藻則在35億年前已存在了。

**precipitin 沉澱素** 見 antibody。

**predation 捕食** 見 predator。

**predator 捕食者** 靠獵捕其他動物(通常是來自較低的**營養級**,trophic level)為食的動物。

**predictive values 預測能力** 預測新性狀或分類中新建類元的能力。

**preferred body temperature 偏好體溫** 在人工溫度梯度下一個靠行為調節體溫的徐緩代謝動物(見 bradymetabolism)的**核心溫度**(core temperature)。

**preformism 先成論** 一個現已廢棄的學說,該說認為卵子和精子中藏有預先就形成的成體。

**prehensile　捕握的**　如許多新大陸猴的長尾，已適應於捕握樹枝。

**pre-Linnaean name　前林奈學名**　在1758年以前公布的學名。

**premolars　前臼齒**　哺乳動物近頰部的牙齒，位於臼齒和犬齒之間。其功能是研磨。

**premorse　截端的**　（指植物結構）好像在端部被咬掉似的。

**prepuce　包皮**　哺乳動物陰莖端部的一圈富含腺體和血管的皮褶。

**presbyopia　老花眼**　眼睛喪失視覺調節（accommodation，聚焦能力），常見於老人，因晶狀體喪失彈性所致。患者需要兩個矯正的鏡片，一個為近處工作，一個為看遠物。

**pressure potential or turgor pressure　壓勢，膨壓**　細胞擠水外出的傾向，通常為正值。對照 wall pressure。

**presumptive area　預定區域**　發育中胚胎上的一塊塊區域，該處細胞預定要變成特定的器官或結構，例如預定中胚層。

**presynaptic membrane　突觸前膜**　在突觸處緊靠樹突的軸突末梢興奮膜。

**prey　獵物**　被其他動物（捕食者）捕食的動物。

**prickle　皮刺**　硬而尖的植物結構，其中無維管束（vascular bundle）。

**Priestley, Joseph　普理斯特利**　（1733-1804）英國化學家，他發現氧氣，觀察到發酵（fermentation）時產生二氧化碳，而在陽光下綠色植物產生氧氣。

**primary consumer　初級消費者**　任何直接以植物材料為食的生物，處於數目錐體（pyramid of number）的第二層。初級消費者直接以初級生產者為食（見 primary production），但又成為次級消費者（secondary consumer）的食物。

**primary egg membrane　第一卵膜**　見 vitelline membrane。

**primary feather　初級飛羽**　鳥類手部著生的翮羽，也是最靠外的飛羽。

**primary focus　原發疫源地**　見 focus。

**primary follicle　初級卵泡**　未成熟的卵泡（ovarian follicle）。

**primary growth　初生生長**　被子植物（angiosperms）由籽苗階段生長到建立根和莖中草本結構。許多雙子葉植物（dicotyledns）和少數單子葉植物（monocotyledons）還進行次生生長（secondary growth），以產生木本結構。

**primary homonym　原初同形詞**　公布時提出的具同一屬名的兩個種名之一。

**primary intergradation　初級間渡**　在兩個不同的表型族群之間的一帶，因自然選擇而出現的具有中間性狀的區域。

**primary oocyte　初級卵母細胞**　卵子生成（oogenesis）的一個早期階段。

**primary production　初級生產**　生物（自營生物，autotrphs）利用有機原料製造的有機物質。總初級生產量指在單位時間內合成的有機物質總量，而淨初級生產量則指除去呼吸消耗外的有機物質總量。對照 secondary production。

**primary spermatocyte　初級精母細胞**　精子發生（spermatogenesis）的一個早期階段。

**primary structure　一級結構**　多胜肽鏈（polypeptide chain）中胺基酸的線性排列順序。

**primate　靈長類**　靈長目的哺乳動物，包括狐猴、眼鏡猴、猴、類人猿和人。這些哺乳動物有胎盤，有指（趾）甲而不是爪，通常還有可對握的大拇指和大腳趾。所有靈長類的腦子都比較大，視力也很發達，常常有雙眼視覺（binocular vision）。

**primed cell　已被活化的細胞**　受到抗原（antigen）刺激的細胞，它能分生對抗原作出反應的細胞，能促成細胞免疫反應，或者能合成免疫球蛋白。

**primitive streak　原條**　爬行動物、鳥類和哺乳動物胚盤中央的一個細胞帶。它形成未來胚胎的中軸線。

**priority　優先權**　兩個先後公布的學名中較早的一個享有的優先權。

**prismatic layer　稜柱層**　軟體動物（mollusks）外殼的三層的中間一層。

**probability　機率，或然率**　一個事件發生的可能性。機率可表現爲0（肯定不會發生）到1（肯定會發生）之間的數目，或者0到100之間的百分數。機率廣泛用於顯著性測驗中。

**proband　先證者**　作爲研究家族遺傳情況的起點的個人。

**proboscis　長鼻；喙**　1.長鼻。貘或象的長鼻。2.喙。某些昆蟲的長口器。

**procaryote　原核生物**　見 prokaryote。

**process　程序**　製造物質的操作方法。

**proctodeum　肛道**　胚胎外胚層內陷和內胚層相會形成肛門或泄殖腔的地方。

**procumbent** or **prostrate　平鋪的**

**producer　生產者**　能合成有機物質的自營生物（autotroph），是食物網（見 food chain）的基礎。被子植物（angiosperms）是陸地生態系統中的主要生產者，而浮游植物（phytoplankton）是水中生態系統的主要生產者。對照 consumer。

**productivity　生產力**　一個生態系統（ecosystem）在固定時間內生產的物質的量，通常以生物量（biomass）或能量來表示，只計算超過現存量（standing crop）之外的部分。

**proflavin　原黃素**　一種突變劑（mutagen），它能在資訊核糖核酸（mRNA）的轉譯（translation）程序中造成移碼（frameshift）突變。

**progeny test　後代測驗**　根據其後代的表現來測驗一個生物的遺傳潛能。例如一頭公牛的牛乳產量基因可以根據牠的雌性後代實際產乳量來判斷。

**progesterone　黃體激素**　黃體（corpus luteum）和胎盤（placenta）產生的一種雌性激素。其功能是準備子宮使之能接受受精卵（ovum）和維持妊娠。黃體激素是黃體在受到腦下垂體激素中的黃體成長激素（LH）和催乳激素（LTH, luteotropic hormone）的刺激下分泌的。

**proglottid　節片**　條蟲的分節，是由頸部橫向芽生作用形成的，一節節在保持相連的狀態下向後生長，同時在不斷成熟和增大。最後，末節脫落並排出寄主的腸道之外。每個節片都含有雄性和雌性性器官。

**prognathous　前口的**　（指類人猿和人類）臉和口向前突出的。

**prokaryote or procaryote　原核生物**　細菌和藍綠藻，它們的主要特徵是由原核細胞組成，核外無膜，沒有有絲分裂（mitosis）和減數分裂（meiosis）。對照 eukaryote，並見圖150。

**prokaryotic cell　原核細胞**　見 prokaryote。

**prolactin　催乳激素**　見 luteotropic hormone。

**prolegs　腹足**　毛蟲前腹的肉質無節假肢。

**proline　脯胺酸**　蛋白質中20種胺基酸（amino acids）之一。其‘R’基為非極性，相對不溶於水。見圖253。等電點（isoelectric point）為6.3。

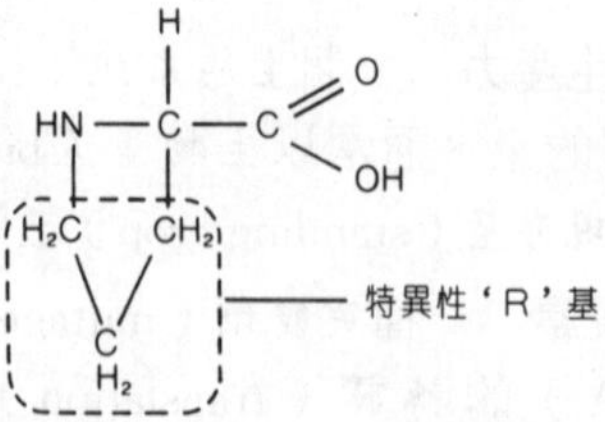

圖253　脯胺酸。分子結構。

**prometamorphosis 前變態** 兩生類變態（metamorphosis）的第一個階段。

**promoter 啟動子** 見 operon model。

**pronephros 前腎** 脊椎動物胚胎的第一個排泄器官。它的導管（米勒氏管，Mullerian duct）在雌性變成輸卵管（oviduct），而在雄性則退化。

**pronotum 前胸背板** 昆蟲第一胸節的覆蓋層。

**propagule 繁殖體** 1.植物病原體（pathogen）的傳染階段，如眞菌孢子，它可侵入寄主。2.生物成體任何可以釋放出來並獨立發育爲新個體的部分，如受精卵或孢子。

**prophage 原嗜菌體** 插入到細菌去氧核糖核酸（DNA）中的噬菌體（bacteriophage）染色體。

**prophase 早期** 細胞核分裂（有絲分裂、減數分裂）的第一階段，此時染色體開始卷曲，增厚加粗，變得用光學顯微鏡可以看到，並連到核膜（nuclear membrane）的內壁上。隨著本期的進展，核仁（nucleolus）消失，核膜也分解，只剩下一圈透明區域，這裡還可看到著絲點（centrosome）。減數分裂的前期要複雜得多，但可簡要說明如下：（a）減數分裂有兩個前期，第一個複雜（見下），第二個和有絲分裂的前期相似。（b）減數分裂的第一個前期又可分爲5個階段：細絲期（leptotene）、合線期（zygotene）、粗線期（pachytene）、雙線期（diplotene），肥厚期（diakinesis）。這其中發生的重要程序有：（i）同源染色體配對，和（ii）非姊妹染色單體（chromatids）配對，形成交叉，並最終發生交換（crossing over）。

**proprioceptor 本體受器** 動物體內探測內部變化的受器，和神經系統相連，特別見於關節周圍或肌腱和肌肉上。

**prostaglandins 前列腺素** 一類脂性物質，對身體有廣泛多樣的刺激效應，其中最重要的就是加強環腺核苷單磷酸（cyclic AMP）的效應。前列腺素來自多種組織，包括前列腺，也可人工合成。現已用於引產和流產。

**prostate** or **prostate gland　前列腺**　1.雄性動物的一個腺體，所產生的物質進入精液。雄激素（androgens）影響其體積和分泌，但其確切功能仍屬未知。2.在環節動物（annelids）及頭足類（cephalopods）和雄性生殖系統有關的一個腺體。

**prosthetic group　輔基**　附著於蛋白質的非蛋白基團。此類輔基對於整個蛋白質通常有關鍵作用。許多酵素就含有金屬離子，例如羧基肽酶含有鋅，而血紅素（hemoglobin）含有血紅素，其中央有鐵原子。

**prostrate　平鋪**　見 procumbent。

**protagonistic muscles　主動肌**　產生特定動作的主要肌肉（群）。

**protandrous　雄蕊先熟的**　1.（指雄性配子），比雌性配子先成熟。對照 protogynous。2.（指植物花朵），花藥（anther）熟時柱頭還不能接受花粉，因此就避免了自花授粉（self-pollination）。

**protease　蛋白酶**　任何能分裂蛋白質的酵素，如胃蛋白酶（pepsin）、胰蛋白酶（trypsin）、腸肽酶（erepsin）和凝乳酶（rennin）。

**protective coloration　保護色**　任何使生物外觀得以融合於背景之中，從而逃避捕食者的威脅的花色偽裝。

**protein　蛋白質**　一類大型複雜的分子，原子量在1萬到1百萬以上，是由胺基酸（amino acid）經胜肽鍵（peptide bonds）聚合而成。所有蛋白質都含有碳、氫、氧和氮，而且大多數都含有硫。蛋白質是在細胞質中核糖體處製造出來的（見 protein synthesis），開始時先形成一條長長不分支的多胜肽鏈（polypeptide chain），即蛋白質的初級結構。所有蛋白質分子都要經過重新排列而產生二級結構。最常見的形狀是 α 螺旋（右手螺旋），螺旋形狀是靠著氫鍵來維持的。有些蛋白質，如角蛋白，就停留在這個階段。另外一種二級結構是 β 折疊，一些平行的多胜肽鏈靠氫鍵橫向連在一起，形成極堅韌的結構，如絲蛋白。具有這種簡單的二維二級結構的蛋白質叫做纖維蛋白。有些蛋白質的折疊模式更複雜，其中的二級結構又排列成三維的三級結構，靠側鏈間的力量形成球形蛋白質。這類蛋白質有**酵素**（enzymes）、**抗體**（antibodies），大多數血蛋白和**肌血紅素**（myoglobin）等。最後，球形蛋白質還可以包含多個多胜肽鏈鬆散地結合在一起，如**血紅素**（hemoglobin），這就構成蛋白質的四級結構。

**proteinase　蛋白酶**　見 endopeptidase。

**protein synthesis　蛋白質合成**　複雜的合成代謝程序，見於所有細胞，基因控制著細胞中製造的蛋白質的準確結構。下面總結了**真核**（eukaryote）細胞中的情況：（a）核染色體中的**去氧核糖核酸**（DNA）攜帶著有關製造具體蛋白質的特定資訊。（b）每個基因的 DNA 都攜帶著有關一個蛋白鏈的資訊（見 one gene/one enzyme hypothesis）。（c）DNA 的兩個鏈分開，**資訊核糖核酸**（mRNA）依照互補配對方式和 DNA 結合上去，這個程序稱為**轉錄**（transcription）。（d）mRNA 分子離開 DNA，後者又回復成雙螺旋。（e）mRNA 穿過核孔進入細胞質在靠近**內質網**（endoplasmic reticulum）處和一個或多個**核糖體**（ribosome）結合（參見 polyribosomes）。（f）借助轉移核糖核酸（tRNA），mRNA 上的資訊開始**轉譯**（translation），形成**多胜肽鏈**（polypeptide chain），後者隨即卷曲起來（見 protein）。

**proteolysis　蛋白質分解**　由胜肽鍵（peptide bonds）水解（hydrolysis）將蛋白質分子分解的程序。

**proteolytic enzyme　蛋白水解酶**　負責蛋白質水解（proteolysis）的酶，如肽鏈內切酶（endopeptidase）和肽鏈外切酶（exopeptidase）。

**prothallus　原葉體**　在蕨類及其近緣植物中，孢子萌發後產生的小型原植體狀結構。上面長有**藏卵器**（archegonia）和**精子囊**（antheridia），這就是配子體（gametophyte）世代。

**prothoracic glands　前胸腺**　分泌**蛻皮激素**（molting hormone）的腺體，由腦中神經分泌細胞所分泌的一種激素控制。這個腺體在每個蟲齡（instar）裡表現出一種週期性活動，而到**變態**（metamorphosis）時就停止了。這個腺體引發蛻皮，而在大多數昆蟲蛻皮只發生在幼年期，因此在沒有**保幼激素**（juvenile hormone）時它就只能引發變態。

**prothorax　前胸**　昆蟲的第一胸節。

**prothrombin　凝血酶原**　見 blood clotting。

**Protista　原生生物**　包含一切單細胞生物的生物界，現在這個概念擴充還包括了許多藻類、眞菌和黏菌。

**Protochordata　原索動物**　脊索動物門的一個分支，包括半索動物、尾索動物和頭索動物。本組動物缺乏脊椎、頭顱，以及見於其他脊索動物和頭部有關的一些器官。

**protogynous　雌蕊先熟的**　（指雌性配子）比雄性配子先成熟的。對照 protandrous 1。

**protonema　原絲體**　蘚類孢子產生的單倍體分支絲狀結構。原絲體再出芽長出新個體。

**protonephridium　原腎**　見 flame cell。

**protophloem　原生韌皮部**　見 metaphloem。

**protoplasm　原生質**　細胞的活內容物，即細胞質和細胞核。整個細胞則稱爲**原生質體**（protoplast）。

**protoplast　原生質體**　見 protoplasm。

**protopod larva　原足幼蟲**　原始的昆蟲幼蟲，缺乏腹部分節，只有雛形的附肢。此類幼蟲通常只見於**內寄生蟲**（endoparasites）。

**prototherian　原哺乳類**　原獸亞綱的哺乳動物，包括**單孔類**

（monotremes）。

**prototroch　前毛輪**　見 trochophore。

**prototroph　原養型**　營養要求並不超過野生型的微生物株。

**protoxylem　原生木質部**　由初生分生組織（meristem）最先分化出的木質部（xylem），其壁上有環形或螺旋形加厚部分。死亡之後仍然可隨周圍細胞的生長而加長。原生木質部最後分化為後生木質部（metaxylem）。

**protozoan　原生動物**　原生動物門的成員，有時被視為動物界的一個亞界，包括單細胞和非細胞生物。本組生物可以是自營生物（holophytes）、腐生生物（saprophytes），或以全動物營養的（holozoic）方式進食。它們借助鞭毛（flagella）、纖毛（cilia）或偽足（pseudopodia）行動，生殖則由分裂（fission）或接合生殖（conjugation）。

**proximal　近端，近側**　靠近軀體的或靠近該系統中心的。例如腕部是手的近端部分，最靠近軀體。對照 distal。

**proximal tubule　近曲小管**　脊椎動物腎臟中介於亨利圈和鮑氏囊之間的曲管。

**pruinose　被粉的，具果霜的**　（指植物結構）覆蓋著白色果霜的。

**pseudo-** or **pseud-**　［**字首**］　表示偽、假。

**pseudodominance　偽顯性**　在異型合子（heterozygote）中因顯性對偶基因的缺失突變（deletion mutation）而致隱性表型（phenotype）得以出現的現象。

**pseudogamy　假受精**　卵膜被雄性配子穿透後卵的單性發育（見 parthenogenesis）。

**pseudoheart　假心**　蚯蚓體內的10個（5對）血管膨大部分，它們具有瓣膜，有心臟的作用，將血從背側血管壓向腹側血管。

**pseudopodium（複數 pseudopodia）　偽足**　從原生動物（特別是根足類，如變形蟲）或白血球伸出的原生質突起。該細胞就向偽足伸出的方向移動，偽足也用於圍繞顆粒，這包括進食（在原生動物）和噬菌作用（phagocytosis）。見 ameboid movement。

**pseudopolyploidy 假多倍性** 在某些近緣生物中的染色體數目間存在倍數關係使人疑為多倍體（polyploids 2）。

**pseudotrachea 擬氣管，唇瓣環溝** 雙翅目和某些其它類別的昆蟲唇瓣上類似氣管的進食管道。經過趨同進化，它們最後演變為口。

**Psilopsida 裸蕨** 維管束植物（tracheophyte）的一個分支，包括許多已滅絕的種類。和蕨類有關，現存種歸於裸蕨目，都是熱帶或亞熱帶的附生植物（epiphytes）。

**psittacosis 鸚鵡熱** 鳥類（如鸚鵡）的傳染病，可以傳染給人，造成支氣管炎和肺炎。

**psoriasis 牛皮癬** 一類不傳染的皮膚病，皮膚出現帶鱗屑的紅斑，可能是由於免疫系統的障礙。

**psychrophile 嗜冷生物** 在20℃以下或甚至0℃以下表現最佳生長狀況的生物，如某些細菌、真菌和藻類。

**pteridophyte 蕨類** 蕨類植物門的植物，包括蕨類、木賊和石松。本類現在並不被視為是一個明確的分類單位，而被歸入維管束植物（tracheophyta）。

**ptero- or pter-** ［字首］ 表示翅、翼。

**pteropod or sea butterfly 翼足類，海蝶** 浮游動物中的一類小型腹足軟體動物，其足變形為翼狀結構用於游泳。因足的擴展外觀而又得名海蝶。見圖254。

**Pteropsida 闊葉植物亞門** 維管束植物門（tracheophyta）的一個亞門，包括蕨類、松柏植物和開花植物。

**Pterygota 有翅亞綱** 昆蟲綱的一個亞綱，大部分昆蟲屬於此亞綱，包括一切有翅的種類以及續發失去飛翔能力的種類如蝨和蚤。對照 Ametabola。

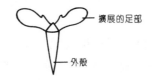

**圖254　翼足類。一般外形。**

**ptyalin　唾液澱粉酶**　見 amylase。

**puberty　青春期**　性成熟開始進入青春期的階段。

**pubescent　被短柔毛的**　（指植物結構）

**pubis　恥骨**　組成骨盆帶（pelvic girdle）前面部分的骨頭，在大多數四足動物（tetrapods）位於腹側並突向前方。

**puffs　脹泡，膨鬆**　見 chromosome puffs。

**pulmonary　肺部的**

**pulp cavity　髓腔**　脊椎動物牙齒內的腔隙，包含神經、血管、結締組織和成牙質細胞。髓腔開向牙齒所埋存的組織。

**pulse　脈搏**　左心收縮時（見 blood pressure）動脈的擴張，當動脈靠近身體表面時如腕部的橈動脈，就可以直接觀察到。

**pulvillus　爪墊**　昆蟲足的爪間墊。

**pulvinus　葉枕**　某些植物葉柄基部的一群薄壁細胞，在維管束組織之外形成一個膨大的部分。它經常承受膨壓（turgor）的巨大變化。例如在蔓花生，白天葉座是緊脹的，支持住葉柄，使葉片可以張開。至夜間，葉座細胞失去膨壓，葉片便下垂。這種葉片位置的晝夜變化亦稱做睡眠運動（sleep movement）。含羞草（*Mimosa sensitiva*）葉片受到觸摸時的突然變動也是受葉座細胞控制的。

**punctate　具點的**　（指植物結構）

**punctiform　點狀的**　（指植物結構）

**punctuated equilibrium　間斷平衡論**　這個學說認為，演化

改變是在短時期內迅速發生的，間以較長的穩定期。這樣的過程就可以不存在大量連續的中間型，而支持本學說的人舉脊椎動物的化石記錄作為證據。

**pungent 銳利的** （指植物結構）尖銳到可以刺人。

**Punnett square 龐尼特方格** 英國遺傳學家龐尼特設計的一個表格，可將配子及其後代的各種組合都列在柵格之中。例如在下面這個交配：

雌性 Aa, Bb× aa, Bb 雄性

它的龐尼特方格如圖255所示。

雌性配子

| 雄性配子 | | AB | Ab | aB | ab |
|---|---|---|---|---|---|
| | aB | AaBB | AaBb | aaBB | aaBb |
| | ab | AaBb | Aabb | aaBb | aabb |

圖255 龐尼特方格。

**pupa 蛹** 內翅類（Endopterygotes）昆蟲的一個發育階段，介於幼蟲和成蟲之間的一個無活動期。事實上，雖然蛹不行動也不進食，但內部的發育變化在劇烈進行，成體結構逐一形成。在**鱗翅目**（Lepidopterans），蛹特稱蝶蛹（chrysalis）。

**pupil 瞳孔** 脊椎動物眼睛虹膜中央的開口，外界光線即經過瞳孔至晶狀體和視網膜。虹膜肌肉收縮和舒張可以改變瞳孔的大小。

**pure breeding 純育** 見 homozygote。

**pure breeding line** or **true breeding line 純育系** 一群對於某些基因而言都是同型合子的生物，因而它們的後代的這些基因不會發生變異。見 breeding true。

**purine 嘌呤** 核酸（nucleic acids）中兩類鹼基之一，有雙環結構（見 adenine 和 guanine）。在**去氧核糖核酸**（DNA）的兩個鏈之間嘌呤永遠和嘧啶（pyrimidines）配對，這樣就保證了分子的平行結構。

548

**purinergic　嘌呤能的**　（指神經末梢）釋放嘌呤（purines）作爲傳遞物質（transmitter substances）。

**Purkinje cell　浦金埃細胞**　小腦（cerebellum）中一種特化的神經元（neuron），包括一個軸突、一個大的細胞體和一個多分支的樹突，外形像樹。

**Purkinje tissue　浦金埃組織**　見 heart。

**pus　膿**　發炎組織液化（化膿）產生的黃色液體，包含血淸、白血球、細菌和組織碎屑。

**pustule　小疱**　植物體上將要長出眞菌子實體的地方。

**putrefaction　腐敗，腐爛**　蛋白質分解產生有腐味的產物。

**pycno-　〔字首〕**　表示密集、濃縮。

**pycnosis　固縮現象**　細胞核縮小變稠密的程序，染色也更深，常見於細胞臨死時。

**pyloric　幽門的**　和脊椎動物胃腸交界處有關的。胃臟的另一端是賁門（cardiac）端。

**pyloric sphincter　幽門括約肌**　圍繞胃臟進入腸道的幽門（pyloric）端的一圈平滑肌。這個括約肌阻止食物在胃臟中還沒有消化好之前就過早地進入腸道。這個括約肌在幼兒中可能縮窄（幽門縮窄），表現爲劇烈的嘔吐。對照 cardiac sphincter。

**pyogenic　生膿的，化膿的**

**pyramid，biomass　生物量錐體**　見 pyramid of numbers。

**pyramid，ecological　生態錐體**　見 pyramid of numbers。

**pyramid，energy　能量錐體**　見 pyramid of numbers。

**pyramid of numbers　數目錐體**　表示每個營養級（trophic levels）上生物數目的一種圖解。寬大的底部表示大量的生產者（producers），往上（較窄的）一個階層表示初級消費者（primary consumer），第三個階層（更窄）表示次級消費者（secondary consumer），而最後在頂部則是頂級捕食者

（predator）。最好還是用生物量或是能量來表示（見 ecological pyramid），因為在某些情況（例如寄生蟲的營養級比寄主為高）高位的數量更大，此時如果僅考慮數目就不像個錐體了。見圖256及 food chain。

圖256 數目錐體。

**pyranose ring　吡喃糖環**　一種具六元環狀結構的單醣。

**pyrenoid　澱粉核**　在不同藻類葉綠體（chloroplasts）中形成澱粉的一個區域，例如見於水綿（*Spirogyra*）和衣藻（*Chlamydomonas*）。

**pyrethroid　除蟲菊素**　在結構和作用上類似於天然殺蟲劑除蟲菊（pyrethrums）的人工合成殺蟲劑。

**pyrethrum　除蟲菊**　由茼蒿屬植物的乾花製備的殺蟲劑（insecticide），其活性成分稱除蟲菊酯（pyrethrin）。

**pyridoxine（B₆）　吡哆醇，維生素 B₆**　維生素 B 群（B-complex）中的一個水溶性維生素，存於鮮肉、蛋、肝臟、新鮮蔬菜和全穀物中。是胺基酸（amino acid）代謝中的輔酶，缺乏時導致皮炎，有時還可造成運動障礙。

**pyrimidine　嘧啶**　核酸（nucleic acids）中三類鹼基中的一類，具單環結構。去氧核糖核酸（DNA）中有胞嘧啶（cytosine）和胸腺嘧啶（thymine），核糖核酸（RNA）中則有胞嘧啶和尿嘧啶（uracil）。在 DNA 中，嘧啶永遠和嘌呤（purines）配對。

**pyrogallol** or **trihydroxybenzene　焦性沒食子酸，磷苯三酚**

一類可溶性酚（$C_6H_4(OH)_3$），在鹼性溶液中可吸收氧，常用於估算氣體樣本中的氧容量。

**pyrogen　熱原**　任何能改變恆溫動物（homoiotherms）的恆溫器，使之升到一個更高水準的物質，也即能引起發熱的物質。

**pyrrole　吡咯**　卟啉的組成成分，為含氮的五元雜環。

**Pyrrophyta　甲藻門**　又名火藻，其中的雙鞭藻綱，或稱雙鞭毛蟲，是浮游植物（phytoplankton）中的最重要的類群。它們含有由黃到金棕色的光合色素，所以才得名火藻。大多數種類都有兩條鞭毛，還有少數根本沒有鞭毛。

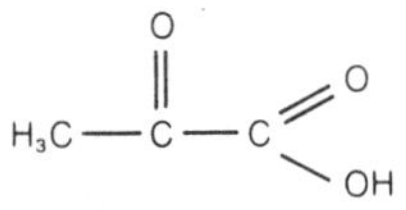

圖257　丙酮酸。分子結構。

**pyruvic acid　丙酮酸**　在糖解作用中，從葡萄糖（glucose）和甘油（glycerol）產生的一類重要三碳化合物（見圖257）。參見 acetylcoenzyme A。丙酮酸還要進一步分解，但具體的反應決定於是否有氧。見 aerobic respiration, anaerobic respiration。

# Q

**$Q_{10}$ or temperature coefficient　溫度係數**　溫度增加10℃時代謝率（metabolic rate）的增加率。因此如果一個生物在10℃時的代謝率為 T 個單位，而在20℃時為2T 個單位，則 $Q_{10}$ 為2。酵素在達到某個最高值之前，典型的溫度係數就是2，而在超過此最高值之後酵素發生變性（denaturation），係數就會下降。

**$Qo_2$　氧吸收係數**　每小時乾重每毫克按微升計的氧吸收量。

**Q technique　Q 技術**　數值分類學的一種技術，用操作分類單位來比較的多變數分析。

**quadrat　樣方**　地面上一塊區域，通常1平方公尺大，用做群體研究的取樣單位。

**quadrate　方骨**　大多數脊椎動物上頜後端的一個軟骨。在哺乳動物，方骨變成了中耳的砧骨（incus），但在大多數其他脊椎動物中，它和下頜形成關節。

**quadrat sampling　樣方抽樣**　（統計學）考察生物分布的一種方法，樣本取自方形區域（通常1平方公尺）。這樣的樣方是隨機選取的，用線攔住。一般要取一系列的樣方，這樣才能比較，例如比較某一特定植物在兩個不同區域中的分布。每一系列中的平均數還可以和其他平均數相比較。見 significance。

**qualitative inheritance　定性遺傳**　一個特殊性狀（character）由少數幾個基因所控制的遺傳系統。定性性狀呈現不連續的表現，而非連續改變的性狀（見 polygenic inheritance），同時也不會受到環境的大幅度影響。這種遺傳系統裡的基因通常是個別被發現的，也符合**孟德爾遺傳學說**（Mendelian genetics）定律。在後代中發現的性狀差異比例可以利用**卡方測驗**（chi-square test）和預測值比較。

**quantasomes　量子體**　見 chloroplast。

**quantitative inheritance　量的遺傳**　見 polygenic inheritance。

**Quaternary period　第四紀**　新生代的最後200萬年，從200萬年前（第三紀末）直到今日。在此期間，人口的增加對其他動物以及其他植物種群的數量產生了顯著的影響。

**quaternary structure of protein　蛋白質的四級結構**　見 protein。

**queen substance　蜂王漿**　見 royal jelly。

**quill　翮，翎管；翼，翅；刺**　1.翮，翎管。鳥羽的空心柄。2.翼、翅，或尾羽。3.刺。豪豬的刺。

**quinone　苯二醌**　苯衍生的化合物。

# R

**r　內在生長力**　理論上族群增長的內在生長力。

**rabies　狂犬病**　許多哺乳動物的神經系統急性（acute）病毒性疾病，特別見於人類、狗、牛和狐狸，引起脊髓和腦的變性並導致死亡。病毒通常是經由瘋狂的動物造成的傷口，潛伏期通常是3-8周，首先出現的症狀是肌肉張力增加和極度吞嚥困難。咽部吞嚥肌的痙攣會非常疼痛，而甚至僅僅看到水就引起痙攣。因此，我們常說患者恐水。儘管近年的進展，但患者仍必須在頭幾天就注射疫苗才可能得到有效治療。

**race　品種；宗；種族**　同一物種內遺傳性狀彼此有別的族群，即為不同種族，其差別可表現在基因頻率或染色體排列的不同。例如已發現，人類的不同種族對於 ABO 血型（ABO blood group）坐位具有不同的對偶基因頻率。見 founder effect。

**raceme　總狀花序**　在主柄上由小柄著生花朵，整體呈圓錐狀。例如毛地黃通常沒有頂生花。

**racemose　總狀的**　就是或類似於總狀花序（raceme）的。

**race-specific resistance** or **vertical resistance　品種特異性抵抗力；垂直抵抗力**　寄主體內少數主要基因賦予寄主對某一特定生物的抵抗性。但是，如果寄生生物發生了遺傳變異，這種抵抗系統就會失效。對照 nonrace-specific resistance。

**rachis** or **rhachis（複數 rachises** or **rachides，rhachises** or **rhachides）　軸；羽軸**　任何中軸，特別是羽軸。

**radial symmetry　輻射對稱**　一種身體結構：由口沿全長下

切總是將身體分成對稱的兩半。腔腸動物、櫛水母動物（側腕水母）和棘皮動物都是輻射對稱。對照 bilateral symmetry。

**radiant energy　輻射能**　見 energy。

**radiation　輻射**　以光速（約每秒三億公尺）在空間進行的電磁能。所有物質都放出輻射，在室溫下輻射能是在紅外光範圍內，而在高溫可產生可見輻射。見 electromagnetic spectrum, ultraviolet light, X ray。

**radical　根生的**　（指植物）由根或冠生出的。

**radicle　胚根**　種子中胚胎的基部，進一步發育爲種苗的初生根。

**radioactive isotope　放射性同位素**　見 isotope。

**radioactive label　放射性標記**　任何可放出電離輻射從而可據以定位的物質。

**radioisotope　放射性同位素**　見 isotope。

**Radiolaria　放射蟲類**　一組海洋浮游原生動物，具矽質骨骼，並形成海底軟泥（見 benthos）。

**radius　橈骨**　脊椎動物前肢下側部分的一根長骨。見 pentadactyl limb。

**radula　齒舌**　軟體動物銼磨食物的器官，位於口腔（buccal）下面的一個囊中。主要用於磨碎植物性食物，使用時將食物置於齒舌和口腔的堅硬表面之間對磨。

**ragworm　釣餌蟲**　漫遊型多毛類（polychaete）蠕蟲的俗稱，如沙蠶。

**rainfall　降雨**　大氣中降下的淡水，不同的降雨量決定了不同地區的不同植被。

**Ramapithecus　拉瑪古猿屬**　人科動物的一個屬，1400萬年前到800萬年前存在於非洲、歐洲和亞洲。在空曠地區取代了大部森林古猿（dryopithecines）。

**ramenta（單數 ramentum）　小鱗片**　蕨類覆蓋幼葉幼莖的

棕色片狀表皮。

**ramet　無性繁殖系分株**　一個無性（繁殖）系，或稱株
（clone）中的一個個體。

**ramus　分支**

**ramus communicans　交通支**　由脊髓神經腹根攜神經到交感
神經節的細幹（見 autonomic nervous system）。見 reflex arc。

**random fixation　隨機固定**　某一個對偶基因的偶然遺失，致
使另一個對偶基因被固定在族群之中。

**random genetic drift （RGD）or Sewall Wright effect
隨機遺傳漂變**　在族群由一代傳至下一代的過程中因隨機波動而
造成的對偶基因（allele）頻率的改變。RGD 在小族群中特別重
要，因為小族群易發生抽樣錯誤，可以發生對偶基因的遺失
（0％的頻率）或固定（100％）。見圖258。本現象首先是由一
個美國遺傳學家賴特描述的，所以又以他為名。

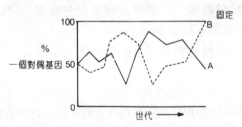

圖258　隨機遺傳漂變。某基因的一個對偶基因歷經多代的頻
率。連續線代表族群 A，斷線代表族群 B。

**random mating or panmixis　隨機交配**　不受基因型的影響
隨機選取配偶的行為。例如人類完全可以不考慮 ABO 血型
（ABO blood group）而隨機交配，但在另一些受遺傳控制的性
狀如體型上卻表現出選型交配（assortative mating）。

**range　分布區；活動區**　1.分布區（指物種），分布的範圍。
2.活動區（指行為），個體生活活動的範圍。

**ranking　等級**　在分類層級系統中確定一個類元的地位，例如將其定為目而不是綱或科。

**raphe　縫，胚珠脊**　縱裂或縱脊，如見於矽藻或某些種子，在種子中它標記珠柄（funicle 1）的位置。

**raphide　針晶**　某些植物細胞中成束的草酸鈣結晶。

**raptor　猛禽**　此詞常指白天出沒的猛禽，如鵰、隼、鷹等，但也可指梟。

**Rassenkreiss　多型種**　見 polytypic。

**ratite　平胸類**　胸骨不具龍骨突起不能飛的鳥類，如非洲鴕鳥、美洲鴕鳥和食火雞。

**Raunkiaer's life forms　朗克爾氏生活型**　根據全年生芽（見 perennation）和地面的相對位置建立的植物生態型分類系統。見 phanerophyte, chamaephyte, helophyte。

**ray　射線**　植物根莖中自中心沿半徑輻射分布的一束束薄壁組織（parenchyma）細胞，它們將維管組織分開，在初生和次生生長中形成木質部射線和韌皮部射線。射線使水和其他物質能以在根莖中橫向運輸。見 secondary thickening。

**ray floret　輻射排列小花**　花序向外輻射生長的小花。

**Ray, John　雷**　（1627-1705）英國博物學家，被認為是英國博物學的奠基人，他建立了自然植物分類，並將開花植物分為單子葉植物和雙子葉植物。現在的雷氏學會就是以他為名。

**reactant　反應物**　參與反應的各種分子，彼此作用以產生新的分子。

**reaction　反應**　物質轉化的化學程序。

**reaction chain　反應鏈**　化學或原子核反應，如燃燒和原子分裂，其中反應的產物又轉而促進反應的本身。

**reaction time　反應時間**　見 latent period。

**recapitulation　重演**　在一個生物的胚胎發育程序中重演了過

557

去演化歷程中的成體形狀。這個概念常表示為：個體發生重演系統發生（ontogeny recapitulates phylogeny）。例如人類胚胎中就出現腮裂。

**receiving waters　放流水體，受納水體**　處理工廠排放廢物的水體。

**Recent epoch　全新世**　見 Holocene epoch。

**receptacle　花托；囊托；胞芽杯；生殖托**　1.花托。開花植物中花柄的末端，亦稱（torus）。2.囊托。蕨類中變成孢子囊（sporangium）的部分。3.胞芽杯。苔類內含胞芽（gemma）的杯狀結構。4.生殖托。藻類中生殖枝的膨脹頂端。

**receptaculum seminis　納精囊**　某些雌性或兩性無脊椎動物體內的一種囊狀結構，用於儲存得自雄性的精子。

**receptor　受器**　能察覺外界或體內變化並引發行為反應的動物細胞或器官。眼睛就是一個例子，它可接受刺激並將其轉化為感覺神經衝動。亦見 chemoreceptor, reflex arc。

**receptor site　受體部位**　細胞上的一個點或結構，它和藥物或其他物質結合可引起細胞功能的變化。

**recessive allele** or **recessive gene　隱性對偶基因，隱性基因**　只有在同型合子（homozygote）狀態才能在表型（phenotype）中顯示其效果的對偶基因（allele）。如果一個隱性對偶基因和一個顯性對偶基因配合在一起時，則隱性的效果被後者所掩蓋。見 recessive character。

**recessive character　隱性性狀**　被一個基因的某一對偶基因控制，但只有當該對偶基因處於同型合子狀態時才顯示出來的性狀。見 dominance 1。

**recessive epistasis　上位隱性**　上位（epitasis）的一個類型：一個基因的一對隱性對偶基因可以掩蓋另一個坐位的對偶基因的表現。這種互動作用會產生一種9：3：4的雙因子異形合子（di-hybrid 1）比例，而不是正常的9：3：3：1。對照 dominant epistasis。

**reciprocal cross　正反交，互交**　參與者的表型（phenotypes）顛倒的一對雜交。在人類，下面便是互交的實例：

＜雌性＞色盲×正常視覺＜雄性＞｜＜雌性＞正常視覺×色盲＜雄性＞

如果從這兩個雜交得出不同的結果，就表示控制該性狀的基因存在**性連鎖**（sex linkage）。

**recombinant DNA　重組去氧核糖核酸**　使用質體（plasmid）的 DNA 包容外來 DNA（例如取自眞核生物），再將質體引入細菌。於是這新的 DNA 可以在細菌中表現，編碼外來蛋白質。重組 DNA 技術已廣泛用於**基因工程**（genetic engineering）。

**recombinant gamete　重組配子**　和在**同源染色體**（homologous chromosomes）上的親代相比，含有新組合的對偶基因的**配子**（gamete）。這是由於**重組**（recombination）造成的改變。

**recombination　重組**　**減數分裂**（meiosis）中基因重新排列以致產生的**配子**（gamete）所含單倍體**基因型**（genotype）是新的基因組合。重組也可由不同染色體上基因的**自由組合**（independent assortment），但此詞現通常是指同一染色體上連鎖的基因經**互換**（crossing over）產生的。見圖259。

**recon　重組子**　可發生**重組**（recombination）的最小遺傳單位，即一個**去氧核糖核酸**（DNA）鹼基。

**rectal gland　直腸腺**　許多脊椎動物體內一種向直腸分泌的腺體，可能分泌的是**費洛蒙**（pheromones）。

**rectrix　尾羽，舵羽**　見 feather。

**rectum　直腸**　動物腸道的末端部分，開向**肛門**（anus）或**泄殖腔**（cloaca）。

**rectus　直肌**　例如和斜肌共同移動眼球的直肌。它們位於眼球之後。

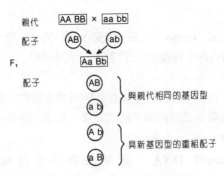

圖259　重組。減數分裂中基因的重新排列。

**recurrent laryngeal nerve　喉返神經**　哺乳動物迷走神經的一個分支，它繞過動脈導管（ductus arteriosus）並沿氣管返回。這個迂迴路線是由於頸部的長度在演化史中增加了。

**recurved　下彎的**　（指植物結構）

**red blood cell　紅血球**　見 erythrocyte。

**redia　雷迪氏幼蟲**　肝吸蟲的一個幼蟲階段，由被囊幼蟲發育而來。它有一個口，一個可吸吮的咽，一個簡單的腸道。再發育就變成第二雷迪氏幼蟲或尾蚴。

**red nucleus　紅核**　哺乳動物中腦的一個神經核，如遭到破壞會引起去大腦強直。因此，它在動物運動和維持姿式方面有重要作用。

**redox potential　氧化還原電位**　表示一個電子攜帶者做還原劑或氧化劑可行程度的定量指標。氧化還原電位是用伏特度量的。測值越負，它的還原能力就越強。因此，在電子傳遞系統（electron transport system）中這些載體是按氧化還原電位由負到正排列的。例如在圖205中，鐵氧還原蛋白的氧化還原電位比質體二酮的更小，也即是更負。

**redox reaction　氧化還原反應**　發生還原和氧化的反應。

**red tide　紅潮**　海中大量孳生紅色窩鞭藻引致海水變為紅色的

現象，窩鞭藻產生的毒素可殺死其他生物，特別是魚類。

**reducing agent　還原劑**　任何能從一個分子上移走氧或添加氫的物質，亦即它能為反應提供電子。

**reducing sugar　還原糖**　具有自由醛基（$H-C=O$）或酮基（$C=O$）能還原金屬離子如 $Cu^+$ 和 $Ag^+$ 的糖。還原糖如葡萄糖和果糖在**貝尼迪克試驗**（Benedict's test）和**費林氏試驗**（Fehling's test）中可以還原試劑溶液。

**reduction　還原**　經失去氧、加氫或獲得電子而產生的原子或分子狀態的改變。

**reduction division　減數分裂**　使細胞的遺傳物質減半的分裂。見 meiosis。

**reductionism　還原主義**　一種錯誤的看法：認為複雜事物都可分解為其成分，解釋這些成分也就解釋了整體。

**redundant characters　冗餘性狀**　和（例如說在分類檢索表中）已用過的性狀密切相關因而在下一步分析中無用的分類性狀。

**redwood　紅杉**　見 sequoia。

**reflex action　反射動作**　見 reflex arc。

**reflex arc　反射弧**　受器（receptor）和動器（effector）之間的神經聯繫；一個特殊刺激導致一個簡單的反應（反射動作），例如膝反射，而無需腦部的參與。刺激造成受器的興奮，引起感覺（傳入）神經元（neuron）樹突（dendrite）上產生一個神經衝動。這個衝動經過背根神經節中的細胞體，再通過感覺神經**軸突**（axon）到達脊髓（spinal cord）。在脊髓中，神經衝動跨過**突觸**（synapse），通常還要經過一個中間神經元，跨過另一個突觸到達傳出神經元，再出脊髓沿腹根和運動（傳出）神經元軸突到達動器，從而產生定型的反應。大多數反射涉及不只一個突觸；也就是說，它們是多突觸的。見圖260。見 ramus communicans。

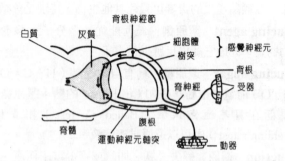

白質　灰質　背根神經節　細胞體　樹突　感覺神經元　背根　脊神經　受器　腹根　脊髓　運動神經元軸突　動器

圖260　反射弧。箭頭表示衝動由受器傳至動器的方向。

**refractory period　不反應期**　無興奮性的一段時期，通常延續3個毫秒，在此期間**軸突**（axon）已從上一次衝動恢復了過來。在不反應期，軸突不能傳導衝動，因爲細胞膜由於離子運動已再極化了。在絕對不反應期，任何神經衝動（nerve impulse）都不能傳遞；但在相對不反應期，只要刺激夠強仍可傳遞衝動。

**refugium　殘遺種保護區**　逃避了冰河期災難使殘遺群落得以存活下來的地區，例如**冰原島峰**（nunatak），如山峰，是一塊隔離的陸地。　．

**regeneration　再生**　對損壞的組織或器官自身進行的替換或修補。在動物，再生能力各類群各不相同，一般說低等動物要大得多。在植物，再生能力很普遍，而且在**營養體繁殖**（vegetative propagation）程序中廣爲使用。

**regression analysis　回歸分析**　（統計學）統計測驗，用以分析一個變數（因變數）依賴於另一個變數（自變數）的關係。這樣的關係常常是線性的，使我們能在**散點圖**（scatter diagram）上繪出一條最佳曲線。

**regressive character　退化性狀**　在演化程序中消退的性狀。

**regular　整齊的**　（指植物結構）顯示**輻射對稱**（radial symmetry）的。

**regulating factor　調節因子**　和血糖濃度有關的一種下視丘

（hypothalamus）分泌，它又控制著激素的分泌。激素的分泌和抑制常常涉及負回饋系統（見 feedback mechanism）。

**regulation　調整；制約**　1.調整。（在胚胎發育程序中），當遭受破壞時，胚胎仍能保持正常發育的能力。許多動物只有在受精前才有受傷後調整的能力，但另外的動物則在較晚的發育階段仍有調整的能力。2.制約。天然因子如*密度依變因子*（density dependent factors）對族群大小的長期制約作用。

**regulator gene　調節基因**　見 operon model。

**regulatory heat production　調節性產熱量**　*快速代謝*（tachymetabolism）動物的*標準代謝率*（standard metabolic rate）中除了*基礎代謝率*（basal metabolic rate）外的另一部分，出現在環境溫度低於熱中性帶時。

**Reissner's membrane　前庭膜，瑞斯納氏膜**　內耳耳蝸中分隔中間管和前庭管的一層膜。名稱取自德國生理學家瑞斯納。

**relationship　親緣**　生物間的演化聯繫，以它們和共同祖先的距離來衡量。

**relative growth　相對生長**　一個生物結構相對於另一結構的生長速度。例如在人類發育程序中頭顱的相對生長量小於長骨。

**releaser　觸發因子**　引發本能活動的刺激。如一個雄知更鳥的紅胸能激發另一雄知更鳥的攻擊。

**releasing factor　釋放因子**　刺激激素釋放於血液的一種特殊的調節因子（regulating factor）。抑制因子則阻止激素的釋放。

**relic** or **relict　殘遺的**　任何從更早的年代存活下來的物種、群落或族群。

**relic distribution** or **relict distribution　殘遺分布**　*經歷全面環境變化如冰河期後殘遺生物的分布。*

**relict　殘遺的**　見 relic。

**remige　飛羽**　見 feather。

**renal　腎臟的**

**renal portal system　腎門脈**　魚和兩生類體內從尾部或下肢將血直接運至腎臟的靜脈系統。見圖261。

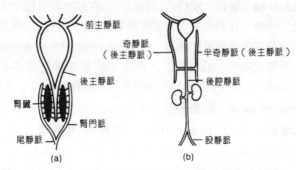

前主靜脈

奇靜脈
（後主靜脈）

後主靜脈

腎臟

腎門脈

尾靜脈

(a)

半奇靜脈（後主靜脈）

後腔靜脈

股靜脈

(b)

圖261　腎門脈。腎臟的靜脈血供應：(a)魚類（有腎門脈），(b)哺乳類（無腎門脈）。

**rendzina** or **humus-carbonate soil** or **A-C soil　黑色石灰土；腐植質-碳酸鹽土壤**　在石灰石上形成的淺層土壤，它的上面是一層暗色有機層（A），其下就是風化的石灰石（C）。

**reniform　腎形**

**renin　腎素**　一種蛋白分解 ，有時也被稱爲激素，是腎小球傳出血管內襯細胞分泌入血液的。腎素和肝臟製造的一種蛋白質結合，形成**血管收縮肽素**（angiotensin），後者刺激**腎上腺**（adrenal gland）皮質釋放醛固酮（aldosterone）。

**rennin** or **chymase　凝乳酶**　胃腺分泌的胃液中的一種酶，其功能是凝固奶中的酪蛋白原使之成爲酪蛋白，後者便形成一種不溶解的凝塊（一種鈣－酪蛋白的化合物），並被胃蛋白酶所消化。這對於年幼哺乳動物特別重要，因爲這可增加食物在胃中的滯留時間，從而保證食物在胃中得到充分的消化。

**replacement name　替代名**　在分類著作中提出用於替代錯誤名稱的建議名稱。它也取用原來的**模式標本**（type）和**模式產地**（type locality）。

**replacing bone　代換骨**　見 cartilage bone。

**replica plating　印模培養**　用於間接選擇細菌突變株的技術，通常是用絨片或針頭將細菌或真菌由一個培養基轉移到多個平板上。

**replication　複製**　在生物生長期間複雜分子產生精確副本的程序。見 DNA, base pairing。

**replum　胎座框**　裂果的裂片脫落後剩下的中央部分。見 valve 4和 placenta 2。

**repression　抑制**　阻止基因被轉錄的狀態，因此蛋白質也就不能產生。見 operon model。

**repressor　抑制物**　阻止基因發揮功能的物質，通常為蛋白質。見 operon model。

**reproduction　生殖**　1.產生幼體的程序。2.生物產生同類的機制。

**reproductive isolation　生殖隔離**　族群間不能發生基因流或只能有最低量的基因流的狀態。這可能由不同機制造成：地理的、生態的、季節的、生理的和行為的。

**reproductive phase　生殖期**　生命史中進行生殖活動的階段。

**reproductive potential　生殖潛能**　在沒有捕食者和沒有對食物及空間競爭情況的理想環境條件下，一個族群以可能的最高增長率增殖所達到的族群規模。也就是說，在這種情況下，不存在環境阻力。見 fecundity。

**reptile　爬行類**　爬行綱的脊椎動物，包括海龜和陸龜（龜鱉目）、蜥蜴和蛇（有鱗目）、鱷（鱷目）、已滅絕的恐龍（鳥盤目、龍盤目）、翼手龍（翼龍目）、蛇頸龍（蛇頸龍目），以及哺乳動物的祖先，獸孔目。所有爬行動物都是卵生，而今日的爬行動物都是*變溫動物*（poikilotherms），不過某些恐龍可能是*恆溫動物*（homoiotherms）。

**repulsion　相斥**　在雙異型合子體中，一個基因的*野生型*

（wild type）對偶基因和另一基因的突變型對偶基因在同一個同源染色體（homologous chromosome）上相鄰。連鎖基因的這種排列通常稱為相斥。對照 coupling。

**reserpine** **血壓平** 一種從蘿芙木（*Rauwolfia*）中萃取出的生物鹼，用於鎮靜和降血壓。

**reserves** **食物儲備** 任何可供食物短缺時取用的食物儲備。

**residual volume** **餘氣量，殘氣量** 呼吸後肺中殘餘的空氣，約1200立方公分。

**resilient** **反彈的** （指植物結構）彎曲後可反彈回原來位置的。

**resistance** **抵抗力** 生物具有的遺傳能力，可減輕環境中不良因子的危害。所謂不良因子包括病原體或寄生生物，殺有害生物劑（例如除草劑、殺蟲劑或抗生素），或極端自然條件如乾旱或高鹽度。

**resistance factor** **抵抗因子** 見 R factor。

**resistance transfer factor（RTF）** **抵抗性轉移因子** 攜帶轉移底抗因子（R factor）的遺傳資訊的基因。

**resolution** **解析度** 使兩點不致被看成一個點的點間距離。使用可見光顯微鏡時，這個距離差不多是照明光線波長的一半。只有使用更短的波長才能得到更高的解析度，例如使用電子顯微鏡（electron microscope）。

**resolving power** **分辨力** 顯微鏡能分辨為兩點的點間距離。

**resorption** **吸回作用** 生物將一個結構或分泌物吸回體內的程序。

**resource** **資源** 1.一個地區的潛在生產物。2.食源。

**respiration** **呼吸** 1.生物與環境間交換氣體（氧氣和二氧化碳）的程序。見 aerial respiration, aquatic respiration, breathing。2.一類在一切活細胞中都進行的分解代謝（katabolism）。見 anaerobic respiration, aerobic respiration。

**respiratory center　呼吸中樞**　見 breathing。

**respiratory cycle　呼吸週期**　動物由呼吸系統吸入和呼出一定量氣體所經歷的一系列事件。在人類，一個週期歷時約5秒，要吸入和呼出約500立方公分。見 breathing, vital capacity。

**respiratory enzyme　呼吸酶**　任何催化氧化還原反應的酶。

**respiratory gas　呼吸氣體**　任何參與呼吸程序的氣體。此詞一般指氧氣和二氧化碳。見 respiration。

**respiratory movement　呼吸運動**　生物進行的任何輔助呼吸（respiration）程序的運動，如使空氣和水分別經過肺和鰓的運動。

**respiratory organ　呼吸器**　包含氣體交換膜的器官，如肺和鰓。

**respiratory pigment　呼吸色素**　存在於血液中（通常存在於血球或血漿中）的一類可與氧可逆性結合而成為氧載體的物質。氧通常是在呼吸器官如肺中得到的，而當血液接觸到缺氧的組織時就又把氧放出來。這樣的色素有血紅素（hemoglobin）、血青素（hemocyanin）、血綠蛋白（chlorocruorin）、蚓紅質（hemerythrin）。亦見 oxygen dissociation curve。

**respiratory quotient（RQ）　呼吸商數**　單位時間內產生的二氧化碳和吸入的氧的容積比。根據 RQ 的估計值，可以推斷氧化的食物類型。糖的 RQ 為1.0，脂肪是0.7，而蛋白質是0.9。低於0.7的 RQ 表示氧化的是有機酸如蘋果酸（見 crassulacean acid metabolism）。高於1.0的 RQ 值說明正在進行的是無氧呼吸（anaerobic respiration）。

**respiratory surface　呼吸表面**　大型動物為了氣體交換而專門演化出的一塊特殊區域。包括外鰓、內鰓、肺和昆蟲的氣管。呼吸表面薄而潮濕，在空氣及水與內部組織之間維持一個差別梯度。

**respirometer　呼吸計**　用於測定生物在有氧呼吸（aerobic

respiration）時的攝氧量。具體類型如瓦氏呼吸計、卡氏潛水員呼吸計和菲氏電解呼吸計等。

**response　反應，應答**　見 stimulus。

**resting cell　靜止細胞**　未進行積極分裂（有絲分裂）的細胞。

**resting egg　休眠卵**　進入休眠狀態的無脊椎動物卵，在此狀況下可抵禦有害條件。

**resting potential　靜止電位**　在休止狀態下細胞內外間的電位。細胞內電荷為負（－60毫伏），而外界為正。因此膜是有極性的，乃有靜止電位存在。對照 action potential。

**restriction analysis　限制酶分析**　利用限制酶（restriction enzymes）對基因進行精確定位的遺傳學技術。

**restriction enzyme　限制酶**　一類核酸內切酶，它可辨識特殊去氧核糖核酸（DNA）鹼基順序並同時切斷兩股 DNA。

**resynthesis　再合成**　將過去分解過的物質再合成起來。

**rete** or **rete mirabile　迷網**　一套可進行逆流交換（counter-current exchange）的動靜脈微血管網。例如見於魚鰾壁中，它讓魚鰾壁能得到充分的血液供應，而又不至於讓大量氧氣由魚鰾進入血中。

**reticular formation　網狀結構**　中樞神經系統（CNS）中某些部分，該處可見分散的一塊塊灰質，其間有方向各異的一束束神經纖維。

**reticulate evolution　網狀演化**　在一些繁育系之間反覆地發生雜交，以致同時發生趨同和趨異現象。

**reticulate thickening　網狀加厚**　木質部（xylem）導管和假導管（tracheid）上出現網狀的木質素沉積，這是一種強化木質部結構的程序。

**reticulin fibers　網硬蛋白纖維**　許多脊椎動物組織間的一類纖維，這些組織就是靠這種纖維連接在一起的。這種纖維大部是由膠原蛋白（collagen）組成的。

**reticuloendothelial system　網狀內皮系統**　見 mononuclear phagocyte system。

**reticulum　網胃；網**　1.網胃。反芻胃的第二個分室。2.網。特別指原生質網。

**retina　視網膜**　脊椎動物眼睛的內膜，包含大量光敏細胞，稱視桿和視錐，他們又由兩極細胞（bipolar cells）連到視神經上。網膜就緊接在富有血管的脈絡膜之內，後者為它提供營養。

**retinaculum　翅韁鉤；彈器鉤**　1.翅韁鉤。蛾類前翅的一個鉤狀結構，和後翅的翅韁相接觸，以連接前後翅。2.彈器鉤。彈尾目中固定彈器（furcula）的鉤狀結構。

**retinal convergence　網膜會聚**　脊椎動物眼睛中幾個視桿連接到一根神經纖維的現象。也就是說，視桿會聚到一根神經纖維。視桿主要用於低照明度，此時光刺激一個視桿不足以引發神經元（neuron）上的動作電位（action potential）。但幾個視桿受到刺激卻比較容易激發它；一般來說，6個視桿同時受到刺激就會激發一個神經元。這是總和（summation）的一個實例。視錐則沒有或只有不明顯的網膜會聚現象。

**retinene　視黃醛**　眼視網膜中的主要類胡蘿蔔素。在光線下，它變為黃色。

**retinol　視黃醇**　見 vitamin A。

**retuse　微凹的**　（指植物結構）

**reverse mutation　回復突變**　突變（mutant 2）個體發生遺傳改變又恢復原有的野生型（wild type）表型。這樣的事件遠不如正向突變（forward mutation）多見。

**reverse transcriptase　反逆轉錄酶**　核糖核酸（RNA）依賴性去氧核糖核酸（DNA）聚合酶，它以 RNA 為模板利用去氧核糖核苷-5'-三磷酸為原料合成 DNA。

**revision　修訂**　（分類學）總結評價有關知識，加入新的材料和新的解釋。

**revolute　外捲的**　（指植物結構）

**R factor** or **resistance factor** or **R plasmid　抵抗性因子，底抗性質體**　許多腸道細菌中可傳遞的質體（plasmid），它攜帶有可抵抗抗生素的基因。常和一個轉移因子在一起，後者在細菌接合之後可促使抵抗性因子轉移到另一個細菌中。

**RGD　隨機遺傳漂變**　見 random genetic drift。

**R genes　抵抗性基因**　抵抗性因子（R factor）中和抵抗性有關的基因。

**rhachis　軸，羽軸**　見 rachis。

**RHA　恆河猴血型溶血性貧血**　見 Rhesus hemolytic anemia。

**rhabdom** or **rhabdome　感桿束，視軸**　昆蟲或甲殼動物小眼中央的一個透明小桿。見 eye, compound。

**Rhesus blood group　恆河猴血型**　人類的一種血型，約85％美國人的紅血球表面都有 Rh 因子（D 抗原）。這樣的人被稱作恆河猴因子陽性，或 Rh 因子陽性，而沒有這個因子則被稱作Rh 因子陰性。和 ABO 血型（ABO blood group）不同，正常情況下不存在恆河猴因子抗體，除非是一個 Rh 陰性的人被恆河猴抗原導致敏感，例如經由輸血或是一個 Rh 陰性的母親接受來自Rh 陽性胎兒的血球（見 Rhesus hemolytic anemia）。這個血型因子受第一對染色體上一個體染色體基因的控制。這個基因有兩個主要的對偶基因，控制 Rh 因子的對偶基因是顯性的。

**Rhesus hemolytic anemia（RHA）　恆河猴血型溶血性貧血**　新生兒中的一種嚴重血液疾病，因紅血球的溶解（lysis）而導致貧血。恆河猴抗原和抗體產生反應就造成這個情況（見Rhesus blood group）。當一個 Rh 陰性的母親再生一個 Rh 陽性的孩子時，就會發生 RHA。這位母親在前次分娩（parturition）時從 Rh 陽性胎兒血液導致敏感，於是產生了恆河猴抗體。當她再次懷孕時，她的恆河猴抗體就傳給這個胎兒，如果這個胎兒是

Rh 陽性，那麼生出時就出現 RHA。一種預防方法是在母親剛生完第一個孩子時就給她大量恆河猴抗體。這些抗體會在她還沒來得及被導致敏感前就把她血液中的胎兒細胞破壞掉了。

**RH factor　恆河猴因子**　見 Rhesus blood group。

**rhizo-　［字首］**　表示根。

**rhizoid　假根**　低等生物如某些真菌和蘚中有根般作用的毛髮狀結構。它很重要，因為它可穿入基底，提供支持和吸收營養。

**rhizome　根狀莖**　在地下水平方向生長的莖，有葉有芽，但是具儲藏作用和作為**營養體繁殖**（vegetative propagation）的一種方式。根狀莖見於鳶尾屬的開花植物。

**rhizomorph　根狀菌索**　某些高等真菌如蜜環菌（*Armillaria*）中形狀似根而緊密堆纏在一起的真菌組織。有些根狀菌索中可看出**菌絲**（hyphae）。根狀菌索使真菌得以孳生擴展。

**rhizoplane　根表面**　**根際**（rhizosphere）中由根表面組成的部分。

**rhizopod　根足蟲**　根足亞綱或稱肉足亞綱的原生動物，包括借助偽足取食但缺乏纖毛或鞭毛的變形蟲。

**rhizosphere　根際，根圍**　植物根四周、植物滲出物可影響其中微生物區系的範圍。許多滲出物是微生物可以利用的營養素，包括醣類、維生素和胺基酸。另一方面，植物根部也可吸收微生物釋放的礦物質。根際範圍內的細菌可能比周圍土壤中多50倍。格蘭氏陰性桿菌佔優勢，格蘭氏陽性菌則不如周圍土壤中多。根際中的真菌通常和周圍土壤中一樣多，不過某些植物會刺激特定種類的生長。

**Rhodophyta　紅藻**　紅藻門植物，**藻紅蛋白**（phycoerythrin）掩蓋了其中的葉綠素。紅藻的形態多歧，由絲狀直到具有寬大原植體，並有不動配子的個體。

**rhodopsin** or **scotopsin** or **visual purple　視紫質，暗視蛋白**

脊椎動物眼睛視網膜視桿中的一種紫色色素。缺乏視紫質導致夜盲。被光褪色時，視紫質就放出一種蛋白質，叫*視蛋白*（opsin），還放出一個黃色色素，叫*視黃醛*（retinene）。這個反應的結果是放出能量，引發*動作電位*（action potential）。參見 iodopsin, metarhodopsin。

**rhomboid　菱形的**　（指植物結構）

**Rhynchocephalia　喙頭蜥**　一類原始的雙孔類（diapsid）爬行動物，包括楔齒蜥屬（*Sphenodon*），此屬動物在顱頂上有一松果眼。

**Rhynchota　有喙目**　見 hemipteran。

**rhythm　節律**　某一現象的反覆出現。

**rhytidome　落皮層**　由交替出現的木栓層和死*皮層*（cortex）或*韌皮部*（phloem）組成的樹皮。

**rib　肋骨**　組成脊椎動物胸（thorax）壁的一根根彎曲的長骨，它們在背部連於*脊柱*（vertebral column）。在高等脊椎動物，前面的肋骨在腹側連到*胸骨*（sternum）上，形成一個保護胸部臟器的骨匣。肋骨間有肋間肌，在陸生脊椎動物，是由肋間肌完成呼吸運動。

**riboflavin** or **vitamin B$_2$　核黃素，維生素** B$_2$　維生素 B 群中的一員，水溶性。存在於多種食物中。所有動物的代謝都需要核黃素（它是電子傳遞系統中的一個載體），且還是幾種植物色素中的成分。

**ribonuclease　核糖核酸酶**　催化核糖核酸（RNA）鏈分裂的酶。

**ribonucleic acid　核糖核酸**　見 RNA。

**ribose　核糖**　一個五碳糖。見圖262。

**ribosomal RNA（rRNA）　核糖體核糖核酸，核糖體** RNA　從*真核生物*（eukaryote）細胞核*核仁*（nucleoli）處，或*原核生物*（prokaryotes）核糖體基因叢集處的*去氧核糖核酸*（DNA）

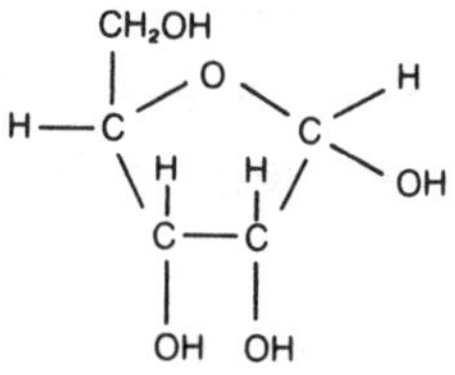

圖262　核糖。分子結構。

中轉錄而來的一類**核糖核酸**（RNA）。其功能是組合多種蛋白質形成**核糖體**（ribosome）。rRNA 的類型不多，長短不一，其中有幾種已得到徹底分析，一個個鹼基都很清楚了。

**ribosome　核糖體**　所有細胞的細胞質中都有的一類小顆粒（不算作胞器），由蛋白質和**核糖體核糖核酸**（ribosomal RNA）共同組成。每個核糖體由兩個大小不同的次級單元構成，在離心時兩個次級單元的沉降速度不同（見 ultracentrifuge）。**原核生物**（prokaryotes）的核糖體在70S；**真核生物**（eukaryotes）的核糖體在80S。核糖體連到資訊核糖核酸的5'端（見 polynucelotide chain）上，並向3'端移動，在這移動程序中就進行**轉譯**（translation）和**多胜肽**（polypeptide）合成。常常有幾個核糖體連在一根 mRNA 上，形成一個**多核糖體**（polyribosome）。

**ribulose　核酮糖**　存在於糖漿中的一種五碳糖，它在糖代謝中非常重要。分子式為 $C_5H_{10}O_5$。

**ribulose biphosphate（RuBP）or ribulose diphosphate 二磷酸核酮糖**　一類五碳酮糖，在卡爾文氏循環中為二氧化碳的受體。

**rickets　佝僂病**　一種兒童疾病，但也見於其他哺乳動物，因骨骼鈣化不足而造成附肢彎曲。佝僂病是由於膳食中缺乏**維生素D**（vitamin D）和鈣、磷。此病現在在美國罕見，但在貧困國家中很常見。

**Ringer's solution　林格氏液**　其離子組成和組織液相似並等

張（isotonic）的溶液，生理學樣品製備可在其中存活。名稱源於英國生理學家林格（Sidney Ringer, 1835-1910）。

**ringing experiment　環剝實驗**　將植物莖的外層組織剝去一圈，只留下木質部和髓質。水分沿莖而上的運動並不受阻，但來自葉部的食物下行運動卻受阻於環剝處，這就說明了*木質部*（xylem）和*韌皮部*（phloem）的各自功能。

**RNA（ribonucleic acid）　核糖核酸**　只有一根由*核苷酸*（nucleotides）組成的*聚核苷酸鏈*（polynucleotide chain）的*核酸*（nucleic acid）。RNA是*蛋白質合成*（protein synthesis）的一個重要成份，共有3型：（a）**資訊核糖核酸**（messenger RNA），它參與*轉錄*（transcription）並負責將資訊由**去氧核糖核酸**（DNA）處傳至**核糖體**（ribosomes）；（b）**核糖體核糖核酸**（ribosomal RNA），這是多胜肽合成的部位；和（c）**轉移核糖核酸**（transfer RNA），它負責在轉譯程序中將胺基酸帶至核糖體處插入到正確的順序中。

**RNA polymerase　核糖核酸聚合酶**　催化在*轉錄*（transcription）程序以*去氧核糖核酸*（DNA）爲模板合成核糖核酸（RNA）的酶。見 operon model。

**Robertsonian chromosome　羅氏染色體**　兩個單染色體融合而成的染色體。

**rocky shore　岩岸**　通常指海岸，該處至少要有部分基層是由岩石露頭構成。

**rod** or **rod cell　視桿，視桿細胞**　脊椎動物眼視網膜中，較周邊部分的桿狀光敏細胞。視桿特別和低照明條件下的視覺有關，它們在夜行動物中非常多。它們不能區別顏色，視覺靈敏度也很差（對照 cone cell）。視桿中含有*視紫質*（rhodopsin）。靈長動物的視網膜中有約2億4000萬個視桿。

**rodent　嚙齒類**　嚙齒類動物的總稱，包括嚙齒類哺乳動物，具有鑿狀的門齒而缺乏犬齒。如老鼠和松鼠等。

**rogue 劣種；獨獸** 1.劣種。作物中不會保留的個體，要在育種時剔除的。2.獨獸。離群獨行的動物，通常比較凶暴。

**Roentgen** or **Röntgen，Wilhelm Konrad 倫琴** （1845-1923）德國物理學家，他發現了 X 光（X-rays）。倫琴又作爲表示 X 光和伽瑪射線放射性的單位；縮寫爲 R 或 r。

**röntgen 倫琴** 見 Roentgen。

**root 根** 植物中通常生於地下的部分。根爲生長於地上的部分提供支持，由土壤中吸收水分和礦物質，將水和營養素輸送到植株的其他部分，常常還儲藏食物過多。在高等植物中，根的結構變化很大，但通常（不像初生的莖）在根的中央有一個由輸導組織組成的核心部分（**中柱**，stele），中柱尚有結構上的作用，可協助根向下生長並對抗地上部分帶來的向上壓力。根主要可以分爲3型：初生根、次生根（見 lateral root，adventitious 1）。**被子植物**（angiosperms）的初生根源於幼苗的胚根。之後，次生根則來自初生根的頂端，並進一步向下生長。在根端有一個保護性的**根冠**（root cap）。典型的雙子葉植物根結構，見圖263。在**單子葉植物**（monocotyledons），木質部的分支遠多於雙子葉植物（dicotyledons），在前者爲12到20，而在後者僅爲2到5。在雙子葉植物，根常發生**次生加厚**（secondary thickening），在單子葉植物則沒有。

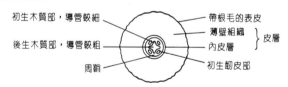

初生木質部，導管較細　　帶根毛的表皮
　　　　　　　　　　　　　薄壁組織
後生木質部，導管較粗　　　　　　　｝皮層
　　　　　　　　　　　　　內皮層
周鞘　　　　　　　　　　初生韌皮部

圖263　根。典型雙子葉植物（毛茛）根的橫切面。

**root cap 根冠** 根（roots）頂端的一個結構，見於除許多水生植物之外的大部分高等植物，是由**頂端分生組織**（apical meristem）產生的。根冠是由**薄壁組織**（parenchyma）細胞形成的一個頂針狀的結構，有保護作用。當根向土內推進時，根冠的外層細胞被剝落，由來自分生組織（meristem）的新細胞所代替。

**root crop　塊根作物**　用作人類或牲畜食用的塊根。通常來自以根做儲藏器官的植物，並且除少數例外，都是直根，如胡蘿蔔和歐洲防風。

**root effect** or **root shift　根移效應**　因 pH 變動造成的血氧容量的改變。

**root hair　根毛**　根表皮上的毛髮狀突起。根毛大量叢生於生長點後面。根毛的壽命極短，但它們大大增加了根的吸收面積。

**root nodules　根瘤**　見 nitrogen fixaiton。

**root pressure　根壓**　在植物根內部產生使水上升的力量。這個現象是由於在根部由外至內直到根中心有一個由根細胞造成的逐漸增高的溶質濃度梯度。這樣因內皮層（endodermis）向木質部排出鹽，於是經滲透作用（osmosis）水就由土壤跨過根進入木質部，所產生的壓力可在將地上部分去除後觀察到。見圖264。

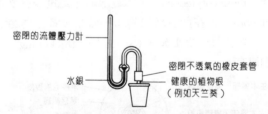

密閉的流體壓力計

水銀

密閉不透氣的橡皮套管
健康的植物根
（例如天竺葵）

圖264　根壓。由水銀柱高度可測出根壓大小。

**root shift　根移效應**　見 root effect。

**root system　根軸系統**　維管束植物的整個地下營養系統。見 root。

**rotate　輻狀的**　（指花冠）花瓣和中軸成直角，整體呈輪輻狀。

**rotifer 輪蟲** 輪蟲門的無脊椎動物，多細胞但體型小，水生，包括最小的*後生動物*（metazoans）。它們藉由前面的一輪纖毛來行動和攝食。

**roughage 粗廢物；粗糙食物** 1. 粗廢料。作物中不太有用或廢棄的部分。2. 粗糙食物。食物中不能消化的部分，但可刺激腸道運動。

**rough endoplasmic reticulum 粗內質網** 見 endoplasmic reticulum。

**round window 卵圓窗** 見 fenestra ovalis and rotunda。

**roundworms 線蟲，蛔蟲** 見 nematode。

**royal jelly or queen substance 蜂王漿** 工蜂進入成蟲階段後咽腺分泌的一種物質，用於餵飼幼蜂，一般幼蜂只餵飼不足4日，但蜂后幼蟲則餵飼很長時間以保證其成長至蜂后。包括40％的乾物質，有脂蛋白、中性甘油脂、游離脂肪酸、胺基酸，以及全部的維生素 B 群。並含有多量的*乙醯膽鹼*（acetylcholine）。

**RQ 呼吸商數** 見 respiratory quotient。

**rRNA 核糖體核糖核酸** 見 ribosomal RNA。

**r selection r 選擇** *自然選擇*（selection）的一個類型，其策略是選擇生物中的機會主義者，選擇一切導致高自然生長率的性狀。

**rubella 風疹** 見 German measles。

**ruderal 宅旁雜草** 生長於建築旁廢地上的植物。

**rugose 多皺的** （指植物結構）

**rumen 瘤胃** 反芻動物消化管的一個分支，暫時儲存未咀嚼的食物以後再將其送回口腔供進一步咀嚼（見 ruminant stomach）。在瘤胃中有一些纖維素被消化和吸收，細菌並合成了 B 族維生素。纖維素 是細菌產生的，在瘤胃中每毫升可含10億個細菌。

**ruminant 反芻動物** 偶蹄目有角亞目（鹿、長頸鹿、羚、綿羊、山羊、牛）的哺乳動物。雄性通常有角，上頜無門齒，胃有4室，其中包括瘤胃（rumen）。

**ruminant stomach 反芻胃** 一類4室胃，可分為兩大部分。第一部分包括瘤胃（rumen）和網胃（reticulum），對於尚未咀嚼的植物有如發酵罐的作用。第二部分包括重瓣胃（omasum）和皺胃（abomasum），後者才是分泌消化酶的真正的胃。

**ruminate 嚼爛狀的** （指植物結構）

**rumination 反芻** 部分消化的食物由逆蠕動（peristalsis）經瘤胃（rumen）返回口腔，再進行咀嚼的行為。

**runcinate 倒向羽裂** （指植物結構，葉片）羽裂指向葉基的。

**runner or stolon 匍匐莖** 沿地面匍匐生長的細長莖，起自葉腋，其功能是加速營養體繁殖（vegetative propagation）。沿著匍匐莖分布著小鱗葉和芽，從這些芽生出根進入地下。最後匍匐莖枯萎，但留下大量新生的子代植株〔一個株（clone），無性繁殖系〕。匍匐莖見於草莓和匍匐金鳳花。

**rust 鏽病** 植物莖葉部分的真菌病，由鏽菌目（*Uredinales*）真菌造成。鏽菌是專性的（obligate）寄生生物，其寄主主要為穀物。例如禾柄鏽（*Puccinia graminis tritici*）就造成小麥黑桿鏽病。

**rut 發情** （雄性動物）雄性哺乳動物睪丸活動的高潮期（對照 estrous cycle），特別指鹿的性活動週期。

# S

**sac 囊，袋**

**saccate 囊狀的，袋狀的**

**Saccharomyces 酵母菌屬** 單細胞真菌的一個屬，屬於內孢黴目（半子囊菌綱），本屬的大部分種類可以發酵多種醣類。其中一些種類用於發酵麵包和啤酒。它們可表現為簡單的芽生細胞，或形成假菌絲體（細胞鏈）。每個子囊有1個到4個圓形或卵圓形孢子（spores）。

**saccule 小囊；球囊** 1.任何小型囊狀結構。2.球囊。與橢圓囊（utricle）相連的膜迷路結構，組成內耳前庭器的一部分。

**sacral vertebrae 骶椎** 脊椎下部厚實堅固的椎骨，一部分融合成一體並和骨盆帶（pelvic girdle）相連組成骶骨（sacrum），為髖部提供強力的支持。

**sacrum 骶骨** 骶椎融合而成並連接於骨盆帶（pelvic girdle）的部分。

**sagittal 矢狀的** （指生物的剖面）沿中線縱長並通過背腹方向的剖面，產生左右兩個鏡像對稱的半體。

**sagittate 箭頭狀的** （指植物結構）

**salinity 鹽度** 含鹽的程度，例如在密閉海域可能鹽度很高，而在河口則海水鹽度會被河水沖淡。鹽度以水中溶解固體的千分重量比來計算，一般海水為千分之35。

**saliva 唾液** 一種透明黏性的液體，含有水、鹽、黏蛋白（mucin），有時還有唾液澱粉酶（見 ptyalin）。唾液是唾腺細胞分泌的，人體共有三對唾腺，一個在頰部，兩個在下頜骨之間。唾液的產量決定於所吃食物的性質。乾的和酸的食物刺激產生大量稀薄唾液，而液體如乳汁則僅刺激出少量黏稠的唾液。唾液澱粉酶的產量也有變化，吃肉時分泌量較高。

**salivary amylase　唾液澱粉酶**　見 amylase。

**salivary gland　唾腺，唾液腺**　分泌唾液（saliva）的腺體。

**salivary gland chromosome** or **polytene chromosome　唾腺染色體，多線染色體**　某些雙翅目（dipterans）昆蟲如蚊蚋和果蠅唾腺中的巨大染色體。此類結構吸引人之處在於，經適當染色，可清楚看出染色粒（chromomeres），因而能定出基因的真實位置。研究已證明，根據基因重組（recombination）定位的基因順序和多線染色體上的可見結構之間存在正相關。有時還能看到染色體膨脹物（chromosome puffs），一般認爲它們代表基因的活動區。

**Salmonella　沙門桿菌屬**　細菌的一個屬，包括很多對人和動物有致病性的種類。如引起傷寒的傷寒桿菌（*S. typhi*）和造成嚴重胃腸炎或食物中毒的鼠傷寒桿菌（*S. typhimurium*）。

**salp　紐鰓樽**　一類營獨立生活的浮游被囊動物（tunicate），無幼蟲階段。神經系統退化，而其鰓裂缺乏縱行鰓條。

**saltation　不連續變異；跳躍搬運**　1.不連續變異。見於眞菌菌體的突然變化，可因突變造成，或因菌體各部分具有不同遺傳組成〔異核體（heterokaryons）和同核體（homokaryons）〕。2.跳躍搬運。風力造成的土壤顆粒移動。

**salt gland　鹽腺**　一種葉片排水器（見 guttation），但分泌的是鹽溶液。

**salt marsh　鹽沼**　封閉河口及海灣處，在半鹹水條件下潮間泥地上生長耐鹽植物從而組成的群落。

**samara　翅果**　含一粒種子的閉果，其壁扁平形成一膜狀翅。見於白楊樹和榆樹。

**sample　樣本**　整體的一部分，例如選取人口的一小部分做觀察。

**sampling　取樣；抽樣**　1.取樣。從物質中取一部分供化驗或分析之用。2.抽樣。從一個龐大的整體中選取某些部分，如統計抽樣。

**sampling error　抽樣誤差**　（統計學）樣本內變異和樣本的大小成反比，換句話說，樣本越小，樣本誤差越大。因此，如果100個人擲銅板，每人擲10個銅板，那麼每個樣本中的變異會很大，結果也許會是從兩個正面8個反面一直到8個正面兩個反面。但如果這同樣的100個人每人擲1000個銅板，那麼變異就會成比例地減小，也許是從350個正面和650個反面一直到650個正面和350個反面。樣本中的變異可表示為：平均數±標準差。

**Sanger, Frederick　桑格**　（1918- ）英國生化學家，他曾深入研究蛋白質的結構並定出胰島素的胺基酸順序。

**sap　汁液**　植物細胞液泡內（細胞液）和維管束（vascular bundles）的傳導組織中的水狀液體。

**saprobiont　腐生生物**　以死亡的或垂死的動植物為食的生物。亦見 scavenger。

**saprophyte** or **saprotroph** or **necrotroph　腐生植物，死體營養的**　任何從死亡或腐壞有機物質中取得營養的植物或微生物。此類生物極為重要，因為它們幫助分解死亡的有機物質。見 nitrogen cycle。

**saprophytic　腐生植物的**　見 necrotrophic。

**saprotroph　死體營養的**　見 saprophyte。

**sapwood　邊材**　已經歷次生加厚（secondary thickening）的莖和根且呈環狀的活木質部（xylem）組織，由導管（vessels）和薄壁組織（parenchyma）細胞組成。邊材在心材（heartwood）之外，但在韌皮部（phloem）之內。

**sarco-　〔字首〕**　表示肉。

**Sarcodina　肉足亞綱**　見 rhizopod。

**sarcolemma　肌纖維膜**　包圍肌肉纖維並隨內部收縮物質共同伸縮的薄層結締組織。

**sarcoma　肉瘤**　源於肌肉、硬骨、軟骨或結締組織的惡性腫瘤。

**sarcomere　肌原纖維節，肌小節**　肌原纖維在兩個 Z 膜（Zmembranes）間的部分，是纖維的收縮單元。見圖265。見 muscle, I-band。

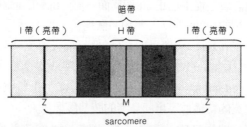

圖265　肌原纖維節。肌原纖維是由交替排列的粗肌絲和細肌絲（暗帶和亮帶）構成的，兩個 Z 膜之間的部分是一個肌小節。

**sarcoplasm　肌漿**　肌肉纖維的細胞質。

**sarcoplasmic reticulum　肌漿網**　肌肉纖維內部的池槽（cisterna）。

**saturated fats　飽和脂肪**　見 fatty acid。

**saturated vapor pressure　飽和蒸汽壓**　蒸汽完全飽和並和液相保持平衡時的壓力。例如葉肉（mesophyll）細胞的蒸發表面被水所飽和，而其蒸汽壓受到周圍溫度的極大影響。見圖266。

**-saur　［字尾］**　源於希臘文蜥蜴一字，用於稱已滅絕的爬行動物。

**Saurischia　龍盤目**　恐龍的一個目，和鳥盤目（Ornithischia）不同，沒有恥骨後骨，但有一個正常的骨盆帶

| 溫度<br>°C | 水蒸汽壓<br>（飽和）<br>毫巴 |
| --- | --- |
| 10 | 1.2 |
| 15 | 1.6 |
| 20 | 2.5 |
| 25 | 3.2 |

圖266　飽和蒸汽壓。在葉肉表面環境溫度對蒸汽壓的影響。

（pelvic girdle）。本目包括大型四足恐龍，如梁龍
（Diplodocus）。

**Sauropsida　蜥形類**　一個非分類學的術語，包括獸孔類
（*Therapsida*）等形似哺乳類的爬行類之外的一切爬行類和鳥
類。

**scab　瘡痂病，斑點病**　多種植物病中的症狀，局部表面粗
糙，例如由眞菌蘋果黑星菌（*Venturia inaequalis*）引起的蘋果
瘡痂病，此菌爲半活體營養生物（hemibiotroph）。

**scabrous　粗糙的**

**scalariform　梯狀的**

**scalariform thickening　梯紋加厚**　木質部（xylem）的導管
（vessels）或假導管（tracheids）內出現呈梯狀（scalariform）
花紋的木質素帶狀沉積。

**scala tympani　鼓階**　哺乳動物耳蝸的下腔，充滿外淋巴，終
止於卵圓窗。經蝸孔與前庭階相通。

**scala vestibuli　前庭階**　哺乳動物耳蝸的上腔，充滿外淋巴。
它介於前庭膜（Reissner's membrane）和骨管壁之間，並和鼓階
（scala tympani）經蝸孔相連。

**scale　鱗**　生物皮膚向外突生的片狀結構，每個鱗都是附在皮
膚表面的一個鈣化或角質化的扁片結構。鱗見於魚類和爬行類如
蛇，由表皮和眞皮兩者發育而來，也見於昆蟲（如鱗翅目），但
昆蟲的鱗是由毛髮發育而來。見 placoid, cosmoid, ganoid。

**scape　花葶**　起自叢生葉的花柄，其上無葉。

**Scaphopoda　掘足綱**　原始軟體動物的一個綱，具有兩端開口的管狀殼。

**scapula　肩胛骨**　見 pectoral girdle。

**scarious　乾鱗狀的，乾膜質的**　（指植物結構）薄、表面特別在邊緣和尖端部位呈乾燥外觀的。

**scarlet fever　猩紅熱**　釀膿鏈球菌（*Streptococcus pyogenes*）造成的人類急性（acute）傳染病，多見於幼兒，表現爲咽、鼻、口腔的發炎和紅色皮疹。

**scatter diagram　散布圖**　顯示兩個變數相互關係的一種圖示，有兩個相互垂直的軸，獨立變數位於 x（水平）軸上，因變數則位於 y（垂直）軸上。針對每個個體或對象測量它的兩個變數，例如它的年齡（x）和體重（y），然後以此二變數爲坐標在圖上畫一點，這樣就可畫出一系列分散的點。再用回歸分析（regression analysis）可求出最佳曲線。

**scavenger　食腐動物**　以腐肉、殘渣或其他動物的遺棄物爲食的動物。參見 saprobiont。

**schistosomiasis　血吸蟲病**　見 bilharzia。

**schizocarp　裂果**　一類由合心皮（syncarpous）子房分裂爲各含一個種子的部分的乾果，例如茴香。

**schizogenous　裂生的**　（指植物的分泌器官）由細胞分離形成空隙而產生的。

**Schwann cell　許旺氏細胞，神經鞘細胞**　脊椎動物周圍神經系統中包圍神經纖維的一種細胞。它產生包圍髓鞘（myelin sheath）的神經鞘（見圖220），並在每個阮氏結處和神經軸突緊密接觸。見 Schwann, Theodor。

**Schwann, Theodor　許旺**　（1810-1882）德國解剖學家，他在1838年首先辨識出卵是一個細胞。他還證明一切生物都是由細胞組成的，證明了發酵是活生物造成的。他發現胃液中的胃蛋白酶（pepsin），而許旺氏細胞（Schwann cell）也是以他爲名的。

**scientific method　科學方法**　解決問題的一種方法：先根據一系列觀察提出一個假說，再利用設計得能以支持或反對該假說的實驗來測試該假說。這樣，根據實驗證據就可以提出一個學說來解釋最初的觀察。如果後來發現這個學說在某些方面還有缺陷，又可以提出新的假說並加以實驗，所以這是個精益求精的程序，或說是個循序逼近的方法，在科學裡永遠不會達到絕對眞理，而只是求得更加可靠的知識。

**scientific name　科學名稱，學名**　以拉丁化的（或拉丁的，或希臘的）字詞對生物命的雙名或三名。

**scion　接穗**　用於插入根栽砧木（stock 1）進行嫁接（graft）的植物部分，通常是個幼莖。

**sclera or sclerotic　鞏膜**　脊椎動物眼睛的最外層，轉動眼球的外眼肌就附著鞏膜上面。鞏膜的裡面內襯一層血管層，叫脈絡膜（choroid），但最向前的部分是沒有脈絡膜，這裡稱角膜（cornea），是透明的。

**sclereid　石細胞**　高等植物厚壁組織（sclerenchyma）的一類細胞，大致爲圓形，壁厚，外表光滑或帶刺，皆含有大量木質素（lignin）。石細胞見於多汁果如梨的果肉中，堅果的果殼中也很多。

**sclerenchyma　厚壁組織**　植物組織的一個類型，其中細胞均爲厚壁，含大量木質素（lignin），但中空無內容物。此組織有支持功能，包含兩類細胞：纖維和石細胞（sclereids）。纖維是細長的細胞，兩端變尖，常合併成束。

**sclerite　骨片**　節肢動物外骨骼中被薄膜分隔的幾丁質片狀結構。

**sclero-　[字首]**　表示硬。

**sclerosis　硬化**　1.（在動物），組織的硬化，可由於纖維組

585

織的過度生長，或由於脂肪斑塊的沉積，或由於神經纖維髓鞘的退化。如人類的肝硬化可能是致死的。2.（在植物），細胞壁或組織的硬化，常由於木質素（lignin）的沉積。

**sclerotic　鞏膜**　見 sclera。

**sclerotium　菌核；硬化體**　1.菌核。許多真菌的靜止階段。此時變成由菌絲（hyphae）組成的球體，大小懸殊，可由針頭大小直到足球大小，通常在外面還有一層暗色堅硬的外皮。菌核最後可以形成子實體（有性或無性），或形成菌絲體（mycelium）。菌核通常不含孢子。2.硬化體。黏菌（Myxomycete）的硬化靜止狀態。

**scolex　頭結**　條蟲的頭，為前端生有鉤和吸盤的部位，用於附著寄主的腸壁。見圖267。

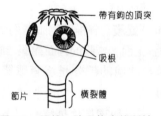

帶有鉤的頂突

吸根

節片　　橫裂體

圖267　頭結。豬肉條蟲的頭結。

**scotophase　暗期**　明暗週期中的暗期。對照 photophase。

**scotopsin　視紫質，暗視蛋白**　見 rhodopsin。

**scrapie　羊瘙病**　原因不清，病羊出現強烈瘙癢，日趨衰弱，最終死亡。（註：現已知是由一種叫 prion 的蛋白質造成）。

**scrotum or scrotal sac　陰囊**　雄性哺乳動物包含睪丸（testes）的皮囊，位於腹部後腹側之外。因為溫度會影響精子的發育，位於體外就保證了睪丸的溫度低於體溫。在某些動物如蝙蝠，睪丸可在一年內大部時間都位於腹部，只在繁殖季節下降入陰囊。

**scrub　密生灌叢**　灌叢佔優勢的生境。

**scurvy　壞血病**　血管變脆，導致過量出血和貧血、牙齦紅腫滲血甚至牙齒脫落，傷口不易癒合，最後可致死亡的疾病。壞血病是由於膳食中缺乏*抗壞血酸*（ascorbic acid）。提供新鮮水果，特別是柑橘類水果，可以恢復健康。（十八、九世紀遠洋航海的船為英國海員供應柑橘類水果，因此這些海員得到綽號柑橘水手。）

**scutellum　盾片**　昆蟲胸部背板背面的一個板狀突起。

**scutum　盾片；盾板**　1.盾片。昆蟲胸部背面三個骨片中間的一個。2.盾板。藤壺背甲的兩個側板。

**scyphistoma　螅狀幼體**　腔腸動物（coelenterate）的一種幼蟲，自實囊幼蟲發育而來。可芽生，但在秋冬季經*橫裂生殖*（strobilation）產生碟狀幼體（ephydra）。見 scyphozoan。

**scyphozoan　缽水母**　缽水母綱的海洋水母狀*腔腸動物*（coelenterate），包括海蜇。水母型佔優勢，有時甚至是整個生活史中唯一的生活形態，水螅型體小（只是一個缽口幼蟲）或根本沒有。

**sea butterfly　翼足類，海蝶**　見 pteropod。

**sea mat　苔蘚動物**　見 bryozoan。

**seasonal isolation　季節隔離**　因繁殖季節的差異使兩個族群間無法進行交配。

**sea zonation　海洋分層**　對海洋和海底的空間劃分，以便於指稱，各分布帶如圖268所示。

**sebaceous gland　皮脂腺**　哺乳動物皮膚中多種腺體之一，分泌皮脂至毛囊。它可保持毛髮上有一層油層，有助防水。皮脂腺的分泌是腺體細胞破壞的結果。

**secondary carnivore　次級食肉動物**　以其它食肉動物為食的食肉動物。

**secondary consumer　次級消費者**　以食草動物（初級消費者）為食的食肉動物，食草動物則又依靠*初級生產*（prima-

587

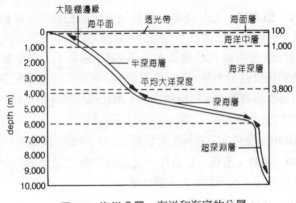

**圖268** 海洋分層。海洋和海底的分層。

ryproduction），也即依靠光合作用（photosynthesis）的支援。

**secondary growth　次生生長**　見 secondary thickening。

**secondary homonym　繼生同形詞**　原提出的分屬不同屬的兩個相同種名之一，後經修訂又歸入同一屬。

**secondary intergradation　次生間渡**　兩個原來隔離的族群再度接近和交配而產生的雜交帶。

**secondary meristem　次生分生組織**　雙子葉植物（dicotyledons）根莖中木質部和韌皮部之間的形成層細胞。此分生組織（meristem）產生導致側向增粗，也即*次生加厚*（secondary thickening）的組織。

**secondary metabolite　次生代謝物**　微生物細胞在培養基中當生長減緩時產生的物質。雖然對生產者本身無明顯作用，但有時卻對人類極爲有用，例如抗生素。

**secondary production　次級生產**　本身也以有機材料爲食的生物所生產的物質（見 producer, productivity）。次級生產完全是有機物質的再合成，這和*初級生產*（primary production）不同，後者是由無機材料合成的。

**secondary root　次生根**　見 lateral root。

**secondary sexual character　第二性徵**　性成熟時在雌雄動物身上出現的的種種性狀。在人類，女性的第二性徵是由雌激素（estrogen）在青春期引起的，包括成熟的外生殖器、乳房、體毛，以及女性的體形，特別是骨盆加寬和脂肪沉積於臀部。男性的第二性徵是由睪固酮（testosterone）引起的，包括成熟的外生殖器、面部和身體的鬍毛、發達的肌肉、低沉的聲音以及比較窄的骨盆。這些性狀是限性現象（sex limitation）的最好例證。

**secondary structure of protein　蛋白質的二級結構**　見 protein。

**secondary succession　次級演替**　原始植被被清除後，例如在火燒之後，發生的植物演替（succession）。

**secondary thickening or secondary growth　次生加厚，次生生長**　雙子葉植物（dicotyledons）根莖加粗的生長，是由於次生分生組織（meristem）分裂產生木質組織。次生生長開始於形成一個連續的形成層環。在莖部，在維管束的木質部和韌皮部之間原就有束中形成層，這時它們之間又被束間形成層連接起來。於是木質部就向內分裂出心材（死組織）和向外分裂出邊材（sapwood）。次生加厚偶爾也見於草本被子植物（angiosperms），但通常見於喬木類型，其莖向上逐漸變細。單子葉植物（monocotyledons）沒有次生加厚。見圖269。在根部，形成層環則由木質部（xylem）和韌皮部（phloem）中間的薄壁組織細胞變化而來。

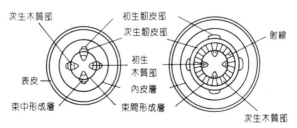

圖269　次生加厚。典型雙子葉植物中的次生加厚現象。

**second-division segregation　第二次分裂分離**　攜帶不同對偶基因（alleles）的染色單體在減數分裂（meiosis）的第二次分裂中分離的現象。這種事件可以由四分體分析（tetrad analysis）查知。

**second law of thermodynamics　熱力學第二定律**　見 thermodynamics。

**secretin　胰泌素**　促使肝臟分泌膽汁的激素。

**secretion　分泌；分泌物**　1.分泌。細胞產生的有用物質經由細胞膜排出細胞外的程序。2.分泌物。排出的物質本身。分泌物通常是腺體細胞的產物，但也可能是腺體細胞破壞的結果，例如皮脂腺（sebaceous gland）。內分泌（endocrines）腺體將其分泌物排至血液中，而外分泌（exocrines）則將其分泌物排至特殊的管道中。

**secretor status　分泌者狀態**　一個人在唾液、精液，或其他身體分泌物中含有 ABO 血型（ABO blood group）抗原（包括 H 物質，H-substance）的狀態，這是由於至少存在一個編碼血型蛋白的體染色體基因的顯性對偶基因。因此這些分泌物也可以分型，這在法醫檢查上很有用。

**secund　側的**　（指植物結構）

**seed　種子**　由被子植物（angiosperm）受精胚珠形成的結構，包括：一個胚胎，外面是供發芽時營養需要的食物儲存，再外邊是堅硬的種皮（testa）。食物儲存可以儲存在一個特殊部位，稱為胚乳（endosperm），它外面還有一層糊粉層（aleurone），但也可存於子葉之中。子葉的數目就決定了這個植物是單子葉植物（monocotyledon）還是雙子葉植物（dicotyledon）。在某些植物中，所謂的種子實際上是個果皮（pericarp）和種皮融合在一起的果實。見圖270（b）。

**seed dormancy　種子休眠**　見 germination。

**seed germination　種子萌發，種子發芽**　見 germination。

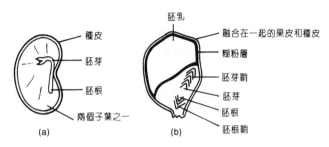

圖270　種子。(a)蠶豆和(b)玉米種子的縱剖面。

**seedling　幼苗，苗**　見 germination 和圖166。

**segmentation　斷裂；分節；分裂**　1.斷裂。一個生物的一部分和另一部分斷開的程序，如卵（ovum）的卵裂（cleavage）。2.分節。**分節現象**（metameric segmentation）中產生體節的程序。3.分裂。菌絲（hypha）中多核部分因中間形成間壁而分裂成多細胞狀態的程序。

**segregation　分離**　在減數分裂（meiosis）的第一次分裂後期中**同源染色體**（homologous chromosomes）的分離。分離後產生的配子中每個基因都只有一個對偶基因。這種情況正是**孟德爾遺傳學**（Mendelian genetics）第一定律的物質基礎，而且當兩個分離開的對偶基因不同時這尤其重要。

**selection　選擇**　一個族群中某一個表型的生殖率和其他表型有所不同的現象。因此，如果一個生物產生的可育後代比其他生物多，就可以說在選擇上它佔優勢。導致選擇的環境壓力可以是自然的，例如取食的競爭，但也可是人為的（例如使用殺蟲劑）。見 DDT, directional selection, natural selection, stabilizing selection。

**selection coefficient　選擇係數**　見 selection pressure。

**selection pressure　選擇壓力**　在居住同一地區的同一物種中，一個表型相對於另一表型的生殖劣勢。這種壓力常用**選擇係數**（selection coefficient）來表示，其值由0〔毫無選擇劣勢，即最大適合度（fitness）〕直到1.0〔完全的選擇劣勢從而導致眞正的死亡或遺傳死亡（genetic death），即最小適合度〕。

**selective breeding 選擇育種** 爲取得優良性狀而進行的動植物育種。

**selective enrichment 選擇性增殖** 促進某一特定微生物物種或菌落增長的技術。

**selective fishing 選擇性捕撈** 只捕撈某特定體積之魚類的技術，例如用較大網眼的魚網可使小魚得以逃脫。

**selective medium 選擇性培養基** 限制某些微生物生長，不限制其它微生物生長的培養基。

**selective permeability** or **differential permeability 選擇滲透性，差異透性** 一個膜只讓某些顆粒通過而不讓其他顆粒通過的能力。這種具有差別通透性的膜〔如細胞膜、胞器膜、液泡膜（tonoplast）〕允許水分子快速通過，但水中溶解的溶質就不能快速通過或根本不能通過。分子能否通過及通過的速度，決定於溶質的脂溶性、體積大小和分子電荷。差別通透性的極端例子是半透膜（semipermeable membrane），它對溶質分子幾乎完全不通透但對溶劑通透。這種膜很少見。見 active transport。

**selective reabsorption 選擇性重新吸收** 某特定物質爲了避免體內缺乏而重新進入體內的程序。這是哺乳動物腎臟的功能之一。

**self-fertilization 自體受精** 來自同一兩性體（hermaphrodite）個體的雌雄配子（gametes）相互融合的現象。在動物少見，例如見於某些螺類和線蟲，但在植物卻很常見。見 self-pollination。對照 cross-fertilization。

**self-incompatibility 自交不親和** 植物中的一種現象：某些類型的花粉落在柱頭上也不形成花粉管，故避免了受精作用的發生。自交不親和性防止了自體受精的發生，促進了雜合現象的出現，也即不同對偶形式的混雜存在。這個系統是受一個S坐位的控制，其上有許多對偶基因（見 multiple allelism），而當花粉和柱頭具有相同對偶基因時就不會形成花粉管。圖271就說明了這一點。現大量利用自交不親和性機制來生產雜交（hybrid）植物，例如各種芥荬類作物。參見 compatibility。

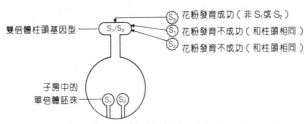

圖271　自交不親和。這個程序產生的後代具有如下構成：$S_1/S_3$ 和 $S_2/S_3$。

**self-pollination　自花傳粉**　花粉由一個花的雄蕊傳播到同一花的柱頭或同一植株的另一花朵的現象。因為自花傳粉導致自體受精，這是一種自交，所以許多植物都演化出種種機制來防止自花傳粉的發生。例如植物可以是雌雄異株（dioecious），可以是自交不親和性（self-incompatibility），也可能是同一植株上雌雄花器成熟時期不同（例如白星海芋）。對照 cross-pollination。

**self-sterility　自交不育**　某些兩性體（hermaphrodites）自體受精不能產生活後代的現象。

**semen　精液**　雄性生殖器射出的液體，哺乳動物的精液包含精子和精囊（seminal vesicles）及前列腺（prostate）的分泌物（secretions），後者為維持精子活力所必需。

**semicircular canals　半規管**　脊椎動物內耳中充滿液體的管道。通常在頭的一側有三個，在每一個平面有一個（兩個垂直的彼此互成直角，另一個是水平的，和前兩者也互成直角）。任何方向的運動都可使半規管中液體刺激管端壺腹中的受器，所以這些半規管可感覺頭部運動而有助於維持平衡（balance）。

593

**semiconservative replication model　半保留複製模型**　去氧核糖核酸（DNA）複製的一個模型：每個新的 DNA 分子都包含一個*聚核苷酸鏈*（polynucleotide chain）是來自原來的分子，而另一個是由個別*核苷酸*（nucleotides）新合成的。見圖272。1958年梅松森和史達爾實驗證明了這個模型，利用的是放射性標記的大腸桿菌 DNA。他們利用氮的具有不同重量的同位素（isotops），氮-14（輕）和氮-15（重），這兩型可利用*差速離心*（differential centrifugation）鑑別出來。見圖273。這個半保留複製模型已取代了過去的*保留複製模型*（conservative replication model）。

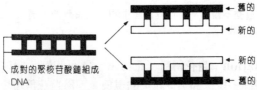

← 舊的
← 新的
← 新的
← 舊的

成對的聚核苷酸鏈組成 DNA

圖272　半保留複製模型。DNA 的複製。

| 世代數 | 生長 DNA 所用同位素 | DNA 重量 | | |
|---|---|---|---|---|
| | | 輕（$^{14}N$） | 中（$^{14}N$/$^{15}N$） | 重（$^{15}N$） |
| 1 | $^{15}N$（重） | 0% | 0% | 100% |
| 2 | $^{14}N$（輕） | 0% | 100% | 0% |
| 3 | $^{14}N$ | 50% | 50% | 0% |
| 4 | $^{14}N$ | 75% | 25% | 0% |

圖273　半保留複製模型。梅松森和史達爾的結果。

**semigeographic speciation　半地理成種作用**　沿著一條次生間渡的地理分界線或沿著一條生態邊界線分化成種的現象。

**semilunar valve　半月瓣**　（a）肺動脈開口處或（b）主動脈開口處的三尖瓣膜。

**seminal fluid　精液**　包含精子的液體。

**seminal vesicle** or **vesicula seminalis　貯精囊**　雄性動物的一個器官，常儲存精子並分泌額外的液體給精液。

**seminiferous tubules　細精管**　雄性哺乳動物睪丸中的卷曲小管，精子發生（spermatogenesis）即在其中進行。由生殖上皮構成，每個睪丸中可有千百條。生殖上皮增殖，形成精原細胞，發育爲精母細胞，隨後又經配子形成（gametogenesis）變爲精細胞。精細胞成熟後即爲精子，存在於營養性的塞爾托利氏細胞（Sertoli cells）之間。

**semipermeable membrane　半透膜**　見 selective permeability。

**semispecies　半種**　介於種（species）和亞種（subspecies）之間的一個分類類群，通常是由地理隔離造成。見 superspecies。

**senescence　衰老**　見於一切物種的老化現象，典型改變包括：逐漸降低的代謝（metabolism）、組織的分解，還時常伴有內分泌的改變。

**senior homonym　原初同形異義詞**　最早發表的同形異義詞（同名異物）。

**senior synonym　原初同義詞**　最早發表的同義詞（同物異名）。

**sense organ　感覺器**　接受內外刺激的感受器。

**sensillum（複數 sensilla）　感器**　任何小型感官或感受器，特別指昆蟲的感官，常用於感受觸、味或嗅以及感知熱、聲和光。雖然大多數感器都是針對來自外界的刺激，例如蝶蠅等取食時使用的味覺器官，但某些感器卻是本體感受器，主要感受體內變化，例如關節的屈曲。

**sensitive　敏感的**　對病原（pathogen）產生劇烈反應的。

**sensory cell　感覺細胞**　1. 見 sensory neuron。2. 轉化爲接受和傳遞刺激的一般細胞。

**sensory neuron or snesory cell　感覺神經元**　將神經衝動由周邊器官傳導至中樞神經系統的一類神經元。

**sepal　萼片**　構成雙子葉植物（dicotyledon）花萼（calyx）部

分的變態葉，通常仍爲綠色。

**sepaloid　萼片狀的** （指植物結構）

**septicemia or blood poisoning　敗血症** 多種病原體如沙門氏菌和假單胞菌侵染血液所造成的病症，病菌通常來自腸道外，造成發熱、臟器損傷甚至死亡。

**septum　隔壁** 分隔結構與結構，或分隔空腔內部的片狀結構。

**sequoia　紅杉；巨杉** 常用指兩類巨大針葉樹，紅杉（*Sequoia sempervirens*）和巨杉（*Sequoiadendron giganteum*），其高度可達百公尺以上。屬於世上仍然存活的最古老的生物，它們需要大約2000年才能長到這樣成熟的體積。

**sere　演替系列** 植物演替（succession）；即隨時間的推移發生的一系列植物群落的更替。

**series　分類樣本**

**serine　絲胺酸** 蛋白質中常見的20種胺基酸（amino acids）之一。有一個極性的 R 基團，溶於水。見圖274。絲胺酸的等電點（isoelectric point）爲5.7。

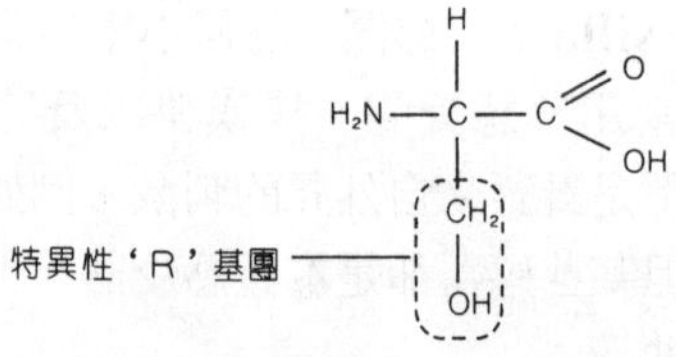

圖274　絲胺酸。分子結構。

**serology　血清學** 生物科學中研究血清（serums）的分支。

**serosa　漿膜** 1.分泌漿液的（serous）膜，如腹膜（peritoneum）。2.昆蟲卵發育時在卵黃膜下形成的一個上皮層。它產生昆蟲卵的漿膜表皮。

**serotonin　血管收縮素，5-羥色胺** 由色胺酸衍生出的一種具有藥理活性的物質，可擴張血管，增加微血管通透性，和造成平滑肌收縮。

**serous　漿液的**　產生漿液（serum）或漿液狀的。見 serosa。

**serrate　齒狀的**　（形容邊緣）

**Sertoli cells　塞爾托利氏細胞**　細精管（seminiferous tubules）壁上的大型營養細胞，主要爲發育中的精子提供營養。因義大利組織學家塞爾托利（E. Sertoli）而得名。

**serum　血清；漿液；抗血清**　1.見血清（blood serum）。2.動物體內的清亮水狀液體，特別指漿膜分泌的液體。3.亦稱抗血清（antiserum），含有大量針對特定抗原（antigen）的抗體（antibodies），提供可能接觸過抗原的個體迅速有作用的被動免疫（immunity）。例如在發生創傷事故可能感染破傷風桿菌時就注射破傷風抗血清。對照 vaccine。

**serum hepatitis　血清性肝炎**　見 hepatitis。

**servemechanism　伺服機構**　利用負回饋（見 feedback mechanism）維持穩定輸出的控制系統。

**sessile　固著的；無柄的**　1.固著的（指生物）。不活動的。2.無柄的。指生物的一部分以基部直接連於主體，而不是借助細柄。

**seta　蒴柄；剛毛；刺毛**　1.蒴柄。苔蘚的直立於空中的攜帶孢子的結構。2.剛毛。見 chaeta。3.刺毛。細而直的刺。

**setaceous　具剛毛的**

**seventy-five percent rule　百分之七十五定則**　一個人爲的規定：一個族群如果有75％的個體和另一個族群的個體不同，在亞種這個層次上就可以認爲它們是不同的。

**Sewall Wright effect　賴特氏效應**　見 random genetic drift。

**sex chromatin　性染色質**　見 Barr body。

**sex chromosome** or **heterosome　性染色體**　兩性間有差別並參與性別決定（sex determination）的一對染色體。在一個核

型（karyotype）中的其他染色體則稱爲普通染色體（autosomes）。在大多數生物例如哺乳動物和雌雄異株（dioecious）植物中，雌性有兩個相同的 X 染色體，因此是同配性別（homogametic sex），而雄性有一個 X 染色體和一個 Y 染色體，因此是異配性別（heterogametic sex）。但在鳥類、蝶、蛾及某些魚類和植物中，情況正好相反。位於性染色體上的基因表現性連鎖（sex linkage）。

**sex determination　性別決定**　性染色體（sex chromosomes）上基因控制個體雌雄性別的現象。其具體機制因物種而異，但常是經由一個異配性別（heterogametic sex）和一個同配性別（homogametic sex）。在人類，雄性是異配性別，性別決定於是否有一個 Y 染色體，而不在於是否存在兩個 X 染色體（見 Klinefelter's syndrome 和 Turner's syndrome）。在鳥類、爬行類、某些兩生類和鱗翅目昆蟲中，情況是相反的，雌性是異配性別。在果蠅，性別決定於 X 染色體數目和普通染色體組的數目（A）。X/A＝1.0的個體爲雌性，而 X/A＝0.5的個體爲雌性。在其他雙翅目（dipterans）昆蟲如傳染黃熱病的蚊蟲中，性別決定於一個有兩個對偶基因的坐位，異型合子爲雄（M/m）而同型合子爲雌（mm）。雌雄異株（dioecious）的植物可以有 XX、XY 等性別決定機制，但還有其它各種機制。例如蘆筍的性別就由一對對偶基因控制，雄性爲顯性。

**sex factor　性因子**　見 F factor。

**sex hormones　性激素**　哺乳動物體內刺激生殖器官和第二性徵（secondary sexual characters）發育的激素。性激素包括雄激素（androgen）、雌激素（estrogen）和黃體素（progesterone）。性激素由卵巢、睪丸、腎上腺皮質和胎盤分泌。見 estrous cycle。

**sex limitation　限性現象**　某些性狀的表達只限於一個性別的現象，如雌性哺乳動物的哺乳行爲和男人的鬍鬚，不過兩性體內都攜帶著控制這些性狀的基因。限性基因受體內性激素的性質和數量的影響，並主要是由體染色體（autosomes）而不是由性染色體（sex chromosomes）攜帶。

**sex linkage　性連鎖，性聯遺傳**　基因存在於某一個性染色體（sex chromosomes）上，結果造成與體染色體（autosomes）遺傳的模式不同的現象。見圖275。大部分性連鎖基因均位於 X 染色體（X 連鎖），不過也有一些情況是位於 Y 染色體上（Y 連鎖），因而只由雄性遺傳，例如哺乳動物中控制性別決定（sex determination）的基因。

| 普通染色體基因 | 性連鎖基因 |
|---|---|
| 1. 正反交產生相同結果 | 正反交產生不同結果 |
| 2. 所有個體都攜帶同一基因的兩個對偶基因 | 雄性只攜帶每個基因其中的一個對偶基因（＝半合子） |
| 3. 雌雄性都有顯性的存在 | 顯性只見於雌性（見2） |
| 4. 對偶基因同樣地傳給雌雄兩性 | 後代出現交叉遺傳：父傳女再傳外孫代 |

**圖275　性連鎖。普通染色體和性連鎖基因的遺傳型式。**

**sex ratio　性別比率**　一群個體中雄性數目除以雌性數目所得數值，通常在1.0上下。這個比率是受異配性別（heterogametic sex）在減數分裂（meiosis）時性染色體分離（segregation of sex chromosomes）程序的控制（見 sex determination）。例如人類的情況通常如圖276所示。事實上，人類出生時男略多於女（典型情況是105個男性比100個女性），不是由於攜帶 Y 染色體的精子更易使卵受精從而造成不等的初始比率，就是由於男性胎兒在妊娠期間更易存活。不管是什麼原因，出生時的比率（繼發比率）到了性成熟時又變為1：1左右，這是因為男性兒童的死亡率較高。

**sexual behavior　性行為**　與求偶和生殖有關的行為。

**sexual cycle　性週期**　經由減數分裂（meiosis）和配子（ga-

圖276　性別比率。人類子代的男女比率。

metes）融合聯繫前後世代的一系列事件。在**雙倍體**（diploid 1）生物如人類中，經減數分裂產生**單倍體**（haploid 1）配子，而一旦發生受精，**合子**（zygote）又恢復原有的雙倍體數目。在單倍體生物如許多真菌中，減數分裂發生在形成合子之後，隨即恢復單倍體數目。

**sexual dimorphism　雌雄異型，兩性異型**　一個族群中的兩性具有不同的**表型**（phenotype）。這是**遺傳多態性**（genetic polymorphism）的一個典型實例。其機制因物種而不同，但常常受**性染色體**（sex chromosomes）上基因的控制（見 sex determination）。

**sexual reproduction　有性生殖**　生殖的一種方式：由單倍體的配子融合（受精）形成雙倍體的**合子**（zygote）。合子再發育為新的個體，在個體的一生中不斷由**減數分裂**（meiosis）形成單倍體的配子。但在某些生物，有性生殖是和**無性生殖**（asexual reproduction）交替發生的。

**sexual selection　性選擇**　雌性動物對配偶的選擇，例如雌性喜愛鮮豔色彩就會在族群中保持相當數目的色彩豔麗的雄性。有些專家認為性選擇可以解釋**第二性徵**（secondary sexual characters）的存在。

**shell　殼**　生物的任何堅硬外包皮，例如龜甲、甲殼動物的外骨骼、棘皮動物的鈣質板、卵的最外層膜、有孔蟲的骨骼，以及軟體動物的外套膜分泌物。

**shipworm　船蛆**　一類海洋雙殼類軟體動物，如船蛆屬（*Toredo*），它們藉兩殼的旋轉動作鑽入木質結構，並吞食鑽銼時產生的木屑，隨後可借助特殊的酶來消化纖維素。

**shoot　莖枝**　維管束植物的地上部分，包括莖葉等。

**short-day plant　短日照植物**　日照必須小於某一最低值才能開花的植物。事實上，此詞是錯誤的，因爲此類植物如草莓和茼蒿實際上是對暗期敏感，而不是對日照期敏感，所以它們應說是長夜植物。對照 long-day plant, day-neutral plant。見 photoperiodism。

**shoulder girdle　肩帶**　見 pectoral girdle。

**shrub　灌木**　高度10公尺以下的木本植物，多側枝，但無眞正主幹。

**shunt vessel　旁路血管**　血液循環中的分支管道。見 arteriole。

**sibling　同胞**　兄弟姊妹。

**sibling species　兄弟種**　見 species。

**sickle cell anemia（SCA）　鐮形血球貧血症**　人類疾病：有缺陷的血紅素（hemoglobin）分子（Hbˢ）使紅血球扭曲成鐮刀狀，進而阻塞血管，甚至可導致死亡。這個疾病是受一個單一的普通染色體基因控制，它位於第11對染色體上，有兩個對偶基因，S 和 s。突變的血紅蛋白只是在 β 鏈上有一個胺基酸的改變，即第6個胺基酸由麩胺酸（glutamic acid）變成纈胺酸（valine），可能是替換突變（substitution mutation）的結果。鐮形血球貧血症患者的基因型爲 s/s，異型合子（S/s）則表現爲鐮狀血球特性（sickle cell trait），他們的血液在低氧張力時也有變爲鐮刀狀的傾向。雖然選擇（selection）是不利於 SCA 的患者，但突變的對偶基因卻在某些人群中保持一個相當高的比例，例如在中非，這可能是因爲異型合子（S/s）對瘧疾寄生蟲有較高的抵抗力，造成一種遺傳多態性（genetic polymorphism）。但在北美，SCA 在黑人後裔中只是一個暫時的多態現象，因爲瘧疾造成的選擇壓力已經沒有了，估計它在人群中的出現頻率將會下降。

**sieve cell　篩胞**　見 sieve tube。

**sieve plate　篩板**　見 sieve tube。

**sieve tube　篩管**　由一系列長形細胞端對端連接起來形成的管道，見於被子植物（angiosperms）的**韌皮部**（phloem）。每個篩胞在成熟時都失去細胞核，但保留細胞質，而每個細胞的細胞質由隔壁上的孔洞互相連接，這樣的隔壁稱爲篩板。和篩管相連的還有變態的**薄壁組織**（parenchyma）細胞，都有細胞質、核和許多粒線體，它們稱爲伴細胞。現在認爲伴細胞可能調節篩管中的物質**運輸**（translocation），因爲在篩胞和伴細胞之間有細胞質連接，而篩胞是無核的。

**sigma factor　轉錄起始因子**　核糖核酸（RNA）聚合酶的一個次單位，它決定轉錄起始的位置。

**significance　顯著性**　（統計學）表示實驗結果和預期結果有眞實差異的一種判斷方式。例如可以進行像**卡方測驗**（chi-square test）這樣的顯著性測驗，所得值可用以計算觀察值和理論預期值相符的機率。生物學上有一個傳統，即如果觀察值和預期值相同的機率大於5%（$P > 5\%$），就可以得出結論說任何偏差都無顯著性，也就是說這些差別都是偶然發生的。但如果觀察值和預期值相同的機率小於5%（$P < 5\%$），那麼就可以得出結論說這些差別具有顯著性，也就是說這些差別並不是偶然的。例如說擲100次銅板，有58次是正面，有42次是反面。58：42和預期值50：50相似的機率大於5%，所以我們就可以得出結論說觀察值和預期值之間沒有顯著差別。

**silicula　短角果**　一種乾果：種子包在一個短而寬的結構中，該結構裂開時將種子釋出。如薺，這是一種歐洲雜草。

**silique　長角果**　一種乾果：種子包在一個長而近於圓錐形的結構中，該結構裂開時將種子釋出。如牆花。

**Silurian period　志留紀**　古生代（Paleozoic era）的一個紀，

由距今4億2500萬至4億500萬年前。在此期間，三葉蟲逐漸衰微，最早的陸地植物出現，不過它們可能是在奧陶紀演化出來的。當時常見具甲冑無頜和寬鰭的魚類。見 geological time。

**simple　簡單的**　（指植物）見 compound。

**sinoatrial node（SAN）　竇房結**　見 heart。

**sinuate　波曲的**　（指植物結構）

**sinus　彎缺；竇；血竇**　1.彎缺（植物）。葉子兩裂片之間的凹陷。2.竇（動物）。骨竇，如見於人類面骨。3.血竇，腔（動物）。大型充血腔隙，如節肢動物（arthropods）的血腔（hemocoel）和魚體內擴大的靜脈。

**sinus venosus　靜脈竇**　1.（在低等脊椎動物）靜脈回心血液進入的心腔。2.（在哺乳動物）胚胎心臟的一根血管，位於橫隔中，接受卵黃靜脈、尿囊靜脈和主靜脈的回心血液。

**Siphonaptera　蚤目**　見 Aphaniptera。

**siphonophore　管水母**　管水母目的海洋群體水螅型腔腸動物，包括僧帽水母。

**SI units　國際制單位**　國際單位制所用的單位，包括公尺、公斤、秒、安培、開爾文、坎德拉和莫耳。

**skeletal muscle　骨骼肌**　見 striated muscle。

**skeleton　骨骼**　生物體內維持體形和支持身體結構的結構。可為內骨骼，如見於脊椎動物；可為鈣質或幾丁質外骨骼，如見於節肢動物；可為液壓骨骼，如見於水母和蚯蚓；也可僅為細胞內的支持系統（見 cytoskeleton）。

**skin　皮膚**　動物的外皮，位於主要肌肉之外，上面常有鱗片、毛髮或羽毛等附屬結構。皮膚包括源於**外胚層**（ectoderm）的**表皮**（epidermis）和源於**中胚層**（mesoderm）的**真皮**（dermis）。表皮常硬化並覆有一層非細胞物質的角質層，但也可能只有一層細胞厚。真皮的皮下脂肪是個熱絕緣層，可減少熱量散失。寒冷時表層血管收縮將血液分流至深層，亦可保留熱量。在某些結構如耳部，有分支血管可在寒冷情況下直接將血流從小動脈輸送到小靜脈，越過表面較淺的微血管。見圖277。

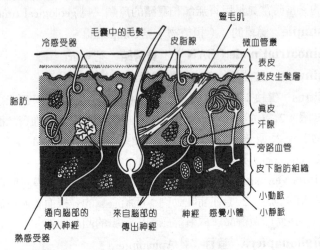

冷感受器　毛囊中的毛髮　皮脂腺　豎毛肌
微血管叢
表皮
表皮生髮層
脂肪
眞皮
汗腺
旁路血管
皮下脂肪組織
小動脈
小靜脈
通向腦部的　來自腦部的　神經　感覺小體
傳入神經　傳出神經
熱感受器

圖277　皮膚。人類皮膚切片，顯示眞皮。

**skull　頭骨**　脊椎動物頭部的骨骼。

**sleeping sickness　睡眠病**　見 African sleeping sickness, encephalitis。

**sliding filament hypothesis　滑行肌絲學說**　見 muscle。

**slime molds　黏菌**　見 Myxomycete。

**small intestine　小腸**　超過7公尺長的一根狹窄管道，又分為最前面的十二指腸（25公分）、中間的空腸（560公分）和後面的迴腸（125公分）。來自胃臟的食糜（chyme）在經過十二指腸時刺激分泌胰液（pancreatic juice）。肝臟分泌的膽汁也經過膽管流入十二指腸。空腸是主要的吸收器官，它的直徑大於十二指腸，而它的絨毛（villi）也大於腸道的其他部分。腸道腺細胞分泌大量黏液（mucus），還分泌一系列酵素，包括麥芽糖酶、胜肽酶、蔗糖酶、乳糖酶、腸激酶和核苷酸酶。現認為這些大部分是利貝昆氏隱窩（crypts of Lieberkuhn）產生的。小腸的分泌物常總稱爲腸液。整個腸道內襯每36小時就要更新一次，它是食物的主要吸收部位。

**smallpox　天花**　一個傳染性的人類病毒疾病，其特徵是皮膚膿皰和瘢痕形成。天花是第一個得到疫苗控制的疾病（見Jenner），而人們相信世界衛生組織發動的全球免疫計畫已將本病消滅。但糟糕的是，隨著本病的消失人們的易感性水平就會升高，而萬一本病重返就有可能出現大範圍的流行。

**smooth muscle　平滑肌**　見 involuntary muscle。

**social organization　社群組織**　在一個動物群體中建立的一系列定型行爲模式。

**sodium pump　鈉泵**　將鈉從神經軸突中排出的機制，這樣才能重新建立*靜止電位*（resting potential）。*亨利圈*（loop of Henle）中的離子轉移也通過鈉泵。這個程序需要來自呼吸作用的能量，是個主動程序：能量得自*腺苷三磷酸*（ATP）的分解。鈉泵見於許多細胞，而且也許更應該叫做鈉/鉀泵，因爲鈉離子排出時鉀離子則會進入。但細胞膜對鉀離子的通透性高於對鈉離子，所以鉀離子向外擴散的速度要大於鈉離子向內的擴散速度，而將鈉向外送出的速度也大於將鉀送入的速度。再加上大型有機負離子從軸突的向外移動，這就維持了靜止電位。

**soil　土壤**　地殼的最上層，它支持大多數陸生植物以及其中的動物和微生物。土壤源於岩層的侵蝕，其中含有礦物質以及含量不定的有機物質，這取決於其中生存過以及現在還生長的生物。土壤受氣候、生物、母岩、地形、地下水，以及時間的影響；它通常含有不同的層面，各層的相繼排列稱爲土壤剖面。腐熟腐植土（mull）多爲鹼性，而粗腐植土（Mor）多爲酸性。（mor爲丹麥文，意爲酸性）。土壤可爲黏性，即黏土、砂質黏土（壚坶）、泥炭質（含有大量死植物物質），或爲砂性，即砂土。

**soil water　土壤水**　任何以汽態、液體或固體形式存在於土壤中的水分。

**sol　溶膠**　膠體顆粒懸浮於液體中構成的溶液。見 colloid。對照 gel。

**solenocyte　管細胞，燄細胞**　文昌魚（Amphioxus）和環節動物中的管狀燄細胞（flame cell）。它比扁形動物中的燄細胞更長。

**solifluction　泥流現象**　土壤或岩石碎屑沿斜坡緩慢移動的現象，常為內含水的潤滑作用造成。

**soligenous　依賴引流水補給的**　（指泥炭沼）

**solubility　溶解度**　一種物質（溶質）溶於一定量的另一物質（溶劑）中的數量。

**solute　溶質**　溶於溶劑（solvent）的物質。

**solution　溶液**　一種物質（固體、液體或氣體）溶於另一種液體中構成的混合物。

**solvent　溶劑**　可讓另一種物質（溶質，solute）溶解其中並形成溶液的液體；溶劑是溶液中較多的部分。

**soma　身體**　除了產生配子的生殖細胞以外的動物軀體部分。

**somatic　體細胞的；軀體的**　1. 體細胞的。見 soma。2. 軀體的。指人類身體以和心理相區分。

**somatic cell　體細胞**　動植物體內除了生殖細胞外的一切細胞。

**somatic cell hybridization　體細胞雜交**　融合不同體細胞（somatic cells）如人細胞和鼠細胞的操作，在所形成的雜交細胞中常會形成一個融合核。這個操作是在細胞培養中進行的，所得雜交細胞可用於研究特定基因的表達和定位。

**somatic mesoderm　體壁中胚層**　脊索（notochord）兩側形成的中胚層（mesoderm）。它發育為：（a）一系列體節（somites），從這些體節又進一步發育出生肌節（myotomes）；（b）間充質，它隨後發育為結締組織；以及（c）脊柱。

**somatic mutation　體細胞突變**　見 mutation。

**somatic nervous system　體神經系統**　神經系統中供應四肢和體壁並控制身體隨意運動的部分。見 autonomic nervous system 和 nerve impulse。

**somatostatin　生長激素釋放抑制因子**　下視丘製造的一種激素，可抑制腦垂腺釋放生長激素。

**somatotrophic hormone（STH）　生長激素**　見 growth hormone。

**somite** or **metamere　體節**　動物軀體的一系列分節。見 metameric segmentation。

**sonogram　聲圖**　一種動物所發出聲音的圖示。

**sorus　孢子囊堆**　蕨類孢子體（sprophyte）世代孢子葉（sporophylls）底面的孢子團。見圖278。

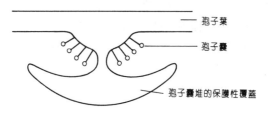

孢子葉

孢子囊

孢子囊堆的保護性覆蓋

圖278　孢子囊堆。橫切面。

**spadix　佛燄花序，肉穗花序**　一類大型肉質穗狀花序，外面有一大型苞片保護，苞片常爲綠色，稱佛燄苞（spathe）。具此類結構的植物如馬蹄蓮（arum lily）。

**sparging　高壓噴氣**　在微生物發酵器中噴入高壓氣體。

**spathe　佛燄苞**　見 spadix。

**spathulate　匙狀的**　（指植物結構）

**special creation　特創論**　一類演化理論：認爲物種是全能造物主的全新創造。

**speciation　成種作用**　形成新種的程序。當由於隔離機制

（isolating mechanisms）而使原本存在的基因流發生中斷就會形成新種。見 geographical isolation。

**species 種** 動植物的最低的分類群，其中個體至少在潛能上是可以組成能互動繁育的族群，但它們卻不能和其它動植物自由交配繁育。物種是分類（classification）中唯一的自然分類單位。種常是根據其形態特徵來辨識的（形態種，morphospecies）。但不同的種可以在形態上一致（兄弟種），例如兩種果蠅，*Drosophila pseudoobscura* 和 *Drosophila persimilis*，它們只是在行為上有差別而導致生殖隔離（reproductive isolation）。見 binomial nomenclature）。

**species recognition 物種識別** 同一物種的個體成員間交換特殊信號進而互相辨識的現象，如在求偶時。

**specificity 專性** 抗原（antigen）及其相對應抗體（antibody）間的選擇性反應。

**specific name 種名** 雙名中的第二個名稱，表示在該屬中這個特異種的名稱。例如歐亞鴝 *Erithacus rubecula* 中的 *rubecula* 就是其中的種名。

**sperm** or **spermatozoon 精子** 雄性配子（gamete），小，通常是可動的。見 acrosome。

**spermatheca 受精囊** 儲存精子的囊，見於許多低等動物如昆蟲和扁形動物（platyhelminths）的雌性生殖道。

**spermatid 精細胞** 雄性配子形成（gametogenesis）過程中的一個單倍體階段。

**spermatocyte 精母細胞** 雄性配子形成（gametogenesis）過程中的一個雙倍體或單倍體階段。

**spermatogenesis 精子發生** 經減數分裂（meiosis）形成雄性配子的過程。見 gametogenesis。

**spermatogonium 精原細胞** 雄性配子形成（gametogenesis）過程中的一個早期雙倍體階段。

**spermatophore　精球，精莢**　由雄性動物向雌性傳遞的一袋精子，見於某些無脊椎動物，如甲殼動物、軟體動物和頭足類，以及少數脊椎動物，如水生蠑螈。

**spermatophyte　種子植物**　種子植物門的植物，包括*被子植物*（angiosperms）和*裸子植物*（gymnosperms）。

**spermatozoid　遊動精子**　見 antherozoid。

**spermatozoon　精子**　見 sperm。

**sperm bank　精子庫**　冰凍儲藏的雄性配子（精子）集合，通常取自具有育種價值的雄性，常用於動物育種。見 artificial insemination。

**Sphenopsida　楔葉亞門**　維管植物門的一個亞門，包括木賊。

**spherule　內孢囊**　含有大量真菌孢子的厚壁結構。

**sphincter　括約肌**　圍繞管道或管道開口的肌肉環，控制管道或管道開口的孔徑，進而影響物質通過管道的運動，例如幽門和肛門括約肌。

**spicule　交合刺；針骨**　1.交合刺。雄性線蟲的一個小刺狀結構，協助交配。2.針骨。海綿中支持柔軟體壁的纖細碳酸鈣質骨針。

**spike　穗狀花序**　由無柄（sessile 2）花朵組成的總狀花序，如見於車前草和一種蘭花。

**spikelet　小穗狀花序**　草類花序的一個單位，包括一個或幾個花朵，外面還有一些其他結構圍繞，例如一或幾個不育*穎片*（glumes）。

**spinal column　脊柱**　見 vertebral column。

**spinal cord　脊髓**　脊椎動物背部延伸全長的一個管狀結構。外有脊椎保護。在身體的每個體節處有成對的脊神經離髓而出。髓內包含許多*神經細胞*（nerve cells），還有成束的纖維，有的構成簡單的*反射弧*（reflex arc），有的上連於腦。身體各部分之

**609**

間的運動協調就是經由脊髓。

**spinal nerve　脊神經**　由脊髓（spinal cord）伸出的神經，每個體節一對，藉一個背根與一個腹根和脊髓相連。脊神經是混合神經，包含感覺和運動兩類纖維，其中有通向身體各處受器和動器的軸突（axon）。見 reflex arc。

**spinal reflex　脊髓反射**　其通路通過脊髓而不是通過腦部的反射動作。

**spindle** or **spindle fibers　紡錘體，紡錘絲**　由有絲分裂（mitosis）和減數分裂（meiosis）晚前期和早中期時由微管（microtubules）組成的網路，為染色體提供附著點，以利它們在後期被牽拉至紡錘體的兩極。秋水仙素（colchicine）可阻止紡錘體的形成。

**spindle fibers　紡錘絲**　見 spindle。

**spinneret　紡織突；吐絲器**　蜘蛛和某些昆蟲的管狀附肢，用於吐絲。蜘蛛的絲用於結網，昆蟲的絲用於做繭。蜘蛛的紡織突和昆蟲吐絲器並非同源器官。

**spiracle　鰓孔；氣門**　1.進水孔。（在魚類）眼後的一個鰓狀裂隙，咽腔擴大時可經此裂隙吸水以供氣體交換。許多硬骨魚無進水孔。2.氣門。（在節肢動物）氣管的外部開口，常配有瓣膜以減少水分散失。

**spiral cleavage　旋裂**　在動物卵發育程序中沿螺旋軸線進行的細胞分裂方式（見圖106）。除了棘皮動物、原索動物和幾個小的類群之外，大部分無脊椎動物類群都採取螺旋卵裂方式。

**spiral thickening　螺旋加厚**　在木質部導管（xylem vessel）的內層，木質素沉積成螺旋狀花紋。

**splanchnic　內臟的**

**splanchno-　〔字首〕**　表示內臟。

**splanchnocoel　臟腔**　圍內臟體腔，靠內側有臟壁層（splanchnopleure）覆蓋，靠外側襯有體壁層。

**splanchnopleure　臟壁層**　胚胎中胚層的內層，形成消化道和部分內臟器官的外層。

**spleen　脾臟**　單核吞噬系統（mononuclear phagocyte system）的一個重要組成部分，由淋巴組織構成。它儲存多餘的紅血球，破壞舊紅血球；它能儲存20％到30％的全部紅血球。它生產淋巴細胞（lymphocytes），還有調節血液系統其它部位血容量的作用。

**splicing　接合**　連接核糖核酸（RNA）鏈的程序，例如在切除內子（introns）之後連接表現序列（exon）片段以組成成熟資訊核糖核酸（mRNA）的程序。

**splitter　細分派分類學家**　注意細微差別因而分出大量不同類別的分類學家。對照 lumper。

**sponge　海綿**　多孔動物門的成員。海綿為多細胞生物，但有許多生物學家視之為單細胞組成的群體。一個海綿個體中存在幾型細胞，但它們在功能上各自獨立，可以單獨或以小群方式存活。它們通常有一個由分離的結晶狀針骨，或由不規則纖維，或由兩者組成的內骨骼。

**spongin　海綿絲**　由海綿中層細胞分泌的一種角質狀物質，用於將體壁中的針骨結合在一起，或直接形成纖維狀骨骼。

**spongy mesophyll　海綿葉肉**　見 mesophyll。

**spontaneous generation or abiogenesis　自然發生說，無生源論**　已廢棄的一個學說：它認為活的生物可以從非生命物質發生出來。這最後是被巴斯德（Pasteur）利用他的著名的曲頸瓶實驗所推翻。

**spontaneous mutation　自發性突變**　在無已知誘變因子存在的情況下發生的突變（mutation）。在人類，典型的自發突變率以形成一個配子來計約在10萬分之一到100萬分之一之間。這個機率在不同生物間差別很大，可能反映不同的去氧核糖核酸（DNA）修復系統參與作用。

611

**sporangiophore** 孢囊柄 攜有一個或多個孢子囊（sporangia）的菌絲（hypha）。

**sporangium（複數 sporangia）** 孢子囊 無性孢子（spores）在其內部形成的結構。

**spore** 孢子 一種生殖體，包括一個或幾個在母體經細胞分裂形成的細胞。釋放和擴散之後，如果條件適宜，就會萌發出新的個體。孢子特別見於眞菌和細菌，也見於原生動物。有些孢子有厚壁，可抵禦不利條件如乾旱。通常孢子產量非常大。孢子可能是有性生殖的產物，也可能是無性生殖的產物。

**spore mother cell** 孢子母細胞 一個雙倍體（diploid 1）細胞，它經減數分裂（meiosis）再產生4個單倍體（haploid 1）的孢子。

**sporo-** ［字首］ 表示種子。

**sporocyst** 孢囊 產生無性孢子的囊。

**sporogonium（複數 sporogonia）** 孢子體 苔蘚的孢子體（sporophyte）世代，它產生無性孢子（spores）。

**sporogony** 孢子生殖 原生動物（protozoan）合子經結囊和分裂而形成孢囊（sporocyst）的過程。

**sporophore** 子實體 任何產生孢子（spores）的眞菌結構。

**sporophyll** 孢子葉 攜帶孢子囊（sporangium）的葉片。在某些植物如蕨類，孢子葉和一般葉片無異，但在其他植物中則已變態，如有花植物中的雄蕊和心皮。

**sporophyte** 孢子體 植物的雙倍體世代，它經減數分裂（meiosis）再產生孢子的單倍體（haploid 1）世代。

**sporozoan** 孢子蟲 孢子綱的寄生原蟲，如瘧原蟲（malaria parasite）。

**sporozoite** 孢子體 一個原蟲合子經複分裂形成的極小的可動孢子，如見於瘧原蟲（malaria parasite）。

**sport** 異變 子代和親代迥然不同，如突變（mutation）。

**sporulation 孢子形成** 無性生殖的一種方式：一部分特化細胞外圍出現堅韌的外皮，然後和母株脫離。這些**孢子**（spores）能抵禦極端環境條件；當條件好轉時，孢子就萌發並經不斷的**有絲分裂**（mitosis）產生新植株。孢子形成常見於真菌。

**springtail 彈尾蟲** 見 Collembola。

**spur 短枝；距** 1.短枝。短的花枝。2.距。葉基部向下延伸超過葉柄附著點的部分。3.距。花瓣基部延伸成的管狀結構，如見於飛燕草。

**Squamata 有鱗目** 爬行動物的一個目，包括蜥蜴和蛇，牠們都具有角質的表皮鱗或盾。頭部的方骨可移動，因而其上頜也可做相對於頭顱的運動。

**squamosal 鱗骨** 脊椎動物頭顱兩側的一對骨頭。在哺乳動物，它參與形成顴弓，而下頜則與鱗骨構成關節。

**squamous 鱗狀** （指上皮）扁平、片狀。

**squid 槍烏賊** 十足的**頭足動物**（cephalopod），具內殼，借肌肉質的吸管向後噴水前進。

**S stage S 期，合成期** 細胞週期（cell cycle）中的合成期。

**stabilizing selection 穩定化選擇** **選擇**（selection）的一種形式：表型範圍內的兩個極端都趨向於被淘汰，只產生一個穩定的平均**表型**（phenotype），變異減小。見圖279。一個恰當的例子就是人的出生體重。在正常情況下，如果嬰兒出生體重過小（因為身體系統的不成熟）或過大（因為孕婦骨盆所限易發生難產），嬰兒都會受到選擇壓力。對照 disruptive selection。

**stable polymorphism 穩定多態性** 見 balanced polymorphism。

**stable terminal residue 穩定終末殘餘物** 土壤中不被自然程序所分解的物質。

**stamen 雄蕊** 被子植物花朵中的雄性器官，包括一個柄，稱為花絲，上面是花藥，其中有經**減數分裂**（meiosis）產生的花

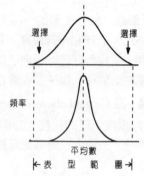

選擇　　　　　　選擇

頻率

平均數

←表　型　範　圍→

圖279　穩定化選擇。平均數代表穩定的平均表型。

粉（pollen）。

**staminate　雄蕊的**　（指花）只有雄蕊（stamens）但無雌蕊（carpels）的。

**staminode　退化雄蕊**　退化不育的雄蕊，通常體積也減小。

**standard deviation（S）　標準差**　樣本變異的測量標準，用方差（variance）的平方根來表示。一般提供平均值時都附有標準差。見 standard error。

**standard error（SE）　標準誤差**　對多個樣本平均值的標準差（standard deviation）的估計值，用標準差除以樣本個體數（n）的平方根來表示，即 s/√n。見圖280。標準誤可用以估計一個樣本平均值和整個群體的真實平均值之間偏差的顯著性（significance）。

樣本中的各個數值（n＝7）　　48、27、36、52、35、41、33

| | |
|---|---|
| 樣本平均數 | $\overline{X}=38.86$ |
| 樣本方差 | $S^2=76.48$ |
| 標準差 | $S=8.74$ |
| 標準誤差 | $SE=3.31$ |

圖280　標準誤差。

**standard metabolic level　標準代謝水平**　一個動物在特定溫度下的標準代謝率（standard metabolic rate）再除以其身體質量

的 n 次方，這裡的 n 為該物種或分類類群的代謝指數。

**standard metabolic rate（SMR）** **標準代謝率** 一個靜止動物在（食物）吸收完畢之後在指定的環境溫度下暗室中測定的代謝率。對於快速代謝動物來講，SMR 就是**基礎代謝率**（basal metabolic rate）再加上調節性產熱量（regulatory heat production）。單位：立方公分氧每小時（$cm^3O_2h^{-1}$）。

**standard temperature and pressure（STP）** **標準溫度和壓力** 25℃和1個大氣壓下的標準狀況。

**standing biomass** **現存生物量** 一個生態系統在某個時間所有的**生物量**（biomass）。

**standing crop** **現存量** 某個生物或生物群體在指定的環境內某一特定時刻的總量，亦即該生物或生物群體的總**生物量**（biomass）。

**stapes** **鐙骨** 3個耳骨中最裡面的一個，和卵圓窗接觸。形狀如馬鐙。

**starch** **澱粉** 一類多醣，它包括兩型**葡萄糖**（glucose）單位，即直鏈澱粉和支鏈澱粉，這些單位相連組成螺旋狀分子。加熱時，這兩種成分分離，如加碘則直鏈澱粉變成紫藍色而支鏈澱粉變黑色，這就是測試澱粉的標準方法。澱粉是植物中的主要儲存形式。見 dextrin。

**starch sheath** **澱粉鞘** 包含澱粉顆粒的內皮層（endodermis）。

**starch test** **澱粉測試** 見 starch。

**statoblast** **休眠芽** **苔蘚動物**（bryozoan）的一個內芽，可以發育為新的個體。

**statocyst** **平衡器** 負責平衡的器官，其中含有帶纖毛的感覺細胞，纖毛上浮托著一顆**平衡石**（statolith 2）。動物位置的改變就造成平衡石刺激某一受器，這樣就激發一個神經衝動傳向中樞神經系統。

**statolith　平衡石**　1.（在植物）細胞中的固體小顆粒，例如澱粉顆粒，現認爲植物正是根據這個顆粒才得知本身和重力方向的相對位置。2.（在動物）移動身體時平衡器（statocyst）中刺激感覺細胞的顆粒。見 otolith。

**stearic acid　硬脂酸**　具有18碳的飽和脂肪酸，見於動物脂肪。

**stegosaur or Stegosaurus　劍龍，劍龍屬**　劍龍亞目的四足食草鳥臀類恐龍，侏羅紀（Jurassic period）大型爬行動物，長可達9公尺。劍龍具有大型神經棘，支托著巨大豎立著的三角形甲板。

**stele or vascular cylinder　中柱，維管柱**　植物根莖內皮層（endodermis）之內的柱狀維管組織。

**stellate　星狀的**

**stem　莖**　維管束植物地上部的一部分，在莖上有規律間隔地生長出葉片以及生殖結構。莖的橫斷面一般是圓形的，但也有具肋狀突起的，還有方形的，例如唇形科的成員如薄荷和熏衣草。莖的內部構造可以是草本的（非木質的），也可以是具有次生加厚（secondary thickening）的。見圖281。莖的外形多變，由橡樹到鐵線蓮和豌豆這類攀援植物。莖有時也可作爲地下的儲藏器官，如根莖（rhizomes）、球莖（corms）、鱗莖（bulbs，一種地下莖，食物即儲藏在其肉質葉中）和塊莖（tubers），另一方面有的莖則變化來用作營養體繁殖（vegetative propagation）器官，例如草莓的匍匐莖（runner）和薄荷的吸器。

**stereoisomer　立體異構物**　具有相同分子結構，但分子中原子的空間排列形式不同的異構體。

**stereotropism　向觸性**　見 thigmotropism。

**sterile　不育的；無菌的**　1.不育的。不能生育後代的。2.無菌的。不存在活微生物的。

**sterile male release（SMR）　不育雄蟲釋放法**　昆蟲的生

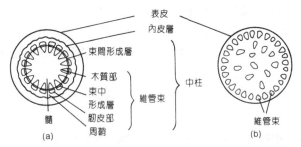

圖281　莖。草本莖的橫切面：(a)雙子葉植物和(b)單子葉植物

物防治（biological control）之一：先培育出大量害蟲的不育雄蟲，再將其釋放到害蟲中去。因爲許多雌蟲一生只交配一次，所以這種方法的思路是，雌蟲和不育雄蟲交配就可以造成下一代的蟲口大量減少。

**sterilization　滅菌；絕育**　1.滅菌。消滅物品上的一切微生物使之無菌的操作。2.絕育。切除生物的生殖腺使之不育的手術。

**sternite　腹片（昆蟲）；腹甲（甲殼動物）**　昆蟲和甲殼動物體節腹側的骨片。

**sternum　胸骨**　見於胸部的腹側面，在鳥類爲龍骨形，飛翔的胸肌即固著在它的上面。胸骨前端連於肩帶，其側面則和肋骨的腹側端相連。

**steroid　類固醇**　脂質（lipid）中一種重要但較不常見的類別，由4個碳環構成，上面還有各式各樣的支鏈，包括膽固醇、皮質酮和毛地黃毒苷等，後者爲強心劑毛地黃的一個部分。

**sterol　固醇**　羥基連於第3位置而第17位置連有一至少含8個碳的脂肪族支鏈的類固醇。

**stigma　柱頭**　花雄蕊的頂端部分，是花粉著落的地方。柱頭分泌一種含糖溶液，有助於花粉粒的萌發，但在**自交不親和性**（self-incompatibility）機制存在的情況下則不能萌發。

**stimulus　刺激**　生物能察覺而且能引發整個或部分機體反應（response）的內外環境變化。

**sting 螫刺，螫針，螫毛** 存在於許多動物類群，用於向其它動物體內注射毒液的器官，可為防禦性也可為進攻性。包括**膜翅目**（Hymenoptera）的變態產卵器、腔腸動物的刺細胞和蠍子的尾刺。

**stipe 葉柄；蕈柄** 1.葉柄。海藻葉狀體的柄。2.菌柄。真菌的子實體。

**stipel 小托葉** 某些複葉中小葉基部的兩個葉狀結構。

**stiptate 有柄的** （指植物結構）

**stipule 托葉** 葉片基部連接莖部處的兩個小葉。托葉見於許多植物科，如薔薇科。

**stochastic model 隨機模型** 數學模型的一種：用於描述受機率定理支配的系統並含有隨機因素的模型。例如一個用於模擬受**孟德爾遺傳學**（Mendelian genetics）機制控制的族群的電腦程式。

**stock 砧木；良種** 1.砧木。嫁接時用於承接接穗（scion）的帶根植莖（見 graft）。2.良種。用於育種的交配良種。

**stolon 匍匐莖** 見 runner。

**stoma（複數 stomata） 氣孔** 葉片表皮上的開口，供氣體交換之用，有時亦見於莖部。氣孔開口的大小受兩個保衛細胞的控制，其形狀可隨內部膨壓而改變。見圖282。當鬆弛時，較厚的內壁使保衛細胞變直故造成氣孔關閉。當膨脹時，保衛細胞彎曲，就打開氣孔允許氣體交換。保衛細胞的活動機制目前還不完全了解。一個較舊的學說認為，夜間的二氧化碳值較高，導致高酸度，刺激相關酶，促使糖轉變為澱粉，減低了保衛細胞細胞液的**滲透壓**（osmotic pressure），於是水分散失、氣孔關閉。在白日，**光合作用**（photosynthesis）用光了剩餘的二氧化碳。pH 升高，於是又有利於澱粉轉變為糖，由滲透作用促使水分流入保衛細胞。最後又使氣孔關閉。一個基於舊學說的新學說則提出，滲透壓的改變不僅僅是因為二氧化碳濃度的改變，還由於細胞內鉀離子（K⁺）濃度的變化。根據這個學說，在白天 K⁺ 被主動壓送入保衛細胞，增加了細胞內的滲透壓和膨壓。

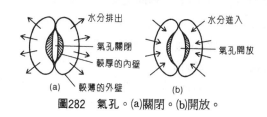

圖282 氣孔。(a)關閉。(b)開放。

**stomach 胃** 脊椎動物腸道中食道後的部分。該部分腸道擴大成為腔室，其壁分泌胃蛋白酶原，最後變為**胃蛋白酶**（pepsin），在幼年哺乳動物還分泌**凝乳酶**（rennin），並分泌鹽酸。胃液還包含黏蛋白，用於潤滑食物團；食物團一次排出一點通過**幽門括約肌**（pyloric sphincter）進入**小腸**（small intestine）。包括部分消化的食物和分泌液的混合物稱為**食糜**（chyme）。見 digestion, digestive system。

**stomium 裂口** 蕨類**孢子囊**（sporangium）壁的一部分，該處的薄壁細胞在裂開時破裂，以利孢子的釋出。

**stone cell 石細胞** 具有木質素加強的厚壁細胞，見於肉質果如梨的果肉中。

**stop codon 無義密碼子，終止密碼子** 見 nonsense codon。

**storage material 儲存物質** 任何在細胞中自然積累的化合物，例如馬鈴薯塊莖中的澱粉顆粒和肝細胞中的肝醣。

**STP 標準溫度和壓力** 見 standard temperature and pressure。

**strain 株；品系** 一個物種或一個變種之內的生物類群，只靠一些較小的性狀來區分彼此。

**stratification 低溫層儲** 使部分種子接受一段低溫以促進**萌發**（germination）的措施。如果秋季種子脫落後被土壤、落葉等覆蓋過多，就發生天然的低溫層儲程序。在人工條件下進行低溫層儲，則要將一層層種子和一層層潮濕的底質（如泥炭蘚）交替覆蓋層積起來，再儲藏於低溫之下。

**stratified epithelium　複層上皮**　見 epithelium。

**streaming　環流**　見 cytoplasmic streaming。

**Strepsiptera　撚翅目**　昆蟲的一個目，包括極小的寄生性個體。幼蟲寄生於蜜蜂和植物旁的小蟲，雌性爲無翅內寄生蟲，而雄性則有翅（但只有後翅）。我們說被寄生的昆蟲是著了撚翅蟲了（撚翅蟲屬是寄生性屬之一），而寄生可導致寄主的性器官退化。

**streptomycin　鏈黴素**　土壤放線菌（Actinomycete）產生的一種抗生素（antibiotics），對多種細菌都有效，特別是格蘭氏陰性菌（見 Gram's solution）。鏈黴素有作用是因爲它造成在細菌蛋白質合成（protein synthesis）程序中對遺傳密碼（genetic code）發生了錯讀。

**stretch receptor　伸張受器**　位於肌肉肌梭器官中感知肌肉伸張狀態的受器。這個受器由螺旋狀神經末梢（一個傳入纖維的分支）組成，就位於肌梭的中央，包圍在一組不收縮的肌纖維外面。還有傳出神經連於兩頭的可收縮肌纖維。肌肉的伸張會導致螺旋狀神經末梢的訊號發放，而造成肌肉的收縮。肌梭越被伸張，傳出神經發放衝動的頻率就越高，肌肉收縮的也越強烈。這就是牽張反射（stretch reflex）。肌肉中的肌梭可達到每克肌肉中有30個；大腿肌肉的肌梭較少，而遠端肌肉的肌梭則較多。頭部和脊柱上段的肌梭最多。見圖283。

**stretch reflex or myostatic reflex　牽張反射**　突然縱向牽拉肌肉引起的同一肌肉的收縮。

**striate　具條紋的**　（指植物結構）

**striate muscle or striped muscle or skeletal muscle or voluntary muscle　橫紋肌，骨骼肌，隨意肌**　脊椎動物的一種收縮組織，其纖維上有和縱軸垂直的橫紋。肌肉纖維由一系列肌原

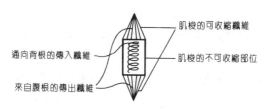

通向背根的傳入纖維

來自腹根的傳出纖維

肌梭的可收縮纖維

肌梭的不可收縮部位

**圖283　伸張受器。肌梭的伸張受器。**

纖維節（sarcomere）組成（見 muscle，I-band）。這種肌肉能作快速運動並負責骨骼部分的運動，因此才得到骨骼肌之稱。隨意肌是另一別稱，這是因爲它是受隨意神經系統的支配。對照 involuntary muscle。

**strict　筆直的**　（指植物結構）

**stridulation　摩擦發音**　蝗蟲和蚱蜢（見 Orthoptera）用後肢和前翅摩擦發聲的現象。現認爲，發聲有助於雌雄相聚進行交配。

**striped muscle　橫紋肌**　見 striated muscle。

**strobila　橫裂體**　線性排列而彼此相似的動物結構，例如條蟲的分節身體。

**strobilation　橫裂生殖**　無性生殖的一個類型：橫裂成體節，再脫離爲新個體，如見於條蟲和水母（見 ephyra，scyphistoma）。

**stroma　基質**　見 chloroplast。

**stromatolite　疊層石**　藍綠藻化石形成的岩石狀小丘。見 cyanophyte。

**structural gene　結構基因**　見 operon model。

**strychnine　番木鱉鹼**　由番木鱉（*Strychnos nux-vomica*）取得的有毒生物鹼，用作中樞神經系統的興奮劑。

**style　花柱**　雌蕊（pistil）的柄，連接柱頭（stigma）和子房。

**sub-** ［字首］　表示在下。

**suberin　木栓質**　木栓組織中的一類脂性物質，有助於隔水和防腐。

**suberization　木栓化**　在組織中沉積木栓質（suberin）的程序。

**subfamily　亞科**　低於科但高於屬的分類單元。

**subgeneric name　亞屬名**　很少使用的屬以下分類單元，在學名中使用時通常寫在括號內，例如 *X-us*（*Y-us*）*britannicus*。

**subjective synonym　主觀同義詞**　因模式標本不同而出現的同義詞，將它們視爲代表同一分類單元的學者認爲是同義詞。

**sublittoral　潮下的，淺海的**　（指生物）生長近於海處，但不在岸上。

**subsoil　底土**　耕土層以下的土壤。

**subspecies　亞種**　在一個種（species）的族群中，根據不完全的生殖隔離（reproductive isolation）而作出的進一步分類。在許多生物族群中，常根據在不同地理族群中出現的微小形態差異而定名亞種。例如在鳥類中，生態群（cline）的不同部分曾得到亞種的稱謂。如果要對生態群進行命名，只有極端情況應獲得亞種的命名。界限分明的種群，例如島嶼群，可定爲亞種，並可認爲是正在形成的物種。見 isolating mechanisms。

**substitute name　替代名**　替代原有名稱並取得相同的模式標本（type）和地點的新名。

**substitution　置換，取代，替換**　1.置換。一個原子或原子團被另一原子或原子團取代的化學反應。2.取代。一個胺基酸被另一個胺基酸取代的現象。3.替換。在核苷酸或核酸中，一個鹼基被另一個鹼基取代的現象。

**substitution load　替代負荷**　一個族群在演化程序中，因一個對偶基因（allele）被另一個所替代而給族群造成的損失。

**substitution mutation　替換突變**　影響去氧核糖核酸（DNA）鹼基序列的突變：一個鹼基替換了另一個鹼基，但無鹼基的得失，因而不會造成**移碼**（frameshift）。**轉換替換突變**（transition substitution mutation）指一個嘧啶替換了另一個嘧啶（例如一個胞嘧啶替換了一個胸腺嘧啶）或一個嘌呤替換了另一個嘌呤（例如一個腺嘌呤替換了一個鳥糞嘌呤）。**倒換替換突變**（transversion substitution mutation）則指一個嘌呤替換了一個嘧啶或一個嘧啶替換了一個嘌呤。

**substrate　基；基質；受質**　1.基。生物，特別是微生物能據以生長的介質。2.基底。植物附著的固體物。例如支托海藻葉柄（stipe）的岩石。3.受質。酶作用的對象。

**substrate-enzyme complex　受質－酶複合物**　受質分子與酶的活性部位（active site）互相結合形成的複合物。

**substrate-level phosphorylation　受質層次磷酸化**　直接轉移一個磷酸根給腺苷二磷酸（ADP）形成腺苷三磷酸（ATP）而不需要氧存在的反應。因此這種磷酸化是不需要氧化磷酸化中使用的**電子傳遞系統**（electron transport system）。見 anaerobic respiration，glycolysis。

**subulate　鑽狀的**　（指植物結構）

**succession　演替**　由生物最初開發一個地區直到形成頂級**群落**（climax）的程序。此詞通常指植物。

**succulent fruit　肉質果，多汁果**　在果皮（pericarp）裡是肉質中果皮的果實，通常味道鮮美，如梨、李、櫻桃、杏等，它們都是**核果**（drupes）。

**succus entericus　腸液**　見 small intestine。

**sucker　根出條；吸根**　1.根出條。由根的不定芽生出的主條，外觀上和母株分離。常見於薔薇科。2.老莖新條。3.吸根。寄生植物的變態根，用於從寄主處吸取營養物質。

**sucrase** or **invertase　蔗糖酶，轉化酶**　水解蔗糖（sucrose）

爲葡萄糖（glucose）和果糖（fructose）的酶。蔗糖包含在腸液（succus entericus）中。

**sucrose　蔗糖**　一種非還原性雙醣（disaccharide），用作甜味劑，取自甘蔗和甜菜。蔗糖（$C_{12}H_{22}O_{11}$）是果糖（fructose）和葡萄糖（glucose）經縮合反應（condensation reaction）形成的。

**suction pressure　吸水壓**　見 water potential。

**sudoriferous　汗的**　（指腺體或腺管）產生或運輸汗液的。

**suffruticose　半灌木狀的**　（指植物）矮小植物，特指灌木，在開花後上段枝條枯萎。

**sugar　糖**　簡單的醣類（carbohydrate），由單醣（monosaccharide）單位組成。分子可爲直鏈，可爲環狀。直鏈包含 C＝O 基。如此基位於末端，則此醣具有醛的性質（醛糖）。如此基不在末端，則此糖具有酮的性質（酮糖）。醛糖和酮糖都可被氧化，都可還原鹼性的銅溶液（見 Fehling's test, Benedict's test）。它們因此都被稱爲還原糖（reducing sugars）。有些雙醣如麥芽糖和乳糖也是還原糖。但蔗糖卻不是還原糖，因爲葡萄糖和果糖結合時掩蔽了葡萄糖的醛基和果糖的酮基，所以用費林氏和貝尼迪克試驗測試時不發生還原作用。糖的骨架長度不定，可短至3碳（三碳醣），但更常見的是5個碳（五碳醣）和6個碳（六碳醣）。

**sulcus　溝；裂**

**sulfonamide　磺胺**　一類有機化合物；磺酸的醯胺。其中一部分屬磺胺藥，爲強有力的細菌抑制藥物。

**sulfur bridge　硫橋**　分子內部兩個硫原子間形成的連接，硫橋使分子能折疊成複雜的形狀。例如蛋白質分子中半胱胺酸殘基間形成的二硫橋。

**summation　總和，疊加**　單一刺激都不足以產生效果時，重複刺激產生的效果。例如在肌肉收縮的情況，一連串刺激經由總和可造成**強直收縮**（tetanus）。有關眼中的總和現象，見 rods 和 cone cells。

**super-** ［**字首**］ 表示超過。

**superfamily** **總科** 科以上目以下的分類單元。

**superficial** **淺層的，表面的** 在表面或貼近表面的，例如用來指動脈、靜脈或胚珠。

**supergene** **超基因** 染色體上的一叢集基因；它們雖然位置相近，但功能卻可能毫無關係。但在減數分裂發生**重組**（recombination）時卻可作爲一個單位移動。

**superinfection** **重複感染** 在已有感染上又附加感染。

**superior ovary** **上位子房** **花被**（perianth）附著在其基部的子房，這樣就使子房獨立在上。

**supernatant** **上清液** 沉澱上面的清澈液體。

**superoptimal stimuli** **超適度刺激** 引起較原本實驗所選刺激更爲強烈反應的刺激。

**superspecies** **超種** 居住在同一個地區的單源物種群，其中各成員彼此相異不能構成單一物種。見 semispecies。

**suppressor mutation** **抑制突變** 恢復因原突變所喪失的功能的一個新**突變**（mutation），但它並不改變原突變所造成的**鹼基**變化，因而是個代償作用。抑制突變和原突變可位於同一基因內，也可位於**基因組**（genome）的不同位置。

**supra-** ［**字首**］ 表示在上。

**supraspecific** **種以上的**

**surface area/volume ratio** **表面積/體積比例** 見 Bergmann's rule。

**susceptible** **易感染性** 易受其它生物（害蟲或病原體）或殺蟲劑損害的狀態。

**suspension** **懸浮液** 較重而微觀可見的顆粒均勻地懸浮在一

個較稀薄液體中所組成的系統。較粗顆粒之所以未沉降是由於液體的黏稠性或液體分子對粗顆粒的碰撞。

**suspensor** **胚柄；囊柄** 1.胚柄。（在高等植物）將發育中的胚胎推入營養組織的一團細胞，其作用是使胚胎得到充足的營養以利進一步的發育。2.囊柄。（在眞菌中）支持接合孢子（zygospore）、配子（gamete）或配子囊的菌絲（hypha）。

**Sutherland, Earl Wilbur** **蘇瑟蘭** （1915-1974）美國藥理學家和生理學家，因分離出單磷酸腺苷（AMP）而獲1971年諾貝爾生理學及醫學獎。蘇瑟蘭和拉爾（T. W. Rall）共同發現，腎上腺素（adrenaline）等激素作用於目標細胞是透過增加細胞內的環狀 AMP。

**suture** **縫合線；縫口；骨縫；縫** 1.縫合線。外科手術時縫合傷口用的線。2.縫口。縫合兩部分後形成的介面處。3.骨縫。頭顱骨頭間的不可動關節。4.縫。兩心皮融合處。

**Svedberg（S）unit** **沉降單位** 表示沉降速度的單位，用以描述分子的大小。見 differential centrifugation。

**Swammerdam's glands** **史瓦默丹氏腺** 兩生動物的一種腺體，位於脊柱兩側，分泌鈣質結節。以荷蘭博物學家史瓦默丹（J. Swammerdam, 1637-1680）命名。

**swarm** **分群；集群** 1.分群。一群社會群居動物，特別如由蜂后帶領的蜂群，離開原址另尋新址建立新群的現象。2.集群。小動物，特別是昆蟲，群集成叢的現象。

**swarm cell** **遊動細胞** 根瘤菌（*Rhizobium*）的圓形細胞，它穿入豆科植物的根毛，和植物建立固氮作用（nitrogen fixation）的共生關係。

**sweat gland** **汗腺** 某些哺乳動物皮膚上分泌汗液的結構，汗液中含有氯化鈉，是身體冷卻系統的一部分。典型人體大約有250萬個汗腺。狗、貓和兔子都不出汗，牠們靠上呼吸道的蒸發作用來排除多餘的體熱。

**swim bladder　鰾**　見 air bladder。

**swimmeret　橈肢**　甲殼動物腹部的小型附肢，用於行動或生殖。

**switch gene　開關基因**　可以改變整個遺傳發育系統轉換到另一個不同的發育途徑上去的基因。

**sym-　〔字首〕**　見 syn-。

**symbiont　共生體**　和其他生物處於共生（symbiosis）關係的生物。

**symbiosis** or **mutualism　共生**　不同生物生活在一起雙方都受益的生態關係。如寄居蟹（*Pagarus*）和海葵（*Adamsia palliata*），後者就附著在寄居蟹的外殼上。海葵以蟹的食物殘屑爲食，而蟹則靠海葵來僞裝，海葵的刺絲囊（nematocysts）還替它防禦外敵。

**sympathetic nervous system　交感神經系統**　見 autonomic nervous system。

**sympatric　同地的，分布區重疊的**　（指生物種群）生活在同一地理區域內的。此詞用於描述地理分布區相合或重疊的生物。對照 allopatric。

**sympatric hybridization　同地種雜交**　在同地種之間偶然發生的雜交。

**sympatric speciation　同地成種**　未透過地理隔離而是透過其它隔離機制形成新種的程序。

**sympetalous　合瓣的**　見 gametopetalous。

**Symphyla　綜合綱**　一種原始的馬陸，其特徵，特別是口器，說明它和昆蟲來自共同的祖先。

**symplast　共質體**　植物中包括原生質膜（plasmalemma）及原生質膜以內的細胞質的部分，原生質膜以外則爲離質體（apoplast 2）。這種共質體的組織形式允許細胞之間由原生質絲（plasmodesmata）進行共質體運輸。

**symplesiomorphy 共有原始性狀** 不同物種共有祖先性狀的現象。

**sympodial 合軸的** （指莖）藉側芽增長，頂芽發育爲花序或每年都枯萎。

**symptom 症狀** 因特異疾病而出現的功能改變。

**syn- or sym-** ［字首］ 表示共有、連同。

**synapomorphy 共有衍生性狀** 不同物種共有衍生性狀的現象。

**synapse 突觸** 神經細胞之間接觸的部位，衝動在此藉由化學方式傳導。當一個衝動到達突觸時，它會引起突觸小泡移向突觸前膜。一旦接觸前膜，小泡就將內含的傳導物質釋放入突觸間隙，傳導物質流過間隙到達突觸後膜，引起後膜的去極化。由於鈉離子的進入，突觸後神經細胞就形成一個正電荷（興奮性突觸後電位）。當這個正電荷積累到足夠強度時，就會形成一個動作電位，這通常是單方向的。見 endplate motor 和圖143。

**Synapsida 獸弓類** （指爬行動物分類）一個化石型的亞綱，其個體在頭顱的每一側都只有一個下顳窩（fossa）。牠們是獸形類動物，哺乳動物可能就由牠們演化而來。此詞有時也推廣到包括哺乳動物。

**synapsis 聯合；聯會** 1.聯合。機體結構共處在一起，如神經細胞間的突觸。2.聯會。（在遺傳學中）在減數分裂（meiosis）中第一次分裂前期中同源染色體（homologous chromosomes）的配對。

**synaptic cleft 突觸裂隙** 一個神經細胞的軸突末梢膜和另一個神經細胞膜之間的狹窄間隙，傳導物質（transmitter substance）就是跨過此間隙刺激突觸後細胞的。

**synaptic knob 突觸小體** 神經細胞的小末端分支的末端膨大部分。見 endplate。

**syncarpous 合心皮的** （指有花植物的子房）心皮融合在一

起的。對照 apocarpous。

**synchronic　同步的**　（指物種）發生在同一時刻的。

**synchronous muscle　同步肌肉**　見 flight。

**syncytium　多核體**　含有許多核的細胞結構。

**syndactyly　併指（趾）**　兩個或多個手指（腳趾）融合在一起。

**syndrome　症候群**　在疾病或其他異常中一同出現的症狀群。症候群常以其發現者來命名。如唐氏症（Down syndrome）、克氏症候群（Klinefelter's syndrome）、特納氏症候群（Turner's syndrome）。

**synecology　群落生態學**　研究群落，而不是研究個體的學科。對照 autecology。

**synergid　助細胞**　種子植物胚囊中靠近珠孔端卵細胞處的兩個小細胞。

**synergism　增效作用**　兩個或多個化合物的聯合效果比所有個別化合物的效果之合還大的現象。例如細胞分裂素（cytokinin）和植物生長素（auxin）就是協同作用，共同促進去氧核糖核酸（DNA）的複製。

**syngamy　配子配合**

**synonym　同物異名**　（在分類學）表示同一分類單元的不同名稱。

**synonymy　同義詞表**　（在分類學）按時間順序排列的對同一分類單元的同義詞表，附有命名日期和作者名。

**synopsis　概要**　當今有關知識的總匯。

**synovial fluid　滑液**　可動關節如肘膝的關節囊中的黏性液體。作用是潤滑關節面上的軟骨。

**synteny　共線分布**　在體細胞雜交（somatic cell hybridization）中將一些基因歸之於同一染色體。

**synthesis　合成**　見 anabolism。

**synthetic lethal　合成致死染色體**　經與非致死染色體互換（crossing over）後重組（recombination）而產生的致死染色體。

**synthetic medium　合成培養基**　一種微生物培養基，其成份都經過化學鑑定和定量。

**synthetic theory　綜合學說**　目前科學家普遍接受的演化理論，它是綜合幾個原有學說而成。突變論（mutation）和選擇學說（selection）是其中的主要組成部分。

**syntype** or **cotype　全模標本，共模標本**　一系列用於標誌物種的標本，其中並未指定主模標本（holotype）。但全模標本隨後可定為選模標本（lectotype）。

**syphilis　梅毒**　由梅毒螺旋體（*Treponema pallidum*）傳播的人類性器官疾病，通常經由性接觸傳染。螺旋體穿過黏膜，在幾天之內造成黏膜的原發潰瘍。隨後可引起第二期的低熱和淋巴結腫大。到最後的第三期，許多器官都會發生嚴重的損害，視力喪失也很常見。這種微生物也可由母親傳給胎兒，造成先天性梅毒，還可能致死。

**Systema Naturae　《自然系統》**　見 binomial nomenclature。

**systemic　全身的**

**systemic arch　體動脈弓**　脊椎動物的第四對動脈弧，血液經此弧由腹側主動脈進入背側主動脈。鳥類只保留了右側體動脈弧，哺乳動物則只保留了左側體動脈弧。

**systemic biocide** or **biocide　內吸殺蟲劑**　施用於土壤或植株葉面而不直接施用於害蟲病菌的殺蟲劑或殺眞菌劑。它們被根部或葉面吸收進入植物全身。當植物受到害蟲如蚜蟲的攻擊時，害蟲吸食了含有殺蟲劑的汁液，藥物就發揮其殺蟲作用。對照 contact insecticide。

**systemic mutation　系統突變**　戈爾德施米特（R. Goldschmidt）提出的一種**突變**（mutation），它徹底地改變了**種質學說**（germ plasm theory）。據稱，這種突變可以產生全新型的生物。

**systole** **心縮** 見 heart, cardiac cycle。

**syzygy** **會聚** 某些原生動物會聚成團的現象，特別見於有性生殖之前。

# T

**table, water　地下水面**　所有縫隙都充滿水分後的平面，大致和地面平行。當地下水面高於地面，就出現靜止水體，例如湖泊。

**tachy-　[ 字首 ]**　表示快速。

**tachycardia　心搏過快**　心搏率超過正常值。

**tachymetabolism　快速代謝**　一種熱生理模式：動物的基礎代謝率（basal metabolic rate）較高，當核心溫度（core temperature）降低時可提高調節性產熱量（regulatory heat production）以保持恆溫。大多數快速代謝型動物也都是恆溫和內溫的。具有這種熱生理模式的現存物種只有鳥類和哺乳動物。

**tactile　觸覺**

**tactor　觸覺受器**　見 tangoreceptor。

**tadpole　蝌蚪**　兩生類（amphibian）或海鞘的幼蟲，後者的幼蟲即稱蝌蚪幼蟲。見 tunicate。

**tagma　體軀**　節肢動物（arthropod）軀體的幾大部分（頭、胸、腹）。

**taiga　寒溫帶針葉林，西伯利亞針葉林**　在北部凍原和南部草原闊葉林之間濕土上的森林植被帶。寒溫帶針葉林環繞著整個北半球。

**tail　尾**　1.動物的最後部分。2.（脊椎動物）肛門後的部分。

**tailor's posture　裁縫式體位**　因肌肉高張力造成的體位，常見於苯酮尿症（phenylketonuria）。

**tandem duplication　銜接重複**　染色體突變（chromosomal mutation）的一個類型，產生重複的相鄰片斷，例如 ABCDE 變成 ABCDBCDE。

**tangoreceptor or tactor　觸覺受器**　感受輕度壓力差的受器。

**tannin　鞣酸，單寧**　廣泛存在於植物汁液中的一類複雜有機物質，特別常見於樹皮、樹葉和不成熟的果實中。用於鞣製皮革和製作墨水。

**T-antigen　T抗原，腫瘤抗原**　受致癌病毒感染的細胞中出現的抗原。見 oncogene。

**tapetum　絨氈層**　未來要變成小孢子（microspores）的細胞周圍的一個營養層。絨氈層見於多種維管束植物，由蕨類（ferns）直到被子植物（angiosperms）。在被子植物中，絨氈層見於花藥（anther）的花粉囊中。

**tapeworm　絛蟲**　絛蟲綱（扁形動物門）的寄生扁蟲。成蟲借助頭節（scolex）上的鉤和吸盤附著在脊椎動物的腸道上，而其長帶狀的身體包括一系列節片，某些種類的長度可超過10公尺以上。蟲卵發育為六鉤幼蟲，隨寄主糞便（feces）排出體外。如果被適當的第二寄主食入，則它又發育為囊尾幼蟲（cysticercus）。此時再被第一寄主吞食，則絛蟲可達到性成熟；不過在某些種類，這還需要經過額外的第二寄主。

**taproot　主根，直根**　一類初生根（root）結構：一根主根構成了地下系統的主要部分。主根常脹大，成為過冬的儲存器官。許多蔬菜作物都有主根，如胡蘿蔔、蕪菁甘藍、甜菜等。

**Tardigrada　緩步類**　在分類學上，此詞常用指下面兩類動物：1.樹獺。（樹獺科）。2.一類小型透明具有8個附肢的節肢動物（arthropods），常歸入蛛形動物（arachnids）。

**target cell　目標細胞**　對特殊激素產生反應的細胞。

**tarsal bone or tarsus　跗骨**　四足動物（tetrapods）後肢的骨

頭，在近端和脛骨（tibia）和腓骨（fibula）形成關節，在遠端和蹠骨（metatarsals）形成關節。見 pentadactyle limb。

**tarsier　眼鏡猴，跗猴**　眼鏡猴屬的樹生狐猴狀靈長動物，棲於東南亞，眼大耳大。

**tarsus　跗骨**　見 tarsal bone。

**tartrazine　酒石黃**　一種黃色偶氮染料（azo dye），用作食物添加劑（E102）。

**taste bud　味蕾**　味覺受器，由一群細長的變型上皮細胞組成，其上有毛髮狀的微絨毛，上面有一小口，開向外面。大多數脊椎動物的味蕾在口部，但在魚類卻分布於體表，包括鰭上。另外還見於昆蟲跗節，例如在**雙翅類**（dipterans）昆蟲。人類利用舌頭不同部位的味蕾可以區分出甜、鹹、酸、苦等味：甜在前面，酸在側面，苦在後面，鹹在一切部位。味覺決定於不同味蕾神經的相對活動，而不決定於味蕾結構上的區分。見圖284。

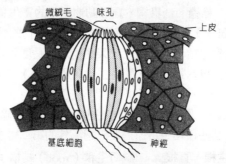

微絨毛　味孔　上皮

基底細胞　神經

圖284　味蕾。人類舌頭的橫切面。

**Tatum, Edward　塔特姆**　見 beadle。

**tautomeric shift　互變異構移位**　見 base analogue。

**taxis　趨性**　動物的一類行為反應：針對刺激的取向反應，或趨近或遠離，如**趨地性**（geotaxis）、**趨光性**（phototaxis）。對照 kinesis。

**taxon（複數 taxa）　分類單元**　生物分類（classification）中的類群，如種（species）、屬（genus）和目（order）。

**taxonomic category　分類層級**　在層級分類（classification）系統中的級別。

**taxonomic character　分類性狀**　用於區分不同分類單元（taxa）中各成員的性狀。

**taxonomy　分類學**　研究生物分類（classification）的學科。古典分類學使用形態特徵；細胞分類學使用體細胞染色體；實驗分類學研究遺傳關係；數量分類學則定量地估算個體間的異同以求客觀評價。

**Tay-Sachs disease　泰薩二氏病，家族性黑矇性白癡，胺基己糖苷酶缺乏症**　一種致死的人類疾病：病兒初生時外觀正常，但6個月內就會出現大腦和脊髓嚴重受損的症狀。至1歲時，病兒只能臥床，智力發育遲滯，進行性盲眼和癱瘓。死亡約發生在3到4歲之間，至今無存活者，也無治療方法。這種情況是受第15對染色體上一個基因的隱性對偶基因控制的，同時存在兩個隱性對偶基因時，體內產生的胺基己糖苷酶的量不足，就會導致在中樞神經系統（central nervous system）中沉積脂質而造成發病。

**$T_2$ bacteriophage　$T_2$噬菌體**　侵染大腸桿菌的一類特別毒性噬菌體（bacteriophage），赫爾雪（Hershey）和蔡斯（Chase）曾用來證明嗜菌體的遺傳物質就是去氧核糖核酸（DNA）。

**$T_4$ and $T_6$ bacteriophage, fever phages of E coli　$T_4$和$T_6$噬菌體**　見 $T_2$ bacteriophage。

**TCA cycle（Tricarboxylic Acid Cycle）　三羧酸循環**　見 Krebs cycle。

**T-cell or helper T-cell　T 細胞，胸腺衍生細胞，輔助性 T 細胞**　淋巴細胞（lymphocyte）的一個類型，產於骨髓但在胸腺分化，它透過細胞免疫途徑對抗外來抗原（antigens），即直接破壞或經分泌毒素間接破壞抗原。現認為，引發 T 細胞對特異抗原產生敏感性以及保持活化的 T 細胞長期生長是依靠巨噬細胞（macrophages）產生的白血球介素（interleukins）。

**tectorial membrane　耳蝸覆膜**　內耳耳蝸（cochlea）中和基底膜平行的一個膜。感覺細胞即位於覆膜和基底膜兩者的間隙中；它們藉神經纖維和聽神經相連。覆膜是柯蒂氏器（organ of corti）的一部分。

**teleost　硬骨魚**　硬骨魚亞綱的成員，包括除了肺魚、鱘和雀鱔之外的一切現存硬骨魚。硬骨魚的特徵是具氣鰾（air bladder）。

**telluric　地球的**

**telocentric chromosome　具端著絲點的染色體**　著絲點（centromere）位於一端的染色體，因此染色體實際上只有一個臂。

**telolecithal　端卵黃的**　（指卵）卵黃聚集於植物極一端的。

**telomere　染色體尾端**　染色體的圓尖。

**telophase　末期**　真核（eukaryote）細胞核分裂（nuclear division）的一個階段，在有絲分裂（mitosis）中出現一次，在減數分裂（meiosis）中出現兩次。在末期，兩套染色體分別聚集在兩個紡錘極處，在有絲分裂每一套染色體的數目都和母細胞相同，但在減數分裂每一套染色體的數目只有母細胞的一半。見圖285。染色體解除卷曲，伸長開來，個別染色體已不再能識別。在每套染色體周圍形成一個核膜（nuclear membrane），核仁（nucleoli）也重新出現。細胞質分裂（cytokinesis）也在此期完成。

**telson　尾節**　某些節肢動物最後腹節上的末端附肢，例如許多甲殼動物的尾扇或蠍子的螫刺。

**temperate phage　溫和噬菌體**　噬菌體（bacteriophage）的一個類型：它既可整合進入寄主去氧核糖核酸（DNA）而變為原噬菌體（prophage），又可在寄主染色體之外複製並造成細胞溶

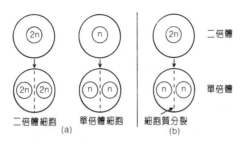

**圖285　末期。**(a)有絲分裂。(b)減數分裂。

解（lysis）。對照 virulent phage。

**temperature　溫度**　冷熱的程度，通常以冰熔點爲零點（攝氏溫標）或以絕對零度（凱氏溫標）爲基準。

**temperature coefficient　溫度係數**　見 $Q_{10}$。

**temperature regulation　體溫調節**　維持體溫穩定在一定水準上的機制。這種情況在一定程度上存在於一切脊椎動物和許多無脊椎動物，但特別見於**恆溫動物**（homoiotherms）。人類總維持一個恆定的體溫，36.9℃。這是保持正常與酶相關的代謝反應的最佳溫度。體溫調節是透過多種機制。哺乳動物和鳥類的毛髮和羽毛可籠罩著大量空氣，具有保溫的作用。出汗是個冷卻機制，而寒冷氣候下動物的表面積對體積的比例都比較小（**伯格曼法則**，Bergmann's rule）。皮下脂肪也是個隔熱層。表層血管在冷時收縮而在熱時擴張，因此在冷時使血液遠離皮膚在熱時使血液集中皮膚。控制體溫的中樞位於**下視丘**（hypothalamus）。植物也控制溫度並借助蒸散作用保持低溫，排除**蒸發**（evaporation）潛熱。失水多時，植物枯萎，但透過葉片低垂卻可躲避太陽的直曬。因此植物可保持低溫直到日落。

**template　模板**　供合成副本的分子樣板。

**tendon　肌腱**　由平行的**膠原蛋白**（collagen）纖維組成的**結締組織**（connective tissue）束，用於將肌肉固定在骨頭上。

**tendril　卷鬚**　用於固定植株位置的變態植物組織。鐵線蓮的卷鬚是變態的**葉柄**（petioles），而藤則利用變態的莖。在某些種豌豆，如香豌豆，整個葉片都特化成卷鬚，正常葉子的功能則由異常膨大的托葉（stipules）完成。

**tensor tympanni　鼓膜張肌**　哺乳動物耳中連接鏈骨（malleus）到鼓室壁的肌肉。

**tentacle　觸手**　任何細長用於觸摸或固定的器官。

**tentaculocyst　觸手囊**　腔腸動物水母邊緣的大量感覺觸手。觸手囊和感覺器官如平衡器（statocyst）和光敏色素斑等相連。

**tepal　被片**　花被的一個單獨成員，特別是當萼片和花瓣沒有清晰地分化開時，如見於鬱金香。

**terato-　[字首]**　表示畸形。

**teratogenic　致畸的**　可導致胎兒畸形的。

**teratology　畸形學**　研究結構異常如畸形的學科。

**terete　圓柱狀的**　（指植物結構）無隆起、無溝、無角的。

**tergum　背板**　昆蟲體節背側的厚板，常為幾丁質，為外骨骼（exoskeleton）的一部分。

**terminal　端的**　（指植物結構）位於莖部頂端的。

**terminalization　移端作用**　在減數分裂（meiosis）晚前期，交叉（chiasmata）向染色體兩端移動的現象。

**termination codon　終止密碼子**　見 nonsense codon。

**termite　白蟻**　見 Isoptera。

**terpene　萜烯**　植物樹脂和油中的一種不飽和烴類。

**terrestrial　陸地的，陸生的**

**territorial behavior　佔域行為**　見 territory。

**territory　領域**　一個動物針對同種其它個體進行保衛的地區。在繁殖季節，繁殖領域是要保衛的，但在繁殖季節之外也可有佔域行為，例如要保衛取食領域。對於繁殖領域，通常是雄性針對其他雄性進行保衛，這可延續整個繁殖季節，也可以是只保衛一部分時間。此詞不可和活動範圍（home range）混淆。

**tertiary consumer　三級消費者**　見 top carnivore。

**Tertiary period　第三紀**　新生代的一個紀，由6500萬年前到200萬年前的第四紀開始時。這是恐龍（dinosaurs）滅絕後哺乳動物興起的時代。

**tertiary structure of protein　蛋白質的三級結構**　見 protein。

**testa　種皮**　種子外面的保護性包皮，是由胚珠（ovule）的珠被（integuments）形成的。在外種皮的一個部位有種臍，在其一端是珠孔（micropyle）。外種皮有時和休眠有關，外種皮破時休眠也就終止（見 germination）。

**testcross　試交**　雜交時一方為所測基因的隱性對偶基因同型合子（見 homozygote）。試交的子代可說明未知親代的基因型（genotype）。見圖286。實驗中廣泛使用試交以確立遺傳連鎖（genetic linkage）。亦見 backcross。

**圖286　試交。用試交找出未知親代的基因型。**

**testis（複數 testes）　睪丸**　雄性動物的性器官，產生雄配子，即精子。它還產生雄激素（androgens）。見 scrotum, semi-niferous tubules, germinal epithelium, sertoli cells。

**testosterone　睪固酮**　睪丸（testis）細精管（seminiferous tubules）之間的萊迪希氏細胞（Leydig cells）分泌的一種類固醇雄激素（androgen）。它促進附屬性器官、生殖器和第二性徵（secondary sexual characters）的發育和維持其正常功能。

**tetanus　強直收縮；破傷風**　1.強直收縮。由大量微弱收縮緊密相連互相融合形成的持續收縮。2.破傷風。破傷風桿菌

（ *Clostridium tetani* ）通常經傷口侵入體內，其毒素可造成隨意肌痙攣，特別是頜肌痙攣導致牙關緊閉。細菌性破傷風可給予含現成抗體（ antibodies ）的抗破傷風血清來治療；也可使用破傷風疫苗來刺激體內產生抗體以預防未來的感染。

**tetany** **搐搦** 神經肌肉興奮性異常提高造成的上下肢痙攣，是副甲狀腺（ parathyroid ）分泌不足所致。

**tetra-** **字首** 表示四。

**tetracycline** **四環黴素** 廣譜抗生素（ antibiotic ）的一種，稱其為廣譜是因為它可作用於多種細菌。因為它也可影響人類細胞，所以要謹慎使用。

**tetrad** **四聯體；四分體** 1.四聯體。減數分裂的前期（粗線期，pachytene ）和中期中的4個相連的同源染色單體（ chromatids ），它們參與互換（ crossing over ）。2.四分體。一次完整的減數分裂所產生的4個單倍體細胞。

**tetrad analysis** **四分體分析** 根據一次減數分裂分出的四分體（ tetrad ）中的細胞排列，分析減數分裂中的遺傳事件。這常需要確定一個真菌子囊（ ascus ）中8個子囊孢子的準確位置。見 first-dividion segregation。

**tetradynamous** **四強雄蕊的** （指植物結構）6個雄蕊中有4個長於另外2個。

**tetraploid** **四倍體** 1.核中有四倍於單倍體（ haploid 1 ）數目的染色體。2.每個細胞都具有4套染色體的個體。

**tetrapod** **四足動物** 具有兩對五指附肢（ pentadactyl limbs ）的脊椎動物。

**tetrapterous** **有四個翅的**

**tetraspore** **四分孢子** 許多紅藻和褐藻減數分裂的產物，4個一組地產於四分孢子囊中，是配子體（ gametophyte ）世代最早的細胞。

**thalamus** **丘腦** 脊椎動物前腦中主要的感覺協調中樞。

**thalassemia** or **Cooley's anemia**　**地中海型貧血，庫利氏貧血**　人類貧血的一個類型，因血紅素（hemoglobin）的 α 或 β 鏈存在缺陷所致。已發現有各種原因，例如在地中海地區多發的一種是由一個隱性突變對偶基因導致 β 鏈缺陷，這種情況還和當地的蚊蟲活動有關。本病以美國兒科醫生庫利（B. Cooley，1871-1945）命名。

**thallophyte**　**原植體植物，菌藻植物**　舊名原植體植物門（亦稱菌藻植物門）的植物，包括最原始的植物類型，其特點是都具有原植體（thallus）。它們的體積變異很大，由單細胞類型直到長達75公尺的巨型海藻。本組包括藻類、細菌、眞菌、黏菌和地衣。原植體植物門顯然有幾種不同的演化根源；現代系統分類學中已不使用此詞。

**thallus**　**原植體，葉狀體**　簡單植物（由單細胞類型直到巨型海藻）的營養部分。它們尚無根、莖、葉之分。見 thallophyte。

**theca**　**鞘；膜；子囊**　1.鞘。2.膜。包繞格拉夫卵泡（Graafian follicle）的保護膜。3.子囊。子囊（ascus）的舊稱。

**thecodont**　**槽生齒**　牙齒生長於牙槽中，見於哺乳動物和某些爬行動物。

**thelytoky**　**產雌孤雌生殖**　孤雌生殖（parthenogenesis）的一個類型：雌性不經受精便生出更多的雌性。

**therapsid**　**獸孔類**　獸孔目的已滅絕爬行類，現認爲哺乳動物即由此目進化而來。

**thermocline**　**斜溫層**　湖泊或封閉海洋中，在上部溫暖水和下面寒冷水之間的分界水層，這一般只見於夏季靜止情況下。

**thermodynamics**　**熱力學**　研究熱和機械功間關係的科學。熱力學定律包括：第一定律。當能量由一種形式轉變爲另一種形式時，其量不增不減。第二定律。當能量由一種形式轉變爲另一種形式時，一部分能量轉化爲熱。

**thermonasty**　**感熱性**　植物對普遍的溫度刺激的反應。見

nastic movement。

**thermoneutral zone　熱中性帶**　環境溫度的一個範圍：在此範圍內，一個快速代謝生物（見 tachymetabolism）僅靠改變熱傳導率就可以調節核心溫度（core temperature）。在熱中性帶內，一個動物的標準代謝率（standard metabolic rate, SMR）處於一個恆定的最低值，亦即其基礎代謝率（BMR）。

**thermophilic　嗜熱的，好溫的**　指最適生長溫度在45℃以上的真菌或其它微生物。

**thermoreceptor　溫度受器**　對溫度變化敏感的感覺神經末梢。

**thermoregulation　體溫調節**　恆溫動物（homoiotherms）的體熱控制。

**therophyte　一年生植物**　以種子過多或渡過其它不利條件的草本植物，朗克爾氏生活型（Raunkiaer's life forms）之一。

**thiamine or vitamin B₁　硫胺，維生素 B₁**　穀物（如米）和酵母中存在的一種水溶性有機物質，作爲菸鹼醯胺腺嘌呤二核苷酸（NAD）分子的一部分在糖的分解程序中扮演輔酶（coenzyme）的作用。硫胺是維生素（vitamins）維生素B群（B-complex）的一個部分，缺乏時可造成腳氣病（beriberi）。

**thigmotropism or haptotropism or stereotropism　向觸性**　植物生長的一種方式（向性）：植物對接觸物體產生反應。反應通常是正性的，即植物向所接觸的表面生長，這最常見於有卷鬚的攀援植物。

**thoracic cavity　胸腔**　胸部（thorax）內的空腔。

**thoracic duct　胸導管**　哺乳動物淋巴系統（lymphatic system）的主要集合管，它將淋巴導入左前腔靜脈。

**thoracic gland　前胸腺**　見 prothoracic glands。

**thorax　胸**　1.（在脊椎動物）身體中包含心、肺的部分，在哺乳動物中藉橫膈（diaphragm）和腹部相隔。2.（在節肢動物）位於頭後方和腹前方的部分。3.（在昆蟲）攜帶附肢和飛翅的3個體節。

**thorn  刺，棘**　尖銳的木質結構，由枝條變態而來。

**thread cell  刺囊細胞**　見 cnidoblast。

**threat display  恐嚇表演**　動物行為的一個類型：或採取進攻姿態，或顯露恐嚇性標記。這常見於魚類和鳥類保衛領域（territory）時，並常造成受恐嚇的入侵者撤退，從而避免了直接衝突。見 pecking order）。

**threonine  蘇胺酸**　蛋白質中20種常見胺基酸（amino acids）之一。有一個極性 R 基，可溶於水。見圖287。蘇胺酸的等電點（isoelectric point）為5.6。

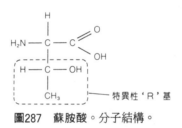

圖287　蘇胺酸。分子結構。

**threshold  門檻，臨界值**　刺激（stimulus）而能產生效果的強度標準，超過此標準即引起反應，而低於此標準則無反應。

**thrombin  凝血酶**　見 blood clotting。

**thrombocyte  血小板**　見 blood platelets。

**thromboplastin  凝血致活酶**　見 blood clotting。

**thrombosis  血栓形成**　在血管中形成血栓的過程。

**thrush  鵝口瘡；鶇**　1.白色念珠菌（*Candida albicans*）造成的急性或慢性感染，發生在口腔、陰道和呼吸道的黏膜病變。也可見於長期浸泡在水中的皮膚部分。2.鶇。畫眉鳥，雀（passerine）的一個屬。

**thylakoid  類囊體**　見 lamella。

**thymine 胸腺嘧啶** 去氧核糖核酸（DNA）的4類鹼基之一，具有嘧啶（pyrimidines）的單環結構。胸腺嘧啶組成稱爲核苷酸（nucleotide）的DNA單位，並永遠和DNA的一個稱爲腺嘌呤（adenine）的嘌呤鹼基形成互補配對。見圖288。在核糖核酸（RNA）中胸腺嘧啶被尿嘧啶（uracil）所替代。

圖288　胸腺嘧啶。分子結構。

**thymonucleic acid 胸腺核酸** 首先由胸腺（thymus）中萃取出的一種核酸（nucleic acid）。

**thymus 胸腺** 大多數脊椎動物頸部的一個內分泌器官，但在哺乳動物緊靠心臟。它產生的淋巴細胞（lymphocytes）轉移到淋巴結。胸腺還產生一種激素，稱胸腺素，它可促使淋巴細胞轉變爲產生抗體的漿細胞。胸腺在成體中逐漸退化。

**thyroglobulin 甲狀腺球蛋白** 在甲狀腺（thyroid gland）中儲存甲狀腺素（thyroxine）和三碘甲狀腺素的蛋白質。

**thyroid gland 甲狀腺** 位於頸部的一個內分泌腺，它產生的甲狀腺素（thyroxine）含有得自膳食的碘。甲狀腺素控制基礎代謝率（basal metabolic rate，BMR），在兩生動物中還控制變態。在發育期間甲狀腺分泌過低可造成甲狀腺機能減退，導致身心發育障礙，在兒童可造成呆小症，即克汀氏病（Cretinism）。在成人，則造成黏液性水腫（myxedema），引起思考和行動的遲緩、皮膚粗糙和肥胖。過量分泌（甲狀腺機能亢進）則造成突眼性甲狀腺腫，甲狀腺腫大，眼球突出。患者變得坐立不安，體重下降，心搏率加快。膳食中碘過少或過多都可造成甲狀腺的功能異常。許多年前在美國密西根州就曾發現自然發生的缺乏症。

**thyrotropic hormone** or **thyroid stimulating hormone
（TSH）促甲狀腺激素** 腦垂腺（pituitary gland）前葉分泌的一種激素，它刺激（thyroid gland）濾泡膠體釋放甲狀腺素（thyroxine）進入血流。過量的甲狀腺素可抑制 TSH 的產生，這正是負回饋機制（feedback mechanism）的一個實例。

**thyrotropin releasing hormone 促甲狀腺激素釋放激素** 下視丘（hypothalamus）神經分泌細胞分泌的一種激素，它刺激腦垂腺（pituitary gland）前葉釋放促甲狀腺激素（thyrotropic hormone）。

**thyroxine 甲狀腺素** 含碘的複雜有機化合物，甲狀腺（thyroid gland）產生的主要激素。

**Thysanoptera 纓翅目** 昆蟲的一個目，包括薊馬，此目中包括穀物和水果的主要害蟲。

**Thysanura 纓尾目** 昆蟲的一個目，包括衣魚，此目中主要都是棲居土壤的無翅昆蟲。

**tibia 脛骨；脛節** 在後肢中近與股骨相連遠與跗骨相連的兩長骨中前面的一個（見 pentadactyl limb）。在人類稱脛骨，在昆蟲它是從附肢基部起的第四節，即脛節。

**tibial 脛的**

**ticks 蜱** 節肢動物蜱蟎目（Acarina）兩科之一，主要是外寄生的吸血蟲，其唾液中含有抗凝血物質，在傳播疾病方面扮演重要的角色。

**tidal volume 潮氣量** 一個動物在靜止情況下每個呼吸週期中吸入的氣量。在人類，潮氣量約為500立方公分。

**tiller 分蘖** 從植株基部或從較低枝葉的腋部生出的枝條，這種分枝現象常見於穀物。

**Tinbergen, Nikolaas 廷伯根** （1907- ）英國動物學家，生於荷蘭，他以動物行為為專業研究對象。他和**勞倫茲**（Lorenz）

被認為是行為學（ethology）的共同奠基人。

**tissue 組織** 動植物中具有特定功能的類似結構細胞群，如肌肉（muscle）、韌皮部（phloem）等。

**tissue compatibility 組織相容性** 見 immune response。

**tissue culture 組織培養** 維持細胞在無菌並富含營養的液體中生長和分裂的技術。此法廣泛用於生物學實驗室，如用於癌症研究（見 HeLa cells）、植物育種，和染色體核型（karyotypes）的傳統分析等。見 amniocentesis。

**tissue fluid 組織液** 緊緊圍繞在細胞周圍組成內環境的細胞間液。它是由血液經超濾作用（ultrafiltration）形成的。

**tissue respiration 組織呼吸** 見 aerobic respiration, anaerobic respiration。

**titer 滴定度** 一個物質在溶液中的濃度，例如血清中的特異抗體的數量。濃度通常表示為稀釋倍數。例如1：200時結果為陽性而稀釋倍數更高時結果為陰性，則其滴度即為200。

**toadstool 毒菌** 擔子菌子實體的俗稱。

**tobacco mosaic virus 煙草鑲嵌病毒** 一種桿狀的病毒顆粒，包括一個核糖核酸（RNA）螺旋，外面是一個蛋白質外殼。這是最早得以純化和結晶的病毒，可引起煙草和其它作物如馬鈴薯葉的黃化和枯萎，並嚴重影響作物的品質和產量。

**tocopherol 生育酚** 見 vitamin E。

**tolearance 耐受性** 1.生物抵抗惡劣環境壓力如乾旱或極端溫度的耐力。2.生物抵禦有害因子如殺蟲劑或內寄生蟲在體內累積而不出現嚴重症狀的耐力。

**tomentum 絨毛被** 某些植物結構表面的厚密短棉毛層。

**tongue 舌** 大多數脊椎動物口腔底部的一個肌肉質器官，上覆味蕾，用於處理食物。在某些物種中還可作為觸覺或抓握器官。

**tonoplast 液泡膜** 植物細胞細胞質中圍繞液泡的細胞膜（cell

membrane），它控制著離子出入液泡的運動。見 selective permeability。

**tonsil　扁桃體，扁桃腺**　人類口腔後方的兩個突起物，具淋巴功能。扁桃體可能招致感染，造成疼痛和全身不適。在過去，常用手術割除兒童扁桃體，但現在手術已不大流行。

**tonus　肌肉緊張**　由於持續的低度刺激使肌肉處於中度收縮狀態，其功能是維持動物的體姿。因為每個肌肉都有一部分細胞處於強直收縮（tetanus 1）狀態，於是產生肌緊張，肌肉變硬。這種狀態可以持續而不感疲勞是因為一部分細胞收縮時，另一部分在鬆弛。

**tooth　牙齒**　1.脊椎動物口腔裡一系列用於咬、撕和磨碎食物的結構。每個牙外面都有一層堅硬的釉質，是由礦物質和角蛋白（keratin）構成的。其下是象牙質，其結構類似於骨頭，但因礦物質含量不同所以比骨硬。象牙質中有許多微細的管道，其中是成牙質細胞的細胞突。再往中央是髓腔，其中有微血管和神經末梢。牙根外面包有牙骨質，並埋在頷骨中。見圖289。見 incisors、canines、premolars 和 molars。2.任何外觀像牙齒的結構，如鯊魚的牙（盾鱗），實際上是變態的鱗。

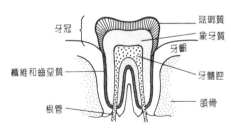

圖289　牙齒。人臼齒的縱剖面。

**tooth bud　齒芽**　生長牙齒的生長組織。

**top carnivore** or **tertiary consumer　頂級食肉動物，三級消費者**　數目錐體（pyramid of numbers）頂端的生物，它捕食其它生物但不被其他生物捕食。

**topogenous 地形制約的** （指泥炭沼澤）受地形制約的，在特定地形下才發展出的。

**topotype 地模標本** 在某物種的模式地區採得的該物種的任何標本。

**topsoil 表土** 耕耘深度以上的表層土。

**tormogen 膜原細胞** 昆蟲中分泌剛毛窩的細胞。

**tornaria larva 柱頭幼蟲** 半索動物（hemichordate）的能獨立游泳的幼蟲，具兩個纖毛帶。

**torpor 蟄伏** 一種不活動狀態，某些恆溫動物（homoiotherms）採取昏睡方式保存能量。昏睡時，體溫和全身代謝通常要下降。

**torsion 扭轉** 腹足類在胚胎階段發生的扭轉現象：其內臟團扭轉180度。

**torus 紋孔塞；花托** 1.紋孔塞。裸子植物（gymnosperms）具緣紋孔（bordered pits）中央的加厚部分。2.花托。見 receptacle。

**totipotency 全能性** 細胞或組織能產生體結構的潛力。在成體細胞，這種能力通常喪失，特別是動物。成體細胞已分化為特定的類型後，它們就不再能轉化為另一類型的細胞。見 gurdon，cell differentiation。

**toxin 毒素** 生物產生可損害其他生物的非產物。見 tetanus，botulism。

**toxoid 類毒素** 將毒素的毒性破壞但仍保留其引發免疫力的能力的製劑。

**trabeculae 顱小樑；橫條** 1.顱小樑。脊椎動物胚胎構成顱底前方的一對軟骨小樑。2.橫條。支撐各種植物器官的條形結構。

**trace element 微量元素** 生物系統正常運轉所需微量元素。缺乏可導致疾病和甚至死亡。例如缺硼可造成甜菜的心腐病，缺鈷造成澳洲牛羊的海岸病。有關碘缺乏，見 thyroid gland。參見

essential elements。

**tracer　追蹤物**　施用於生物的稀有同位素（isotope），例如放射性同位素碳-14，藉以追蹤它在體內代謝作用（metabolism）途徑及其代謝產物。

**trachea　氣管；導管**　1.氣管。（在脊椎動物）由頸部聲門通向肺部支氣管分支處的主要呼吸管道。2.氣管。（在昆蟲）指一整套微氣管（tracheoles）系統，空氣從氣門經由這套氣管系統分布到身體各處。見 tracheal gill。3.導管。見 xylem vessel。

**tracheal gill　氣管鰓**　水生昆蟲的氣管（trachea 2），是身體向外突出的細長部分，其中有微氣管（tracheoles）分布。

**tracheid　假導管**　木質部（xylem）中的一類細長中空的細胞，兩頭尖，壁高度木質化，中心原生質已死。壁的加厚部分可和具緣紋孔（bordered pits）相連，也可組成各種花樣，如環形的、螺旋狀的和梯形的。見圖290。假導管是裸子植物（gymnosperms）的輸水組織，但也見於被子植物（angiosperms）的木質部導管中。

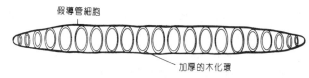

假導管細胞

加厚的不化環

圖290　假導管。一般結構。

**tracheole　微氣管**　昆蟲氣管（tracheae 2）的細小分支。

**tracheophyte　維管束植物，導管植物**　維管植物門的植物，包括所有具維管束的植物，蕨類（pteridophyte），和種子植物（spermatophyte）。本門包括下列亞門：裸蕨亞門（Psilopsida）、石松亞門（Lycopsida）、楔葉亞門（Sphenopsida）、羽葉亞門（Pteropsida）。

**Trachylina　硬水母目**　水螅型腔腸動物（coelenterate）的一個目，本目中的水螅階段受到抑制。

**trachymedusa 硬水母** 水螅型腔腸動物（coelenterate）硬水母目（Trachylina）的水母。

**tract 神經束** 神經纖維束，它可分布在中樞神經系統（central nervous system）內，也可以是走向周圍神經系統。

**trans- ［字首］** 表示跨過、超過、穿過。

**transaminase 轉胺酶** 轉移胺基（NH₂）的酵素。見transamination。

**transamination 轉胺作用** 轉移一個胺基酸（amino acid）上的胺基和一個酮酸接合，形成另一個胺基酸的程序。這個程序發生在肝臟中，它的重要性在於：它可將多餘的胺基酸分解為酮酸，它還可利用酮酸產生新的胺基酸（可以是膳食沒有提供的）。圖291舉出一個例子。必需胺基酸（essential amino acids）是轉胺作用不能提供的。

**transcription 轉錄** 在蛋白質合成（protein synthesis）程序中利用去氧核糖核酸（DNA）模板形成核糖核酸（RNA）的程序。這整個程序可分為幾個步驟（見圖292）：（a）DNA雙螺旋解旋。（b）在任何一個區域，只有一個DNA聚核苷酸鏈（polynucleotide chain）作為模板，不過在不同的區域可由不同的鏈作為模板。（c）然後由RNA聚合酶利用RNA核苷酸合成RNA分子，合成時選用的鹼基要和DNA的鹼基序列配對，並由DNA的啟動子處開始。RNA的增長方向是由5'向3'，和DNA的合成一樣。（d）進行轉錄直至到達一個終止信號（見genetic code）。（e）新合成的RNA離開DNA並移到細胞質，然後它可作為轉移核糖核酸（transfer RNA）、資訊核糖核酸（messenger RNA）或核糖體核糖核酸（ribosomal RNA）而發揮作用。（f）DNA分子又重新結成雙螺旋。

**transduction 轉導作用** 利用病毒作為媒介將DNA由一個細菌轉移到另一個細菌。

**transect 樣條** 跨過一個生境或數個生境的一條採樣線，沿線

麩胺酸（胺基酸）
丙酮酸（酮酸）
丙胺酸（胺基酸）
α－酮戊二酸（酮酸）

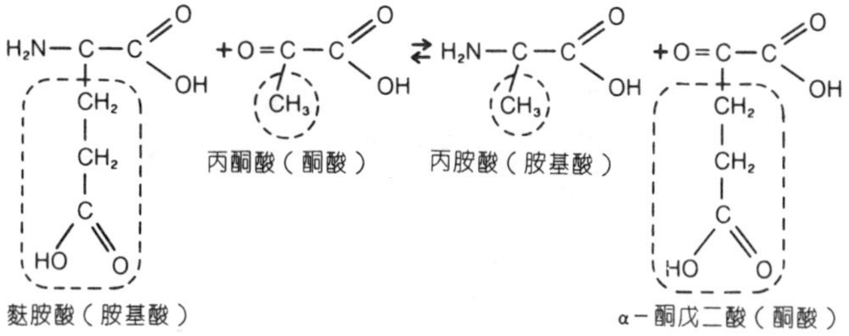

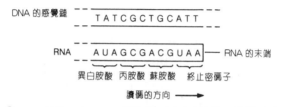

**圖291　轉胺作用。轉移一個胺基形成另一個胺基酸。**

DNA 的感覺鏈
TATCGCTGCATT
RNA
AUAGCGACGUAA
RNA 的末端
異白胺酸
丙胺酸
蘇胺酸
終止密碼子
讀碼的方向

**圖292　轉錄。在 RNA 的階段，尿嘧啶取代了胸腺嘧啶。**

採樣以觀察生物中可能存在的沿線變化。樣條最常用於研究植被中的變化，常常是研究一個特定物種沿著一條自然條件有改變的生境如沼澤或沙丘所發生的變化。

**transferase　轉送酶**　促使化學基團如胺基、甲基或烷基從一個受質（substrate）轉移到另一個受質的酵素。

**transfer RNA（tRNA）　轉送核糖核酸**　含有約80個核苷酸並具有酢漿草形結構的一類 RNA 分子，其功能是在轉譯（translation）程序中攜帶特定的胺基酸（amino acids）到核糖體。胺基酸接合到3' 端形成胺醯 tRNA（aminoacyl-tRNA），在整個酢漿草結構的一端有一小段未配對的部分稱反子密碼（anti-codon），其中的3個鹼基和資訊核糖核酸（messenger RNA）中的密碼子互補。見圖293。

**transformation　性狀轉變**　一段外來的去氧核糖核酸（DNA）整合到細菌細胞基因組（genome）中的過程。轉化實驗在遺傳學發展史上曾經相當重要，因為正是在格立菲（Grif-

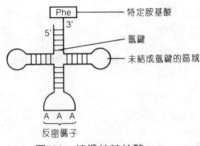

圖293　轉送核糖核酸。

fith）的肺炎雙球菌轉化實驗之後，埃弗理（Avery）、麥克勞德和麥卡蒂才證明了去氧核糖核酸（DNA）是遺傳物質。

**transfusion tissue　傳輸組織**　在裸子植物（gymnosperms）葉部維管束兩側的組織，它們可能就是維管束系統的延伸。它們是一些空的薄壁組織細胞，壁厚，具紋孔。

**transient polymorphism　漸進多態現象**　一個對偶基因（allele）正在被另一優勢對偶基因替代程序中暫存的遺傳多態性（genetic polymorphism）。

**transition substitution mutation　轉換替換突變**　見substitution mutation。

**translation　轉譯**　蛋白質合成（protein synthesis）中在核糖體（ribosome）上形成多胜肽鏈（polypeptide chain）的過程，翻譯利用的模板就存在於資訊核糖核酸（messenger RNA）。這個程序可分為以下幾個步驟：（a）在轉錄（transcription）程序中由去氧核糖核酸（DNA）產生的mRNA和一個或多個核糖體接合（見polyribosome）。（b）從RNA的5'端的起始信號開始順序通過核糖體，至3'端的終止信號停止（見polynucleotide chain）。（c）在核糖體外的是各種轉移核糖核酸（transfer RNA），每個都連接著不同的胺基酸（amino acids）。當一個RNA鹼基三聯體通過核糖體時，會由一個相應的tRNA分子辨識出來，就把正確的胺基酸留在核糖體上。（d）胺基酸由胜肽鍵（peptide bonds）連接起來，形成一個多胜肽鏈。見圖294。

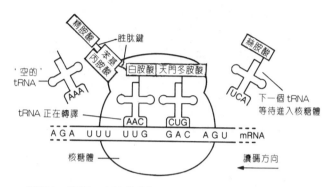

圖294　**轉譯**。由胺基酸經胜肽鍵連接形成的多胜肽鏈。

**translocation　運輸；易位**　1.運輸。高等植物體內有機物質在**韌皮部**（phloem）中的運輸。其機制至今不完全了解。一個流行的學說認為運輸是靠**集體流動**（mass flow），但也有證據說明，韌皮部是消耗**腺苷三磷酸**（ATP）而主動將溶質吸入篩管的。還有一種可能是，溶質利用一種**細胞質環流**（cytoplasmic streaming）方式經連接各篩管成分的蛋白質絲流動。2.易位。**染色體突變**（chromosomal mutation）的一個類型：非同源**染色體**（homologous chromosomes）之間發生了交換。見圖295。在易位程序中，染色體片斷可有遺失或有增加，造成嚴重問題，特別是影響配子的存活。見 translocation heterozygote。

**translocation heterozygote　易位異合子**　一生物個體具有一套正常染色體，另一套染色體卻在非**同源染色體**（homologous chromosomes）間發生過相互**易位**（translocation）。見圖295。在**減數分裂**（meiosis）第一次分裂前期中當染色單體發生**聯會**（synapsis 2）時，這種情況會帶來配對的問題。這個配對問題可由一種十字構型來解決，此時一切染色體片斷都可正確配對。當染色單體分離時，它們可以是**鄰接分離**（adjacent disjunction），也可以是**相間分離**（alternate disjunction）。見

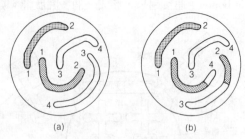

圖295　易位異合子。(a)正常細胞。(b)相互易位。

圖296。鄰接分離產生的配子有重複和缺陷的染色體片斷，因此所產生的配子會造成後裔的死亡。由十字構型扭轉造成的相間分離所產生的配子有完全正常的，有平衡易位的。因此都是可存活的，它們的後裔都會存活。易位異型合子的總體後果是，一半後裔存活，人們曾利用此現象來控制昆蟲的數目。

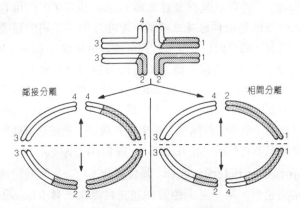

圖296　易位異合子。鄰接和相間分離。

**transmitter substance** or **neurotransmitter　傳遞物質；神經傳導物質**　存在於突觸（synapsis）中負責傳導衝動至突觸後軸突的化學物質，它從突觸前膜出發，跨過突觸間隙，至突觸後膜並引發後膜去極化，這樣就使衝動得以在突觸後軸突中傳遞。

見 acetylcholine，adrenergic，cholinergic。

**transovarial　經卵巢的**　指感染經卵由上代傳至下代。

**transpiration　蒸散作用**　水蒸氣經由氣孔（stomata）和皮孔（lenticels）排出植物體至大氣中的過程。蒸散在莖中形成很大的提升壓力，現認為這是水分由根上升至葉的部分原因。 蒸散的速率決定於幾個物理因素：（a）葉片葉肉（mesophyll）細胞表面的水蒸氣壓。蒸發表面是飽和的，其蒸汽壓（$WVP_{satn}$）受環境溫度強烈影響。例如，在20℃時，$WVP_{satn} = 2.34kPa$，而在10℃時，$WVP_{satn} = 1.23kPa$。（b）外界空氣中的水蒸汽壓（$WVP_{air}$），其最大值和該溫度下的 $WVP_{satn}$ 相等。如果葉內外的溫度相等，則葉肉細胞表面和外界之間的水蒸氣流動速率就等於 $WVP_{satn}$ 和 $WVP_{air}$ 之差；也即：

$$WVP_{diff} = WVP_{satn} - WVP_{air}。$$

因此，$WVP_{diff}$ 值越大，擴散梯度就越大，而蒸散率也越大。（c）每單位葉面積上氣孔的大小和數目。孔徑越小，對水蒸氣擴散的阻力越大。在每個氣孔上面籠罩的蒸汽在靜止大氣中形成一個高水蒸氣壓的邊界層，因為它增加了 $WVP_{air}$ 的值，故會減緩蒸散程序。在孔徑大時，這個效果最重要。但在流動空氣下，這個水蒸氣籠罩層不會形成，於是蒸散率也就會增加。（d）氣孔和葉片的結構。在某些旱生植物（xerophyte）中這些結構發生變態以減低蒸散率。（e）從根有源源不斷的供水。

**transpiration stream　蒸散流**　由於葉面蒸散作用（transpiration）失水造成的活植物體內的水流。

**transplantation　移植**　一種手術操作：將器官或組織由提供者轉移給一個需要健康器官或組織的接受者。近年來，腎、肺、心和肝移植都有人做過。但為了使移植成功，使用的組織必須相似（見 HLA system），而遺傳相似性則是保證做到這點的最佳途徑。在手術時現使用抑制正常免疫反應（immune response）的藥物，但這也抑制了機體抵禦微生物的能力。排斥異體組織是身體正常反應的一部分，目前人們正在積極研究可以防止排斥反應但又不影響正常抗菌能力的藥物。

**transport 傳遞** 物質通過一個系統的運動，如電子傳遞系統（electron transport system）。

**transposable genetic element** or **mobile genetic element 轉座遺傳因子，可動遺傳因子** 任何能插入染色體但又可轉移位置的遺傳單位。近年來發現嗜菌體、去氧核糖核酸（DNA）和質體（plasmids）都可以轉移位置，但轉座現象還是由一位美國遺傳學家麥克林托克於1950年代首先報告的。她在1983年爲此獲諾貝爾獎。在細菌中攜帶細菌基因的轉座因子稱爲轉因子（transposon）。

**transposon 轉因子** 見 transposable genetic element。

**transudate 滲出物** 任何透過膜，特別是透過微血管壁的物質。

**transude 滲出** 透過縫隙或小孔而出。

**transverse process 橫突** 四足脊椎動物脊柱神經弧的側向突起，和兩側肋骨相連。

**transversion substitution mutation 倒換替換突變** 見 substitution mutation。

**trematode 吸蟲** 吸蟲綱的寄生性扁蟲，包括吸蟲（flukes）。

**triangular 三角狀的** （植物構造）呈三角形的。

**Triassic period 三疊紀** 中生代（Mesozoic era）的第一個紀，緊接在二疊紀（Permian period）之後。約從2億3000萬年前到2億年前，這是爬行類的時代，恐龍（dinosaurs）就出現在這個時代。木賊（horsetail）、蘇鐵（cycad），銀杏（*Ginkgo*），針葉樹（conifer）在當時很普遍。菊石（ammonites）達到了頂峰。這時已出現最早的哺乳動物和蚊蠅。

**tribe 族** 一種分類單元，介於亞科和屬之間，主要用於植物分類。

**tricarboxylic acid cycle　三羧酸循環**　見 Krebs cycle。

**tricho-　〔字首〕**　表示毛。

**trichocyst　刺絲胞**　某些原生動物（protozoans）中的一種線狀結構，位於小窩內，受刺激時彈出，但其功能還不確定。

**trichogyne　受精絲**　某些子囊菌（ascomycetes）、紅藻和地衣的雌性性器官的一個突起，用於接受雄性配子以利受精。

**trichome　毛狀體**　植物表皮上的突起，呈毛狀或棘狀。例如棉花種子表皮長出的長毛就是具有厚纖維素壁的單細胞毛狀體。

**Trichomonas　毛滴蟲屬**　一類寄生性原生動物，見於人類和許多其他動物的消化道和呼吸道中。

**Trichonympha　披髮蟲**　一類鞭毛原生動物（protozoan），能產生纖維素酶（cellulase），這在動物極為罕見。棲居在白蟻腸道中，幫助白蟻消化木材。

**Trichoptera　毛翅目**　昆蟲的一個目，包括石蛾。幼蟲水生，成蟲口器退化，僅偶爾取食。

**trichotomous　三歧的**　（指植物結構）分出3個分支的。

**trichromatic theory　三色說**　認為一切顏色都是混合藍、綠、紅三原色而成的學說。見 color vision。

**tricuspid　三尖的**　（指牙齒）

**triecious　雌花雄花兩性花異株的**　見 trioecious。

**trifid　三裂的**

**trigeminal nerve　三叉神經**　脊椎動物的第五對顱神經，通常分為眼、下頜和上頜3個分支。

**triglyceride　甘油三酸酯**　見 fat。

**trigonous　三稜的**　具凸面三稜的，如植物的莖或子房。

**trihydroxybenzene　磷苯三酚**　見 pyrogallol。

**triiodothyronine　三碘甲腺原胺酸**　甲狀腺的一個次要的激

素，功能和甲狀腺素相同，但體內含量較少。分子式：$C_{15}H_{12}I_3NO_4$。

**trilobite 三葉蟲** 寒武紀（Cambrian period）和志留紀（Silurian period）的化石節肢動物，屬三葉蟲綱。

**trimethylamine oxide 氧化三甲胺** 海洋硬骨魚（teleost）氮代謝的終產物。淡水魚類的含氮終產物是氨，但排泄氨需水較多，於是就演化出排泄需水較少的氧化三甲胺。

**trimorphism 三態性** 某些物種具有3種不同形態的現象。

**trinomial nomenclature 三名法** 在二名法（binomial nomenclature）之外再添加一個亞種名或其他次要名稱的做法。

**trioecious or triecious 雌花雄花兩性花異株的** （指植物物種）雄花、雌花和兩性花分別長在不同的植株上。對照 monoecious, dioecious。

**triose 丙糖** 含三碳的單醣。

**triose phosphate 磷酸丙糖** 見 PGAL。

**triplet codon 三聯體密碼** 見 codon。

**triploblastic 三胚層的** 有3個胚層的：外胚層、中胚層和內胚層。除了原生動物（protozoans）、海綿（sponges）和腔腸動物（coelenterates）外，所有動物都是三胚層的。

**triploid 三倍體** 1.染色體的數目為單倍體（haploid 1）的三倍。2.一個具有三倍體染色體的個體。見 tetraploid。

**trisaccharide 三醣** 由3個單醣（monosaccharide）分子連接而成的寡醣（oligosaccharide）。

**trisected 三裂的**

**trisomy 三體性** 一個雙倍體（diploid 2）生物在它的一部分或全部細胞中某一型染色體同時存在3個的現象。例如唐氏症（Down syndrome）患者就是第21染色體有3個，而其他染色體都只有兩個。參見 Edwards' syndrome, Patau syndrome。

**tritium 氚** 氫的放射性同位素，原子量爲3（$H^3$）。

**trivial name 種名** 分類（classification）中的種名或亞種名。

**tRNA 轉送核糖核酸** 見 transfer RNA。

**trochanter 轉節；轉子** 1.轉節。（在昆蟲）附肢中由基部算起的第二節。2.轉子。（在脊椎動物）股骨頭附近的幾個較大的突起，爲肌肉附著處。

**trochlear nerve 滑車神經** 脊椎動物的第四對顱神經，分布於眼的上斜肌。

**trochophore** or **trochosphere 擔輪幼蟲** 多毛類環節動物、軟體動物和某些其他無脊椎動物的典型幼蟲。近於圓形，口前有一圈纖毛，稱口前纖毛輪（prototroch）。

**trochosphere 擔輪幼蟲** 見 trochophore。

**trophallaxis 交哺現象** 在某些社群性昆蟲的群體中成蟲和幼蟲之間互動哺餵反芻食物的現象。

**trophic 營養的** 見 food chain, trophic level。

**trophic level 食性層次** 能量經生態系統時要通過的取食層級。例如在大多數生態系統中，初級生產者（見 primary production）是第一級，其次是初級消費者（primary consumer）（食草動物），最後到頂級捕食者級。見 pyramid of number, biomass。

**trophic substance 營養物質** 一種假想的物質，它從神經末梢釋放出來影響突觸後細胞。

**trophoblast 滋養層** 胚泡（blastocyst）周圍的最外層的細胞層，包括胚胎上皮，這個上皮隨後把發育中哺乳動物的所有胚胎結構都包圍起來，並構成絨毛膜（chorion）的外層和胎盤中靠近胚胎的這部分。

**trophozoite 營養體** 孢子蟲綱原生動物的取食階段，包括子孢子（sporozoite）。在瘧原蟲（malaria parasite）中，這個階段見於人類紅血球中。

**tropic　向性的**　見 tropism。

**tropism　向性**　植物針對方向性刺激產生的生長反應，或趨近或遠離刺激方向彎曲生長。向性運動是由於器官如莖的兩側生長不相等，這通常是植物生長素（auxin）在兩側分布不等的結果。見 phototropism, geotrophism, thigmotrophism。

**tropo-　〔字首〕**　表示轉變、反應。

**tropomyosin　原肌球蛋白**　位於肌動蛋白（actin）絲溝槽中的一類長型蛋白質分子。它阻止肌動蛋白和肌凝蛋白（myosin）間的互動作用，從而抑制肌肉的收縮。

**troponin　肌鈣蛋白**　鈣結合蛋白的複合物，它可使原肌球蛋白（tropomyosin）從在肌動蛋白絲上阻止肌動蛋白－肌球蛋白相互作用的位置中脫出。

**tropophyte　濕旱生植物**　不能適應在季節變換時溫度、降雨以及其他方面改變的植物。

**tropotaxis　趨激性**　生物針對刺激源，特別是光源進行運動或定向的現象。

**true breeding line　純育系**　見 pure breeding line。

**truffle　塊菌**　塊菌目的腐生子囊菌，生於地下，可食。

**truncate　截斷的**　（指植物結構）

**trunk　樹幹；軀幹；胸部；長鼻；主幹**　1.樹幹。2.軀幹。身體除去頭、頸、四肢以外的部分。3.胸部。指昆蟲的胸部。4.長鼻。指象的可抓握物體的長鼻。5.主幹。指神經幹、血管主幹等等。

**trypanosome　錐蟲**　錐體蟲屬的寄生性原蟲，寄生於采采蠅腸道和脊椎動物的血中。錐蟲在牛羊中造成重大疾病，在人類還造成非洲昏睡病（African sleeping sickness）。

**trypsin　胰蛋白**　胰液（pancreatic juice）中分解蛋白質（protein）為多胜肽（polypeptides）的酵素。剛分泌時還是無活性的先質胰蛋白酶原（trypsinogen），經小腸（small intestine）分泌的腸激酶（enterokinase）的作用轉化為胰蛋白酶（pepsin）。

**trypsinogen　胰蛋白酶原**　見 trypsin。

**tryptophan　色胺酸**　蛋白質中常見的20種胺基酸（amino acids）之一。它的 R 基為非極性，因此相對不溶於水。見圖297。色胺酸的等電點（isoelectric point）為5.9。

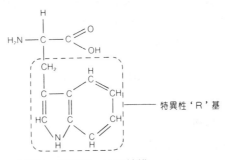

圖297　色胺酸。分子結構。

**tsetse fly　采采蠅**　舌蠅屬（*Glossina*）的雙翅目（dipterans）昆蟲，牠傳播非洲昏睡病（African sleeping sickness）。見 trypanosome。

**TSH　促甲狀腺素**　見 thyrotropic hormone。

**t-test　t 測試**　（統計學）一種顯著性（significance）測驗，可用於比較小樣本（個體數目少於30）的平均值，以判斷它們是來自同一群體還是來自具有不同平均值的不同群體。

**tube feet　管足**　棘皮動物（echinoderms）的行動器官，依靠體內的水管系統可以使管足伸出體外或縮回體內。

**tube nucleus　管核**　正在發育的花粉管（pollen tube）中的兩個單倍體核，其功能可能是控制花粉管的生長。

**tuber　塊莖，球莖**　地下根或莖的擴大部分，其中的薄壁組織（parenchyma）細胞含有澱粉（starch）可供過多之用。例如馬鈴薯的塊莖，它在小葉下還有腋芽，俗稱馬鈴薯眼。塊根常有手指狀的分支結構，如見於舊大陸的西南毛茛（ *Ranunculus ficaria* ）。

**tubercle　節結**　任何圓形或卵圓形的腫大部分。

**tuberculate　具疣狀突起的**　（指植物結構）

**tuberculosis　結核病**　一種人類傳染病，常影響肺臟，是由結核分枝桿菌（ *Mycobacterium tuberculosis* ）造成的。每個人對感染的反應都不同，有的毫無症狀，有的因感染而死亡。這些寄主抵抗力的差別是受遺傳控制的。結核病在世界許多地區是地方流行的，但自從有了藥物和免疫疫苗，結核病的世界死亡率已大爲下降。在典型的西方國家中，1900年的死亡率是10萬分之190，現在則已降至10萬分之10。

**tubule　細管**

**tubuliflorous　管狀小花的**　（指植物）

**tubulin　微管蛋白**　一類球形蛋白質分子，和肌動蛋白（ actin ）相似，是建構細胞質中微管的結構單位。

**Tullgren funnel　圖氏漏斗**　從土壤或枯枝落葉層中收集小動物的器具。將土壤置於網紗上，然後從上面用燈泡加熱，於是小動物就沿著乾/熱梯度向下移動而經漏斗落下來，然後再於下方用容器收集。

**tumor　腫瘤**　腫物，常爲病態。

**tundra　凍原，苔原**　見於南北極區的一類植被，包括地衣、草類、苔草和矮生植物。

**tunic　鱗莖皮，被膜**　鱗莖（ bulb ）或球莖（ corm ）的乾而薄的紙狀外皮。

**tunica　膜**　包圍動植物結構或器官的外膜或組織層。

**tunicate** or **urochordate　尾索動物，被囊動物**　被囊動物亞門的海洋脊索動物，體小，包括海鞘。牠們藉由纖毛運動攝食，缺乏脊索（ notochord ），不過在其蝌蚪幼蟲的尾中有個暫時的脊索。

**turbellarian　渦蟲**　渦蟲綱的水生扁形動物（platyhelminth），體被纖毛，善游泳。

**turbinate　陀螺狀的**　（指植物結構）

**turgor　膨壓**　原生質盡量吸收水分高度膨脹後的細胞狀態。此詞主要用於植物細胞，植物細胞膨脹時具有的最大體積決定於纖維素細胞壁的伸張程度。見 wall pressure, pressure potential, transpiration。

**turgor pressure　膨壓**　見 pressure potential。

**turion　具鱗根出條**　許多水生植物含有儲藏食物的腫大芽。可脫離母植株，使母植株得以過冬。

**Turner's syndrome　特納氏症候群**　人類染色體異常的一個類型：患者有 45 個染色體，其中有 44 個普通染色體（autosomes）和1個 X 染色體。本症候群的主要特徵有：（a）表型是雌性的，但第二性徵（secondary sexual characters）少或無。（b）胸部寬闊，呈盾狀。（c）輕度智力發育遲滯。這個病有助於我們理解人類的性別決定（sex determination），因為一個單獨的 X 染色體能決定一個女性而不是一個男性，這就說明正常的男性（XY）並不是由於它有一個單獨的 X 而是由於存在一個 Y。亦見 Klinefelter's syndrome。

**turnover rate　轉換率，周轉率**　對酵素催化能力的一種評估，以酵素被受質飽和時一個活性部位（active site）每秒結合的受質分子數來計算。各種酵素的轉換率差別很大。已知最快的酵素是過氧化氫酶（catalase），它的一個活性部位每秒結合1千萬個過氧化氫分子。

**twins　雙生兒**　同一母親在同一時間生產的兩個後裔。見 dizygotic twins, monozygotic twins。

**tylose** or **tylosis　侵填體**　進入木質部導管（xylem vessels）的薄壁細胞突生物，可因嚴重缺水引起，但更常因病原體造成。

侵塡體常常堵塞導管，妨礙水分運輸。見圖298。

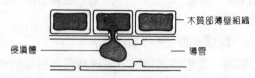

木質部薄壁組織

侵塡體　導管

圖298　侵塡體。伸入木質部導管的突生物。

**tympanic bone　鼓骨**　與爬行類隅骨（angular bone）同源的骨頭，僅見於哺乳動物。它形成聽囊和外耳道的基部。見 ear。

**tympanic cavity　鼓室**　見 ear。

**tympanic membrane** or **tympanum** or **eardrum　鼓膜**　外耳道裡端位於外耳和中耳交界處的一個膜。聲波造成鼓膜的振動，振動再經由耳骨傳到卵圓窗。

**tympanum　鼓膜**　見 tympanic membrane。

**type** or **type specimen** or **onomatophore　模式標本，命名標本**　用於描述某一分類單元（taxon）的原始標本。Onomatophore 意爲名稱攜帶者。

**type genus　模式屬**　科或亞科由之得名的屬。

**type locality　模式產地**　搜集主模標本（holotype）、選模標本（lectotype）或新模標本（neotype）的地點。

**type method　模式方法**　將一個分類單元（taxon）的名稱和該類元的一個單一標本聯繫起來的方法。

**type species　模式種**　屬由其得名的種。

**type specimen　模式標本**　見 type。

**typhlosole　腸溝，盲道**　沿蚯蚓腸道全長的一道向背側突出的溝隙，其作用是增加消化表面積。

**typhoid fever　傷寒**　由傷寒沙門氏菌（*Salmonella typhiosa*）感染造成的急性腸道疾病，其特點包括高熱、皮疹和腹痛。使用氯黴素可以治療本病，但已出現抗藥菌株，這時就需要使用其它藥物。

**typhus　斑疹傷寒**　由細胞內寄生的立克次體造成的急性傳染病。其特點包括高熱、皮疹和嚴重頭痛。病原體是透過體蝨傳播的，因此控制媒介昆蟲是防止斑疹傷寒傳播的有力措施。

**typical　典型的**　具有某一分類類群大部特徵的。

**typological thinking　類型邏輯思維**　有關分類（classification）的一種觀點；不考慮個體變異，而將一個種群中全部成員都視爲模式標本（type）的複製本。

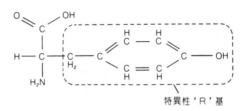

特異性 'R' 基

圖299　酪胺酸。分子結構。

**tyrosine　酪胺酸**　蛋白質（proteins）中常見的20種胺基酸（amino acids）之一。具有極性 R 基，溶於水。見圖299。酪胺酸的等電點（isoelectric point）爲5.7。

# U

**ulna　尺骨**　四足動物（tetrapods）前臂的兩個骨頭中較後面的一個。尺骨在近端和肱骨（humerus）形成關節，在遠端則和腕骨（arpals）形成關節。見 pentadactyl limb。

**ultracentrifuge　高速離心機**　能高速旋轉達到每分鐘5萬轉並產生50萬克力的機械。可利用高速分離微小顆粒，顆粒可以根據它們沿離心管移動的速度來區別。根據離心機的發明者的名字，斯韋德貝格（Svedberg），乃將沉降速度單位命名爲 S，但在中文文獻中習稱沉降單位。例如核糖體（ribosomes）在高速離心後發現包含兩個次單位，分別稱爲30S 和50S。亦見 density-gradient centrifugation, differential centrifugation, microsomal fraction。

**ultrafiltration　超濾作用**　小分子和小離子與血中大分子分離以形成組織液（interstitial fluid）的過程。

**ultraviolet light（UV）　紫外線**　超過可見紫光波長之外的電磁輻射，其範圍在1萬8000到3萬3000毫微米之間（見 electromagnetic spectrum）。紫外線和 X 線不同，它並非電離輻射，它只能穿透幾個細胞厚。但人們常用它作爲微生物的強力突變劑（mutagen），它可在 DNA 中誘發形成胸腺嘧啶二聚體（dimers），並損傷人類視網膜（retina）。有些昆蟲可感知紫外線（見 entomophily）。

**umbel　繖形花序**　總狀花序（raceme）的一種，花梗由花序梗散射生出，形成傘狀。例如香菜和獨活草。

**unbilical cord** **臍帶** 胎盤哺乳動物中將胚胎連繫到胎盤（placenta 1）上去的一個索狀結構，其中有血管，並由結締組織支持著。臍帶在出生時被截斷。

**umbo** **殼頂** 蚌殼中心的突出部分，是最先形成的部位，隨後環繞殼頂才同心圓式地一圈圈向外生長。

**unarmed** **無刺的** （指植物結構）

**uncinate process** **鉤狀突起** 鳥類前4個胸肋上的鉤狀突起，每個鉤狀突起都覆蓋在後面的肋骨上，這樣可加強飛行時胸廓的堅固性。

**uncini（單數 uncinus）** **小鉤** 管棲多毛類環節動物的鉤狀剛毛，牠們依靠這些剛毛固定在管子上面。

**undulant fever** **波浪熱** 由馬爾他布魯氏菌（*Brucella melitensis*）感染造成的人類布氏桿菌病，慢性，常出現模糊的胃腸道和神經系統的症狀，同時淋巴結和肝、脾腫大。大多數病例見於職業上會接觸病牛的人們。

**undulate** **波狀的** （指植物葉片）邊緣波紋狀的。

**unequal crossing over** **不平均互換** 同源染色體（homologous chromosomes）間進行互換（crossing over）時，雙方未嚴格對齊，以致一方有重複，而另一方有缺失。

**ungulate** **有蹄類** 具蹄的食草哺乳動物。見 Artiodactyla, Perissodactyla。

**unguligrade** **蹄行性，用蹄行走的** 以蹄（趾尖外覆的角質蹄）行走的，如馬或牛。

**uni-** ［字首］ 表示一。

**unicellular** **單細胞的** 見 acellular。

**unilocular** **單室的，單房的** （指植物結構）

**uninomial nomenclature** **單名命名法** 只用單名指稱分類單元的方法，如指稱一切種以上分類單元的方法。

**uniovular twins　單卵雙生兒**　見 monozygotic twins。

**unisexual　單性的**　同一物種中存在單獨的雄性和雌性生物。見 dioecious。

**unit-membrane model　單位膜模型**　解釋*細胞膜*（cell membrane）結構的一個模型：認爲細胞膜是由兩層蛋白質中夾一層脂質構成的。見圖300。單位膜模型是在50年代由美國醫生羅伯遜（David Robertson）提出的，他發現用電子顯微鏡研究所得成果和戴夫遜（H. Davson）及丹尼利（James Frederick Danielli）在1930年代作出的推論是符合的。但近來，*液態鑲嵌模型*（fluid-mosaic model）得到更多人的承認。

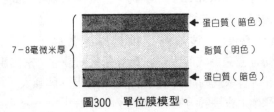

圖300　單位膜模型。

蛋白質（暗色）
脂質（明色）
蛋白質（暗色）
7－8毫微米厚

**univalent chromosome　單價染色體**　在*減數分裂*（meiosis）第一次分裂前期中未配對因而未能和*同源染色體*（homologous chromosomes）進行*互換*（crossing over）的染色體。單價染色體常見於具奇數染色體的*多倍體*（polyploids）細胞中。

**univariate analysis　單變數分析**　（統計學）對單一性狀的分析。

**universal donor/recipient　萬能供血者/受血者**　這是針對 ABO *血型*（ABO blood group）相容性而言。具 O 血型的個體沒有 A 或 B *抗原*（antigens），被稱爲萬能供血者，因爲他們的血型不會和受血者的血發生反應，所以可以輸給任何 ABO 血型的人。具 AB 血型的個體沒有抗 A 或抗 B *抗體*（antibodies），因爲他們沒有抗體可和輸入的抗原發生反應，所以被稱爲萬能受血者。這兩個詞不用指其他類型的*血液分型*（blood grouping），但這些其他血型在輸血上也很重要，所以這兩個詞很容易讓人誤解。

**unsaturated fat　不飽和脂肪**　見 fatty acid。

**upper critical temperature　上臨界溫度**　界定一個快速代謝動物的**熱中性帶**（ thermoneutral zone ）上限的環境溫度（見 tachymetabolism ）。高於此溫度時，由於**核心溫度**（ core temperature ）的上升，**標準代謝率**（ standard metabolic rate ）也會上升。

**upwelling　上升流，湧流**　水體的上升運動，常攜帶營養物質至水表面。上升流地區常是海洋生產力最高的地帶，例如祕魯海岸就是鯷魚的主要產地。

**uracil　尿嘧啶**　**核糖核酸**（RNA）中4種含氮鹼基之一，具有**嘧啶**（ pyrimidines ）的單環結構。分子式：$C_4H_4N_2O_2$。見圖301。尿嘧啶（在轉錄時）永遠和**去氧核糖核酸**（ DNA ）中的腺嘌呤互補配對，或（在轉譯時）永遠和**核糖核酸**（ RNA ）中的腺嘌呤互補配對。

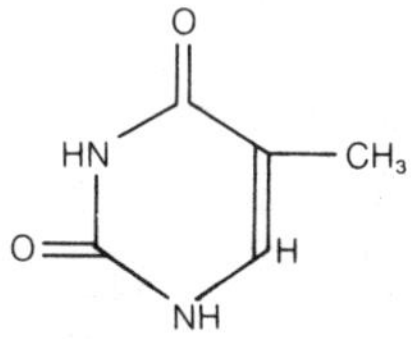

圖301　*尿嘧啶。分子結構。*

**urceolate　壺狀的**　（指植物結構）

**urea　尿素**　哺乳動物蛋白質代謝的主要終產物，主要來自**胺基酸**（ amino acids ）脫胺時放出的氨。分子式：$CO(NH_2)_2$。見 ornithine cycle。

**urea cycle　尿素循環**　見 ornithine cycle。

**urease　尿素酶**　將尿素（ urea ）水解為二氧化碳和氨的酶。見圖302。

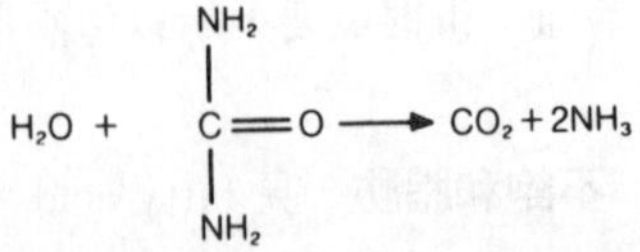

$$H_2O + \begin{array}{c} NH_2 \\ | \\ C=O \\ | \\ NH_2 \end{array} \longrightarrow CO_2 + 2NH_3$$

圖302 尿素酶。尿素的水解作用。

**Uredinales　鏽菌目**　擔子菌的一個目，包括導致植物鏽病的真菌。鏽菌為重要植物病原體。

**ureide　醯脲**　尿素和有機酸的化合產物。

**ureotelic　排尿素的**　（指動物）以尿素（urea）作為胺基酸分解終產物的。尿素是由鳥胺酸循環（ornithine cycle）產生的，也是胚胎期特有的，因為尿素在胚胎中很易擴散開來。

**ureter　輸尿管**　將尿液（urine）從腎臟（kidney）引向泄殖腔（cloaca）或膀胱（bladder）的管道。

**urethra　尿道**　由哺乳動物膀胱（bladder）排出尿液（urine）的管道。在雄性動物，這個管的遠端還有生殖功能，它攜帶來自輸精管（vas deferens）的精液並由陰莖排至體外。

**Urey, Harold　尤理**　見 coacervate theory。

**uric acid　尿酸**　多種動物，特別是適應陸地生活的動物如昆蟲、爬行類和鳥類等的蛋白質代謝終產物。分子式：$C_5H_4N_4O_3$。尿酸相當不溶於水，因此在胚胎期排到卵中也無毒性。尿酸排泄時只需要極少量的水，排出物為稠膏狀或乾丸狀。見圖303。

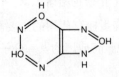

圖303　尿酸。分子結構。

**uricotelic　排尿酸的**　（指動物）以尿酸作為胺基酸降解終產物的。這種排泄方式為卵生的特徵：胚胎在封閉的殼內發育，廢物必須儲存起來。

**uridine　尿嘧啶核苷**　核糖和核糖核酸（RNA）鹼基尿嘧啶（uracil）的結合產物。再加上一個磷酸基，就變成一個核苷酸（nucleotide）。

**urine　尿液**　代謝（metabolism）產生的廢物，是含有有機和無機物質的水溶液。在哺乳動物、軟骨魚、兩生類和龜，氮是以尿素（urea）的形式排出；尿素平均佔人尿的2％。

**uriniferous tubule　腎小管**　脊椎動物腎中由鮑氏囊（Bowman's capsule）通向集尿管的曲管，隨後再由集尿管將尿液運至輸尿管。

**urogenital system　泌尿生殖系統**　見 genitourinary system。

**uro-　〔字首〕**　表示尿或尾。

**urochordate　尾索動物**　見 tunicate。

**Urodela　有尾目**　兩生動物的一個目，包括蠑螈。尾部發達，具四肢，其幼體具外鰓。

**urodeum　泄殖道**　鳥類和爬行類泄殖腔（cloaca）中生殖道和輸尿管（ureters）開口的部位。

**uropygeal gland　尾脂腺**　在鳥類尾臀（uropygium）背側開口的一個大型腺體，分泌油性液體用於塗覆羽毛。

**uropygium　尾臀**　鳥類後部的肉質和骨質隆起，用於支持尾羽。

**urostyle　尾桿骨**　兩生類脊椎基部的一條細長具尖的骨頭，由脊椎融合而成。

**uterus　子宮**　胎生（viviparous 1）動物輸卵管（oviduct）的末端膨大部分，胎兒在該處著床和發育。

**utricle　橢圓囊**　內耳中連通半規管的兩個相連的囊狀結構之一。另一個囊狀結構爲球囊（saccule 2）。

**uvula　懸雍垂，小舌**　人軟顎後面懸垂下來的一個肉質結構。

# V

**vaccine　菌苗；疫苗**　包含減活（見 attenuation）微生物或死微生物的製劑，用於刺激接種者產生**免疫反應**（immune response），為接種者提供**免疫力**（immunity）。因此菌苗（或疫苗）的作用不快，它需要接種者逐漸積累起足夠量的**抗體**（antibodies）。例如沙克（Salk）的骨髓灰白質炎疫苗就包含的是減毒病毒。對照 serum 3。

**vacuolar membrane　液泡膜**　圍繞液泡（vacuole）的膜。

**vacuolation　液泡形成，液泡化**

**vacuole　液泡**　植物細胞的細胞質中的空腔，內含細胞液。液泡外面圍繞的是**液泡膜**（tonoplast）。

**vacuum activity　無意義活動**　無明顯需要或刺激就出現的動物行為模式。見 displacement activity。

**vagina　陰道**　交配時容陰莖進入的雌性哺乳動物生殖道部分。

**vagus nerve　迷走神經**　脊椎動物的第10對顱神經，起自延髓（medulla）第四腦室的側面和底部，供應咽部、聲帶、心臟、食管、胃和腸道。在聲帶和肺部，迷走神經具有感覺功能，但在副交感神經系統（見 autonomic nervous system）的其它部位則具有運動功能，包括對心臟的抑制作用。

**valid name　有效名**　分類學家可用的過去從未使用過的名稱。

**valine　纈胺酸**　蛋白質中常見的20種胺基酸（amino acids）之

一。具非極性 R 基，相對不溶於水。見圖304。纈胺酸的等電點（isoelectric point）為6.0。

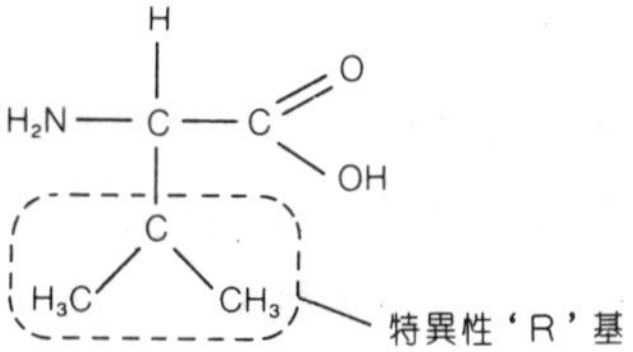

圖304　纈胺酸。分子結構。

**valvate　鑷合狀的**　（指花被各部分）邊緣在芽中互相接觸，但不重疊的。

**valve　瓣；殼**　1.瓣。允許液體，如血液，單向運動的組織。2.殼。腕足動物和藤壺的殼。3.殼。雙殼類軟體動物的殼。4.瓣。某些花藥（anthers）上的瓣。

**van der Waals' forces　凡得瓦力**　在鄰近的電中性分子之間或分子內的部分之間形成的弱鍵。這種相互作用常見於蛋白質的二級和三級結構中。

**vane　翈**　鳥羽中由羽枝組成的部分，但不包括羽軸（rachis）。

**vapor pressure　蒸汽壓**　蒸汽和固相或液相平衡時所施加的壓力。在討論水蒸汽的擴散時，此詞很重要。見 transpiration。

**variable（V）region　可變區**　免疫球蛋白（immunoglobin）中對特定分子具有特異性的部分。對照 constant region。

**variance（$s^2$）　方差**　（統計學）圍繞著算術平均數（arithmetic mean）的變異。它是所有觀察值和平均數的差值平方的平均值。方差的平方根就是標準差（standard deviation）。

**variant　變種**　種或品種中尚未賦予專門名稱的一類特殊個體。

**variation　變異**　1.由局部因素而不是遺傳因素造成的生態表

VARICOSITIES

型變異。2.一個族群內部各個體之間或雙親和子代之間的任何差別，包括表型和遺傳型的差別。見 ecophenotype, genetic variability。

**varicosities　腫大；曲張**　血管或神經幹的腫脹部分。

**variegation　花斑**　植物葉片或花朵各部分間的顏色變化。可由遺傳原因造成，如影響質體（plastids）的體細胞突變，但也可由疾病造成，特別是病毒感染。

**variety　品種；變種**　在同一物種內，一個和其他族群有所不同的族群。在植物中，這常指亞種以下的區別，但在動物，此詞常和亞種或宗同義。不過，此詞也常指形態變種，例如顯示黑化現象（melanism）的變種。

**vasa recta　腎直小動脈，真小管**　脊椎動物腎臟中伴隨亨利圈（Henle, loop of）的薄壁血管（輸出小動脈），它們的血進入小葉間靜脈，最後再進入腎靜脈。

**vascular　維管的；血管的**　運送液體的，如在哺乳動物中運送血液，或在植物中運送水分。

**vascular bundle　維管束**　維管植物中由根經莖直到葉部的輸導組織，其功能是運輸。水和離子主要靠木質部（xylem）運輸，溶解的有機溶質則主要靠韌皮部（phloem）運輸。有些維管束被稱為是開放型的，因為在它們的木質部和韌皮部之間有形成層（cambium）組織在生長。

**vascular cylinder　維管柱**　見 stele。

**vascular plant　維管束植物**　維管植物門（tracheophyta）的成員，具有由維管束（vascular bundles）組成的特殊輸導組織。

**vascular system　血管系統；水管系統；維管系統**　1.血管系統。（在動物）血液循環系統，包括動脈、靜脈、微血管和心臟。2.水管系統。棘皮動物的水管系統，用於移動管足以利全身行動。3.維管系統。（在植物）用於傳輸水分的組織。主要包括木質部（xylem）和韌皮部（phloem），它們形成一個輸送水分、礦質鹽和營養物質的連續系統，同時還爲植株提供支持。

**vas deferens　輸精管**　由睪丸（testis）向外輸送精子的管道，在無脊椎動物中直接送到外邊，在脊椎動物則送至泄殖腔或尿道（urethra）然後再到外邊。

**vasectomy　輸精管切除術**　人類的一種手術：切斷輸精管（vas deferens），並分離斷端以防止它們重新自行連接在一起。這個手術可以防止精子和附屬腺體的分泌液相混，因此可作爲節育（birth control）的一種措施。這時再排出的精液缺乏精子，因此雖然仍可射精，但卻沒有受精的危險。精子在輸精管中被吸收，一般對性行爲沒有影響。

**vas efferens　輸出管**　由睪丸（testis）引向輸精管（vas deferens）的細管。

**vasoconstriction　血管收縮**　血管縮窄變細，常因寒冷引起，是由於來自交感神經系統（見 autonomic nervous system）的刺激引起血管壁不隨意（involuntary）肌收縮所致。

**vasodilatation　血管舒張**　借助肌肉作用使血管擴張，主要受交感神經系統（見 autonomic nervous system）的支配。

**vasomotor　血管舒縮的**　（指交感神經中的）

**vasomotor center　血管舒縮中樞**　腦幹中的一部分，刺激其上的不同部分可引起血壓的變化，例如刺激升壓區引起血壓升高，刺激降壓區導致血壓下降。

**vasopressin　血管加壓素，抗利尿激素**　見 ADH。

**vector　媒介生物**　傳播寄生蟲的生物。例如瘧蚊傳播瘧原蟲（malaria parasite）。

**vegetal pole　植物極**　動物卵富含卵黃的部分，相對遠離細胞核。

**vegetative　營養的**　植物中和生殖無關的器官，如根、莖、葉。見 vegetative propagation。

**vegetative cell　營養細胞**　裸子植物（gymnosperms）花粉粒

中的兩個初生細胞，它們隨後伸長變成花粉管（pollen tube）。

**vegetative propagation** or **vegetative reproduction** **營養生殖，營養體繁殖** 無性生殖（asexual reproduction）的一個類型：指植物的營養器官能繁殖新的個體。天然的營養繁殖方法包括：借助根莖（rhizomes）、塊根或塊莖（tubers），以及匍匐莖（runners）。人工方法則包括嫁接（grafting）和插條（cutting）。

**vegetative reproduction** **營養體生殖** 見 vegetative propagation。

**vehicle** **媒介物** 將感染從一個寄主傳播至另一個寄主的無生命載體。

**vein** **靜脈；翅脈；葉脈** 1. 靜脈。（在高等動物）血液循環系統（blood circulatory system）中從組織將血液攜帶回心的部分。靜脈壁薄，但基本結構和動脈（arteries）相同，不過靜脈一般比相應的動脈為大。靜脈和動脈不同，無血時就塌陷下來，並且在其中配有一系列單向瓣膜，行動時在肌肉的幫助下可保持血液向心流動。2. 翅脈。（在昆蟲翅）為角質層（cuticle）加厚的部分，其中包有氣管和血竇。在成蟲早期，血液進入翅脈使翅得以取得最後的形狀。3. 葉脈。（在維管植物）葉片中的輸導管道，主要由維管組織組成，它們和莖中的維管束（vascular bundles）相連。葉脈的花紋格式因植物種類而異，常用作分類依據。

**velamen** **根被** 附生植物氣生根外的一層死亡細胞，它們形成一種海綿狀吸水的物質。

**veliger** **面盤幼體；緣膜幼體** 某些軟體動物的幼體，似擔輪幼蟲（trochophore），但隨後發育出一個殼和其他器官。它靠纖毛取食。

**vena cava（複數 vanae cavae）** **腔靜脈** 血液循環系統（blood circulatory system）的主要靜脈之一。

**venation　翅脈序；葉脈序**　1.（在昆蟲）翅脈的排列。2.（在植物）葉脈的排列。

**venereal disease　花柳病**　由性交傳播的疾病，如淋病（gonorrhea）和梅毒（syphilis）。

**venter　腹**　（藏卵器）藏卵器（archegonium）的膨大基部。

**ventilation rate　換氣率**　按每分鐘呼吸的氣容量來計的呼吸率。

**ventral　腹面的**　生物的下面，或在平時或休息狀態中向下的一面。但在雙足站立的人類，腹側卻是向前，不過如果改為四足站立，則腹側向下。

**ventral gland　頭背腺**　見 prothoracic glands。

**ventral root　腹根**　由脊椎動物腦部或脊髓腹側發出的神經根，含有運動（motor）神經。

**ventral tube　腹管**　彈尾目昆蟲（見 Collembola）第一對腹節的附肢，由成對附肢融合而成。可能用於附著或用於取水。彈尾目的拉丁學名即源於此結構。

**ventricle　心室；腦室**　1.心室。心臟的腔室，具厚肌肉壁，它接受心房（atrium）來的血液再將血壓送至動脈中。2.腦室。腦中的4個腔室，其中充滿腦脊髓液（cerebrospinal fluid）。腦室見於大腦半球（cerebral hemispheres），即兩個側腦室；見於前腦（forebrain），即第三腦室；和見於延髓（medulla oblongata），即第四腦室。

**ventricular fibrillation　心室纖維性顫動**　見 fibrillation。

**venule　小靜脈**　小型靜脈，它和微血管的不同處在於：管壁中有結締組織，有時還有平滑肌。

**Venus flytrap　捕蠅草**　一類食肉植物，學名 *Dionaea muscipula*，當有昆蟲進入時，上面一個葉片就突然將蟲蓋住，然後消化吸取其氮質營養。

**Vermes　蠕蟲**　一個已廢用的代表一切蠕蟲的類稱，包括不同

的門類，如環節動物（annelids）、扁形動物（platyhelminths）、
紐蟲（nemertean），等等。

**vermiform appendix　闌尾**　見 appendix。

**vernacular name　俗名**　生物的普通名稱，例如 *Turdus migratorius* 的俗名就叫做知更鳥。

**vernalin　春化素**　春化處理（vernalization）時產生的一種類似激素的物質。

**vernalization　春化處理，春化作用**　使作物經受低溫（2～5℃）促其恢復原先生理狀態，以縮短其從播種到開花之間的期限。高溫可使春化作用逆轉。

**vernation　多葉捲疊式，幼葉捲疊式**　葉子在芽中的排列方式。

**versatile　丁字形附著的**　（指花藥）花絲附著於花藥中心，這樣有利於它的運動。

**vertebra（複數 vertebrae）　脊椎**　脊柱（vertebral column）的個別骨節。

**vertebral column** or **spinal column** or **backbone　脊柱**　由脊椎圍繞著脊髓（spinal cord）組成的軸狀結構。每個脊椎都有一個錐體，它取代了胚胎時的脊索（notochord）；脊椎背面還有一個神經弧，它圍繞著脊髓；常常還有一個錐體椎突肋胸弧，它圍繞著血管。脊椎上面可能存在著橫突，和肋骨形成關節。脊椎之間是靠錐體和神經弧上面的突起相連。脊柱藉由寰椎和顱骨相連，在胸椎處和肋骨相連，在骶椎處和腰帶相連。見圖305，lumbar vertebra, zygapophysis。

**vertebrate　脊椎動物**　脊索動物門脊椎動物（有頭動物）亞門的成員，包括一切具有脊柱的生物，如魚類、兩生類、爬行類、鳥類和哺乳類。此外，牠們還都有頭顱，有發達的腦，有一付硬骨或軟骨的骨骼。

**vertical classification　垂直分類**　分類（classification）的一

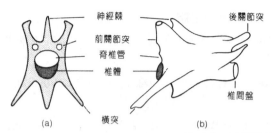

圖305 脊柱。哺乳動物的腰椎。(a)前視圖。(b)側視圖。

種類型：強調生物的共同來源，把生物都放在同一高層分類單元之下以顯示直線遺傳的（phyletic）關係。對照 horizontal classification。

**vertical resistance　垂直抵抗力**　見 race-specific resistance。

**vesicle　小泡，小囊**

**vesicula seminalis　貯精囊**　見 seminal vesicle。

**vessel　血管；導管**　1.血管。運送血液的管狀結構。2.導管。見 xylem vessel。

**vestibular apparatus　前庭器官**　內耳的一部分，它和耳蝸（cochlea）共同構成膜迷路（見 ear）。

**vestibular canal　前庭管**　內耳耳蝸（cochlea）中的管道，和卵圓窗相連。

**vestibule　前庭**　任何從一個腔室引向另一腔室的通路，例如草履蟲中引向口部的凹陷處即稱爲前庭，雌性哺乳動物由外陰（vulva）導向陰道（vagina）的部分也是前庭。

**vestigial organ　痕跡器官**　在演化過程中功能減退體積通常也縮小的器官。例如鯨的骨盆帶和不飛鳥類的飛翼。這些器官常常失去原有功能而移做它用。例如企鵝的前肢已適應游泳。

**viability　生活力，可活力**　一個合子（zygote）能存活並發育爲成體的能力。例如種子越老生活力越小，能發芽的百分比越小。

**viable cell 可活細胞**

**vibrissa** or **whisker 觸鬚** 哺乳動物口周的硬挺鬚毛,具感覺功能。

**vicariad 分替種** 幾個親緣密切但卻形成分布區不重疊種群(allopatric population)的種。

**Victoria mazonica 王蓮** 其結構顯示了結構和功能之間的密切關係。葉緣上翹以防淹沒,而葉下部有肋狀結構,大大地增加了葉的牢固程度。

**villous 長柔毛的** (指植物)

**villus(複數 villi) 絨毛** 小指狀突起,例如見於小腸(small intestine)內膜。絨毛增加了腸壁表面積。它含有:(a)血管,以吸收碳水化合物和胺基酸,將它們引入肝門脈系統;和(b)乳糜管,以吸收脂肪,後者則進入淋巴系統(lymphatic system)。

**vinegar 醋** 稀而不純的醋酸,常由酒製作。

**viral pneumonia 病毒性肺炎** 一類肺病毒感染造成的肺炎,肺病毒和麻疹病毒相近。兒童特別易受此類病毒感染並造成流行病(epidemic)。

**virion 病毒顆粒** 見 virus。

**viroid 類病毒** 一種類似病毒的病原體,含有一個核糖核酸(RNA)分子,但無蛋白質外殼。

**virulence 毒力;毒性** 生物對寄主的致病能力的總和。

**virulent phage 毒性噬菌體** 一種嗜菌體,在細胞內複製後就會造成寄主細胞的溶解(lysis)。和溫和噬菌體(temperate phage)不同的是,毒性嗜菌體無法嵌入寄主的染色體中。

**virus 病毒** 已知的最小有機體,體積在0.025-0.25微米之間。一個成熟的病毒又稱病毒顆粒(virion),包含核酸(核糖核酸或去氧核糖核酸),外面圍繞蛋白質外殼或蛋白質和脂質的外殼。病毒可感染細菌、植物和動物。它們雖然自己不能進行代謝（metabolism），卻能控制受感染細胞的代謝。在感染過程中，病毒先是附著在細胞上，然後才鑽進去。注射進去的核酸先是複製自己，然後形成新的病毒，細胞破裂時這些病毒再釋放出來。

**viscera**　内臟　體腔内的器官。

**visceral arches**　鰓弓　脊椎動物相鄰鰓裂之間的骨質結構。

**visceral hump**　内臟隆起　軟體動物的背側結構，其中含有内臟器官。它的外面通常覆蓋有套膜和外殼。

**visceral muscle**　内臟肌　見 involuntary muscle。

**viscid**　黏的　（指植物結構）

**viscosity**　黏性，黏滯性　1.物質抗拒形變的力量。2.液層間相互流過時的阻力。

**viscus**　内臟　内臟（viscera）中的單一器官。

**visible spectrum**　可見光譜　見 electromagnetic spectrum。

**visual cortex**　視皮層　大腦（cerebrum）枕葉外面的一薄層灰質，該層負責解釋來自眼睛的資訊。

**visual purple**　視紫質　見 rhodopsin。

**vital capacity**　肺活量　最大吸氣之後所能呼出的氣體總量。它包括：（a）潮氣（tidal volume），即正常呼吸時的吸入量。（b）吸氣儲備量，即正常吸氣後還能吸入的量。（c）呼氣儲備量，即正常呼氣後還能呼出的量。正常成年男性的數值如圖306所示。因此正常男性的肺活量在3.5到4.5公升之間，但有訓練的運動員卻可達到6.0公升。

**vitalism**　生機論　認為生物現象不能僅用物理化學概念加以解釋的學說。

**vital staining**　活體染色　對活細胞進行染色的操作，曾廣泛用於研究胚胎中各部分相互移動的情形。

**vitamin**　維生素　為正常生長和健康所必需的有機化合物。並

## VITAMIN A

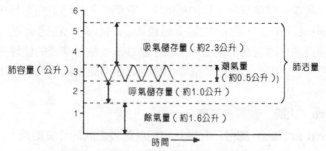

圖306　肺活量。成年男性休息狀態下的肺活量。

不是所有生物都需要同樣的維生素。例如大鼠可以合成維生素C，而人類卻不能。一般膳食中只需要少量維生素，因爲維生素通常是作爲**輔酶**（coenzymes）或輔酶的一部分而作用。維生素又分爲兩型：脂溶性的（A、D、E 和 K）和水溶性的（B 和C）。見維生素 A（vitamin A）、維生素 B 群（B-complex）、**抗壞血酸**（ascorbic acid）、維生素 D（vitamin D）、維生素 E（vitamin E）、維生素 K（vitamin K）。

**vitamin A** or **retinol** **維生素 A，視黃醇** 一種脂溶性烴類，和**類胡蘿蔔素**（carotenoids）相似，存在於肝臟、綠色蔬菜和胡蘿蔔等儲藏器官。它關乎眼睛以及呼吸道和生殖泌尿道黏膜的正常功能。也是眼睛**視桿**（rods）中進行的光化學反應中的一個成分。維生素 A 的缺乏首先引起夜盲，然後造成乾眼病、眼和眼瞼發炎。呼吸道上皮可能發炎，還可導致不育。嬰兒可從母親的**初乳**（colostrum）中得到大量維生素 A。

**vitamin B complex** **維生素 B 群** 見 B-complex。

**vitamin C** **維生素 C** 見 ascorbic acid。

**vitamin D** **維生素 D** 一種脂溶性分子，見於魚肝油，皮膚受到日光中紫外線的照射時也可產生。主要功能是增加骨和牙齒對鈣和磷的利用。缺乏時造成兒童的**佝僂病**（rickets）和成人的骨軟化，特別見於多次妊娠後的婦女。

**vitamin E** or **tocopherol** **維生素 E，生育酚** 一種脂溶性分

子，見於多種植物，如麥芽油、綠葉蔬菜，還有卵黃、奶和肉類。本維生素是抗氧化劑，例如可防止不飽和脂肪酸和維生素 A 在體內氧化。缺乏時可導致不育。

**vitamin K** or **phylloquinone　維生素 K，葉綠二酮**　一種脂溶性分子，見於菠菜、甘藍、無頭甘藍和豬肝。此維生素爲合成凝血酶原（prothrombin）所必需，而凝血酶原用於*血液凝固*（blood clotting）。缺乏時造成凝血時間延長。

**vitamin M　維生素 M**　見 folic acid。

**vitelline blood vessels　卵黃血管**　在有卵黃的脊椎動物中向胚胎運送營養的血管。

**vitelline membrane** or **primary egg membrane　卵黃膜，第一卵膜**　一個受精膜（fertilization membrane），是卵細胞分泌的並包圍在卵細胞之外。隨後產生的膜則是由其它結構如*輸卵管*（oviduct）或*卵巢*（ovary）分泌的。

**vitreous humor　玻璃狀液**　充滿眼內晶狀體後面空間的凍膠狀物質。

**viviparous　胎生的；株上萌發的**　1.胎生的。（指動物）幼體在體內發育的，如胎盤動物。對照 oviparous, ovoviviparous。2.果內萌發的。（指植物）種子在果實內就萌發的。3.具營養繁殖枝的。（指植物）具枝可營養繁殖而不開花。

**vocal cord　聲帶**　哺乳動物喉內的膜性構造，它的顫動可以發聲，而改變它的位置和張力可變動發出的聲音。

**voluntary muscle　隨意肌**　見 striated muscle。

**voluntary response　隨意反應**　受意志控制的反應。對照 reflex arc。

**volutin　異染質**　具高折射率的顆粒，由多聚磷酸構成，見於多種細菌。形成長鏈時可成爲某些細胞中的儲藏物質。

**Volvocales　團藻目**　群體綠藻的一個目。帶纖毛的細胞埋在成團的黏凍中，故得名。

**vomer　犁骨**　哺乳動物分隔鼻通道的扁平狀骨頭之一。

**von Baer's law　貝爾氏定律**　見 Haeckel's law of Recapitulation。

**vulva　外陰**　雌性哺乳動物生殖系統中通向陰道（vagina）的外部開口。

# W

**waggle dance　搖擺舞**　蜜蜂傳遞食源方向資訊的舞蹈。

**Wallace，Alfred Russel　華萊士**　（1823-1913）英國博物學家，他受馬爾薩斯（Malthus）和賴爾（Lyell）思想的影響，乃和達爾文（Dawin）通訊，談及他對自然選擇的想法。於是他和達爾文共同寫了一篇論文，於1858年在林奈學會上宣讀，這就導致現代演化思想的建立。

**wall pressure　壁壓**　植物的纖維素細胞壁施加的壓力，和與之對抗的壓勢（pressure potential）相等。

**wandering cell　遊走細胞**　任何可以主動移動的細胞如變形蟲狀細胞或巨噬細胞。

**Warburg manometer　瓦氏呼吸器**　德國生物化學家瓦爾堡（Otto Warburg）設計的用於測量組織或小生物的有氧呼吸率的儀器。玻璃瓶內組織呼吸放出的二氧化碳被過氧化鉀吸收，所降的壓力則由氣壓計測出。假定呼吸商數（respiratory quotient）為1.0，則產生的二氧化碳和吸收的氧氣相等。呼吸器對溫度非常敏感，因此使用時將儀器置於水浴中，再用極精確的恆溫器控制水浴的溫度。大氣壓力的波動並不影響結果，因為呼吸器是個封閉循環系統。

**warm-blooded animal　溫血動物**　見 homoiotherm。

**warning coloration** or **aposematic coloration　警戒色**　動物身上的醒目色紋，它向捕食動物指明本身不適口，這可能是經學習才能做到這一點。這個警戒是針對捕食者的，不是針對動物學家的。見 mimicry。

**water 水** 無色無味液體，是生物體內最豐富的成份，如人類體內的水超過體重的60％。幾乎可以肯定，生命是起源於水，而水則爲生物反應提供進行的場所。

**water culture 水培養** 見 hydroponics。

**water potential** or（formerly）**diffusion pressure deficit（DPD）**or **solution pressure 水勢，或（以前稱）擴散壓不足，溶解壓力** 細胞經滲透作用（osmosis）由外界吸收水分的傾向，水由高水勢向低水勢流動。因爲純水在一個大氣壓下的水勢爲零，所以吸水的細胞的水勢就低於零。因此水勢爲負值，這點可能令人困惑。讀者應愼用高水勢或低水勢的說法；使用多負一些和少負一些的說法可能更符合實際。用數學詞句來表示，水勢爲細胞的**滲透勢**（osmotic potential）和**壓勢**（pressure potential）之和：

$$水勢 = 滲透勢 + 壓力勢$$

例如，當滲透勢爲 $-9$ 而壓力勢等於4時，則水勢等於 $-9+4=-5$。見 osmoregulation。

**waterproofing 防水；不透水** 防止水分進出生物結構的措施，常常是由生物在表面沉積一層脂類（lipid），如昆蟲的角質層。

**water-soluble vitamin 水溶性維生素** 溶於水的維生素。大部爲**輔酶**（coenzymes）的成份，例如維生素 B 群中的維生素。

**water stress 水分缺乏** 經蒸散作用（transpiration）失去的水分多於經根吸入的水分時植物出現的萎蔫（wilting）現象。

**water uptake 水分攝取** 植物經根攝入水分的程序。只有當**木質部**（xylem）有缺乏時水才進入植株，這通常是由於蒸散作用（transpiration）造成失水。水由土壤直到葉片的運行途徑如下：（a）經由**滲透**（osmosis），自由土壤水進入根毛。（b）經由下述3種方法，水分穿過根部**皮層**（cortex）趨向**中柱**

（stele）：（i）經水合作用穿過細胞壁和細胞間隙；（ii）借助**細胞質環流**（cyclosis）穿過**原生質絲**（plasmodesmata）；（iii）在滲透作用下通過細胞液泡。（c）穿過內皮層（見 casparian strip），跨過**中柱鞘**（pericycle），並進入**木質部導管**（xylem vessels）。導管內含有由外面主動壓入的離子，這就提高了其中溶質的濃度，也就提高了它的**滲透壓**（osmotic pressures）。（d）經由下述幾種作用的聯合，水分在木質部中不斷上升：（i）**蒸散作用**（transpiration）的**拉力和內聚力假說**（cohesion-tension hypothesis）；（ii）毛細現象；（iii）**根壓**（root pressure）。以上各種攝取方法因植物類型、植物年齡、環境，以及季節而變。

**water vapor　水蒸氣**　氣相的水分，特指因蒸發造成的氣相水。水蒸氣有助於維持大氣濕度，而這是生物所必需的。

**water vascular system　水管系**　**棘皮動物**（echinoderms）體內的管道系，內含液體，和海水或體腔互相連通。水管系為管足提供液體以利行動。

**Watson, John　華生**　（1928- ）美國分子生物學家，他和**克立克**（Francis Crick）在1953年共同提出一個解釋**去氧核糖核酸**（DNA）結構和功能的模型，因此他們和**威爾金斯**（Maurice Wilkins）共獲1962年諾貝爾獎。他們提出的 DNA 雙螺旋模型連同他們對於 DNA 複製的想法現已被普遍接受。

**wavelength　波長**　在波形上兩個相繼的同相點間的距離。例如可見光的波長在400毫微米（紫色）和750毫微米（紅色）之間。

**W chromosome　W 染色體**　雌性鳥類和**鱗翅目**（Lepidoptera）昆蟲的兩個性染色體中的較小的一個，相當於雄性哺乳動物中的 Y 染色體。亦見 Z chromosome, sex determination。

**Weber-Fechner law or Fechner's law　韋伯－費希納定律**

該定律提出：當刺激按幾何級數增加時，感覺按算術級數增加。本定律的名稱源於韋伯（Ernst Weber）（見 Weberian ossicle）和德國物理學家費希納（Gustav Fechner, 1801-1887）。

**Weberian ossicle  韋伯氏骨**  一組連接骨鰾超目（Ostario-physi）魚類的氣鰾（air bladder）和耳囊的小骨頭。此名稱源於德國生理學家韋伯（Ernst Weber, 1795-1878）。

**weed  雜草**  和有益人類的植物競爭資源的植物。雜草一般具有很高的生活力（viability），並能消耗大量水分、陽光和營養。

**weighting  加權**  1.在分類（classification）時根據性狀重要性賦予不同數值的做法。2.對數據分配不同的統計負載，以加強某些數字的值並減少另一些數字的值。

**Weinberg, W.  溫伯格**  見 Hardy-Weinberg law。

**Weismannism  魏斯曼學說**  有關遺傳的學說，現已有很大變動。原學說主張：生殖細胞在發育早期就分離出來，以後並不再受獲得性狀的影響。後來了解到物理及化學因素對染色體的影響，於是將魏斯曼學說修改為中心學說（central dogma）。本學說名稱源於德國生物學家魏斯曼（August Weismann, 1834-1914）。

**wen  皮脂腺囊腫，粉瘤**  多見於人類頭皮。

**Went, Fritz  文特**  荷蘭生物學家，他鑑定了一個植物激素，即植物生長素（auxin），還研究出一套測試植物生長素的方法。他設計的生物檢定（bioassay）是使用燕麥的胚芽鞘（coleoptile）和一個含有待測物質的瓊脂塊，測定待測物質對生長的影響。

**wet rot  濕腐病**  地窖粉孢革菌（*Coniophora cerebella*）造成的潮濕木材的腐病。可施用木材防腐劑如雜酚油來控制本病。

**whale  鯨**  見 cetacean。

**whalebone  鯨鬚**  見 baleen。

**wheel animalcule　輪蟲**　見 rotifer。

**whisker　觸鬚**　見 vibrissa。

**white blood cell　白血球**　見 leukocyte。

**white fibrous cartilage　白纖維軟骨**　任何含有白色非彈性膠原蛋白（collagen）纖維的軟骨（cartilage）。

**white matter　白質**　中樞神經系統（central nervous system）的組織，在脊髓位於灰質（gray matter）之外，但在某些脊椎動物腦中位於灰質之內，白質包含有髓的神經軸突（axons）。所含髓鞘（myelin sheath）造成白質的白色外觀。

**whole mount　整體顯微觀察**　製備整個（小）生物以供顯微觀察。

**whooping cough　百日咳**　常見於兒童的感染性疾病，由百日咳博德特氏菌（*Bordetella pertussis*）致病。其最初症狀類似普通感冒，然後發展出嚴重咳嗽，而且最後會出現一種特徵性的吸氣時哮喘。常導致嘔吐，而如果不及時給予抗生素（antibiotics）如紅黴素，則可能導致肺部損傷。在某些病例，特別是在嬰幼兒，百日咳可能致死。目前常對兒童進行預防注射，不過注射也有一些風險，可能導致腦部損傷。

**whorl　輪**　植物上起於同一平面的一圈葉片或萼片（sepals）。

**wild type　野生型**　在天然族群或實驗室族群中的正常表型（phenotype），相對於突變型（mutant 2）而言，後者常只能在人工條件下存活。人們對野生型對偶基因常用（＋）來標記。例如果蠅的殘翅突變（vg）的野生型對偶基因就記作 vg⁺。

**Wilkins, Maurice　威爾金斯**　（1916- ）英國生物物理學家，生於紐西蘭。他對去氧核糖核酸（DNA）進行了 X 光繞射分析，後於1962年和華生（Watson）和克立克（Crick）同獲諾貝爾獎。

**wilting　萎蔫**　植物葉和其它軟組織失去膨壓（turgor）而下

垂的狀態。由缺水（見 water stress）造成，可能是因為土壤乾旱，或是由於疾病，例如真菌阻塞莖葉木質部導管（ xylem vessels）可造成真菌性萎蔫。

**wing 翼；翅** 1.翼。鳥類前肢變態形成的覆羽的器官，在大部分鳥類都用於飛行。2.翅。昆蟲的飛行器官，包括由胸部長出的膜狀物，上面長滿翅脈。3.翼。某些其它生物的飛行器官，特別是蝙蝠的前肢。

**winkle 濱螺** 濱螺屬（*Littorina*）的腹足類軟體動物（mollusk）。

**wisdom tooth 智齒** 人類的第三個臼齒，約於20歲左右才長出，而且因為它推擠其他牙齒常需要拔除。

**wobble hypothesis 擺動假說** 見 Crick。

**Wolffian body 沃爾夫氏體** 見 mesonephros。

**Wolffian duct 沃爾夫氏管，中腎管** 脊椎動物中來自中腎的管道。在魚類和兩生類中，它在雌性形成泌尿管，在雄性則作為生殖泌尿管。在爬行類、鳥類和哺乳類中，它在雄性變成輸精管（vas deferens），在雌性則消失。

**womb 子宮** 見 uterus 2。

**wood louse 木蝨** 甲殼動物等足目（isopoda）的陸生成員，為背腹扁平的節肢動物，各個附肢構造相似。

**Woodpecker finch 啄木鳥形樹雀** 達爾文雀（Darwin's finches）之一，分布於加拉巴哥群島，牠可用仙人掌的刺挑取縫隙中的昆蟲。已知鳥類使用工具的實例不多，這是其一。

**work 功** 物體在外力作用下運動而至少有分力加在物體位移方向時，所發生能量轉移的量度。以焦耳來表示。焦耳的定義是：1牛頓的力位移1公尺所做的功。見 國際制單位（SI units）。

# X

**xantho-** ［字首］ 表示黃。

**xanthophyll 葉黃素** 見 carotenoids。

**X chromosome X染色體** 性染色體（sex chromosome）的類型之一，它攜帶的基因在雄性個體（XY）中皆會表現出來。受 X 連鎖基因控制的情況有：血友病（hemophilia）（有兩個坐位）、迪謝納氏肌營養不良（Duchenne muscular dystrophy）、色盲（color blindness）（有兩個坐位），還有一型糖尿病。對照 Y chromosome。見 sex linkage。

**xenia 異粉性，種子直感** 因異源花粉造成的胚乳（endosperm）外觀的改變。例如一類具白色胚乳的玉米接受了另一具有暗黃色胚乳品種的花粉，則後代將出現淺黃色胚乳。

**xeno-** or **xen-** ［字首］ 表示外源的。

**xenograft 異種移植** 見 heterograft。

**Xenopus 非洲爪蟾** 非洲具爪蟾蜍，曾用於測試婦女是否懷孕。將孕婦尿注入蟾蜍體內就可造成蟾蜍排卵。

**xero-** ［字首］ 表示乾的。

**xeroderma pigmentosum 著色性乾皮病** 一種致死性遺傳皮膚病；患者在陽光照射後皮膚產生斑點和潰瘍。紫外線會導致在去氧核糖核酸（DNA）中形成胸腺嘧啶二聚體（dimers），正常情況下體內有一種核酸內切酶（endonuclease enzyme）可以修復 DNA 的損傷，但患者缺乏此酶。現認為，普通染色體（autosome）上的1對隱性對偶基因負責本病，而患者均為同型合子，不過也可能有多至5個不同基因都參與本病。異型合子常常也會出現嚴重的曬斑。目前沒有治療方法，本病常在童年造成死亡。

**xeromorphy　旱性形態**　因具有旱生植物（xerophyte）特徵而表現出旱生植物外觀的現象。

**xerophyte　旱生植物**　適應於低降雨量或降雨量不規則地區的植物。可觀察到種種減少蒸散作用（transpiration）失水的變態：氣孔（stomata）下陷（例如松樹）；葉片卷起將氣孔保護在裡面（例如濱草）；發展出葉棘（例如荊豆）；葉小（例如許多石南）。對照 hydrophyte, mesophyte。

**xerosere　旱生演替系列**　在乾燥地區開始的植物演替系列。

**Xiphosura　劍尾類**　本群包含鱟，是一類水生蛛形動物（arachnid），其化石見於古生代。

**X-ray　X射線**　一種電離輻射，波長在電磁波譜（electromagnetic spectrum）0.1-10毫微米之間，是強有力的突變劑（mutagen）。在真空中以高速電子衝擊金屬靶可產生 X 射線，它可穿透各種厚度的固體。穿過固體後的 X 射線可再作用於感光底版上，所產生的明暗樣式反映了固體的結構。

**xylem　木質部**　一類木質植物組織，其功能是輸導，可在其中運輸水分連帶溶解的礦物質，運輸方向通常是上行。木質部包含：假導管（tracheids），具支持作用的木質部纖維，以及木質部薄壁組織（parenchyma）和木質部導管（xylem vessels）。在根和莖中，木質部的位置不同。木質部的體積隨次生加厚（secondary thickening）而大幅增加。

**xylem vessel** or **vessel** or **trachea　木質部導管，導管**　由幾個細胞縱向融合而形成的空管，其壁因含木質素（lignin）而得到強化，導管的功能就是對水分進行集體運輸以供蒸散（transpiration）之用。在被子植物（angiosperms）中，導管集合到維管束（vascular bundle）的木質部（xylem）組織中。

**xylose　木糖**　植物細胞壁中的一種戊糖（pentose sugar）。分子式：$C_5H_{10}O_5$。

# Y

**Y chromosome　Y 染色體**　兩種性染色體（sex chromosomes）中較小的一種，見於雄性哺乳動物，和一個 X 染色體（X chromosome）相伴出現。雖然 Y 染色體在哺乳動物中負責性別決定（sex determination），但在 Y 染色體上並沒有找到多少基因。Y 染色體連鎖的基因（一個可能的例子是男性的毛耳）只能在家族中的男系中遺傳。

**yeast　酵母菌**　一個統稱，泛指在釀酒和烤麵包工業中具經濟價值的單細胞子囊菌（ascomycete）和擔子菌（basidiomycete）（見 saccharomyces）。酵母分泌的酵素（enzymes）可以把糖轉化爲酒精和二氧化碳（見 alcoholic fermentation），而讓麵包發起來的正是二氧化碳。

**yellow elastic cartilage　黃色彈性軟骨**　由含有彈性蛋白的黃色纖維組成的軟骨（cartilage）。

**yellow fever　黃熱病**　一種急性破壞性的熱帶和亞熱帶疾病，致病的病毒造成肝臟、脾臟、腎臟、骨髓和淋巴結中的細胞破壞。本病的後果很嚴重，約10%的病人死亡。黃熱病病毒是由埃及伊蚊（*Aedes aegypti*）在人之間傳播。控制本病主要是靠減少蚊蟲媒介。

**yellows　黃疸病**　多種導致葉片黃化的植物病。黃化可由多種病原體造成，例如病毒造成的甜菜黃化病。

**yield　產量**　1.作物生產量中由人類取走利用的部分。2.在製備特定物質如在發酵或製造工藝中眞正獲得的部分。

**Y-linked** Y 染色體連鎖的 （指位於 Y 染色體上的基因）只能經由半合子的（hemizygous）性別如哺乳動物中的雄性來傳遞的。

**yogurt** 酸乳 一種獸乳發酵製品。用保加利亞乳桿菌（*Lactobacillus bulgaricus*）和嗜熱鏈球菌（*Streptococcus thermophilus*）接種煮沸過的獸乳，在45.5℃下發酵，直到其中乳酸含量達到0.85-0.9%。

**yolk** 卵黃 大多數動物卵中儲藏的食物，主要由脂肪和蛋白質顆粒組成。卵中有卵黃時例如在雞卵中，那麼卵裂（cleavage）就是不全裂；而如果沒有卵黃或卵黃極少時，則卵裂為全裂，如見於文昌魚（Amphioxus）。

**yolk sac** 卵黃囊 在魚類、爬行類和鳥類中一個包含卵黃（yolk）的囊狀結構，它和胚胎腸道直接接觸。在哺乳動物中仍存在，但已不包含卵黃，而是負責吸收子宮分泌物直到胎盤（placenta 1）能發揮功能為止。

# Z

**Z chromosome** Z **染色體** 雌性鳥類和鱗翅目（Lepidoptera）昆蟲的兩個性染色體中較大的一個，相當於哺乳動物中的 X 染色體（X chromosome）。亦見 W chromosome, sex determination。

**zeatin** **玉米素** *細胞分裂素*（cytokinin）的一種，萃取自玉米仁中的胚乳（endosperm）。

**zero order reaction** **零級反應** 反應速度和反應物的濃度無關的反應。

**zero population growth（ZPG）** **零族群成長** 族群中出生數和死亡數相等而總體數目處於穩定態的情況。目前在許多西方國家中已達到零成長或甚至負成長的地步，西方家庭的規模很小。但這個目標在第三世界幾乎不可能達到，只有當普遍使用避孕措施時才有可能達到零成長（見 birth control, demographic transition）。

**Z-membrane** Z **膜** 在骨骼肌的明暗條帶模式中的一種橫向膜，位於肌原纖維節（sarcomere）的兩端。

**zoea** **水蚤狀幼體** 螃蟹和某些其它甲殼動物的幼體。

**zona pellucida** **透明帶，透明層** 包圍哺乳動物卵的一層黏蛋白膜。是卵泡細胞的分泌產物。

**zonation** **成帶現象** *生物群域*（biome）中可進一步區分為各具特定物理條件的生物帶的現象。例如，在岩石海灘上動植物的分布就顯示明顯的成帶現象：潮下帶（在最低水位線之下）然後便是低岸帶、中岸帶、高岸帶和濺水帶，每個帶都有自己特有的動植物區系。見 sea zonation 和圖268。

**zone** **帶；層** 任何分區（層）。見 sea zonation, zonation。

**zoo-** ［字首］ 表示動物。

**zoochlorella** **動物綠藻，蟲綠藻** 一類單細胞綠藻，和海綿、腔腸動物及環節動物共生（symbiosis）。

**zooid** **個員，個蟲；游動細胞** 1.個員，個蟲。無脊椎動物的互連群體的一個成員。例如腔腸動物（coelenterates）就有營養個員（gasterozoids）和生殖個員（gonozoids）。2.游動細胞。可游動的細胞或個體，如生物產生的配子。

**zoology** **動物學** 研究動物的學科。

**zoophyte** **植形動物** 具有植物外觀的動物，如海葵。

**zooplankton** **浮游動物** 浮游生物中的動物部分。對照 phytoplankton。

**zoosporangium** **游動孢子囊** 產生游動孢子（zoospores）的孢子囊（sporangium）。

**zoospore** or **swarm spore** **游動孢子** 綠藻和褐藻以及藻狀菌（phycomycete）中具鞭毛可活動的孢子（spores）。它們都產於孢子囊（sporangium）。

**Z scheme in photosynthesis** **光合作用中的 Z 字形模式** 光反應（light reactions）中電子傳遞的 Z 字形路線。

**zwitterion** **兼性離子** 具有偶極離子狀態的胺基酸（amino acid）就是兩性離子。一種胺基酸處於兩性離子狀態時的 pH 值稱為該胺基酸的等電點（isoelectric point），而在此 pH 值時該胺基酸在電場（例如在電泳）中不移動。見圖307。

**zygapophysis** **關節突** 脊椎上的小關節面，通常是由兩個前關節突和兩個後關節突互相形成關節。見 vertebral column 和圖305。

**zygo-** or **zyg-** ［字首］ 表示結合。

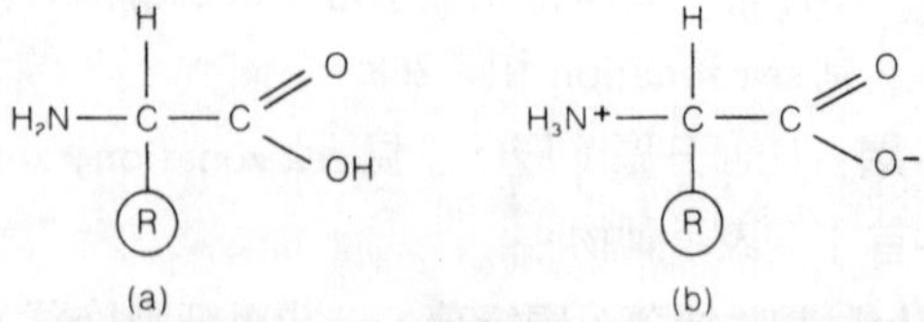

圖307 兼性離子。(a)未解離的胺基酸和(b)兼性離子的分子結構。

**zygodactylous 對趾** （指鳥足）兩趾（第2、3趾）向前，兩趾（第1、4趾）向後，例如見於啄木鳥。

**zygomorphic 兩側對稱的** （指花）顯示**兩側對稱**（bilateral symmetry）的。

**Zygoptera 束翅亞目** 見 damselfly。

**zygospore 接合孢子** 由兩個類似配子接合而成的厚壁休眠孢子（spore）。

**zygote 合子** 在受精（fertilization）中雌雄兩性配子細胞核融合而成的雙倍體（diploid 1）細胞。

**zygotene 偶線期，合線期** 減數分裂（meiosis）接近第一次分裂前期開始時的一個階段，此時同源染色體間發生**聯會**（synapsis），相同的遺傳片段彼此對齊，以便進行**互換**（crossing over）。雖然每個染色體都已分裂兩個**染色單體**（chromatids），但通常看不出來。

**zymase 釀酶** 促進發酵的酵母酶，它可將己糖分解為酒精和二氧化碳。

**zymogen 酶原** 無活性的酵素先質，特指分解蛋白質的酵素先質，例如胃**蛋白酶原**（pepsinogen）和胰**蛋白酶原**（trypsinogen）。酶原需要**活化能**（activation energy）才能發揮作用。

**zymogen granule 酶原粒** 細胞質裡的一種顆粒，外面包著一層由**高基氏體**（Golgi apparatus）分泌的膜。顆粒中儲存著酶原。

# 名詞對照表

## 【一畫】

一年生植物　annual plant or thero-
　phyte

一致性　concordance

一個基因一個酶假說　one gene/one
　enzyme hypothesis

一氧化碳　carbon monoxide

一級反應　first order reaction

一級結構　primary structure

一雄多雌　polygyny

一雌多雄　polyandry

乙烯　ethylene or ethene

乙酸，醋酸　ethanoic acid

乙醇　ethanol

乙醇發酵　alcoholic fermentation

乙醯輔酶　acetylcoenzyme A
　（acetyl-CoA）

乙醯水楊酸　acetylsalicylic acid

乙醯膽鹼　acetylcholine（ACh）

乙醯膽鹼脂酶　acetylcholinesterase

## 【二畫】

丁字形附著的　versatile

二肽　dipeptide

二叉的　bifid

二分系統　binary system

二分裂　binary fission

二分體　dyad

二列的　distichous

二名法　binomial nomenclature

二尖的，雙尖的　bicuspid

二年的；二年生植物　biennial

二次混合湖　dimictic lake

二岔肢　biramous appendage

二歧的，二叉的　dichotomous

二歧聚繖花序　dichasium

二倍體　diploid

二倍體生物　diplont

二核苷酸　dinucleotide

二氧化碳　carbon dioxide

二氧化碳交換　carbon dioxide ex-
　change

二氧化碳納體　$CO_2$ acceptor

二側相等的　isobilateral

二強　didynamous

二羥基苯丙胺酸　DOPA（dihy-
　droxy phenylalanine）

二羧酸　dicarboxylic acid

二態性　dimorphism

二聚體　dimer

二價的　bivalent

# 中英名詞對照（三畫）

二腹肌　digastric
二頭肌　biceps
二磷酸核酮糖　ribulose biphosphate
　（RuBP）or ribulose diphosphate
二磷酸腺苷　adenosine diphosphate
　（ADP）
二疊紀　Permian period
二體的　diadelphous
人　Homo
人口學　demography
人口變遷　demographic transition
人工呼吸　artificial respiration
人工授精　artificial insemination
　（AI）
人工產物　artifact
人工單性生殖　artificial partheno-
　genesis
人爲分類　artificial classification
人擇　artificial selection
人類白血球抗原系統　HLA（hu-
　man leukocyte A）system
人類絨毛膜促性腺激素　HCG（hu-
　man chorionic gonadotrophin）
入水孔　ostium
八目鰻　lamprey
八足動物，八腕動物　octopod
八胞體　octad
八倍體　octoploid
十二指腸　duodenum
十字對生的　decussate
十足類　decapod

## 【三畫】
三叉神經　trigeminal nerve

三名法　trinomial nomenclature
三尖的　tricuspid
三色說　trichromatic theory
三角形的　deltoid
三角狀的　trianglular
三歧的　trichotomous
三胚層的　triploblastic
三倍體　triploid
三級消費者　tertiary consumer
三裂的　trifid or trisected
三碘甲腺原氨酸　triiodothyronine
三稜的　trigonous
三葉蟲　trilobite
三羧酸循環　TCA cycle（Tricar-
　boxylic Acid Cycle）or citric-acid
　cycle
三態性　trimorphism
三磷酸腺苷　adenosine triphosphate
三聯體密碼　triplet codon
三醣　trisaccharide
三疊紀　Triassic period
三體性　trisomy
下皮層　hypodermis
下位　hypostasis
下位子房　inferior ovary
下位的　hypogynous
下胚軸　hypocotyl
下限臨界溫度　lower critical tem-
　perature
下唇　labium（複數 labia）
下海繁殖　catadromous
下視丘　hypothalamus
下溯　katadromous

下顎；上頜　maxilla

下頜；上顎　mandible

下彎的　deflexed or recurved

上升的　ascending

上升流，湧流　upwelling

上皮　epithelium

上皮癌　carcinoma

上位　epistasis

上位子房　superior ovary

上位的　epigynous or epipetalous

上位隱性　recessive epistasis

上位顯性　dominant epistasis

上段中胚層　epimere

上胚軸　epicotyl

上唇　labrum

上清液　supernatant

上新世　Pliocene epoch

上顎；下頜　mandible

上頜；下顎　maxilla

上臨界溫度　upper critical temperature

凡得瓦力　van der Waals forces

叉　furca

叉骨；彈器　furcula

口　mouth

口育魚類　mouthbreeder

口的　oral

口側的　adoral

口圍　hypostome

口腔的　buccal

口溝　oral groove

口器　mouthpart

土壤　soil

土壤水　soil water

土壤因素　edaphic factor

土壤宗　edaphic race

大分子　macromolecule

大分裂球　macromere

大生長期　growth, grand period of

大孢子　megaspore or macrospore

大孢子葉　megasporophyll or macrosporophyll

大孢子囊　megasporangium or macrosporangium

大型海藻如海帶　kelp

大流行　pandemic

大核　macronucleus or meganucleus

大氣　atmosphere

大翅的　macropterous

大營養素　macronutrient

大配子　macrogamete or megagamete

大動脈　aorta

大動脈弓　aortic arch

大動脈體　aortic body

大陸漂移　continental drift

大腸　large intestine

大腸桿菌　Escherichia coli（E coli）or colon bacillus

大腸菌屬　coliform

大腦　cerebrum

大腦切除術　decerebration

大腦半球　cerebral hemisphere

大腦皮質　cerebral cortex

大頭的　macrocephalic

大鱗翅類　macrolepidoptera

子宮　uterus or womb
子宮內膜　endometrium
子宮內避孕器　IUD（intrauterine device）
子宮頸　cervix
子房　ovary
子細胞　daughter cell
子葉；絨毛葉　cotyledon
子實層　hymenium
子實體　fruiting body or sporophore
子囊　ascus（複數 asci）or theca
子囊果　ascocarp
子囊孢子　ascospore
子囊殼　perithecium
子囊菌　ascomycete
子囊群蓋　indusium
子囊盤　apothecium
小分裂球　micromere
小孔　ostiole
小生境　microhabitat
小地理族　microgeographic race
小托葉　stipel
小羽片　pinnule
小舌　uvula
小舌樣突起　languets
小泡，小囊　vesicle
小阜　caruncle
小孢子　microspore
小孢子葉　microsporophyll
小孢子囊　microsporangium
小型動物區系　microfauna
小型葉　microphyll
小盾片　scutellum

小苞片　bracteole
小核　micronucleus
小氣候　microclimate
小皰　pustule
小配子　microgamete
小動脈　arteriole
小球濾液　glomerular filtrate
小球濾過率　glomerular filtration rate
小眼　ommatidium
小腸　small intestine
小腦　cerebellum
小鉤　uncini（複數 uncinus）
小齒　denticle
小靜脈　venule
小頭　capitellum or capitulum
小穗狀花序　spikelet
小觸角　antennule
小囊；球囊　saccule
小鱗片　ramenta
小鱗翅目　Microlepidoptera
工業黑化　industrial melanism
己糖，六碳糖　hexose sugar
已被活化的細胞　primed cell
干擾　interference
干擾素　interferon
弓形的　arcuate

## 【四畫】

不一致性　discordance
不分離　nondisjunction
不反應期　refractory period
不可逆性　irreversibility
不平均互換　unequal crossing over

不全變態類　Heterometabola

不均翅亞目　Anisoptera

不完全卵裂　meroblastic cleavage

不完全無配生殖　agamospermy

不完全菌類　Fungi Imperfecti or imperfect fungi or Deuteromycotina

不完全顯性　incomplete dominance

不育的；無菌的　sterile

不育雄蟲釋放法　sterile male release（SMR）

不能飛的　flightless

不動孢子　aplanospore

不透水　waterproofing

不連續分佈　discontinuous distribution

不連續變異　discontinuous variation or saltation

不開裂的　indehiscent

不飽和脂肪　unsaturated fat

不需光反應　light-independent reaction

不戰即逃反應　fight-or-flight reaction

不親和性　incompatibility

不隨意反應　involuntary response

不隨意肌　involuntary muscle

中（央卵）黃的　centrolecithal

中心粒　centriole

中心學說　central dogma

中心體　centrosome

中體　mesosome

中央窩　fovea

中生代　Mesozoic era

中生植物　mesophyte

中石器時代　Mesolithic

中耳　middle ear

中性分類術語　neutral term

中性日照植物　day-neutral plant

中性生物　neuter

中性對偶基因　neutral allele

中型浮游生物　mesoplankton

中柱　stele or columella

中胚層　mesoderm

中胚層袋　mesodermal pouches

中位數　median

中胸　mesothorax

中期　metaphase

中期板　metaphase plate

中腎　mesonephros or Wolffian body

中腎管　Wolffian duct

中間神經元　interneuron

中新世　Miocene epoch

中節分裂　centric fission

中節融合　centric fission

中腸　midgut

中腦　midbrain or mesencephalon

中腦水管　iter（inter a tertio ad quartum ventriculum）

中樞神經系統　central nervous system（CNS）

中膠層　mesoglea or middle lamella

中頭型　mesocephalic

中營養的　mesotropic

丹尼利　Danielli, James

互生排列　alternate arrangement

互利共生　mutualism

互交　reciprocal cross

互換　crossing over

互換率　cross-over value

互補試驗　complementation test

互補鹼基配對　complementary base pairing

互變異構移位　tautomeric shift

五指（趾）附肢　pentadactyl limb

五倍體　pentaploid

五-羥色胺　serotonin

今生物學　neontology

今鳥類　Neornithes

今顎首目　Neognathae

元素　element

元素積聚植物　accumulator

內分泌腺　endocrine gland or ductless gland

內分泌學　endocrinology

內生翅類　Endopterygota

內皮　endothelium

內皮層　endodermis

內向的　introrse

內在生長力　r

內字　intron

內收肌；閉殼肌　adductor

內吞作用　endocytosis

內吸殺蟲劑　systemic biocide or biocide

內含物　inclusion

內含體　inclusion body

內肛動物　Endoprocta

內卷　involution

內受器　interoceptor

內孢囊　spherule

內柱　endostyle

內胚層　endoderm or endoblast

內骨骼　endoskeleton

內寄生物　endoparasite

內淋巴　endolymph

內陷　invagination

內稃，托苞　palea

內填　intussusception

內源的，內生的　endogenous

內溫，恆溫　endothermy

內鼻孔　choanae

內鼻動物　choanate

內鼻魚亞綱　Choanichthyes

內質　endoplasm

內質網　endoplasmic reticulum（ER）

內壁　intine

內營生物　endotroph

內環境　internal environment

內彎的　incurved or inflexed

內臟　viscera

內臟肌　visceral muscle

內臟的　splanchnic

內臟隆起　visceral hump

六碳糖　hexose sugar

六足的　hexapod

六鉤幼蟲　onchosphere

六鉤的　hexacanth

冗餘性狀　redundant characters

分叉的　divaricate

分子　molecule

分子生物學　molecular biology

分子雜交　molecular hybridization

分化　differentiation

分支　ramus or limb

分支途徑　branched pathway

分支演化　cladistics

分布　distribution

分生孢子　conidium

分生孢子柄　conidiophore

分生射線　mitogenetic rays

分生組織　meristem or meristematic tissue

分生組織變異　meristic variation

分布係數　coefficient of dispersion

分布區；活動區　range

分果片　mericarp

分析因素實驗　factorial experiment

分歧化選擇　disruptive selection

分泌；分泌物　secretion

分泌者狀態　secretor status

分花序　partial inflorescence

分娩　parturition

分區物種形成　allopatric speciation

分散　dispersal

分替種　vicariad

分裂　division or segmentation

分裂生殖　fission

分裂的　lobed

分節　segmentation

分節現象　metameric segmentation

分群；集群　swarm

分解；腐敗　decomposition

分解代謝　catabolism

分解者　decomposer

分辨力　resolving power

分壓　partial pressure

分離　disjunction or segregation or isolate

分布區重疊的　sympatric

分類　classification

分類名居先規定　line precedence

分類性狀　taxonomic character

分類清單　checklist

分類單元　taxon（複數 taxa）

分類層級　taxonomic category

分類樣本　series

分類學　taxonomy

分蘗　tiller

分體中柱　meristele

分體產果的　eucarpic

切片機　microtome

切除　excision

切補修復　excision repair

化石　fossil

化石記錄　fossil record

化膿的　pyogenic

化能合成　chemosynthesis

化能自營　chemoautotrophic or chemotrophic

化能異營生物　chemoheterotroph

化能營養的　chemotrophic

化學治療　chemotherapy

化學感受器　chemoreceptor

化學滲透　chemiosmosis

反口的，離口的　aboral

反交　backcross

反足細胞　antipodal cells

## 中英名詞對照（四畫）

反射弧　reflex arc
反射動作　reflex action
反芻　rumination
反芻胃　ruminant stomach
反芻食團　cud
反芻動物　ruminant
反密碼子　anticodon
反常型選擇　apostatic selection
反彈的　resilient
反應　reaction or response
反應物　reactant
反應時間　reaction time
反應鏈　reaction chain
反轉錄酶　reverse transcriptase
天花　smallpox
天門多胺酸　aspartic acid or aspartate
天門多醯胺　asparagine
天然蛋白　native protein
孔　foramen or pore
少食的，少擇的　oligolectic
尤理　Urey, Harold
尺骨　ulna
巴比妥鹽　barbiturate
巴氏體　Barr body
巴夫洛夫反應　Pavlovian response
巴斯德　Pasteur, Louis
巴斯德滅菌法　pasteurization
引進物種　introduced species
心　heart
心內膜　endocardium
心包炎　pericarditis
心包腔；圍心竇　pericardial cavity

心包膜　pericardium
心外膜　epicardium
心皮，雌蕊　carpel or pistil
心耳；耳廓；葉耳　auricle
心肌　cardiac muscle
心肌層　myocardium
心血管中樞　cardiovascular center
心形的　cordate
心材　heartwood
心房　atrium（複數 atria）
心的；賁門的　cardiac
心室；腦室　ventricle
心室纖維性顫動　ventricular fibrillation
心動週期　cardiac cycle
心率　cardiac frequency
心舒　diastole
心搏徐緩　bradycardia
心搏過快　tachycardia
心電圖　ECG（electrocardiogram）
心輸出量　cardiac output
心縮　systole
心臟，心搏週期　heart, cardiac cycle
手；前足　manus
支原體，菌質體　mycoplasmas
支氣管　bronchus
支氣管炎　bronchitis
支鏈澱粉　amylopectin
文昌魚　amphioxus
文特　Went, Fritz
方位　aspect
方差　variance（$S_2$）

方骨　quadrate
月經　menstruation
月經周期　menstrual cycle
木虱　wood louse
木栓　cork
木栓化　suberization
木栓形成層　cork cambium
木栓質　suberin
木賊　Equisetum or horsetail
木質素　lignin or xylem
木質部導管，導管　xylem vessel or vessel or trachea
木糖　xylose
止菌作用　fungistasis
毛足類　Chaetopoda
毛狀體　trichome
毛翅目　Trichoptera
毛細土壤水　capillary soil water
毛細作用　capillarity
毛細胞　hair cell
毛滴蟲屬　Trichomonas
毛髮　hair
毛髮聳立　piloerection
毛顎動物　chaetognath
毛囊　hair follicle
水　water
水中呼吸　aquatic respiration
水分缺乏　water stress
水分攝取　water uptake
水平分類　horizontal classification
水平抵抗性　horizontal resistance
水母　medusa or jellyfish
水生植物　hydrophyte

水生演替系列　hydrosere
水合作用　hydration
水狀液　aqueous humor
水花　bloom
水耕　hydroponics
水蚤狀幼體　zoea
水圈　hydrosphere
水培養　water culture
水產養殖　aquaculture
水痘　chickenpox
水勢　water potential
水溶性維生素　water-soluble vitamin
水腫　edema
水解酶　hydrolase or hydrolytic enzyme
水解作用　hydrolysis
水管；水囊腫　hydrocele
水管系　water vascular system
水蒸氣　water vapor
水質生境　aqueous habitat
水螅水母類　hydromedusa
水螅綱動物　hydrozoan
水螅屬　Hydra
水螅體　hydranth or hydroid
爪哇人　Java man
爪墊　pulvillus
片　lamina
片層　lamella
牙齒　tooth
牙槽　alveolus
牛皮癬　psoriasis
犬齒　canine tooth

## 中英名詞對照（五畫）

王蓮　Victoria mazonica

## 【五畫】

丙胺酸　alanine

丙酮尿症　（PKU）phenylketonuria

丙酮酸　pyruvic acid

丙糖　triose

世代；增殖　generation

世代交替　alternation of generations

世代時間　generation time

丘腦　thalamus

主要組織相容性複合體　major histocompatibility complex （MHC）

主要營養素；大營養素　macronutrient

主動肌　protagonistic muscles

主動免疫　active immunity

主動吸收/攝取　active absorption/ uptake

主動運輸　active transport

主質細胞　parenchyma

主細胞　chief cells

主靜脈　cardinal veins

主幹　trunk

主觀同義詞　subjective synonym

以神經支配；神經刺激　innervate

代換骨　replacing bone

代償性肥大　compensatory hypertrophy

代謝水　metabolic water

代謝作用　metabolism

代謝物　metabolite

代謝徐緩　bradymetabolism

代謝強度　metabolic intensity

代謝率　metabolic rate

代謝途徑　metabolic pathway

代謝廢物　metabolic waste

仙人掌　cactus

仙人掌毒鹼　mescaline

充血　hyperemia

兄弟種　sibling species

冬眠　hibernation

凹陷的；扁平的　depressed

凹緣的　emarginate

出土的，地上的　epigeal

出水孔　osculum

出生率　birth rate

出血　hemorrhage

出芽生殖　budding

加氟　fluoridation

加成基因　additive genes

加拉巴哥群島　Galapagos Islands

加拿大樹膠　Canada balsam

加羅德　Garrod, Archibald E.

加權　weighting

功　work

功能基因　functional gene

包膜　envelop

包皮　foreskin or prepuce

包林　Pauling, Linus Carl

包埋　embedding

包囊；囊腫　cyst

半月瓣　semilunar valve

半木質纖維　hemicellulose or hexosan

半合子的　hemizygous

半地理成種作用　semigraphic speciation

半抗原　hapten

半乳糖　galactose

半乳糖苷酶　galatosidase

半乳糖血症　galactosemia

半保留複製模型　semiconservative replication model

半活體營養生物　hemibiotroph

半索動物　hemichordate

半翅目昆蟲　hemipteran

半胱胺酸　cysteine

半衰期　half-life

半寄生物　hemiparasite

半規管　semicircular canals

半透膜　semipermeable membrane

半種　semispecies

半數致死量　$LD_{50}$

半灌木狀的　suffruticose

半變態類　Hemimetabola

卡　calorie

卡巴粒子　kappa particles

卡方試驗　chi-square test

卡氏帶　Casparian strip

卡爾文　Calvin, Melvin

卡爾文氏循環　Calvin cycle

去分化　dedifferentiation

去氧核糖　deoxyribose

去氧核糖核酸　DNA（deoxyribonucleic acid）

去雄；去勢；閹割　emasculation or castration

去極化　depolarization

去腦強直　decerebrate rigidity

可動遺傳分子　mobile genetic element

可互溶的　miscible

可外翻的　eversible

可見光譜　visible spectrum

可活細胞　viable cell

可變區　variable（V）region

可活力　viability

古卟啉　porphyrin

古北區　palearctic region

古生代　Paleozoic era

古生物學　paleontology

古生態學　paleoecology

古鳥目　Archaeornithes

古植物學　paleobotany

古湖沼學　paleolimnology

古新世　Paleocene epoch

古維管　Cuvierian duct or ductus Cuvieri

古顎總目　Paleognathae

古鱈屬　Palaeoniscus

右旋的　dextrorotatory

叩頭蟲　elaterid

史瓦默丹氏腺　Swammerdam's glands

四分孢子　tetraspore

四分體分析　tetrad analysis

四足動物　tetrapod

四倍體　tetraploid

四氧化鋨　osmium tetroxide

四強雄蕊的　tetradynamous

四環黴素　tetracycline

四聯體；四分體　tetrad

四疊體　corpus quadrigemina

外包法　epiboly

外生殖器　genitalia

外皮層　exodermis

外肛動物　Ectoprocta

外來的　allochthonous or alien

外受器　exteroceptor

外胚乳　perisperm

外胚層　ectoderm or ectoblast

外胞飲作用　exocytosis

外套膜；大腦皮質　pallium

外展肌　abductor or levator

外展神經　abducens nerve

外祖父法　grandfather method

外翅類　Exopterygota or Hetero-
metabola or Hemimetabola

外骨骼　exoskeleton

外寄生物　ectoparasite

外捲的　revolute

外推法　extrapolation

外淋巴　perilymph

外聽道　external auditory meatus

外陰　vulva

外韌維管束　collateral bundle

外稃　lemma

外源的；外生的　exogenous

外膜，被膜，包膜　envelope

外質　ectoplasm

外輪對瓣的　obdiplostemous

外壁　exine

外營生物　ectotroph

外顎葉　galea

外擬萼　epicalyx

外顯率　penetrance

失活 X 染色體假說　inactive-X hy-
pothesis

失熱　heat-loss

失讀症　dyslexia or word blindness

尼氏顆粒，尼氏小體　Nissl granules
or Nissl bodies

尼安德塔人，尼人　Neanderthal
man

巨人症　gigantism

巨型葉　megaphyll

巨核細胞　megakaryocytes

巨噬的　macrophagous

巨噬細胞　macrophage

巨纖維　giant fiber

左旋的　levorotatory

布氏桿菌病　brucellosis

布朗運動　Brownian movement

布魯納氏腺　Brunner's glands

平行演化　parallelism

平伸的　porrect

平均數　mean

平均體溫　mean body temperature

平周的　periclinal

平胸類　ratite

平滑肌　smooth muscle

平準點　compensation point

平鋪的　procumbent or prostrate

平衡　balance

平衡石　statolith

平衡多態性　balanced polymorphism
or stable polymorphism

平衡器　halter or balancer or statocyst

平衡膳食　balanced diet

平衡離心　equilibrium centrifugation

平靜呼吸　eupnea

幼葉捲疊式　vernation

幼苗，苗　seedling

幼態成熟　neoteny

幼蟲　larva（複數 larvae）

幼體生殖　pedogenesis

弗理施　Frisch, Carl von

弗萊明　Fleming, Sir Alexander

必需元素　essential element

必需脂肪酸　essential fatty acid

必需胺基酸　essential amino acid

戊聚糖　pentosan

戊糖　pentose sugar

戊糖磷酸支路；戊糖磷酸路徑　pentose phosphate shunt or pentose phosphate pathway（PPP）

本氏試驗　Benedict's test

本地的，自然存在的　indigenous

本地種　native

本能　instinct

本能行為　instinctive behavior

本體受器　proprioceptor

末產物抑制　end-product inhibition

末期　telophase

正中的；中位數　median

正反交，互交　reciprocal cross

正向突變　forward mutation

正尾　homocercal tail

正尾鰭　homocercal fin

正染色質　euchromatin

正回饋　positive feedback

正腎上腺素　noradrenaline

正模標本　holotype

正鐵血紅素　hematin

母乳餵養　breast-feeding

母體效應　maternal effect

母體遺傳　maternal inheritance

永凍層　permafrost

汁液　sap

玉米素　zeatin

玉柱蟲　Balanoglossus

玉蜀黍　maize

瓦氏呼吸器　Warburg manometer

甘油　glycerol or glycerin

甘油三酸酯　triglyceride

甘油酸-3-磷酸　glycerate 3-phosphate（GP）

甘油酸磷酸　glyceric acid phosphate

甘油醛-3-磷酸　glyceraldehyde 3-phosphate（GALP）

甘油醛磷酸　glyceraldehyde phosphate

生化突變化　biochemical mutant

生化需氧量　biochemical oxygen demand（BOD）

生毛體　blepharoplast

生存帶　habitable zone

生肌節　myotome

生育力　fecundity

生育酚　tocopherol

生命表　life table

生命起源　origin of life

生物　organism

生物分解 biodegradation

生物分類 biological classification

生物分類學 biosystematics

生物化學 biochemistry

生物化學演化 biochemical evolution

生物光 bioluminescence

生物合成 biosynthesis

生物因素 biotic factor

生物地理區 biogeographical region

生物技術 biotechnology

生物防治 biological control

生物放大 biological magnification

生物物理學 biophysics

生物指標 biological indicator

生物時鐘 biological clock

生物素 biotin

生物動力帶 biokinetic zone

生物區系 biota

生物圈 biosphere

生物統計學 biometry or biometrics

生物創建 biopoiesis

生物量錐體 biomass pyramid

生物節律 biological rhythm

生物群域 biome

生物群集 biotic community

生物演變 biological speciation

生物腐壞 biodeterioration

生物需氧量 biological oxygen demand (BOD)

生物潛能 biotic potential

生物質量 biomass

生物學 biology

生物戰 biological warfare

生物檢定 bioassay

生物鹼 alkaloids

生長 growth

生長曲線 growth curve

生長習性 growth habit

生長激素 growth hormone or somatotrophic hormone (STH)

生長激素釋放抑制因子 somatostatin

生活力，可活力 viability

生活史 life cycle

生理乾旱 physiological drought

生理節律 circadian rhythm

生理適應 adaptation, physiological

生理學 physiology

生產 birth

生產力 productivity

生產者 producer

生殖 reproduction

生殖力 fertility

生殖托 receptacle

生殖（芽）體 gonophore

生殖上皮 germinal epithelium

生殖泌尿系統 genitourinary system

生殖個體 gonozooid

生殖核 generative nucleus

生殖細胞 germ cell

生殖細胞的成熟 maturation of germ cells

生殖期 reproductive phase

生殖腺 gonad

生殖腺激素 gonad hormones

生殖隔離　reproductive isolation
生殖窩　conceptacle
生殖潛能　reproductive potential
生殖鞘　gonotheca
生源說　biogenesis
生態地理法則　ecogeographical rules
生態系　ecosystem
生態宗　ecological race
生態表型　ecophenotype
生態金字塔　ecological pyramid
生態型　ecotype
生態區位　ecological niche
生態圈　ecosphere
生態等位　ecological equivalent
生態群　cline
生態過渡帶，群落交會帶　ecotone
生態隔離　ecological isolation
生態種　ecospecies
生態學　ecology or bionomics
生態錐體　pyramid, ecological
生機論　vitalism
生糖作用　gluconeogenesis
生膿的，化膿的　pyogenic
甲狀腺　thyroid gland
甲狀腺素　thyroxine
甲狀腺球蛋白　thyroglobulin
甲狀腺腫　goiter
甲狀腺機能亢進　hyperthyroidism
甲胄魚綱　Ostracodermi
甲胺酸脂　carbamate
甲硫胺酸　methionine
甲殼動物　crustacean
甲蟲　beetle

甲藻門　Pyrrophyta
白化症　albinism
白化藻類　leukophyte
白血病　leukemia
白血球　leukocyte or leucocyte or white blood cell
白血球介素　interleukin
白血球增多　leukocytosis
白胺酸　leucine
白堊紀　Cretaceous period
白喉　diphtheria
白質　white matter
白蟻　termite
白纖維軟骨　white fibrous cartilage
皮孔　lenticel
皮刺　prickle
皮脂腺　sebaceous gland
皮脂腺囊腫，粉瘤　wen
皮骨　dermal bone
皮層，皮質　cortex
皮膚　skin
皮膚呼吸　cutaneous respiration
皮質醇，氫化可體松　cortisol or hydrocortisone
皮翼目　Dermoptera
目　order
目標細胞　target cell
矛形的　lanceolate
矢狀的　sagittal
石生演替系列　lithosere
石灰質的　calcareous
石松　club moss
石松目　Lycopodiales

## 中英名詞對照（六畫）

石松綱　Lycopsida
石南灌叢　heath
石炭紀　Carboniferous period
石細胞　sclereid or stone cell
禾草　grass
立方上皮　cubical epithelium
立毛的，豎毛的　pilomotor
立體異構物　stereoisomer

## 【六畫】

交叉　chiasma
交叉反應物質　CRM（cross-reacting material）
交合刺；針骨　spicule
交合突，抱器　claspers
交尾矢囊　dart sac
交哺現象　trophallaxis
交配　copulation or coition or mating
交配型態　mating types
交配囊　bursa copulatrix
交配體系　mating system
交通支　ramus communicans
交感神經系統　sympathetic nervous system
休止　diapause
休眠　dormancy
休眠卵　resting egg
休眠芽　statoblast
休眠素　dormin
光　light
光子　photon
光化色素　photopigment
光反應　light reactions
光合作用　photosynthesis

光合作用中的Z字形模式　Z scheme in photosynthesis
光合磷酸化　photophosphorylation
光年　light year
光自營生物　photoautotroph
光系統 I 和 II　photosystems I and II
光呼吸　photorespiration
光週期　photoperiod
光週期現象　photoperiodism
光度　luminosity
光活化　photoactivation
光氧化　photooxidation
光強度　light intesity
光晷反應　light compass reaction
光期　photophase
光解作用　photolysis
先天反射　innate reflex
先天代謝障礙　inborn error of metabolism
先天行為　innate behavior
先天的　congenital
先天與後天　nature and nurture
先天愚型　mongolism
先成論　preformism
先落的　fugacious
先趨者效應　founder effect
先證者　proband
全酶　holoenzyme
全有或全無律　all-or-none law
全身的　systemic
全泌的　holocrine
全能性　totipotency

全動物營養的　holozoic
全新世　Holocene or Recent epoch
全模標本　syntype
全緣的　entire
全頭亞綱　Holocephali
全變態類　Holometabola
共生　symbiosis or mutualism
共生集團　cenobium
共生體　symbiont
共交種　cenospecies
共同祖先　common ancester
共顯性　codominance
共有衍生性狀　synapomorphy
共有原始性狀　symplesiomorphy
共抑制物　corepressor
共棲　commensal
共模標本　cotype
共線分佈　synteny
共質體　symplast
再生　regeneration
再合成　resynthesis
冰川作用　glaciation
冰凍翻漿　cryoturbation
冰原島峰　nunatak
冰雪植物　cryophytes
列聯表　contingency table
劣生的　dysgenic
劣種；獨獸　rogue
印痕　imprinting
印模培養　replica plating
吉貝素　antigibberellin or gibberellin
吉姆薩分帶技術　G banding
同工酶　isozyme or isoenzyme

同化　assimilation
同心維管束　concentric bundle
同功結構　analogous structure
同地成種　sympatric speciation
同地的，分布區重疊的　sympatric
同地種雜交　sympatric hybridization
同色　concolorous
同位素　isotope
同卵雙生　monozygotic twins or identical twins or uniovular twins
同形孢子　isospore
同形孢子現象　homospory
同形配子　isogamete
同形種　cryptic species
同形標本　phenon
同步肌肉　synchromous muscle
同步的　synchronic
同系配合　endogamy
同宗配合　homothallism
同物異名　synonym
同型小種　biotype
同型合子　homozygote
同型花被的　homochlamydeous
同型齒　homodont
同胞　sibling
同核體　homokaryon
同翅目昆蟲　homopteran
同配生殖　isogamy
同配性別　homogametic sex
同基因移植　isograft
同等位基因　isoalleles
同源的　homologous
同源染色體　homologous chromo-

some

同源突變，相等突變　homeotic mutant

同源現象　homology

同義詞表　synonymy

同態的　isomorphic

同種的　conspecific

同種移植　homograft

同種異型酶　allozyme

同種異體移植　allograft

同質異構　isomerism

同類群　deme or local population

同屬的　congeneric

向化性　chemotropism

向日性　heliotropism

向外的　extrorse

向光性　phototropism

向地性　geotropism

向性　tropism

向性的　tropic

向氧性　aerotropism

向基的　basipetal

向頂的　acropetal

向溼性　hydrotropism

向觸性　thigmotropism or haptotropism or stereotropism

吐絲器　spinneret

合子　zygote

合心皮的　syncarpous

合生的　connate

合成　synthesis

合成代謝　anabolism or synthesis

合成致死染色體　synthetic lethal

合成培養基　synthetic medium

合軸的　sympodial

合萼的　gamosepalous

合點　chalaza

合線期　zygotene

合瓣的　gamopetalous or sympetalous

合體節　cormidium

回旋轉頭運動　circumnutation

回復突變　back mutation

回復突變　reverse mutation

回歸分析　regression analysis

回饋機制　feedback mechanism

地下水面　table, water

地下生的，留土的　hypogeal

地下芽植物　geophyte

地上的　epigeal

地上芽植物　chamaephyte

地中海型貧血　thalassemia

地方族群　local population

地方的　endemic

地衣　lichen

地形制約的　topogenous

地面芽植物　hemicryptophyte

地特靈　dieldrin

地球的　telluric

地理分布　geographical distribution

地理成種作用　geographical speciation

地理植物學　geobotany

地理隔離　geographical isolation

地理變異　geographical variation

地模標本　topotype

地質年代　geologic time

地錢　liverwort

多元的　polythetic

多孔動物　Porifera

多巴胺　dopamine

多毛類　polychaete

多名命名法　polynomial nomenclature

多因子，多基因　multiple factors or multiple genes

多因子的　multifactorial

多年生　perennation

多年生的　perennial

多位作用　multisite activity

多形的　pleomorphic

多足綱　Myriapoda

多型的　polytypic

多型種　Rassenkreiss

多洛氏不可逆定律　Dollo's law of irreversibility

多胚現象；多胎現象　polyembryony

多胎的　polytokous

多胜肽鏈　polypeptide chain

多倍體　polyploid

多效性　pleiotropism

多核　multinucleate

多核糖體　polyribosome or polysome

多核體　cenocyte or syncytium

多配性　polygamy

多基因性狀　polygenic characters

多基因遺傳，定量遺傳　polygenic inheritance or quantitative inheritance

多細胞　multicellular

多絲染色體　polytene chromosome

多順反子傳訊核糖核酸　polycistronic mRNA

多源的　polyphyletic

多葉捲疊式，幼葉捲疊式　vernation

多態性　polymorphism

多聚酶　polymerase

多聚尿嘧啶　polyuracil

多價體　multivalent

多樣性　diversity

多樣性指數　diversity index

多樣性區域　diversity（D）region

多皺的　rugose

多醣　polysaccharide

多鰭魚屬　Polypterus

多變數分析　multivariate analysis

好氧生物　aerobe

好溫的　thermophilic

宇宙生物學　exobiology

宇宙射線　cosmic rays

宅旁雜草　ruderal

安氏試驗　Ames test

安伯密碼　amber codon

安非他命　amphetamine

安慰劑　placebo

安撫姿態　appeasement display

安樂死　euthanasia

尖頭　acrocephaly or oxycephly

年節律　annual rhythm

年輪　annual rings

年輪測年法　dendrochronology

成牙質細胞　odontoblasts

717

## 中英名詞對照（六畫）

成血細胞　hematoblast

成骨細胞　osteoblast

成帶現象　zonation

成軟骨細胞　chondroblast

成種作用　speciation

成熟（病毒的）　maturation（viral）

成膠原細胞　collagenoblast

成蟲　imago

成蟲盤　imaginal disk

成雙的　didymous

成纖維母細胞　fibroblast

托葉　stipule

托苞　palea

托葉鞘　ochrea or ocrea

收縮空泡　contractile vacuole

收縮能的　inotropic

早期　prophase

早落的　caducous

曲折的　flexuous

曲張　varicosities

有孔蟲　Foraminifera

有爪動物門　Onychophora

有四個翅的　tetrapterous

有尾目　Urodela

有角下目　Pecora

有性生殖　sexual reproduction

有柄的　stiptate

有胚植物　embryophyte

有害生物，害蟲　pest

有害基因　deleterious gene

有效名　valid name

有氧呼吸　aerobic respiration

有翅亞綱　Pterygota

有袋動物　Didelphia or marsupial

有喙目　Rhynchota

有殼卵　cleidoic egg

有絲分裂　mitosis

有絲分裂互換　mitotic crossing over

有絲分裂孢子　mitospore

有機氯化物　organochlorine

有機營養生物　organotroph

有機磷　organophosphate

有蹄類　ungulate

有頭動物　Craniata

有髓神經纖維　medullated nerve fiber

有鱗目　Squamata

次生分生組織　secondary meristem

次生代謝物　secondary metabolite

次生加厚，次生生長　secondary thickening or secondary growth

次生根　secondary root

次生間渡　secondary intergradation

次級生產　secondary production

次級食肉動物　secondary carnivore

次級消費者　secondary consumer

次級演替　secondary succession

死亡率　mortality rate or death rate

死體營養的　necrotrophic

汗的　sudoriferous

汗腺　sweat gland

汗染物　contaminant

污槽　cisterna（複數 cisternae）

污染　pollution

灰質　gray matter

灰壤　podsol or podzol

百分之七十五定則　seventy-five percent rule

百日咳　whooping cough

竹節蟲科　Phaxmidaemutation

羽的　alar

耳廓　auricle

自養的　holophytic

自體受精　self-fertilization

自然存在的　indigenous

臼齒　molar teeth

舌　hypopharynx or tongue

舌下神經　hypoglossal nerve

舌狀的　ligule

舌的　lingual

舌咽神經　glossopharyngeal nerve

舌骨弓　hyoid arch

舌接型頜顱掛接　hyostylic jaw suspension

舌樣的　lingulate

舌頜骨　hyomandibula

色盲　color blindness

色素體　chromoplast

色素細胞　chromatophore

色胺酸　tryptophan

色斑　macula

色覺　color vision

艾倫法則　Allen's rule

羽軸　rhachis

血小板　blood platelets or platelets or thrombocytes

血友病　hemophilia

血色素　blood pigments or heme

血吸蟲　blood fluke

血吸蟲病　bilharziasis or schistosomiasis

血青素　hemocyanin

血孢子蟲　hemosporidian

血型醣蛋白　glycophorin

血紅素　hemoglobin

血島　blood islands

血栓形成　thrombosis

血液　blood

血液分型　blood grouping

血液生成　hematopoiesis or hemopoiesis

血液循環系統　blood circulatory system

血液凝固　blood clotting

血清　blood serum or serum

血清性肝炎　serum hepatitis

血清學　serology

血球　blood corpuscle or hematocyte

血球比容　hematocrit

血球透出　diapedesis

血腔　hemocoel

血塗片　blood film

血管　blood vessel ·

血管的　vascular

血管加壓素　vasopressin

血管收縮　vasoconstriction

血管收縮肽　angiotensin

血管收縮素，5-羥色胺　serotonin

血管系統　vascular system

血管舒張　vasodilatation

血管舒縮中樞　vasomotor center

# 中英名詞對照（七畫）

血管舒縮的　vasomotor
血綠蛋白　chlorocrurin
血漿　blood plasma
血漿蛋白　plasma proteins
血糖　blood sugar
血竇　sinus
血壓　blood pressure
血壓平　reserpine
行為　behavior
行為學　ethology
行動　locomotion
肉穗花序　spadix
衣藻屬　Chlamydomonas
囟門　fontanelle

## 【七畫】

亨利圈　loop of Henle
亨廷頓氏舞蹈症　Huntington's chorea
位置效應　position effect
伴細胞　companion cell
佛燄花序，肉穗花序　spadix
佛燄苞　spathe
佐劑　adjuvant
伺服機構　servemechanism
伸肌　extensor
佔域行為　territorial behavior
似變形蟲的　ameboid
作用光譜　action spectrum
作物　crop
作物生長率　crop growth rate
作物栽培　arable farming
作物疏耕　crop pruning
作物噴藥　crop spraying

伯格曼法則　Bergmann's rule
伯爾納　Bernard, Claude
低氧　hypoxia
低張的，低滲的　hypotonic
低溫層儲　stratification
佝僂病　rickets
克分子；莫耳　mole
克氏徵候群　Klinefelter's syndrome
克立克　Crick, Francis
克列伯循環　Krebs cycle
免疫，免疫力　immunity
免疫反應　immune response
免疫毒素　immunotoxin
免疫耐受性　immunological tolerance
免疫接種　immunization
免疫球蛋白　immunoglobulin
免疫螢光法　immunofluorescence
冷凍乾燥法　freeze-drying
冷凍蝕刻　freeze-etching
冷感受器　cold receptor
利士曼原蟲病　leishmaniasis
利他行為　altruistic behavior
利尿　diuresis
利尿劑　diuretic
利貝昆氏隱窩　crypt of Lieberkuhn
助細胞　synergid
卵，卵細胞　ovum or egg or egg cell
卵子生成　oogenesis
卵母細胞　oocyte
卵生的　oviparous
卵生體　oozooid
卵泡　ovarian follicle

卵孢子　oospore

卵胎生的　ovoviviparous

卵原細胞；藏卵器　oogonium

卵巢；子房　ovary

卵球　oosphere

卵球形的　ovoid

卵細胞　egg cell

卵袋，繭　cocoon

卵殼；絨毛膜　chorion

卵裂　cleavage

卵黃　yolk

卵黃血管　vitelline blood vessels

卵黃膜　vitelline membrane

卵黃囊　yolk sac

卵圓孔　foramen ovale

卵圓形的　ovate

卵圓窗　oval window or round window

卵圓窗和圓窗　fenestra ovalis and rotunda

卵精巢　ovotestis

卵膜　egg membrane

卵齒　egg tooth

卵磷脂　lecithin

吞噬細胞　phagocyte

吞嚥　deglutition

呆小症患者　cretin

吻合　anastomose

吸水壓　suction pressure

吸回作用　resorption

吸收　absorption

吸收光譜　absorption spectrum

吸附　adsorption

吸氣　inspiration

吸根　sucker

吸氣中樞　inspiratory center

吸能反應，吸熱反應　endergonic reaction or endothermic reaction

吸漲作用　imbibition

吸器　haustorium

吸蟲　fluke or trematode

吸蟲器　pooter

吲哚乙腈　IAN（indole-3-aceto nitrile）

吲哚乙酸　IAA（indole-3-acetic acid or indolacetic acid）

含氣性　pneumaticity

含氮廢物　nitrogenous waste

均衡的　isostatic

坐骨　ischium

妊娠　gestation

完全卵裂　holoblastic cleavage

宏觀相　macrofauna

尿素　urea

尿素酶　urease

尿素循環　urea cycle

尿崩症；糖尿病　diabetes insipidus or diabetes mellitus

尿液　urine

尿黑酸　homogenstic acid

尿道　urethra

尿道海綿體　corpus spongiosum

尿酸　uric acid

尿嘧啶　uracil

尿嘧啶核苷　uridine

尿囊　allantois

尿囊素　allantoin

尿囊絨毛膜　allantoic chorion

尿囊絨毛膜移植　chorioallantoic grafting

尾　tail

尾羽，舵羽　rectrix

尾的　caudal

尾海鞘　appendicularia

尾索動物　tunicate

尾脂腺　uropygeal gland

尾骨　coccys

尾桿骨　urostyle

尾蚴　cercaria

尾節　telson

尾臀　uropygium

尾鬚　cerci

希氏反應　Hill reaction

希氏束　His, bundle of

希爾曼和薩爾托理　Hillman and Sartory

廷伯根　Tinbergen, Nikolaas

形成層　cambium

形態型　morph

形態發生　morphogenesis

形態發生運動　morphogenetic movement

形態種　morphospecies

形態學　morphology

志留紀　Silurian period

快速代謝　tachymetabolism

抗生長素　antiauxin

抗生素　antibiotic

抗利尿激素　ADH（antidiuretic hormone）or vasopressin

抗孢子劑　antisporulant

抗毒素　antitoxin

抗原　antigen

抗病性　disease resistance

抗胰島素　glucagon

抗淋巴血清　antilymphocytic serum

抗組織胺　antihistamine

抗凝血劑　anticoagulant

抗蟲藥性　insecticide resistance

抗壞血酸　ascorbic acid

抗體　antibody

抗體血清　antiserum

抗黴素　antimycin

扭轉　torsion

抑制　inhibition or repression

抑制因子　inhibiting factor

抑制物　repressor

抑制突變　suppressor mutation

抑素　chalone

抑菌作用　bacteriostasis

抑菌的　bacteriostatic

攻擊　aggression

攻擊素　aggressins

旱生植物　xerophyte

旱生演替系列　xerosere

旱性形態　xeromorphy

更年期　climacteric

更新世　Pleistocene epoch

更新世冰河期殘遺種保護區　Pleistocene refuge

束翅亞目　Zygoptera

束間形成層　interfascicular cambium

李森科　Lysenko，Trofim Deniso-
　　vitch

材料　material

步帶　ambulacrum

求偶　courtship

沙門桿菌屬　Salmonella

沙棲鰻　ammocete

沙漠　desert

沙蟲　lugworm

沉降單位　Svedberg（S）unit

沉澱素　precipitin

決定　determination

沖積土　alluvial soil

沃爾夫氏管，中腎管　Wolffian duct

沃爾夫氏體　Wolffian body

狂犬病　rabies

系　line

系統突變　systemic mutation

系譜樹　phylogenetic tree

肝小葉　lobule of liver

肝吸蟲　liver fluke

肝炎　hepatitis

肝的　hepatic

肝盲囊　hepatic cecum

肝門靜脈系統　hepatic portal system

肝素　heparin

肝細胞　hepatocyte

肝醣　glycogen

肝臟　liver

肛門　anus

肛門的　anal

肛道　proctodeum

育幼　care of young

育兒袋，育囊　brood pouch or mar-
　　supium

育種值　breeding value

良性　benign

良種　stock

角蛋白　keratin

角膜　cornea

角質化　cornification or cutinization

角質層　cuticle or cuticula or perios-
　　tracum

角鯊　dogfish

角蘚亞綱　Anthocerotae

豆科植物　legume

豆娘　damselfly

貝特森　Batesom，William

貝斯特　Best，Charles Herbert

貝殼硬蛋白　conchiolin

貝爾氏定律　von Baer's law

赤道板　equatorial plate

赤黴酸　gibberellic acid

足　foot

足的　pedal

足絲　byssus

足癬　athlete's foot or tinea or ring-
　　worm

身體　soma

防水；不透水　waterproofing

防腐　antisepsis

防腐劑　antiseptic

吡咯卟啉　pyrrole

吡哆醇　pyridoxine

吡喃糖環　pyranose ring

呋喃糖環　furanose ring

723

氚　tritium

## 【八畫】

並生的，聯合的　coalescent

並行演化基因　paralogous genes

並連 X 染色體　attached-X chromosome

乳　milk

乳化　emulsification

乳白密碼子　opal codon

乳狀液　latex

乳突　mastoid process or mastoid bone

乳腺　mammary gland or milk gland

乳酸　lactic acid

乳齒　deciduous teeth or milk teeth

乳齒象　mastodon

乳糖　lactose or milk sugar

乳糖酶　lactase

乳糖合成酶　lactose synthetase

乳糖操縱組　lac-operon

乳頭，乳突　papilla or nipple

乳頭瘤　papilloma

乳糜　chyle

乳糜管　lacteal

亞氏提燈　Aristotle's lantern

亞油酸　linoleic acid

亞科　subfamily

亞種　subspecies

亞種內的　infrasubspecific

亞屬名　subgeneric name

依賴引流水補給的　soligenous

依賴集團　guild

併列　apposition

併指（趾）　syndactyly

併發係數　coincidence, coefficient of

侏儒症　dwarfism

侏羅紀　Jurassic period

兒茶酚胺　catecholamine

兩生類　amphibian

兩性的　bisexual or amphoteric

兩性融合生殖　amphimixis

兩性體　hermaphrodite

兩性異型　sexual dimorphism

兩側對稱　bilateral symmetry

兩側對稱的　zygomorphic

兩接型　amphistylic

兩被的　dichlamydeous

兩生類　batrachian

兩游現象　diplanetism

兩極細胞　bipolar cell

具毛被的　pilose

具同形孢子的　homosporous

具芒的　aristate

具近端著絲點的　acrocentric

具果霜的　pruinose

具指狀突的　digitate

具疣狀突起的　tuberculate

具剛毛的　setaceous

具條紋的　striate

具粗毛的　hirsute

具短尖的　mucronate

具圓齒的　crenate

具端著絲點的染色體　telocentric chromosome

具寬隔膜的　latiseptate

具緣紋孔　bordered pit

# 中英名詞對照（八畫）

具糙硬毛的　hispid

具點的　punctate

具雙著絲點的　dicentric

具關節的　articulate

具囊狀隆起的　gibbous

具鱗根出條　turion

典型的　typical

刷狀緣　brush border

刺，棘　thorn or quill

刺胞動物門　Cnidaria

刺面的　muricate

刺毛　seta

刺針　cnidocil

刺絲胞　trichocyst

刺線細胞　nematoblast

刺激　stimulus

刺囊　nematocyst

刺囊細胞　cnidoblast or nematoblast or thread cell

制約　regulation

制黴菌素　nystatin

協同演化　coevolution

協助運輸　facilitated transport

取樣；抽樣　sampling

受精　fertilization

受精力　fertility

受精絲　trichogyne

受精膜　fertilization membrane

受精囊　spermatheca

受質　substrate

受質－酶複合物　substrate-enzyme complex

受質層次磷酸化　substrate-level phosphorylation

受器　receptor

受納水體　receiving waters

受體分子　acceptor molecule

受體部位　receptor site

味蕾　gustatory sensillum or taste bud

味覺　gustation

咖啡因　caffeine

咀嚼　mastication

呼吸　breathing or respiration

呼吸酶　respiratory enzyme

呼吸中樞　respiratory center

呼吸孔　pneumostome

呼吸色素　respiratory pigment

呼吸困難　dyspnea

呼吸表面　respiratory surface

呼吸計　respirometer

呼吸氣體　respiratory gas

呼吸商數　respiratory quotient（RQ）

呼吸週期　respiratory cycle

呼吸運動　respiratory movement

呼吸過度　hyperpnea

呼吸暫停　apnea

呼吸調節中樞　pneumotaxic center

呼吸器　respiratory organ

呼氣　expiration

周木維管束　amphivasal bundle

周生氣門的　perineustic

周皮　periderm

周位的　perigynous

周圍狀態　ambient

周圍的　peripheral

周裂的　circumscissile

周韌維管束　amphicribral bundles

周緣的，側膜的；頂骨的；壁層的　parietal

周轉率　turnover rate

周鞘　pericycle

周邊隔離族群　peripheral isolate

命名法　nomenclature

命名模式標本　onomatophore

固有性狀　inheritance

固定　fixation

固氮作用　nitrogen fixation

固氮細菌　nitrogen-fixing bacteria

固著的；無柄的　sessile

固著器　holdfast

固醇　sterol

固縮現象　pycnosis

坡向；露頭；剖面　exposure

夜蛾科　Noctuidae

奇蹄目　Perissodactyla

始祖鳥　Archaeopteryx

始新世　Eocene

孟加拉榕　banyan tree

孟買血型　Bombay blood type

孟德爾　Mendel, Gregor

孟德爾定律　Mendel's laws

孟德爾遺傳學說　Mendelian genetics

季節隔離　seasonal isolation

定向　navigation or orientation

定向偏移　gain

定向選擇　canalizing selection or directional selection

定居　ecesis

定性遺傳　qualitative inheritance

定量遺傳　quantitative inheritance

定界　delimitation

屈肌　flexor

岡瓦納古陸　Gondwana or Gondwanaland

岩岸　rocky shore

岩藻黃質　fucoxanthin

岩藻屬　Fucus

帕希尼體，環層小體　Pacinian corpuscle

帕韜氏症候群　Patau syndrome

底土　subsoil

底肢節　basipodite

底面層動物相　epifauna

底棲生物　benthos

底棲的　demersal

底著的　basifixed

延伸　nutation

延時葉面積　leaf-area duration

延腦；延髓　medulla oblongata

延壽膳食　macrobiotics

弦音感受器　chordotonal receptors

忠實傳代　breeding true

性因子　sex factor

性行爲　sexual behavior

性別比率　sex ratio

性別決定　sex determination

性狀　character

性狀指數　character index

性狀替代　character displacement

726

性狀轉變　transformation

性染色質　sex chromatin

性染色體　sex chromosome or heterosome

性連鎖，性聯遺傳　sex linkage

性週期　sexual cycle

性激素　sex hormones

性選擇　sexual selection

房室束　bundle of His or atrioventricular bundle

房室結　atrioventricular node（AVN）

拉馬克　Lamarck, Jean-Baptiste Pierre Antoine de Monet

拉馬克主義　Lamarckism

拉瑪古猿屬　Ramapithecus

拉薩病毒　Lassa virus

披發蟲　Trichonympha

抽苔　bolting

抽樣誤差　sampling error

拇趾　hallux

拇翼　bastard wing

抵抗力　resistance

抵抗性因子，抵抗性質體　R factor or resistance factor or R plasmid

抵抗性基因　R genes

抵抗性轉移因子　resistance transfer factor（RTF）

抱卵板，載卵葉　oostegites

抱器　claspers

抱莖的　amplexicaul

放流水體　receiving waters

放射性同位素　radioactive isotope or radioisotope

放射性標記　radioactive label

放射型的　actinomorphic

放射蟲類　Radiolaria

放能反應　exergonic reaction

放電器　electric organ

放熱反應　exothermic reaction

放線菌　Actinomycetes

放線菌素 D　actinomycin D

斧足動物　pelecypod

易化　facilitation

易位　translocation

易位異合子　translocation heterozygote

易感染性　susceptible

昆蟲　insect

昆蟲寄生的　entomogenous

昆蟲學　entomology

明帶　I-band or isotropic band

枕骨區；後頭　occiput or occipital region

枕骨髁　occipital condyle

枕葉　occipital lobe

果皮　pericarp

果胞　carpogonium

果胞子　carpospore

果實　fruit

果實狹隔的　angustiseptate

果膠　pectin

果糖　fructose

果蠅　Drosophila or fruit fly

枝角蟲　cladoceran

枝梢枯死　dieback

## 中英名詞對照（八畫）

林可黴素　lincomysin

林奈　Linnaeus, Carolus

林格氏液　Ringer's solution

杯狀細胞　goblet cells or chalice cell

杯狀結構；頂　cupula

板足鱟　eurypterid

板塊構造　plate tectonics

板鰓類　elasmobranch

松果體，松果腺　pineal body or epi-
　　physis or pineal gland

泌水作用　guttation

泌尿生殖系統　urogenital system

泌乳　lactation

泌酸細胞　oxyntic cell or parietal cell

泥岸　muddy shore

泥流現象　solifluction

泥炭　peat

泥盆紀　Devonian period

河口灣　estuary

沼生植物　helophyte

沼澤　bog or marsh

沼澤群落　fen

波義耳定律　Boyle's law

波曲的　sinuate

波狀的　undulate

波長　wavelength

波浪熱　undulant fever

泄殖腔　cloaca

泄殖道　urodeum

油　oil

油酸　oleic acid

油鏡　oil-immersion objective lens

泛古陸　Pangaea

泛酸　pantothenic acid

爬行類　reptile

爭勝行為　agonistic behavior

物種集合體　Artenkreis

物種識別　species recognition

物質　matter

狐尾猴　Pithecinae

狐猴　lemur

盲道　typhlosole

盲腸；盲囊　cecum

盲點　blind spot

或然率　probability

直方圖　histogram

直立人　Homo erectus

直立的　orthotropous

直列線；直列鰭　orthostichy

直肌　rectus

直翅目　Orthoptera

直動態　orthokinesis

直接適應論　Geoffroyism

直腸　rectum

直腸腺　rectal gland

直線進化基因　orthologous genes

直鏈澱粉　amylose

矽藻　diatom

矽藻細胞　frustule

矽藻綱　Bacillariophyceae

社群組織　social organization

空氣污染　air pollution

空氣呼吸　aerial respiration

空氣傳播的病原體　airborne
　　pathogen

空腸　jejunum

肺　lung

肺泡；表膜泡；牙槽　alveolus

肺炎　pneumonia

肺活量　vital capacity

肺書　lung book

肺氣腫　emphysema

肺部的　pulmonary

肺魚　lungfish

肺魚亞綱　Dipnoi

肥大　hypertrophy

肥大細胞　mast cell

肥厚期　diakinesis

肥力　fertility

肥料　fertilizer

肢；分支；瓣片　limb

肽鏈內切酶　endopeptidase

肽鏈外切酶　exopeptidase

肢帶　girdle

肢端巨大症　acromegaly

肱骨　humerus

股骨　femur

肩胛骨　scapula

肩帶　pectoral girdle or shoulder girdle

肩帶　shoulder girdle

芽　bud

芽生體　blastozooid

芽胞　gemma（複數 gemmae）

芽胞形成；芽生　gemmation

芽胞葉　cataphyll

芽球　gemmule

花　flower

花托　receptacle or torus

花序　inflorescence

花青素　anthocyanins

花冠　corolla

花後膨大的　accrescent

花柱　style

花柱同長　homostyly

花柱異長　heterostyly

花柳病　venereal disease

花粉　pollen

花粉粒　pollen grain

花粉筐　pollen basket

花粉塊　pollinium

花粉管　pollen tube

花粉熱　hay fever

花梗　pedicel

花被　perianth

花被卷疊式　estivation

花被節片　perianth segment

花斑　variegation

花程式　floral formula

花絲；絲狀體　filament

花萼　calyx

花葶　scape

花圖　floral diagram

花蜜　nectar

花盤　disk or disc

花環結構　Kranz anatomy

花瓣　petal

花瓣狀的　petaloid

花藥　anther

初生生長　primary growth

初乳　colostrum

初級生產　primary production

# 中英名詞對照（八畫）

初級卵母細胞　primary oocyte
初級卵泡　primary follicle
初級飛羽　primary feather
初級消費者　primary consumer
初級間渡　primary intergradation
初級精母細胞　primary spermato-
　cyte
初潮　menarche
表土　topsoil
表皮　epidermis
表皮內突　apodeme
表皮生髮層　Malpighian layer
表皮原　dermatogen
表型變異量　phenotypic variance
表胚層　periblast
表面的　superficial
表面積/體積比例　surface area/vol-
　ume ratio
表現序列　exon or extron
表型　phenotype
表型可塑性　phenotypic plasticity
表現度　expressivity
表被物　indumentum
表象分級　phenetic ranking
表象圖　phenogram
表膜　pellicle
表膜泡　alveolus
返家衝動　philopatry
近交係數　coefficient of inbreeding
近交衰退　inbreeding depression
近曲小管　proximal tubule
近海的　neritic
近視　myopia or nearsightedness

近軸的　adaxial
近端，近側　proximal
近親交配　consanguineous mating or
　inbreeding
采采蠅　tsetse fly
金藻門　Chrysophyta
長日照植物　long-day plant
長尾的　macrurous
長角果　siliqua
長柔毛的　villous
長翅目　Mecoptera
長腕幼蟲　pluteus
長壽的　macrobiotic
長鼻；喙　proboscis or trunk
長橢圓形　oblong
長頭的　dolichocephalic
長臂猿　gibbon
門　phylum or hilum
門牙　incisor
門靜脈　portal vein
門檻，臨界值　threshold
陀螺狀的　turbinate
阿司匹靈　aspirin
阿托品　atropine
阿米巴　ameba or Amoeba
阿米巴痢疾　amebic dysentery
阿農　Arnon, Daniel
阻抗　impedance
阻遏物蛋白　aporepressor
附生動物　epizoite
附生植物　epiphyte
附肢　appendage
附著部　attachment

附睪　epididymis
附屬骨骼　appendicular skeleton
雨生的　ombrogenic or ombrogenous
雨成的；雨期　pluvial
雨淋營養的　ombrotrophic
青春期　puberty
青春激素　juvenile hormone
青黴素，盤尼西林　penicillin
非必需胺基酸　nonessential amino acid
非生物因子　abiotic factor
非禾本草本植物　forb
非同步纖維肌肉　asynchronous fibrillar muscle
非孟德爾遺傳　non-Mendelian genetics
非品種特異性抵抗力　nonrace-specific resistance
非洲爪蟾　Xenopus
非洲昏睡病　African sleeping sickness
非致育細胞　F⁺ cell
非密度依變因子　density-independent factor
非細胞的　acellular
非循環光合磷酸化　noncyclic photophosphorylation
非極性　nonpolar
非維度的　nondimensional
非整倍性　aneuploidy
非遺傳多態性　polyphenism
非隨機交配　nonrandom mating
非還原性糖　nonreducing sugar

非競爭性抑制　noncompetitive inhibition
孤雌生殖　parthenogenesis
孢子　spore
孢子母細胞　spore mother cell
孢子生殖　sporogony
孢子形成　sporulation
孢子周壁　perispore
孢子異形　heterospory
孢子葉　sporophyll
孢子蟲　sporozoan
孢子囊　sporangium
孢子囊堆　sorus
孢子體　sporogonium or sporophyte or sporozoite
孢原　archesporium
孢蒴　capsule
孢囊　sporocyst
孢囊柄　sporangiophore
狒狒　baboon
取代　substitution
耵聹　cerumen

## 【九畫】

信息論　information theory
侵入　invasion
侵填體　tylose or tylosis
侵蝕　erosion
保幼激素：青春激素　juvenile hormone
保育　conservation
保留名　nomen conservandum
保留性複製模型　conservative replication model

保留時間　persistence

保常態選擇　normalizing selection

保衛細胞　guard cells

保護色　protective coloration

促甲狀腺激素　thyrotropic hormone or thyroid stimulating hormone（TSH）

促甲狀腺激素釋放激素　thyrotropic releasing hormone

促皮質素　corticotropin

促性腺激素　gonadotrophin or gonadotrophic hormones

促胰酶素　pancreozymin

促細胞分裂劑　mitogen

促腎上腺皮質激素　adrenocorticotropic hormone or adrenocorticotrophic hormone（ACTH）or corticotrophin

促黑激素　melanophore stimulatory hormone

促間質細胞激素　interstitial cell stimulating hormone（ICSH）

促腸液激素　enterocrinine

促濾泡成熟激素　follicle-stimulating hormone（FSH）

俗名　vernacular name

冠毛　pappus

冠狀血管　coronary vessels

冠狀動脈血栓　coronary thrombosis

前　anterior

前口的　prognathous

前毛輪　prototroch

前列腺　prostate or prostate gland

前列腺素　prostaglandins

前臼齒　premolars

前林奈學名　pre-Linnaean name

前孢子　forespore

前庭　vestibule

前庭階　scala vestibuli

前庭管　vestibular canal

前庭膜　Reissner's membrane

前根　anterior root

前胸　prothorax

前胸背板　pronotum

前胸腺　prothoracic glands or thoracic gland

前寒武紀　PreCambrian era

前腎　pronephros

前進演化　anagenesis

前腦　forebrain

前導區　leader region

前變態　prometamorphosis

匍匐莖　runner or stolon

南美肺魚屬　Lepidosiren

南猿　Australopithecus

厚皮類　pachyderm

厚角組織　collenchyma

厚壁孢子　chlamydospore

厚壁組織　sclerenchyma

咽　pharynx

咽側體　corpus allatum

品系　strain

品系內交配；品種間雜交　interbreed

品種；種族　race

品種；變種　variety

品種特異性抵抗力　race-specific resistance

哈氏窩　Hatscheck's pit

哈地－溫伯格定律　Hardy-Weinberg law

哈佛氏管　Haversian canal

哈奇－斯萊克途徑　Hatch-Slack pathway

哈維　Harvey, William

垂管　manubrium

垂周的　anticlinal

垂直分類　vertical classification

垂直抵抗力　vertical resistance

垂體；腦下垂體　hypophysis

垂體腺性部　adenohypophysis

型圈　formenkreiss

威爾金斯　Wilkins, Maurice

室性或纖維性顫動　fibrillation or ventricular fibrillation

室背開裂　loculicidal

客觀同義詞　objective synonym

封閉群落　closed community

幽門的　pyloric

幽門括約肌　pyloric sphincter

度量性狀　metric character

待證動物　cryptozoa

後天性狀　acquired characters

後代測驗　progeny test

後生木質部　metaxylem

後生格局　epigenetic landscape

後生動物　metazoan

後生植物　Metaphyta

後生韌皮部　metaphloem

後生說，漸成　epigenesis

後成質　metaplasm

後氣門式　metapneustic

後頭　occipital region

後胸　metathorax

後期　anaphase

後腎　metanephros

後視紫質　metarhodopsin

後腦　hindbrain

後熟期　after ripening

後獸類　Metatheria

急尖的；急性的　acute

恆化器　chemostat

恆定性　homeostasis

恆定區　constant（C）region

恆河猴因子　RH factor

恆河猴血型　Rhesus blood group

恆河猴血型溶血性貧血　Rhesus hemolytic anemia（RHA）

恆溫　endogenous

恆溫動物　homoiotherm or homeotherm or homotherm

恆齒　permanent teeth

扁形動物　platyhelminthe

扁的　compressed

扁平的　depressed

扁桃體，扁桃腺　tonsil

扁圓形　orbicular

扁蟲　flatworm

拮抗肌　antagonistic muscle

拮抗作用　antagonism

指（趾）甲　nail

指（趾）骨　phalange

# 中英名詞對照（九畫）

指，趾　digit

指名的，模式的　nominate

指狀個體　dactylozooid

指數　exponent

指標群落　indicator community

括約肌　sphincter

施用石灰　liming

春化素　vernalin

春化處理，春化作用　vernalization

星狀的　stellate

星狀體　aster

星狀細胞　Kupffer cells

染色粒　chromomere

染色單體　chromatid

染色單體干擾　chromatid interference

染色質　chromatin

染色質核仁　karyosome

染色體　chromosome

染色體尾端　telomere

染色體突變　chromosomal mutation

染色體重複　duplication, chromosomal

染色體圖　chromosome map

染色體圖單位　map unit or linkage unit

染色體膨脹物　chromosome puffs or puffs

染菌物　fomites（單數 fomes）

柱狀上皮　columnar epithelium

柱頭　stigma

柱頭幼蟲　tornaria larva

柔荑花序　catkin

枯敗落葉層　litter

柵狀肉　palisade mesophyll

柯蒂氏器　organ of Corti

柄；垂管；胸骨柄　manubrium

柄翅卵蜂目　Mymaridae

歪尾　heterocercal tail

歪鰭　heterocercal fin

毒力；毒性　virulence

毒性噬菌體　virulent phage

毒扁豆鹼　eserine

毒素　toxin

毒菌　toadstool

氟化，加氟　fluoridation

氟化物　fluoride

洋菜　agar

流行性感冒　influenza

流行性腮腺炎　mumps

流行病　epidemic

流行病學　epidemiology

流產　abortion or miscarriage

流通量　flux

流蘇狀的　fimbriate

活化汙泥　activated sludge

活化能　activation energy

活化劑　activator

活性　activity

活性中心　active center

活性成份　active ingredient

活性狀態　active state

活性部位　active site

活動性遺傳成分　mobile genetic element

活組織檢查　biopsy

活體內　in vivo
活體外　in vitro
活體染色　vital staining
活體營養的；活食的　biotrophic
洛特卡　Lotka, Alfred James
炫耀　display
炭疽　anthrax
珊瑚　coral
珊瑚蟲　anthozoan or actinozoan
珊瑚蟲綱　Actinozoa
玻爾效應，玻爾轉移　Bohr effect or Bohr shift
玻璃狀液　vitreous humor
界　kingdom
疫苗　vaccine
疫病　blight
疫源地　Focus
疣足　parapodium
皆足綱　Pantopoda
相斥　（in）repulsion
相容性　compatibility
相等權重　equal weighting
相間分離　alternate disjunction
相對生長　relative growth
相關　correlation
相關反應　correlated response
盾片；盾板　scutum
盾皮魚綱　Aphetohyoidea or Placodermi
盾狀的　peltate
盾鱗；小齒　placoid or denticle
砂質黏土　loam
砂囊，胗　gizzard

科　family
科達目　Cordaitales
科赫　Koch, Robert
科學方法　scientific method
科學名稱，學名　scientific name
秋水仙素　colchicine
穿孔　fenestration
突出　enation
突出的　exserted
突眼性甲狀腺腫　exophthalmic goiter
突觸　synapse
突觸小體　synaptic knob
突觸前膜　presynaptic membrane
突觸後膜　postsynaptic membrane
突觸裂隙　synaptic cleft
突變　mutation
突變子　muton
突變育種　mutation breeding
突變型，突變體　mutant
突變率　mutation rate
突變劑　mutagen
突變頻率　mutation frequency
突變點　mutant site
紅外線　infrared
紅血球　erythrocyte or red blood cell（RBC）
紅杉；巨杉　sequoia or redwood
紅核　red nucleus
紅潮　red tide
紅藻　Rhodophyta
紅黴素　erythromycin
約氏器官　Johnston's organ

# 中英名詞對照（九畫）

約翰森　Johannsen, Wilhelm

耐旱性　drought tolerance

耐性　tolerance

胗　gizzard

胚孔　blastopore

胚外的　extraembryonic

胚乳　endosperm

胚泡　blastocyst or germinal vesicle

胚芽；絨毛　plumule

胚芽鞘　coleoptile

胚柄；囊柄　suspensor

胚胎；胚　embryo

胚胎學　embryology

胚根　radicle

胚根鞘　coleorhiza

胚珠　ovule

胚珠基　raphe

胚動　blastokinesis

胚基　blastema

胚層　germ layer

胚盤　blastodisk

胚膜，胚外膜　embryonic membrane or extraembryonic membrane

胚囊　embryo sac

胃　stomach

胃石　Gastrolith

胃泌素　gastrin

胃的　gastric

胃液　gastric juice

胃抑激素　enterogastrone

胃蛋白酶　pepsin

胃蛋白原　pepsinogen

胃腸炎　gastroenteritis

胃腸道　gastrointestinal tract

胃腺　gastric gland

胃磨　gastric mill

背板　tergum

背甲　carapace

背面的　dorsal

背唇　dorsal lip

背根　dorsal root

背著的　dorsifixed

背鰭　dorsal fin

胡蘿蔔素　carotene

胎毛　lanugo

胎生的；株上萌發的　viviparous

胎兒　fetus

胎兒溶血性貧血　erythroblastosis fetalis

胎座式　placentation

胎座框　replum

胎盤；胎座　placenta

胎膜　fetal membrane

胎糞　meconium

胞芽杯　receptacle

胞口　cytostome

胞內　intracellular

胞內小管　intracellular tubules

胞外酶　ectoenzymes

胞衣　afterbirth

胞液　cytosol

胞飲作用　pinocytosis

胞嘧啶　cytosine

胞漿　plasma sol

胞器　organelle

胞壁質　murein
胞質間連絲　plasmodesmata
致死基因　lethal gene
致死量　lethal dose（LD）
致死對偶基因，致死突變　lethad allele or lethal mutation
致育因子　F factor or fertility factor or sex factor
致育細胞　$F^+$ cell
致病的　pathogenic
致病毒素　pathotoxin
致畸的　teratogenic
致癌物　carcinogen
致癌基因　oncogene
若蟲　nymph
苗　seedling
苔原　tundra
苔綱　Hepaticae
苔蘚動物　polyzoan or sea mat
苔蘚植物　bryophyte
苔蘚蟲　bryozoan or polyzoan or sea mat
苞片　bract
苞膜　involucre
苯二醌　quinone
苯胺酸　glycine
苯基丙胺酸　phenylalanine
虹膜　iris
衍生性狀　apomorph or derived character
訂正　emendation
負回饋　negative feedback
郎維結　nodes of Ranvier

郎格爾漢　Langerhans
配對結合　bond
重力　gravity
重同位素　heavy isotope
重金屬　heavy metal
重金屬汙染　heavy-metal pollution
重寄生物　hyperparasite
重組　recombination
重組子　recon
重組去氧核糖核酸　recombinant DNA
重組配子　recombinant gamete
重量克分子濃度　molality
重演　recapitulation
重演性發生　palingenesis
重複感染　superinfection
重鏈　heavy chain
重瓣胃　omasum
限制酶　restriction enzyme
限制酶分析　restriction analysis
限制因素　limiting factor
限制性核酸內切酶　endonuclease restriction enzymes
限性現象　sex limitation
限雄遺傳的　holandric
降肌　depressor muscle
降血鈣素　calcitonin
降雨　rainfall
降溫　cooling
面盤幼體；緣膜幼體　veliger
革翅目　Dermaptera
革質的　coriaceous
韋伯氏骨　Weberian ossicle

**737**

## 中英名詞對照（十畫）

韋伯－費希納定律　Weber-Fechner law or Fechner's law
頁優先　page precedence
風疹　rubella
風媒傳粉　anemophily
飛羽　flight feathers or remige
飛行　flight
飛魚　flying fish
食毛目　Mallophaga
食肉目　Carnivora
食肉動物　carnivore
食肉植物　carnivorous plants
食泡　food vacuole
食物　food
食物中毒　food poisoning
食物生產　food production
食物試驗　food test
食物網　food web
食物層次　trophic level
食物儲備　reserves
食物鏈　food chain
食植物的　phytophagous
食微粒的　microphagous
食道　esophagus
食團　bolus
食腐屑動物　detritivore
食腐動物　necrophagous feeder or carrion feeder or scavenger
食糜　chyme
食糞動物　coprophage
食蟲類　insectivore
食蟻動物　anteater
洄游　homing

胜肽　peptide
胜肽酶　peptidase
胜肽基部位　peptidyl site（P-site）
胜肽鍵　peptide bond

## 【十畫】

倍足類　diplopod
倍增時間　doubling time
倍數性　ploidy
倒生胚珠　anatropous
倒向羽裂　runcinate
倒位　inversion
倒換替換突變　transversion substitution mutation
個員，個蟲；游動細胞　zooid
個體生態學　autecology
個體發生　ontogeny
個體變異　individual variation
修訂　revision
修飾基因　modifier gene
倫琴　Roentgen or Rontgen, Wilhelm Konrad
倫琴　rontgen
兼性的　facultative
兼性離子　zwitterion
凍原，苔原　tundra
剛毛　chaeta or seta
剖面　exposure
剝削　exploitation
原子　atom
原子量　atomic weight
原生木質部　protoxylem
原生生物　Protista
原生動物　protozoan

738

原生韌皮部　protophloem

原生質　eobiont or protoplasm or plasma

原生質絲　plasmodesmata

原生質膜　plasmalemma

原生質凝膠　plasma gel

原肌球蛋白　tropomyosin

原足幼蟲　protopod larva

原始的，祖先的　plesiomorphic

原始花被亞綱　Archichlamydeae

原始型　archetype

原始細胞　initial

原始描述　original description

原初同形異義詞　senior homonym

原初同形詞　primary homonym

原初同義詞　senior synonym

原哺乳類　prototherian

原核生物　Monera or prokaryote or procaryote

原核細胞　prokaryotic cell

原索動物　Protochordata

原基分布圖　fate map

原條　primitive streak

原植體，葉狀體　thallus

原植體植物，菌藻植物　thallophyte

原發疫源地　primary focus

原絲體　protonema

原腎　protonephridium

原黃素　proflavin

原嗜菌體　prophage

原腸　archenteron

原腸胚　gastrula

原葉體　prothallus

原漿質　plastid

原纖維　fibril

原質體　protoplast

原養型　prototroph

原環蟲綱　Archiannelida

唐氏症　Down syndrome

唐南平衡　Donnan equilibrium

哺乳動物　mammal

唇　lip

唇基　clypeus

唇瓣　labella（複數 labellae）

唇瓣環溝　pseudotrachea

夏蟄；花被卷疊式　estivation

套膜　mantle

害蟲　pest

家庭計畫　family planning

家族性黑矇性白癡　Tay-Sachs disease

容納量　carrying capacity

射精　ejaculation

射線　ray

差異係數　coefficient of difference

差異滲透性　differential permeability

差速離心　differential centrifugation

庫利氏貧血　Cooley's anemia

庫柏法細胞　Kupffer cells

庫爾特計數器　Coulter counter

恥骨　pubis

恐鳥　moa or Dinornithidae

恐龍　dinosaur

恐嚇表演　threat display

捕食　predation

# 中英名詞對照（十畫）

捕食者　predator

捕握的　prehensile

捕蠅草　Venus flytrap

旁路血管　bypass vessel or shunt vessel

書肺　book lung

書鰓　book gill or gill book

朗克爾氏生活型　Raunkiaer's life forms

核苷　nucleoside

核苷酸　nucleotide

核苷酸酶　nucleotidase

核苷酸對　nucleotide pair

核仁　nucleolus（複數 nucleoli）

核仁組成中心　nucleolar organizer

核內有絲分裂　endomitosis

核分裂　nuclear division or karyokinesis

核孔　nuclear pore

核心溫度　core temperature（Tc）

核外遺傳　extranuclear inheritance

核果　drupe

核型　karyotype

核細胞學的　karyological

核蛋白　nucleoprotein

核黃素　riboflavin

核酮糖　ribulose

核酸　nucleic acid

核酸酶　nuclease

核酸外切酶　exonuclease

核膜　nuclear membrane

核質　nucleoplasm

核糖　ribose

核糖核酸　RNA（ribonucleic acid）or ribonuclease

核糖核酸聚合酶　RNA polymerase

核糖體　ribosome

核糖體核糖核酸，核糖體 RNA　ribosomal RNA（rRNA）

核體　nucleosome

株上萌發的　viviparous

根　root

根毛　root hair

根毛層　piliferous layer

根出條；吸根　sucker

根生的　radical

根足蟲　rhizopod

根狀莖　rhizome

根狀菌索　rhizomorph

根表面　rhizoplane

根冠　root cap

根冠原　calyptrogen

根移效應　root effect or root shift

根被　velamen

根被皮　epiblem

根軸系統　root system

根際，根圍　rhizosphere

根瘤　root nodules

根壓　root pressure

梳狀的　pectinate

桑格　Sanger, Frederick

桑椹胚　morula

栽培　cultivation

栽培種　cultivar

格立菲　Griffith, Frederick

格拉夫卵泡　Graafian follicle

格登　Gurdon, J. B.

格魯格法則　Gloger's rule

格蘭氏染色法　Gram's stain

格蘭氏陰性；格蘭氏陽性　Gram-negative or Gram-positive

株；品系　strain

氣孔　stoma（複數 stomata）

氣泡呼吸　bubble respiration

氣門　spiracle

氣候　climate

氣候演替系列　clisere

氣管；導管　trachea

氣管鰓　tracheal gill

氣隙　air space

氣壓感受器　baroreceptor or baroceptor

氣囊　air sac

氣鰾　air bladder or gas bladder or swim bladder

氣體分析　gas analysis

氣體交換　gas exchange or gas carriage

氣體輸入　gas loading

氧　oxygen

氧化　oxidation

氧化酶　oxidase

氧化三甲胺　trimethylamine oxide

氧化脫胺　oxidative deamination

氧化脫羧　oxidative decarboxylation

氧化磷酸化　oxidative phosphorylation

氧化還原酶　oxidoreductase

氧化還原反應　oxidation-reduction reaction or redox reaction

氧化還原電位　redox potential

氧交換　oxygen exchange

氧合血紅素　oxyhemoglobin

氧吸收係數　$Q_{O_2}$

氧循環　oxygen cycle

氧債　oxygen debt

氧離曲線　oxygen dissociation curve

氨　ammonia

泰薩二氏病　Tay-Sachs disease

消化　digestion

消化系統　digestive system

消化道　alimentary canal

消費者　consumer

消耗量　crop

浸取液　infusion

浸取液生物，纖毛蟲　infusoria

海百合　crinoid

海克爾重演定律　Haeckel's law of Recapitulation

海拉細胞　Hela cell

海星亞綱　Asteroidea

海洋分層　sea zonation

海洋的　pelagic

海洛因　heroin

海面層　epipelagic zone

海豹科　Phocidae

海參　holothurian

海蝶　sea butterfly

海綿　sponge

海綿絲　spongin

海綿葉肉　spongy mesophyll

海德堡人　Heidelberg man

# 中英名詞對照（十畫）

海鞘類　ascidian

海膽　echinoid

海雞冠亞綱　Alcyonaria

海鰓科　Pennatulacea

浮游生物　plankton

浮游動物　zooplankton

浮游植物　phytoplankton

浮囊　pneumatophore

挺空植物　phanerophyte

特有的，地方的　endemic

特納氏症　Turner's syndrome

特創論　special creation

特徵植物習性；植物志　flora

狹義遺傳力　narrow-sense heritability

狹鼻猴　Catharrhini

班克斯　Banks, Barbara

班廷　Banting, Sir Frederick Grant

珠孔　micropyle

珠心　nucellus

珠芽　bulbil

珠柄；索節　funicle

珠被；體壁　integument

留巢性　nidicolous

疾病　disease

病因學　etiology or aetiology

病毒　virus

病毒性肺炎　viral pneumonia

病毒顆粒　virion

病原　pathogen

病理學　pathology

病態的　morbid

病變　lesion

症狀　symptom

症候群　syndrome

疲勞　fatigue

真皮　dermis or corium

真孢囊型　eusporangiate

真哺乳動物　eutherian

真核生物　eukaryote or eucaryote

真小管　vasa recta

真珠層　nacreous layer

真菌　fungus（複數 fungi）

真菌門　Eumycota

真菌界　Mycota

真菌病　mycosis

真菌植物　Mycophyta

真菌學　mycology

真蜘蛛目　Araneida

真蕨目　Filicales

真蕨綱　Filicinae

留土的　hypogeal

砧木；良種　stock

砧骨，砧石　incus or anvil

破傷風　tetanus

破骨細胞　osteoclast

破軟骨細胞　chondrioclast

砷　arsenic

祖型再現　atavism

祖先的　plesiomorphic

神經；脈　nerve

神經小管　neurotubule

神經元　neuron

神經元學說　neuron theory

神經分泌　neurosecretion

神經末梢　nerve ending

神經生理學　neurophysiology

神經多胜肽　neuropeptide

神經肌肉接頭　neuromuscular junction

神經束　tract

神經刺激　innervate

神經系統　nervous system

神經性垂體　neurohypophysis

神經板　neural plate

神經的　neural

神經鞘細胞　Schwann cell

神經胚　neurula

神經根　nerve root

神經索　nerve cord

神經液　neurohumor

神經細胞　nerve cell

神經組織　nervous tissue

神經絲蛋白　neurin

神經傳導物質　neurotransmitter

神經節　ganglion（複數 ganglia）

神經腸管　neurenteric canal

神經網　nerve net

神經膜　neurilemma

神經膠質　glia or neuroglia

神經衝動　nerve impulse

神經氈　neuropil

神經環　nerve ring

神經纖維　nerve fiber

紡足目　Embioptera

紡錘體，紡錘絲　spindle or spindle fibers

紡織突；吐絲器　spinneret

紋孔　pit

紋孔塞；花托　torus

索顎型的　desmognathous

索節　funicle

純育　pure breeding

純育系　pure breeding line or true breeding line

紐蟲　nemertean

紐鰓樽　salp

級　caste or grade

納精囊　receptaculum seminis

紙質的　chartaceous

缺口　nick

缺乏病　deficiency disease

缺失定位法　deletion mapping

缺失突變　deletion mutation

缺氧　anoxia

缺蛋白病　kwashiorkor

缺對染色體的　nullisomic

缺齒的　edentulous

翅　quill

翅果　samara

翅脈　vein

翅脈序；葉脈序　venation

翅膜；領片　patagium

翅韁鉤；彈器鉤　retinaculum

脂肪　fat

脂肪酶　lipase

脂肪形成　lipogenesis

脂肪組織　adipose tissue

脂肪酸　fatty acids

脂肪體　fat body

脂蛋白　lipoprotein

脂溶性維生素　fat-soluble vitamin

# 中英名詞對照（十畫）

脂類　lipid

胰酶（製劑）　pancreatin

胰泌素　secretin

胰島（郎格爾漢氏）　islets of Langerhans

胰島素　insulin

胰液　pancreatic juice

胰蛋白酶　trypsin

胰蛋白酶原　trypsinogen

胰凝乳蛋白酶　chymotrypsin

胰凝乳蛋白酶原　chymotrypsinogen

胰澱粉酶　pancreatic amylase

胰臟　pancreas

胸　thorax

胸部　trunk

胸骨　sternum

胸骨柄　manubrium

胸腔　thoracic cavity

胸腺　thymus

胸腺核酸　thymonucleic acid

胸腺嘧啶　thymine

胸膜　pleura

胸膜腔　pleural cavity

胸導管　thoracic duct

胸鰭　pectoral fin

脈　nerve

脈翅目　Neuroptera

脈絡網　choroid rete

脈絡膜　choroid

脈絡叢　choroid plexus

脈搏　pulse

能量　energy

能量供體　energy donor

能量流　energy flow

能量接受體　energy acceptor

能量錐體　pyramid, energy

脊　crista（複數 cristae）

脊柱　vertebral column or spinal column or backbone

脊神經　spinal nerve

脊索　notochord

脊索中胚層　chordamesoderm

脊索動物；脊索動物的　chordate

脊索細胞　chorda cells

脊椎　vertebra（複數 vertebrae）

脊椎動物　vertebrate

脊髓　spinal cord

脊髓反射　spinal reflex

脊髓灰質炎　poliomyelitis

脊髓炎　myelitis

胼胝質　callose

胼胝體　corpus callosum

草本的　herbaceous

草本植物，藥草　herb

草食性動物　herbivore

草履蟲　paramecium

草醋乙酸　oxaloacetic acid

粉瘤　wen

蚊蟲　mosquito

蚓紅質　hemerythrin

蚓螈　caecilian

蚤　flea

蚤目　Aphaniptera or Siphonaptera

蚌　mussel

蚜蟲　aphid

衰老　senescence

衰減子　attenuator

記憶；記憶體　memory

起始密碼子　initiation codon

逆流交換　countercurrent exchange

逆流系統　counterflow system

逆流倍增　countercurrent multiplier

迷走神經　vagus nerve

迷宮　maze

迷惑　distraction

迷網　rete or rete mirabile

迷齒類　labyrinthodont

退化　degeneration

退化性狀　regressive character

退化雄蕊　staminode

退化器官　vestigial organ

退伍軍人症　legionnaires' disease

迴文　palindrome

迴腸　ileum

迴轉　nutation

迴轉器　klinostat

逃避反應　escape response

追蹤物　tracer

酒石黃　tartrazine

配子　gamete

配子母細胞　gametocyte

配子形成　gametogenesis

配子配合　syngamy

配子結合力　fertility

配子囊　gametangium

配子體　gametophyte

配位體　ligand

配對　in coupling

配對結合　pair bond

針骨　spicule

針晶　raphide

針葉樹　conifer

針鼴　echidna

除草劑　herbicide

除蟲菊　pyrethrum

除蟲菊素　pyrethroid

馬氏小體　Malpighian body

馬氏管　Malpighian tubules

馬陸　millipede or millepede

馬爾皮基氏層　Malpighian layer

馬爾薩斯　Malthus, Thomas Robert

馬蹄蓮　arum lily

骨　bone

骨；口　os

骨片　ossicle or sclerite

骨凸　apophysis

骨突（果）　follicle

骨甲魚目　Osteostraci

骨泡　bulla

骨瘍　caries

骨盆帶　pelvic girdle or hip girdle

骨幹　diaphysis

骨膜　periosteum

骨骼　skeleton

骨骼肌　skeletal muscle

骨鰾首目　Ostariophysi

骨髓　bone marrow

骨縫　suture

骨髓瘤　myeloma

骨鱗魚屬　Osteolepis

高山病　mountain sickness

高血糖　hyperglycemia

745

# 中英名詞對照（十一畫）

高位芽植物　phanerophyte

高沼　moor

高冠齒　hyposodont

高度適應　high-altitude adjustment

高級類目　higher category

高能鍵　high-energy bond

高基氏體　Golgi apparatus or dictyosome

高張的，高滲的　hypertonic

高速離心機　ultracentrifuge

高斯曲線　Gaussian curve

高斯定律　Gause's law

高鈣血症　hypercalcemia

高碳酸血症　hypercapnea

高層類元　higher taxon

高頻菌株　Hfr strain

高壓噴氣　sparging

胺甲醯血紅素　carbaminohemoglobin

胺基己糖苷酶缺乏症　Tay-Sachs disease

胺基肽酶　aminopeptide

胺基甲酸脂，甲胺酸脂　carbamate

胺基酸序列　amino-acid sequence

胺基酸　amino acid

胺基糖　amino sugar

胺類　amine

## 【十一畫】

乾重　dry weight

乾酪　cheese

乾腐病；乾腐　dry rot

乾標本　exsiccata

乾燥　desiccation

乾鱗狀的，乾膜質的　scarious

偽足　pseudopodium

偽裝　camouflage

偽顯性　pseudodominance

假心　pseudoheart

假多倍性　pseudopolyploidy

假受精　pseudogamy

假根　rhizoid

假導管　tracheid

偶生的　adventitious

偶見種　casual

偶極性　dipolarity

偶線期，合線期　zygotene

偶蹄目　Artiodactyla

偶蹄草食性動物　cloven-footed herbivore

偶聯　coupling

側膜的　parietal

側生的　lateral

側生動物　parazoan

側向分生組織　lateral meristem

側抑制　lateral inhibition

側枝　collateral

側板　lateral plate or pleuron

側的　secund

側芽　collateral bud

側根　lateral root

側線系統　lateral-line system

偏下發育　hyponasty

偏上性　epinasty

偏父遺傳　patroclinous inheritance

偏母遺傳　matroclinous inheritance

偏好體溫　preferred body temperature

副甲狀腺　parathyroid

副交感神經系統　parasympathetic system

副花冠　corona

副中腎管　Mullerian duct

副神經　accessory nerve

副萼，外擬萼　epicalyx

副模標本　paratype

副澱粉，裸藻澱粉　paramylum

動作電位　action potential

動物界　animal kingdom

動物區系　fauna

動物間流行的　epizootic

動物極　animal pole

動物綠藻，蟲綠藻　zoochlorella

動物學　zoology

動脈　artery

動脈弓　arterial arch

動脈硬化　arteriosclerosis

動脈瘤　aneurysm

動脈導管　ductus arteriosus

動脈錐　conus arteriosus

動情週期　estrus cycle

動眼神經　oculomotor nerve

動粒　kinetochore

動絲　kinetodesmata

動態　kinesis

動態平衡　dynamic equilibrium

動器　effector

動機　motivation

動體　kinetosome or kinetoplast

匍生的　decumbent

匙狀的　spathulate

參考文獻出處　bibliographical reference

啄木鳥形樹雀　woodpecker finch

啄食順序　pecking order

國家公園　national park

國際制單位　SI units

國際動物學命名法則　international code of zoological nomenclature

堅果　nut

堆肥　compost heap

基；基質；受質　substrate

基生的　gynobasic

基因　gene

基因交流　gene exchange

基因抑制　gene repression

基因的　genetic

基因型　genotype

基因型頻率　genotype frequency

基因流動　gene flow or gene migration

基因突變　gene mutation

基因庫　gene bank or gene pool

基因座　loci

基因座　locus（複數 loci）

基因座位　gene locus

基因副體　episome

基因組　genome

基因過渡　gene bridge

基因對應存在學說　gene-for-gene concept

基因誘導　gene induction

基因增殖　gene amplification

基因選殖　gene cloning
基因頻率　gene frequency
基因轉換　gene switching
基底膜　basement membrane or basilar membrane
基節　coxa（複數 coxae）
基粒棒　columella
基態　ground state
基質　matrix or stroma
基礎代謝率　basal metabolic rate（BMR）or basal metabolic level（BML）
基體　basal body
培育　incubation
培植體　explant
培養皿　petri dish or plate
培養基　culture medium
寄主，宿主　host
寄生物　parasite
密生灌叢　scrub
密契爾　Mitchell, P.
密度依變因子　density-dependent factor
密度梯度離心　density-gradient centrifugation
密碼子，三聯體　codon or triplet
專一性　specificity
專性的　obligate
專著　monograph
巢區　home range
常態分布曲線　normal distribution curve
常綠　evergreen

帶；層　zone
帶化現象　fasciation
帶狀的　ligulate
帶原者；帶基因者　carrier
帶藍色的　glaucous
強直收縮；破傷風　tetanus
控制因子　controlling factor
控制論　cybernetics
捲曲的　convolute
捲鬚　tendril
接合　splicing
接合生殖　conjugation
接合孢子　zygospore
接合體　conjugant
接著面　commissure
接種　inoculation
接種體　inoculum
接穗　scion
接觸傳染的　contagious
掘足綱　Scaphopoda
授精　insemination
授精力　fertility
授粉　pollination
排水孔　hydathode
排水管細胞　drainpipe cells
排卵　ovulation
排尿　micturition
排尿素的　ureotelic
排尿酸的　uricotelic
排泄　excretion
排便　defecation or egestion
排除　elimination
排除原理　exclusion principle

敗血症　septicemia or blood poisoning

啓動子　promoter

敏度，視力　acuity

敏感的　sensitive

斜溫層　thermocline

斜趨性反應　klinotactic response

族　group or tribe

族群平衡　equilibrium of population

族群動態　population dynamics

族群控制　population control

族群增長　population growth

族群遺傳學　population genetics

族譜分析　pedigree analysis

旋裂　spiral cleavage

旋轉的　contorted

晝夜節律　diurnal rhythm

晝眠　day sleep

梯狀的　scalariform

梯紋加厚　scalariform thickening

梯級反應　graded response

桿菌屬　bacillus

梭形的　fusiform

梅克爾軟骨　Meckel's cartilage

梅松森　Meselson, Matthew

梅毒　syphilis

條件反射　conditioned reflex

條件致死　conditional lethal

條鰭亞綱　Actinopterygii

梨果　pome

殺菌劑　bactericide or fungicide or germicide

殺蟲劑　insecticide or pesticide

毫微米　nanometer

氫受體　hydrogen acceptor

氫載體系統　hydrogen carrier system

氫化可體松　hydrocortisone

氫鍵　hydrogen bond

氫離子指數　pH

氫離子濃度　hydrogen ion cocentration

液泡　vacuole

液泡形成，液泡化　vacuolation

液泡膜　tonoplast or vacuolar membrane

液食動物　liquid feeder

液壓骨骼　hydrostatic skeleton

液體鑲嵌模型　fluid-mosaic model

淡水　fresh water

淺層的，表面的　superficial

淺海的　sublittoral

清潔劑　detergent

淋巴　lymph

淋巴心　lymph heart

淋巴系統　lymphatic system

淋巴球　lymphocyte

淋巴細胞活素　lymphokine

淋巴組織　lymphoid tissue

淋巴結　lymph node or lymphatic node

淋巴管　lymphatic vessel

淋巴瘤　lymphoma

淋病　gonorrhea

淋溶　leaching

混合神經　mixed nerve

**749**

## 中英名詞對照（十一畫）

混合選擇　mass selection
混腎　nephromixium
激腺　lachrymal gland
淘汰　cull
深度分布　depth distribution
深海的　abyssal
淨同化率　net assimilation rate
淨初級生產量　net primary production
牽張反射　stretch reflex or myostatic reflex
牽張受器　stretch receptor
犁骨　vomer
猛禽　raptor
球房蟲軟泥　globigerina ooze
球果；視錐　cone
球狀蛋白　globular protein
球囊　saccule
球莖　corm or tuber
球蛋白　globulin
球菌　coccus
球蟲病　coccidiosis
現存生物量　standing biomass
現存量　standing crop
瓶頸現象　bottleneck
產生乳汁　lactogenesis
產卵器　ovipositor
產量　yield
產雌孤雌生殖　thelytoky
畢鐸　Beadle, George Wells
異白胺酸　isoleucine
異合子　heterozygote
異地同型的　polytopic

異地的　allopatric
異位抑制劑　allosteric inhibitors
異位酵素　allosteric enzyme
異卵雙胞胎　dizygotic twins or fraternal twins
異系交配　outbreeding
異系配合　exogamy
異宗配合現象　heterothallism
異物同名　homonym
異花授粉　cross-pollination
異花被的　heterochlamydeous
異型　allotype
異型齒　heterodont
異型雙螺旋體　heteroduplex
異染色質　heterochromatin
異染性　metachromatic
異染質　volutin
異面葉　dorsiventral leaf
異時種　allochronic species
異核體　heterokaryon
異株克生物質　allelopathic substance
異粉性，種子直感　xenia
異翅亞目昆蟲　heteropteran
異配生殖　anisogamy or heterogamy or oogamy
異配性別　heterogametic sex
異寄生的　heteroecious
異細胞　idioblast
異速生長　allometric growth
異絲體的　heterotrichous
異源四倍體　allotetraploid
異源多倍體　allopolyploid

750

異源的　allogenic or nonhomologous

異源移植，同種異體移植　allograft

異溫動物　heterotherm

異腳目　Amphipoda

異態的　heteromorphic

異構酶　isomerase

異種移植　heterograft or xenograft

異質性卡方測驗　heterogeneity chi-square test

異營生物　heterotroph

異營生物假說　heterotroph hypothesis

異變　sport

異體受精　cross-fertilization or allogamy

疏水的　hydrophobic

痕跡器官　vestibular apparatus

衆數　mode

眼　eye

眼肌　eye muscle

眼的　ophthalmic or optic

眼眶　orbit

眼點　eye spot

眼鏡猴，跗猴　tarsier

硫胺　thiamine

硫橋　sulfur bridge

移植　transplantation or graft

移端作用　terminalization

移碼　frameshift

窒息　asphyxia

笠貝　limpet

第一子代　F1

第一小顎　maxillule

第一次分裂分離　first-division segregation

第一卵膜　primary egg membrane

第二次分裂分離　second-division segregation

第二性徵　secondary sexual character

第三紀　Tertiary period

第四紀　Quaternary period

粒線體　chondriosome or mitochondria

粒線體支路　mitochondrial shunt

粗內質網　rough endoplasmic reticulum

粗廢物；粗糙食物　roughage

粗線期，粗絲期　pachytene

粗糙的　asperous or scabrous

統合派分類學家　lumper

細分派分類學家　splitter

細支氣管　bronchiole

細胞　cell

細胞分化　cell differentiation

細胞分裂　cell division

細胞分裂素　cytokinin or kinetin or kinin

細胞分類學　cytotaxonomy

細胞外的　extracellular

細胞色素　cytochrome

細胞色素氧化酶　cytochrome oxidase

細胞呼吸　cellular respiration or cell respiration

細胞板　cell plate

細胞核　karyoplast or nucleus
細胞骨架　cytoskeleton
細胞液　cell sap
細胞結構　cell structure
細胞週期　cell cycle
細胞間液　intercellular fluid
細胞間隙的　lacunate
細胞溶解　cytolysis
細胞膜　cell membrane
細胞質　cytoplasm
細胞質分裂　cytokinesis
細胞質基因　plasma gene
細胞質遺傳　cytoplasmic inheritance
細胞質環流　cytoplasmic streaming
　or cyclosis
細胞壁　cell wall
細胞學　cytology
細胞學說　cell theory
細胞融合　cell fusion
細胞遺傳學　cytogenetics
細胞譜系　cell lineage
細胞體　cell body
細絲期　leptotene
細菌　bacteria（單數 bacterium）
細菌葉綠素　bacteriochlorophyll
細菌學　bacteriology
細管　canaliculi or tubule
細精管　seminiferous tubules
細頭幼體　leptocephalus
組成酶　constitutive enzyme
組織　tissue
組織化學　histochemistry
組織呼吸　tissue respiration

組織相容性　histocompatibility or
　tissue compatibility
組織原　histogen or organizer
組織效應　organization effect
組織胺　histamine
組織胺酸　histidine
組織培養　tissue culture
組織液　tissue fluid or interstital flu-
　id
組織細胞　histocyte or clasmatocyte
組織蛋白　histone
組織蛋白酶　cathepsin
組織發生　histogenesis
組織間隙　interstitium
組織溶解　histolysis
組織誘導區　organizer region
組織學　histology
組織轉化　metaplasia
終止密碼子　termination codon
終端器官（終器）　end organ
缽水母　scyphozoan
翈　vane
翎管　quill
習慣　habituation
脯胺酸　proline
脫水　dehydration
脫翅　dealation
脫胺作用　deamination
脫氫酶　dehydrogenase
脫氫作用　dehydrogenation
脫氮作用　denitrification
脫氮細菌　denitrifying bacteria
脫落酸　abscisic acid

脫羧　decarboxylation

脫離　abscission

舵羽　rectrix

船蛆　shipworm

莢膜；孢蒴；蒴果；泡；囊　capsule

莫耳　mole

莖　stem

莖枝　shoot

莖的　cauline

處女膜　hymen

蛇尾綱　Ophiuroidea

蛇亞目　Ophidia

蛆　maggot

蛋白，蛋清　albumen or egg white

蛋白酶　protease or proteinase

蛋白水解　prolytic enzyme

蛋白殼　capsid

蛋白質　protein

蛋白質分解　proteolysis

蛋白質合成　protein synthesis

蛋白質的二級結構　secondary structure of protein

蛋白質的三級結構　tertiary structure of protein

蛋白質的四級結構　quaternary structure of protein

蚯蚓　earthworm

被子植物　angiosperm

被片　tepal

被膜　envelope or tunic

被粉的，具果霜的　pruinose

被動分化　dependent differentiation

被動免疫　passive immunity

被動運輸　passive transport

被短柔毛的　pubescent

被絨毛的　floccose

被囊動物　urochordate

袋貂科　Phalangeridae

袋狀的　saccate

袋鼠科　Macropodidae

許旺　Schwann, Theodor

許旺氏細胞，神經鞘細胞　Schwann cell

貧血症　anaemia

貧血　anemia

貧齒類　edentate

趾行的　digitigrade

軟甲亞綱　Malacostraca

軟骨　cartilage or gristle

軟骨性骨　cartilage bone

軟骨魚　cartilaginous fish

軟骨魚綱　Chondrichthyes

軟骨發育不全　achondroplasia

軟骨膠　chondrin

軟骨顱　chondrocranium

軟腦脊膜　pia mater

軟體動物　mollusk

通氣組織　aerenchyma

通訊　communication

通道細胞　passage cell

連合；接著面　commissure

連接　annealing

連接酶　lignase or ligase

連著的　coherent

連萼瘦果　cypsela

連鎖反應　chain reaction

## 中英名詞對照（十一畫）

連鎖圖　linkage map
連續性　continuity
連續變異　continuous variation
造粉體　amyloplast
透光帶　photic zone
透光層　euphotic zone or photic zone or epipelagic zone
透性酶　permease
透明　clearing
透明的　hyaline
透明帶，透明層　zona pellucida
透明軟骨　hyaline cartilage
透明管　hyaloid canal
透明質酸酶　hyaluronidase
透析　dialysis
部；分裂　division
部分顯性　partial dominance
野化種　escape
野生的　feral
野生型　wild type
釣餌蟲　ragworm
閉殼肌　adductor
閉花受精　cleistogamy
閉錐　phragmocone
閉鎖種群　closed population
閉囊果　cleistocarp
陸地的，陸生的　terrestrial
陰莖　penis or phallus
陰莖勃起　erection, penis
陰莖海綿體　corpus cavernosum
陰極　cathode
陰極射線示波器　cathode-ray oscilloscope

陰蒂　clitoris
陰道　vagina
陰道內的　intravaginal
陰離子　anion
陰囊　scrotum or scrotal sac
陷阱　pitfall trap
雀　passerine
頂　cupula
頂生分生組織　apical meristem
頂級食肉動物　top carnivore
頂區　apical region
頂端生長　apical growth
頂骨的　parietal
頂端的，頂生的　apical
頂端優勢　apical dominance
頂體　acrosome
魚　fish
魚龍　ichthyosaur
鳥　bird
鳥足狀的　pedate
鳥胺酸循環　ornithine cycle
鳥喙　bill
鳥糞　guano
鳥糞嘌呤　guanine
鳥盤目　Ornithischia
鹿　deer
麥卡蒂　McCarty, Maclyn
麥克勞德　MacLeod, Colin
麥角病；麥角　ergot
麥角酸　lysergic acid
麥角酸醯二乙胺　LSD（lysergic acid diethylamide）
麥蛋白素　leucosin

754

麥芽糖　maltose

麥芽糖酶　maltase

麻疹　measles

麻瘋病　leprosy

麻醉劑　narcotic

猝倒病　damping-off

脛的　tibial

脛骨；脛節　tibia

## 【十二畫】

傘菌　gill fungus

傘藻屬　Acetabularia

最基本培養基　minimal medium

凱氏溫標　Kelvin scale

凱特爾威爾　Kettlewell, H. B. D.

勞亞古陸　Laurasia

勞倫茲　Lorenz, Konrad

喜馬拉雅雪兔　Himalayan rabbit

喜鈣植物　calcicole

喜酸植物　oxylophyte

單子葉植物　monocotyledon

單分子層　monomolecular film or monolayer

單孔類　monotreme

單名命名法　uninomial nomenclature

單位膜模型　unit-membrane model

單卵雙生兒　uniovular twins

單性生殖，孤雌生殖　parthenogenesis

單性的　unisexual

單性結果　parthenocarpy

單性雜交　monohybrid

單性雜交遺傳　monohybrid inheritance

單歧聚繖花序　monochasium

單型　haplotype

單型的　monotypic

單室的，單房的　unilocular

單倍性生物　haplont

單倍體　haploid or monoploid

單核　monokaryon or monocaryon

單核吞噬系統　mononuclear phagocyte system

單核細胞　monocyte or macrocyte

單株抗體　monoclonal antibody

單純性皰疹　herpes simplex

單配性　monogamy

單胺氧化酶　monoaminoxidase

單基因的　monogenic

單寧　tannin

單眼　ocellus

單細胞的　unicellular

單被的　monochlamydeous or haplochlamydeous

單被花的　haplochlamydeous

單殖亞綱　Monogenea

單軸　monopodium

單軸的　monopodial

單源的　monophyletic

單價染色體　univalent chromosome

單優種群落　consociation

單磷酸己糖支路　hexose monophosphate shunt

單磷酸腺苷　AMP（adenosine monophosphate）

單醣　monosaccharide

# 中英名詞對照（十二畫）

單點突變　point mutation

單變數分析　univariate analysis

單體　monomer

單體的　monadelphous or monosomic

唾液　saliva

唾液澱粉酶　ptyalin or salivary amylase

唾腺，唾液腺　salivary gland

唾腺染色體　salivary gland chromosome

喉　larynx

喉返神經　recurrent laryngeal nerve

喙；殼尖　beak or proboscis

喙狀骨　coracoid

喙頭蜥　Rhynchocephalia

圍口部　peristome

圍心膜　pericardial membrane

圍心竇　pericardial cavity

圍食膜　peritrophic membrane

圍鞘　perisarc

圍臟腔　perivisceral cavity

壺狀的　urceolate

壺腹　ampulla

媒介生物　vector

媒介物　vehicle

寒武紀　Cambrian period

寒溫帶針葉林　taiga

富營養化作用　eutrophication

富營養的　eutrophic

嵌入突變　insertion mutation

嵌合體；銀鮫　chimera or chimaera or mosaic

帽狀體　calyptera

幾丁質　chitin

循環系統　circulatory system

循環物質　cycling matter

循環磷酸化　cyclic phosphrylation

惡性　malignancy

惡性貧血　pernicious anemia

掌　metacarpus

掌狀的　palmate

掌骨　metacarpal

描記器　kymograph

插條　cutting

提肌　elevator muscle

提供者　donor

換羽　molt

換氣不足　hypopnea

換氣率　ventilation rate

換氣過度　hyperventilation

散布圖　scatter diagram

斑疹傷寒　typhus

斑點病　scab

普理斯特利　Priestley, Joseph

晶狀體的　lenticular

晶體　lens

景天酸代謝　crassulacean acid metabolism（CAM）

智力　intelligence

智齒　wisdom tooth

替代名　replacement name or substitute name

替代負荷　substitution load

替換　substitution

替換活動　displacement activity

替換突變　substitution mutation

棕灰色　agouti

棕脂　brown fat

棘　thorn

棘皮動物　echinoderm

棘球幼蟲囊　hydatid cyst

棘魚綱　Acanthodii

森林　forest

森林古猿　dryopithecine

棒狀的　clavate

棲所　habitat

棲所選擇　habitat selection

植形動物　zoophyte

植物　plant

植物志　flora

植物色素　phytochrome

植物育種　plant breeding

植物防禦素　phytoalexin

植物物種組成學　floristics

植物流行的　epiphytotic

植物界　plant kingdom

植物病蟲害　plant disease

植物極　vegetal pole

植物群落　plant community

植物群叢　association

植物標本室　herbarium

植物學　botany

植物激素　plant hormone

植物檢疫證明書　phytosanitary certosanitary

椎體　centrum

殘遺分布　relic distribution or relict distribution

殘遺的　relic or relict

殘遺種保護區　refugium

殘氣量　residual volume

殼　shell or valve

殼頂　umbo

殼尖　beak

氮缺乏　nitrogen deficiency

氮循環　nitrogen cycle

氯化物分泌細胞　chloride secretory cells

氯離子轉移　chloride shift

氯黴素　chloramphenicol

湧流　upwelling

游走細胞　wandering cell

游動細胞　zooid

游動孢子　zoospore or swarm spore

游動孢子囊　zoosporangium

游動精子　antherozoid or spermatozoid

減毒　attenuation

減數分裂　meiosis or reduction division

減數分裂驅動　meiotic drive

減數孢子　meiospore

湖沼學　limnology

渦蟲　turbellarian

測樣　aliquot

滋養層　trophoblast

滋養質　deutoplasm

焦耳　joule

焦性沒食子酸　pyrogallol

焰細胞　flame cell

無柄的　sessile

**757**

無弓類　anapsid

無毛的　glabrous

無生源論　abiogenesis

無光的　aphotic

無光帶　aphotic zone

無名動脈；無名骨　innominate

無托葉的　exstipulate

無羊膜動物　anamniote

無色質體，離質體　apoplast

無色體　leukoplast

無尾類　anuran

無足目　Apoda

無足的　apodous

無刺的　unarmed

無性（繁殖）系　clone

無性孢子，同形孢子　asexual spore
or isospore

無性繁殖　asexual reproduction

無性繁殖系分株　ramet

無孢生殖　apospory

無效對偶基因　amorph allele or null
allele

無核的　anucleate

無氧呼吸　anaerobic respiration

無脊椎動物　invertebrate

無配子生殖　apogamy

無粒性白血球　agranulocyte

無被的　achlamydeous

無絲分裂　amitosis

無著絲點染色體　acentric chrosome

無菌技術　aseptic techniques

無雄蕊的　anandrous

無意義活動　vacuum activity

無節幼蟲　nauplius

無義突變　nonsense mutation

無義密碼子　nonsense codon

無腺的　eglandular

無葉的　aphyllous

無頜類　Agnatha

無機營養生物　lithotroph

無機鹽　mineral salt

無融合生殖　apomixis

無融合生殖植物　apomict

無頭的　acephalous

無頭類　Acrania

無翼亞綱　Apterygota

無翼鳥科　Apterygidae

無瓣的　apetalous

無變態類　Ametabola

無體腔的　acoelomate

猴　monkey

猩紅熱　scarlet fever

琺瑯質　enamel

琴狀的　lyrate

番木鱉鹼　strychnine

痢疾　dysentery

痛　pain

痣　nevus

發生器電勢　generator potential

發光　luminescence

發芽　germination

發育　development

發育異常　dysplasia

發炎　inflammation

發情　estrus or rut

發酵　fermentation

短日照植物　short-day plant

短角果　silicula

短枝；距　spur

短指（趾）的　brachydactylic

短絨毛　down

短頭的　brachycephalic

短齡的　ephemeral

硝化作用　nitrification

硬化　sclerosis

硬化體　sclerotium

硬化的　indurated

硬水母　trachymedusa

硬水母目　Trachylina

硬脂酸　stearic acid

硬骨魚　bony fish or Osteichthyes or teleost

硬腦膜　dura mater

硬鱗　ganoid

程序　process

稀釋　dilute

等足目　isopod

等物候線　isophene

等雨量線　isohyet

等級　ranking

等翅目　Isoptera

等基因的　isogenic

等張的　isotonic

等部位數的　isomerous

等電聚焦法　isoelectric focusing

等電點　isoelectric point

等滲的　isosmotic

等臂染色體　metacentric chromosome

等顯性，共顯性　codominance

筆石　graptolite

筆直的　strict

筆誤　lapsus calami

筋膜　fascia

結；根瘤　nodule

結一次果的　monocarpic

結合　mating

結合部位　binding site

結核病　tuberculosis

結腸　colon

結構基因　structural gene

結締組織　connective tissue

結膜　conjunctiva

結囊　encystment

絨毛　villus or plumule

絨毛被　tomentum

絨毛膜　chorion

絨毛膜活組織檢查　chorionic biopsy

絨氈層　tapetum

絕育　sterilization

絕經期　menopause or climacteric

絕對不反應期　absolute refractory period

絕對零度　absolute zero

紫外線　ultraviolet light（UV）

絲狀體　filament

絲胺酸　serine

絲蟲　filarial worm

腕足動物　brachiopod or lamp shell

腕骨　carpal

腕節　carpus

腔腺　peptone

# 中英名詞對照（十二畫）

腔 lumen

腔棘魚 coelacanth

腔腸 coelenteron

腔腸動物 coelenterate

腔隙 lacuna

腔靜脈 vena cava

腎上腺 adrenal gland

腎上腺皮質素 cortisone

腎上腺皮質激素 adrenal cortical hormones

腎上腺素 adrenaline or epinephrine

腎上腺素激導的 adrenergic

腎口 nephrostome

腎小球 glomerulus

腎小球旁複合體 juxta-glomerular complex

腎小管 uriniferous tubule

腎小體 Malpighian corpuscle

腎元 nephron

腎孔 nephridiopore

腎形 reniform

腎直小動脈，真小管 vasa recta

腎門脈 renal portal system

腎素 renin

腎間體 interrenal bodies

腎管 nephridium

腎臟 kidney

腎臟的 renal

脹泡，膨鬆 puffs

脾臟 spleen

腓骨 fibula

菸鹼 nicotine

菸鹼酸 nicotinic acid or niacin

菸鹼醯胺 nicotinamide

菸鹼醯胺腺嘌呤二核苷酸磷酸，輔酶 II NADP（nicotinamide adenine dinucleotide phosphate）

華生 Watson, John

華萊士 Wallace, Alfred Russel

菱形的 rhomboid

著生點；著力點 insertion

著色性乾皮病 xeroderma pigmentosum

著床 implantation

著絲點 centromere or kinomere

萊迪希氏細胞 Leydig cells

萊恩假說 Lyon hypothesis

萌發，發芽 germination

菌褶 lamella

菌苗；疫苗 vaccine

菌核；硬化體 sclerotium

菌落 colony

菌根 mycorrhiza

菌根營養的 mycotrophic

菌絲 hypha（複數 hyphae）

菌絲體 mycelium

菌質體 mycoplasmas

菌藻植物 thallophyte

菌蟲 Mycetozoa

菊石 ammonite

菊糖 inulin

萎蔫 wilting

萎縮 atrophy

虛無假設 null hypothesis（N.H.）

蛙 frog

蛭 leech

蛭形的　bdelloid

蛭綱　Hirudinea

蛔蟲　roundworm

蛔蟲屬　Ascaris

蛛形動物　arachnid or arachnoid

裁縫式體位　tailor's posture

裂　sulcus

裂口　stomium

裂生的　schizogenous

裂生原蟲　metazoite

裂生配子　merogamete

裂果　schizocarp

裂殖　fragmentation

裂解酶　lyase

裂層的　meromatic

裂齒　carnassial teeth

視力　acuity

視皮層　visual cortex

視泡　optic vesicle

視神經葉　optic lobe

視桿，視桿細胞　rod or rod cell

視蛋白　opsin

視紫質　rhodopsin or scotopsin

視紫藍質　iodopsin

視黃醇　retinol

視黃醛　retinene

視經交叉　optic chiasma

視軸　rhabdom

視網膜　retina

視錐　cone

視錐細胞　cone cell

視覺調節；適應　accommodation

診斷　diagnosis

象牙質　dentine

象皮病　elephantiasis

貯精囊　seminal vesicle or vesicula seminalis

貼生的，聯生的　adnate

賁門的　cardiac

賁門括約肌　cardiac sphincter

費希納氏定律　Fechner's law

費林氏試驗　Fehling's test

費洛蒙　pheromone

賀胥　Hershey, Alfred

買麻藤目　Gnetales

越冬　overwintering

超射　overshoot

超基因　supergene

超種　superspecies

超適度刺激　superoptimal stimuli

超濾作用　ultrafiltration

超顯性，過顯性　overdominance

距今　BP

距離受器　distance receptor

軸；羽軸　rachis or rhachis

軸根　taproot

量子體　quantasomes

量的遺傳　quantitative inheritance

鈣　calcium

鈣化醇　calciferol

鈉泵　sodium pump

鈍的　obtuse

開放可讀框架　open reading frame

開放性群體　open population

開花，開花期　anthesis

開花受精的　chasmogamous

# 中英名詞對照（十二畫）

開花素　florigen
開裂的　dehiscent
開墾，栽培　cultivation
開關基因　switch gene
間充質　mesenchyme
間苯三酚　phloroglucin
間接選擇　indirect selection
間期　interphase
間質細胞　interstitial cells
間斷平衡論　punctuated equilibrium
間斷基因　interrupted gene
間體；中體　mesosome
階段的　phasic
階層系統　hierarchy
陽極　anode
隅骨　angular bone
隆鳥　Aepyornis
雄花兩性花同株的　andromonoe-
　cious
雄花兩性花異株的　androdioecious
雄配子核　male gamete nuclei
雄激素　androgen
雄蕊　stamen
雄蕊先熟的　protandrous
雄蕊的　staminate
雄蕊群　androecium
集尿管　collecting duct
集胞黏菌目　Acrasiales
集群，集落，菌落　colony
集落動物　colonial animal
集團　aggregation
集聚　converging
集體流動　mass flow

韌皮部　phloem
韌帶　ligament
順反子　cistron
順反異構化　cis-trans isomerization
順反測驗　cis-trans test
順式相　cis-phase
黃土　loess
黃化　etiolation
黃色細胞　chloragogen cells
黃色彈性軟骨　yellow elastic carti-
　lage
黃金藻多醣；麥蛋白素　leucosin
黃疸病　yellows
黃素蛋白　flavoprotein
黃素單核苷酸　FMN（flavin
　mononucleotide）
黃素腺嘌呤二核苷酸　FAD（flavin
　adenine dinucleotide）
黃萎病　chlorosis
黃熱病　yellow fever
黃體　corpus luteum
黃體成長激素　LH（luteinizing
　hormone）
黃體組織　luteal tissue
黃體期　luteal phase
黃體激素　progesterone
黑化現象　melanism
黑色石灰土　rendzina
黑色素　melanin
黑色素細胞　melanophore or
　melanocyte
黑色素瘤　melanoma
黑尿病　alkaptonuria

氰化物　cyanide

氰鈷胺　cyanocobalamin

菇類　mushroom

萜烯　terpene

跗骨　tarsal bone or tarsus

## 【十三畫】

傳入神經元　afferent neuron

傳出神經元　efferent neuron

傳染性肝炎　infective hepatitis

傳染性單核細胞增多症　glandular fever or infective mononucleosis

傳粉，授粉　pollination

傳訊核糖核酸　messenger RNA（mRNA）

傳遞　transport

傳遞物質　transmitter substance

傳輸組織　transfusion tissue

傳導性　conductivity

催化劑　catalyst

催乳激素　luteotropic hormone（LTH）or lactogenic hormone or prolactin

催產素　oxytocin

傷寒　typhoid fever

剷除劑　eradicant

勢能　potential energy

嗎啡　morphine

嗜中性白血球　neutrophil

嗜中溫的　mesophilic

嗜伊紅白血球　eosinophil leukocyte

嗜冷生物　psychrophile

嗜酸性的　acidophil or acidophile or acidophilic or acidophilous

嗜熱的，好溫的　thermophilic

嗜鹼性白血球　basophil leukocyte

嗅葉　olfactory lobe

嗅覺　olfaction

嗅覺的　olfactory

嗉乳　pigeon milk

嗉囊；作物，消耗量　crop

嗉囊乳　crop milk

圓口類　cyclostome

圓柱形葉　centric leaf

圓柱狀的　terete

圓錐花序　panicle

塞爾托利氏細胞　Sertoli cells

塚雉　megapode

塔特姆　Tatum, Edward

塊根作物　root crop

塊莖，球莖　tuber

塊菌　truffle

奧厄巴赫叢　Auerbach's plexus

奧康姆的剃刀　Occam's razor or Ockham's razor

奧陶紀　Ordovician period

嫁接，移植　graft

嫁接雜種　graft-hybrid

微凹的　retuse

微生物　microbe or microorganism

微生物分解　microbial degradation

微米　micron

微血管　capillary

微血管床　capillary bed

微胞飲小泡　micropinocytic vesicle

微胞飲作用　micropinocytosis

微氣管　tracheole

# 中英名詞對照（十三畫）

微淋管　lymphatic capillary
微球體　microsphere
微粒體　microsome
微粒體部分　microsomal fraction
微絨毛　microvillus
微絲　microfilament
微量元素　trace element
微量營養素　micronutrient
微嗜氧菌　microaerophile
微團　micelle
微演化，種內演化　microevolution
微管　microtubule
微管蛋白　tubulin
微纖維　microfibril
感光器　photoreceptor
感受態　competence
感性反應　nastic response
感性運動　nastic movement
感染　infection
感桿束，視軸　rhabdom or rhab-
　dome
感熱性　thermonasty
感器　sensillum（複數 sensilla）
感應性　irritability
感覺神經元　sensory neuron
感覺細胞　sensory cell
感覺器　sense organ
愛迪生病　Addison's disease
愛滋病　AIDS
愛德華茲徵候群　Edwards' syn-
　drome
搖擺舞　waggle dance
新大腦皮質　neopallium

新生代　Cenozoic or Cainozoic period
新生兒線　neonatal
新石器時代　Neolithic
新同形異義詞　junior homonym
新同義詞　junior synonym
新性發生的　cenogenetic
新拉馬克主義　neo-Lamarckism
新第三紀　Neogene
新達爾文主義　neo-Darwinism
新模標本　neotype
暗反應　dark reactions
暗修復　dark repair
暗期　scotophase
暗視蛋白　visual purple
暗視野顯微鏡檢術　dark-field mi-
　croscopy
暗適應　dark adaptation
會厭　epiglottis
會聚　syzygy
楔形的　cuneiform or cuniform
楔葉亞門　Sphenopsida
極化　polarization
極性　polarity
極性物質　polar substance
極核　polar nucleus
極體　polar body or polar nucleus or
　polocyte
概要　synopsis
溯河性　anadromous
溶生的　lysigenous
溶血　hemolysis
溶液　solution
溶細胞素　lysin

溶菌酶　lysozyme

溶菌斑　plaque

溶源現象　lysogeny

溶解　lysis

溶解度　solubility

溶解週期　lytic cycle

溶膠　sol

溶質　solute

溶劑　solvent

溶體　lysosome

溝；裂　sulcus

滅絕　extinction

滅絕的　extinct

滅菌；絕育　sterilization

溫血動物　warm-blooded animal

溫伯格　Weinberg, W.

溫和噬菌體　temperate phage

溫室效應　greenhouse effect

溫度　temperature

溫度受器　thermoreceptor

溫度係數　$Q_{10}$ or temperature coefficient

滑行肌絲學說　sliding filament hypothesis

滑車神經　trochlear nerve

滑液　synovial fluid

準性生殖　parasexual reproduction

煙草鑲嵌病毒　tobacco mosaic virus

猿　ape

猿人屬　Pithecanthropus

畸形學　teratology

睫狀肌　ciliary muscle

睫狀體　ciliary body

睪丸　testis（複數 testes）

睪固酮　testosterone

矮灌木　bush

萬能供血者/受血者　universal donor/recipient

稜柱層　prismatic layer

節　node

節片　proglottid

節育　birth control

節肢動物　arthropod

節律　rhythm

節律點　pacemaker

節莢　lomentum

節結　tubercle

節間　internode

經卵巢的　transovarial

條蟲　tapeworm

條蟲綱　Cestoda

置換，取代，替換　substitution

群系　formation

群集　flocking

群落　community

群落生態學　synecology

群落交會帶　ecotone

腰椎　lumbar vertebra

腸　enteron or gut

腸肽酶　erepsin

腸抑胃素　enterogastrone

腸胚形成　gastrulation

腸液　succus entericus

腸溝，盲道　typhlosole

腸道　gut or intestine

腸管　enteric canal

腸激酶　enterokinase

腸繫膜；隔膜　mesentery

腸鰓綱　Enteropneusta

腳氣病　beriberi

腫大；曲張　varicosities

腫瘤　tumor

腫瘤形成　oncogenesis

腹　venter

腹毛類　gastrotrich

腹片（昆蟲）；腹甲（甲殼動物）　sternite

腹足　prolegs

腹足類　gastropod

腹面的　ventral

腹根　ventral root

腹部　abdomen

腹管　ventral tube

腹膜　peritoneum

腹鰭　pelvic fin

腺　gland

腺苷二磷酸　ADP（adenosine diphosphate）

腺苷三磷酸　ATP（adenosine triphosphate）

腺苷酸環化酶　adenyl cyclase

腺上皮　glandular epithelium

腺介蟲幼蟲　cypris larva

腺泡　acinus or alveolus

腺病毒　adenovirus

腺細胞　glandular cells

腺嘌呤　adenine

腺嘌呤核苷　adenosine

腦　brain

腦室　ventricle

腦下垂體　hypophysis

腦下垂體切除術　hypophysectomy

腦內啡　endorphin

腦炎　encephalitis or sleeping sickness

腦垂腺　pituitary gland or pituitary body or pituitary

腦神經　cranial nerve

腦脊膜　meninges（複數 meninx）

腦脊髓液　cerebrospinal fluid（CSF）

腦間部　pars intercerebralis

腦幹　brain stem

腦膜炎　meningitis

腦顱　neurocranium

落皮層　rhytidome

落葉樹　deciduous tree

葉　leaf or frond

葉片　leaf blade

葉肉　mesophyll

葉序　phyllotaxis

葉足，葉腳　phyllopodium

葉枕　pulvinus

葉耳　auricle

葉脈　vein

葉狀體　thallus

葉狀枝　cladophyll or cladode

葉狀柄　phyllode

葉柄；蕈柄　stipe or petiole

葉柄內的　intrapetiolar

葉柄間的　interpetiolar

葉面　phylloplane

葉面施肥法　foliar feeding
葉面積指數　leaf-area index
葉痕　leaf scar
葉黃素　xanthophyll
葉跡　leaf trace
葉綠二酮，維生素 K　phylloquinone
葉綠素　chlorophyll
葉綠餅　granum
葉綠餅間片層　intergranum
葉綠體　chloroplast
葉酸　folic acid
葉隙　leaf gap
葉脈序　venation
葉鞘　leaf sheath
葉鞘內的；陰道內的　intravaginal
萼片　sepal
萼片狀的　sepaloid
萼前的　antesepalous
葡萄狀組織　botryoidal tissue
葡萄糖，右旋糖　glucose or dextrose
葡萄糖-6-磷酸去氫酶　glucose-6-phosphate dehydrogenase（G-6-PD）
葡萄糖皮質素　glucocorticoid
瑞斯納氏膜　Reissner's membrane
蛹　chrysalis or pupa
蜈蚣　chilopod
蜇刺，螫針，蜇毛　sting
蛾　moth
蛻皮；換羽　molt or ecdysis
蛻皮激素　molting hormone or ecdysone
蛻膜　decidua

蜂　bee
蜂王漿　royal jelly or queen substance
蜂窩　honeycomb
蜂窩組織　areolar tissue
補雄　complemental males
補償光強度　compensation light intensity
補償期　compensation period
補體　complement
補體圖　idiogram
解析度　resolution
解毒　detoxication
解剖學　anatomy
解離　dissociation
解鏈　melting
試交　testcross
詹納　Jenner, Edward
資源　resource
賈柯－莫諾假說　Jacob-Monod hypothesis
路徑　pathway
跳躍搬運　saltation
載體分子　carrier molecule
載色片層　chromatophore
載卵葉　oostegites
農民肺　farmer's lung
農業　agriculture
農藝學　agronomy
運動　motor
運動皮層　motor cortex
運動神經元　motor neuron
運動終端板　endplate, motor

運動覺的　kinesthetic

運輸；易位　translocation

遊動細胞　swarmer cell

遊動精子　spermatozoid

道　meatus

達菲血型　Duffy blood group

達爾文　Darwin, Charles Robert

達爾文雀　Darwin's finches

達爾文學說　Darwinism

過度捕撈　overfishing

過氧化酶　peroxidase

過氧化酶體　peroxisome

過敏　allergy or hypersensitivity

過敏反應　anaphylaxis

過敏原　allergen

過顯性　overdominance

酪胺酸　tyrosine

酪蛋白　casein

鈷胺素　cobalamin or covalamine

鉤狀突　hamulus（複數 hamuli）

鉤狀突起　uncinate process

鉤蟲　hookworm

鉤蟲病　ankylostomiasis

隔膜　mesentery

隔壁　septum

隔離　isolation

隔離阻障　isolating barrier

隔離機制　isolating mechanism

雷　Ray, John

雷迪氏幼蟲　redia

電子傳遞系統　electron transport system（ETS）

電子腦波掃描　EEG（electroencephalogram）

電子顯微鏡　electron microscope（EM）

電泳　electrophoresis

電容　capacitance

電容量　capacity

電滲透　electro-osmosis

電磁波譜　electromagnetic spectrum

電遷移率　mobility, electrical

電導；熱導　conductance

零級反應　zero order reaction

零族群成長　zero population growth（ZPG）

預先適應　preadaptation

預定區域　presumptive area

預測能力　predictive values

頓悟學習　insight learning

飽和脂肪　saturated fats

飽和蒸汽壓　saturated vapor pressure

馴化　acclimation or acclimatization

鼓室　tympanic cavity

鼓骨　tympanic bone

鼓階　scala tympani

鼓膜　tympanic membrane or tympanum or eardrum

鼓膜張肌　tensor tympanni

搐搦　tetany

楯齒龍　placodont

羧肽酶　carboxypeptidase

羧化酶　carboxylase

羧化作用　carboxylation

羧基　carboxyl group

蜉蝣目　Ephemeroptera

酮　ketone

酮糖　ketose

酯　ester

酯化作用　esterification

## 【十四畫】

僧帽瓣　mitral valve

厭氧微生物　anaerobe

團聚體學說　coacervate theory

團藻目　Volvocales

圖氏漏斗　Tullgren funnel

孵化；潛伏期；培育　incubation

孵卵區　brood spot or patch

寡毛類　oligochaete

寡食的　oligophagous

寡聚物　oligomer

寡糖　oligosaccharide

寡營養的　oligotrophic

實質組織　parenchyma

實囊幼蟲　planula

實驗細胞學　experimental cytology

實驗設計　design of experiments

對生的　opposite

對流　convection

對偶基因　allele

對偶基因頻率　allele frequency

對趾　zygodactylous

對照組　control

對稱幼蟲　dipleurula

對稱卵裂　bilateral cleavage

對數尺度　logarithmic scale

對數增長期　log phase

對數機率分析　log-probit analysis

廓羽　contour feathers

慢性的　chronic

截端的　premorse

截斷的　truncate

槍烏賊　squid

演化　evolution

演化分支圖　cladogram

演化樹　evolutionary tree

演替　succession

演替系列　sere

滴定度　titer

滴滴涕　DDT

漏斗腺　infundibulum

漂浮生物　neuston

漂移　drift

漸成　epigenesis

漸成格局　epigenetic landscape

漸尖的　acuminate

漸窄的　attenuate

漸進多態現象　transient polymor-
　phism

漸新世　Oligocene epoch

漸滲雜交　introgressive hybridiza-
　tion

滲出　transude

滲出物　exudate or transudate

滲透作用　osmosis

滲透勢　osmotic potential（O.P.
　value）

滲透調節　osmoregulation

滲透壓　osmotic pressure

滲透壓受器　osmoreceptor

滲透壓計　osmometer

## 中英名詞對照（十四畫）

熔點　melting point

疑難學名　nomen dubium

瘧原蟲　malaria parasite

瘧原蟲；變形體　plasmodium

瘧疾　malaria

睡眠病　sleeping sickness

睡眠運動　nyctinasty

磁鐵石　magnetite

碟狀幼體　ephyra

碳　carbon

碳14　carbon-14

碳定年法　carbon dating

碳氧血紅素　carboxyhemoglobin

碳循環　carbon cycle

碳酸　carbonic acid

碳酸酐酶　carbonic anhydrase

福伊爾根　Feulgen, Robert

福伊爾根試劑　Feulgen reagent

福克斯　Fox, Sidney W.

福特　Ford, E. B.

種　species

種子　seed

種子直感　xenia

種子休眠　seed dormancy

種子植物　spermatophyte

種子萌發，種子發芽　seed germination

種內的　infraspecific or intraspecific

種內競爭　intraspecific competition

種內演化　microevolution

種以上的　supraspecific

種外演化　macroevolution

種族　race

種皮　testa

種名　specific name or trivial name

種系　germ line

種系相關性　phyletic correlation

種系發生　phylogeny

種系發生的　phyletic

種系評估　phyletic weighting

種系圖　phylogram

種型群　hypodigm

種間行為　interspecific behavior

種間競爭　interspecific competition

種群量；族群　population

種質學說　germ plasm theory

種臍，門　hilum

種纓　coma

窩　fossa

端卵黃的　telolecithal

端的　terminal

管水母　siphonophore

管足　tube feet

管狀小花的　tubuliflorous

管核　tube nucleus

管核，花粉管核　pollen tube nucleus

管細胞，燄細胞　solenocyte

算術平均　arithmetic mean or mean

精子　sperm or spermatozoon

精子庫　sperm bank

精子發生　spermatogenesis

精子囊　antheridium

精母細胞　spermatocyte

精原細胞　spermatogonium

精胺酸　arginine

精液　semen or seminal fluid

精球，精莢　spermatophore
精細胞　spermatid
綜合防治　integrated control
綜合綱　Symphyla
綜合學說　synthetic theory
綠色革命　green revolution
綠色組織　chlorenchyma
綠島效應　green-island effect
綠球藻　Chlorella
綠腺　green gland
綠藻　Chlorophyta
緊貼的　appressed
網狀中柱　dictyostele
網狀內皮系統　reticulo endothelial
　system
網狀加厚　reticulate thickening
網狀結構　reticular formation
網狀演化　reticulate evolution
網胃；網　reticulum
網硬蛋白纖維　reticulin fibers
網膜會聚　retinal convergence
網黏菌目　Labyrinthulales
綱　class
維生素　vitamin
維生素 B 群　B-complex or vitamin
　B complex
維管束　vascular bundle
維管束末梢　bundle end
維管束的　fascicular
維管束植物　vascular plant
維管束植物　tracheophyte
維管束鞘　bundle sheath
維管的；血管的　vascular

維管柱　vascular cylinder
聚合酶，多聚酶　polymerase
聚合果　aggregate fruit
聚合體　polymer
聚核苷酸鏈　polynucleotide chain
聚繖狀　cymose
聚繖花序　cyme
聚類方法　clustering methods
腐生生物　saprobiont
腐生植物　saprophyte or saprotroph
腐生植物的　saprophytic
腐食的　saprophytic
腐屑　detritus
腐敗　decay or putrefaction
腐植質　humus
腐植質－碳酸鹽土壤　humus-car-
　bonate soil
膀胱　bladder
膀胱炎　cystitis
膈　midriff
蒲金埃細胞　Purkinje cell or Purkin-
　je tissue
蒲松分佈　Poisson distribution
蓋玻片　cover glass or cover slip
蒸汽壓　vapor pressure
蒸散作用　transpiration
蒸散流　transpiration stream
蒸散計　potometer
蒸發　evaporation
蒸發計　atmometer
蜜腺　nectary
蜜蜂　honeybee
蜜露　honeydew

**771**

## 中英名詞對照（十四畫）

蜻蜓目　Odonata
蜥形類　Sauropsida
蜥蜴　lacertilian or lizard
蜘蛛膜；蛛形動物　arachnoid
裸子植物　gymnosperm
裸的　naked
裸蛇目　Gymnophiona
裸蕨　Psilopsida
裸藻門　Euglenophyta
裸藻屬　Euglena
誘食花粉　food pollen
誘發　evocation
誘發物區　evocator region
誘導　induction
誘導酶　inducible enzyme
誘導性的性狀　epigamic character
誘導物　inducer
赫茲　hertz（Hz）
輔酶　coenzyme
輔酶 I　NAP
輔酶 II　NADP
輔因子　cofactor
輔助 T 細胞　helper T-cell
輔基　prosthetic group
輕鏈　light chain
遠曲小管　distal convoluted tubule
遠洋的　oceanic
遠側的　distal
遠視　hyperopia or hypermetropia or
　far-sightedness
酵母菌　yeast
酵母菌屬　Saccharomyces
酵素　enzyme

酵素抑制物　enzyme inhibitor
酵素誘導　enzyme induction
酸　acid
酸中毒　acidosis
酸乳　yogurt
酸性染料　acid dyes
酸雨　acid rain
酸鹼平衡　acid-base balance
酶原　zymogen
酶原粒　zymogen granule
銀鮫　chimera
銀杏　Ginkgoales
銜接重複　tandem duplication
雌配子　megagamete
雌二醇　estradiol
雌花兩性花同株的　gynomonoecious
雌花兩性花異株的　gynodioecious
雌花雄花兩性花異株的　trioecious
　or triecious
雌核發育　gynogenesis
雌雄同株的　monoecious
雌雄異型　sexual dimorphism
雌雄異株的　dioecious
雌雄異熟　dichogamy
雌雄異體　gonochorism
雌雄嵌體　gynandromorph
雌雄間性　intersex
雌雄蕊同熟　homogamy
雌激素　estrogen
雌蕊　pistil
雌蕊先熟的　protogynous
雌蕊群　gynoecium or gynaecium
需光反應　light-dependent reaction

772

領域　territory

領片　patagium

領細胞　choanocyte or collar cell

領鞭蟲類　choanoflagellate or collar flagellate

鼻　nose

鼻孔　nostril or nares

鼻腔　nasal cavity

嘧啶　pyrimidine

嘌呤　purine

嘌呤能的　purinergic

蒴果　capsule

蒴柄；剛毛；刺毛　seta

蒴軸，囊軸，中柱　columella

蜱　ticks

蜱蟎目　Acarina

【十五畫】

劍尾類　Xiphosura

劍龍，劍龍屬　stegosaur or Stegosaurus

嘴峰　culmen

增殖　generation

增生　hyperplasia

增效作用　synergism

增益；定向偏移　gain

層　horizon or zone

層析法　chromatography

廢用名錄　official index

廣動物相；宏觀相　macrofauna

廣溫性的　eurythermous

廣義遺傳率　broad-sense heritability

廣鹽性的　euryhaline

彈式測熱計　bomb calorimeter

彈尾目　Collembola

彈尾蟲　springtail

彈器　furcula

彈器基　manubrium

彈器鉤　retina

彈性蛋白　elastin

彈性軟骨　elastic cartilage

彈性纖維　elastic fiber

彈孢；彈絲　elater

德夫理厄斯假說　de Vriesianism

德國麻疹　German measles or rubella

摩根　Morgan, Thomas Hunt

摩擦發音　stridulation

撓足類　copepod

撕裂的　lacerate

撚翅目　Strepsiptera

數目錐體　pyramid of numbers

數量分類學　numerical taxonomy

數量表型系統學　numerical phenetics

樣方　quadrat

樣方抽樣　quadrat sampling

樣本　sample

樣條　transect

樞椎齒狀突　odontoid process

標記　label

標記基因　marker gene

標準代謝水平　standard metabolic level

標準代謝率　standard metabolic rate （SMR）

標準差　standard deviation（S）

標準溫度和壓力　standard temperature and pressure（STP）

標準誤差　standard error（SE）

標稱類元　nominal taxon

槽生齒　thecodont

模式的　nominate

模式方法　type method

模式產地　type locality

模式種　type species

模式標本　type or type specimen

模式屬　type genus

模板　template

漿片　lodicule

漿果　berry

漿液的　serous

漿膜　serosa

潛伏期　latent period or incubation

潛伏感染　latent infection

潛底性動物　infauna

潛溶性細菌　lysogenic bacterium

潮下的，淺海的　sublittoral

潮氣量　tidal volume

潮濕地　flush

潰瘍病　canker

潘尼氏細胞　Paneth cell

熱力學　thermodynamics

熱力學第一定律　first law of thermodynamics

熱力學第二定律　second law of thermodynamics

熱不穩定的　heat-labile

熱中性帶　thermoneutral zone

熱原　pyrogen

熱衰竭　heat exhaustion

熱量計　calorimeter

熱量獲得　heat gain

熱導　conductance

瘤胃　rumen

瘦果　achene

瘡痂病，斑點病　scab

皺波狀的　crisped

皺胃　abomasum

盤尼西林　penicillin

盤水母目　Discomedusae

穀物　cereal or corn

箭毒　curare

箭頭狀的　sagittate

糊粉粒　aleuroplast

糊粉層　aleurone layer

糊精　dextrin

緣膜幼體　veliger

線毛　pilus

線形的　linear

線性尺度　linear scale

線性迴歸分析　linear regression analysis

線狀　filiform

線蟲　eelworm or nematode or roundworm

緩步類　Tardigrada

緩衝劑　buffer

緩激肽　bradykinin

膝蓋骨　patella

膜　membrane or tunica or theca

膜原細胞　tormogen

膜翅目　Hymenoptera

膜迷路　membranous labyrinth

膜通透性　permeability of membranes

膜載體　membrane carrier

膜電位　membrane potential

膜質的　membranous

膝狀的　geniculate

膠原蛋白　collagen

膠體　colloid

蔗糖　sucrose

蔗糖酶　sucrase

蔓足動物　cirriped

蔡斯　Chase, Martha

蝴蝶　butterfly

蝶翼骨　alisphenoid

蝦形排列　caridoid facies

蝸孔　helicotrema

蝸牛屬　Cepaea

蝨目　Anopleura

蝨卵　nit

蝨虱　louse

蝙蝠　bat

蝌蚪　tadpole

蝌蚪狀幼體　tadpole larva

衝灌　irrigation

褐土　brown earth soil

褐腐病　brown rot

褐藻門　Phaeophyta

褐藻綱　Phaeophycae

複分裂　multiple fission

複合的　compound

複合維生素 B　vitamin B complex

複式顯微鏡　compound microscope

複眼　eye, compound

複殖亞綱　Digenea

複對偶現象　multiple allelism

複製　replication

複層上皮　stratified epithelium

調理素　opsonin

調節因子　regulating factor

調節性產熱量　regulatory heat production

調節基因　regulator gene

調整；制約　regulation

豎毛的　pilomotor

豎毛肌　erector-pili muscle

質量作用定律　law of mass action

質膜　plasma membrane

質膜外泡　lomasome

質壁分離　plasmolysis

質體　plasmid

赭石密碼子　ochre codon

輪　whorl

輪作　crop rotation

輪蟲　rotifer or wheel animalcule

輪藻　Charophyta

適合度　fitness or goodness-of-fit

適應　accommodation

適應型　ecad

適應酵素　adaptive enzyme

適應輻射　adaptive radiation

遷入　immigration

遷出　emigration

遷徙　migration

鄰域分佈　parapatry

鄰接分離　adjacent disjunction

## 中英名詞對照（十六畫）

鄰接的　contiguous

醇　alcohol

醋　vinegar

醋酸　acetic acid or ethanoic acid

銳利的　pungent

靠合的　connivent

鞏膜　sclera or sclerotic

頜　jaw

頜口類　Gnathostomata

頜關節　jaw articulation

骶骨　sacrum

骶椎　sacral vertebrae

餘氣量，殘氣量　residual volume

鴉片製劑　opiate

麩胺酸　glutamic acid

麩胺醯胺　glutamine

麩酸根　glutamate

墨囊　ink sac

齒式　dental formula

齒舌　radula

齒系　dentition

齒狀的　dentate or serrate

齒芽　tooth bud

齒阜　cusp

齒原細胞　odontoblasts

齒骨　dentary

齒堊質　cement

齒隙　diastema

齒齦炎　gingivitis

齒鱗　cosmoid

熵　entropy

鋏肢，鋏鬚　pedipalp

鋨酸　osmic acid

鋨酸酐　osmic acid

頦　mentum

頦隆凸　mental prominence

## 【十六畫】

凝血酶　thrombin

凝血酶原　prothrombin

凝血致活酶　thromboplastin

凝乳酶　rennin or chymase

凝結　coagulation

凝集作用　agglutination

凝集原　agglutinogen

凝集素　agglutinin

凝聚力與拉力假說　cohesion-tension hypothesis

凝膠　gel

劑量　dose

劑量補償作用　dosage compensation

器官　organ

器官形成　organogenesis

器官芽，成蟲盤　imaginal disk

噬菌作用　phagocytosis

噬菌體　bacteriophage or phage

壁壓　wall pressure

壁層的　parietal

寰椎　atlas

導電　conduction

導電性；傳導性　conductivity

憩室　diverticulum

攜幼突　cadophore

操作子　operator

操縱組　operon

操縱組模型　operon model

擔子　basidium

776

擔子菌　basidiomycete

擔輪幼蟲　trochophore or trocho-
　　sphere

整合　integration

整食生物　holotroph

整倍性　euploidy

整齊的　regular

整體性的　holistic

整體配子　hologamete

整體產果的　holocarpic

整體顯微觀察　whole mount

樺尺蠖　peppered moth

橫向地性　diageotropism

橫突　transverse process

橫紋肌　striped muscle

橫紋肌　striate muscle or striped
　　muscle

橫裂生殖　strobilation

橫裂體　strobila

橫條　trabeculae

橫膈　diaphragm

橫橋聯結　cross-bridge link

樹皮　bark

樹狀圖　dendrogram

樹冠層　canopy

樹突　dendrite or dendron

樹徑測量儀　dendrometer

樹棲的　arboreal

樹幹；軀幹；主幹　trunk

橢圓囊　utricle

橋粒　desmosome

橋蟲綱　Gephyrea

機動性　motility

機械組織　mechanical tissues

機械感受器　mechanorecepter

機械遷移率　mobility, mechanical

機率，或然率　probability

橈肢　swimmeret

橈骨　radius

澱粉　starch

澱粉酶　amylase or diastase

澱粉核　pyrenoid

澱粉測試　starch test

澱粉鞘　starch sheath

濃度梯度　concentration gradient

澳洲動物區系　Australian fauna

激酶　kinase

激流群落的　lotic

激素　hormone

激動素　kinetin

燈刷染色體　lampbrush chromo-
　　somes

獨眼　cyclopia

獨獸　rogue

穎片　glume

穎果　caryopsis

篩板　madreporite or sieve plate

篩胞　sieve cell

篩管　sieve tube

糖　sugar

糖苷鍵　glycosidic bond or glycosidic
　　link

糖井苷　glycoside

糖尿　glycosuria

糖尿病　diabetes mellitus

糖原分解　glycogenolysis

# 中英名詞對照（十六畫）

糖原生成　glycogenesis

翮，翎管；翼，翅；刺　quill

膨壓　turgor pressure

膨鬆　puffs

興奮　excitation

興奮性　excitability

興奮性突觸後電位　excitatory post-synaptic potential（EPSP）

興奮性神經元　excitor neuron

蕈柄　stipe

蕈環　annulus

蕈褶　gill

蕈毒鹼　muscarine

蕈毒鹼的　muscarinic

蕨類　fern or pteridophyte

燄細胞　solenocyte

螢光　fluorescence

螢光抗體技術　fluorescent antibody technique

融合遺傳　blending inheritance

褪黑激素　melatonin

親水的　hydrophilic

親代　parental generation（P）

親代型配子　parental gamete

親脂性　lipophilic

親緣　affinity or relationship

親緣選擇　kin selection

賴特氏效應　Sewall Wright effect

賴爾　Lyell, Charles

蹄　hoof

蹄行性，用蹄行走的　unguligrade

輻狀的　rotate

輻氏卵裂　radial cleavage

輻射　radiation

輻射能　radiant energy

輻射排列小花　ray floret

輻射對稱　radial symmetry

輻射蟲　Actinosphaerium

輸入負荷　input load

輸出管　vas efferens

輸卵管　Fallopian tube or oviduct

輸尿管　ureter

輸精管　vas deferens

輸精管切除術　vasectomy

選型交配　assortative mating

選模標本　lectotype

選擇　selection

選擇育種　selective breeding

選擇性重新吸收　selective reabsorption

選擇性捕撈　selective fishing

選擇性培養基　selective medium

選擇性增殖　selective enrichment

選擇係數　selection coefficient

選擇室　choice chamber

選擇滲透性　selective permeability

選擇壓力　selection pressure

遲滯期　lag phase

導管　vessel or trachea

導管植物　tracheophyte

遺忘名　nomen oblitum

遺傳　heredity

遺傳；固有性狀　inheritance

遺傳工程　genetic engineering

遺傳平衡　genetic equilibrium

遺傳生態學　genecology

遺傳因子　factor, genetic

遺傳多態性　genetic polymorphism or polymorphism

遺傳死亡　genetic death

遺傳性定向發育　canalization, genetic

遺傳放大　amplification, genetic

遺傳背景　genetic background

遺傳負荷　genetic load

遺傳重組　genetic recombination

遺傳密碼　genetic code

遺傳密碼表　genetic dictionary

遺傳族群　genetic population

遺傳率　heritability（$h_2$）

遺傳異常　inherited abnormality

遺傳連鎖　genetic linkage

遺傳隔離　genetic isolation

遺傳圖　genetic map

遺傳漂變　genetic drift

遺傳與環境，先天與後天　nature and nurture

遺傳適應　adaptation, genetic

遺傳學　genetics

遺傳聯鎖　linkage, genetic

遺傳穩定態　genetic homeostasis

遺傳變異性　genetic variability

錯義突變　mis-sense mutation

錐蟲　trypanosome

隨意反應　voluntary response

隨意肌　voluntary muscle

隨遇種　indicator species

隨機交配　random mating or panmixis

隨機固定　random fixation

隨機模型　stochastic model

隨機遺傳漂變　random genetic drift（RGD）or Sewall Wright effect

霍亂　cholera

靜止細胞　resting cell

靜止電位　resting potential

靜水的　lentic

靜脈；翅脈；葉脈　vein

靜脈竇　sinus venosus

鞘；膜；子囊　theca

鞘芽目　Calyptoblastea

鞘翅　elytron

鞘翅目　Coleoptera

鞘藻　Oedogonium

頸的　cervical or jugular

頸動脈　carotid artery

頸動脈竇　carotid sinus

頸動脈體　carotid body

頻率分佈　frequency distribution

頻率依賴性選擇　frequency-dependent selection

頭　head

頭足動物　cephalopod

頭狀的　capitate

頭狀花序　capitulum

頭的　cephalic

頭背腺　ventral gland

頭索動物　Cephalochordata

頭胸甲；背甲　carapace

頭胸部　cephalothorax

頭骨　skull

頭部專化　cephalization

頭結　scolex

頭顱指數　cephalic index

頹化期　climacteric phase

駱駝　camel

骺；松果體　epiphysis

鮑氏囊　Bowman's capsule

鴨嘴獸屬　Ornithorynchus

龍盤目　Saurischia

龍舌蘭　agave

龍骨　keel

龍骨瓣　carina

龍涎香　ambergris

龜鱉目　Chelonia

蕓薹　brassica

螅形體　polyp

螅狀幼體　scyphistoma

螅根　hydrorhiza

螅鞘　hydrotheca

閹割　gelding or emasculation or castration

## 【十七畫】

優生學　eugenics

優先權　priority

優勢　dominance

優勢等級　dominance hierarchy

優勢對數計分　lod score

優勢種　dominant species

儲存物質　storage material

壓入的　impressed

壓勢　pressure potential

戴夫森　Davson, H.

戴奧辛　dioxin

擊倒線　knockdown line

擬人論　anthropomorphism

擬用名　cheironym

擬表型　phenocopy

擬氣管，唇瓣環溝　pseudotrachea

擬寄生的　parasitoid

擬態　mimicry

擬態的　mimetic

擬囊尾幼蟲　cysticercoid

檢索性狀　key

櫛　pecten

櫛水母　ctenophore

櫛狀鰓　ctenidium（複數 ctenidia）

濱海帶　littoral zone

濱草　marram grass

濱螺　winkle

濕旱生植物　tropophyte

濕疹　eczema

濕腐病　wet rot

營養　nutrition

營養生殖　vegetative propagation

營養物質　trophic substance

營養的　trophic or vegetative

營養個體　gastrozooid

營養素　nutrient

營養細胞　vegetative cell

營養循環　nutrient cycle

營養體　trophozoite

營養體生殖　vegetative reproduction

環形加厚　annular thickening

環形重疊　circular overlap

環狀的　annular

環流　streaming

環剝實驗　ringing experiment

環帶；蕈環　annulus or clitellum

環鳥糞核苷單磷酸　cyclic GMP
（cGMP, guanosine monophosphate）

環節動物　annelid

環節動物門　Annulata or Annelida

環腺核苷單磷酸　cyclic AMP
（cAMP, adenine monophosphate）

環境　environment

環境阻力　environmental resistance

環境容納量　K

環境溫度　environmental temperature

環境變異　environmental variation

環層小體　Pacinian corpuscle

癌症　cancer

瞳孔　pupil

瞬時物種形成　instantaneous speciation

瞬膜　nictitating membrane

磷光　phosphorescence

磷苯三酚　trihydroxybenzene

磷脂　phospholipid

磷酸　phosphoric acid

磷酸酶　phosphatase

磷酸化　phosphorylation

磷酸丙糖　triose phosphate

磷酸甘油酸　PGA（phodphoglyceric acid）

磷酸甘油醛，磷酸丙糖　PGAL（phosphoglyceraldehyde）or triose phosphate

磷酸肌酸　creatine phosphate or phosphocreatine

磷酸原　phosphagen

磷酸烯醇丙酮酸　phosphoenolpyruvic acid（PEP）

磷酸葡萄糖酸途徑，磷酸己糖支路　phosphogluconate pathway or hexose monophosphat shunt

磷酸精胺酸　phosphoarginine or arginine phosphate

磷酸鹽，磷酸酯　phosphate

磷蝦　euphausiid or krill

磺胺　sulfonamide

穗狀花序　spike

糞便　feces

糞道　coprodeum

糙皮病　pellagra

襀翅目　Plecoptera

縮合反應　condensation reaction

縫，胚珠脊　raphe

縫合線；縫口；骨縫；縫　suture

總和，疊加　summation

總狀的　racemose

總狀花序　raceme

總花梗　peduncle

總科　superfamily

總苞；苞膜　involucre

總擔，觸手冠　lophophore

總鰭魚亞綱　Crossopterygii

總體相似性　overall similarity

縱隔　mediastinum

繁殖季節　breeding season

繁殖個體　breeding individual

繁殖範圍　breeding range

## 中英名詞對照（十七畫）

繁殖體　propagule
翼；翅　wing or quill
翼手目　Cheiroptera or Chiroptera
翼足類　pteropod
翼狀肌　alary muscles
翼的，羽的　alar
聲門　glottis
聲帶　vocal cord
聲圖　sonogram
聯生的　adnate
聯立像　apposition image
聯合；聯會　synapsis
聯合的　coalescent
聯合中樞　association center
聯合線性　colinearity
聯鎖不平衡　linkage disequilibrium
聯鎖單位　linkage unit
聯鎖圖　linkage map
聯體生活　parabiosis
臂內倒位　paracentric inversion
臂行　brachiation
臂的　brachial
膿　pus
膿腫　abscess
膽汁　bile
膽固醇　cholesterol
膽紅素　bilirubin
膽結石　gallstones
膽管　bile duct
膽綠素　biliverdin
膽囊　gallbladder
膽囊收縮素－促胰激素　cholecys-
　tokinin-pancreozymin　（　CCK-

PZ）
膽鹼　choline
膽鹼脂酶　cholinesterase
膽鹼激性　cholinergic
膽鹽　bile salts
臨界值　threshold
臨界群　critical group
薄壁組織；實質組織；主質細胞
　parenchyma
薄囊的　leptosporangiate
螺旋　helix
螺旋加厚　spiral thickening
螺旋狀　helical
趨化性　chemotaxis or phototaxis
趨同，趨同演化　convergence or
　convergent evolution
趨地性　geotaxis
趨性　taxis
趨氧性　aerotaxis
趨異演化　divergent evolution
趨激性　tropotaxis
避孕藥　contraceptive
避鈣植物　calcifuge
還原　reduction
還原主義　reductionism
還原劑　reducing agent
還原糖　reducing sugar
邁可－蒙田常數　Michaelis-Menten
　constant $K_M$
醣酶　carbohydrase
醣化作用　glycosylation
醣脂　glycolipid
醣蛋白　glycoprotein

醣酵解　glycolysis

醣類　carbohydrate

鍵；配對結合　bond

闊葉植物亞門　Pteropsida

闊鼻猴組　Platyrrhini

闌尾　appendix or vermiform appendix

隱居動物；待證動物　cryptozoa

隱性性狀　recessive character

隱性對偶基因，隱性基因　recessive allele or recessive gene

隱芽植物　cryptophyte or geophyte

隱花植物　cryptogam

隱蔽期；陰黯　eclipse

隱藏色　cryptic coloration

韓德森－哈索巴赫方程式　Henderson-Hasselback equation

顆粒化　pelletizing

顆粒性白血球　granulocyte

鴿乳，嗉乳　pigeon milk

黏多糖　mucopolysaccharide

黏性，黏滯性　viscosity

黏的　viscid

黏孢子蟲　Myxosporidia

黏液　mucus

黏液性水腫　myxedema

黏液素　bursicon

黏蛋白　mucin or mucoprotein

黏菌　slime molds

黏菌門，黏菌蟲　Myxomyceta or Mycetozoa or Myxomycophyta

黏膜　mucosa or mucous membrane

黏膜肌層　muscularis mucosa

黏質土　clay soil

點狀的　punctiform

蟎　mite

螯　chela

螯合作用　chelation

螯蝦　crayfish

蟄伏　torpor

醛固酮　aldosterone

醛糖　aldose

醛類　aldehyde group

【十八畫】

叢　plexus

擴散　diffusion

擴散壓不足　diffusion pressure deficit（DPD）

擺動假說　wobble hypothsis

斷裂；分節；分裂　segmentation

檸檬酸循環　citric-acid cycle

濾泡，囊；骨突（果）　follicle

濾泡期　follicular phase

濾食性動物　filter feeder

獵物　prey

癒傷組織　callus

簡化性　degeneracy

臍帶　unbilical cord

臏骨，膝蓋骨；蟲戚屬　patella

舊石器時代　Paleolithic

藏卵器　archegonium or oogonium

藏卵器植物　Archegoniatae

藍綠藻　blue-green algae or cyanophyte

藍綠藻植物　Myxophyta

藍嬰　blue baby

# 中英名詞對照（十八畫）

裸藻澱粉　paramylum

蟲媒授粉　entomophily

蟲戚屬　patella

蟲傳病毒　arbovirus

蟲螢光素酶　luciferase

蟲綠藻　zoochlorella

蟲癭　gall

螫針　sting

覆瓦狀的　imbricate

謬勒氏管　Mullerian duct

謬勒擬態　Mullerian mimicry

軀幹　trunk

豐質培養基　enrichment culture

贅生物　neoplasm

贅生物疾病　neoplastic disease

轉化酶　invertase

轉因子　transposon

轉座遺傳因子　transposable genetic element

轉送酶　transferase

轉送核糖核酸　transfer RNA（tRNA）

轉胺酶　transaminase

轉胺作用　transamination

轉移　metastasis

轉換率，周轉率　turnover rate

轉換替換突變　transition substitution mutation

轉節；轉子　trochanter

轉導作用　transduction

轉錄　transcription

轉錄起始因子　sigma factor

轉譯　translation

轉變期　climacteric

鎖骨　clavicle

鎖鑰機制　lock-and-key mechanism

鎮痛劑　analgesic

鎚骨　malleus or hammer

離口的　aboral

離子　ion

離子輻射線　ionizing radiation

離子鍵　ionic bond

離心皮的　apocarpous

離心沉澱法　centrifugation

離心機　centrifuge

離差　dispersion

離胺酸　lysine

離巢性　nidifugous

離軸的　abaxial

離瓣的　polypetalous

雜交　cross or hybridization

雜交不育　hybrid sterility

雜交去氧核糖核酸　hybrid DNA

雜交育種　crossbreed

雜交優勢　hybrid vigor

雜食動物　omnivore

雜草　weed

雜種　hybrid

雜種隔離群　hybrid swarm

雜種優勢　luxuriance or heterosis or hybrid vigor

雙尖的　bicuspid

雙二倍體　amphiploid

雙子葉植物　dicotyledon

雙弓顱；雙弓類　diapsid

雙分子層　bimolecular leaflet

784

雙生兒　twins

雙生間雌　Freemartin

雙因子異型合子；雙因子雜交　dihybrid

雙足行走　bipedalism

雙胚層的　diploblastic

雙重互換　double crossover

雙重受精　double fertilization

雙重循環　double circulation

雙重雜交　double cross

雙倍體　amphiploid

雙峰分布　bimodal distribution

雙核體　dikaryon

雙翅類　dipteran

雙眼視覺　binocular vision

雙硫鍵　disulfide bridge

雙殼幼蟲　cyphonautes larva

雙殼類　bivalve

雙韌維管束　bicollateral bundle

雙經綱　Amphineura

雙腹的；二腹肌　digastric

雙線　diplonema

雙線期　diplotene

雙糖　disaccharide

雙親中值　midparent value

雙縮脲反應　biuret reaction

雙螺旋　double helix

雙隱性　double recessive

雙鞭毛的　biflagellate

雙鞭藻　dinoflagellate

雙體椎形　diplospondyly

鞣酸，單寧　tannin

鞭毛　flagellum（複數 flagella）

鞭毛絲　mastigoneme

鞭毛綱　Mastigophora or Flagellata

鞭毛蟲　flagellate

鞭毛蟲類　Flagellata

額骨　frontal bone

顏面神經　facial nerve

顎　palate

顎足；顎肢　maxillipede

髁　condyle

魏斯曼學說　Weismannism

鵝口瘡；鵝　thrush

繖形花序　umbel

繖房狀聚繖花序　corymbose cyme

繖房花序　corymb

蹠　metatarsus

蹠行性　plantigrade

蹠骨　metatarsal

醯脲脲　ureide

醯胺-tRNA　aminoacyl-tRNA

## 【十九畫】

壞死　necrosis

壞血病　scurvy

龐尼特方格　Punnett square

瀨魚　cichlid fish

瀝青湖　asphalt lake

瀕危物種　endangered species

獸弓類　Synapsida

獸孔類　therapsid

瓊脂，洋菜　agar

瓣；殼　valve

瓣片　limb

瓣鉤幼蟲　glochidium

瓣鰓類　lamellibranch

穩定化選擇　stabilizing selection

穩定多態性　stable polymorphism

穩定終末殘餘物　stable terminal residue

羅氏染色體　Robertsonian chromosome

藤本植物　liana

藤壺　barnacle

藥草　herb

藥物　drug

繭　cocoon

蟻　ant

蟻共生　myrmecophily

蠅　fly

蟹　crab

邊材　sapwood

鏈黴素　streptomycin

關節　joint or articulation

關節半月板　meniscus

關節盂　glenoid cavity

關節突　zygapophysis

關節骨　articular bone

關鍵期　climacteric

類人猿亞目　Anthropoidea

類水母　medusoid

類固醇　steroid

類型；野兔窩　form

類型邏輯思維　typological thinking

類毒素　toxoid

類胡蘿蔔素　carotenoids

類述　description

類病毒　viroid

類脂　lipin

類脂質　lipoid

類囊體　lamella or thylakoid

離質體　apoplast

顛癇　epilepsy

鯨　whale

鯨脂　blubber

鯨類　cetacean or whale

鯨鬚　baleen or whalebone

麗藻　Nitella

髂骨　ilium

## 【二十畫】

嚼爛狀　ruminate

懸浮液　suspension

懸骨　phragma

懸雍垂，小舌　uvula

礦化作用　mineralization

礦物性皮質素　mineralocorticoids

礦物質元素　mineral element

礦物質缺乏　mineral deficiency

礦物質需要量　mineral requirement

竇　sinus

竇房結　sinoatrial node（SAN）

競爭　competition

競爭抑制　competitive inhibition

競爭排除　competitive exclusion

繼生同形詞　secondary homonym

藻狀菌　phycomycete

藻花　algal bloom

藻紅素　phycoerythrin

藻藍素　phycocyanin

藻體　frond

藻類　algae

蘆木　Calamites

蘋果酸　malic acid or malate
蘇胺酸　threonine
蘇瑟蘭　Sutherland, Earl Wilbur
蘇鐵　cycad
蘇鐵蕨目　Cycadofilicales
蠕動　peristalsis
蠕蟲　helminth or Vermes
蠕蟲學　helminthology
觸酶　catalase
觸手　tentacle
觸手冠　lophophore
觸手囊　tentaculocyst
觸角　antenna（複數 antennae）
觸角芒；芒　arista
觸角腺　antennal gland
觸殺劑　contact insecticide
觸發因子　releaser
觸覺　tactile
觸覺小體　Meissner's corpuscle
觸覺受器　tangoreceptor or tactor
觸鬚　vibrissa or whisker or palp
警戒色　warning coloration or aposematic coloration
警戒選擇　aposematic selection
警戒擬態　Batesian mimicry
釋放因子　releasing factor
鐘形的　campanulate
鐘乳體　cystolith
鏽病　rust
鏽菌目　Uredinales
鰓；葷褶　gill
鰓弓　visceral arches or branchial arches

鰓孔；氣門　spiracle
鰓足亞綱　Branchiopoda
鰓室　branchial chamber
鰓條　gill bar
鰓裂　gill cleft or gill slit or branchial clefts
鰓囊　gill pouch
鰓蓋　operculum
麵包黴　bread mold
齡（蟲）　instar
蠐螬　grub
鐙骨　stapes
鰈科　Pleuronectidae

## 【二十一畫】

屬　genus
攝食　ingestion
攝食期　feeding phase
灌木　shrub
灌木樹籬　hedgerow
灌注　perfusion
蘭德施泰納　Landsteiner, Karl
蘚蓋；鰓蓋；厴　operculum
蘚類　moss
蠟梅糖　glycocalyx
蠟膜　cere
鐮刀狀的　falcate
鐮形血球性貧血症　sickle cell anemia（SCA）
鐵氧化還原蛋白　ferredoxin
鐵蛋白　ferritin
露頭　exposure
驅蟲的　antihelminthic
鰭　fin

鰭條　fin rays

鰭腳亞目　Pinippedia

纈胺酸　valine

## 【二十二畫】

囊　sac or capsule or follicle

囊舌蟲　acorn worm

囊尾幼蟲　cysticercus

囊柄　suspensor

囊果　cystocarp

囊狀的，袋狀的　saccate

囊胚　blastula or blastosphere

囊胚細胞　blastomere

囊胚腔　blastocoel or blastoderm

囊腫性纖維化　cystic fibrosis

囊蟲　bladder worm

囊腫　cyst

囊托　receptacle

囊軸　columella

巔峰　climax

彎月面；關節半月板　meniscus

彎生的　campylotropous

彎缺；竇；血竇　sinus

歡迎表演　greeting display

疊層石　stromatolite

疊加　summation

聽神經　auditory nerve

聽骨　ear ossicle

聽側線系統　acoustico-lateralis system

聽道管　auditory canal

聽覺的　acoustic

聽覺器　auditory organ

聽囊　auditory capsule

聽囊　otocyst

臟腔　splanchnocoel

臟壁層　splanchopleure

鑑定　identification

鬚根系　fibrous root system

鰾　gas bladder or swim bladder

鰻　eel

## 【二十三畫】

纓尾目　Thysanura

纓翅目　Thysanoptera

纖毛　cilium（複數 cilia）

纖毛上皮　ciliated epithelium

纖毛幼蟲　miracidium

纖毛亞門　Ciliophora

纖毛取食　ciliary feeding

纖毛運動　ciliary movement

纖毛蟲　ciliate or infusoria

纖絲，原纖維　fibril

纖維　fiber

纖維肌肉　fibrillar muscle

纖維狀蛋白質　fibrous protein

纖維素　cellulose

纖維素酶　cellulase

纖維蛋白　fibrin

纖維蛋白原　fibrinogen

纖維軟骨　fibrocartilage

變色　color change

變形細胞　amebocyte

變形運動　ameboid movement

變形黏菌　myxameba

變形蟲，阿米巴　ameba or Amoeba

變形體　plasmodium

變性　denaturation

變時性節律　metachronal rhythm

變異　variation

變異係數　coefficient of variability

變異種　variant

變種　variety

變溫動物　poikilotherm or ecto-
therm or heterotherm

變態　metamorphosis

邏輯曲線　logistic curve

顯性；優勢　dominance

顯著性　significance

顯微解剖　microdissection

顯微鏡　microscope

髓　pith or medulla

髓板　medullary plate

髓射線　medullary ray

髓腔　pulp cavity

髓樣組織　myeloid tissue

髓質　medulla

髓鞘　myelin sheath

髓磷質　myelin

體　corpus

體內時鐘　internal clock

體形　habit

體神經系統　somatic nervous system

體動脈弓　systemic arch

體區　tagma

體液的　humoral

體細胞　somatic cell

體細胞突變　somatic mutation

體細胞雜交　somatic cell hybridiza-
tion

體腔　body cavity or coelom

體腔管　coelomoduct

體溫過低　hypothermia

體溫調節　temperature regulation or
thermoregulation

體節　somite or metamere

體壁　integument

體壁中胚層　somatic mesoderm

體積克分子濃度　molarity

鱗　scale

鱗木屬　Lepidodendron

鱗狀　squamous

鱗翅目　Lepidoptera

鱗骨　squamosal

鱗莖　bulb

鱗莖皮，被膜　tunic

黴　mildew

黴菌　mold

## 【二十四畫以上】

蠶豆症　favism

囓蝕狀　erose

囓齒類　rodent

釀酶　zymase

靈長類　primate

鱟　Limulus

鷹嘴突　olecranon process

鹼　alkali

鹼基　base

鹼中毒　alkalosis

鹼性　alkalinity

鹼性的　alkaline

鹼性染料　basic dyes

鹼基取代　base substitution

鹼基缺失　base deletion

## 中英名詞對照（二十四畫）

鹼基配對　base pairing
鹼基插入　base insertion
鹼基錯誤配對　mismatch of bases
鹼基類似物　base analogue
鹼潮　alkaline tide
鹼醯胺腺嘌呤二核苷酸，輔酶 I
　　NAD（nicotinamide adenine dinucleotide）
鹽生植物　halophyte
鹽沼　salt marsh
鹽沼生的　halolimnic
鹽度　salinity
鹽腺　salt gland
齲；骨瘍　caries
鑲嵌卵　mosaic egg
鑲嵌演化　mosaic evolution
顱　cranium
顱小樑；橫條　trabeculae
髖臼　acetabulum
髖帶　hip girdle
鑷合狀的　valvate
鑽狀的　subulate
鱷魚　crocodile
鸚鵡熱　psittacosis
鸚鵡螺　nautiloid